Elementare Wahrscheinlichkeitstheorie II

Andrea Pascucci

Elementare
Wahrscheinlichkeitstheorie II

Stochastische Analysis

Springer Spektrum

Andrea Pascucci ID
Dipartimento di Matematica
Alma Mater Studiorum – Università di Bologna
Bologna, Italien

ISBN 978-3-032-02065-9   ISBN 978-3-032-02066-6 (eBook)
https://doi.org/10.1007/978-3-032-02066-6

Die Deutsche Nationalbibliothek verzeichnet diese Publikation in der Deutschen Nationalbibliografie; detaillierte bibliografische Daten sind im Internet über https://portal.dnb.de abrufbar.

Übersetzung der englischen Ausgabe: „Probability Theory II" von Andrea Pascucci, © The Editor(s) (if applicable) and The Author(s), under exclusive license to Springer Nature Switzerland AG 2024. Veröffentlicht durch Springer Nature Switzerland. Alle Rechte vorbehalten.

Dieses Buch ist eine Übersetzung des Originals in Englisch „Probability Theory II" von Andrea Pascucci, publiziert durch Springer Nature Switzerland AG im Jahr 2024. Die Übersetzung erfolgte mit Hilfe von künstlicher Intelligenz (maschinelle Übersetzung). Eine anschließende Überarbeitung im Satzbetrieb erfolgte vor allem in inhaltlicher Hinsicht, so dass sich das Buch stilistisch anders lesen wird als eine herkömmliche Übersetzung. Springer Nature arbeitet kontinuierlich an der Weiterentwicklung von Werkzeugen für die Produktion von Büchern und an den damit verbundenen Technologien zur Unterstützung der Autoren.

© Der/die Herausgeber bzw. der/die Autor(en), exklusiv lizenziert an Springer Nature Switzerland AG 2026

Das Werk einschließlich aller seiner Teile ist urheberrechtlich geschützt. Jede Verwertung, die nicht ausdrücklich vom Urheberrechtsgesetz zugelassen ist, bedarf der vorherigen Zustimmung des Verlags. Das gilt insbesondere für Vervielfältigungen, Bearbeitungen, Mikroverfilmungen und die Einspeicherung und Verarbeitung in elektronischen Systemen.
Die Wiedergabe von allgemein beschreibenden Bezeichnungen, Marken, Unternehmensnamen etc. in diesem Werk bedeutet nicht, dass diese frei durch jede Person benutzt werden dürfen. Die Berechtigung zur Benutzung unterliegt, auch ohne gesonderten Hinweis hierzu, den Regeln des Markenrechts. Die Rechte des/der jeweiligen Zeicheninhaber*in sind zu beachten.
Der Verlag, die Autor*innen und die Herausgeber*innen gehen davon aus, dass die Angaben und Informationen in diesem Werk zum Zeitpunkt der Veröffentlichung vollständig und korrekt sind. Weder der Verlag noch die Autor*innen oder die Herausgeber*innen übernehmen, ausdrücklich oder implizit, Gewähr für den Inhalt des Werkes, etwaige Fehler oder Äußerungen. Der Verlag bleibt im Hinblick auf geografische Zuordnungen und Gebietsbezeichnungen in veröffentlichten Karten und Institutionsadressen neutral.

Tonino Guerra (2005). Acrylfresko auf Leinwand. Privatsammlung.

Springer Spektrum ist ein Imprint der eingetragenen Gesellschaft Springer Nature Switzerland AG und ist ein Teil von Springer Nature.
Die Anschrift der Gesellschaft ist: Gewerbestrasse 11, 6330 Cham, Switzerland

Wenn Sie dieses Produkt entsorgen, geben Sie das Papier bitte zum Recycling.

E ora, che ne sarà
del mio viaggio?
Troppo accuratamente l'ho studiato
senza saperne nulla. Un imprevisto
è la sola speranza. Ma mi dicono
che è una stoltezza dirselo[1].
Eugenio Montale, Prima del viaggio

---

[1] *Und nun, was wird*
   aus meiner Reise?
   Ich habe sie zu genau studiert
   ohne etwas darüber zu wissen. Ein unerwartetes Ereignis
   ist die einzige Hoffnung. Aber man sagt mir
   dass es dumm ist, sich das zu sagen.

Meinen Studenten gewidmet

Vorwort

"Über zwei Jahrtausende hinweg hat die Logik des Aristoteles das Denken der westlichen Intellektuellen beherrscht. Alle präzisen Theorien, alle wissenschaftlichen Modelle, sogar Modelle des Denkprozesses selbst, haben sich im Prinzip der Zwangsjacke der Logik unterworfen. Aber von ihren schattigen Anfängen bei der Entwicklung von Glücksspielstrategien und der Zählung von Leichen im mittelalterlichen London, treten Wahrscheinlichkeitstheorie und statistische Inferenz nun als bessere Grundlagen für wissenschaftliche Modelle, insbesondere die des Denkprozesses und als wesentliche Bestandteile der theoretischen Mathematik, sogar der Grundlagen der Mathematik selbst, hervor. Wir schlagen vor, dass diese Veränderung unserer Perspektive praktisch alle Bereiche der Mathematik im nächsten Jahrhundert beeinflussen wird."

David Bryant Mumford, The Dawning of the Age of Stochasticity [99]

"Ein Mathematiker ist jemand, der Philosophie, Kunst und Poesie liebt, weil er das tiefe menschliche Bedürfnis überall findet, gegen und jenseits der oft lächerlichen Gegensätze zwischen „harten" und „weichen" Wissenschaften. Das Bewusstsein für eine solche Verflechtung erhöht weiterhin (...) die hohe, unvermeidliche und unzerstörbare moralische Wahl, seine eigene Handlung als Wissenschaftler und als Mensch in der Gesellschaft zum Guten hin auszuführen. Und wenn das Gute und das Wahre zusammenkommen, können sie nur Schönheit erzeugen."

Rino Caputo, Vorwort zu Le anime della matematica [147]

In Band 1 der Wahrscheinlichkeitstheorie [113] haben wir grundlegende Konzepte wie Wahrscheinlichkeitsraum und Verteilung, Zufallsvariablen, Grenzwertsätze und bedingte Erwartung eingeführt. Der zweite Band ergänzt das Material des ersten Bandes, indem er sich mit fortgeschritteneren klassischen Themen der stochastischen Analysis befasst. Der Schwerpunkt dieses Buches liegt auf stochastischen Prozessen mit besonderem Schwerpunkt auf zwei entscheidenden Klassen: Markov-Prozessen und Martingalen. Die ersten Kapitel bieten eine allgemeine Einführung in stochastische Prozesse und untersuchen zwei Schlüsselbeispiele von Markov-Prozessen: die Brownsche Bewegung und den Poisson-Prozess. Historisch gesehen wurden zwei Hauptansätze zur Konstruktion von stetigen Markov-Prozessen verwendet, die oft als „Diffusionen" bezeichnet werden. Der klassische Ansatz, der von A. N. Kolmogorov [69] und W. Feller [45] entwickelt wurde, besteht darin, eine Diffusion auf der Grundlage ihrer Übergangsverteilungen zu konstruieren, das als verteilungstheoretische Lösung der rückwärts und vorwärts Kolmogorov-Differentialgleichungen definiert ist. Dieser Ansatz stützt sich auf komplexe analytische Ergebnisse aus der Theorie der partiellen Differentialgleichungen. Ab Kapitel mgc beginnen wir mit einer systematischen Untersuchung von Martingalen. Eines der bedeutendsten Ergebnisse in der Martingaltheorie ist der Zerlegungssatz von Doob, der unter geeigneten Annahmen einen Prozess als die direkte Summe eines „Driftteils" und eines „Martingalteils" darstellt, jeder mit seinen eigenen Regularitätseigenschaften. Diese Art von Ergebnis bildet die Grundlage für den zweiten Ansatz, den K. Itô zur Konstruktion von stetigen Markov-Prozessen vorschlägt. Itô baut auf der Idee von P. Lévy auf, das infinitesimale Inkrement einer Diffusion als ein gaußsches Inkrement mit geeignetem Mittelwert (Drift) und Kovarianzmatrix (Martingalteil) zu betrachten. Im Zuge dessen entwickelt Itô eine Theorie der stochastischen Differentialrechnung und entwickelt eine Methode zur Konstruktion von Diffusionen als Lösungen von stochastischen Differentialgleichungen. Der letzte Teil des Buches behandelt die Existenz- und Eindeutigkeit für Lösungen stochastischer Differentialgleichungen und ihre Verbindungen zu elliptisch-parabolischen partiellen Differentialgleichungen.

Dieses Buch umfasst ausreichend Material für mindestens zwei semesterlange Kurse über stochastische Prozesse, geeignet für Studien auf Master- oder Doktorandenlevel. Angesichts der Komplexität des Themas ist es als ein relativ knappes Kompendium konzipiert, und bietet sowohl eine solide Grundlage für diejenigen, die sich für stochastischer Modelle für praktische Anwendungen interessieren, als auch für diejenigen, die ihre Forschungsreise auf dem Gebiet der stochastischen Analyse beginnen.

Wie schon in der Einleitung des ersten Bandes [113] erwähnt, ist das Zitat von David Mumford, das diesem Vorwort vorangestellt ist, besonders treffend: Heute wird die Wahrscheinlichkeitstheorie als eine unverzichtbare Komponente für die theoretische Weiterentwicklung der Mathematik und die Grundlagen der Mathematik selbst angesehen. In diesem Zusammenhang untersucht der bemerkenswerte Übersichtsartikel [97] den außergewöhnlichen Fortschritt in der Forschung über stochastische Prozesse seit Mitte des 20. Jahrhunderts.

Aus angewandter Sicht dient die Wahrscheinlichkeitstheorie als grundlegendes Werkzeug zur Modellierung und Risikomanagement in allen Bereichen, in denen Phänomene unter Bedingungen der Unsicherheit untersucht werden:

- **Physik und Ingenieurwesen,** wo stochastische numerische Methoden, wie Monte-Carlo-Methoden, ausgiebig genutzt werden. Diese Methoden wurden erstmals von Enrico Fermi und John von Neumann formalisiert;

- **Wirtschaft und Finanzen,** beginnend mit der berühmten Black-Scholes-Merton-Formel, für die die Autoren den Nobelpreis erhielten. Finanzmodellierung erfordert im Allgemeinen fortgeschrittene Kenntnisse in mathematisch-wahrscheinlichkeitstheoretisch-numerischen Methoden. Der Text [112] bietet eine Einführung in die Theorie der Bewertung von Finanzderivaten, die den probabilistischen Ansatz (basierend auf Martingal-Theorie) und den analytischen Ansatz (basierend auf der Theorie der partiellen Differentialgleichungen) ausgleicht;
- **Telekommunikation:** Die NASA nutzt Kalman-Bucy-Filtermethoden zur Filterung von Signalen von Satelliten und Sonden, die ins All geschickt werden. Aus [102], Seite 2: *„1960 bewies Kalman und 1961 Kalman und Bucy, was heute als Kalman-Bucy-Filter bekannt ist. Im Grunde genommen gibt der Filter ein Verfahren zur Schätzung des Zustands eines Systems an, das eine „gestörte" lineare Differentialgleichung erfüllt, basierend auf einer Reihe von „gestörten" Beobachtungen. Fast sofort fand die Entdeckung Anwendungen in der Luft- und Raumfahrttechnik (Ranger, Mariner, Apollo usw.) und sie hat jetzt eine breite Palette von Anwendungen. So ist der Kalman-Bucy-Filter ein Beispiel für eine jüngste mathematische Entdeckung, die sich bereits als nützlich erwiesen hat – sie ist nicht nur „potenziell" nützlich. Es ist auch ein Gegenbeispiel zu der Behauptung, dass „angewandte Mathematik schlechte Mathematik ist" und zu der Behauptung, dass „die einzige wirklich nützliche Mathematik die elementare Mathematik ist". Denn der Kalman-Bucy-Filter – wie das gesamte Thema der stochastischen Differentialgleichungen – beinhaltet fortgeschrittene, interessante und erstklassige Mathematik".*
- **Medizin und Botanik:** der wichtigste stochastische Prozess, die Brownsche Bewegung, ist nach Robert Brown benannt, einem Botaniker, der um 1830 die unregelmäßige Bewegung von kolloidalen Partikeln in Suspension beobachtete. Die Brownsche Bewegung wurde von Louis Jean Baptist Bachelier im Jahr 1900 in seiner Doktorarbeit zur Modellierung von Aktienkursen verwendet und war Gegenstand einer der bekanntesten Arbeiten von Albert Einstein, die 1905 veröffentlicht wurde. Die erste mathematisch rigorose Definition der Brownschen Bewegung wurde von Norbert Wiener im Jahr 1923 gegeben.
- **Genetik:** Es ist die Wissenschaft, die die Übertragung von Merkmalen und die Mechanismen, durch die sie vererbt werden, untersucht. Gregor Johann Mendel (1822–1884), ein tschechischer Augustiner-Mönch, der als Vorläufer der modernen Genetik gilt, leistete einen grundlegenden methodischen Beitrag, indem er erstmals die Wahrscheinlichkeitstheorie auf das Studium der biologischen Vererbung anwandte.
- **Informatik:** Quantencomputer nutzen die Gesetze der Quantenmechanik zur Datenverarbeitung. In einem „klassischen" Computer ist die Informationseinheit das Bit: wir können immer den Zustand eines Bits bestimmen und genau feststellen, ob es 0 oder 1 ist. Allerdings können wir den Zustand eines Quantenbits (Qubit), der Einheit der Quanteninformation, nicht mit der gleichen Präzision bestimmen. Wir können nur die Wahrscheinlichkeiten bestimmen, dass es die Werte 0 und 1 annimmt.

- **Rechtswissenschaft:** Das Urteil eines Richters basiert auf der Wahrscheinlichkeit der Schuld des Angeklagten, geschätzt anhand der vorliegenden Informationen. Hier spielt die bedingte Wahrscheinlichkeit eine zentrale Rolle; ihr Missbrauch kann zu Fehlurteilen führen, wie in [116] beschrieben.
- **Meteorologie:** Für Vorhersagen über den fünften Tag hinaus ist es entscheidend, probabilistische meteorologische Modelle zu haben. Diese probabilistischen Modelle werden in der Regel in großen internationalen meteorologischen Zentren ausgeführt, weil sie hochkomplexe statistisch-mathematische Verfahren erfordern, die rechenintensiv sind. Seit 2020 befindet sich das Datenzentrum des Europäischen Zentrums für mittelfristige Wettervorhersagen (ECMWF) in Bologna.
- **Militäranwendungen:** aus [127] Seite 139: *„1938 hatte Kolmogorov eine Arbeit veröffentlicht, die die grundlegenden Theoreme für Glättung und Vorhersage stationärer stochastischer Prozesse aufstellte. Ein interessanter Kommentar zur Geheimhaltung von Kriegsanstrengungen kommt von Norbert Wiener (1894–1964), der am Massachusetts Institute of Technology an Anwendungen dieser Methoden auf militärische Probleme während und nach dem Krieg arbeitete. Diese Ergebnisse wurden als so wichtig für Amerikas Kalter-Krieg-Anstrengungen angesehen, dass Wieners Arbeit als streng geheim eingestuft wurde. Aber alles davon, bestand Wiener darauf, hätte aus Kolmogorovs früherem Papier abgeleitet werden können."*

Schließlich basiert die Entwicklung der neuesten Technologien in Maschinelles Lernen und alle damit verbundenen Anwendungen in Künstlicher Intelligenz auf der Wahrscheinlichkeitstheorie. Dies umfasst Themen wie autonomes Fahren, Sprach- und Bilderkennung und mehr (siehe zum Beispiel [54] und [122]). Heutzutage ist ein fortgeschrittenes Wissen der Wahrscheinlichkeitstheorie eine Mindestvoraussetzung für jeden, der daran interessiert ist, angewandte Mathematik in einem der oben genannten Bereiche zu betreiben.

Die folgenden Monographien zur stochastischen Analysis sollten besondere Anerkennung erhalten: Zu meinen Favoriten zähle ich, in alphabetischer Reihenfolge, Baldi [6], Bass [9], Baudoin [13], Doob [35], Durrett [37], Friedman [50], Kallenberg [66], Karatzas und Shreve [67], Mörters und Peres [98], Revuz und Yor [123], Schilling [129] und Stroock [133]. Weitere ausgezeichnete Werke, die eine bedeutende Inspirationsquelle und Ideengeber waren, sind die von Bass [10], Durrett [38], Klenke [68] und Williams [148]. Diese Liste ist jedoch keineswegs vollständig.

Nach mehr als zwei Jahrzehnten Lehrerfahrung auf diesem Gebiet stellt dieses Buch meinen Versuch dar, die grundlegenden Konzepte der stochastischen Analysis, die meines Erachtens zum unverzichtbaren Wissen eines modernen Mathematikers – ob rein oder angewandt – gehören sollten, systematisch, prägnant und so umfassend wie möglich zusammenzustellen.

Abschließend möchte ich meinen herzlichen Dank an die außergewöhnliche Gruppe von Probabilisten im Fachbereich Mathematik in Bologna aussprechen: Stefano Pagliarani, Elena Bandini, Cristina Di Girolami, Salvatore Federico, Antonello Pesce und Giacomo Lucertini sowie all jene, die sich uns hoffentlich in Zukunft anschließen werden. Ein großes Dankeschön geht auch an Andrea Cosso für seine wertvolle Zusammenarbeit während der (viel zu kurzen!) Zeit, in der er Mitglied unseres Fachbereichs war. Schließlich gilt mein besonderer Dank allen Studierenden, die meine Vorlesungen über Wahrscheinlichkeitstheorie und stochastische Analysis besucht haben. Dieses Buch ist für sie entstanden, inspiriert von der Leidenschaft und Energie, die sie mit mir geteilt haben. Es ist ihnen gewidmet, in Anlehnung an das bekannte Zitat: „Ich lehre meine Schüler nie; ich versuche nur, die Bedingungen zu schaffen, unter denen sie lernen können."

Leser, die Fehler, Tippfehler oder Verbesserungsvorschläge melden möchten, können dies unter der folgenden Adresse tun: tandrea.pascucci@unibo.it

Die nach der Veröffentlichung erhaltenen Korrekturen werden auf der Website unter: tunibo.it/sitoweb/andrea.pascucci/

Bologna   Andrea Pascucci
April 2024

Häufig verwendete Symbole und Notationen

- $A := B$ bedeutet, dass A *per Definition* gleich B ist
- $\uplus$ ist die *disjunkte* Vereinigung
- $A_n \nearrow A$ symbolisiert, dass $(A_n)_{n\in\mathbb{N}}$ eine *steigende* Folge von Mengen ist, so dass $A = \bigcup_{n\in\mathbb{N}} A_n$
- $A_n \searrow A$ symbolisiert, dass $(A_n)_{n\in\mathbb{N}}$ eine *fallende* Folge von Mengen ist, so dass $A = \bigcap_{n\in\mathbb{N}} A_n$
- $\mathscr{B}_d = \mathscr{B}(\mathbb{R}^d)$ ist die Borel σ-Algebra in $\mathbb{R}^d$; $\mathscr{B} := \mathscr{B}_1$
- $m\mathscr{F}$ ist die Klasse der $\mathscr{F}$-messbaren Funktionen

$$f : (\Omega, \mathscr{F}) \longrightarrow (E, \mathscr{E});$$

Wenn $(E, \mathscr{E}) = (\mathbb{R}, \mathscr{B})$, dann bezeichnet $m\mathscr{F}^+$ (bzw. $b\mathscr{F}$) die Klasse der $\mathscr{F}$-messbaren und nicht-negativen (bzw. $\mathscr{F}$-messbaren und beschränkten) Funktionen.

- $\mathcal{N}$ ist die Familie der Nullmengen (vgl. Definition 1.1.16 in [113])
- numerische Mengen:
  - natürliche Zahlen: $\mathbb{N} = \{1, 2, 3, \ldots\}$, $\mathbb{N}_0 = \mathbb{N} \cup \{0\}$, $I_n := \{1, \ldots, n\}$ für $n \in \mathbb{N}$
  - reelle Zahlen $\mathbb{R}$, erweiterte reelle Zahlen $\bar{\mathbb{R}} = \mathbb{R} \cup \{\pm\infty\}$, positive reelle Zahlen $\mathbb{R}_{>0} =]0, +\infty[$, nicht-negative reelle Zahlen $\mathbb{R}_{\geq 0} = [0, +\infty[$
- Leb_d bezeichnet das d-dimensionale Lebesgue-Maß; $\mathrm{Leb} := \mathrm{Leb}_1$
- Indikatorfunktion einer Menge A

$$\mathbb{1}_A(x) := \begin{cases} 1 & \text{wenn } x \in A \\ 0 & \text{sonst} \end{cases}$$

- Euklidisches Skalarprodukt:

$$\langle x, y \rangle = x \cdot y = \sum_{i=1}^{d} x_i y_i, \qquad x = (x_1, \ldots, x_d), \; y = (y_1, \ldots, y_d) \in \mathbb{R}^d$$

In Matrixoperationen wird der d-dimensionale Vektor x mit der $d \times 1$ Spaltenmatrix identifiziert.
- Maximum und Minimum von reellen Zahlen:

$$x \wedge y = \min\{x, y\}, \qquad x \vee y = \max\{x, y\}$$

- positive und negative Teile:

$$x^+ = x \vee 0, \qquad x^- = (-x) \vee 0$$

- Argument des Maximums und Minimums von $f : A \longrightarrow \mathbb{R}$:

$$\arg\max_{x \in A} f(x) = \{y \in A \mid f(y) \geq f(x) \text{ für alle } x \in A\}$$
$$\arg\min_{x \in A} f(x) = \{y \in A \mid f(y) \leq f(x) \text{ für alle } x \in A\}$$

Abkürzungen
Z. v. = Zufallsvariable, f. s. = fast sicher. Eine bestimmte Eigenschaft gilt f. s., wenn es eine $N \in \mathcal{N}$ (Nullmenge) gibt, so dass die Eigenschaft für jedes $\omega \in \Omega \setminus N$ wahr ist

f. ü. = fast überall (bezogen auf das Lebesgue-Maß)

Wir kennzeichnen die Wichtigkeit der Ergebnisse mit den folgenden Symbolen:

[!] bedeutet, dass man genau aufpassen und versuchen sollte das Ergebnis gut zu verstehen, weil ein wichtiges Konzept, eine neue Idee oder eine neue Technik eingeführt wird

[!!] bedeutet, dass das Ergebnis sehr wichtig ist

[!!!] bedeutet, dass das Ergebnis grundlegend ist

Inhaltsverzeichnis

1 Stochastische Prozesse 1
   1.1   Stochastische Prozesse: Verteilung und
         endlichdimensionale Verteilungen 2
         1.1.1   Messbare Prozesse 7
   1.2   Eindeutigkeit 9
   1.3   Existenz 11
   1.4   Filtrationen und Martingale 14
   1.5   Beweis des Erweiterungssatzes von Kolmogorov 19
   1.6   Wichtige Ideen zum Merken 24

2 Markov-Prozesse 27
   2.1   Übergangsverteilung und Feller-Prozesse 27
   2.2   Markov-Eigenschaft 32
   2.3   Prozesse mit unabhängigen Inkrementen und Martingale 36
   2.4   Endlichdimensionale Verteilungen und
         Chapman-Kolmogorov-Gleichung 38
   2.5   Charakteristischer Operator und Kolmogorov-Gleichungen 43
         2.5.1   Der lokale Fall 46
         2.5.2   Rückwärts-Kolmogorov-Gleichung 49
         2.5.3   Vorwärts-Kolmogorov- (oder Fokker-Planck-)
                Gleichung 53
   2.6   Markov-Prozesse und Diffusionen 56
   2.7   Wichtige Merksätze 58

3 Stetige Prozesse 61
   3.1   Stetigkeit und fast sichere Stetigkeit 61
   3.2   Kanonische Version eines stetigen Prozesses 63
   3.3   Kolmogorovs Stetigkeitssatz 66
   3.4   Beweis des Stetigkeitssatzes von Kolmogorov 68
   3.5   Wichtige Merksätze 71

4	**Brownsche Bewegung**		73
	4.1	Definition	73
	4.2	Markov- und Feller-Eigenschaften	77
	4.3	Wiener-Raum	78
	4.4	Brownsche Martingale	79
	4.5	Wichtige Merksätze	82
5	**Poisson-Prozess**		83
	5.1	Definition	83
	5.2	Markov- und Feller-Eigenschaften	88
	5.3	Martingale Eigenschaften	90
	5.4	Beweis von Theorem 5.2.1	91
	5.5	Wichtige Merksätze	94
6	**Stoppzeiten**		95
	6.1	Der diskrete Fall	95
		6.1.1 Optional Sampling, Maximal-Ungleichungen und Upcrossing-Lemma	100
	6.2	Der kontinuierliche Fall	105
		6.2.1 Übliche Bedingungen und Stoppzeiten	105
		6.2.2 Erweiterung der Filtration und Markov-Prozesse	109
		6.2.3 Filtrationserweiterung und Lévy-Prozesse	113
		6.2.4 Allgemeine Ergebnisse zu Stoppzeiten	116
	6.3	Wichtige Merksätze	119
7	**Starke Markov-Eigenschaft**		121
	7.1	Feller und starke Markov-Eigenschaften	121
	7.2	Reflexionsprinzip	124
	7.3	Der homogene Fall	126
8	**Stetige Martingale**		131
	8.1	Optional Sampling und Maximalungleichungen	132
	8.2	Càdlàg Martingale	136
	8.3	Der Raum $\mathscr{M}^{c,2}$ der quadratintegrierbaren stetigen Martingale	139
	8.4	Der Raum $\mathscr{M}^{c,loc}$ der stetigen lokalen Martingale	141
	8.5	Gleichmäßig quadratisch integrierbare Martingale	144
	8.6	Wichtige Merksätze	146
9	**Theorie der Variation**		149
	9.1	Riemann-Stieltjes-Integral	150
	9.2	Lebesgue-Stieltjes-Integral	156
	9.3	Semimartingale	158
		9.3.1 Brownsche Bewegung als Semimartingal	159

	9.3.2 Semimartingale von beschränkter Variation	161
9.4	Doobs Zerlegung und quadratischer Variationsprozess	162
9.5	Kovariationsmatrix	164
9.6	Beweis des Zerlegungssatzes von Doob	165
9.7	Wichtige Merksätze	170

10 Stochastisches Integral 173
10.1 Integral in Bezug auf eine Brownsche Bewegung 174
    10.1.1 Beweis von Lemma 10.1.7 180
10.2 Integral bezüglich stetiger quadratintegrierbarer Martingale 181
    10.2.1 Integral von Indikatorprozessen 182
    10.2.2 Integral von einfachen Prozessen 186
    10.2.3 Integral in $\mathbb{L}^2$ 187
    10.2.4 Integral in $\mathbb{L}^2_{\text{loc}}$ 192
    10.2.5 Stochastisches Integral als Riemann-Stieltjes Integral 197
10.3 Integral in Bezug auf stetige Semimartingale 199
10.4 Skalare Itô-Prozesse 201
10.5 Wichtige Merksätze 203

11 Itô's Formel 205
11.1 Itô's Formel für stetige Semimartingale 205
    11.1.1 Itô-Formel für die Brownsche Bewegung 207
    11.1.2 Itôs Formel für Itô-Prozesse 209
11.2 Einige Folgen von Itô's Formel 212
    11.2.1 Burkholder-Davis-Gundy Ungleichungen 212
    11.2.2 Quadratische Variationsprozess 216
11.3 Beweis der Itô'schen Formel 217
11.4 Wichtige Merksätze 222

12 Mehrdimensionale stochastische Analysis 223
12.1 Mehrdimensionale Brownsche Bewegung 223
12.2 Mehrdimensionale Itô-Prozesse 227
12.3 Mehrdimensionale Itô-Formel 229
12.4 Lévy's Charakterisierung und korrelierte Brownsche Bewegung 233
12.5 Wichtige Merksätze 236

13 Maßwechsel und Martingaldarstellung 239
13.1 Maßwechsel und Itô-Prozesse 239
    13.1.1 Eine Anwendung: Risikoneutrale Bewertung von Finanzderivaten 241
13.2 Integrierbarkeit von exponentiellen Martingalen 243
13.3 Girsanov Theorem 247
13.4 Approximation durch exponentielle Martingale 250
13.5 Darstellung von Brownschen Martingalen 252

		13.5.1 Beweis von Theorem 13.1.1	255
	13.6	Wichtige Merksätze	255
14	**Stochastische Differentialgleichungen**		**257**
	14.1	Lösen von SDEs: Konzepte von Existenz und Eindeutigkeit	258
	14.2	Schwache Existenz und Eindeutigkeit via Girsanov	263
	14.3	Schwache vs. starke Lösungen: das Yamada-Watanabe-Theorem	266
	14.4	Standardannahmen und apriori Schätzungen	271
	14.5	Einige a-priori Schätzungen	274
	14.6	Wichtige Merksätze	278
15	**Feynman-Kac Formeln**		**281**
	15.1	Charakteristischer Operator einer SDE	282
	15.2	Austrittszeit aus einem beschränkten Bereich	284
	15.3	Der autonome Fall: das Dirichlet-Problem	286
	15.4	Der evolutionäre Fall: das Cauchy-Problem	291
	15.5	Wichtige Merksätze	294
16	**Lineare Gleichungen**		**295**
	16.1	Lösung und Übergangsverteilung einer linearen SDE	295
	16.2	Steuerbarkeit linearer Systeme und absolute Stetigkeit	299
	16.3	Kalman Rangbedingung	302
	16.4	Hörmander's Bedingung	303
	16.5	Beispiele und Anwendungen	305
	16.6	Wichtige Merksätze	312
17	**Starke Lösungen**		**313**
	17.1	Eindeutigkeit	314
	17.2	Existenz	316
	17.3	Markov-Eigenschaft	320
		17.3.1 Vorwärts-Kolmogorov-Gleichung	322
	17.4	Stetige Abhängigkeit von Parametern	323
18	**Schwache Lösungen**		**327**
	18.1	Das Stroock-Varadhan Martingalproblem	328
	18.2	Gleichungen mit Hölder-Koeffizienten	331
	18.3	Weitere Ergebnisse für das Martingalproblem	336
	18.4	Starke Eindeutigkeit durch Regularisierung durch Rauschen	337
	18.5	Wichtige Merksätze	341
19	**Ergänzungen**		**343**
	19.1	Markovsche Projektion und Gyöngys Lemma	343
	19.2	Rückwärts stochastische Differentialgleichungen	346
	19.3	Filtrierung und stochastische Wärmeleitungsgleichung	349
	19.4	Rückwärts stochastisches Integral und Krylovs SPDE	352

20	**Eine Einführung in parabolische PDEs**	359
	20.1	Eindeutigkeit: das Maximumprinzip	361
		20.1.1 Cauchy-Dirichlet-Problem	362
		20.1.2 Cauchy-Problem	365
	20.2	Existenz: die fundamentale Lösung	368
	20.3	Die Parametrix-Methode	373
		20.3.1 Gaußsche Abschätzungen	375
		20.3.2 Beweis von Proposition 20.3.2	379
		20.3.3 Potenzialschätzungen	385
		20.3.4 Beweis von Theorem 20.2.5	390
		20.3.5 Beweis von Proposition 18.4.3	397
	20.4	Wichtige Merksätze	399

Literaturverzeichnis 401

Stichwortverzeichnis 409

Kapitel 1
Stochastische Prozesse

Unendliche Informationen sind der natürliche Lebensraum der Wahrscheinlichkeitstheorie

William Feller

Zufallsvariablen beschreiben den *Zustand* eines zufälligen Phänomens: zum Beispiel eine unbeobachtbare Position eines Teilchens in einem physikalischen Modell oder den Preis zu einem zukünftigen Datum einer Aktie in einem Finanzmodell. Stochastische Prozesse beschreiben die *Dynamik*, im Laufe der Zeit oder abhängig von anderen Parametern, eines zufälligen Phänomens. Ein stochastischer Prozess kann als parametrisierte Familie von Zufallsvariablen definiert werden, von denen jede den Zustand des Phänomens repräsentiert, der einem festen Wert der Parameter entspricht. Wir haben bereits einen einfachen, aber bemerkenswerten stochastischen Prozess in Bd. 1, Beispiel 2.6.4 in [113], getroffen, in dem $(X_n)_{n \in \mathbb{N}}$ die zeitliche Entwicklung des Preises eines riskanten Vermögenswerts darstellt. Aus einer abstrakteren Perspektive kann ein stochastischer Prozess als eine Zufallsvariable mit Werten in einem Funktionenraum definiert werden, typischerweise ein Raum von Kurven in $\mathbb{R}^N$: jede Kurve stellt eine *Trajektorie* oder mögliche Entwicklung des Phänomens in $\mathbb{R}^N$ dar, wenn die Parameter variieren.

Die Theorie der stochastischen Prozesse ist heutzutage eines der reichsten und faszinierendsten Gebiete der Mathematik: wir weisen auf den ausgezeichneten Übersichtsartikel [97] hin, der mit einer Fülle von Einblicken die Forschungsgeschichte über stochastische Prozesse seit Mitte des letzten Jahrhunderts erzählt.

1.1 Stochastische Prozesse: Verteilung und endlichdimensionale Verteilungen

In diesem Abschnitt geben wir zwei *äquivalente* Definitionen von stochastischen Prozessen. Die erste Definition ist recht einfach und intuitiv; die zweite ist abstrakter, aber wesentlich für den Beweis einiger allgemeiner Ergebnisse über stochastische Prozesse. Wir führen auch einige zusätzliche Begriffe ein: den *Raum der Trajektorien*, die *Verteilung*/das *Gesetz* und die *endlichdimensionalen Verteilungen*.

Sei I eine generische nicht-leere Menge. Gegeben seien $d \in \mathbb{N}$ und die Menge der Zufallsvariablen $m\mathscr{F}$ mit Werten in $\mathbb{R}^d$, definiert auf einem Wahrscheinlichkeitsraum $(\Omega, \mathscr{F}, P)$. Der Begriff eines stochastischen Prozesses erweitert den einer Funktion von I nach $\mathbb{R}^d$, indem er zulässt, dass die angenommenen Werte zufällig sein können: mit anderen Worten, genauso wie eine Funktion

$$f : I \longrightarrow \mathbb{R}^d$$

$t \in I$ mit der abhängigen Variable $f(t) \in \mathbb{R}^d$ verknüpft, verknüpft ein stochastischer Prozess

$$X : I \longrightarrow m\mathscr{F}$$

$t \in I$ mit der d-dimensionalen Zufallsvariable $X_t \in m\mathscr{F}$.

Definition 1.1.1 (Stochastischer Prozess) Ein stochastischer Prozess ist eine Funktion mit d-dimensionalen zufälligen Werten

$$X : I \longrightarrow m\mathscr{F}$$
$$t \longrightarrow X_t.$$

Im Fall $d = 1$ sagen wir, dass X ein *reeller* stochastischer Prozess ist. Wenn I endlich oder abzählbar ist, dann sagen wir dass X ein *diskreter* stochastischer Prozess ist.

Man kann den stochastischen Prozess X auch als *eine indizierte Familie* $X = (X_t)_{t \in I}$ *von Zufallsvariablen* betrachten. Dazu wird oft die Menge I eine Teilmenge von $\mathbb{R}$ sein, die eine Menge von Zeitindizes darstellt; zum Beispiel, wenn $I = \mathbb{N}$, dann ist ein Prozess $(X_n)_{n \in \mathbb{N}}$ einfach eine Folge von Zufallsvariablen.

Allgemeiner kann ein stochastischer Prozess X definiert werden, indem angenommen wird, dass X_t, für jedes $t \in I$, eine Zufallsvariable mit Werten in einem generischen messbaren Raum $(E, \mathscr{E})$ anstelle von $\mathbb{R}^d$ ist.

Um die zweite Definition eines stochastischen Prozesses zu geben, ist es notwendig, einige vorläufige Notationen einzuführen. Wir bezeichnen mit

$$\mathbb{R}^I = \{x : I \longrightarrow \mathbb{R}\}$$

1.1 Stochastische Prozesse: Verteilung und endlichdimensionale Verteilungen

die Familie der Funktionen von I nach $\mathbb{R}$. Für jedes $x \in \mathbb{R}^I$ und $t \in I$, schreiben wir x_t anstatt $x(t)$ und sagen, dass x_t die *t-te Komponente* von x ist: auf diese Weise interpretieren wir $\mathbb{R}^I$ als das kartesische Produkt von $\mathbb{R}$ für eine Anzahl von $|I|$ Malen (auch wenn I nicht endlich oder abzählbar ist). Zum Beispiel, wenn $I = \{1, \ldots, d\}$ dann ist $\mathbb{R}^I$ mit $\mathbb{R}^d$ identifizierbar, während im Fall $I = \mathbb{N}$, $\mathbb{R}^\mathbb{N}$ die Menge der Folgen $x = (x_1, x_2, \ldots)$ von reellen Zahlen ist. Ein Element $x \in \mathbb{R}^I$ kann als eine parametrisierte Kurve in $\mathbb{R}$ gesehen werden, wobei I die Menge der Parameter ist.

Wir sagen, dass $\mathbb{R}^I$ der *Raum der Trajektorien* von I nach $\mathbb{R}$ ist und $x \in \mathbb{R}^I$ eine *reelle Trajektorie* ist. Es ist nichts Besonderes daran, reelle Trajektorien zu betrachten: Wir könnten direkt $\mathbb{R}^d$ oder sogar einen allgemeinen messbaren Raum $(E, \mathscr{E})$ anstelle von $\mathbb{R}$ betrachten. In diesem Fall ist der Trajektorienraum E^I, also die Menge der Funktionen von I mit Werten in E. Vorerst beschränken wir uns jedoch auf $E = \mathbb{R}$, was bei der Untersuchung eindimensionaler (oder reeller) stochastischer Prozesse relevant ist.

Wir statten den Trajektorienraum mit einer messbaren Raumstruktur aus. Auf $\mathbb{R}^I$ führen wir eine σ-Algebra ein, die die *Produkt-σ-Algebra* aus Abschn. 2.3.2 in [113] verallgemeinert. Eine *endlich-dimensionale Zylindermenge*, oder kurz *Zylinder*, ist eine Teilmenge von $\mathbb{R}^I$, bei der eine endliche Anzahl von Komponenten „festgelegt" ist.

Definition 1.1.2 (Endlich-dimensionale Zylindermenge) Sei $t \in I$ und $H \in \mathscr{B}$. Dann nennen wir die Menge

$$C_t(H) := \{x \in \mathbb{R}^I \mid x_t \in H\}$$

einen eindimensionalen Zylinder. Sind $t_1, \ldots, t_n \in I$ paarweise verschieden und $H_1, \ldots, H_n \in \mathscr{B}$, so setzen wir $H = H_1 \times \cdots \times H_n$ und nennen

$$C_{t_1,\ldots,t_n}(H) := \{x \in \mathbb{R}^I \mid (x_{t_1}, \ldots, x_{t_n}) \in H\} = \bigcap_{i=1}^n C_{t_i}(H_i) \tag{1.1}$$

eine endlich-dimensionale Zylindermenge. Wir bezeichnen mit $\mathscr{C}$ die Familie der endlich-dimensionalen Zylindermengen und mit

$$\mathscr{F}^I := \sigma(\mathscr{C})$$

die von diesen Zylindern erzeugte σ-Algebra.

Die σ-Algebra $\mathscr{F}^I$ ist ein sehr abstraktes Objekt und zunächst ist es nicht wichtig, diese konkret zu visualisieren oder seine Struktur im Detail zu verstehen: einige zusätzliche Informationen über $\mathscr{F}^I$ werden in Bemerkung 1.1.10 bereitgestellt. Wir haben $\mathscr{F}^I$ eingeführt, um die folgende alternative Definition zu geben.

Definition 1.1.3 (Stochastischer Prozess) Ein reeller stochastischer Prozess $X = (X_t)_{t \in I}$ auf dem Wahrscheinlichkeitsraum $(\Omega, \mathscr{F}, P)$ ist eine Zufallsvariable mit Werten im Raum der Trajektorien $(\mathbb{R}^I, \mathscr{F}^I)$:

$$X : \Omega \longrightarrow \mathbb{R}^I.$$

Bemerkung 1.1.4 Die Tatsache, dass X eine Zufallsvariable ist, bedeutet, dass die Messbarkeitsbedingung erfüllt ist

$$(X \in C) \in \mathscr{F} \text{ für jedes } C \in \mathscr{F}^I. \tag{1.2}$$

Im Gegenzug ist Bedingung (1.2) äquivalent[1] zu der Tatsache, dass

$$(X_t \in H) \in \mathscr{F} \text{ für jedes } H \in \mathscr{B}, \ t \in I, \tag{1.3}$$

und daher sind Definitionen 1.1.1 und 1.1.3 äquivalent. Zusammenfassend kann man auch sagen, dass ein reeller stochastischer Prozess X eine Funktion ist

$$X : I \times \Omega \longrightarrow \mathbb{R}$$
$$(t, \omega) \longrightarrow X_t(\omega)$$

die

- jedem $t \in I$ die Zufallsvariable $\omega \mapsto X_t(\omega)$ zuordnet: dies ist der Standpunkt von Definition 1.1.1;
- jedem $\omega \in \Omega$ die Trajektorie $t \mapsto X_t(\omega)$ zuordnet: dies ist der Standpunkt von Definition 1.1.3. Beachte, dass jedem Ergebnis $\omega \in \Omega$ eine Trajektorie des Prozesses entspricht (und damit identifiziert werden kann).

Beispiel 1.1.5 Jede Funktion $f : I \longrightarrow \mathbb{R}$ kann als stochastischer Prozess interpretiert werden, indem man für jedes feste $t \in I$, $f(t)$ als konstante Zufallsvariable betrachtet. Mit anderen Worten, wenn $\Omega = \{\omega\}$ ein Stichprobenraum ist, der aus einem einzigen Element besteht, hat der durch $X_t(\omega) = f(t)$ definierte Prozess nur

---

[1] Tatsächlich ist $(X_t \in H) = (X \in C)$, wobei C der eindimensionale Zylinder (d. h., in dem nur eine Komponente festgelegt ist) definiert durch $\{x \in \mathbb{R}^I \mid x_t \in H\}$: daher ist klar, dass wenn X ein stochastischer Prozess ist, dann $X_t \in m\mathscr{F}$ für jedes $t \in I$. Umgekehrt ist die Familie

$$\mathscr{H} := \{C \in \mathscr{F}^I \mid X^{-1}(C) \in \mathscr{F}\}$$

eine σ-Algebra, die nach Hypothese eindimensionale Zylinder und daher auch $\mathscr{C}$ (Zylinder sind endliche Schnitte von eindimensionalen Zylindern) enthält. Dann $\mathscr{H} \supseteq \sigma(\mathscr{C}) = \mathscr{F}^I$.

eine Trajektorie, die die Funktion f ist. Die Messbarkeitsbedingung (1.3) ist offensichtlich, da $\mathscr{F} = \{\emptyset, \Omega\}$. In diesem Sinne verallgemeinert das Konzept eines stochastischen Prozesses das einer Funktion, weil es die Existenz von mehreren Trajektorien erlaubt.

Aus der Sicht von Definition 1.1.3 ist ein stochastischer Prozess eine Zufallsvariable und daher können wir seine Verteilung definieren.

Definition 1.1.6 (Verteilung/Gesetz) Die Verteilung (oder das Gesetz) des stochastischen Prozesses X ist ein Wahrscheinlichkeitsmaß auf $(\mathbb{R}^I, \mathscr{F}^I)$. Es ist definiert durch
$$\mu_X(C) = P(X \in C), \qquad C \in \mathscr{F}^I.$$

Bemerkung 1.1.7 (Endlich-dimensionale Verteilungen) Auch das Konzept der Verteilung eines stochastischen Prozesses ist abstrakt und nicht sehr praktisch: aus einer operativen Perspektive sind die sogenannten *endlich-dimensionalen Verteilungen*, die die Verteilungen $\mu_{(X_{t_1}, \ldots, X_{t_n})}$ der Zufallsvektoren $(X_{t_1}, \ldots, X_{t_n})$ sind, wenn die Wahl einer endlichen Anzahl von Indizes $t_1, \ldots, t_n \in I$ variiert, ein viel effektiveres Werkzeug. Die Verteilung eines Prozesses ist *eindeutig durch die endlich-dimensionalen Verteilungen bestimmt:* Mit anderen Worten, es ist äquivalent, die Verteilung oder die endlich-dimensionalen Verteilungen eines stochastischen Prozesses zu kennen[2].

Die *eindimensionalen* Verteilungen reichen nicht aus, um die Verteilung eines Prozesses eindeutig zu bestimmen. Das ist offensichtlich, wenn I endlich ist und der Prozess somit einfach ein Zufallsvektor ist: Die eindimensionalen Verteilungen sind dann die Randverteilungen des Vektors, die die gemeinsame Verteilung offensichtlich nicht eindeutig festlegen. Ein weiteres interessantes Beispiel findet sich in Bemerkung 4.1.5.

Beispiel 1.1.8 Seien $A, B \sim \mathcal{N}_{0,1}$ unabhängige Zufallsvariablen. Betrachte den stochastischen Prozess $X = (X_t)_{t \in \mathbb{R}}$ definiert durch
$$X_t = At + B, \qquad t \in \mathbb{R}.$$

Jede Trajektorie von X ist eine lineare Funktion (eine Gerade) auf $\mathbb{R}$. Es ist nicht offensichtlich, wie man die Verteilung dieses Prozesses explizit bestimmt. Aber es

---

[2] Das Maß eines allgemeinen Zylinders $C_{t_1,\ldots,t_n}(H)$ wird als
$$\mu_X\left(C_{t_1,\ldots,t_n}(H)\right) = \mu_{(X_{t_1},\ldots,X_{t_n})}(H)$$
ausgedrückt und daher bestimmen die endlich-dimensionalen Verteilungen μ_X auf $\mathscr{C}$. Andererseits ist $\mathscr{C}$ eine unter Durchschnitt abgeschlossene Familie und erzeugt $\mathscr{F}^I$: Nach Korollar A.0.5 in [113] gilt, dass zwei Wahrscheinlichkeitsmaße auf $(\mathbb{R}^I, \mathscr{F}^I)$, die auf $\mathscr{C}$ übereinstimmen, gleich sind. Mit anderen Worten, wenn $\mu_1(C) = \mu_2(C)$ für jedes $C \in \mathscr{C}$, dann gilt $\mu_1 \equiv \mu_2$. Wir werden sehen, dass dank des Satzes von Carathéodory *ein Wahrscheinlichkeitsmaß sich eindeutig von $\mathscr{C}$ auf $\mathscr{F}^I$ fortsetzen lässt:* Dies ist der Inhalt eines der ersten grundlegenden Resultate über stochastische Prozesse, des Erweiterungssatzes von Kolmogorov, den wir in Abschn. 1.3 betrachten werden.

ist einfach, die endlich-dimensionalen Verteilungen zu berechnen. Für gegebene $t_1, \ldots, t_n \in \mathbb{R}$

$$\begin{pmatrix} X_{t_1} \\ \vdots \\ X_{t_n} \end{pmatrix} = \alpha \begin{pmatrix} A \\ B \end{pmatrix}, \quad \alpha = \begin{pmatrix} t_1 & 1 \\ \vdots & \vdots \\ t_n & 1 \end{pmatrix}$$

und daher, nach Proposition 2.5.15, in [113], $(X_{t_1}, \ldots, X_{t_n}) \sim \mathcal{N}_{0,\alpha\alpha^*}$.

Beispiel 1.1.9 (Gaußscher Prozess) Wir sagen, dass ein stochastischer Prozess Gaußsch ist, wenn er normale endlich-dimensionale Verteilungen hat. Wenn $X = (X_t)_{t \in I}$ Gaußsch ist, betrachten wir die Mittelwert- und Kovarianzfunktionen

$$m(t) := E[X_t], \quad c(s,t) := \mathrm{cov}(X_s, X_t), \quad s,t \in I.$$

Diese Funktionen bestimmen die endlich-dimensionalen Verteilungen (und daher auch die Verteilung!) des Prozesses, denn für jede Wahl $t_1, \ldots, t_n \in I$ haben wir

$$(X_{t_1}, \ldots, X_{t_n}) \sim \mathcal{N}_{M,C}$$

wobei

$$M = (m(t_1), \ldots, m(t_n)) \quad \text{und} \quad C = \big(c(t_i, t_j)\big)_{i,j=1,\ldots,n}. \tag{1.4}$$

Wir beobachten, dass $C = \big(c(t_i, t_j)\big)_{i,j=1,\ldots,n}$ eine symmetrische und positive semidefinite Matrix ist. Wenn I endlich ist, dann ist X offensichtlich nichts anderes als ein Zufallsvektor mit multi-normaler Verteilung. Der Prozess des Beispiels 1.1.8 ist Gaußsch mit Null-Mittelwert und Kovarianzfunktion $c(s,t) = st + 1$. Der triviale Prozess des Beispiels 1.1.5 ist ebenfalls Gaußsch mit Mittelwertfunktion $f(t)$ und Kovarianzfunktion identisch null: in diesem Fall gilt $X_t \sim \delta_{f(t)}$ für jedes $t \in I$. Schließlich ist ein grundlegendes Beispiel für einen Gaußschen Prozess die Brownsche Bewegung, die wir in Kap. 4 definieren werden.

Bemerkung 1.1.10 [!] Es gibt Familien von Trajektorien, sogar sehr bedeutende, die nicht zur σ-Algebra $\mathscr{F}^I$ gehören. Die Idee ist, dass *jedes Element von $\mathscr{F}^I$ durch eine abzählbare Anzahl von Koordinaten charakterisiert ist*[3] und das ist sehr

---

[3] Genauer gesagt, lösen wir Übung 1.4 in [9]: betrachte $I = [0,1]$ (so ist der Raum der Trajektorien $\mathbb{R}^I$ die Familie der Funktionen von $[0,1]$ nach $\mathbb{R}$). Sei $\tau = (t_n)_{n \geq 1} \in [0,1]^\mathbb{N}$ eine Folge. Wir identifizieren τ mit der Abbildung

$$\tau : \mathbb{R}^{[0,1]} \longrightarrow \mathbb{R}^\mathbb{N}, \quad \tau(x) := (x_{t_n})_{n \geq 1},$$

und setzen

$$\mathbb{M} = \{\tau^{-1}(H) \mid \tau \in [0,1]^\mathbb{N}, H \in \mathscr{F}^\mathbb{N}\}, \quad \tau^{-1}(H) = \{x \in \mathbb{R}^{[0,1]} \mid \tau(x) \in H\},$$

wobei $\mathscr{F}^\mathbb{N}$ die durch Zylinder in $\mathbb{R}^\mathbb{N}$ erzeugte σ-Algebra ist. Dann gilt $\mathbb{M} \subseteq \mathscr{F}^{[0,1]}$ und enthält die Familie der endlich-dimensionalen Zylinder von $\mathbb{R}^{[0,1]}$, die eine $\cap$-geschlossene Familie ist, die

1.1 Stochastische Prozesse: Verteilung und endlichdimensionale Verteilungen   7

einschränkend wenn I überabzählbar ist. Zum Beispiel, wenn $I = [0, 1]$ haben wir

$$C[0, 1] \notin \mathscr{F}^{[0,1]}$$

da die Familie $C[0, 1]$ der stetigen Funktionen nicht im Raum aller Funktionen von $[0, 1]$ nach $\mathbb{R}$ charakterisiert werden kann, indem Bedingungen an eine abzählbare Anzahl von Koordinaten[4] gestellt werden. Aus dem gleichen Grund gehören auch die Singletons $\{x\}$ mit $x \in \mathbb{R}^{[0,1]}$, die Teilmengen von $\mathbb{R}^{[0,1]}$ mit einer endlichen Anzahl von Elementen, und andere bedeutende Familien wie zum Beispiel

$$\left\{ x \in \mathbb{R}^{[0,1]} \mid \sup_{t \in [0,1]} x_t < 1 \right\}$$

nicht zu $\mathscr{F}^{[0,1]}$.

Diese Beispiele können erhebliche Zweifel an der σ-Algebra $\mathscr{F}^I$ aufkommen lassen, da sie als σ-Algebra nicht groß genug ist, um wichtige Trajektorienfamilien wie die soeben betrachteten zu enthalten. Tatsächlich besteht das Problem darin, dass der Ergebnisraum $\mathbb{R}^I$, also die Menge *aller* Funktionen von I nach $\mathbb{R}$, so groß ist, dass er als messbarer Raum kaum handhabbar ist, was die Entwicklung einer allgemeinen Theorie stochastischer Prozesse erschwert. Aus diesem Grund werden wir so bald wie möglich $\mathbb{R}^I$ durch einen Zustandsraum ersetzen, der nicht nur „kleiner" ist, sondern auch eine nützliche metrische Raumstruktur besitzt: Dies ist beispielsweise beim Raum der stetigen Trajektorien der Fall, den wir in Abschn. 3.2 untersuchen werden.

1.1.1 Messbare Prozesse

Wir haben zwei äquivalente Definitionen eines stochastischen Prozesses gegeben, die jeweils ihre eigenen Vor- und Nachteile haben:

i) **Ein stochastischer Prozess ist eine Zufallswertfunktion (Definition 1.1.1)**

$$X : I \longrightarrow m\mathscr{F}$$

die jedem $t \in I$ die auf dem Wahrscheinlichkeitsraum $(\Omega, \mathscr{F}, P)$ definierte Zufallsvariable X_t zuordnet.

$\mathscr{F}^{[0,1]}$ erzeugt. Darüber hinaus beweist man, dass $\mathbb{M}$ eine monotone Familie ist: es folgt aus Korollar A.0.4 in [113], dass $\mathbb{M} = \mathscr{F}^{[0,1]}$, d. h. jedes Element $C \in \mathscr{F}^{[0,1]}$ ist von der Form $C = \tau^{-1}(H)$ für eine Folge τ in $[0, 1]$ und $H \in \mathscr{F}^{\mathbb{N}}$. Mit anderen Worten wird C durch die Wahl einer *abzählbaren Anzahl von Koordinaten* $\tau = (t_n)_{n \geq 1}$ (sowie durch $H \in \mathscr{F}^{\mathbb{N}}$) charakterisiert.

[4] Widerspruch, wenn $C[0, 1] = \tau^{-1}(H)$, für eine Folge von Koordinaten $\tau = (t_n)_{n \geq 1}$ in $[0, 1]$ und $H \in \mathscr{F}^{\mathbb{N}}$, dann sollte die Modifikation von $x \in C[0, 1]$ an einem Punkt $t \notin \tau$ immer noch zu einer stetigen Funktion führen und das ist offensichtlich falsch.

ii) **Ein stochastischer Prozess ist eine Zufallsvariable mit Werten in einem Raum von Trajektorien (Definition** 1.1.3)**:** Nach dieser viel abstrakteren Definition ist ein Prozess $X = X(\omega)$ eine Zufallsvariable

$$X : \Omega \longrightarrow \mathbb{R}^I$$

vom Wahrscheinlichkeitsraum $(\Omega, \mathscr{F}, P)$ zum Raum der Trajektorien $\mathbb{R}^I$, ausgestattet mit der Struktur eines messbaren Raums mit der σ-Algebra $\mathscr{F}^I$. Diese Definition wird im Beweis der allgemeinsten und theoretischsten Ergebnisse verwendet, auch wenn sie eine weniger operationelle Vorstellung ist und schwieriger auf die Untersuchung konkreter Beispiele anzuwenden ist.

Beachte, dass die vorherigen Definitionen keine Annahmen über die Art der Abhängigkeit von X in Bezug auf die Variable t erfordern (zum Beispiel Messbarkeit oder eine Art von Regularität). Offensichtlich stellt sich das Problem nicht, wenn I eine generische Menge ist, die keiner messbaren oder metrischen Raumstruktur unterliegt; wenn jedoch I ein reales Intervall ist, dann ist es möglich, den Produktraum $I \times \Omega$ mit einer Struktur von einem messbaren Raum mit der Produkt-σ-Algebra $\mathscr{B} \otimes \mathscr{F}$ auszustatten.

Definition 1.1.11 (Messbarer Prozess) Ein messbarer stochastischer Prozess ist eine messbare Funktion

$$X : (I \times \Omega, \mathscr{B} \otimes \mathscr{F}) \longrightarrow (\mathbb{R}, \mathscr{B}).$$

Nach Lemma 2.3.11 in [113], wenn X ein messbarer stochastischer Prozess ist, dann:

- ist X_t eine Zufallsvariable für jedes $t \in I$;
- ist die Trajektorie $t \mapsto X_t(\omega)$ eine Borel-messbare Funktion von I nach $\mathbb{R}$, für jedes $\omega \in \Omega$.

Wenn $I \subseteq \mathbb{R}$ ist, ist es natürlich $t \in I$ als einen *Zeitindex* zu interpretieren: wie wir in Abschn. 1.4 sehen werden, wird dann der Wahrscheinlichkeitsraum mit neuen Elementen (Filtrationen) angereichert. Eine vorherrschende Rolle wird von einer bestimmten Klasse von stochastischen Prozessen übernommen, den sogenannten *Martingalen*. In diesem Kontext werden wir den Begriff der Messbarkeit durch Einführung des Konzepts des *progressiv messbaren Prozesses* (vgl. Definition 6.2.27) verstärken.

Der Begriff „Allgemeine Theorie der stochastischen Prozesse" wird in der Literatur üblicherweise auf das Gebiet bezogen, das sich mit der Untersuchung der allgemeinen Eigenschaften von Prozessen befasst, wenn $I = \mathbb{R}_{\geq 0}$: für eine kurze Einführung siehe zum Beispiel Kap. 16 in [9] und Kap. 1 in [65].

1.2 Eindeutigkeit

Es gibt verschiedene Vorstellungen von Äquivalenz zwischen stochastischen Prozessen. Zunächst sind zwei Prozesse $X = (X_t)_{t \in I}$ und $Y = (Y_t)_{t \in I}$ *gleich in Verteilung* wenn sie die gleiche Verteilung haben (oder, äquivalent, wenn sie die gleichen endlich-dimensionalen Verteilungen haben): in diesem Fall könnten X und Y sogar auf verschiedenen Wahrscheinlichkeitsräumen definiert sein. Wenn X und Y auf dem gleichen Wahrscheinlichkeitsraum $(\Omega, \mathscr{F}, P)$ definiert sind, können wir andere Definitionen von Äquivalenz in Bezug auf Gleichheit von Trajektorien geben. Wir erinnern zunächst daran, dass in einem Wahrscheinlichkeitsraum $(\Omega, \mathscr{F}, P)$ eine *Teilmenge* A von Ω *fast sicher* (bezüglich P) ist, wenn es ein Ereignis $C \subseteq A$ gibt, so dass $P(C) = 1$. Wenn der Wahrscheinlichkeitsraum *vollständig* ist[5], dann ist jede fast sichere Menge A ein Ereignis und daher können wir einfach schreiben $P(A) = 1$.

Definition 1.2.1 (Modifikationen) Seien $X = (X_t)_{t \in I}$ und $Y = (Y_t)_{t \in I}$ stochastische Prozesse auf $(\Omega, \mathscr{F}, P)$. Wir sagen, dass X und Y *Modifikationen* sind, wenn $P(X_t = Y_t) = 1$ für jedes $t \in I$.

Bemerkung 1.2.2 Die vorherige Definition kann leicht auf den Fall von X, Y generischen *Funktionen* von Ω zu Werten in $\mathbb{R}^I$ verallgemeinert werden: in diesem Fall ist $(X_t = Y_t)$ nicht notwendigerweise ein Ereignis und daher sagen wir, dass X eine *Modifikation* von Y ist, wenn die Menge $(X_t = Y_t)$ fast sicher ist. Dies kann nützlich sein, wenn nicht a priori bekannt ist, dass X und/oder Y stochastische Prozesse sind.

Definition 1.2.3 (Ununterscheidbare Prozesse) Seien $X = (X_t)_{t \in I}$ und $Y = (Y_t)_{t \in I}$ stochastische Prozesse auf $(\Omega, \mathscr{F}, P)$. Wir sagen, dass X und Y *ununterscheidbar* sind, wenn die Menge

$$(X = Y) := \{\omega \in \Omega \mid X_t(\omega) = Y_t(\omega) \text{ für jedes } t \in I\}$$

fast sicher ist.

Bemerkung 1.2.4 [!] Zwei Prozesse X und Y sind ununterscheidbar, wenn sie fast überall die gleichen Trajektorien besitzen. Auch wenn X und Y stochastische Prozesse sind, ist es nicht notwendigerweise wahr, dass $(X = Y)$ ein Ereignis ist. Tatsächlich gilt $(X = Y) = (X - Y)^{-1}(\{\mathbf{0}\})$, wobei $\mathbf{0}$ die identisch verschwindende Trajektorie bezeichnet; jedoch gilt $\{\mathbf{0}\} \notin \mathscr{F}^I$, es sei denn, I ist endlich oder abzählbar (vgl. Bemerkung 1.1.10).

Andererseits gilt: *Ist der Raum $(\Omega, \mathscr{F}, P)$ vollständig, so sind X und Y genau dann ununterscheidbar, wenn $P(X = Y) = 1$*, da die Vollständigkeit des Raumes garantiert, dass $(X = Y) \in \mathscr{F}$, falls $(X = Y)$ fast sicher ist. Aus diesem und weiteren

---
[5] Wir erinnern an die Definition in Bemerkung 2.1.11 in [113]: Ein Wahrscheinlichkeitsraum $(\Omega, \mathscr{F}, P)$ ist vollständig, wenn $\mathcal{N} \subseteq \mathscr{F}$, wobei $\mathcal{N}$ die Familie der Nullmengen bezeichnet (vgl. Definition 1.1.16 in [113]).

Gründen, die wir später erläutern werden, nehmen wir von nun an häufig an, dass $(\Omega, \mathscr{F}, P)$ vollständig ist.

Bemerkung 1.2.5 [!] Sind X und Y Modifikationen, so haben sie die gleichen endlich-dimensionalen Verteilungen und sind daher gleich verteilt. Sind X und Y ununterscheidbar, so sind sie auch Modifikationen, denn für jedes $t \in I$ gilt $(X = Y) \subseteq (X_t = Y_t)$. Umgekehrt gilt: Sind X und Y Modifikationen, so sind sie nicht notwendigerweise ununterscheidbar; tatsächlich gilt

$$(X = Y) = \bigcap_{t \in I}(X_t = Y_t)$$

aber falls I überabzählbar ist, könnte ein solcher Durchschnitt nicht zu $\mathscr{F}$ gehören oder eine Wahrscheinlichkeit kleiner als eins haben. Ist I endlich oder abzählbar, so sind X, Y genau dann Modifikationen, wenn sie ununterscheidbar sind.

Wir betrachten nun ein explizites Beispiel für Prozesse, die Modifikationen sind, aber nicht ununterscheidbar sind.

Beispiel 1.2.6 [!] Betrachte den Stichprobenraum $\Omega = [0, 1]$ mit dem Lebesgue-Maß als Wahrscheinlichkeitsmaß. Seien $I = [0, 1]$, $X = (X_t)_{t \in I}$ der Null-Prozess, und $Y = (Y_t)_{t \in I}$ der Prozess, der durch

$$Y_t(\omega) = \begin{cases} 1 & \text{wenn } \omega = t, \\ 0 & \text{wenn } \omega \in [0, 1] \setminus \{t\} \end{cases}$$

definiert ist. Dann sind X und Y Modifikationen, da für jedes $t \in I$,

$$(X_t = Y_t) = \{\omega \in \Omega \mid \omega \neq t\} = [0, 1] \setminus \{t\}$$

das Lebesgue-Maß gleich eins hat, d. h. es ist ein fast sicheres Ereignis. Andererseits sind *alle* Trajektorien von X und Y an einem Punkt voneinander verschieden.

Wir stellen auch fest, dass X und Y gleich in Verteilung sind. Jedoch hat X ausschließlich stetige Trajektorien und Y hat nur unstetige Trajektorien: daher gibt es *wichtige Eigenschaften der Trajektorien eines stochastischen Prozesses (wie zum Beispiel Stetigkeit), die nicht von der Verteilung des Prozesses abhängen.*

Im Fall von stetigen Prozessen haben wir das folgende spezielle Ergebnis.

Satz 1.2.7 Sei I ein reelles Intervall, sowie $X = (X_t)_{t \in I}$ und $Y = (Y_t)_{t \in I}$ Prozesse mit fast sicher stetigen Trajektorien[6]. Wenn X eine Modifikation von Y ist, dann sind X, Y nicht ununterscheidbar.

---

[6] Die Menge der $\omega \in \Omega$, sodass $t \mapsto X_t(\omega)$ und $t \mapsto Y_t(\omega)$ stetige Funktionen sind, ist fast sicher.

1.3 Existenz 11

Beweis Nach Annahme sind die Trajektorien $X(\omega)$ und $Y(\omega)$ stetig für jedes $\omega \in A$ mit A fast sicher. Außerdem gilt $P(X_t = Y_t) = 1$ für jedes $t \in I$ und folglich ist die Menge

$$C := A \cap \bigcap_{t \in I \cap \mathbb{Q}} (X_t = Y_t)$$

fast sicher. Für jedes $t \in I$ gibt es eine approximierende Folge $(t_n)_{n \in \mathbb{N}}$ in $I \cap \mathbb{Q}$: durch die Annahme der Stetigkeit haben wir für jedes $\omega \in C$

$$X_t(\omega) = \lim_{n \to \infty} X_{t_n}(\omega) = \lim_{n \to \infty} Y_{t_n}(\omega) = Y_t(\omega)$$

und dies beweist, dass X, Y nicht ununterscheidbar sind. □

Bemerkung 1.2.8 Das Ergebnis von Proposition 1.2.7 bleibt gültig für Prozesse, die nur rechts- oder linksstetig sind.

1.3 Existenz

In diesem Abschnitt zeigen wir, dass *es „immer" möglich ist, einen stochastischen Prozess mit bestimmten endlich-dimensionalen Verteilungen zu konstruieren.*
 Dazu machen wir eine vorläufige Bemerkung: wenn $\mu_{t_1,\ldots,t_n}$ die endlich-dimensionalen Verteilungen eines reellen stochastischen Prozesses $(X_t)_{t \in I}$ sind, dann haben wir

$$\mu_{t_1,\ldots,t_n}(H_1 \times \cdots \times H_n) = P\left((X_{t_1} \in H_1) \cap \cdots \cap (X_{t_n} \in H_n)\right), \quad t_1,\ldots,t_n \in I, \; H_1,\ldots,H_n \in \mathscr{B}. \tag{1.5}$$

Als Konsequenzgelten die folgenden *Konsistenzbedingungen:* für jede endliche Familie von Indizes $t_1, \ldots, t_n \in I$, für jedes $H_1, \ldots, H_n \in \mathscr{B}$ und für jede Permutation ν der Indizes $1, 2, \ldots, n$, haben wir

$$\mu_{t_1,\ldots,t_n}(H_1 \times \cdots \times H_n) = \mu_{t_{\nu(1)},\ldots,t_{\nu(n)}}(H_{\nu(1)} \times \cdots \times H_{\nu(n)}), \tag{1.6}$$

$$\mu_{t_1,\ldots,t_n}(H_1 \times \cdots \times H_{n-1} \times \mathbb{R}) = \mu_{t_1,\ldots,t_{n-1}}(H_1 \times \cdots \times H_{n-1}). \tag{1.7}$$

A posteriori ist klar, dass (1.6)–(1.7) *notwendige* Bedingungen für die Verteilungen $\mu_{t_1,\ldots,t_n}$ sind, um die endlich-dimensionalen Verteilungen eines stochastischen Prozesses zu sein. Das folgende Ergebnis zeigt, dass diese Bedingungen auch hinreichend sind.

Theorem 1.3.1 (Erweiterungssatz von Kolmogorov) [!!!] Sei I eine nichtleere Menge. Angenommen, für jede endliche Familie von Indizes $t_1, \ldots, t_n \in I$ ist eine Verteilung $\mu_{t_1,\ldots,t_n}$ auf $\mathbb{R}^n$ gegeben und die Konsistenzbedingungen (1.6)–(1.7) sind erfüllt. Dann existiert ein eindeutiges Wahrscheinlichkeitsmaß μ auf $\left(\mathbb{R}^I, \mathscr{F}^I\right)$, das $\mu_{t_1,\ldots,t_n}$ als endlich-dimensionale Verteilungen besitzt, d.h. es gilt

$$\mu(C_{t_1,\ldots,t_n}(H)) = \mu_{t_1,\ldots,t_n}(H) \tag{1.8}$$

für jede endliche Familie von Indizes $t_1, \ldots, t_n \in I$ und $H = H_1 \times \cdots \times H_n \in \mathscr{B}_n$.

Bemerkung 1.3.2 [!] Unter den Voraussetzungen des vorherigen Satzes lässt sich das Maß μ weiter auf eine σ-Algebra $\mathscr{F}^I_\mu$ fortsetzen, die $\mathscr{F}^I$ enthält und so beschaffen ist, dass der Wahrscheinlichkeitsraum $(\mathbb{R}^I, \mathscr{F}^I_\mu, \mu)$ *vollständig* ist: Dies ist eine Konsequenz von Korollar 1.5.11 in [113] und der konstruktiven Methode im Beweis des Satzes von Carathéodory. Manchmal wird $\mathscr{F}^I_\mu$ auch als *μ-Vervollständigung von* $\mathscr{F}^I$ bezeichnet.

Wir verschieben den Beweis von Theorem 1.3.1 auf Abschn. 1.5 und untersuchen nun einige bemerkenswerte Anwendungen.

Korollar 1.3.3 (Existenz von Prozessen mit zugewiesenen endlich-dimensionalen Verteilungen) [!] Sei I eine nicht-leere Menge. Angenommen, dass für jede endliche Familie von Indizes $t_1, \ldots, t_n \in I$ eine Verteilung $\mu_{t_1,\ldots,t_n}$ auf $\mathbb{R}^n$ gegeben ist und die Konsistenzbedingungen (1.6)–(1.7) erfüllt sind. Dann existiert ein stochastischer Prozess $X = (X_t)_{t\in I}$, der auf einem *vollständigen* Wahrscheinlichkeitsraum definiert ist und $\mu_{t_1,\ldots,t_n}$ als endlich-dimensionale Verteilungen hat.

Beweis Wir verfahren dazu analog zum Fall von reellen Zufallsvariablen (vgl. Bemerkung 2.1.17 in [113]). Sei $(\Omega, \mathscr{F}, P) = (\mathbb{R}^I, \mathscr{F}^I_\mu, \mu)$ der vollständige Wahrscheinlichkeitsraum, der in Bemerkung 1.3.2 definiert ist. Die Identitätsfunktion

$$X : (\mathbb{R}^I, \mathscr{F}^I_\mu) \longrightarrow (\mathbb{R}^I, \mathscr{F}^I)$$

definiert durch $X(w) = w$ für jedes $w \in \mathbb{R}^I$, ist ein stochastischer Prozess, da $X^{-1}(\mathscr{F}^I) = \mathscr{F}^I \subseteq \mathscr{F}^I_\mu$. Darüber hinaus hat X $\mu_{t_1,\ldots,t_n}$ als endlich-dimensionale Verteilungen, da wir für jeden endlich-dimensionalen Zylinder $C_{t_1,\ldots,t_n}(H)$ wie in (1.1)

$$\mu_X(C_{t_1,\ldots,t_n}(H)) = \mu(X \in C_{t_1,\ldots,t_n}(H)) =$$

(da X die Identitätsfunktion ist)

$$= \mu(C_{t_1,\ldots,t_n}(H)) =$$

(nach (1.8))

$$= \mu_{t_1,\ldots,t_n}(H).$$
□

Betrachte nun einen stochastischen Prozess X auf dem Raum $(\Omega, \mathscr{F}, P)$. Bezeichne mit μ_X die Verteilung von X und mit $\mathscr{F}^I_{\mu_X}$ die μ_X-Vervollständigung von $\mathscr{F}^I$ (vgl. Bemerkung 1.3.2).

1.3 Existenz

Definition 1.3.4 (Kanonische Version eines stochastischen Prozesses)[!] Die kanonische Version (oder Realisierung) eines Prozesses X ist der Prozess $\mathbf{X}$, auf dem Wahrscheinlichkeitsraum $(\mathbb{R}^I, \mathscr{F}^I_{\mu_X}, \mu_X)$, definiert durch $\mathbf{X}(w) = w$ für jedes $w \in \mathbb{R}^I$.

Bemerkung 1.3.5 Nach Korollar 1.3.3 sind X und seine kanonische Realisierung $\mathbf{X}$ gleich in Verteilung. Darüber hinaus ist $\mathbf{X}$ auf dem vollständigen Wahrscheinlichkeitsraum $(\mathbb{R}^I, \mathscr{F}^I_{\mu_X}, \mu_X)$ definiert, in dem der Stichprobenraum $\mathbb{R}^I$ ist und *die Ergebnisse sind die Trajektorien des Prozesses.*

Korollar 1.3.6 (Existenz von Gaußschen Prozessen)[!] Seien

$$m : I \longrightarrow \mathbb{R}, \quad c : I \times I \longrightarrow \mathbb{R}$$

Funktionen, sodass für jede endliche Familie von Indizes $t_1, \ldots, t_n \in I$, die Matrix $C = \big(c(t_i, t_j)\big)_{i,j=1,\ldots,n}$ symmetrisch und positiv semi-definit ist. Dann gibt es einen auf einem vollständigen Wahrscheinlichkeitsraum $(\Omega, \mathscr{F}, P)$ definierten Gaußschen Prozess mit Mittelwert Funktion m und Kovarianzfunktion c.

Insbesondere, wenn $I = \mathbb{R}_{\geq 0}$ gewählt wird, gibt es einen Gaußschen Prozess mit Mittelwertfunktion $m \equiv 0$ und Kovarianzfunktion $c(s,t) = t \wedge s \equiv \min\{s,t\}$.

Beweis Die Familie der Verteilungen $\mathcal{N}_{M,C}$ mit M, C wie in (1.4) ist dank der Voraussetzung an die Kovarianzfunktion c wohldefiniert. Außerdem erfüllt sie die Konsistenzbedingungen (1.6)–(1.7), wie man durch Anwendung von (1.5) mit $\mathcal{N}_{M,C}$ anstelle von $\mu_{t_1,\ldots,t_n}$ und $(X_{t_1}, \ldots, X_{t_n}) \sim \mathcal{N}_{M,C}$ nachprüfen kann. Dann folgt der erste Teil der Aussage aus Korollar 1.3.3.

Seien nun $t_1, \ldots, t_n \in \mathbb{R}_{\geq 0}$: Die Matrix $C = \big(\min\{t_i, t_j\}\big)_{i,j=1,\ldots,n}$ ist offensichtlich symmetrisch und außerdem positiv semidefinit, denn für beliebige $\eta_1, \ldots, \eta_n \in \mathbb{R}$ gilt

$$\sum_{i,j=1}^n \eta_i \eta_j \min\{t_i, t_j\} = \sum_{i,j=1}^n \eta_i \eta_j \int_0^\infty \mathbb{1}_{[0,t_i]}(s) \mathbb{1}_{[0,t_j]}(s) ds$$

$$= \int_0^\infty \left(\sum_{i=1}^n \eta_i \mathbb{1}_{[0,t_i]}(s)\right)^2 ds \geq 0.$$

□

Korollar 1.3.7 (Existenz unabhängiger Folgen von Zufallsvariablen)[!] Sei $(\mu_n)_{n \in \mathbb{N}}$ eine Folge reeller Verteilungen. Dann existiert eine Folge $(X_n)_{n \in \mathbb{N}}$ von *unabhängigen* auf einem vollständigen Wahrscheinlichkeitsraum $(\Omega, \mathscr{F}, P)$ definierten Zufallsvariablen, sodass $X_n \sim \mu_n$ für jedes $n \in \mathbb{N}$.

Beweis Wende Korollar 1.3.3 mit $I = \mathbb{N}$ an. Die Familie der endlich-dimensionalen Verteilungen, die durch

$$\mu_{k_1,\ldots,k_n} := \mu_{k_1} \otimes \cdots \otimes \mu_{k_n}, \qquad k_1,\ldots,k_n \in \mathbb{N},$$

definiert sind, erfüllen die Konsistenzbedingungen (1.6)–(1.7). Nach Korollar 1.3.3 existiert ein Prozess $(X_k)_{k\in\mathbb{N}}$, der $\mu_{k_1,\ldots,k_n}$ als endlich-dimensionale Verteilungen besitzt. Die Unabhängigkeit folgt aus Satz 2.3.25 in [113] und der Beliebigkeit der Indizes $k_1,\ldots,k_n \in \mathbb{N}$. □

Korollar 1.3.7 lässt die folgende, etwas allgemeinere Version zu, deren Beweis eine Übung ist. Das folgende Resultat erfordert eine vereinfachte Version der Konsistenzbedingung im Vergleich zu Korollar 1.3.3.

Korollar 1.3.8 (Existenz von Folgen von Zufallsvariablen mit gegebener Verteilung)[!] Gegeben sei eine Folge $(\mu_n)_{n\in\mathbb{N}}$, wobei μ_n eine Verteilung auf $\mathbb{R}^n$ ist und

$$\mu_{n+1}(H \times \mathbb{R}) = \mu_n(H), \qquad H \in \mathscr{B}_n, \; n \in \mathbb{N}.$$

Dann gibt es eine Folge $(X_n)_{n\in\mathbb{N}}$ von auf einem vollständigen Wahrscheinlichkeitsraum $(\Omega, \mathscr{F}, P)$ definierten Zufallsvariablen, sodass $(X_1,\ldots,X_n) \sim \mu_n$ für jedes $n \in \mathbb{N}$.

1.4 Filtrationen und Martingale

In diesem Abschnitt betrachten wir den Spezialfall, in dem I eine Teilmenge von $\mathbb{R}$ ist. Typischerweise haben wir

$$I = \mathbb{R}_{\geq 0} \quad \text{oder} \quad I = [0,1] \quad \text{oder} \quad I = \mathbb{N}.$$

In diesem Fall ist es nützlich, t als einen Parameter zu betrachten, der einen Zeitpunkt bezeichnet.

Definition 1.4.1 (Filtration) Sei $I \subseteq \mathbb{R}$ und $(\Omega, \mathscr{F}, P)$ ein Wahrscheinlichkeitsraum. Eine Filtration $(\mathscr{F}_t)_{t\in I}$ ist eine zunehmende Familie von Unter-σ-Algebren von $\mathscr{F}$, das heißt

$$\mathscr{F}_s \subseteq \mathscr{F}_t \subseteq \mathscr{F}, \qquad s,t \in I, \; s \leq t.$$

In vielen Anwendungen repräsentiert eine σ-Algebra eine Menge von Informationen; bei Filtrationen ist die Idee dass

- die σ-Algebra $\mathscr{F}_t$ *die zum Zeitpunkt t verfügbaren Informationen* repräsentiert;
- die Filtration $(\mathscr{F}_t)_{t\in I}$ *den Informationsfluss, der mit der Zeit zunimm*, repräsentiert.

Das Konzept der Information ist in der Wahrscheinlichkeitstheorie von entscheidender Bedeutung: zum Beispiel ist die Definition der bedingten Wahrscheinlichkeit im Wesentlichen durch das Problem motiviert, die Auswirkung von Informationen auf die Wahrscheinlichkeit von Ereignissen zu beschreiben. Filtrationen sind das

1.4 Filtrationen und Martingale

mathematische Werkzeug, das dynamisch (als Funktion der Zeit) die verfügbaren Informationen beschreibt und spielen daher eine grundlegende Rolle in der Theorie der stochastischen Prozesse. Die folgende Definition beschreibt, wann ein stochastischer Prozess bezüglich einer Filtration beobachtbar ist.

Definition 1.4.2 (Adaptierter Prozess) Sei $X = (X_t)_{t \in I}$ ein stochastischer Prozess auf dem Raum $(\Omega, \mathscr{F}, P)$. Wir sagen, dass X an die Filtration $(\mathscr{F}_t)_{t \in I}$ *adaptiert* ist, wenn $X_t \in m\mathscr{F}_t$ für jedes $t \in I$.

Definition 1.4.3 (Durch einen Prozess erzeugte Filtration) Sei $X = (X_t)_{t \in I}$ ein stochastischer Prozess auf dem Raum $(\Omega, \mathscr{F}, P)$. Die *durch X erzeugte Filtration*, bezeichnet durch $\mathscr{G}^X = (\mathscr{G}^X_t)_{t \in I}$, ist als

$$\mathscr{G}^X_t := \sigma(X_s, \, s \leq t) \equiv \sigma(X_s^{-1}(H), \, s \leq t, \, H \in \mathscr{B}), \qquad t \in I \tag{1.9}$$

definiert.

Bemerkung 1.4.4 Wir verwenden die Notation $\mathscr{G}^X$ für die durch X erzeugte Filtration, weil wir das Symbol $\mathscr{F}^X$ für eine andere Filtration reservieren wollen, die wir später in Abschn. 6.2.2 einführen und *Standardfiltration für X* nennen werden. Die durch X erzeugte Filtration ist die „kleinste" Filtration, die Informationen über den Prozess X enthält: offensichtlich ist X an $(\mathscr{F}_t)_{t \in I}$ genau dann adaptiert, wenn $\mathscr{G}^X_t \subseteq \mathscr{F}_t$ für jedes $t \in I$.

Bemerkung 1.4.5 Wenn $\mathbf{X}$ die kanonische Version von X ist (vgl. Definition 1.3.4), dann

$$\mathscr{G}^{\mathbf{X}}_t = \sigma(C_s(H) \mid s \in I, \, s \leq t, \, H \in \mathscr{B}), \qquad t \in I,$$

das heißt, die durch $\mathbf{X}$ erzeugte Filtration ist die, die durch Zylinder erzeugt wird.

Wir führen nun eine grundlegende Klasse von stochastischen Prozessen ein.

Definition 1.4.6 (Martingal) [!!!] Sei $X = (X_t)_{t \in I}$, mit $I \subseteq \mathbb{R}$, ein stochastischer Prozess auf dem gefilterten Raum $(\Omega, \mathscr{F}, P, \mathscr{F}_t)$. Wir sagen, dass X ein *Martingal* ist, wenn gilt:

i) X ist ein *absolut integrierbarer Prozess*, d. h. $X_t \in L^1(\Omega, P)$ für jedes $t \in I$;
ii) es gilt
$$X_t = E[X_T \mid \mathscr{F}_t], \qquad t, T \in I, \, t \leq T. \tag{1.10}$$

Ist I endlich oder abzählbar, so nennen wir X ein *diskretes Martingal*.

Der Begriff des Martingals ist zentral für die Theorie der stochastischen Prozesse und für viele Anwendungen. Die Gl. (1.10), die als *Martingaleigenschaft* bezeichnet wird, bedeutet, dass der aktuelle Wert (zum Zeitpunkt t) des Prozesses die beste

Schätzung des zukünftigen Wertes (zum Zeitpunkt $T \geq t$) unter der aktuell verfügbaren Information ist. In der Ökonomie etwa bedeutet die Martingaleigenschaft, dass, wenn X den Preis eines Gutes beschreibt, dieser Preis in dem Sinne *fair* ist, dass er die beste Schätzung des zukünftigen Wertes des Gutes auf Basis der momentan verfügbaren Information darstellt.

Sei X ein Martingal auf dem gefilterten Raum $(\Omega, \mathscr{F}, P, \mathscr{F}_t)$. Als unmittelbare Konsequenz der Definition 1.4.6 und der Eigenschaften der bedingten Erwartung gilt:

i) X ist an $(\mathscr{F}_t)_{t \in I}$ adaptiert ;
ii) X hat eine *konstante Erwartung,* da wir durch die Anwendung des Erwartungswertes auf beide Seiten von (1.10)[7]

$$E[X_t] = E[X_T], \qquad t, T \in I$$

erhalten.

Bemerkung 1.4.7 Der Begriff *Martingale* bezog sich ursprünglich auf eine Reihe von Strategien, die von französischen Glücksspielern im 18. Jahrhundert verwendet wurden, einschließlich der Verdoppelungsstrategie, die wir in Beispiel 3.2.4 in [113] erwähnt haben. Die interessante Monographie [94] illustriert die Geschichte des Martingale-Konzepts durch die Beiträge vieler berühmter Historiker und Mathematiker.

Beispiel 1.4.8 [!] Die zeitliche Abfolge von Gewinnen und Verlusten in einem *fairen* Glücksspiel kann durch ein diskretes Martingal dargestellt werden: Manchmal gewinnen wir und manchmal verlieren wir, aber wenn das Spiel fair ist, gleichen sich Gewinne und Verluste im Durchschnitt aus.

Genauer gesagt, sei $(Z_n)_{n \in \mathbb{N}}$ eine Folge von u. i. v. Zufallsvariablen mit $Z_n \sim q\delta_1 + (1-q)\delta_{-1}$ und $0 < q < 1$ fest. Betrachte den stochastischen Prozess

$$X_n := Z_1 + \cdots + Z_n, \qquad n \in \mathbb{N}.$$

Hier repräsentiert Z_n den Gewinn oder Verlust beim n-ten Spiel, q ist die Wahrscheinlichkeit zu gewinnen, und X_n ist der Saldo nach n Spielen. Betrachte die Filtration $(\mathscr{G}_n^Z)_{n \in \mathbb{N}}$ der Informationen über die Ergebnisse der Spiele, $\mathscr{G}_n^Z = \sigma(Z_1, \ldots, Z_n)$. Dann haben wir

$$E\left[X_{n+1} \mid \mathscr{G}_n^Z\right] = E\left[X_n + Z_{n+1} \mid \mathscr{G}_n^Z\right] =$$

(da $X_n \in m\mathscr{G}_n^Z$ und Z_{n+1} unabhängig von $\mathscr{G}_n^Z$ ist)

$$= X_n + E\left[Z_{n+1}\right] = X_n + 2q - 1.$$

So ist (X_n) ein Martingal, wenn $q = \frac{1}{2}$, d. h., wenn das Spiel fair ist. Wenn $q \geq \frac{1}{2}$, d. h., wenn die Wahrscheinlichkeit, eine einzelne Wette zu gewinnen, größer oder gleich

---

[7] Wir erinnern daran, dass $E[E[X_T \mid \mathscr{F}_t]] = E[X_T]$ nach Definition der bedingten Erwartung.

1.4 Filtrationen und Martingale

der Wahrscheinlichkeit zu verlieren ist, dann ist $X_n \leq E\left[X_{n+1} \mid \mathscr{G}_n^Z\right]$ (und wir sagen dass (X_n) ein *Sub-Martingal* ist): in diesem Fall haben wir auch $E[X_n] \leq E[X_{n+1}]$, d. h. der Prozess ist *im Durchschnitt steigend*.

Dieses Beispiel zeigt, dass die Martingale-Eigenschaft *keine Eigenschaft der Trajektorien des Prozesses ist, sondern von dem betrachteten Wahrscheinlichkeitsmaß und der Filtration abhängt*.

Beispiel 1.4.9 Sei $X \in L^1(\Omega, P)$ und $(\mathscr{F}_t)_{t \in I}$ eine Filtration auf $(\Omega, \mathscr{F}, P)$. Eine einfache Anwendung der Turmeigenschaft zeigt, dass der durch $X_t = E[X \mid \mathscr{F}_t]$, $t \in I$, definierte Prozess ein Martingal ist, tatsächlich haben wir

$$E[X_T \mid \mathscr{F}_t] = E[E[X \mid \mathscr{F}_T] \mid \mathscr{F}_t] = E[X \mid \mathscr{F}_t] = X_t, \qquad t, T \in I, \ t \leq T.$$

Bemerkung 1.4.10 [!] Wir werden oft die folgende bemerkenswerte Identität verwenden, die für ein reellwertiges quadratisch integrierbares Martingal X gilt, d. h. X sei so, dass $E\left[X_t^2\right] < \infty$ für $t \in I$:

$$E\left[(X_t - X_s)^2 \mid \mathscr{F}_s\right] = E\left[X_t^2 - X_s^2 \mid \mathscr{F}_s\right], \qquad s \leq t. \tag{1.11}$$

Dazu genügt es das Folgende zu beobachten:

$$\begin{aligned}
E\left[(X_t - X_s)^2 \mid \mathscr{F}_s\right] &= E\left[X_t^2 - 2X_t X_s + X_s^2 \mid \mathscr{F}_s\right] \\
&= E\left[X_t^2 \mid \mathscr{F}_s\right] - 2X_s E[X_t \mid \mathscr{F}_s] + X_s^2 =
\end{aligned}$$

(durch die Martingale-Eigenschaft)

$$= E\left[X_t^2 \mid \mathscr{F}_s\right] - X_s^2$$

aus dem (1.11) folgt.

Definition 1.4.11 Sei $X = (X_t)_{t \in I}$ ein stochastischer Prozess auf dem gefilterten Raum $(\Omega, \mathscr{F}, P, \mathscr{F}_t)$. Wir sagen dass X ein *Sub-Martingal* ist wenn:

i) X ist ein *absolut integrierbarer* und an $(\mathscr{F}_t)_{t \in I}$ *adaptierter* Prozess;
ii) wir haben
$$X_t \leq E[X_T \mid \mathscr{F}_t], \qquad t, T \in I, \ t \leq T.$$

Darüber hinaus ist X ein *Super-Martingal*, wenn $-X$ eine *Sub-Martingal* ist.

Satz 1.4.12 [!] Ist X ein Martingal und $\varphi : \mathbb{R} \longrightarrow \mathbb{R}$ eine konvexe Funktion, sodass $\varphi(X_t) \in L^1(\Omega, P)$ für jedes $t \in I$, dann ist $\varphi(X)$ ein Submartingal.

Ist X ein Submartingal und $\varphi : \mathbb{R} \longrightarrow \mathbb{R}$ eine konvexe, *monoton wachsende* Funktion, sodass $\varphi(X_t) \in L^1(\Omega, P)$ für jedes $t \in I$, dann ist $\varphi(X)$ ein Submartingal.

Beweis Der erste Teil ist eine unmittelbare Folge der Jensenschen Ungleichung. Ebenso gilt, wenn X ein Sub-Martingal ist, dann $X_t \leq E[X_T \mid \mathscr{F}_t]$ für $t \leq T$ und da φ ist steigend, haben wir auch

$$\varphi(X_t) \leq \varphi(E[X_T \mid \mathscr{F}_t]) \leq E[\varphi(X_T) \mid \mathscr{F}_t]$$

wo wir für die zweite Ungleichung die Jensensche Ungleichung erneut angewendet haben. □

Bemerkung 1.4.13 Wenn X ein Martingal ist, dann ist $|X|$ ein nicht negatives Sub-Martingal: dies ist jedoch nicht unbedingt wahr, wenn X ein Sub-Martingal ist, da $x \mapsto |x|$ nicht steigend ist. Darüber hinaus, wenn X ein Sub-Martingal ist, dann ist auch $X^+ := X \vee 0 = \frac{|X|+X}{2}$ ein Sub-Martingal.

Im letzten Teil dieses Abschnitts betrachten wir den Spezialfall, in dem $I = \mathbb{N} \cup \{0\}$. Wir geben ein tiefgreifendes Ergebnis, das auch in einem viel allgemeineren Rahmen gültig ist, über die Struktur von adaptierten stochastischen Prozessen: Doobs Zerlegungssatz. Zunächst führen wir die folgende Definition ein, die eine wichtige Klasse von Prozessen beschreibt.

Definition 1.4.14 (Vorhersagbarer Prozess) Sei $A = (A_n)_{n \geq 0}$ ein auf dem gefilterten Raum $(\Omega, \mathscr{F}, P, (\mathscr{F}_n)_{n \geq 0})$ definierter diskreter stochastischer Prozess. Wir sagen, dass A vorhersagbar ist, wenn:

i) $A_0 = 0$;
ii) $A_n \in m\mathscr{F}_{n-1}$ für jedes $n \in \mathbb{N}$.

Theorem 1.4.15 (Doobs Zerlegungssatz) Sei $X = (X_n)_{n \geq 0}$ ein adaptierter und absolut integrierbarer stochastischer Prozess auf dem gefilterten Raum $(\Omega, \mathscr{F}, P, (\mathscr{F}_n)_{n \geq 0})$. Es existieren, und sind fast sicher eindeutig, ein Martingal M und ein vorhersagbarer Prozess A, sodass

$$X_n = M_n + A_n, \quad n \geq 0. \tag{1.12}$$

Insbesondere, wenn X ein Martingal ist, dann ist $M \equiv X$ und $A \equiv 0$; wenn X ein Sub-Martingal ist, dann hat der Prozess A fast sicher monoton steigende Trajektorien.

Beweis (**Eindeutigkeit**) Wenn zwei Prozesse M und A, mit den Eigenschaften der Aussage, existieren, dann haben wir

$$X_{n+1} - X_n = M_{n+1} - M_n + A_{n+1} - A_n, \quad n \geq 0. \tag{1.13}$$

1.5 Beweis des Erweiterungssatzes von Kolmogorov

Bedingt auf $\mathscr{F}_n$ und unter Ausnutzung der Tatsache, dass X adaptiert ist, M ein Martingal und A vorhersagbar ist, haben wir

$$E\left[X_{n+1} \mid \mathscr{F}_n\right] - X_n = E\left[M_{n+1} \mid \mathscr{F}_n\right] - M_n + A_{n+1} - A_n = A_{n+1} - A_n.$$

Folglich ist der Prozess A eindeutig bestimmt durch die rekursive Formel

$$\begin{cases} A_{n+1} = A_n + E\left[X_{n+1} \mid \mathscr{F}_n\right] - X_n, & \text{wenn } n \in \mathbb{N}, \\ A_0 = 0. \end{cases} \quad (1.14)$$

Beachte, dass aus (1.14) folgt: Ist X ein Sub-Martingal, so hat der Prozess A fast sicher monoton steigende Trajektorien.

Setzen wir (1.14) in (1.13) ein, finden wir auch

$$\begin{cases} M_{n+1} = M_n + X_{n+1} - E\left[X_{n+1} \mid \mathscr{F}_n\right], & \text{wenn } n \in \mathbb{N}, \\ M_0 = X_0. \end{cases} \quad (1.15)$$

[**Existenz**] Es genügt zu beweisen, dass die durch (1.15) bzw. (1.14) definierten Prozesse M und A, die Eigenschaften der Aussage erfüllen. Dies ist eine einfache Überprüfung: zum Beispiel ist es einfach zu beweisen, dass A vorhersagbar ist, indem man eine Induktion bezüglich n durchführt. Ebenso beweisen wir dass M ein Martingal ist und (1.12) gilt. □

Beispiel 1.4.16 [!] Sei X wie im Beispiel 1.4.8. Dann sind die Prozesse der Doobschen Zerlegung von X leicht zu berechnen:

$$M_n = X_n - n(2q - 1), \qquad A_n = n(2q - 1).$$

Beachte, dass in diesem Fall der Prozess A deterministisch ist; außerdem ist X ein Sub-Martingal für $q \geq \frac{1}{2}$ und in diesem Fall ist $(A_n)_{n \geq 0}$ eine monoton steigende Folge.

1.5 Beweis des Erweiterungssatzes von Kolmogorov

Lemma 1.5.1 Die Familie $\mathscr{C}$ der endlich-dimensionalen Zylinder ist ein Halbring.

Beweis Erinnern wir uns an die Definition (1.1) des endlich-dimensionalen Zylinders

$$C_{t_1,\ldots,t_n}(H_1 \times \cdots \times H_n) = \bigcap_{i=1}^{n} C_{t_i}(H_i), \quad (1.16)$$

und beobachten, dass $C_t(H) \cap C_t(K) = C_t(H \cap K)$ für jedes $t \in I$ und $H, K \in \mathscr{B}$. Es ist nicht schwierig zu beweisen, dass $\mathscr{C}$ eine $\cap$-geschlossene Familie ist und

$\emptyset \in \mathscr{C}$. Es bleibt zu zeigen, dass die Differenz von Zylindern eine endliche und disjunkte Vereinigung von Zylindern ist: da $C \setminus D = C \cap D^c$, für $C, D \in \mathscr{C}$, genügt es zu beweisen, dass das Komplement eines Zylinders eine disjunkte Vereinigung von Zylindern ist.

Für einen eindimensionalen Zylinder gilt

$$(C_t(H))^c = C_t(H^c),$$

und daher folgt mit (1.16),

$$\left(C_{t_1,\ldots,t_n}(H_1 \times \cdots \times H_n)\right)^c = \bigcup_{i=1}^{n} \left(C_{t_i}(H_i)\right)^c = \bigcup_{i=1}^{n} C_{t_i}(H_i^c)$$

wobei die Vereinigung im Allgemeinen nicht disjunkt ist; wir bemerken jedoch, dass

$$C_{t_1}(H_1) \cup C_{t_2}(H_2) = C_{t_1,t_2}(H_1 \times H_2) \uplus C_{t_1,t_2}(H_1^c \times H_2) \uplus C_{t_1,t_2}(H_1 \times H_2^c),$$

und allgemein

$$\bigcup_{i=1}^{n} C_{t_i}(H_i) = \biguplus C_{t_1,\ldots,t_n}(K_1 \times \cdots \times K_n)$$

wobei die disjunkte Vereinigung über alle verschiedenen möglichen Kombinationen von $K_1 \times \cdots \times K_n$ genommen wird und K_i entweder H_i oder H_i^c ist, außer im Fall, dass $K_i = H_i^c$ für jedes $i = 1, \ldots, n$. □

Wir definieren μ auf $\mathscr{C}$ wie in (1.8), das heißt

$$\mu(C_{t_1,\ldots,t_n}(H_1 \times \cdots \times H_n)) := \mu_{t_1,\ldots,t_n}(H_1 \times \cdots \times H_n), \quad t_1,\ldots,t_n \in I, \; H_1,\cdots H_n \in \mathscr{B}.$$

Wenn wir beweisen, dass μ ein Prämaß ist (d. h., μ ist additiv, σ-sub-additiv und so, dass $\mu(\emptyset) = 0$) auf $\mathscr{C}$, dann erweitert sich μ nach dem Satz von Carathéodory 1.5.5 in [113] eindeutig zu einem Wahrscheinlichkeitsmaß auf $\mathscr{F}^I$.

Offensichtlich ist $\mu(\emptyset) = 0$ und es ist nicht schwierig zu zeigen, dass μ endlich additiv ist. Um zu beweisen, dass μ σ-sub-additiv ist, betrachten wir eine Folge $(C_n)_{n \in \mathbb{N}}$ von disjunkten Zylindern deren Vereinigung ein Zylinder C ist und zeigen, dass[8]

---

[8] Formel (1.17) impliziert die σ-Subadditivität: wenn $A \in \mathscr{C}$ und $(A_n)_{n \in \mathbb{N}}$ eine Folge von Elementen in $\mathscr{C}$ ist, sodass

$$A \subseteq \bigcup_{n \in \mathbb{N}} A_n$$

reicht es aus, $C_1 = A \cap A_1 \in \mathscr{C}$ zu setzen und

$$C_n = (A \cap A_n) \setminus \bigcup_{k=1}^{n-1} A_k$$

1.5 Beweis des Erweiterungssatzes von Kolmogorov

$$\mu(C) = \sum_{n \in \mathbb{N}} \mu(C_n). \tag{1.17}$$

Zu diesem Zweck setzen wir

$$D_n = C \setminus \biguplus_{k=1}^{n} C_k, \quad n \in \mathbb{N}.$$

Nach Lemma 1.5.1 ist D_n eine endliche und disjunkte Vereinigung von Zylindern: daher ist $\mu(D_n)$ wohldefiniert (durch die Additivität von μ) und wir haben

$$\mu(C) = \sum_{k=1}^{n} \mu(C_k) + \mu(D_n).$$

Dann genügt es zu beweisen, dass

$$\lim_{n \to \infty} \mu(D_n) = 0. \tag{1.18}$$

Offensichtlich gilt $D_n \searrow \emptyset$ für $n \to \infty$. Wir beweisen (1.18) durch Widerspruch und, ohne Beschränkung der Allgemeinheit, durch Übergang zu einer Teilfolge falls notwendig, nehmen wir an, dass ein $\varepsilon > 0$ existiert, sodass $\mu(D_n) \geq \varepsilon$ für jedes $n \in \mathbb{N}$: Mit einem Kompaktheitsargument zeigen wir, dass in diesem Fall der Schnitt von D_n nicht leer ist, woraus der Widerspruch folgt.

Wir wissen, dass D_n eine endliche und disjunkte Vereinigung von Zylindern ist: da $D_n \supseteq D_{n+1}$, können wir möglicherweise die Elemente der Folge wiederholen[9] und annehmen

$$D_n = \biguplus_{k=1}^{N_n} \widetilde{C}_k, \quad \widetilde{C}_k = \{x \in \mathbb{R}^I \mid (x_{t_1}, \ldots, x_{t_n}) \in H_{k,1} \times \cdots \times H_{k,n}\}$$

für eine Folge $(t_n)_{n \in \mathbb{N}}$ in I und $H_{k,n} \in \mathscr{B}$. Jetzt verwenden wir die folgende Tatsache, deren Beweis wir auf das Ende verschieben: Es ist möglich, eine Folge $(K_n)_{n \in \mathbb{N}}$ zu konstruieren, so dass

---

mit C_n, das nach Lemma 1.5.1 eine endliche und disjunkte Vereinigung von Zylindern ist für jedes $n \geq 2$. Dann folgt aus (1.17), dass

$$\mu(A) \leq \sum_{n \in \mathbb{N}} \mu(A_n).$$

[9] Indem wir eine neue Folge der Form

$$\mathbb{R}^I, \ldots, \mathbb{R}^I, D_1, \ldots, D_1, D_2, \ldots, D_2, D_3 \ldots$$

definieren, in der $\mathbb{R}^I$ und die Elemente von $(D_n)_{n \in \mathbb{N}}$ eine ausreichende Anzahl von Malen wiederholt werden.

- $K_n \subseteq \mathbb{R}^n$ ist eine kompakte Teilmenge von

$$B_n := \bigcup_{k=1}^{N_n} (H_{k,1} \times \cdots \times H_{k,n}); \qquad (1.19)$$

- $K_{n+1} \subseteq K_n \times \mathbb{R}$;
- $\mu_{t_1,\ldots,t_n}(K_n) \geq \frac{\varepsilon}{2}$.

Damit schließen wir den Beweis von (1.18) ab. Da $K_n \neq \emptyset$ ist, existiert für jedes $n \in \mathbb{N}$ ein Vektor

$$(y_1^{(n)}, \ldots, y_n^{(n)}) \in K_n.$$

Wegen der Kompaktheit besitzt die Folge $(y_1^{(n)})_{n \in \mathbb{N}}$ eine Teilfolge $(y_1^{(k_n)})_{n \in \mathbb{N}}$, die gegen einen Punkt $y_1 \in K_1$ konvergiert. Ebenso besitzt die Folge $(y_1^{(k_n)}, y_2^{(k_n)})_{n \in \mathbb{N}}$ eine Teilfolge, die gegen $(y_1, y_2) \in K_2$ konvergiert. Durch Wiederholung dieses Arguments konstruieren wir eine Folge $(y_n)_{n \in \mathbb{N}}$, so dass $(y_1, \ldots, y_n) \in K_n$ für jedes $n \in \mathbb{N}$. Daher gilt

$$\{x \in \mathbb{R}^I \mid x_{t_k} = y_k, \ k \in \mathbb{N}\} \subseteq D_n$$

für jedes $n \in \mathbb{N}$, und damit ist der Widerspruchsbeweis abgeschlossen.

Schließlich beweisen wir die Existenz der Folge $(K_n)_{n \in \mathbb{N}}$. Für jedes $n \in \mathbb{N}$ gibt es[10] eine kompakte Teilmenge $\widetilde{K}_n$ von B_n in (1.19), so dass $\mu_{t_1,\ldots,t_n}(B_n \setminus \widetilde{K}_n) \leq \frac{\varepsilon}{2^{n+}}$. Setzen wir

$$K_n := \bigcap_{h=1}^{n} (\widetilde{K}_h \times \mathbb{R}^{n-h}), \qquad (1.20)$$

so haben wir, dass K_n eine kompakte Teilmenge von B_n ist und $K_{n+1} \subseteq K_n \times \mathbb{R}$. Beachte nun, dass

$$B_n \setminus K_n \subseteq \bigcup_{h=1}^{n} B_n \setminus (\widetilde{K}_h \times \mathbb{R}^{n-h})$$

$$\subseteq \bigcup_{h=1}^{n} (B_h \setminus \widetilde{K}_h) \times \mathbb{R}^{n-h}$$

und folglich

---

[10] Es genügt die Eigenschaft der internen Regularität von $\mu_{t_1,\ldots,t_n}$ (vgl. Proposition 1.4.9 in [113]) mit der Tatsache zu kombinieren, dass durch die Stetigkeit von unten für jedes $\varepsilon > 0$ eine *kompakte* Menge K existiert, sodass $\mu_{t_1,\ldots,t_n}(\mathbb{R}^n \setminus K) < \varepsilon$: beachte, dass diese letztere Tatsache nichts anderes als die Straffheitseigenschaft der Verteilung $\mu_{t_1,\ldots,t_n}$ (vgl. Definition 3.3.5 in [113]) ist.

1.5 Beweis des Erweiterungssatzes von Kolmogorov

$$\mu_{t_1,\ldots,t_n}(B_n \setminus K_n) \leq \sum_{h=1}^{n} \mu_{t_1,\ldots,t_n}\left((B_h \setminus \widetilde{K}_h) \times \mathbb{R}^{n-h}\right)$$

$$= \sum_{h=1}^{n} \mu_{t_1,\ldots,t_h}(B_h \setminus \widetilde{K}_h)$$

$$\leq \sum_{h=1}^{n} \frac{\epsilon}{2^{h+1}} \leq \frac{\epsilon}{2}.$$

Dann haben wir

$$\mu_{t_1,\ldots,t_n}(K_n) = \mu_{t_1,\ldots,t_n}(B_n) - \mu_{t_1,\ldots,t_n}(B_n \setminus K_n) \geq \frac{\varepsilon}{2},$$

da $\mu_{t_1,\ldots,t_n}(B_n) = \mu(D_n) \geq \varepsilon$ nach Annahme. Damit ist der Beweis abgeschlossen.
□

Der Erweiterungssatz von Kolmogorov verallgemeinert sich, mit einem im Wesentlichen identischen Beweis, auf den Fall, wo die Trajektorien Werte in einem separablen und vollständigen metrischen Raum $(\mathbb{M}, \varrho)$[11]. Wir erinnern an die Notation $\mathscr{B}_\varrho$ für die Borel σ-Algebra auf $(\mathbb{M}, \varrho)$; außerdem, $\mathbb{M}^I$ ist die Familie der Funktionen, die von I nach $\mathbb{M}$ abbildet, und $\mathscr{F}_\varrho^I$ ist die σ-Algebra, die von endlich-dimensionalen Zylindern

$$C_{t_1,\ldots,t_n}(H) := \{x \in \mathbb{M}^I \mid (x_{t_1},\ldots,x_{t_n}) \in H\}$$

erzeugt wird, wobei $t_1,\ldots,t_n \in I$ und $H = H_1 \times \cdots \times H_n$ mit $H_1,\ldots,H_n \in \mathscr{B}_\varrho$.

Theorem 1.5.2 (Erweiterungssatz von Kolmogorov)[!!!] Sei I eine nicht-leere Menge und $(\mathbb{M}, \varrho)$ ein separabler und vollständiger metrischer Raum. Angenommen, dass für jede endliche Familie von Indizes $t_1,\ldots,t_n \in I$ eine Verteilung $\mu_{t_1,\ldots,t_n}$ auf $\mathbb{M}^n$ gegeben ist, und die folgenden *Konsistenz Eigenschaften* erfüllt sind: für jede endliche Familie von Indizes $t_1,\ldots,t_n \in I$ und jedes $H_1,\ldots,H_n \in \mathscr{B}_\varrho$, sowie für jede Permutation ν der Indizes $1, 2, \ldots, n$, haben wir

$$\mu_{t_1,\ldots,t_n}(H_1 \times \cdots \times H_n) = \mu_{t_{\nu(1)},\ldots,t_{\nu(n)}}(H_{\nu(1)} \times \cdots \times H_{\nu(n)}),$$

$$\mu_{t_1,\ldots,t_n}(H_1 \times \cdots \times H_{n-1} \times \mathbb{M}) = \mu_{t_1,\ldots,t_{n-1}}(H_1 \times \cdots \times H_{n-1}).$$

---

[11] Der erste Teil des Beweises, der auf dem Satz von Carathéodory basiert, ist genau der gleiche. Im zweiten Teil, und insbesondere bei der Konstruktion der Folge der kompakten Mengen K_n in (1.20), ist die Straffheitseigenschaft entscheidend: hier nutzen wir die Tatsache aus, dass unter der Annahme, dass $(\mathbb{M}, \varrho)$ separabel und vollständig ist, jede Verteilung auf $\mathscr{B}_\varrho$ straff ist (siehe zum Beispiel Theorem 1.4 in [16]). Der Satz von Kolmogorov *erweitert sich nicht* auf jeden messbaren Raum: in diesem Zusammenhang siehe zum Beispiel [59] S. 214.

Dann gibt es ein eindeutiges Wahrscheinlichkeitsmaß μ auf $\left(\mathbb{M}^I, \mathscr{F}_\varrho^I\right)$ das $\mu_{t_1,\ldots,t_n}$ als endlich-dimensionale Verteilungen hat, d. h., so dass

$$\mu(C_{t_1,\ldots,t_n}(H)) = \mu_{t_1,\ldots,t_n}(H)$$

für jede endliche Familie von Indizes $t_1, \ldots, t_n \in I$ und $H = H_1 \times \cdots \times H_n$ mit $H_1, \ldots, H_n \in \mathscr{B}_\varrho$.

1.6 Wichtige Ideen zum Merken

Hier sind die wichtigsten Ergebnisse und Grundideen des Kapitels, die man sich merken sollte. Technische oder weniger wichtige Details werden weggelassen. Bei Unklarheiten zu den folgenden kurzen Aussagen lohnt sich ein Blick in den jeweiligen Abschnitt.

- Abschn. 1.1: Wir definieren einen *stochastischen Prozess* als eine Funktion mit Zufallswerten oder, äquivalent, wenn auch abstrakter, als eine Zufallsvariable mit Werten im Funktionenraum der Trajektorien. Die *endlich-dimensionalen Verteilungen* eines Prozesses bestimmen dessen Gesetz und spielen die gleiche Rolle wie die Verteilung einer Zufallsvariablen.
- Abschn. 1.2: Wir vergleichen die verschiedenen Gleichheitsbegriffe für stochastische Prozesse und führen die Definitionen von *Gleichverteilung, Ununterscheidbarkeit und Modifikationen* ein.
- Abschn. 1.3: Das wichtigste Existenzresultat für Prozesse ist der Erweiterungssatz von Kolmogorov 1.3.1. Er besagt, dass es möglich ist, einen stochastischen Prozess aus gegebenen endlich-dimensionalen Verteilungen zu konstruieren, die natürliche Konsistenzbedingungen erfüllen: Dies ist ein Korollar des Satzes von Carathéodory 1.4.29 in [113], und der Beweis, der etwas technisch ist, kann beim ersten Lesen übersprungen werden.
- Abschn. 1.4: *Martingale* bilden eine fundamentale Klasse stochastischer Prozesse, die zusammen mit Markov-Prozessen den Hauptgegenstand der folgenden Kapitel bilden werden. Martingale haben einen konstanten Erwartungswert und entstehen ursprünglich als Modelle für faire Glücksspiele. Die Martingal-Eigenschaft hängt vom festgelegten Wahrscheinlichkeitsmaß und der Filtration ab: Eine *Filtration* beschreibt den zunehmenden Informationsfluss, der mit dem zeitlichen Index wächst.

1.6 Wichtige Ideen zum Merken

Hauptnotationen, die in diesem Kapitel eingeführt werden:

Symbol	Beschreibung	Seite
$\mathbb{R}^I = \{x : I \longrightarrow \mathbb{R}\}$	Raum der Trajektorien, I ist die Familie der Parameter	2
$C_{t_1,\ldots,t_n}(H) = \{x \in \mathbb{R}^I \mid x_{t_i} \in H_i,\ i = 1,\ldots,n\}$	endlich-dimensionaler Zylinder mit $t_i \in I$ und $H_i \in \mathscr{B}$	3
$\mathscr{C}$	Familie der endlich-dimensionalen Zylinder	3
$\mathscr{F}^I = \sigma(\mathscr{C})$	σ-Algebra erzeugt durch endlich-dimensionale Zylinder	3
$\mathscr{F}^I_\mu$	Vervollständigung von $\mathscr{F}^I$ bezüglich des Maßes μ	12
$\mathscr{G}^X_t = \sigma(X_s,\ s \leq t)$	durch den Prozess X erzeugte Filtration	15

Kapitel 2
Markov-Prozesse

Die Welt ist stochastisch.

Aus „Studentenmeinungen zu Bildungsaktivitäten", A.Y. 2022/23 Universität Bologna

Markov-Prozesse stellen eine grundlegende Klasse von stochastischen Prozessen dar, die durch eine Gedächtnislosigkeitseigenschaft gekennzeichnet sind, die sie hoch handhabbar und vorteilhaft in praktischen Anwendungen macht. In diesem Kapitel ist die Menge der Indizes $I = \mathbb{R}_{\geq 0}$, wobei $t \in I$ als Zeitpunkt interpretiert wird.

2.1 Übergangsverteilung und Feller-Prozesse

Definition 2.1.1 (Übergangsverteilung) Eine Übergangsverteilung auf $\mathbb{R}^N$ ist eine Funktion
$$p = p(t, x; T, H), \qquad 0 \leq t \leq T, \ x \in \mathbb{R}^N, \ H \in \mathscr{B}_N,$$
die die folgenden Bedingungen erfüllt:

i) für jedes $0 \leq t \leq T$ und $x \in \mathbb{R}^N$, ist $p(t, x; T, \cdot)$ eine Verteilung, d. h., ein Wahrscheinlichkeitsmaß auf $\mathscr{B}_N$, und $p(t, x; t, \cdot) = \delta_x$;
ii) für jedes $0 \leq t \leq T$ und $H \in \mathscr{B}_N$, ist die Funktion $x \mapsto p(t, x; T, H)$ $\mathscr{B}_N$-messbar.

Sei $X = (X_t)_{t \geq 0}$ ein stochastischer Prozess, der Werte in $\mathbb{R}^N$ annimmt, definiert auf dem Wahrscheinlichkeitsraum $(\Omega, \mathscr{F}, P)$. Wir sagen, dass X *die Übergangsverteilung p hat*, wenn:

28   2 Markov-Prozesse

i) p ist eine Übergangsverteilung;
ii) wir haben[1]

$$p(t, X_t; T, H) = P(X_T \in H \mid X_t), \qquad 0 \le t \le T, \ H \in \mathscr{B}_N.$$

Bemerkung 2.1.2 Durch die Eigenschaften i) und ii) der Definition 2.1.1, wenn X die Übergangsverteilung p hat, dann ist $p(t, X_t; T, \cdot)$ eine *reguläre Version*[2] der bedingten Verteilung von X_T gegeben X_t. Daher haben wir

$$\int_{\mathbb{R}^N} p(t, X_t; T, dy) \varphi(y) = E\left[\varphi(X_T) \mid X_t\right], \qquad \varphi \in b\mathscr{B}_N, \qquad (2.1)$$

nach Theorem 4.3.8 in [113]. Analog dazu ist $p(t, x; T, \cdot)$ eine reguläre Version der bedingten Verteilung *Funktion*[3] von X_T gegeben X_t und wir haben

$$\int_{\mathbb{R}^N} p(t, x; T, dy) \varphi(y) = E\left[\varphi(X_T) \mid X_t = x\right], \qquad x \in \mathbb{R}^N, \ \varphi \in b\mathscr{B}_N, \quad (2.2)$$

nach Theorem 4.3.19 in [113]. Beachte, dass

$$u(x) := \int_{\mathbb{R}^N} p(t, x; T, dy) \varphi(y), \qquad x \in \mathbb{R}^N,$$

eine $\mathscr{B}_N$-messbare, beschränkte Funktion ist: tatsächlich gilt nach ii) von Definition 2.1.1, dass $u \in b\mathscr{B}_N$, wenn $\varphi = \mathbb{1}_H$. Dank Lemma 2.2.3 in [113] und dem Satz von Beppo Levi haben wir durch Approximation, dass dies auch für jedes $\varphi \in b\mathscr{B}_N$ gilt. In Übereinstimmung mit der Notation (4.2.10) in [113] zeigt die Formel (2.2), dass u eine Version der bedingten Erwartungsfunktion von $\varphi(X_T)$ gegeben X_t ist.

Bemerkung 2.1.3 Die Definition 2.1.1 lässt sich in offensichtlicher Weise auf den Fall erweitern, dass anstelle von $(\mathbb{R}^N, \mathscr{B}_N)$ ein allgemeiner metrischer Raum $(\mathcal{M}, \varrho)$ betrachtet wird, ausgestattet mit der Borel-σ-Algebra $\mathscr{B}_\varrho$ (vgl. Definition 1.4.4 in in [113]).

Beispiel 2.1.4 [!] Betrachten Sie den „trivialen" Fall des deterministischen Prozesses $X_t = \gamma(t)$ mit $\gamma : \mathbb{R}_{\ge 0} \longrightarrow \mathbb{R}^N$, der als parametrisierte Kurve in $\mathbb{R}^N$ interpretiert wird. Wir haben

$$E\left[\varphi(X_T) \mid X_t\right] = \varphi(\gamma(T)) = \varphi(\gamma(t) + \gamma(T) - \gamma(t))$$

und daher ist eine reguläre Version der bedingten Erwartungsfunktion von $\varphi(X_T)$ gegeben X_t gleich

---

[1] Wir erinnern an die Konvention, wo $P(X_T \in H \mid X_t)$ die übliche bedingte Erwartung $E\left[\mathbb{1}_H(X_T) \mid X_t\right]$ bezeichnet, wie in Bemerkung 4.3.5 in [113].
[2] Definition 4.3.1 in [113].
[3] Theorem 4.3.16 in [113].

2.1 Übergangsverteilung und Feller-Prozesse   29

$$E\left[\varphi(X_T) \mid X_t = x\right] = \varphi(x + \gamma(T) - \gamma(t)) = \int_{\mathbb{R}} \delta_{x+\gamma(T)-\gamma(t)}(dy)\varphi(y).$$

Mit anderen Worten,
$$p(t, x; T, \cdot) = \delta_{x+\gamma(T)-\gamma(t)}$$

ist eine Übergangsverteilung von X: Dieses Ergebnis ist ein sehr spezieller Fall von Proposition 2.3.2, die wir später beweisen werden. Beachte, dass die Übergangsverteilung *nicht eindeutig* ist: zum Beispiel, wenn wir für jedes $0 \le t \le T$

$$\widetilde{p}(t, x; T, \cdot) = \begin{cases} \delta_{x+\gamma(T)-\gamma(t)} & \text{wenn } x = \gamma(t), \\ \delta_x & \text{wenn } x \ne \gamma(t), \end{cases}$$

setzen, dann ist $\widetilde{p}$ sogar eine Übergangsverteilung für X.

Bemerkung 2.1.5 (Zeit-homogene Übergangsverteilung) Eine Übergangsverteilung p wird als *zeit-homogen* bezeichnet, wenn

$$p(t, x; T, H) = p(0, x; T - t, H), \quad 0 \le t \le T, \ x \in \mathbb{R}, \ H \in \mathscr{B}.$$

Wenn X eine zeit-homogene Übergangsverteilung p hat, dann

$$\begin{aligned} E\left[\varphi(X_T) \mid X_t = x\right] &= \int_{\mathbb{R}} p(t, x; T, dy)\varphi(y) \\ &= \int_{\mathbb{R}} p(0, x; T - t, dy)\varphi(y) = E\left[\varphi(X_{T-t}) \mid X_0 = x\right]. \end{aligned}$$
(2.3)

Gl. (2.3) bedeutet, dass die bedingte Erwartungsfunktion von $\varphi(X_T)$ gegeben X_t gleich der bedingten Erwartungsfunktion des zeitlich verschobenen Prozesses zur Anfangszeit[4].

Beispiel 2.1.6 (Poisson Übergangsverteilung)[!] Erinnern wir uns daran, dass Poisson$_{x,\lambda}$ die Poisson-Verteilung mit Parameter $\lambda > 0$ zentriert in $x \in \mathbb{R}$ ist (siehe Beispiel 1.4.17 in [113]). Die *Poisson Übergangsverteilung mit Parameter* $\lambda > 0$ wird durch

---

[4] Wenn wir zur Vereinfachung mit

$$E_x[Y] = E[Y \mid X_0 = x]$$

bezeichnen, kann Gl. (2.3) in der kompakteren Form geschrieben werden

$$E\left[\varphi(X_T) \mid X_t\right] = E_{X_t}\left[\varphi(X_{T-t})\right].$$
(2.4)

Zur Klarheit: die rechte Seite von (2.4) ist die bedingte Erwartung von $\varphi(X_{T-t})$ gegeben X_0 ausgewertet in X_t.

$$p(t,x;T,\cdot) = \text{Poisson}_{x,\lambda(T-t)} = e^{-\lambda(T-t)} \sum_{n=0}^{+\infty} \frac{(\lambda(T-t))^n}{n!} \delta_{x+n}, \qquad 0 \le t \le T,\ x \in \mathbb{R}$$

definiert. Eigenschaften i) und ii) von Definition 2.1.1 sind offensichtlich. Die Poisson Übergangsverteilung ist zeit-homogen und *invariant unter Translationen*, d.h.

$$p(t,x;T,H) = p(0,0;T-t,H-x), \qquad 0 \le t \le T,\ x \in \mathbb{R},\ H \in \mathscr{B}.$$

Definition 2.1.7 (Übergangsdichte) Eine Übergangsverteilung p ist absolut stetig, wenn für jedes $0 \le t < T$ und $x \in \mathbb{R}^N$ eine Dichte $\Gamma = \Gamma(t,x;T,\cdot)$ existiert, so dass

$$p(t,x;T,H) = \int_H \Gamma(t,x;T,y)dy, \qquad H \in \mathscr{B}_N.$$

Wir sagen, dass Γ eine *Übergangsdichte* von p ist (oder, von X, wenn p die Übergangsverteilung von einem Prozess X ist).

Bemerkung 2.1.8 Die Übergangsdichte $\Gamma = \Gamma(t,x;T,y)$ eines Prozesses X ist eine Funktion von vier Variablen: das erste Paar (t,x) repräsentiert die Zeit und den Startpunkt von X; das zweite Paar (T,y) repräsentiert die Zeit und die zufällige Position der *Ankunft* von X. Für jedes $\varphi \in b\mathscr{B}_N$, haben wir

$$\int_{\mathbb{R}^N} \Gamma(t,X_t;T,y)\varphi(y)dy = E\left[\varphi(X_T) \mid X_t\right],$$

oder, in Bezug auf die bedingte Erwartungsfunktion,

$$\int_{\mathbb{R}^N} \Gamma(t,x;T,y)\varphi(y)dy = E\left[\varphi(X_T) \mid X_t = x\right], \qquad x \in \mathbb{R}^N.$$

Beispiel 2.1.9 (Gaußsches Übergangsverteilung)[!] Die gaußsche Übergangsverteilung ist durch $p(t,x;T,\cdot) = \mathcal{N}_{x,T-t}$ für alle $0 \le t \le T$ und $x \in \mathbb{R}$ definiert. Es handelt sich um eine absolutstetige Übergangsverteilung, denn

$$p(t,x;T,H) := \mathcal{N}_{x,T-t}(H) = \int_H \Gamma(t,x;T,y)dy, \qquad 0 \le t < T,\ x \in \mathbb{R},\ H \in \mathscr{B},$$

wobei

$$\Gamma(t,x;T,y) = \frac{1}{\sqrt{2\pi(T-t)}} e^{-\frac{(x-y)^2}{2(T-t)}}, \qquad 0 \le t < T,\ x,y \in \mathbb{R},$$

2.1 Übergangsverteilung und Feller-Prozesse

die gaußsche Übergangsdichte ist. Es ist klar, dass p die Eigenschaften i) und ii) der Definition 2.1.1 erfüllt.

Wir führen nun einen Begriff der „stetigen Abhängigkeit" der Übergangsverteilung vom Anfangswert (t, x) ein.

Definition 2.1.10 (Feller-Eigenschaft) Eine Übergangsverteilung p besitzt die Feller-Eigenschaft, wenn für jedes $h > 0$ und $\varphi \in bC(\mathbb{R}^N)$ die Funktion

$$(t, x) \longmapsto \int_{\mathbb{R}^N} p(t, x; t+h, dy)\varphi(y)$$

stetig ist. Ein Feller-Prozess ist ein Prozess mit einer Übergangsverteilung, die die Feller-Eigenschaft erfüllt.

Die Feller-Eigenschaft ist äquivalent zur *Stetigkeit unter der schwachen Konvergenz* der Übergangsverteilung $p = p(t, x; t+h, \cdot)$ bezüglich des Paares (t, x) von Anfangszeit und Position: genauer gesagt, unter Berücksichtigung der Definition der schwachen Konvergenz von Verteilungen (vgl. Bemerkung 3.1.1 in [113]), bedeutet die Tatsache, dass X ein Feller-Prozess mit Übergangsverteilung p ist, dass

$$p(t_n, x_n; t_n + h, \cdot) \xrightarrow{d} p(t, x; t+h, \cdot)$$

für jede Folge (t_n, x_n), die gegen (t, x) konvergiert, wenn $n \to +\infty$.

Wenn p in der Zeit homogen ist, reduziert sich die Feller-Eigenschaft auf die Stetigkeit in Bezug auf x: genau genommen hat p die Feller-Eigenschaft, wenn für jedes $h > 0$ und $\varphi \in bC(\mathbb{R}^N)$ die Funktion

$$x \longmapsto \int_{\mathbb{R}^N} p(0, x; h, dy)\varphi(y)$$

stetig ist. Die Feller-Eigenschaft spielt eine wichtige Rolle bei der Untersuchung von Markov-Prozessen (vgl. Kap. 7) und den Regularitätseigenschaften von stetigen Zeitfiltrationen (vgl. Abschn. 6.2.1).

Beispiel 2.1.11 Die Poisson und Gaußsche Übergangsverteilungen erfüllen die Feller-Eigenschaft (vgl. Beispiele 2.4.5 und 2.4.6): daher sagen wir, dass die damit verbundenen stochastischen Prozesse, die wir später einführen werden, nämlich der Poisson-Prozess und die Brownsche Bewegung, Feller-Prozesse sind.

Wir schließen den Abschnitt mit einem technischen Ergebnis ab. Erinnern wir uns an Definition 1.3.4 der kanonischen Version eines stochastischen Prozesses.

Satz 2.1.12 Wenn p eine Übergangsverteilung für den Prozess X auf dem Raum $(\Omega, \mathscr{F}, P)$ ist, dann ist es auch eine Übergangsverteilung für seine kanonische Version $\mathbf{X}$.

Beweis Erinnern wir uns daran, dass **X** auf dem Wahrscheinlichkeitsraum ($\mathbb{R}^I$, $\mathscr{F}^I_{\mu_X}, \mu_X$) definiert ist, wobei $\mathscr{F}^I_{\mu_X}$ die μ_X-Vervollständigung von $\mathscr{F}^I$ bezeichnet, und $\mathbf{X}(w) = w$ für jedes $w \in \mathbb{R}^I$. Gegeben seien $0 \leq t \leq T$ und $H \in \mathscr{B}$, sowie $Z := p(t, \mathbf{X}_t, T, H)$: wir müssen überprüfen, dass

$$Z = E^{\mu_X}[\mathbb{1}_H(\mathbf{X}_T) \mid \mathbf{X}_t] \tag{2.5}$$

wobei $E^{\mu_X}[\cdot]$ den Erwartungswert unter dem Wahrscheinlichkeitsmaß μ_X bezeichnet. Offensichtlich ist $Z \in m\sigma(\mathbf{X}_t)$. Außerdem, wenn $W \in b\sigma(\mathbf{X}_t)$ dann ist nach Doobs Theorem $W = \varphi(\mathbf{X}_t)$ mit $\varphi \in b\mathscr{B}$ und wir haben

$$E^{\mu_X}[ZW] = E^{\mu_X}[p(t, \mathbf{X}_t, T, H)\varphi(\mathbf{X}_t)] =$$

(da X und $\mathbf{X}$ die gleiche Verteilung haben)

$$= E^P[p(t, X_t, T, H)\varphi(X_t)] =$$

(da p eine Übergangsverteilung von X ist)

$$= E^P[\mathbb{1}_H(X_T)\varphi(X_t)] =$$

(wieder durch die Gleichheit in Verteilung von X und $\mathbf{X}$)

$$= E^{\mu_X}[\mathbb{1}_H(\mathbf{X}_T)\varphi(\mathbf{X}_t)].$$

Dies beweist (2.5) und schließt den Beweis ab. □

2.2 Markov-Eigenschaft

Wir betrachten zur Vereinfachung den skalaren Fall, $N = 1$.

Definition 2.2.1 (Markov-Prozess) Sei $X = (X_t)_{t \geq 0}$ ein *adaptierter* stochastischer Prozess auf dem gefilterten Raum $(\Omega, \mathscr{F}, P, \mathscr{F}_t)$. Wir sagen, dass X ein *Markov-Prozess* ist, wenn er eine Übergangsverteilung p mit der Eigenschaft[5]

$$p(t, X_t; T, H) = P(X_T \in H \mid \mathscr{F}_t), \quad 0 \leq t \leq T, H \in \mathscr{B} \tag{2.6}$$

hat.

---

[5] Hier, wie in n Bemerkung 4.3.5 in [113], bezeichnet $P(X_T \in \cdot \mid \mathscr{F}_t)$ eine reguläre Version der bedingten Verteilung von X_T gegeben $\mathscr{F}_t$. Formel (2.6) ist äquivalent zu $p(t, X_t; T, H) = E[\mathbb{1}_H(X_T) \mid \mathscr{F}_t]$, das heißt, $p(t, X_t; T, H)$ ist eine Version der bedingten Erwartung von $\mathbb{1}_H(X_T)$ gegeben $\mathscr{F}_t$.

2.2 Markov-Eigenschaft

Formel (2.6) ist eine Gedächtnislosigkeitseigenschaft: intuitiv drückt sie die Tatsache aus, dass das Wissen über $\mathscr{F}_t$ (und insbesondere über die gesamte Trajektorie von X bis zur Zeit t) oder nur der Wert X_t die gleiche Information bezüglich der Verteilung des zukünftigen Wertes X_T liefern.

Satz 2.2.2 (Markov-Eigenschaft) Sei $X = (X_t)_{t \geq 0}$ ein adaptierter stochastischer Prozess auf dem gefilterten Raum $(\Omega, \mathscr{F}, P, \mathscr{F}_t)$ mit Übergangsverteilung p. Dann ist X genau dann ein Markov-Prozess, wenn

$$\int_{\mathbb{R}} p(t, X_t; T, dy)\varphi(y) = E[\varphi(X_T) \mid \mathscr{F}_t], \quad 0 \leq t \leq T, \ \varphi \in b\mathscr{B}. \quad (2.7)$$

gilt.

Beweis Ist X ein Markov-Prozess, so ist $p(t, X_t; T, \cdot)$ eine reguläre Version der bedingten Verteilung von X_T bezüglich $\mathscr{F}_t$ und (2.7) folgt aus Satz 4.3.8 in [113]. Die Umkehrung ist offensichtlich, wenn man $\varphi = \mathbb{1}_H$, $H \in \mathscr{B}$, wählt. □

Bemerkung 2.2.3 Durch Dichte haben wir auch, dass X genau dann ein Markov-Prozess ist, wenn (2.7) für alle $\varphi \in C_0^\infty$ gilt. Kombiniert man (2.1) mit (2.7), ist es üblich[6]

$$E[\varphi(X_T) \mid X_t] = E[\varphi(X_T) \mid \mathscr{F}_t] \quad (2.8)$$

zu schreiben.

Die Markov-Eigenschaft kann auf folgende Weise verallgemeinert werden. Wenn $t \leq t_1 < t_2$ und $\varphi_1, \varphi_2 \in b\mathscr{B}$, dann haben wir durch die Turmeigenschaft

$$E\left[\varphi_1(X_{t_1})\varphi_2(X_{t_2}) \mid X_t\right] = E\left[E\left[\varphi_1(X_{t_1})\varphi_2(X_{t_2}) \mid \mathscr{F}_{t_1}\right] \mid X_t\right]$$
$$= E\left[\varphi_1(X_{t_1})E\left[\varphi_2(X_{t_2}) \mid \mathscr{F}_{t_1}\right] \mid X_t\right] =$$

(durch die Markov-Eigenschaft)

$$= E\left[\varphi_1(X_{t_1})E\left[\varphi_2(X_{t_2}) \mid X_{t_1}\right] \mid X_t\right] =$$

(durch die Anwendung der Markov-Eigenschaft auf die äußere bedingte Erwartung, da $\varphi_1(X_{t_1})E\left[\varphi_2(X_{t_2}) \mid X_{t_1}\right]$ eine beschränkte und Borel-messbare Funktion von X_{t_1} nach Doobs Theorem ist)

---

[6] Formel (2.8) ist keine Gleichung, sondern eine Notation, die im Sinne von Konvention 4.2.5 interpretiert werden muss: Genau genommen bedeutet (2.8), dass wenn $Z = E[\varphi(X_T) \mid X_t]$ dann $Z = E[\varphi(X_T) \mid \mathscr{F}_t]$. Es kann jedoch eine Version Z' von $E[\varphi(X_T) \mid \mathscr{F}_t]$ existieren, die nicht $\sigma(X_t)$-messbar ist[7] und daher nicht die Erwartung von $\varphi(X_T)$ bedingt auf X_t ist. Andererseits, wenn (2.8) gilt und $Z' = E[\varphi(X_T) \mid \mathscr{F}_t]$ dann ist $Z' = f(X_t)$ fast sicher für eine $f \in m\mathscr{B}$: Tatsächlich, nimmt man eine Version Z von $E[\varphi(X_T) \mid X_t]$, dann ist nach Doobs Theorem $Z = f(X_t)$ und nach (2.8) (und der Eindeutigkeit der bedingten Erwartung) $Z = Z'$ fast sicher. Diese Feinheiten sind relevant, wenn man in der Praxis die Gültigkeit der Markov-Eigenschaft überprüfen muss: Beispiel 11.1.10 ist in diesem Sinne aufschlussreich.

$$= E\left[\varphi_1(X_{t_1})E\left[\varphi_2(X_{t_2}) \mid X_{t_1}\right] \mid \mathscr{F}_t\right] =$$

(durch die Anwendung der Markov-Eigenschaft auf die innere bedingte Erwartung)

$$= E\left[\varphi_1(X_{t_1})E\left[\varphi_2(X_{t_2}) \mid \mathscr{F}_{t_1}\right] \mid \mathscr{F}_t\right]$$
$$= E\left[E\left[\varphi_1(X_{t_1})\varphi_2(X_{t_2}) \mid \mathscr{F}_{t_1}\right] \mid \mathscr{F}_t\right]$$
$$= E\left[\varphi_1(X_{t_1})\varphi_2(X_{t_2}) \mid \mathscr{F}_t\right].$$

Daher haben wir[8]

$$E[Y \mid X_t] = E[Y \mid \mathscr{F}_t] \tag{2.9}$$

für $Y = \varphi_1(X_{t_1})\varphi_2(X_{t_2})$ mit $t \leq t_1 < t_2$ und $\varphi_1, \varphi_2 \in b\mathscr{B}$. Durch Induktion ist es nicht schwer zu beweisen, dass (2.9) auch gilt, wenn

$$Y = \prod_{k=1}^{n} \varphi_k(X_{t_k}) \tag{2.10}$$

für jedes $t \leq t_1 < \cdots < t_n$ und $\varphi_1, \ldots, \varphi_n \in b\mathscr{B}$. Schließlich, durch[9] Dynkins Theorem A.0.8 in [113], gilt (2.9) für jede beschränkte Zufallsvariable, die messbar ist bezüglich der σ-Algebra erzeugt durch die Zufallsvariablen des Typs X_s mit $s \geq t$, das heißt

$$\mathscr{G}_{t,\infty}^X := \sigma(X_s, s \geq t). \tag{2.11}$$

Die σ-Algebra $\mathscr{G}_{t,\infty}^X$ repräsentiert *die zukünftige Information über X ab Zeitpunkt t*, in Analogie zu Definition 1.4.3. Abschließend haben wir die folgende verallgemeinerte Markov-Eigenschaft.

Theorem 2.2.4 (Erweiterte Markov-Eigenschaft) Sei X ein Markov-Prozess auf $(\Omega, \mathscr{F}, P, \mathscr{F}_t)$. Dann gilt

$$E[Y \mid X_t] = E[Y \mid \mathscr{F}_t], \quad Y \in b\mathscr{G}_{t,\infty}^X. \tag{2.12}$$

---

[8] In Übereinstimmung mit Konvention (2.8).

[9] Wir verwenden Dynkins Theorem A.0.8 in [113], auf folgende Weise: Sei $\mathscr{A}$ die Familie der Zylinder der Form $C = \bigcap_{k=1}^{n}(X_{t_k} \in H_k)$ für $t \leq t_1 \leq \cdots \leq t_n$ und $H_1, \ldots, H_n \in \mathscr{B}$. Dann ist $\mathscr{A}$ eine $\cap$-geschlossene Familie von Ereignissen. Sei $\mathscr{H}$ die Familie der beschränkten Zufallsvariablen, für die (2.9) gilt: nach Beppo Levis Theorem für die bedingte Erwartung ist $\mathscr{H}$ eine monotone Familie; außerdem, wenn man $\varphi_k = \mathbb{1}_{H_k}$ in (2.10) wählt, enthält $\mathscr{H}$ die Indikatorfunktionen der Elemente von $\mathscr{A}$. Dann stellt Theorem A.0.8 in [113] sicher, dass $\mathscr{H}$ auch die beschränkten und $\sigma(\mathscr{A})$-messbaren Zufallsvariablen enthält.

2.2 Markov-Eigenschaft

Das folgende Korollar drückt das Wesen der Markov-Eigenschaft aus: *die Vergangenheit (d. h., $\mathscr{F}_t$) und die Zukunft (d. h., $\mathscr{G}_{t,\infty}^X$) sind bedingt unabhängig*[10] *gegeben die Gegenwart (d. h., $\sigma(X_t)$).*

Korollar 2.2.5 [!] Sei X ein Markov-Prozess auf $(\Omega, \mathscr{F}, P, \mathscr{F}_t)$. Dann haben wir

$$E[Y \mid X_t] E[Z \mid X_t] = E[YZ \mid X_t], \qquad Y \in b\mathscr{G}_{t,\infty}^X, \, Z \in b\mathscr{F}_t. \tag{2.13}$$

Beweis Wir überprüfen, dass $E[Y \mid X_t] E[Z \mid X_t]$ eine Version der Erwartung von YZ bedingt auf X_t ist: die Messbarkeitseigenschaft $E[Y \mid X_t] E[Z \mid X_t] \in m\sigma(X_t)$ ist offensichtlich. Sei $W \in b\sigma(X_t)$, dann haben wir

$$E[W E[Y \mid X_t] E[Z \mid X_t]] =$$

(da $W E[Y \mid X_t] \in b\sigma(X_t)$ und durch Eigenschaft ii) der Definition der bedingten Erwartung $E[Z \mid X_t]$)

$$= E[W E[Y \mid X_t] Z] =$$

(durch die erweiterte Markov-Eigenschaft (2.12))

$$= E[W E[Y \mid \mathscr{F}_t] Z]$$
$$= E[E[WYZ \mid \mathscr{F}_t]] = E[WYZ]$$

was die zweite Eigenschaft der Definition der bedingten Erwartung beweist. □

Schließlich führen wir die kanonische Version eines Markov-Prozesses ein. Das Bestehen auf die kanonische Version (vgl. Definition 1.3.4) eines Prozesses ist durch die Bedeutung der Vollständigkeitseigenschaft des Raums und die Tatsache gerechtfertigt, dass wir die *Ergebnisse* mit den *Trajektorien* des Prozesses identifizieren können: Dies wird noch deutlicher, wenn wir in Kap. 7 die Markov-Eigenschaft mit einem geeigneten Zeit-Translationsoperator ausdrücken werden.

Satz 2.2.6 (Kanonische Version eines Markov-Prozesses) Sei X ein Markov-Prozess auf dem Raum $(\Omega, \mathscr{F}, P, \mathscr{F}_t)$ mit Übergangsverteilung p und sei **X** seine kanonische Version. Dann ist **X** ein Markov-Prozess mit Übergangsverteilung p auf $(\mathbb{R}^I, \mathscr{F}_{\mu_X}^I, \mu_X, \mathscr{G}^{\mathbf{X}})$, wobei $\mathscr{G}^{\mathbf{X}}$ die von **X** erzeugte Filtration bezeichnet (vgl. (1.9) und Bemerkung 1.4.5).

Beweis Nach Proposition 2.1.12 ist p auch eine Übergangsverteilung von **X**, sodass es ausreicht für jedes $0 \leq t \leq T$ und $H \in \mathscr{B}$, wenn wir $Z := p(t, \mathbf{X}_t, T, H)$ setzen, zu beweisen, dass

$$Z = E^{\mu_X}\left[\mathbb{1}_H(\mathbf{X}_T) \mid \mathscr{G}_t^{\mathbf{X}}\right]$$

---

[10] Genauer gesagt: wenn es eine reguläre Version der bedingten Wahrscheinlichkeit $P(\cdot \mid X_t)$ gibt (dies ist garantiert, wenn Ω ein polnischer Raum ist), dann wird (2.13) mit $Y = \mathbb{1}_A$, $A \in \mathscr{G}_{t,\infty}^X$, und $Z = \mathbb{1}_B$, $B \in \mathscr{F}_t$, zu

$$P(A \mid X_t) P(B \mid X_t) = P(A \cap B \mid X_t).$$

gilt, wobei $E^{\mu_X}[\cdot]$ den Erwartungswert unter dem Wahrscheinlichkeitsmaß μ_X bezeichnet. Offensichtlich ist $Z \in m\mathscr{G}_t^{\mathbf{X}}$ und daher bleibt zu überprüfen, dass

$$E^{\mu_X}[ZW] = E^{\mu_X}\left[\mathbb{1}_H(\mathbf{X}_T)W\right], \quad W \in b\mathscr{G}_t^{\mathbf{X}}.$$

Tatsächlich, dank[11] Dynkins s Theorem A.0.8 in [113], ist es ausreichend W von der Form

$$W = \varphi(\mathbf{X}_{t_1}, \ldots, \mathbf{X}_{t_n})$$

mit $0 \leq t_1 < \cdots < t_n \leq t$ und $\varphi \in b\mathscr{B}_n$ zu betrachten. Nun genügt es, wie im Beweis von Proposition 2.1.12 zu verfahren:

$$E^{\mu_X}[ZW] = E^{\mu_X}\left[p(t, \mathbf{X}_t, T, H)\varphi(\mathbf{X}_{t_1}, \ldots, \mathbf{X}_{t_n})\right] =$$

(da X und $\mathbf{X}$ die gleiche Verteilung haben)

$$= E^P\left[p(t, X_t, T, H)\varphi(X_{t_1}, \ldots, X_{t_n})\right] =$$

(durch die Markov-Eigenschaft von X)

$$= E^P\left[\mathbb{1}_H(X_T)\varphi(X_{t_1}, \ldots, X_{t_n})\right] =$$

(wieder durch die Gleichheit in Verteilung von X und $\mathbf{X}$)

$$= E^{\mu_X}\left[\mathbb{1}_H(\mathbf{X}_T)\varphi(\mathbf{X}_{t_1}, \ldots, \mathbf{X}_{t_n})\right].$$

□

2.3 Prozesse mit unabhängigen Inkrementen und Martingale

Sei $X = (X_t)_{t \geq 0}$ ein stochastischer Prozess auf dem gefilterten Raum $(\Omega, \mathscr{F}, P, \mathscr{F}_t)$.

Definition 2.3.1 (Prozess mit unabhängigen Inkrementen) Wir sagen, dass X *unabhängige Inkremente besitzt*, wenn gilt:

i) X ist an $(\mathscr{F}_t)_{t \geq 0}$ adaptiert;
ii) der Zuwachs $X_T - X_t$ ist unabhängig von $\mathscr{F}_t$ für alle $0 \leq t < T$.

---

[11] Wir verwenden Dynkins Theorem A.0.8 in [113] auf ähnliche Weise wie in der Beweis von Theorem 2.2.4.

2.3 Prozesse mit unabhängigen Inkrementen und Martingale

Satz 2.3.2 [!] Sei $X = (X_t)_{t \geq 0}$ ein Prozess mit unabhängigen Inkrementen, dann ist X ein Markov-Prozess mit Übergangsverteilung $p = p(t, x; T, \cdot)$, das der Verteilung von

$$X_T^{t,x} := X_T - X_t + x, \qquad 0 \leq t \leq T, \ x \in \mathbb{R}. \tag{2.14}$$

entspricht.

Beweis Beweisen wir, dass p in (2.14) eine Übergangsverteilung für X ist. Offensichtlich ist $p(t, x; T, \cdot)$ eine Verteilung und $p(t, x; t, \cdot) = \delta_x$. Darüber hinaus, wenn $\mu_{X_T - X_t}$ die Verteilung von $X_T - X_t$ bezeichnet, dann ist nach dem Satz von Fubini für jede Funktion $H \in \mathscr{B}$ die Funktion

$$x \longmapsto p(t, x; T, H) = \mu_{X_T - X_t}(H - x)$$

$\mathscr{B}$-messbar. Schließlich ist für festes $H \in \mathscr{B}$, $p(t, X_t; T, H) = P(X_T \in H \mid X_t)$ eine Folge der Tatsache, dass für jede Funktion $\varphi \in b\mathscr{B}$ das folgende gilt:

$$E[\varphi(X_T) \mid X_t] = E[\varphi(X_T - X_t + X_t) \mid X_t] =$$

(nach dem Einfrier-Lemma 4.2.11 in [113], da $X_T - X_t$ unabhängig von X_t und offensichtlich X_t $\sigma(X_t)$-messbar ist)

$$= E\left[\varphi(X_T^{t,x})\right]\Big|_{x=X_t} = \int_{\mathbb{R}} p(t, X_t; T, dy)\varphi(y).$$

Ebenso wird die Markov-Eigenschaft (2.7) (und folglich (2.6)) hergeleitet, indem man auf $\mathscr{F}_t$ statt auf X_t bedingt. □

Es ist interessant, die Definitionen eines Prozesses mit unabhängigen Inkrementen und eines Martingals zu vergleichen. Wir beginnen mit der Beobachtung, dass wenn X unabhängige Inkremente hat, dann für jedes $n \in \mathbb{N}$ und $0 \leq t_0 < t_1 < \cdots < t_n$, die Inkremente $X_{t_k} - X_{t_{k-1}}$ tatsächlich unabhängig sind; insbesondere, wenn X quadratisch integrierbar ist, d.h., $X_t \in L^2(\Omega, P)$ für jedes t, dann sind die Inkremente unkorreliert:

$$\text{cov}(X_{t_k} - X_{t_{k-1}}, X_{t_h} - X_{t_{h-1}}) = 0, \qquad 1 \leq k < h \leq n.$$

Auch ein Martingal hat unkorrelierte (aber nicht notwendigerweise unabhängige) Inkremente.

Satz 2.3.3 Sei X ein quadratisch integrierbares Martingal. Dann hat X unkorrelierte Inkremente.

Beweis Sei $t_0 \leq t_1 \leq t_2 \leq t_3$. Wir haben

$$\begin{aligned}\operatorname{cov}(X_{t_1} - X_{t_0}, X_{t_3} - X_{t_2}) &= E\left[(X_{t_1} - X_{t_0})(X_{t_3} - X_{t_2})\right] \\ &= E\left[E\left[(X_{t_1} - X_{t_0})(X_{t_3} - X_{t_2}) \mid \mathscr{F}_{t_2}\right]\right] \\ &= E\left[(X_{t_1} - X_{t_0})E\left[X_{t_3} - X_{t_2} \mid \mathscr{F}_{t_2}\right]\right] = 0.\end{aligned}$$

□

Ein Prozess mit unabhängigen Inkrementen ist nicht notwendigerweise integrierbar, noch konstant im Mittel, und daher nicht notwendigerweise ein Martingal. Allerdings haben wir folgendes Resultat.

Satz 2.3.4 Sei X ein absolut integrierbarer Prozess mit unabhängigen Inkrementen. Dann ist der „kompensierte" Prozess, definiert durch $\widetilde{X}_t := X_t - E[X_t]$, ein Martingal.

Beweis Es genügt zu beobachten, dass für jedes $t \leq T$ das folgende gilt:

$$E\left[\widetilde{X}_T \mid \mathscr{F}_t\right] = E\left[\widetilde{X}_T - \widetilde{X}_t \mid \mathscr{F}_t\right] + \widetilde{X}_t =$$

(da auch $\widetilde{X}$ unabhängige Inkremente hat)

$$= E\left[\widetilde{X}_T - \widetilde{X}_t\right] + \widetilde{X}_t = \widetilde{X}_t$$

da $\widetilde{X}$ Mittelwert null hat.

□

Bemerkung 2.3.5 [!] Proposition 2.3.4 liefert die Doob'sche Zerlegung $X = \widetilde{X} + A$ des Prozesses X: in diesem Fall ist der Driftprozess $A_t = E[X_t]$ deterministisch.

2.4 Endlichdimensionale Verteilungen und Chapman-Kolmogorov-Gleichung

Sei X ein Markov-Prozess mit Anfangsverteilung μ (d. h., $X_0 \sim \mu$) und Übergangsverteilung p. Das folgende Ergebnis zeigt, dass es möglich ist, ausgehend von μ und p, die endlichdimensionalen Verteilungen (und daher die Verteilung!) von X zu bestimmen.

Satz 2.4.1 (Endlichdimensionale Verteilungen) [!] Sei $X = (X_t)_{t \geq 0}$ ein Markov-Prozess mit Übergangsverteilung p und so, dass $X_0 \sim \mu$. Für alle $t_0, t_1, \ldots, t_n \in \mathbb{R}$ mit $0 = t_0 < t_1 < t_2 < \cdots < t_n$, und $H \in \mathscr{B}_{n+1}$ haben wir

$$P((X_{t_0}, X_{t_1}, \ldots, X_{t_n}) \in H) = \int_H \mu(dx_0) \prod_{i=1}^n p(t_{i-1}, x_{i-1}; t_i, dx_i). \quad (2.15)$$

2.4 Endlichdimensionale Verteilungen und Chapman-Kolmogorov-Gleichung   39

Beweis Nach Korollar A.0.5 in [113] genügt es, die Behauptung im Fall $H = H_0 \times \cdots \times H_n$ mit $H_i \in \mathscr{B}$ zu beweisen. Wir gehen induktiv vor: im Fall $n = 1$ haben wir

$$P((X_{t_0}, X_{t_1}) \in H_0 \times H_1) = E\left[\mathbb{1}_{H_0}(X_{t_0})\mathbb{1}_{H_1}(X_{t_1})\right]$$
$$= E\left[\mathbb{1}_{H_0}(X_{t_0})E\left[\mathbb{1}_{H_1}(X_{t_1}) \mid X_{t_0}\right]\right]$$
$$= E\left[\mathbb{1}_{H_0}(X_{t_0})\int_{H_1} p(t_0, X_{t_0}; t_1, dx_1)\right] =$$

(nach dem Satz von Fubini)

$$= \int_{H_0 \times H_1} \mu(dx_0) p(t_0, x_0; t_1, dx_1).$$

Nehmen wir nun an, (2.15) gilt für n und beweisen es für $n + 1$: für $H \in \mathscr{B}_{n+1}$ und $K \in \mathscr{B}$ haben wir

$$P((X_{t_0}, \ldots, X_{t_{n+1}}) \in H \times K) = E\left[\mathbb{1}_H(X_{t_0}, \ldots, X_{t_n})E\left[\mathbb{1}_K(X_{t_{n+1}}) \mid \mathscr{F}_{t_n}\right]\right] =$$

(nach der Markov-Eigenschaft)

$$= E\left[\mathbb{1}_H(X_{t_0}, \ldots, X_{t_n})E\left[\mathbb{1}_K(X_{t_{n+1}}) \mid X_{t_n}\right]\right]$$
$$= E\left[\mathbb{1}_H(X_{t_0}, \ldots, X_{t_n})\int_K p(t_n, X_{t_n}; t_{n+1}, dx_{n+1})\right] =$$

(nach der Induktionsannahme und dem Satz von Fubini)

$$= \int_{H \times K} \mu(dx_0) \prod_{i=1}^{n+1} p(t_{i-1}, x_{i-1}; t_i, dx_i).$$

□

Bemerkung 2.4.2 Im Spezialfall $\mu = \delta_{x_0}$ wird (2.15) zu

$$P((X_{t_1}, \ldots, X_{t_n}) \in H) = \int_H \prod_{i=1}^n p(t_{i-1}, x_{i-1}; t_i, dx_i), \qquad H \in \mathscr{B}_n. \quad (2.16)$$

Das folgende bemerkenswerte Ergebnis liefert eine *notwendige Bedingung* dafür, dass eine Übergangsverteilung die Übergangsverteilung eines Markov-Prozesses ist.

Satz 2.4.3 (Chapman-Kolmogorov-Gleichung)[!!] Sei X ein Markov-Prozess mit Übergangsverteilung p. Für jedes $0 \leq t_1 < t_2 < t_3$ und $H \in \mathscr{B}$ haben wir

$$p(t_1, X_{t_1}; t_3, H) = \int_{\mathbb{R}} p(t_1, X_{t_1}; t_2, dx_2) p(t_2, x_2; t_3, H). \quad (2.17)$$

Beweis Intuitiv drückt die Chapman-Kolmogorov-Gleichung aus, dass die Wahrscheinlichkeit, von Position x_1 zur Zeit t_1 zu einer Position in H zur Zeit t_3 zu wechseln, gleich jener Wahrscheinlichkeit ist, zu einer Position x_2 zu einem Zwischenzeitpunkt t_2 zu wechseln, gefolgt von einem Übergang von x_2 zu H, integriert über alle möglichen Werte von x_2.

Wir haben

$$p(t_1, X_{t_1}; t_3, H) = E\left[\mathbb{1}_H(X_{t_3}) \mid X_{t_1}\right] =$$

(nach der Turmeigenschaft)

$$= E\left[E\left[\mathbb{1}_H(X_{t_3}) \mid \mathscr{F}_{t_2}\right] \mid X_{t_1}\right] =$$

(nach der Markov-Eigenschaft (2.6))

$$= E\left[p(t_2, X_{t_2}; t_3, H) \mid X_{t_1}\right] =$$

(nach (2.1))

$$= \int_{\mathbb{R}} p(t_1, X_{t_1}; t_2, dx_2) p(t_2, x_2; t_3, H).$$

□

Wir zeigen nun, dass die Chapman-Kolmogorov-Gleichung tatsächlich eine *notwendige und hinreichende Bedingung* ist, d.h., dass es immer möglich ist, einen Markov-Prozess aus einer Anfangsverteilung und einer Übergangsverteilung p zu konstruieren, vorausgesetzt (2.17) gilt.

Theorem 2.4.4 [!] Sei μ eine Verteilung auf $\mathbb{R}$ und sei $p = p(t, x; T, H)$ eine Übergangsverteilung[12], die die Chapman-Kolmogorov-Gleichung

$$p(t_1, x; t_3, H) = \int_{\mathbb{R}} p(t_1, x; t_2, dy) p(t_2, y; t_3, H) \qquad (2.18)$$

für alle $0 \leq t_1 < t_2 < t_3$, $x \in \mathbb{R}$ und $H \in \mathscr{B}$ erfüllt. Dann existiert ein Markov-Prozess $X = (X_t)_{t \geq 0}$ mit Übergangsverteilung p und so, dass $X_0 \sim \mu$.

Beweis Betrachte die Familie der endlich-dimensionalen Verteilungen, die durch (2.15) definiert sind: speziell, wenn $0 = t_0 < t_1 < t_2 < \cdots < t_n$ setzen wir

$$\mu_{t_0,\ldots,t_n}(H) = \int_H \mu(dx_0) \prod_{i=1}^n p(t_{i-1}, x_{i-1}; t_i, dx_i), \qquad H \in \mathscr{B}_{n+1},$$

und wenn $t_0, \ldots, t_n$ nicht in aufsteigender Reihenfolge geordnet sind, definieren wir $\mu_{t_0,\ldots,t_n}$ durch (1.6) durch Neuanordnung der Zeiten. Auf diese Weise wird

---

[12] Das heißt, p verifiziert Eigenschaften i) und ii) von Definition 2.1.1.

2.4 Endlichdimensionale Verteilungen und Chapman-Kolmogorov-Gleichung

die Konsistenz-Eigenschaft (1.6) automatisch durch Konstruktion erfüllt. Andererseits garantiert die Chapman-Kolmogorov-Gleichung die Gültigkeit der zweiten Konsistenz-Eigenschaft (1.7), denn wir haben nach der Anordnung der Zeiten in aufsteigender Reihenfolge

$$\mu_{t_0,\ldots,t_{k-1},t_k,t_{k+1},\ldots,t_n}(H_0 \times \cdots \times H_{k-1} \times \mathbb{R} \times H_{k+1} \times \cdots \times H_n)$$
$$= \mu_{t_0,\ldots,t_{k-1},t_{k+1},\ldots,t_n}(H_0 \times \cdots \times H_{k-1} \times H_{k+1} \times \cdots \times H_n).$$

Da die Voraussetzungen des Erweiterungssatzes von Kolmogorov erfüllt sind, betrachten wir den stochastischen Prozess $X = (X_t)_{t \geq 0}$, der kanonisch wie in Korollar 1.3.3 konstruiert ist: X besitzt die endlich-dimensionalen Verteilungen aus (2.15) und ist auf dem gefilterten Raum $(\Omega, \mathscr{F}, P, (\mathscr{G}_t^X)_{t \geq 0})$ mit $\Omega = \mathbb{R}^{[0,+\infty)}$ definiert. Wir erinnern daran, dass nach Bemerkung 1.4.4 die Filtration $(\mathscr{G}_t^X)_{t \geq 0}$ diejenige ist, die von den endlich-dimensionalen Zylindermengen erzeugt wird.

Es bleibt zu zeigen, dass X ein Markov-Prozess mit Übergangsverteilung p ist. Fixieren wir $0 \leq t < T$ und $\varphi \in b\mathscr{B}$. Wir beweisen, dass die folgende Formel, äquivalent zu (2.7), gilt

$$\int_{\mathbb{R}} p(t, X_t; T, dy) \varphi(y) = E\left[\varphi(X_T) \mid \mathscr{G}_t^X\right],$$

indem wir direkt die Eigenschaften der bedingten Erwartung überprüfen. Setzen wir

$$Z = \int_{\mathbb{R}} p(t, X_t; T, dy) \varphi(y)$$

dann ist klar, dass $Z \in m\mathscr{G}_t^X$. Nach Bemerkung 4.2.2 in [113] ist es ausreichend das folgende zu beweisen

$$E[\mathbb{1}_C \varphi(X_T)] = E[\mathbb{1}_C Z]$$

wobei C ein endlich-dimensionaler Zylinder in $\mathscr{G}_t^X$ ist und von der Form in (1.1) ist: insbesondere können wir ohne Beschränkung der Allgemeinheit annehmen, dass $C = C_{t_0,t_1,\ldots,t_n}(H)$ mit $H \in \mathscr{B}_{n+1}$ und $t_n = t$. Dies ermöglicht uns, die endlich-dimensionalen Verteilungen in (2.15) zu verwenden: tatsächlich haben wir

$$E\left[\mathbb{1}_{C_{t_0,\ldots,t_n}(H)} \varphi(X_T)\right] = E\left[\mathbb{1}_H(X_{t_0}, X_{t_1}, \ldots, X_{t_n}) \varphi(X_T)\right]$$
$$= \int_H \mu(dx_0) \prod_{i=1}^n p(t_{i-1}, x_{i-1}; t_i, dx_i) \int_{\mathbb{R}} p(t_n, x_n; T, dy) \varphi(y)$$
$$= E\left[\mathbb{1}_H(X_{t_0}, \ldots, X_{t_n}) \int_{\mathbb{R}} p(t_n, X_{t_n}; T, dy) \varphi(y)\right]$$
$$= E\left[\mathbb{1}_{C_{t_0,\ldots,t_n}(H)} Z\right].$$

□

Beispiel 2.4.5 (Poisson-Übergangsverteilung) [!] Das Poisson-Übergangsverteilung mit Parameter $\lambda > 0$ (vgl. Beispiel 2.1.6)

$$p(t,x;T,\cdot) = \text{Poisson}_{x,\lambda(T-t)} = e^{-\lambda(T-t)} \sum_{n=0}^{+\infty} \frac{(\lambda(T-t))^n}{n!} \delta_{x+n}, \qquad 0 \le t \le T, \ x \in \mathbb{R},$$

erfüllt die Chapman-Kolmogorov-Gleichung: Dies kann bewiesen werden, indem man so vorgeht wie[13] im Beispiel 2.6.5 in [113] über die Summe unabhängiger Poisson-Zufallsvariablen. Der Markov-Prozess der mit p assoziiert ist, wird als *Poisson-Prozess* bezeichnet und wird in Kap. 5 untersucht. Für jedes $\varphi \in bC$ und $t > 0$ ist die Funktion

$$x \longmapsto \int_{\mathbb{R}} \text{Poisson}_{x,\lambda t}(dy)\varphi(y) = e^{-\lambda t} \sum_{n=0}^{+\infty} \frac{(\lambda t)^n}{n!} \varphi(x+n) \qquad (2.19)$$

stetig und daher ist *der Poisson-Prozess ein Feller-Prozess*.

Beispiel 2.4.6 (Gaußsche Übergangsverteilung) [!] Betrachte die Gaußsche Übergangsverteilung aus Beispiel 2.1.9:

$$p(t,x;T,H) := \int_H \Gamma(t,x;T,y)dy, \qquad 0 \le t < T, \ x \in \mathbb{R}, \ H \in \mathscr{B},$$

wobei

$$\Gamma(t,x;T,y) = \frac{1}{\sqrt{2\pi(T-t)}} e^{-\frac{(x-y)^2}{2(T-t)}}, \qquad 0 \le t < T, \ x, y \in \mathbb{R},$$

---

[13] Für $0 \le t < s < T$, haben wir

$$\int_{\mathbb{R}} p(t,x;s,dy)p(s,y;T,H) = e^{-\lambda(s-t)} \sum_{n=0}^{+\infty} \frac{(\lambda(s-t))^n}{n!} p(s,x+n;T,H)$$

$$= e^{-\lambda(T-t)} \sum_{n,m=0}^{+\infty} \frac{(\lambda(s-t))^n}{n!} \frac{(\lambda(T-s))^m}{m!} \delta_{x+n+m}(H) =$$

(durch den Wechsel der Indizes $i = n + m$ und $j = n$)

$$= e^{-\lambda(T-t)} \sum_{i=0}^{+\infty} \sum_{j=0}^{i} \lambda^i \frac{(s-t)^j}{j!} \frac{(T-s)^{i-j}}{(i-j)!} \delta_{x+i}(H)$$

$$= e^{-\lambda(T-t)} \sum_{i=0}^{+\infty} \frac{\lambda^i}{i!} \delta_{x+i}(H) \sum_{j=0}^{i} \binom{i}{j} (s-t)^j (T-s)^{i-j}$$

$$= p(t,x;T,H).$$

die Gaußsche Übergangsdichte ist. Die Gaußsche Übergangsverteilung erfüllt die Chapman-Kolmogorov Gleichung, wie man direkt durch Berechnung der Faltung von zwei Gaußschen oder, einfacher, das Produkt ihrer charakteristischen Funktionen verifizieren kann. Wir werden später, in Kap. 4, den mit p assoziierten Markov-Prozess, die sogenannte *Brownsche Bewegung*, studieren. Für jedes $\varphi \in bC$ und $T > 0$ ist die Funktion

$$x \longmapsto \int_{\mathbb{R}} \Gamma(0, x; T, y) \varphi(y) dy \qquad (2.20)$$

stetig und daher ist die *Brownsche Bewegung ein Feller-Prozess*. Tatsächlich überprüft man, dass die Funktion in (2.20) für jedes $T > 0$ und $\varphi \in b\mathscr{B}$ in C^{∞} ist (nicht nur für $\varphi \in bC$): aus diesem Grund sagen wir, dass die Brownsche Bewegung die *starke Feller-Eigenschaft* erfüllt.

Bemerkung 2.4.7 (Übergangsverteilung und Halbgruppen) Für jede Übergangsverteilung $p = p(t, x; T, \cdot)$, gilt $\mathbf{p}_{t,T}\varphi \in b\mathscr{B}$ für jedes $\varphi \in b\mathscr{B}$ und durch die Jensensche Ungleichung haben wir

$$\|\mathbf{p}_{t,T}\varphi\|_{\infty} \leq \|\varphi\|_{\infty}.$$

Die Chapman-Kolmogorov-Gleichung (2.18) entspricht der sogenannten *Halbgruppen*-Eigenschaft von **p**:

$$\mathbf{p}_{t,s} \circ \mathbf{p}_{s,T} = \mathbf{p}_{t,T}, \qquad t \leq s \leq T.$$

Die Familie $\mathbf{p} = \left(\mathbf{p}_{t,T}\right)_{0 \leq t \leq T}$ wird die *Halbgruppe von Operatoren* genannt, die mit der Übergangsverteilung p assoziiert ist. Darüber hinaus sagen wir, dass **p** eine homogene Halbgruppe ist, wenn $\mathbf{p}_{t,T} = \mathbf{p}_{0,T-t}$ für jedes $t \leq T$ gilt: in diesem Fall schreiben wir einfach $\mathbf{p}_t$ anstelle von $\mathbf{p}_{0,t}$. Es gibt viele Monographien über Markov-Prozesse und Halbgruppentheorie: unter den neuesten erwähnen wir [71, 142] und [138].

2.5 Charakteristischer Operator und Kolmogorov-Gleichungen

Sei X ein stochastischer Prozess im Raum $(\Omega, \mathscr{F}, P, \mathscr{F}_t)$. In verschiedenen Anwendungen besteht ein Interesse an der Berechnung der bedingten Erwartung

$$E[\varphi(X_T) \mid \mathscr{F}_t], \qquad 0 \leq t < T,$$

wobei $\varphi \in b\mathscr{B}$ eine gegebene Funktion ist. Das Problem ist nicht trivial, selbst aus einer rechnerischen Sicht, weil eine solche bedingte Erwartung eine $\mathscr{F}_t$-messbare Zufallsvariable ist, d.h., sie hängt von den Informationen bis zur Zeit t ab, was in mathematischen Sicht eine *funktionale* Abhängigkeit ist. Wenn jedoch X ein Markov-Prozess mit Übergangsverteilung p ist, dann haben wir durch die Eigenschaft der Gedächtnislosigkeit

$$E[\varphi(X_T) \mid \mathscr{F}_t] = u(t, X_t) \tag{2.21}$$

wobei

$$u(t, x) := \int_{\mathbb{R}^N} p(t, x; T, dy)\varphi(y), \quad 0 \leq t \leq T, \ x \in \mathbb{R}^N. \tag{2.22}$$

Das Problem reduziert sich also darauf, u als Funktion von reellen Variablen zu bestimmen: dies ist ein signifikanter Vorteil von Markov-Prozessen.

In diesem Abschnitt zeigen wir, dass als Folge der Chapman-Kolmogorov-Gleichung die Funktion u in (2.22) ein Cauchy-Problem löst, für das theoretische Ergebnisse und effiziente numerische Berechnungsmethoden verfügbar sind. Allgemeiner beweisen wir, dass unter geeigneten Annahmen die Übergangsverteilung $p = p(t, x; T, dy)$ die sogenannten *rückwärts und vorwärts Kolmogorov-Gleichungen* löst: diese sind Integro-Differentialgleichungen, die von $p(t, x; T, dy)$ in den *rückwärts Variablen* (t, x) (entsprechend der *anfänglichen* Zeit und dem Wert des Prozesses X) und in den *vorwärts Variablen* (T, y) (entsprechend der *endgültigen* Zeit und dem Wert des Prozesses X) gelöst werden, jeweils.

Notation 2.5.1 Gegeben sei eine Funktion $f = f(t, T)$ mit $t < T$. Wir verwenden die Notation

$$\lim_{T-t \to 0^+} f(t, T) := \lim_{T \to t^+} f(t, T) = \lim_{t \to T^-} f(t, T)$$

wenn der zweite und dritte Grenzwert existieren und übereinstimmen.

Definition 2.5.2 (Charakteristischer Operator) Sei p eine Übergangsverteilung auf $\mathbb{R}^N$. Angenommen, der Grenzwert

$$\mathscr{A}_t\varphi(x) := \lim_{T-t \to 0^+} \int_{\mathbb{R}^N} \frac{p(t, x; T, dy) - p(t, x; t, dy)}{T - t} \varphi(y)$$

existiert für jedes $(t, x) \in \mathbb{R}_{>0} \times \mathbb{R}^N$ und $\varphi \in \mathcal{D}$, wobei $\mathcal{D}$ ein geeigneter Teilraum von $b\mathscr{B}_N$ ist, dem Raum der messbaren und beschränkten Funktionen von $\mathbb{R}^N$ nach $\mathbb{R}$. Dann sagen wir, dass $\mathscr{A}_t$ *der charakteristische Operator (oder infinitesimale Generator) von* p ist. Wenn p die Übergangsverteilung eines Markov-Prozesses X ist, dann sagen wir auch, dass $\mathscr{A}_t$ der charakteristische Operator von X ist.

Beachte, dass $\mathscr{A}_t$ ein linearer Operator auf $\mathcal{D}$ ist. Der „Definitionsbereich" $\mathcal{D}$, auf dem der charakteristische Operator definiert ist, hängt von der Übergangsverteilung p ab: in den folgenden Abschnitten stellen wir einige besondere Fälle vor, in denen $\mathcal{D}$ explizit bestimmt werden kann. Beginnen wir mit dem folgenden einfachen Beispiel.

Beispiel 2.5.3 [!] Betrachte den deterministischen Markov-Prozess $X_t = \gamma(t)$ aus Beispiel 2.1.4. Eine Übergangsverteilung von X ist

2.5 Charakteristischer Operator und Kolmogorov-Gleichungen

$$p(t, x; T, \cdot) = \delta_{x+\gamma(T)-\gamma(t)} \qquad (2.23)$$

und daher

$$\mathscr{A}_t \varphi(x) = \lim_{T-t \to 0^+} \frac{\varphi(x + \gamma(T) - \gamma(t)) - \varphi(x)}{T - t} =$$

(angenommen $\varphi \in \mathcal{D} := bC^1(\mathbb{R}^N)$, der Vektorraum der beschränkten und C^1 Funktionen, und erweitert in einer Taylor-Reihe erster Ordnung)

$$= \lim_{T-t \to 0^+} \frac{1}{T-t} \left(\nabla \varphi(x) \cdot (\gamma(T) - \gamma(t)) + o(|\gamma(T) - \gamma(t)|) \right).$$

Ein solcher Grenzwert existiert nur, wenn die Funktion γ hinreichend regulär ist: Insbesondere gilt, falls γ differenzierbar ist,

$$\mathscr{A}_t \varphi(x) = \gamma'(t) \cdot \nabla \varphi(x).$$

In diesem Fall ist der charakteristische Operator einfach die Richtungsableitung von φ entlang der Kurve γ: Genauer gesagt ist $\mathscr{A}_t$ der Differentialoperator erster Ordnung mit konstanten Koeffizienten

$$\mathscr{A}_t = \gamma'(t) \cdot \nabla = \sum_{j=1}^{N} \gamma_j'(t) \partial_{x_j}.$$

Bemerkung 2.5.4 [!] Da $p(t, x; t, \cdot) = \delta_x$ für jedes $t \geq 0$ gilt, haben wir

$$\mathscr{A}_t \varphi(x) = \lim_{T-t \to 0^+} \int_{\mathbb{R}^N} p(t, x; T, dy) \frac{\varphi(y) - \varphi(x)}{T - t}. \qquad (2.24)$$

Ist p die Übergangsverteilung eines Markov-Prozesses X, so gilt

$$\mathscr{A}_t \varphi(x) = \lim_{T-t \to 0^+} E\left[\frac{\varphi(X_T) - \varphi(X_t)}{T - t} \,\Big|\, X_t = x \right]. \qquad (2.25)$$

Beachte insbesondere, dass der charakteristische Operator $\mathscr{A}_t$ vom Prozess X abhängt und nicht von der speziellen Version seiner Übergangsverteilunges. Nach (2.25) kann man, in Analogie zu Beispiel 2.5.3, $\mathscr{A}_t \varphi(x)$ als eine „mittlere Richtungsableitung" (oder mittleren infinitesimalen Zuwachs) von φ entlang der Trajektorien von X, die zum Zeitpunkt t bei x starten, interpretieren. Wir bemerken außerdem, dass

$$\mathscr{A}_t \varphi(x) = -\lim_{T-t \to 0^+} \int_{\mathbb{R}^N} \frac{p(T, x; T, dy) - p(t, x; T, dy)}{T - t} \varphi(y). \qquad (2.26)$$

Im folgenden Abschnitt zeigen wir, dass es für eine breite Klasse von Übergangsverteilungen möglich ist, eine detailliertere Darstellung des charakteristischen Operators zu geben.

2.5.1 Der lokale Fall

Definition 2.5.5 Sei $x_0 \in \mathbb{R}^N$. Wir sagen, dass ein linearer Operator $\mathscr{A} : C^2(\mathbb{R}^N) \longrightarrow \mathbb{R}$

- *das Maximumprinzip bei x_0 erfüllt*, wenn $\mathscr{A}\varphi \leq 0$ für jedes $\varphi \in C^2(\mathbb{R}^N)$, so dass $\varphi(x_0) = \max\limits_{x \in \mathbb{R}^N} \varphi(x)$;

$$\varphi(x_0) = \max_{x \in \mathbb{R}^N} \varphi(x) \implies \mathscr{A}\varphi \leq 0;$$

- *lokal bei x_0* ist, wenn $\mathscr{A}\varphi = 0$ für jedes $\varphi \in C^2(\mathbb{R}^N)$ in einer Nachbarschaft von x_0 verschwindet.

Bemerkung 2.5.6 Wir bemerken, dass:

i) wenn $\mathscr{A}$ das Maximumprinzip bei x_0 erfüllt, dann ist $\mathscr{A}\varphi = 0$ für jede konstante Funktion φ;

ii) wenn $\mathscr{A}$ ein lokaler Operator bei x_0 ist, dann ist $\mathscr{A}\varphi = \mathscr{A}\psi$ für jedes φ, ψ die in einer Nachbarschaft von x_0 gleich sind;

iii) durch Kombination von i) und ii) haben wir, dass wenn $\mathscr{A}$ das Maximumprinzip erfüllt und bei x_0 lokal ist, dann ist $\mathscr{A}\varphi = 0$ für jedes φ, das in einer Nachbarschaft von x_0 konstant ist;

iv) wenn $\mathscr{A}$ das Maximumprinzip erfüllt und bei x_0 lokal ist, dann ist $\mathscr{A}\varphi = \mathscr{A}\mathbf{T}_{2,x_0}(\varphi)$, wobei $\mathbf{T}_{2,x_0}(\varphi)$ das Taylorpolynom zweiter Ordnung von φ mit Anfangspunkt x_0 ist.

Tatsächlich, da $\mathscr{A}$ ein linearer Operator ist, genügt es zu beweisen, dass $\mathscr{A}\varphi = 0$ für jedes $\varphi \in C^2(\mathbb{R}^N)$, dessen Taylorpolynom zweiter Ordnung mit Anfangspunkt x_0 null ist. Außerdem können wir ohne Beschränkung der Allgemenheit annehmen, dass $x_0 = 0$. Betrachte dazu eine „Abschneidegrqq-Funktion $\chi \in C_0^\infty(\mathbb{R}^N; \mathbb{R})$, so dass $0 \leq \chi \leq 1$, $\chi(x) \equiv 1$ für $|x| \leq 1$ und $\chi(x) \equiv 0$ für $|x| \geq 2$. Setzen wir $\varphi_\delta(x) = \varphi(x)\chi\left(\frac{x}{\delta}\right)$ für $\delta > 0$, so existiert[14] eine Funktion g, so dass $g(\delta) \to 0$, wenn $\delta \to 0^+$ und

$$|\varphi_\delta(x)| \leq g(\delta)|x|^2 \chi(x), \qquad x \in \mathbb{R}^N, \ 0 < \delta \leq \frac{1}{2}. \tag{2.27}$$

Dann erhalten wir durch Anwendung des Maximumprinzips bei 0 auf die Funktionen $\psi_\delta^\pm(x) = -g(\delta)|x|^2 \chi(x) \pm \varphi_\delta(x)$, dass $\mathscr{A}\psi_\delta^\pm \leq 0$ oder äquivalent, durch Punkt i),

---

[14] Nach Annahme gilt $|\varphi(x)| \leq |x|^2 g(|x|)$ für $|x| \leq 1$, falls g gegen null geht, wenn $|x| \to 0^+$ und daher haben wir o. B. d. A., dass g monoton steigend ist. Dann folgt (2.27) aus der Tatsache, dass

$$g(|x|)\chi\left(\frac{x}{\delta}\right) \leq \chi(x) g(\delta), \qquad x \in \mathbb{R}^N, \ 0 < \delta \leq \frac{1}{2}.$$

2.5 Charakteristischer Operator und Kolmogorov-Gleichungen

$$\pm \mathscr{A}\varphi = \pm \mathscr{A}\varphi_\delta \leq g(\delta)\mathscr{A}\psi, \qquad \psi(x) := |x|^2 \chi(x).$$

Die Behauptung folgt, da $\delta > 0$ beliebig klein ist.

Das folgende Ergebnis, das ein Spezialfall des Courrèges Theorems [26] ist, liefert eine interessante Charakterisierung von lokalen linearen Operatoren, die das Maximumprinzip erfüllen.

Theorem 2.5.7 (Courrèges Theorem) Ein linearer Operator $\mathscr{A}$ auf $C^2(\mathbb{R}^N)$ erfüllt das Maximumprinzip und ist lokal bei $x_0 \in \mathbb{R}^N$ genau dann, wenn es ein $b \in \mathbb{R}^N$ und ein symmetrisches und positiv semidefinites $\mathscr{C} = (c_{ij})_{1 \leq i,j \leq N}$ gibt, so dass

$$\mathscr{A}\varphi = \frac{1}{2}\sum_{i,j=1}^N c_{ij} \partial_{x_i x_j}\varphi(x_0) + \sum_{i=1}^N b_i \partial_{x_i}\varphi(x_0), \qquad \varphi \in C^2(\mathbb{R}^N). \qquad (2.28)$$

Beweis Nach Bemerkung 2.5.6 haben wir

$$\mathscr{A}\varphi = \mathscr{A}\mathbf{T}_{2,x_0}(\varphi) =$$

(aufgrund der Linearität von $\mathscr{A}$)

$$= \frac{1}{2}\sum_{i,j=1}^N c_{ij} \partial_{x_i x_j}\varphi(x_0) + \sum_{i=1}^N b_i \partial_{x_i}\varphi(x_0)$$

wobei $c_{ij} := \mathscr{A}\varphi_{ij}$ und $b_j := \mathscr{A}\varphi_j$ mit

$$\varphi_{ij}(x) = (x - x_0)_i (x - x_0)_j, \qquad \varphi_j(x) = (x - x_0)_j, \qquad x \in \mathbb{R}^N. \qquad (2.29)$$

Um zu überprüfen, dass $\mathscr{C} = (c_{ij}) \geq 0$, betrachte $\eta \in \mathbb{R}^N$ und setze

$$\varphi_\eta(x) = -\langle x - x_0, \eta \rangle^2 = -\sum_{i,j=1}^N \eta_i \eta_j \varphi_{ij}(x);$$

dann haben wir durch Linearität und das Maximumprinzip bei x_0

$$\mathscr{A}\varphi_\eta = -2\langle \mathscr{C}\eta, \eta \rangle \leq 0.$$

Umgekehrt, wenn $\mathscr{A}$ die Form (2.28) hat, dann ist es offensichtlich lokal bei x_0. Darüber hinaus, gibt es eine symmetrische und positiv semi-definite Matrix $M = (m_{ij})$, so dass

$$\mathscr{C} = M^2 = \left(\sum_{h=1}^N m_{ih} m_{hj}\right)_{i,j} = \left(\sum_{h=1}^N m_{ih} m_{jh}\right)_{i,j}.$$

Wenn x_0 ein Maximumspunkt für φ ist, dann ist $\nabla\varphi(x_0) = 0$ und die Hessesche Matrix von φ in x_0 ist negativ semi-definit, so haben wir

$$\mathscr{A}\varphi = \frac{1}{2}\sum_{i,j=1}^{N}\partial_{x_ix_j}\varphi(x_0)\sum_{h=1}^{N}m_{ih}m_{jh} = \frac{1}{2}\sum_{h=1}^{N}\sum_{i,j=1}^{N}\partial_{x_ix_j}\varphi(x_0)m_{ih}m_{jh} \leq 0,$$

das heißt, $\mathscr{A}$ erfüllt das Maximumprinzip bei x_0. □

Bemerkung 2.5.8 [!] Für jedes $x \in \mathbb{R}^N$ erfüllt der charakteristische Operator $\mathscr{A}_t$ einer Übergangsverteilung p das Maximumprinzip bei x: Dies folgt unmittelbar aus (2.24). Dann liefert Theorem 2.5.7 unter der weiteren Annahme, dass $\mathscr{A}_t$ lokal[15] bei x ist, die Darstellung

$$\mathscr{A}_t\varphi(x) = \frac{1}{2}\sum_{i,j=1}^{N}c_{ij}(t,x)\partial_{x_ix_j}\varphi(x) + \sum_{i=1}^{N}b_i(t,x)\partial_{x_i}\varphi(x), \qquad (t,x) \in \mathbb{R}_{>0} \times \mathbb{R}^N, \tag{2.30}$$

wobei $\mathscr{C}(t,x) = (c_{ij}(t,x))$ eine $N \times N$ symmetrische, positiv semi-definite Matrix und $b(t,x) = (b_j(t,x)) \in \mathbb{R}^N$ ist. Mit anderen Worten, $\mathscr{A}_t$ ist *ein partieller Differentialoperator zweiter Ordnung vom elliptisch-parabolischen Typ*.

Kombiniert man (2.24) mit dem Ausdruck der Koeffizienten von $\mathscr{A}_t$, der durch die Funktionen in (2.29) gegeben ist, erhält man die Formeln[16]

$$\begin{aligned} b_i(t,x) &= \lim_{T-t\to 0^+}\int_{\mathbb{R}^N}\frac{p(t,x;T,dy)}{T-t}(y-x)_i \\ &= \lim_{T-t\to 0^+}E\left[\frac{(X_T-X_t)_i}{T-t}\mid X_t = x\right], \end{aligned} \tag{2.31}$$

$$\begin{aligned} c_{ij}(t,x) &= \lim_{T-t\to 0^+}\int_{\mathbb{R}^N}\frac{p(t,x;T,dy)}{T-t}(y-x)_i(y-x)_j \\ &= \lim_{T-t\to 0^+}E\left[\frac{(X_T-X_t)_i(X_T-X_t)_j}{T-t}\mid X_t = x\right], \end{aligned} \tag{2.32}$$

für $i,j = 1,\ldots,N$. Daher *repräsentieren die Koeffizienten von $\mathscr{A}_t$ die infinitesimalen Inkremente des Mittelwerts und der Kovarianzmatrix*[17] *des Prozesses X*, wenn

---

[15] Es kann gezeigt werden, dass die Eigenschaft, lokal zu sein, der *Stetigkeit* der Trajektorien des zugehörigen Markov-Prozesses entspricht. Für die Charakterisierung des charakteristischen Operators eines allgemeinen Markov-Prozesses siehe zum Beispiel [132].

[16] Wenn $\mathscr{A}_t$ lokal bei x ist, dann kann das Integrationsgebiet in (2.31) und (2.32) auf $|x-y| < 1$ eingeschränkt werden.

[17] Beachte, dass

$$\begin{aligned} c_{ij}(t,x) &= \lim_{T-t\to 0^+}\int_{\mathbb{R}^N}\frac{p(t,x;T,dy)}{T-t}(y-x-(T-t)b(t,x))_i(y-x-(T-t)b(t,x))_j \\ &= \lim_{T-t\to 0^+}E\left[\frac{(X_T-X_t-(T-t)b(t,X_t))_i(X_T-X_t-(T-t)b(t,X_t))_j}{T-t}\mid X_t = x\right] \end{aligned}$$

er von (t, x) *startet.* Aus den Formeln (2.31)–(2.32) folgt auch dass $c_{ij} = c_{ij}(t, x)$ und $b_j = b_j(t, x)$ Borel messbare Funktionen auf $\mathbb{R}_{>0} \times \mathbb{R}^N$ sind.

2.5.2 Rückwärts-Kolmogorov-Gleichung

Sei p die Übergangsverteilung eines Markov-Prozesses X. Wir nutzen die Chapman-Kolmogorov-Gleichung, um die bedingte Erwartungsfunktion in (2.22) zu untersuchen, die durch

$$u(t, x) := \int_{\mathbb{R}^N} p(t, x; T, dy)\varphi(y) = E\left[\varphi(X_T) \mid X_t = x\right], \quad 0 \leq t \leq T, \ x \in \mathbb{R}^N, \tag{2.33}$$

für $\varphi \in b\mathscr{B}$ definiert ist. Falls sie existiert, ist die Ableitung $\partial_t u(t, x)$ durch das folgende gegeben:

$$\partial_t u(t, x) = \lim_{h \to 0^+} \int_{\mathbb{R}^N} \frac{p(t, x; T, dy) - p(t-h, x; T, dy)}{h} \varphi(y) =$$

(nach der Chapman-Kolmogorov-Gleichung)

$$= \lim_{h \to 0^+} \int_{\mathbb{R}^N} \frac{p(t, x; t, dz) - p(t-h, x; t, dz)}{h} \underbrace{\int_{\mathbb{R}^N} p(t, z; T, dy)\varphi(y)}_{=u(t,z)} = -\mathscr{A}_t u(t, x) \tag{2.34}$$

basierend auf der Definition des charakteristischen Operators in der Form (2.26). Die vorherigen Schritte sind streng gerechtfertigt unter der Annahme, dass $u(t, \cdot) \in \mathcal{D}$: Im Beispiel 2.5.12 ist diese Annahme erfüllt, wenn $\varphi \in C^1(\mathbb{R}^N)$, da $x \mapsto u(t, x) = \varphi(x + \gamma(T) - \gamma(t))$ die Regularitätseigenschaften von φ erbt. Später werden wir weitere bedeutende Beispiele untersuchen, in denen $u(t, \cdot) \in bC^2(\mathbb{R}^N)$ dank der Regularisierungseigenschaften des Kerns $p(t, x; T, dy)$.

Daher löst die Funktion u in (2.33) zumindest formal das Cauchy-Problem für die rückwärts Kolmogorov Gleichung[18] (mit Endwert)

---

wie man durch Ausmultiplizieren des Produkts innerhalb des Integrals und der Beobachtung, dass

$$\lim_{T-t \to 0^+} (T-t) \int_{\mathbb{R}^N} p(t, x; T, dy) b_i(t, x) b_j(t, x) = \lim_{T-t \to 0^+} \int_{\mathbb{R}^N} p(t, x; T, dy)(y-x)_i b_j(t, x) = 0.$$

überprüfen kann.

[18] Da $u(t, x) = \int_{\mathbb{R}^N} p(t, x; T, dy)\varphi(y)$ ist, sagt man auch üblicherweise, dass die Übergangsverteilung $(t, x) \mapsto p(t, x; T, dy)$ das rückwärts Problem

$$\begin{cases} \partial_t p(t, x; T, dy) + \mathscr{A}_t p(t, x; T, dy) = 0, & (t, x) \in [0, T[\times \mathbb{R}^N, \\ p(T, x; T, \cdot) = \delta_x, & x \in \mathbb{R}^N, \end{cases}$$

$$\begin{cases} \partial_t u(t,x) + \mathscr{A}_t u(t,x) = 0, & (t,x) \in [0,T[\times \mathbb{R}^N, \\ u(T,x) = \varphi(x), & x \in \mathbb{R}^N, \end{cases} \quad (2.35)$$

oder in integraler Form

$$u(t,x) = \varphi(x) + \int_t^T \mathscr{A}_s u(s,x)ds, \quad (t,x) \in [0,T] \times \mathbb{R}^N.$$

Wir betonen, dass das Problem (2.35) in den *rückwärts Variablen* (t,x) geschrieben ist, wobei die *vorwärts Zeit* T fest ist.

Beispiel 2.5.9 [!] Betrachte die Gaußsche Übergangsverteilung $p(t,x;T,dy) = \Gamma(t,x;T,y)dy$ aus Beispiel 2.1.9 mit Übergangsdichte

$$\Gamma(t,x;T,y) = \frac{1}{\sqrt{2\pi(T-t)}} e^{-\frac{(x-y)^2}{2(T-t)}}, \quad 0 \le t < T, \; x,y \in \mathbb{R}. \quad (2.36)$$

Der mit p assoziierte Markov-Prozess ist die Brownsche Bewegung, die in Kap. 4 eingeführt wird. Eine direkte Berechnung zeigt, dass

$$\partial_t \Gamma(t,x;T,y) = -\partial_T \Gamma(t,x;T,y) = \frac{T-t-(x-y)^2}{2(T-t)^2}\Gamma(t,x;T,y),$$

$$\partial_x \Gamma(t,x;T,y) = -\partial_y \Gamma(t,x;T,y) = \frac{y-x}{T-t}\Gamma(t,x;T,y),$$

$$\partial_{xx}\Gamma(t,x;T,y) = \partial_{yy}\Gamma(t,x;T,y) = -\frac{T-t-(x-y)^2}{(T-t)^2}\Gamma(t,x;T,y),$$

aus denen wir die rückwärts Kolmogorov-Gleichung erhalten

$$\left(\partial_t + \frac{1}{2}\partial_{xx}\right)\Gamma(t,x;T,y) = 0, \quad t<T,\; x,y\in\mathbb{R} \quad (2.37)$$

und auch

$$\left(\partial_T - \frac{1}{2}\partial_{yy}\right)\Gamma(t,x;T,y) = 0, \quad t<T,\; x,y\in\mathbb{R} \quad (2.38)$$

die als *vorwärts Kolmogorov-Gleichung* bezeichnet wird und wird in Abschn. 2.5.3 näher untersucht. Der charakteristische Operator von p ist der Laplace Operator

$$\mathscr{A}_t = \frac{1}{2}\partial_{xx}$$

---

in den rückwärts Variablen (t,x) löst.

2.5 Charakteristischer Operator und Kolmogorov-Gleichungen

wie auch mit den Formeln (2.31)–(2.32) überprüft werden kann, die hier zu

$$b(t,x) = \lim_{T-t \to 0^+} \int_{\mathbb{R}^N} \frac{\Gamma(t,x;T,y)}{T-t}(y-x)dy = 0,$$

$$c(t,x) = \lim_{T-t \to 0^+} \int_{\mathbb{R}^N} \frac{\Gamma(t,x;T,y)}{T-t}(y-x)^2 dy = 1.$$

werden. Offensichtlich ist $\mathscr{A}_t$ ein lokaler Operator an jedem $x \in \mathbb{R}$.

Die Gl. (2.37)–(2.38) sind für ihre Bedeutung in Physik und Wirtschaft bekannt:

- (2.38) wird auch als *vorwärts Wärmeleitungsgleichung* bezeichnet und kommt in Modellen vor, die das physikalische Phänomen der Wärmeausbreitung in einem Körper beschreiben. Genau genommen modelliert die Lösung $v = v(T, y)$ des vorwärts Cauchy-Problems

$$\begin{cases} \partial_T v(T,y) = \frac{1}{2}\partial_{yy}v(T,y), & (T,y) \in \,]t, +\infty[\,\times \mathbb{R}, \\ v(t,y) = \varphi(y), & y \in \mathbb{R}, \end{cases} \quad (2.39)$$

die Temperatur, zur Zeit T und Position y, eines unendlich langen Körpers mit zugewiesener Temperatur φ zur Anfangszeit t;

- (2.37) wird *Rückwärts-Wärmeleitungsgleichung* genannt und tritt in der Finanzmathematik natürlich auf, insbesondere bei der Bewertung bestimmter komplexer Finanzinstrumente, sogenannter *Derivate*, deren Wert φ zum zukünftigen Zeitpunkt T bekannt ist: Der Preis zum Zeitpunkt $t < T$ ergibt sich als Lösung $u = u(t,x)$ des rückwärts Cauchy-Problems

$$\begin{cases} \partial_t u(t,x) + \frac{1}{2}\partial_{xx}u(t,x) = 0, & (t,x) \in [0,T[\,\times \mathbb{R}, \\ u(T,x) = \varphi(x), & x \in \mathbb{R}. \end{cases} \quad (2.40)$$

Beachte, dass, wenn v die Lösung des Vorwärtsproblems (2.39) mit Anfangszeit $t = 0$ bezeichnet, dann löst $u(t,x) := v(T-t, x)$ das Rückwärtsproblem (2.40); außerdem wird u durch die Formel (2.33) gegeben, die hier zu

$$u(t,x) = \int_{\mathbb{R}} \Gamma(t,x;T,y)\varphi(y)dy, \quad (t,x) \in [0,T] \times \mathbb{R}. \quad (2.41)$$

wird. Durch Austausch der Vorzeichen von Ableitung und Integral kann man beweisen, dass $u \in C^\infty([0,T[\,\times \mathbb{R})$ und $\|u\|_\infty \leq \|\varphi\|_\infty$ für jedes $\varphi \in b\mathscr{B}$ und dies rechtfertigt die Gültigkeit von (2.34).

Bemerkung 2.5.10 In der Theorie der Differentialgleichungen wird Γ in (2.36) als *fundamentale Lösung des Wärmeoperators* bezeichnet, da es durch die Auflösungsformel (2.41) die Lösung des Rückwärtsproblems (2.40) *für jedes* Enddatum $\varphi \in bC$ (und ähnlich des Vorwärtsproblems (2.39) *für jedes* Anfangsdatum $\varphi \in bC$) liefert.

Wir verweisen auf Abschn. 20.2 für die allgemeine Definition der fundamentalen Lösung.

Eine tiefe Verbindung zwischen der Theorie der stochastischen Prozesse und der der partiellen Differentialgleichungen besteht darin, dass *die Übergangsdichte eines Markov-Prozesses, wenn sie existiert, (zum Beispiel die Gaußsche Dichte im Fall einer Brownschen Bewegung) die fundamentale Lösung der Kolmogorov-Gleichungen (entsprechend den Wärmegleichungen im Fall einer Brownschen Bewegung) ist*. Eine allgemeine Behandlung über die Existenz und Eindeutigkeit der Lösung des Cauchy-Problems für partielle Differentialgleichungen parabolischen Typs wird in Kap. 20 gegeben, während wir in Kap. 15 die Verbindung mit stochastischen Differentialgleichungen vertiefen.

Beispiel 2.5.11 [!] Betrachte die Poisson-Übergangsverteilung mit Parameter $\lambda > 0$ aus Beispiel 2.4.5:

$$p(t,x;T,\cdot) = \text{Poisson}_{x,\lambda(T-t)} := e^{-\lambda(T-t)} \sum_{n=0}^{+\infty} \frac{(\lambda(T-t))^n}{n!} \delta_{x+n}, \qquad 0 \leq t \leq T, \, x \in \mathbb{R}.$$

Für u wie in (2.33) haben wir

$$\partial_t u(t,x) = \partial_t \left(e^{-\lambda(T-t)} \sum_{n \geq 0} \varphi(x+n) \frac{(\lambda(T-t))^n}{n!} \right)$$

$$= \lambda e^{-\lambda(T-t)} \sum_{n \geq 0} \varphi(x+n) \frac{(\lambda(T-t))^n}{n!} + e^{-\lambda(T-t)} \partial_t \sum_{n \geq 0} \varphi(x+n) \frac{(\lambda(T-t))^n}{n!} =$$

(der Austausch von Reihe und Ableitung ist gerechtfertigt, da es sich um eine Reihe von Potenzen mit unendlichem Konvergenzradius handelt, wenn $\varphi \in b\mathscr{B}$)

$$= \lambda u(t,x) - \lambda e^{-\lambda(T-t)} \sum_{n \geq 1} \varphi(x+n) \frac{(\lambda(T-t))^{n-1}}{(n-1)!}$$

$$= \lambda u(t,x) - \lambda e^{-\lambda(T-t)} \sum_{n \geq 0} \varphi(x+n+1) \frac{(\lambda(T-t))^n}{n!}$$

$$= -\lambda \left(u(t,x+1) - u(t,x) \right).$$

Daher ist $\mathscr{A}_t$ durch

$$\mathscr{A}_t \varphi(x) = \lambda \left(\varphi(x+1) - \varphi(x) \right), \qquad \varphi \in \mathcal{D} := b\mathscr{B}$$

definiert. In diesem Fall ist $\mathscr{A}_t$ ein *nichtlokaler Operator* für jedes $x \in \mathbb{R}$.

2.5.3 Vorwärts-Kolmogorov- (oder Fokker-Planck-) Gleichung

Nehmen wir an, dass p die Übergangsverteilung eines Markov-Prozesses X ist. Durch die Definition des charakteristischen Operators und unter der Annahme der Existenz der Ableitung $\partial_T p(t, x; T, dz)$, haben wir für jedes $\varphi \in \mathcal{D}$

$$\int_{\mathbb{R}^N} \partial_T p(t, x; T, dz) \varphi(z) = \int_{\mathbb{R}^N} \lim_{h \to 0^+} \frac{p(t, x; T+h, dz) - p(t, x; T, dz)}{h} \varphi(z) =$$

(durch die Chapman-Kolmogorov-Gleichung)

$$= \int_{\mathbb{R}^N} p(t, x; T, dy) \lim_{h \to 0^+} \int_{\mathbb{R}^N} \frac{p(T, y; T+h, dz) - p(T, y; T, dz)}{h} \varphi(z)$$
$$= \int_{\mathbb{R}^N} p(t, x; T, dy) \mathscr{A}_T \varphi(y).$$

Schließlich haben wir,

$$\int_{\mathbb{R}^N} \partial_T p(t, x; T, dy) \varphi(y) = \int_{\mathbb{R}^N} p(t, x; T, dy) \mathscr{A}_T \varphi(y), \qquad \varphi \in \mathcal{D}, \qquad (2.42)$$

was als die *Vorwärts-Kolmogorov-Gleichung* oder auch die *Fokker-Planck-Gleichung* bezeichnet wird. Hier ist φ als Testfunktion zu interpretieren und (2.42) als die schwache (oder distributionelle) Form der Gleichung

$$\partial_T p(t, x; T, \cdot) = \mathscr{A}_T^* p(t, x; T, \cdot)$$

wobei $\mathscr{A}_T^*$ den adjungierten Operator von $\mathscr{A}_T$ bezeichnet. Ist beispielsweise $\mathscr{A}_T$ ein Differentialoperator der Form (2.30), so erhält man $\mathscr{A}_T^*$ formal durch partielle Integration:

$$\int_{\mathbb{R}^N} \left(\mathscr{A}_T^* u(y) \right) v(y) dy = \int_{\mathbb{R}^N} u(y) \mathscr{A}_T v(y) dy,$$

für jedes Paar von Testfunktionen u, v. Sind die Koeffizienten hinreichend regulär, so lässt sich der Vorwärtsoperator expliziter schreiben:

$$\mathscr{A}_T^* u = \frac{1}{2} \sum_{i,j=1}^N c_{ij} \partial_{y_i y_j} u + \sum_{j=1}^N b_j^* \partial_{y_j} + a^*, \qquad (2.43)$$

wobei

$$b_j^* := -b_j + \sum_{i=1}^N \partial_{y_i} c_{ij}, \qquad a^* := -\sum_{i=1}^N \partial_{y_i} b_i + \frac{1}{2} \sum_{i,j=1}^N \partial_{y_i y_j} c_{ij}. \qquad (2.44)$$

Formel (2.42) wird auch ausgedrückt, indem man sagt, dass $p(t, x; \cdot, \cdot)$ eine *Distributionelle Lösung* des Vorwärts-Cauchy-Problems (mit Anfangsdatum) ist

$$\begin{cases} \partial_T p(t, x; T, \cdot) = \mathscr{A}_T^* p(t, x; T, \cdot), & T > t, \\ p(t, x; t, \cdot) = \delta_x. \end{cases} \quad (2.45)$$

Der Begriff „distributionelle Lösung" wird verwendet, um die Tatsache zu bezeichnen, dass $p(t, x; T, \cdot)$, da es sich um eine Verteilung handelt, in der Regel nicht die Regularität hat, die erforderlich ist, um den Operator $\mathscr{A}_T$ zu unterstützen, der tatsächlich in (2.42) auf die Testfunktion φ angewendet wird. Beachte, dass das Problem (2.45) in den *Vorwärtsvariablen* (T, y) auf $]t, +\infty[\times \mathbb{R}^N$, geschrieben ist, wobei die *Rückwärtsvariablen* (t, x) fest sind.

Die Existenz der distributionellen Lösung von (2.45) kann unter sehr allgemeinen Annahmen bewiesen werden (siehe zum Beispiel Theorem 1.1.9 in [133]): obwohl der Begriff der distributionellen Lösung sehr schwach ist, ist dies das beste Ergebnis, das man ohne weitere Annahmen erwarten kann, wie das folgende Beispiel zeigt

Beispiel 2.5.12 [!] Wir setzen Beispiel 2.5.3 fort. Der Operator $\mathscr{A}_t = \gamma'(t) \cdot \nabla_x$, mit $\nabla_x = (\partial_{x_1}, \ldots, \partial_{x_N})$, ist offensichtlich lokal in jedem $x \in \mathbb{R}^N$: er kann auch mit den Formeln (2.31)–(2.32) bestimmt werden, die für p wie in (2.23) mit γ differenzierbar das folgende liefern:

$$b(t, x) = \lim_{T-t \to 0^+} \frac{1}{T-t} \int_{\mathbb{R}^N} \delta_{x+\gamma(T)-\gamma(t)}(dy)(y-x) = \gamma'(t),$$

$$c_{ij}(t, x) = \lim_{T-t \to 0^+} \frac{1}{T-t} \int_{\mathbb{R}^N} \delta_{x+\gamma(T)-\gamma(t)}(dy)(y-x)_i(y-x)_j = 0.$$

Das Cauchy-Problem (2.45) für die Vorwärts-Kolmogorov-Gleichung ist

$$\begin{cases} \partial_T p(t, x; T, \cdot) = -\gamma'(T) \cdot \nabla_y p(t, x; T, \cdot), & T > t, \\ p(t, x; t, \cdot) = \delta_x. \end{cases} \quad (2.46)$$

Offensichtlich ist, da $p(t, x; T, \cdot)$ ein Maß ist, der Gradient $\nabla_y p(t, x; T, \cdot)$ nicht im klassischen Sinne definiert, sondern im Sinne von Distributionen. Daher sollte das Problem (2.46) wie in (2.42) verstanden werden, das heißt, als eine Integralgleichung, in der der Gradient auf die Funktion φ angewendet wird:

$$\varphi(x + \gamma(T) - \gamma(t)) = \varphi(x) + \int_t^T \gamma'(s) \cdot (\nabla \varphi)(x + \gamma(s) - \gamma(t)) ds, \quad \varphi \in C^1(\mathbb{R}^N);$$

durch Differenzieren finden wir

$$\frac{d}{dT} \varphi(x + \gamma(T) - \gamma(t)) = \gamma'(T) \cdot (\nabla \varphi)(x + \gamma(T) - \gamma(t)).$$

2.5 Charakteristischer Operator und Kolmogorov-Gleichungen

Intuitiv liefert der charakteristische Operator den infinitesimalen Zuwachs (auch genannt, der *Drift*) eines Prozesses: *indem wir den Drift entfernen, erhalten wir ein Martingal*. Diese Tatsache wird durch das folgende bemerkenswerte Ergebnis präzisiert, das zeigt, wie man einen Prozess kompensieren kann, um ihn zu einem Martingal zu machen, mittels des charakteristischen Operators.

Theorem 2.5.13 [!] Sei X ein Markov-Prozess mit charakteristischem Operator $\mathscr{A}_t$ definiert auf einem Gebiet $\mathcal{D}$. Wenn $\psi \in \mathcal{D}$ so ist, dass $\mathscr{A}_t \psi(X_t) \in L^1([0, T] \times \Omega)$, dann ist der Prozess

$$M_t := \psi(X_t) - \int_0^t \mathscr{A}_s \psi(X_s) ds, \quad t \in [0, T],$$

ein Martingal.

Beweis Wir haben $M_t \in L^1(\Omega, P)$, für jedes $t \in [0, T]$, dank der Annahmen[19] auf ψ. Es bleibt zu beweisen, dass

$$E[M_t - M_s \mid \mathscr{F}_t] = 0, \quad 0 \le s \le t \le T,$$

das heißt

$$E\left[\psi(X_t) - \psi(X_s) - \int_s^t \mathscr{A}_r \psi(X_r) dr \mid \mathscr{F}_s\right] = 0, \quad 0 \le s \le t \le T.$$

Integriert man die vorwärts Kolmogorov-Gleichung (2.42) über die Zeit mit $x = X_s$, so erhält man

$$0 = \int_{\mathbb{R}} p(s, X_s; t, dy)\psi(y) - \psi(X_s) - \int_s^t \int_{\mathbb{R}^N} p(s, X_s; r, dy)\mathscr{A}_r \psi(y) dr =$$

(durch Anwendung der Markov-Eigenschaft (2.21) auf den ersten und letzten Term)

$$= E[\psi(X_t) \mid \mathscr{F}_s] - \psi(X_s) - \int_s^t E[\mathscr{A}_r \psi(X_r) \mid \mathscr{F}_s] dr =$$

(da, wie wir gleich zeigen werden, das Zeitintegral mit der bedingten Erwartung vertauscht werden kann)

$$= E\left[\psi(X_t) - \psi(X_s) - \int_s^t \mathscr{A}_r \psi(X_r) dr \mid \mathscr{F}_s\right]$$

was die Behauptung beweist.

---

[19] Wir erinnern auch daran, dass ψ beschränkt ist, da $\mathcal{D} \subseteq b\mathscr{B}_N$: diese Annahme ist nicht einschränkend und kann erheblich abgeschwächt werden.

Um den Austausch zwischen dem Integral und der bedingten Erwartung zu rechtfertigen, überprüfen wir, dass die Zufallsvariable

$$Z := \int_s^t E\left[\mathscr{A}_r \psi(X_r) \mid \mathscr{F}_s\right] dr$$

eine Version der bedingten Erwartung von $\int_s^t \mathscr{A}_r \psi(X_r) dr$ gegeben $\mathscr{F}_s$ ist. Zunächst einmal folgt aus der Tatsache, dass $E\left[\mathscr{A}_r \psi(X_r) \mid \mathscr{F}_s\right] \in m\mathscr{F}_s$ dass auch $Z \in m\mathscr{F}_s$. Dann haben wir für jedes $G \in \mathscr{F}_s$

$$E[Z \mathbb{1}_G] = E\left[\int_s^t E\left[\mathscr{A}_r \psi(X_r) \mid \mathscr{F}_s\right] dr\, \mathbb{1}_G\right] =$$

(nach dem Satz von Fubini, gegeben die Integrabilitätsannahme auf $\mathscr{A}_r \psi(X_r)$)

$$= \int_s^t E\left[E\left[\mathscr{A}_r \psi(X_r) \mid \mathscr{F}_s\right] \mathbb{1}_G\right] dr =$$

(nach den Eigenschaften der bedingten Erwartung)

$$= \int_s^t E\left[\mathscr{A}_r \psi(X_r) \mathbb{1}_G\right] dr =$$

(wieder Anwendung des Satzes von Fubini)

$$= E\left[\int_s^t \mathscr{A}_r \psi(X_r) dr\, \mathbb{1}_G\right].$$

□

2.6 Markov-Prozesse und Diffusionen

Stetige Markov-Prozesse werden manchmal als *Diffusionen* bezeichnet. Jedoch gibt es in der Literatur keine einstimmige Übereinkunft über diese Definition. Mit jeder N-dimensionalen Diffusion sind die messbaren Funktionen $b = (b_i)_{1 \leq i \leq N}$ und $\mathscr{C} = (c_{ij})_{1 \leq i,j \leq N}$, die in (2.31)–(2.32) definiert sind, verbunden; diese Funktionen sind die Koeffizienten des charakteristischen Operators (2.30):

$$\mathscr{A}_t = \frac{1}{2} \sum_{i,j=1}^N c_{ij}(t,x) \partial_{x_i x_j} + \sum_{i=1}^N b_i(t,x) \partial_{x_i}, \qquad (t,x) \in \mathbb{R} \times \mathbb{R}^N.$$

2.6 Markov-Prozesse und Diffusionen

Wir erinnern daran, dass $\mathscr{C}$ eine $N \times N$ symmetrische und positiv semi-definite Matrix ist.

Historisch gesehen gibt es zwei Hauptansätze zur Konstruktion von Diffusionen. Der erste und klassischere basiert auf den Gleichungen von Kolmogorov: speziell die Idee von A. N. Kolmogorov [69] und W. Feller [45] ist es, eine Übergangsverteilung $p(t, x; T, dy)$ als die Lösung der Vorwärts-Kolmogorov-Gleichung

$$\partial_T p(t, x; T, dy) = \mathscr{A}_T^* \partial_T p(t, x; T, dy) \tag{2.47}$$

in Verbindung mit dem Anfangswert $p(t, x; t, \cdot) = \delta_x$ wie in (2.45) zu bestimmen. Gl. (2.47) ist der Ausgangspunkt für die Untersuchung der Existenz- und Regularitätseigenschaften einer Dichte von p durch *analytische*[20] und *probabilistische*[21] Techniken. Obwohl es der natürlichste Ansatz zu sein scheint, stellt Gl. (2.47) einige technische Schwierigkeiten dar, da sie im Sinne der Distributionen in den Vorwärtsvariablen interpretiert wird und die Anwesenheit des *adjungierten* Operators von $\mathscr{A}_t$ eine genaue Definition erfordert, die angemessene Regularitätsannahmen an die Koeffizienten voraussetzt (vgl. (2.43)–(2.44)). Aus diesem Grund hat man sich später auf die *rückwärts* Kolmogorov Gleichung konzentriert. Die Untersuchung von Diffusionen mit Hilfe der rückwärts Gleichung hat sich als einer der effektivsten und erfolgreichsten Ansätze erwiesen: Abschn. 18.2 ist eine Zusammenfassung der wichtigsten Ergebnisse in dieser Hinsicht. Der Hauptvorbehalt gegen die Verwendung von Kolmogorovs Gleichungen für die Untersuchung von Diffusionen besteht darin, dass die verwendeten Werkzeuge überwiegend analytischer Natur sind und auf technisch komplexen Ergebnissen aus der Theorie der partiellen Differentialgleichungen beruhen: darunter vor allem der Konstruktion der Fundamentallösung von parabolischen Gleichungen, die wir in Kap. 20 auf synthetische Weise präsentieren werden.

Der zweite Ansatz zur Konstruktion von Diffusionen ist der von K. Itô: er ist inspiriert von P. Lévys Idee, das infinitesimale Inkrement $X_{t+dt} - X_t$ einer Diffusion als ein Gaußsches Inkrement mit Drift $b(t, X_t)$ und Kovarianzmatrix $\mathscr{C}(t, X_t)$ zu betrachten, konsistent mit den Gl. (2.31)–(2.32). Itô entwickelte eine Theorie des stochastischen Kalküls, auf dessen Grundlage die vorherige Idee in Form der stochastischen Differentialgleichung

$$dX_t = b(t, X_t)dt + \sigma(t, X_t)dW_t, \tag{2.48}$$

formalisiert werden kann, wobei W einen stochastischen Prozess mit unabhängigen und Gaußschen Inkrementen (eine Brownsche Bewegung, vgl. Kap. 4) ist und $\mathscr{C} = \sigma\sigma^*$. Die größte Herausforderung bei diesem Ansatz besteht darin, das stochastische Differential (bzw. Integral) von Prozessen zu definieren, deren Trajektorien zwar stetig, aber so unregelmäßig sind, dass die klassischen Werkzeuge der mathematischen Analysis nicht mehr ausreichen: Kap. 10 ist vollständig der Theorie der

---

[20] Das wichtigste Ergebnis in dieser Hinsicht ist der berühmte Satz von Hörmander [62].
[21] Der Malliavin-Kalkül erweitert das mathematische Feld der Variationsrechnung von deterministischen Funktionen auf stochastische Prozesse. Für eine allgemeine Referenz siehe z. B. [101].

stochastischen Integration im Sinne von Itô gewidmet. Zweitens benötigt man zur Konstruktion einer Diffusion X als Lösung der Gl. (2.48) Existenz- und Eindeutigkeitsaussagen für eine solche Gleichung: Dieses Problem wurde ebenfalls von Itô unter den Standardannahmen lokaler Lipschitz-Stetigkeit und linearen Wachstums der Koeffizienten gelöst, ganz analog zur Theorie gewöhnlicher Differentialgleichungen. Einen bedeutenden Fortschritt erzielten anschließend Stroock und Varadhan [134, 135], die eine Brücke zwischen der Diffusionstheorie und der Martingaltheorie schlugen: Stroock und Varadhan zeigten, dass das Existenzproblem einer Diffusion als Lösung von (2.48) äquivalent zum sogenannten „Martingalproblem" ist, d.h. dem Problem der Existenz eines Wahrscheinlichkeitsmaßes auf dem kanonischen Trajektorienraum, bezüglich dessen der kompensierte Prozess aus Satz 2.5.13 ein Martingal ist. Eine knappe Darstellung der wichtigsten Resultate von Stroock und Varadhan findet sich in Kap. 18.

2.7 Wichtige Merksätze

Hier sind die wichtigsten Ergebnisse und Grundideen des Kapitels, die man sich merken sollte. Technische oder weniger wichtige Details werden weggelassen. Bei Unklarheiten zu den folgenden kurzen Aussagen lohnt sich ein Blick in den jeweiligen Abschnitt.

- Abschn. 2.1: die *Übergangsverteilung* eines stochastischen Prozesses $X = (X_t)_{t \geq 0}$ ist die Familie der bedingten Verteilungen von X_T gegeben X_t, indiziert durch t, T mit $t \leq T$. Zwei bemerkenswerte Beispiele für Übergangsverteilungen sind die Gaußschen und Poissonschen.
- Abschn. 2.2: für einen *Markov-Prozess* ist die Bedingung auf $\mathscr{F}_t$ (die σ-Algebra der Information *bis zur Zeit t*) äquivalent zur Bedingung auf X_t: in diesem Sinne ist die Markov-Eigenschaft eine „Gedächtnislosigkeitseigenschaft".
- Abschn. 2.3: *Prozesse mit unabhängigen Inkrementen* sind Markov-Prozesse.
- Abschn. 2.4: ausgehend von der Anfangsverteilung und dem Übergangsverteilung eines Markov-Prozesses, ist es möglich, die endlichdimensionalen Verteilungen und daher die Verteilung des Prozesses abzuleiten: darüber hinaus verifiziert die Übergangsverteilung eines Markov-Prozesses eine wichtige Identität, die *Chapman-Kolmogorov-Gleichung* (2.17), die eine Konsistenz-Eigenschaft zwischen den Verteilungen ausdrückt, die die Übergangsverteilung bilden.
- Abschn. 2.5: falls sie existiert, definiert die durchschnittliche Richtungsableitung entlang der Trajektorien von X, d.h.

$$\lim_{T-t \to 0^+} E\left[\frac{\varphi(X_T) - \varphi(X_t)}{T-t} \mid X_t = x\right] =: \mathscr{A}_t\varphi(x),$$

den *charakteristischen Operator* $\mathscr{A}_t$ des Markov-Prozesses X, zumindest für φ in einem geeigneten Raum von Funktionen.

2.7 Wichtige Merksätze

- Abschn. 2.5.1: für stetige Markov-Prozesse ist $\mathscr{A}_t$ ein elliptisch-parabolischer partieller Differentialoperator zweiter Ordnung, dessen Prototyp der Laplace-Operator ist. Die Koeffizienten von $\mathscr{A}_t$ sind die infinitesimalen Inkremente des Mittelwerts und der Kovarianzmatrix von X (vgl. Formeln (2.31)–(2.32)).
- Abschn. 2.5.2 und 2.5.3: die Übergangsverteilung ist die Lösung der *rückwärts und vorwärts Kolmogorov-Gleichungen*. Die Prototypen solcher Gleichungen sind die rückwärts und vorwärts Versionen der Wärmeleitungsgleichung.
- Abschn. 2.6: wir nennen einen stetigen Markov-Prozess *Diffusion*. Ein klassischer Ansatz zur Konstruktion von Diffusionen besteht darin, ihre Übergangsverteilung als fundamentale Lösungen der rückwärts oder vorwärts Kolmogorov-Gleichung zu bestimmen. Alternativ werden Diffusionen als Lösungen von stochastischen Differentialgleichungen konstruiert, deren Theorie ab Kap. 14 entwickelt wird.

Hauptnotationen, die in diesem Kapitel eingeführt wurden:

Symbol	Beschreibung	Seite
$p = p(t, x; T, H)$	Übergangsverteilung	27
$\text{Poisson}_{x, \lambda(T-t)}$	Poissonsches Übergangsverteilung	29
$\Gamma(t, x; T, y)$	Gaußsche Übergangsdichte	30
$\mathbf{X}$	kanonische Version des Prozesses X	31
$\mathscr{G}^X_{t,\infty} = \sigma(X_s, s \geq t)$	σ-Algebra der zukünftigen Information über X	34
$X^{t,x}_T = X_T - X_t + x$	translatierter Prozess	37
$\mathscr{A}_t$	charakteristischer Operator	44
$\mathscr{A}^*_t$	adjungierter Operator	53

Kapitel 3
Stetige Prozesse

> *Insofern sich die Sätze der Mathematik auf die Wirklichkeit beziehen, sind sie nicht sicher, und insofern sie sicher sind, beziehen sie sich nicht auf die Wirklichkeit.*
>
> *Albert Einstein*

Der Begriff der Stetigkeit für stochastische Prozesse, obwohl intuitiv, birgt einige kleine Fallstricke und muss daher sorgfältig analysiert werden.

In diesem Kapitel bezeichnet I ein reelles Intervall der Form $I = [0, T]$ oder $I = [0, +\infty[$. Außerdem bezeichnen wir mit $C(I)$ die Menge der stetigen Funktionen, die I auf reelle Werte abbilden. Im ersten Teil des Kapitels bestätigen wir eine natürliche und nicht überraschende Tatsache: Ein stetiger Prozess kann als eine Zufallsvariable mit Werten im Raum der stetigen Funktionen $C(I)$ definiert werden, anstatt im Raum $\mathbb{R}^I$ aller Trajektorien, wie in der allgemeineren Definition eines stochastischen Prozesses gesehen (vgl. Definition 1.1.3). Dann beweisen wir den grundlegenden *Stetigkeitssatz von Kolmogorov*, nach dem man, bis auf Modifikationen, die Stetigkeit eines Prozesses aus einer Bedingung an seine Verteilung ableiten kann: Dies ist ein tiefgreifendes Ergebnis, weil es erlaubt, eine „punktweise" Eigenschaft (von einzelnen Trajektorien) aus einer Bedingung „im Durchschnitt" (d.h. von der Verteilung des Prozesses) abzuleiten.

3.1 Stetigkeit und fast sichere Stetigkeit

Definition 3.1.1 (Stetiger Prozess) Ein stochastischer Prozess $X = (X_t)_{t \in I}$ auf dem Raum $(\Omega, \mathscr{F}, P)$ ist fast sicher (f.s.) stetig, wenn die Menge der stetigen Trajektorien

$$(X \in C(I)) := \{\omega \in \Omega \mid X(\omega) \in C(I)\}$$

eine fast sichere Menge ist, d. h. ein Ereignis enthält: $(X \in C(I)) \supseteq A$ mit $A \in \mathscr{F}$ und $P(A) = 1$.

Bemerkung 3.1.2 (Stetigkeit und Vollständigkeit) Ist der Raum $(\Omega, \mathscr{F}, P)$ vollständig, so ist X genau dann f. s. stetig, wenn $P(X \in C(I)) = 1$ gilt. Ist $(\Omega, \mathscr{F}, P)$ nicht vollständig, so ist $(X \in C(I))$ nicht notwendigerweise ein Ereignis. Tatsächlich gilt nach Definition 1.1.3 eines stochastischen Prozesses und mit $\mathscr{F}^I$ als die von Zylindern erzeugten σ-Algebra auf $\mathbb{R}^I$: $X^{-1}(H) \in \mathscr{F}$ für jedes $H \in \mathscr{F}^I$; jedoch gilt nach Bemerkung 1.1.10 $C(I) \notin \mathscr{F}^I$, sodass $(X \in C(I)) \notin \mathscr{F}$ nicht notwendigerweise gilt. Ebenso ist in einem unvollständigen Raum, selbst wenn X f. s. stetig ist, nicht notwendigerweise gewährleistet, dass Größen wie

$$M := \sup_{t \in I} X_t, \quad J := \int_I X_t dt, \quad T := \begin{cases} \inf I^+ & \text{falls } I^+ := \{t \in I \mid X_t > 0\} \neq \emptyset, \\ 0 & \text{sonst,} \end{cases} \quad (3.1)$$

Zufallsvariablen sind.

Bemerkung 3.1.3 (Stetigkeit und fast sichere Stetigkeit) Sei X ein fast sicher stetiger Prozess definiert auf dem Raum $(\Omega, \mathscr{F}, P)$ und sei A wie in Definition 3.1.1. Dann ist X nicht von $\bar{X} := X \mathbb{1}_A$ zu unterscheiden, das *alle stetigen Trajektorien*[1] hat. Genauer gesagt, $\bar{X}$ ist durch

$$\bar{X}(\omega) = \begin{cases} X(\omega) & \text{wenn } \omega \in A, \\ 0 & \text{sonst} \end{cases}$$

definiert. Wir sagen, dass $\bar{X}$ eine *stetige Version* von X ist. Daher, vorausgesetzt, dass wir zu einer stetigen Version wechseln, können wir den Begriff „fast sicher" eliminieren und betrachten *stetige* Prozesse anstelle von *fast sicher stetigen*.

Nun könnte man sich fragen, warum die Definition eines fast sicher stetigen Prozesses eingeführt wurde und nicht direkt die eines stetigen Prozesses. Die Tatsache ist, dass ein stochastischer Prozess, wie die Brownsche Bewegung, in der Regel unter Verwendung des Erweiterungssatzes von Kolmogorov aus einer gegebenen Verteilung konstruiert wird: auf diese Weise kann man nur die fast sichere Stetigkeit der Trajektorien beweisen[2] und erst später zu einer stetigen Version wechseln.

Bemerkung 3.1.4 Wenn $X = (X_t)_{t \in I}$, mit $I = [0, 1]$, ein stetiger Prozess ist, dann sind M, J und T in (3.1) wohldefiniert und sind Zufallsvariablen. Tatsächlich genügt es zu beobachten, dass

$$M = \sup_{t \in [0,1] \cap \mathbb{Q}} X_t.$$

---

[1] Wir können $(X \in C(I))$ nicht anstelle von A verwenden, weil wenn $(\Omega, \mathscr{F}, P)$ nicht vollständig ist, dann wäre $X \mathbb{1}_{(X \in C(I))}$ nicht notwendigerweise ein stochastischer Prozess.
[2] Tatsächlich ist das Argument subtiler und wird in Abschn. 3.3 geklärt.

Außerdem ist $J(\omega)$ für jedes $\omega \in \Omega$ wohldefiniert, da alle Trajektorien von X stetig sind, und entspricht

$$J(\omega) = \lim_{n \to \infty} \frac{1}{n} \sum_{k=1}^{n} X_{\frac{k}{n}}(\omega)$$

da das Integral einer stetigen Funktion gleich der Grenze der Riemannschen Summen ist. Schließlich, $(I^+ = \emptyset) = (M \leq 0) \in \mathscr{F}$ und somit auch

$$(T < t) = (I^+ = \emptyset) \cup \bigcup_{s \in \mathbb{Q} \cap [0,t[} (X_s > 0)$$

gehört zu $\mathscr{F}$ für jedes $0 < t \leq 1$: das reicht aus, um zu beweisen, dass $T \in m\mathscr{F}$.

3.2 Kanonische Version eines stetigen Prozesses

In diesem Abschnitt konzentrieren wir uns auf den Fall $I = [0, 1]$. Wir erinnern daran, dass $C([0, 1])$ (wir schreiben auch, einfacher, $C[0, 1]$) ein *separabler und vollständiger metrischer Raum* ist, d. h. ein polnischer Raum, mit der gleichförmigen Metrik

$$\rho_{\max}(v, w) = \max_{t \in [0,1]} |v(t) - w(t)|, \quad v, w \in C[0, 1].$$

Wir betrachten $I = [0, 1]$ nur zur Vereinfachung: die Ergebnisse dieses Abschnitts können leicht auf den Fall, wo $I = [0, T]$ oder sogar $I = \mathbb{R}_{\geq 0}$ erweitert werden, indem man die folgende Metrik betrachtet:

$$\rho_{\max}(v, w) = \sum_{n \geq 1} \frac{1}{2^n} \min \left\{ 1, \max_{t \in [0,n]} |v(t) - w(t)| \right\}, \quad v, w \in C(\mathbb{R}_{\geq 0}).$$

Wir bezeichnen mit $\mathscr{B}_{\rho_{\max}}$ die Borel σ-Algebra auf $C[0, 1]$ (vgl. Abschn. 1.4.2 in [113]).

Nach der allgemeinen Definition 1.1.3 ist ein stochastischer Prozess $X = (X_t)_{t \in I}$ eine messbare Funktion von $(\Omega, \mathscr{F})$ nach $(\mathbb{R}^I, \mathscr{F}^I)$. Wir zeigen nun, dass wenn X stetig ist, dann ist es möglich, die Co-Domain $(\mathbb{R}^I, \mathscr{F}^I)$ durch $(C(I), \mathscr{B}_{\rho_{\max}})$ zu ersetzen, wobei die Messbarkeitseigenschaft in Bezug auf die σ-Algebra $\mathscr{B}_{\rho_{\max}}$ erhalten bleibt. Diese Tatsache ist nicht trivial und bedarf einem rigorosen Beweis. Basierend auf Bemerkung 1.1.10 gehört $C[0, 1]$ selbst nicht zu $\mathscr{F}^{[0,1]}$ und daher ist im Allgemeinen $(X \in C[0, 1])$ kein Ereignis. Ebenso sind die Singletons $\{w\}$ keine Elemente von $\mathscr{F}^{[0,1]}$ und daher selbst wenn

$$X : (\Omega, \mathscr{F}) \longrightarrow (\mathbb{R}^{[0,1]}, \mathscr{F}^{[0,1]})$$

ein stochastischer Prozess ist, ist es nicht notwendigerweise wahr, dass $(X = w)$ ein Ereignis ist. Auf der anderen Seite sind Singletons im Raum $(C[0, 1], \mathscr{B}_{\varrho_{\max}})$ messbar (sie sind Scheiben mit Radius null in der gleichförmigen Metrik), das heißt, $\{w\} \in \mathscr{B}_{\varrho_{\max}}$ für jedes $w \in C[0, 1]$.

Satz 3.2.1 Sei $X = (X_t)_{t \in [0,1]}$ ein stetiger stochastischer Prozess auf dem Raum $(\Omega, \mathscr{F}, P)$. Dann ist die Abbildung

$$X : (\Omega, \mathscr{F}) \longrightarrow (C[0, 1], \mathscr{B}_{\varrho_{\max}})$$

messbar.

Beweis Zuerst zeigen wir, dass $\mathscr{B}_{\varrho_{\max}}$ die σ-Algebra ist, die von der Familie $\widetilde{\mathscr{C}}$ der Zylinder der Form[3]

$$\widetilde{C}_t(H) := \{w \in C[0, 1] \mid w(t) \in H\}, \quad t \in [0, 1], \ H \in \mathscr{B} \quad (3.2)$$

erzeugt wird. Tatsächlich erzeugen Zylinder der Form (3.2) mit H *offen* in $\mathbb{R}$ die σ-Algebra $\sigma(\widetilde{\mathscr{C}})$ und sind offen bezüglich $\varrho_{\max}$: Daher gilt $\mathscr{B}_{\varrho_{\max}} \supseteq \sigma(\widetilde{\mathscr{C}})$.

Umgekehrt ist $(C[0, 1], \varrho_{\max})$ separabel, sodass jede offene Menge eine abzählbare Vereinigung offener Kugeln ist. Daher wird $\mathscr{B}_{\varrho_{\max}}$ von der Familie der offenen Kugeln erzeugt, die Mengen der Form

$$D(w, r) = \{v \in C[0, 1] \mid \varrho_{\max}(v, w) < r\}$$

sind, wobei $w \in C[0, 1]$ das Zentrum und $r > 0$ der Radius der Kugel ist. Andererseits erhält man jede Kugel durch abzählbare Vereinigungen und Durchschnitte von Zylindern aus $\widetilde{\mathscr{C}}$ auf folgende Weise:

$$D(w, r) = \bigcup_{n \in \mathbb{N}} \bigcap_{t \in [0,1] \cap \mathbb{Q}} \{v \in C[0, 1] \mid |v(t) - w(t)| < r - \tfrac{1}{n}\}.$$

Somit gehört jede Kugel zu $\sigma(\widetilde{\mathscr{C}})$, und dies beweist die umgekehrte Inklusion.

Nun beweisen wir die Behauptung: wie gerade bewiesen, haben wir

$$X^{-1}\left(\mathscr{B}_{\varrho_{\max}}\right) = X^{-1}\left(\sigma(\widetilde{\mathscr{C}})\right) =$$

(da X stetig ist)

$$= X^{-1}\left(\sigma(\mathscr{C})\right) \subseteq \mathscr{F}$$

---

[3] Wir verwenden „Tilde", um die Zylinder von stetigen Funktionen von den Zylindern von $\mathbb{R}^{[0,1]}$ zu unterscheiden, die in (1.1) definiert sind.

3.2 Kanonische Version eines stetigen Prozesses

wo die letzte Inklusion auf der Tatsache beruht, dass X ein stochastischer Prozess ist. □

Satz 3.2.1 ermöglicht uns die folgende Definition.

Definition 3.2.2 (Verteilung eines fast sicher stetigen Prozesses) Sei $X = (X_t)_{t \in I}$ ein stetiger Prozess[4] auf dem Raum $(\Omega, \mathscr{F}, P)$. Die Verteilung μ_X von X ist auf $(C(I), \mathscr{B}_{\varrho_{\max}})$ durch

$$\mu_X(H) = P(X \in H), \quad H \in \mathscr{B}_{\varrho_{\max}}$$

definiert. Zwei stetige Prozesse X und Y sind gleich in Verteilung (oder in Gesetz), wenn $\mu_X = \mu_Y$: in diesem Fall schreiben wir $X \stackrel{d}{=} Y$.

In Analogie zu Definition 1.3.4 geben wir die folgende Definition.

Definition 3.2.3 (Kanonische Version eines fast sicher stetigen Prozesses)[!] Sei $X = (X_t)_{t \in I}$ ein fast sicher stetiger Prozess definiert auf dem Raum $(\Omega, \mathscr{F}, P)$ und mit Verteilung μ_X. Die kanonische Version von X ist der stochastische Prozess, der als die Identitätsfunktion $\mathbf{X}(w) = w$, $w \in C(I)$, auf dem Wahrscheinlichkeitsraum $(C(I), \mathscr{B}_{\varrho_{\max}}, \mu_X)$ definiert ist.

Bemerkung 3.2.4 Die Hauptmerkmale der kanonischen Version $\mathbf{X}$ sind:

i) $\mathbf{X}$ ist ein stetiger Prozess, der in Verteilung zu X gleich ist;
ii) $\mathbf{X}$ ist auf dem *polnischen metrischen Raum* $(C(I), \varrho_{\max})$ definiert: diese Tatsache ist relevant für die Existenz der regulären Version der bedingten Wahrscheinlichkeit (vgl. Theorem 4.3.2 in [113]) und ist entscheidend in der Untersuchung von stochastischen Differential Gleichungen. In Kap. 14 werden wir ausgiebig Gebrauch von der kanonischen Version von stetigen Prozessen machen;
iii) $\mathbf{X}$ ist auf einem Stichprobenraum in dem *die Ergebnisse die Trajektorien sind* definiert: $t \mapsto \mathbf{X}_t(w) \equiv w(t), t \in I$. Diese Tatsache ermöglicht es, zum Beispiel, eine intuitive Charakterisierung der starken Markov-Eigenschaft zu geben (vgl. Abschn. 7.3).

Darüber hinaus kann der Raum $(C(I), \mathscr{B}_{\varrho_{\max}}, \mu_X)$ vervollständigt werden, indem man als σ-Algebra der Ereignisse die Vervollständigung von $\mathscr{B}_{\varrho_{\max}}$ in Bezug auf μ_X betrachtet (vgl. Bemerkung 1.4.3 in [113]).

Bemerkung 3.2.5 (Skorokhod-Raum) Der *Skorokhod-Raum* ist eine Erweiterung des Raums der stetigen Trajektorien, die in der Untersuchung von unstetigen stochastischen Prozessen (wie zum Beispiel dem Poisson-Prozess) verwendet wird. Der Skorokhod-Raum $\mathscr{D}(I)$ besteht aus càdlàg-Funktionen (vgl. Definition 5.2.2)

---

[4] Nach Bemerkung 3.1.3 erweitert sich die Definition offensichtlich auf den Fall, dass X fast sicher stetig ist.

von I nach $\mathbb{R}$ oder, allgemeiner, mit Werten in einem metrischen Raum. Alle Ergebnisse dieses Abschnitts erweitern sich auf den Fall von fast sicheren Prozessen mit càdlàg-Trajektorien. Insbesondere ist es möglich, auf $\mathscr{D}(I)$ eine Metrik, den Skorokhod-Abstand, zu definieren, mit dem $\mathscr{D}(I)$ ein polnischer Raum ist. Offensichtlich ist $C(I)$ ein Teilraum von $\mathscr{D}(I)$ und es kann bewiesen werden, dass die gleichförmigen und Skorokhod-Abstände auf $C(I)$ äquivalent sind. Die Monographie [16] bietet eine vollständige Behandlung des Skorokhod-Raums und der Kompaktheitseigenschaften (Dichtheit) von Familien von Wahrscheinlichkeitsmaßen auf $\mathscr{D}(I)$, analog zu dem, was in Abschn. 3.3.2 in [113] gesehen wurde.

3.3 Kolmogorovs Stetigkeitssatz

Kolmogorovs Erweiterungssatz ermöglicht die Existenz eines Prozesses mit gegebener Verteilung, liefert aber keine Informationen über die Regularität seiner Trajektorien. Tatsächlich zeigt Beispiel 1.2.6, dass man aufgrund seiner Verteilung nichts über die Stetigkeit der Trajektorien eines Prozesses sagen kann: die Modifikation[5] eines stetigen Prozesses kann ihn unstetig machen, ohne sein Gesetz zu ändern. Aus diesem Grund erfolgt die Konstruktion eines Prozesses mit Hilfe von Kolmogorovs Erweiterungssatz im Raum $\mathbb{R}^I$ *aller* Trajektorien.

Andererseits gilt: Wenn das Gesetz eines Prozesses X geeignete Bedingungen erfüllt, dann existiert eine stetige Modifikation von X. Das grundlegende Resultat hierzu ist der klassische *Stetigkeitssatz von Kolmogorov*, von dem wir verschiedene Versionen angeben; die einfachste ist die folgende:

Theorem 3.3.1 (Stetigkeitssatz von Kolmogorov)[!!!] Sei $X = (X_t)_{t \in [0,1]}$ ein reeller stochastischer Prozess auf einem Wahrscheinlichkeitsraum $(\Omega, \mathscr{F}, P)$. Falls es drei positive Konstanten c, ε, p mit $p > \varepsilon$ gibt, so dass

$$E\left[|X_t - X_s|^p\right] \leq c|t-s|^{1+\varepsilon}, \qquad t, s \in [0,1], \tag{3.3}$$

dann besitzt X eine Modifikation $\widetilde{X}$ mit α-Hölder-stetigen Trajektorien für jedes $\alpha \in [0, \frac{\varepsilon}{p}[$: Genauer gesagt, für jedes $\alpha \in [0, \frac{\varepsilon}{p}[$ und $\omega \in \Omega$ existiert eine positive Konstante $c_{\alpha,\omega}$, die nur von α und ω abhängt, so dass

$$|\widetilde{X}_t(\omega) - \widetilde{X}_s(\omega)| \leq c_{\alpha,\omega}|t-s|^\alpha, \qquad t, s \in [0,1].$$

In Abschn. 3.4 geben wir einen Beweis für Theorem 3.3.1, inspiriert von den ursprünglichen Ideen von Kolmogorov. Betrachten wir einige Beispiele.

---

[5] Hier bedeutet „Modifikation eines Prozesses" die Modifikation davon.

3.3 Kolmogorovs Stetigkeitssatz

Beispiel 3.3.2 [!] Wir nehmen Korollar 1.3.6 wieder auf und betrachten einen Gaußschen Prozess $(X_t)_{t\in[0,1]}$ mit Mittelwert Funktion $m \equiv 0$ und Kovarianz $c(s,t) = s \wedge t$. Per Definition, $(X_t, X_s) \sim \mathcal{N}_{0,C_{t,s}}$ wo

$$C_{t,s} = \begin{pmatrix} t & s \wedge t \\ s \wedge t & s \end{pmatrix}$$

und daher $X_t - X_s \sim \mathcal{N}_{0,t+s-2s\wedge t}$. Es ist einfach, eine Schätzung des Typs (3.3) zu beweisen: zunächst haben wir ohne Beschränkung der Allgemeinheit, dass $s < t$, so dass $X_t - X_s = \sqrt{t-s}\,Z$ mit $Z \sim \mathcal{N}_{0,1}$; dann haben wir für jedes $p > 0$

$$E\left[|X_t - X_s|^p\right] = |t-s|^{\frac{p}{2}} E\left[|Z|^p\right],$$

wobei $E[|Z|^p]$ eine endliche Konstante ist. Nach dem Stetigkeitssatz von Kolmogorov, X gibt eine Modifikation $\widetilde{X}$ die α-Hölder für jedes $\alpha < \frac{p/2-1}{p} = \frac{1}{2} - \frac{1}{p}$ ist. Angesichts der Beliebigkeit von p, folgt daraus, dass $\widetilde{X}$ α-Hölder für jedes $\alpha < \frac{1}{2}$ ist.

Beispiel 3.3.3 [!] Überprüfen wir das Kolmogorov-Kriterium (3.3) für die Poisson-Übergangsverteilung. Wenn $N_t - N_s \sim \text{Poisson}_{\lambda(t-s)}$, dann haben wir für $p > 0$

$$E\left[|N_t - N_s|^p\right] = e^{-\lambda(t-s)} \sum_{n=0}^{\infty} n^p \frac{(\lambda(t-s))^n}{n!} =$$

(da der erste Term der Reihe null ist)

$$= e^{-\lambda(t-s)} \sum_{n=1}^{\infty} n^p \frac{(\lambda(t-s))^n}{n!}$$
$$\geq e^{-\lambda(t-s)} \sum_{n=1}^{\infty} \frac{(\lambda(t-s))^n}{n!}$$
$$= e^{-\lambda(t-s)} \left(e^{\lambda(t-s)} - 1\right) \approx \lambda(t-s) + o(t-s)$$

für $t - s \to 0$. Daher ist die Bedingung (3.3) für keinen Wert von $\varepsilon > 0$ erfüllt. Tatsächlich, in Kap. 5 werden wir entdecken, dass die Poisson-Verteilung einem Prozess N mit unstetigen Trajektorien entspricht.

Theorem 3.3.1 kann in mehrere Richtungen erweitert werden: die interessantesten betreffen Regularität höherer Ordnung, die Erweiterung auf den Fall von mehrdimensionalen I, und den Fall von Prozessen mit Werten in Banach-Räumen. In relativ jüngerer Zeit wurde beobachtet, dass Kolmogorovs Stetigkeitssatz im Wesentlichen ein *analytisches* Ergebnis ist, das als ein Korollar des Sobolev-Einbettungssatzes bewiesen werden kann, in einer sehr allgemeinen Version für die sogenannten Besov Räume. Wir geben hier die Aussage in [128].

Theorem 3.3.4 (Stetigkeitssatz von Kolmogorov)[!!!] Sei $X = (X_t)_{t \in \mathbb{R}^d}$ ein reeller stochastischer Prozess. Wenn es $k \in \mathbb{N}_0$, $0 < \varepsilon < p$, und $\delta > 0$ gibt, so dass

$$E\left[|X_t - X_s|^p\right] \leq c|t-s|^{d+\varepsilon+kp}$$

für jedes $t, s \in \mathbb{R}^d$ mit $|t-s| < \delta$, dann hat X eine Modifikation $\widetilde{X}$ deren Trajektorien bis zur Ordnung k differenzierbar sind, mit lokal α-Hölder Ableitungen für jedes $\alpha \in [0, \frac{\varepsilon}{p}[$.

Theorem 3.3.4 erstreckt sich auch auf Prozesse mit Werten in einem Banach-Raum: das folgende Beispiel ist besonders relevant in der Untersuchung von stochastischen Differentialgleichungen.

Beispiel 3.3.5 Sei $\left(X_t^x\right)_{t \in [0,1]}$ eine Familie von stetigen stochastischen Prozessen, indiziert von $x \in \mathbb{R}^d$: wie in Abschn. 3.2, betrachten wir X^x als eine Zufallsvariable mit Werten in $(C[0,1], \mathscr{B}_{\varrho_{\max}})$. Dies ist ein Banach-Raum mit der Norm

$$\|X\|_\infty := \max_{t \in [0,1]} |X_t|.$$

Wenn
$$E\left[\|X^x - X^y\|_\infty^p\right] \leq c|x-y|^{d+\varepsilon}, \qquad x, y \in \mathbb{R}^d,$$

dann gibt es eine Modifikation $\widetilde{X}$ (d.h., wir haben[6] $\widetilde{X}^x = X^x$ fast sicher für jedes $x \in \mathbb{R}^d$), so dass

$$\|\widetilde{X}_t^x(\omega) - \widetilde{X}_t^y(\omega))\|_\infty \leq c\,|x-y|^\alpha, \qquad x, y \in K,$$

für jede kompakte Teilmenge K von $\mathbb{R}^d$ und $\alpha < \frac{\varepsilon}{p}$, mit $c > 0$ abhängig nur von ω, α und K.

3.4 Beweis des Stetigkeitssatzes von Kolmogorov

Wir müssen zeigen, dass, wenn $X = (X_t)_{t \in [0,1]}$ ein reeller stochastischer Prozess ist und es drei Konstanten $p, \varepsilon, c > 0$ gibt, so dass

$$E\left[|X_t - X_s|^p\right] \leq c|t-s|^{1+\varepsilon}, \qquad t, s \in [0,1], \tag{3.4}$$

dann X eine Modifikation $\widetilde{X}$ mit α-Hölder-stetigen Trajektorien für jedes $\alpha \in [0, \frac{\varepsilon}{p}[$ besitzt.

---

[6] Im Sinne von $P\left(\widetilde{X}_t^x = X_t^x,\ t \in [0,1]\right) = 1$.

3.4 Beweis des Stetigkeitssatzes von Kolmogorov

Wir unterteilen den Beweis in vier Schritte, von denen der dritte der technischste ist und beim ersten Lesen übersprungen werden kann.

[Erster Schritt] Wir kombinieren die Markov-Ungleichung (3.1.2) in [113] mit (3.4) und erhalten die Abschätzung

$$P(|X_t - X_s| \geq \lambda) \leq \frac{E[|X_t - X_s|^p]}{\lambda^p} \leq \frac{c|t-s|^{1+\varepsilon}}{\lambda^p}, \quad \lambda > 0. \tag{3.5}$$

Wir beobachten, dass aus (3.5) folgt, dass für $t \in [0,1]$ der Grenzwert

$$\lim_{s \to t} X_s = X_t$$

in Wahrscheinlichkeit existiert und folglich auch fast sichere konvergiert. Dies ist jedoch nicht ausreichend, um die Behauptung zu beweisen: Tatsächlich gilt das gleiche Ergebnis beispielsweise für den Poisson-Prozess, der ausschließlich unstetigen Trajektorien hat (vgl. (5.5)). Tatsächlich erkannte Kolmogorov, dass es nicht möglich ist aus (3.5) eine direkte Schätzung des Inkrements $X_t - X_s$ *für alle t, s* zu erhalten, da $[0,1]$ überabzählbar ist. Daher war seine Idee, t, s zuerst auf die *abzählbare* Familie der dyadischen Rationale von $[0,1]$ zu beschränken, definiert durch

$$\mathscr{D} = \bigcup_{n \geq 1} \mathscr{D}_n, \quad \mathscr{D}_n = \left\{ \frac{k}{2^n} \mid k = 0, 1, \ldots, 2^n \right\}.$$

Wir beobachten, dass $\mathscr{D}_n \subseteq \mathscr{D}_{n+1}$ für alle $n \in \mathbb{N}$. Zwei Elemente $t, s \in \mathscr{D}_n$ werden als *aufeinanderfolgend* bezeichnet, wenn $|t-s| = 2^{-n}$.

[Zweiter Schritt] Wir schätzen das Inkrement $X_t - X_s$ unter der Annahme, dass t, s aufeinanderfolgend in $\mathscr{D}_n$ sind: durch (3.5) haben wir

$$P\left(|X_{\frac{k}{2^n}} - X_{\frac{k-1}{2^n}}| \geq 2^{-n\alpha}\right) \leq c\, 2^{n(\alpha p - 1 - \varepsilon)}.$$

Dann setzen wir

$$A_n = \left(\max_{1 \leq k \leq 2^n} |X_{\frac{k}{2^n}} - X_{\frac{k-1}{2^n}}| \geq 2^{-n\alpha}\right) = \bigcup_{1 \leq k \leq 2^n} \left(|X_{\frac{k}{2^n}} - X_{\frac{k-1}{2^n}}| \geq 2^{-n\alpha}\right),$$

durch die Subadditivität von P haben wir

$$P(A_n) \leq \sum_{k=1}^{2^n} P\left(|X_{\frac{k}{2^n}} - X_{\frac{k-1}{2^n}}| \geq 2^{-n\alpha}\right) \leq \sum_{k=1}^{2^n} c\, 2^{n(\alpha p - 1 - \varepsilon)} = c\, 2^{n(\alpha p - \varepsilon)}.$$

Wenn $\alpha < \frac{\varepsilon}{p}$ haben wir

$$\sum_{n\geq 1} P(A_n) < \infty$$

und nach dem Borel-Cantelli-Lemma 1.3.28 in [113] gilt $P(A_n \text{ u.o.}) = 0$: das bedeutet, dass ein $N \in \mathscr{F}$ mit $P(N) = 0$ derart existiert, dass für jedes $\omega \in \Omega \setminus N$ ein $n_{\alpha,\omega} \in \mathbb{N}$ existiert mit

$$\max_{1\leq k\leq 2^n} |X_{\frac{k}{2^n}}(\omega) - X_{\frac{k-1}{2^n}}(\omega)| \leq 2^{-n\alpha}, \qquad n \geq n_{\alpha,\omega}.$$

Als Konsequenz haben wir auch, dass für jedes $\omega \in \Omega \setminus N$ ein $c_{\alpha,\omega} > 0$ existiert, sodass

$$\max_{1\leq k\leq 2^n} |X_{\frac{k}{2^n}}(\omega) - X_{\frac{k-1}{2^n}}(\omega)| \leq c_{\alpha,\omega} 2^{-n\alpha}, \qquad n \in \mathbb{N}.$$

[Dritter Schritt] Wir schätzen das Inkrement $X_t - X_s$ mit $t, s \in \mathscr{D}$ ab, indem wir eine geeignete Kette von aufeinanderfolgenden Punkten konstruieren, die s mit t verbinden, und dann mit Hilfe der der Dreiecksungleichung die Schätzung aus dem vorherigen Schritt verwenden. Seien $t, s \in \mathscr{D}$ mit $s < t$: wir setzen

$$\bar{n} = \min\{k \mid t, s \in \mathscr{D}_k\}, \qquad n = \max\{k \mid t - s < 2^{-k}\},$$

so dass $n < \bar{n}$. Darüber hinaus definieren wir für $k = n+1, \ldots, \bar{n}$ die Folge

$$s_n = \max\{\tau \in \mathscr{D}_n \mid \tau \leq s\}, \qquad s_k = s_{k-1} + 2^{-k}\mathrm{sgn}(s - s_{k-1}),$$

wobei $\mathrm{sgn}(x) = \frac{x}{|x|}$ wenn $x \neq 0$ und $\mathrm{sgn}(0) = 0$ andernfalls. Wir definieren $(t_k)_{n\leq k\leq \bar{n}}$ auf analoge Weise. Dann sind $s_k, t_k \in \mathscr{D}_k$ und wir haben

$$|s_k - s_{k-1}| \leq 2^{-k}, \qquad |t_k - t_{k-1}| \leq 2^{-k}, \qquad k = n+1, \ldots, \bar{n}.$$

Darüber hinaus beweisen wir, dass $|t_n - s_n| \leq 2^{-n}$ und

$$|s - s_k| < 2^{-k}, \qquad |t - t_k| < 2^{-k}, \qquad k = n, \ldots, \bar{n},$$

aus dem $s_{\bar{n}} = s$ und $t_{\bar{n}} = t$ folgen. Dann haben wir

$$X_t - X_s = X_{t_n} - X_{s_n} + \sum_{k=n+1}^{\bar{n}} (X_{t_k} - X_{t_{k-1}}) - \sum_{k=n+1}^{\bar{n}} (X_{s_k} - X_{s_{k-1}})$$

und daher, für jedes $\omega \in \Omega \setminus N$,

$$|X_t(\omega) - X_s(\omega)| \leq c_{\alpha,\omega} 2^{-n\alpha} + 2 \sum_{k=n+1}^{\bar{n}} c_{\alpha,\omega} 2^{-k\alpha}$$

so dass $|X_t - X_s| \leq c'_{\alpha,\omega}|t-s|^\alpha$ für eine positive Konstante $c'_{\alpha,\omega}$.

[Vierter Schritt] Wir haben bewiesen, dass für jedes $\omega \in \Omega \setminus N$ die Trajektorie $X(\omega)$ auf $\mathscr{D}$ α-Hölder-stetig ist und sich daher eindeutig auf eine α-Hölder-stetige Funktion auf $[0, 1]$ erweitert, die wir mit $\widetilde{X}(\omega)$ bezeichnen. Nun definieren wir den Prozess $\widetilde{X}$, dessen Trajektorien gleich $\widetilde{X}(\omega)$ sind, wenn $\omega \in \Omega \setminus N$ und auf N identisch null sind. Wir beweisen, dass $\widetilde{X}$ eine Modifikation von X ist, d.h., $P(X_t = \widetilde{X}_t) = 1$ für jedes feste $t \in [0, 1]$: dies ist offensichtlich, wenn $t \in \mathscr{D}$. Andererseits, wenn $t \in [0, 1] \setminus \mathscr{D}$ liegt, betrachten wir eine Folge $(t_n)_{n \in \mathbb{N}}$ in $\mathscr{D}$, die t approximiert. Wir haben bereits beobachtet, dass durch (3.5), X_{t_n} in Wahrscheinlichkeit gegen X_t konvergiert und somit auch (bis auf Teilfolgen) punktweise fast sicher: da $X_{t_n} = \widetilde{X}_{t_n}$ fast sicher ist, haben wir dann auch $X_t = \widetilde{X}_t$ fast sicher und dies schließt den Beweis ab.

3.5 Wichtige Merksätze

Hier sind die wichtigsten Ergebnisse und Grundideen des Kapitels, die man sich merken sollte. Technische oder weniger wichtige Details werden weggelassen. Bei Unklarheiten zu den folgenden kurzen Aussagen lohnt sich ein Blick in den jeweiligen Abschnitt.

- Abschn. 3.1 und 3.2: Ein stetiger stochastischer Prozess X kann als eine Zufallsvariable mit Werten im polnischen metrischen Raum der stetigen Trajektorien, $(C(I), \mathscr{B}_{\varrho_{\max}})$, betrachtet werden. Die Verteilung von X ist daher eine Verteilung auf der Borel σ-Algebra $\mathscr{B}_{\varrho_{\max}}$.
- Abschn. 3.3: Der Stetigkeitssatz von Kolmogorov liefert eine Bedingung für die Verteilung eines Prozesses, so dass es eine Modifikation mit lokal Hölder-stetigen Trajektorien zulässt. Dies ist der Fall bei der Gaußschen Übergangsverteilung des Beispiels 3.3.2, aber nicht bei der Poissonschen Übergangsverteilung des Beispiels 3.3.3.
- Abschn. 3.4: Die ersten beiden Schritte des Beweises des Stetigkeitssatzes von Kolmogorov basieren auf der Ungleichung von Markov und dem Lemma von Borel-Cantelli: sie enthalten die Schlüsselideen für den Beweis dieses tiefgreifenden und grundlegenden Ergebnisses.

Hauptnotationen, die in diesem Kapitel verwendet oder eingeführt wurden:

Symbol	Beschreibung	Seite
$C(I)$	stetige Funktionen auf dem Intervall I	61
$\mathscr{F}^I$	σ-Algebra auf $\mathbb{R}^I$ erzeugt durch endlich-dimensionale Zylinder	3
$\varrho_{\max}$	gleichförmiger Abstand auf $C(I)$	63
$\mathscr{B}_{\varrho_{\max}}$	Borel σ-Algebra auf $C(I)$	63

Kapitel 4
Brownsche Bewegung

> *In diesem Abschnitt werden wir die Brownsche Bewegung definieren und konstruieren. Dieses Ereignis, wie die Geburt eines Kindes, ist chaotisch und schmerzhaft, aber nach einer Weile werden wir in der Lage sein, Spaß mit unserem neuen Ankömmling zu haben.*
>
> Richard Durrett

Die Brownsche Bewegung ist einer der herausragendsten stochastischen Prozesse. Sie verdankt ihren Namen dem Botaniker Robert Brown, der um 1820 die unregelmäßige Bewegung von Pollenkörnern in einer Lösung dokumentierte. Dieses Phänomen, gekennzeichnet durch die scheinbar zufällige Bewegung von Partikeln aufgrund von Kollisionen mit umgebenden Molekülen, hat seitdem weitreichende Anwendungen in verschiedenen Bereichen gefunden, von Physik und Chemie bis hin zu Finanzen und Biologie. Die Brownsche Bewegung wurde von Louis Bachelier im Jahr 1900 in seiner Doktorarbeit als Modell für den Preis von Aktien verwendet und wurde von Albert Einstein in einer seiner berühmten Arbeiten im Jahr 1905 untersucht. Die erste rigorose mathematische Definition einer Brownschen Bewegung stammt von Norbert Wiener im Jahr 1923.

4.1 Definition

Definition 4.1.1 (Brownsche Bewegung)[!!!] Sei $W = (W_t)_{t \geq 0}$ ein reeller stochastischer Prozess, der auf einem gefilterten Wahrscheinlichkeitsraum $(\Omega, \mathscr{F}, P, \mathscr{F}_t)$ definiert ist. Wir sagen, dass W eine Brownsche Bewegung ist, wenn sie die folgenden Eigenschaften erfüllt:

Abb. 4.1 Eine Trajektorie einer Brownschen Bewegung

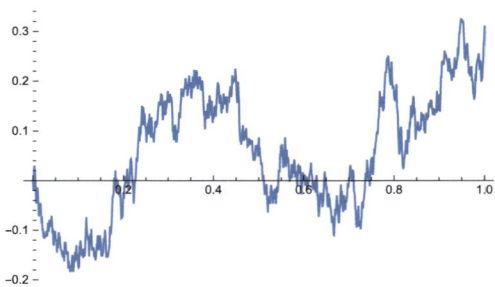

i) $W_0 = 0$ fast sicher;
ii) W ist fast sicher stetig;
iii) W ist adaptiert an $(\mathscr{F}_t)_{t\geq 0}$, d.h., $W_t \in m\mathscr{F}_t$ für jedes $t \geq 0$;
iv) $W_t - W_s$ ist unabhängig von $\mathscr{F}_s$ für jedes $t \geq s \geq 0$;
v) $W_t - W_s \sim \mathcal{N}_{0,t-s}$ für jedes $t \geq s \geq 0$.

Bemerkung 4.1.2 Wir kommentieren kurz die Eigenschaften aus Definition 4.1.1: Nach i) startet eine Brownsche Bewegung aus dem Ursprung, was lediglich eine Konvention ist. Eigenschaft ii) stellt sicher, dass fast alle Trajektorien von W stetig sind. Außerdem ist W *an die Filtration* $(\mathscr{F}_t)_{t\geq 0}$ *adaptiert:* Das bedeutet, dass *zu jedem festen Zeitpunkt t die Information in $\mathscr{F}_t$ ausreicht, um die gesamte Trajektorie von W bis zum Zeitpunkt t zu beobachten.* Die Eigenschaften iv) und v) sind weniger anschaulich, lassen sich aber durch einige bemerkenswerte, auf statistischer Ebene beobachtbare Merkmale von Zufallsbewegungen rechtfertigen: Wir nennen iv) und v) die Eigenschaften der *Unabhängigkeit* bzw. *Stationarität* der Inkremente (vgl. Definition 2.3.1). Beachte, dass $W_t - W_s$ in Verteilung gleichverteilt ist wie W_{t-s}. Abb. 4.1 zeigt den Graphen einer Trajektorie einer Brownschen Bewegung (Abb. 4.2).

Bemerkung 4.1.3 In Definition 4.1.1 ist die Filtration $(\mathscr{F}_t)$ nicht notwendigerweise die von W erzeugte: letztere wurde in Definition 1.4.3 durch $(\mathscr{G}_t^W)_{t\geq 0}$ bezeichnet.

Abb. 4.2 1000 Trajektorien einer Brownschen Bewegung und Histogramm ihrer Stichprobenverteilung zum Zeitpunkt $t = 1$

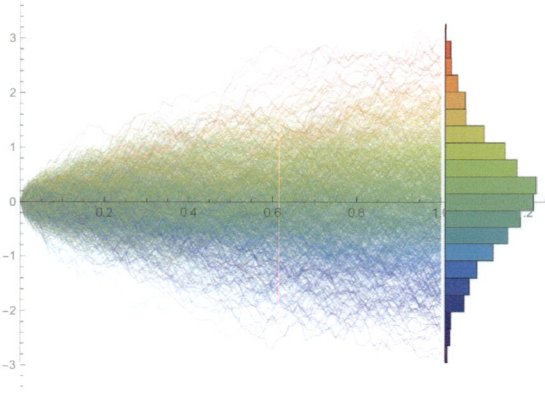

4.1 Definition

Offensichtlich impliziert Eigenschaft iii) einer Brownschen Bewegung, dass $\mathscr{G}_t^W \subseteq \mathscr{F}_t$ für jedes $t \geq 0$. Wir werden in Abschn. 6.2 sehen, dass es im Allgemeinen besser ist mit Filtrationen zu arbeiten, die streng größer als $\mathscr{G}^W$ sind, um geeignete technische Annahmen zu erfüllen, einschließlich zum Beispiel Vollständigkeit.

Wir geben eine nützliche Charakterisierung einer Brownschen Bewegung.

Satz 4.1.4 [!] Ein fast sicher stetiger stochastischer Prozess $W = (W_t)_{t \geq 0}$ ist eine Brownsche Bewegung in Bezug auf seine eigene Filtration $(\mathscr{G}_t^W)_{t \geq 0}$ genau dann, wenn es sich um einen Gaußschen Prozess mit Null-Mittelwert-Funktion, $E[W_t] = 0$, und Kovarianzfunktion $\mathrm{cov}(W_s, W_t) = s \wedge t$ handelt.

Beweis Sei W eine Brownsche Bewegung auf $(\Omega, \mathscr{F}, P, (\mathscr{G}_t^W)_{t \geq 0})$. Für alle $0 = t_0 < t_1 < \cdots < t_n$ haben die Zufallsvariablen $Z_k := W_{t_k} - W_{t_{k-1}}$ eine Normalverteilung; außerdem sind Z_k aufgrund der Eigenschaften iii) und v) einer Brownschen Bewegung unabhängig von $\mathscr{G}_{t_{k-1}}^W$ und daher von $Z_1, \ldots, Z_{k-1} \in \mathscr{G}_{t_{k-1}}^W$. Dies beweist, dass $(Z_1, \ldots, Z_n)$ ein multi-normaler Vektor mit unabhängigen Komponenten ist. Auch $(W_{t_1}, \ldots, W_{t_n})$ ist multi-normal, weil es aus $(Z_1, \ldots, Z_n)$ durch die lineare Transformation

$$W_{t_h} = \sum_{k=1}^{h} Z_k, \quad h = 1, \ldots, n,$$

erhalten wird, und dies beweist, dass W ein Gaußscher Prozess ist. Wir stellen auch fest, dass wir mit $s < t$

$$\mathrm{cov}(W_s, W_t) = \mathrm{cov}(W_s, W_t - W_s + W_s) = \mathrm{cov}(W_s, W_t - W_s) + \mathrm{var}(W_s) = s$$

aufgrund der Unabhängigkeit von W_s und $W_t - W_s$ haben: dies beweist, dass $\mathrm{cov}(W_s, W_t) = s \wedge t$.

Umgekehrt sei W ein Gaußscher Prozess mit Null-Mittelwert-Funktion und Kovarianzfunktion $\mathrm{cov}(W_s, W_t) = s \wedge t$. Da $E[W_0] = \mathrm{var}(W_0) = 0$, haben wir $W_0 = 0$ fast sicher. Eigenschaften ii) und iii) der Definition einer Brownschen Bewegung sind offensichtlich. Um v) zu beweisen, genügt es für $s < t$ das folgende zu betrachten:

$$\mathrm{var}(W_t - W_s) = \mathrm{var}(W_t) + \mathrm{var}(W_s) - 2\mathrm{cov}(W_t, W_s) = t + s - 2(s \wedge t) = t - s.$$

Schließlich hat der Vektor $(W_t - W_s, W_\tau)$ für $\tau \leq s < t$ eine Normalverteilung, weil er eine lineare Kombination von (W_τ, W_s, W_t) ist und

$$\mathrm{cov}(W_t - W_s, W_\tau) = \mathrm{cov}(W_t, W_\tau) - \mathrm{cov}(W_s, W_\tau) = \tau - \tau = 0.$$

Folglich sind $W_t - W_s$ und W_τ unabhängig: da W ein Gaußscher Prozess ist, folgt daraus, dass $W_t - W_s$ unabhängig von $(W_{\tau_1}, \ldots, W_{\tau_n})$ für alle $\tau_1, \ldots, \tau_n \leq s$ ist. Durch Lemma 2.3.20 in [113] ist $W_t - W_s$ unabhängig von $\mathscr{G}_s^W$ und dies beweist Eigenschaft iv). □

Bemerkung 4.1.5 [!] Proposition 4.1.4 besagt, dass die endlich-dimensionalen Verteilungen einer Brownschen Bewegung eindeutig bestimmt sind: daher ist die Brownsche Bewegung eindeutig in Verteilung. Wenn W eine Brownsche Bewegung ist, dann hat der Prozess $\widetilde{W}_t := \sqrt{t}W_1$ die gleichen *eindimensionalen* Verteilungen wie W, ist aber offensichtlich keine Brownsche Bewegung.

Es gibt zahlreiche Beweise für die Existenz einer Brownschen Bewegung: einige davon finden sich zum Beispiel in den Monographien von Schilling [129] und Bass [9]. Hier sehen wir das Ergebnis als Korollar von Kolmogorovs Erweiterungs- und Stetigkeitssätzen.

Theorem 4.1.6 Eine Brownsche Bewegung existiert.

Beweis Der Hauptpunkt ist die Konstruktion einer Brownschen Bewegung auf dem begrenzten Zeitintervall $[0, 1]$. Nach Kolmogorovs Erweiterungssatz (insbesondere nach Korollar 1.3.6) gibt es einen Gaußschen Prozess $W^{(0)} = (W_t^{(0)})_{t \in [0,1]}$ mit Null-Mittelwert-Funktion und Kovarianzfunktion $\mathrm{cov}(W_s^{(0)}, W_t^{(0)}) = s \wedge t$. Nach Kolmogorovs Stetigkeitssatz und Beispiel 3.3.2 hat $W^{(0)}$ eine stetige Modifikation, die nach Proposition 4.1.4 die Eigenschaften einer Brownschen Bewegung auf $[0, 1]$ erfüllt.

Nimm nun eine Folge $(W^{(n)})_{n \in \mathbb{N}}$ von unabhängigen Kopien von $W^{(0)}$. Wir „kleben" diese Prozesse zusammen, indem wir $W_t = W_t^{(0)}$ für $t \in [0, 1]$ definieren und

$$W_t = \sum_{k=0}^{[t]-1} W_1^{(k)} + W_{t-[t]}^{[t]}, \quad t > 1,$$

wobei $[t]$ den ganzzahligen Teil von t bezeichnet. Dann ist es einfach zu beweisen, dass W eine Brownsche Bewegung ist. □

Bemerkung 4.1.7 Wie in Beispiel 3.3.2 gesehen, besitzt eine Brownsche Bewegung eine Modifikation mit Trajektorien, die nicht nur stetig, sondern auch lokal α-Hölderstetig für jedes $\alpha < \frac{1}{2}$ sind. Der Exponent α ist streng kleiner als $\frac{1}{2}$, und dieses Resultat lässt sich nicht verbessern; für weitere Details sei beispielsweise auf Kap. 7 in [9] verwiesen. Ein klassisches Resultat, das *Gesetz des iterierten Logarithmus*, beschreibt das asymptotische Verhalten der Brownschen Inkremente genau:

$$\limsup_{t \to 0^+} \frac{|W_t|}{\sqrt{2t \log \log \frac{1}{t}}} = 1 \quad \text{f. s.}$$

Daraus folgt, dass die Trajektorien einer Brownschen Bewegung fast sicher an keiner Stelle differenzierbar sind: Genauer gesagt existiert $N \in \mathscr{F}$ mit $P(N) = 0$, so dass für jedes $\omega \in \Omega \setminus N$ die Funktion $t \mapsto W_t(\omega)$ an keinem Punkt in $[0, +\infty[$ differenzierbar ist.

4.2 Markov- und Feller-Eigenschaften

Sei $W = (W_t)_{t \geq 0}$ eine Brownsche Bewegung auf $(\Omega, \mathscr{F}, P, \mathscr{F}_t)$. Seien $t \geq 0$ und $x \in \mathbb{R}$, dann setzen wir

$$W_T^{t,x} := W_T - W_t + x, \qquad T \geq t.$$

Definition 4.2.1 Der Prozess $W^{t,x} = (W_T^{t,x})_{T \geq t}$ wird als *Brownsche Bewegung mit Anfangspunkt x zur Zeit t* bezeichnet und hat die folgenden Eigenschaften:

i) $W_t^{t,x} = x$;
ii) die Trajektorien $T \mapsto W_T^{t,x}$ sind fast sicher kontinuierlich;
iii) $W_T^{t,x} \in m\mathscr{F}_T$ für jedes $T \geq t$;
iv) $W_T^{t,x} - W_s^{t,x} = W_T - W_s$ ist unabhängig von $\mathscr{F}_s$ für jedes $T \geq s \geq t$;
v) $W_T^{t,x} - W_s^{t,x} \sim \mathcal{N}_{0,T-s}$ für jedes $T \geq s \geq t$.

Bemerkung 4.2.2 Der Prozess $W^{t,x}$ ist auch eine Brownsche Bewegung in Bezug auf seine erzeugte Filtration, definiert durch

$$\mathscr{G}_T^{t,x} := \sigma(W_s^{t,x}, s \in [t,T]), \qquad T \geq t.$$

Beachte, dass $\mathscr{G}_T^{t,x} \subseteq \mathscr{F}_T$ und es gibt eine strikte Inklusion $\mathscr{G}_t^{t,x} = \{\emptyset, \Omega\} \subset \mathscr{F}_t$ wenn $t > 0$.

Nach Proposition 2.3.2 haben wir

Theorem 4.2.3 (Markov-Eigenschaft)[!] Sei $W = (W_t)_{t \geq 0}$ eine Brownsche Bewegung auf $(\Omega, \mathscr{F}, P, \mathscr{F}_t)$. Dann ist W ein Markov-Prozess mit Gaußscher Übergangsdichte

$$\Gamma(t,x;T,y) = \frac{1}{\sqrt{2\pi(T-t)}} e^{-\frac{(x-y)^2}{2(T-t)}}, \qquad 0 \leq t < T, \ x,y \in \mathbb{R}. \tag{4.1}$$

Folglich haben wir für jedes $\varphi \in b\mathscr{B}$,

$$u(t, W_t) = E[\varphi(W_T) \mid \mathscr{F}_t]$$

wobei

$$u(t,x) := \int_{\mathbb{R}} \Gamma(t,x;T,y)\varphi(y)dy. \tag{4.2}$$

Wir haben in Beispiel 2.4.6 das Folgende bewiesen

Satz 4.2.4 (Feller-Eigenschaft) Eine Brownsche Bewegung erfüllt die starke Feller-Eigenschaft.

Bemerkung 4.2.5 Die Funktion u in (4.2) gehört zu $C^\infty([0, T[\times\mathbb{R})$; Wenn wir wie in Beispiel 3.1.3 in [113] vogehen erhalten wir für $\varphi \in bC(\mathbb{R})$

$$\lim_{\substack{(t,x)\to(T,y)\\t<T}} u(t,x) = \varphi(y),$$

sodass $u \in C([0, T] \times \mathbb{R})$ und $u(0, \cdot) \equiv \varphi$. Daher ist u eine klassische Lösung (vgl. Definition 18.2.5) des rückwärts Cauchy-Problems

$$\begin{cases} \partial_t u(t,x) + \frac{1}{2}\partial_{xx}u(t,x) = 0, & t \in [0, T[, \ x \in \mathbb{R}, \\ u(T, x) = \varphi(x), & x \in \mathbb{R}. \end{cases}$$

Dies stimmt mit Beispiel 2.5.9 überein, wobei $\mathscr{A}_t = \frac{1}{2}\partial_{xx}$ der charakteristische Operator der Gaußschen Übergangsverteilung ist. Beachte, dass die Hypothese $\varphi \in bC(\mathbb{R})$ nur[1] verwendet wird, um die Stetigkeit von $u(t,x)$ bis $t = T$ zu beweisen.

4.3 Wiener-Raum

Nach Proposition 4.1.4 hat eine Brownsche Bewegung endlichdimensionale Gaußsche Verteilungen. Genauer gesagt, haben wir nach Proposition 2.4.1 (insbesondere nach Formel (2.16)) das Folgende

Theorem 4.3.1 (Endlichdimensionale Dichten) Sei $W = (W_t)_{t\geq 0}$ eine reelle Brownsche Bewegung. Für jedes $0 < t_1 < \cdots < t_n$ ist der Vektor $(W_{t_1}, \ldots, W_{t_n})$ absolut stetig mit Dichte

$$\gamma_{(W_{t_1},\ldots,W_{t_n})}(x_1, \ldots, x_n) = \Gamma(0, 0; t_1, x_1)\Gamma(t_1, x_1; t_2, x_2) \cdots \Gamma(t_{n-1}, x_{n-1}; t_n, x_n),$$

wobei Γ wie in (4.1) ist. Die Verteilung[2] von W wird als *Wiener Maß* bezeichnet.

Definition 4.3.2 (Wiener-Raum) Der Wahrscheinlichkeitsraum $(C(\mathbb{R}_{\geq 0}), \mathscr{B}_{\mu_W}, \mu_W)$, wobei μ_W das Wiener Maß und $\mathscr{B}_{\mu_W}$ die μ_W-Vervollständigung[3] der Borel σ-Algebra ist, wird als Wiener-Raum bezeichnet.

Wir erinnern uns an Definition 3.2.3, die die kanonische Version eines fast sicher stetigen Prozesses definiert. Eine unmittelbare Folge von Proposition 4.1.4 ist das Folgende

---

[1] $u \in C^\infty([0, T[\times\mathbb{R})$ für jedes $\varphi \in b\mathscr{B}$.
[2] Definition 3.2.2
[3] Vgl. Bemerkung 1.4.3 in [113].

Korollar 4.3.3 Ist W eine Brownsche Bewegung, so ist ihre kanonische Version **W** eine Brownsche Bewegung auf dem Wiener-Raum, ausgestattet mit der von **W** erzeugten Filtration $\mathscr{G}^{\mathbf{W}}$.

Wir werden wir später für eine Brownsche Bewegung W (vgl. Abschn. 6.2.3) eine größere Filtration als $\mathscr{G}^W$ einführen, so dass bestimmte nützliche Regularitätseigenschaften erfüllt sind.

Beispiel 4.3.4 Sei W eine reelle Brownsche Bewegung und $0 < t < T$. Wir haben die folgenden Ausdrücke für die gemeinsamen Dichten von W_t und W_T:

$$\gamma_{(W_t,W_T)}(t,x;T,y) = \gamma_{(W_T,W_t)}(T,y;t,x) = \frac{1}{2\pi\sqrt{t(T-t)}} e^{-\frac{(Tx^2 - 2txy + ty^2)}{2t(T-t)}}.$$

Nach Proposition 4.3.20 in [113] haben wir auch die bedingten Dichten

$$\gamma_{W_T|W_t}(T,y;t,x) = \frac{\gamma_{(W_T,W_t)}(T,y;t,x)}{\gamma_{W_t}(t,x)} = \Gamma(t,x;T,y),$$

$$\gamma_{W_t|W_T}(t,x;T,y) = \frac{\gamma_{(W_t,W_T)}(t,x;T,y)}{\gamma_{W_T}(T,y)} = \frac{1}{\sqrt{2\pi\frac{t(T-t)}{T}}} e^{-\frac{T\left(x - \frac{t}{T}y\right)^2}{2t(T-t)}}.$$

Daher haben wir in Übereinstimmung mit Theorem 4.2.3

$$\mu_{W_T|W_t} = \mathcal{N}_{W_t, T-t}$$

und

$$\mu_{W_t|W_T} = \mathcal{N}_{\frac{t}{T}W_T, \frac{t(T-t)}{T}}.$$

4.4 Brownsche Martingale

Sei W eine Brownsche Bewegung auf dem gefilterten Raum $(\Omega, \mathscr{F}, P, \mathscr{F}_t)$.

Satz 4.4.1 Die folgenden Prozesse sind Martingale:

i) die Brownsche Bewegung W;
ii) das quadratische Martingal
$$X_t := W_t^2 - t;$$
iii) das exponentielle Martingal
$$Y_t = e^{\sigma W_t - \frac{\sigma^2}{2}t}$$

für alle $\sigma \in \mathbb{C}$.

Beweis Nach Hölders Ungleichung haben wir

$$E[|W_t|] \leq E[W_t^2]^{\frac{1}{2}} = \sqrt{t}$$

und daher ist W ein absolut integrierbarer Prozess. Teil i) folgt aus Proposition 2.3.4, da W ein Prozess mit konstantem Nullmittelwert und unabhängigen Inkrementen ist.

Ähnlich werden ii) und iii) bewiesen: zum Beispiel haben wir

$$E[X_T \mid \mathscr{F}_t] = E[(W_T - W_t + W_t)^2 \mid \mathscr{F}_t] - T \qquad (4.3)$$
$$= \underbrace{E[(W_T - W_t)^2 \mid \mathscr{F}_t]}_{=T-t} + 2W_t \underbrace{E[W_T - W_t \mid \mathscr{F}_t]}_{=0} + W_t^2 - T = W_t^2 - t.$$

□

Wir geben eine nützliche Charakterisierung einer Brownschen Bewegung in Bezug auf exponentielle Martingale.

Satz 4.4.2 [!] Ein stetiger und adaptierter Prozess W, definiert auf dem Raum $(\Omega, \mathscr{F}, P, \mathscr{F}_t)$ und so dass $W_0 = 0$ fast sicher ist, ist genau dann eine Brownsche Bewegung, wenn

$$M_t^\eta := e^{i\eta W_t + \frac{\eta^2}{2} t}$$

ein Martingal für jedes $\eta \in \mathbb{R}$ ist.

Beweis Wenn W eine Brownsche Bewegung ist, dann ist M^η ein Martingal nach Proposition 4.4.1-iii). Umgekehrt genügt es zu überprüfen, dass für $0 \leq s \leq t$:

i) $W_t - W_s$ hat die Normalverteilung $\mathscr{N}_{0,t-s}$;
ii) $W_t - W_s$ ist unabhängig von $\mathscr{F}_s$.

Die Martingaleigenschaft von M_t^η ist äquivalent zu

$$E\left[e^{i\eta(W_t - W_s)} \mid \mathscr{F}_s\right] = e^{-\frac{\eta^2}{2}(t-s)}, \qquad \eta \in \mathbb{R}.$$

Durch Anwendung des Erwartungswertes erhalten wir die charakteristische Funktion von $W_t - W_s$:

$$E\left[e^{i\eta(W_t - W_s)}\right] = e^{-\frac{\eta^2}{2}(t-s)}, \qquad \eta \in \mathbb{R},$$

aus der die Behauptung folgt: insbesondere folgt die Unabhängigkeitseigenschaft aus 14) von Theorem 4.2.10 in [113]. □

Die folgende Version von Theorem 2.5.13 liefert eine allgemeine Methode zur Konstruktion eines Martingals durch Zusammensetzung einer Brownschen Bewegung W mit einer hinreichend regulären Funktion $f = f(t, x)$. Wir nehmen auch an, dass f eine Wachstumsbedingung der Art

$$|f(t, x)| \leq c_T e^{c_T |x|^\alpha}, \qquad (t, x) \in [0, T] \times \mathbb{R}, \qquad (4.4)$$

mit c_T eine von T abhängige positive Konstante und $\alpha \in [0, 2[$: dies gewährleistet die Integrabilität des Prozesses $f(t, W_t)$ für $t \in [0, T]$.

4.4 Brownsche Martingale

Theorem 4.4.3 [!] Sei $f = f(t,x) \in C^{1,2}(\mathbb{R}_{\geq 0} \times \mathbb{R})$ eine Funktion, die zusammen mit ihren ersten und zweiten Ableitungen die Wachstumsbedingung (4.4) erfüllt. Dann ist der Prozess

$$M_t := f(t, W_t) - f(0, W_0) - \int_0^t \left(\partial_s f + \frac{1}{2}\partial_{xx} f\right)(s, W_s)ds, \qquad t \in [0, T],$$

ein Martingal. Insbesondere, wenn f die rückwärts Wärmeleitungsgleichung löst, dann ist $f(t, W_t)$ ein Martingal.

Beweis Der Beweis ist vollständig analog zu dem von Satz 2.5.13. Für jedes $s > t$ und $x \in \mathbb{R}$ gilt

$$\partial_s \int_{\mathbb{R}} \Gamma(t, x; s, y) f(s, y) dy = \int_{\mathbb{R}} \partial_s \big(\Gamma(t, x; s, y) f(s, y)\big) dy =$$

(da $\partial_s \Gamma(t, x; s, y) = \frac{1}{2}\partial_{yy}\Gamma(t, x; s, y)$ gilt)

$$= \int_{\mathbb{R}} \Gamma(t, x; s, y) \partial_s f(s, y) dy + \int_{\mathbb{R}} \frac{1}{2}\partial_{yy}\Gamma(t, x; s, y) f(s, y) dy =$$

(partielle Integration im zweiten Integral)

$$= \int_{\mathbb{R}} \Gamma(t, x; s, y) \left(\partial_s f + \frac{1}{2}\partial_{yy} f\right)(s, y) dy.$$

Setzt man $x = W_t$ in die obige Formel ein, so erhält man mit der Markov-Eigenschaft

$$\partial_s E[f(s, W_s) \mid \mathcal{F}_t] = E\left[\left(\partial_s f + \frac{1}{2}\partial_{xx} f\right)(s, W_s) \mid \mathcal{F}_t\right].$$

Nun integrieren wir in s von t bis T und erhalten

$$E[f(T, W_T) \mid \mathcal{F}_t] - f(t, W_t) = \int_t^T E\left[\left(\partial_s f + \frac{1}{2}\partial_{xx} f\right)(s, W_s) \mid \mathcal{F}_t\right] ds =$$

(Vertauschung von Integral und bedingter Erwartung wie im Beweis von Satz 2.5.13)

$$= E\left[\int_t^T \left(\partial_s f + \frac{1}{2}\partial_{xx} f\right)(s, W_s) ds \mid \mathcal{F}_t\right].$$

Abschließend gilt

$$E[M_T - M_t \mid \mathscr{F}_t] = E\left[f(T, W_T) - f(t, W_t) - \int_t^T \left(\partial_s f + \frac{1}{2}\partial_{xx} f\right)(s, W_s)ds \mid \mathscr{F}_t\right] = 0$$

und damit ist der Beweis abgeschlossen. □

4.5 Wichtige Merksätze

Hier sind die wichtigsten Ergebnisse und Grundideen des Kapitels, die man sich merken sollte. Technische oder weniger wichtige Details werden weggelassen. Bei Unklarheiten zu den folgenden kurzen Aussagen lohnt sich ein Blick in den jeweiligen Abschnitt.

- Abschn. 4.1: Eine Brownsche Bewegung W ist ein stetiger und adaptierter Prozess mit unabhängigen und stationären Inkrementen mit Normalverteilung. Sie zeichnet sich dadurch aus, dass sie ein Gaußscher Prozess mit Null-Mittelwert-Funktion und Kovarianzfunktion $\text{cov}(W_s, W_t) = s \wedge t$ ist.
- Abschn. 4.2: W ist ein Markov-Prozess mit Übergangsverteilung gleich der Verteilung von $W_T^{t,x}$. Darüber hinaus ist W ein starker Feller-Prozess.
- Abschn. 4.3: Die endlich-dimensionalen Dichten von W sind eindeutig bestimmt und die Verteilung von W wird als *Wiener Maß* bezeichnet.
- Abschn. 4.4: W ist ein Martingal und andere bemerkenswerte Beispiele für Martingale können als Funktionen von W konstruiert werden: zum Beispiel die quadratischen und die exponentiellen Martingale. Letztere liefert eine Charakterisierung der Brownschen Bewegung (vgl. Proposition 4.4.2). Theorem 4.4.3 zeigt, wie man eine Funktion von W „kompensiert", um sie zu einem Martingal zu machen und zeigt die Verbindung mit der Wärmeleitungsgleichung, die in den folgenden Kapiteln weiter erforscht wird.

Hauptnotationen, die in diesem Kapitel verwendet oder eingeführt wurden:

Symbol	Beschreibung	Seite
$\mathscr{G}^W$	von W erzeugte Filtration	15
$W^{t,x}$	Brownsche Bewegung mit Anfangspunkt x zur Zeit t	77
$\mathscr{G}^{t,x}$	von $W^{t,x}$ erzeugte Filtration	77
$\Gamma(t, x; T, y)$	Gaußsche Übergangsdichte	77
μ_W	Wiener Maß	78

Kapitel 5
Poisson-Prozess

> *Wir sind zu klein und das Universum zu groß und vernetzt für durchweg deterministisches Denken.*
>
> Don S. Lemons, [88]

Der Poisson-Prozess, bezeichnet als $(N_t)_{t \geq 0}$, dient als Prototyp eines „reinen Sprungprozesses". N_t gibt die Anzahl der Male an, in denen innerhalb des Zeitintervalls $[0, t]$ ein bestimmtes Ereignis (wir nennen es eine *Episode*) auftritt: zum Beispiel, wenn die einzelne Episode aus der *Ankunft einer Spam-E-Mail* in einem Postfach besteht, dann stellt N_t die Anzahl der Spam-E-Mails dar, die im Zeitraum $[0, t]$ ankommen; ähnlich kann N_t die Anzahl der in einem bestimmten Land geborenen Kinder oder die Anzahl der Erdbeben, die in einem bestimmten geographischen Gebiet im Zeitraum $[0, t]$ auftreten, anzeigen.

5.1 Definition

Bezogen auf die allgemeine Notation von Definition 1.1.3, nehmen wir an, dass $I = \mathbb{R}_{\geq 0}$. Um den Poisson-Prozess zu konstruieren, betrachten wir eine Folge $(\tau_n)_{n \in \mathbb{N}}$ von unabhängigen und identisch verteilten Zufallsvariablen[1] mit Exponentialverteilung, $\tau_n \sim \text{Exp}_\lambda$, mit Parameter $\lambda > 0$, definiert auf einem vollständigen Wahrscheinlichkeitsraum $(\Omega, \mathscr{F}, P)$: hier *repräsentiert τ_n die Zeit, die zwischen der $(n-1)$-ten Episode und der nächsten vergeht*. Dann definieren wir die Folge

$$T_0 := 0, \qquad T_n := \tau_1 + \cdots + \tau_n, \qquad n \in \mathbb{N},$$

---

[1] Eine solche Folge existiert nach Korollar 1.3.7.

in der T_n den Zeitpunkt darstellt, zu dem die n-te Episode auftritt.

Lemma 5.1.1 Es gilt[2]
$$T_n \sim \text{Gamma}_{n,\lambda} \quad n \in \mathbb{N}. \tag{5.1}$$

Außerdem ist die Folge $(T_n)_{n \geq 0}$ *fast sicher*[3] monoton wachsend und
$$\lim_{n \to \infty} T_n = +\infty. \tag{5.2}$$

Beweis Formel (5.1) folgt aus (2.6.7) in [113]. Die Monotonie folgt aus der Tatsache, dass $\tau_n \geq 0$ f.s. für jedes $n \in \mathbb{N}$. Schließlich folgt (5.2) aus Borel-Cantellis Lemma 1.3.28 in [113]: tatsächlich haben wir für jedes $\varepsilon > 0$,

$$\left(\lim_{n \to \infty} T_n = +\infty \right) \supseteq ((\tau_n > \varepsilon) \text{ u.o.}) = \bigcap_{n \geq 1} \bigcup_{k \geq n} (\tau_k > \varepsilon)$$

und die Ereignisse $(\tau_k > \varepsilon)$ sind unabhängig und so, dass

$$\sum_{n \geq 1} P(\tau_n > \varepsilon) = +\infty.$$

□

Definition 5.1.2 (Poisson-Prozess, I) Der Poisson-Prozess $(N_t)_{t \geq 0}$ mit Parameter $\lambda > 0$ ist als

$$N_t = \sum_{n=1}^{\infty} n \mathbb{1}_{[T_n, T_{n+1}[}(t), \quad t \geq 0 \tag{5.3}$$

definiert.

Per Definition nimmt N_t *nicht-negative ganzzahlige* Werte an. Außerdem gilt $N_t = n$ genau dann, wenn t zum Intervall mit zufälligen Endpunkten $[T_n, T_{n+1}[$ gehört; daher haben wir die Gleichheit der Ereignisse

$$(N_t = n) = (T_n \leq t < T_{n+1}), \quad n \in \mathbb{N} \cup \{0\}. \tag{5.4}$$

Zum zufälligen Zeitpunkt T_n, wenn das n-te Ereignis eintritt, macht der Prozess einen Sprung der Größe 1: Abb. 5.1 zeigt den Plot einer Poisson-Prozess-Trajektorie im Zeitintervall [0, 10]. Wir erinnern daran, dass eine Trajektorie von N eine Funktion

---

[2] Damit ist T_n absolutstetig mit Dichte
$$\gamma_{n,\lambda}(t) := \lambda e^{-\lambda t} \frac{(\lambda t)^{n-1}}{(n-1)!} \mathbb{1}_{\mathbb{R}_{\geq 0}}(t), \quad n \in \mathbb{N}.$$

[3] Die Menge der $\omega \in \Omega$, für die $T_n(\omega) \leq T_{n+1}(\omega)$ für jedes $n \in \mathbb{N}$ und $\lim_{n \to \infty} T_n(\omega) = +\infty$ gilt, ist ein gewisses Ereignis.

5.1 Definition

Abb. 5.1 Plot einer Poisson-Prozess-Trajektorie.

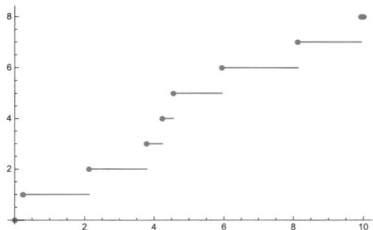

der Form $t \mapsto N_t(\omega)$ ist, definiert von $\mathbb{R}_{\geq 0}$ nach $\mathbb{N} \cup \{0\}$, und jedem $\omega \in \Omega$ entspricht eine andere Trajektorie.

Zusammenfassend ist der zufällige Wert N_t gleich der Anzahl der Sprünge (oder der Anzahl der Ereignisse) zwischen 0 und t:

$$N_t = \sharp\{n \in \mathbb{N} \mid T_n \leq t\}.$$

Wir werden später eine allgemeinere Charakterisierung des Poisson-Prozesses in Definition 5.2.3 geben.

Satz 5.1.3 Der Poisson-Prozess $(N_t)_{t \geq 0}$ hat die folgenden Eigenschaften:

i) die Trajektorien sind fast sicher rechtsstetig und monoton steigend. Außerdem haben wir für jedes $t > 0$[4]

$$P\left(\lim_{s \to t} N_s = N_t\right) = 1; \quad (5.5)$$

ii) $N_t \sim \text{Poisson}_{\lambda t}$, das heißt

$$P(N_t = n) = e^{-\lambda t} \frac{(\lambda t)^n}{n!}, \quad t \geq 0, \ n \in \mathbb{N} \cup \{0\}. \quad (5.6)$$

Als Konsequenz ist $N_0 = 0$ f. s. und wir haben

$$E[N_t] = \text{var}(N_t) = \lambda t.$$

Insbesondere ist der Parameter λ, genannt *Intensität* des Poisson-Prozesses, gleich der erwarteten Anzahl von Sprüngen im Zeiteinheitsintervall $[0, 1]$;

---

[4] Mit anderen Worten, jedes feste t ist *fast sicher* (d.h., für fast alle Trajektorien) ein Kontinuitätspunkt für den Poisson-Prozess. Dieser scheinbare Widerspruch wird durch die Tatsache erklärt, dass fast jede Trajektorie höchstens abzählbar unendlich viele Unstetigkeitspunkte hat, da sie monoton steigend ist, und solche Unstetigkeitspunkte sind auf dem gesamten Intervall $[0, +\infty[$ angeordnet, das die Kardinalität des Kontinuums hat. Daher sind alle Trajektorien unstetig, aber jedes einzelne t ist ein Unstetigkeitspunkt nur für eine vernachlässigbare Familie von Trajektorien.

iii) die charakteristische Funktion von N_t ist durch

$$\varphi_{N_t}(\eta) = e^{\lambda t(e^{i\eta}-1)}, \qquad t \geq 0, \ \eta \in \mathbb{R} \tag{5.7}$$

gegeben.

Beweis

i) Rechtsstetigkeit und Monotonie folgen aus der Definition. Für jedes $t > 0$, seien $N_{t-} = \lim_{s \nearrow t} N_s$ und $\Delta N_t = N_t - N_{t-}$. Wir stellen fest, dass $\Delta N_t \in \{0, 1\}$ f. s. und für ein festes $t > 0$ ist die Menge der Trajektorien, die bei t unstetig sind, durch

$$(\Delta N_t = 1) = \bigcup_{n=1}^{\infty} (T_n = t)$$

gegeben, was ein vernachlässigbares Ereignis ist, da die Zufallsvariablen T_n absolut stetig sind. Dies beweist (5.5).

ii) Durch (5.4) haben wir

$$P(N_t = n) = P(T_n \leq t < T_{n+1}) =$$

(da $(t \geq T_{n+1}) \subseteq (t \geq T_n)$)

$$= P(T_n \leq t) - P(T_{n+1} \leq t) =$$

(da $T_n \sim \text{Gamma}_{n,\lambda}$)

$$= \int_0^t \lambda e^{-\lambda s} \frac{(\lambda s)^{n-1}}{(n-1)!} ds - \int_0^t \lambda e^{-\lambda s} \frac{(\lambda s)^n}{n!} ds$$

aus dem, durch partielle Integration des zweiten Integrals, (5.6) folgt.

iii) Es handelt sich um eine einfache Rechnung: Nach ii) gilt

$$E\left[e^{i\eta N_t}\right] = \sum_{n \geq 0} e^{-\lambda t} \frac{(\lambda t)^n}{n!} e^{i\eta n} = e^{-\lambda t} \sum_{n \geq 0} \frac{(\lambda t e^{i\eta})^n}{n!}$$

was den Beweis abschließt.

□

Bemerkung 5.1.4 (Charakteristischer Exponent) Die charakteristische Funktion des Poisson-Prozesses hat eine interessante Eigenschaft der Homogenität in Bezug auf die Zeit: Tatsächlich ist die CHF von N_t nach (5.7) von der Form $\varphi_{N_t}(\eta) = e^{t\psi(\eta)}$, wobei

$$\psi(\eta) = \lambda(e^{i\eta} - 1) \tag{5.8}$$

5.1 Definition

eine Funktion ist, die von η abhängt, aber nicht von t. Folglich bestimmt die Funktion ψ die CHF von N_t für jedes t und wird aus diesem Grund *charakteristischer Exponent des Poisson-Prozesses* genannt.

Beispiel 5.1.5 (Zusammengesetzter Poisson-Prozess) [!] Der Poisson-Prozess N ist der Ausgangspunkt für die Konstruktion von stochastischen Prozessen, die noch interessanter und nützlicher in Anwendungen sind. Die erste Verallgemeinerung besteht darin, die Größe der Sprünge zufällig zu machen, im Gegensatz zu N, wo sie alle fest auf 1 gesetzt sind.

Betrachte dazu einen Wahrscheinlichkeitsraum, auf dem ein Poisson-Prozess N definiert ist und eine Folge $(Z_n)_{n \in \mathbb{N}}$ von identisch verteilten reellen Zufallsvariablen. Nehmen wir an, dass die Familie gebildet von $(Z_n)_{n \in \mathbb{N}}$ und $(\tau_n)_{n \in \mathbb{N}}$ (die exponentiellen Zufallsvariablen, die N definieren) eine Familie von *unabhängigen* Zufallsvariablen ist: Diese Konstruktion ist dank Korollar 1.3.7 möglich. Wir setzen nach Konvention $Z_0 = 0$ und definieren den zusammengesetzten Poisson-Prozess auf folgende Weise:

$$X_t = \sum_{n=0}^{N_t} Z_n, \quad t \geq 0.$$

Beachte, dass der Poisson-Prozess ein Spezialfall von X ist, bei dem $Z_n \equiv 1$ für $n \in \mathbb{N}$. In Abb. 5.2 sind zwei Trajektorien des zusammengesetzten Poisson-Prozesses mit normalen Sprüngen und unterschiedlichen Wahlen des Intensitätsparameters dargestellt.

Unter Ausnutzung der Unabhängigkeitsannahme ist es einfach, die CHF von X_t zu berechnen: tatsächlich handelt es sich um eine Berechnung, die bereits in Übung 2.5.4 in [113] durchgeführt wurde, wo wir bewiesen haben, dass

$$\varphi_{X_t}(\eta) = e^{t\psi(\eta)}, \qquad \psi(\eta) = \lambda \left(\varphi_Z(\eta) - 1 \right)$$

wobei $\varphi_Z(\eta)$ die CHF von Z_1 ist. Auch in diesem Fall ist die CHF von X_t homogen in der Zeit und ψ wird der *charakteristische Exponent des zusammengesetzten*

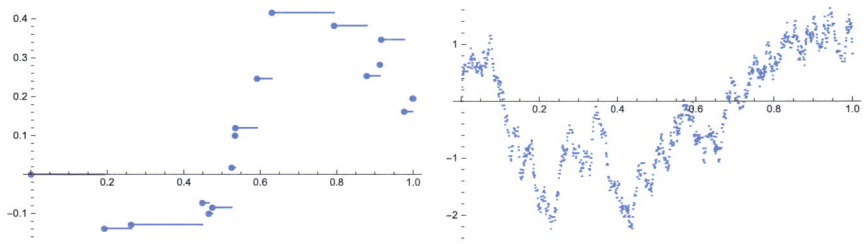

Abb. 5.2 Links: Darstellung einer Trajektorie des zusammengesetzten Poisson-Prozesses mit $\lambda = 10$ und $Z_n \sim \mathcal{N}_{0,10^{-2}}$. **Rechts:** Darstellung einer Trajektorie des zusammengesetzten Poisson-Prozesses mit $\lambda = 1000$ und $Z_n \sim \mathcal{N}_{0,10^{-2}}$.

Poisson-Prozesses genannt. Als Spezialfall finden wir (5.8) für $Z_n \sim \delta_1$, das heißt, für einheitliche Sprünge wie im Poisson-Prozess.

5.2 Markov- und Feller-Eigenschaften

Der folgende Satz liefert zwei entscheidende Eigenschaften der Inkremente $N_t - N_s$ des Poisson-Prozesses. Wie üblich (vgl. (1.9)), bezeichnet $\mathscr{G}^N = (\mathscr{G}^N_t)_{t \geq 0}$ die von N erzeugte Filtration.

Theorem 5.2.1 [!] Für jedes $0 \leq s < t$ haben wir:

i) $N_t - N_s \sim \text{Poisson}_{\lambda(t-s)}$;
ii) $N_t - N_s$ ist unabhängig von $\mathscr{G}^N_s$.

Eigenschaft i) impliziert, dass *die Zufallsvariablen $N_t - N_s$ und N_{t-s} gleich in der Verteilung sind* und aus diesem Grund sagen wir, dass N stationäre Inkremente hat. Eigenschaft ii) besagt, dass N ein Prozess mit *unabhängigen Inkrementen* gemäß Definition 2.3.1 ist.

Der Beweis von Theorem 5.2.1 wird auf Abschn. 5.4 verschoben.

Definition 5.2.2 (Càdlàg-Funktion) Wir sagen, dass eine Funktion f, von einem reellen Intervall I nach $\mathbb{R}$, *càdlàg* ist (aus dem Französischen „continue à droite, limite à gauche"), wenn sie an jedem Punkt von rechts stetig ist und von links eine endlichen Grenzwert hat[5].

Die Definition des Poisson-Prozesses kann wie folgt verallgemeinert werden.

Definition 5.2.3 (Poisson-Prozess, II) Ein Poisson-Prozess mit Intensität $\lambda > 0$, definiert auf einem gefilterten Wahrscheinlichkeitsraum $(\Omega, \mathscr{F}, P, \mathscr{F}_t)$, ist ein stochastischer Prozess $(N_t)_{t \geq 0}$, so dass:

i) $N_0 = 0$ fast sicher;
ii) N ist fast sicher càdlàg;
iii) N ist an $(\mathscr{F}_t)_{t \geq 0}$ adaptiert, d.h., $N_t \in m\mathscr{F}_t$ für jedes $t \geq 0$;
iv) $N_t - N_s$ ist unabhängig von $\mathscr{F}_s$ für $s < t$;
v) $N_t - N_s \sim \text{Poisson}_{\lambda(t-s)}$ für $s < t$.

Nach Satz 5.2.1 ist der in (5.3) definierte Prozess N ein Poisson-Prozess gemäß Definition 5.2.3 bezüglich der von N erzeugten Filtration $\mathscr{G}^N$. Umgekehrt lässt sich zeigen, dass, wenn N ein Poisson-Prozess im Sinne von Definition 5.2.3 ist, die Zufallsvariablen T_n, rekursiv definiert durch

$$T_1 = \inf\{t \geq 0 \mid \Delta N_t = 1\}, \quad T_{n+1} := \inf\{t > T_n \mid \Delta N_t = 1\},$$

---

[5] Wenn $I = [a, b]$, nehmen wir an den Endpunkten per Definition an, dass $\lim_{x \searrow a} f(x) = f(a)$ und der Grenzwert $\lim_{x \nearrow b} f(x)$ existiert und endlich ist.

5.2 Markov- und Feller-Eigenschaften

unabhängig und Exp$_\lambda$ verteilt sind; siehe dazu zum Beispiel Kap. 5 in [9]. Beachte, dass in Definition 5.2.3 die Filtration nicht notwendigerweise die vom Prozess erzeugte ist.

Theorem 5.2.4 (Markov-Eigenschaft) [!] Der Poisson-Prozess N ist ein Markov- und Feller-Prozess mit Übergangsverteilung

$$p(t, x; T, \cdot) = \text{Poisson}_{x, \lambda(T-t)}$$

und charakteristischem Operator

$$\mathscr{A}_t \varphi(x) = \lambda \left(\varphi(x+1) - \varphi(x) \right), \qquad x \in \mathbb{R}.$$

Ist $\varphi \in b\mathscr{B}$ und u eine Lösung des rückwärts Cauchy-Problems

$$\begin{cases} \partial_t u(t, x) + \mathscr{A}_t u(t, x) = 0, & (t, x) \in [0, T[\times \mathbb{R}, \\ u(T, x) = \varphi(x), & x \in \mathbb{R}, \end{cases}$$

so gilt

$$u(t, N_t) = E\left[\varphi(N_T) \mid \mathscr{F}_t \right].$$

Beweis Die These ist eine unmittelbare Folge von Proposition 2.3.2 und den Ergebnissen von Abschn. 2.5.2 für die rückwärts Kolmogorov-Gleichung: siehe insbesondere Beispiel 2.5.11. Die Feller-Eigenschaft wurde in Beispiel 2.4.5 bewiesen. □

Wir geben eine nützliche Charakterisierung des Poisson-Prozesses.

Satz 5.2.5 [!] Sei $N = (N_t)_{t \geq 0}$ ein stochastischer Prozess auf dem Raum $(\Omega, \mathscr{F}, P, \mathscr{F}_t)$, der die Eigenschaften i), ii) und iii) der Definition 5.2.3 erfüllt. Dann ist N genau dann ein Poisson-Prozess mit Parameter $\lambda > 0$, wenn

$$E\left[e^{i\eta(N_t - N_s)} \mid \mathscr{F}_s \right] = e^{\lambda(e^{i\eta} - 1)(t-s)}, \qquad 0 \leq s \leq t, \ \eta \in \mathbb{R}. \tag{5.9}$$

Beweis Wenn N ein Poisson-Prozess ist, dann haben wir durch die Unabhängigkeit und Stationarität der Inkremente und (5.7),

$$E\left[e^{i\eta(N_t - N_s)} \mid \mathscr{F}_s \right] = E\left[e^{i\eta(N_t - N_s)} \right] = E\left[e^{i\eta N_{t-s}} \right] = e^{\lambda(e^{i\eta} - 1)(t-s)}.$$

Umgekehrt, wenn N (5.9) und die Eigenschaften i), ii) und iii) der Definition 5.2.3 erfüllt, bleiben die Eigenschaften iv) und v) zu beweisen. Wenn wir den Erwartungswert auf (5.9) anwenden, erhalten wir

$$E\left[e^{i\eta(N_t - N_s)} \right] = e^{\lambda(e^{i\eta} - 1)(t-s)}, \qquad 0 \leq s \leq t, \ \eta \in \mathbb{R}.$$

Dann ist v) eine offensichtliche Folge der Tatsache, dass die charakteristische Funktion die Verteilung bestimmt; die Eigenschaft iv) der unabhängigen Inkremente folgt aus Punkt 14) des Theorems 4.2.10 in [113]. □

Bemerkung 5.2.6 (Poisson-Prozess mit stochastischer Intensität) Die in Proposition 5.2.5 gegebene Charakterisierung ermöglicht die Definition einer breiten Palette von Prozessen, wobei der Poisson-Prozess nur ein spezifisches Beispiel ist. In einem Raum $(\Omega, \mathscr{F}, P, \mathscr{F}_t)$ betrachten wir einen Prozess $N = (N_t)_{t \geq 0}$, der die Eigenschaften i), ii) und iii) der Definition 5.2.3 erfüllt und einen nicht-negativen Prozess $\lambda = (\lambda_t)_{t \geq 0}$, so dass für jedes $t \geq 0$,

$$\lambda_t \in m\mathscr{F}_0 \quad \text{und} \quad \int_0^t \lambda_s ds < \infty \text{ f.s.}$$

Wenn

$$E\left[e^{i\eta(N_t - N_s)} \mid \mathscr{F}_s\right] = e^{(e^{i\eta}-1)\int_s^t \lambda_r dr}$$

für jedes $0 \leq s \leq t$ und $\eta \in \mathbb{R}$, dann wird N als *Poisson-Prozess mit stochastischer Intensität* λ bezeichnet. Für weitere Einblicke in Prozesse mit stochastischer Intensität und ihre bedeutenden Anwendungen, siehe zum Beispiel [21].

5.3 Martingale Eigenschaften

Betrachte einen Poisson-Prozess $N = (N_t)_{t \geq 0}$ auf dem Raum $(\Omega, \mathscr{F}, P, \mathscr{F}_t)$. Beachte, dass N kein Martingal ist, da $E[N_t] = \lambda t$ eine streng monoton steigende Funktion ist und daher der Prozess nicht konstant im Mittel ist. Da es sich jedoch um einen Prozess mit unabhängigen Inkrementen handelt, haben wir aus Proposition 2.3.4 das Folgende

Satz 5.3.1 (Kompensierter Poisson-Prozess) Der *kompensierte Poisson-Prozess*, definiert durch

$$\widetilde{N}_t := N_t - \lambda t, \quad t \geq 0,$$

ist ein Martingal.

Wir stellen ausdrücklich fest, dass $\widetilde{N}$ reelle Werte annimmt, im Gegensatz zu N, das nur ganzzahlige Werte annimmt: In Abb. 5.3 ist eine Trajektorie eines kompensierten Poisson-Prozesses dargestellt.

Bemerkung 5.3.2 Die Tatsache, dass $\widetilde{N}$ ein Martingal ist, folgt auch aus der Anwendung von Theorem 2.5.13 mit $\varphi(x) = x$. Allgemeiner zeigt Theorem 2.5.13, wie es möglich ist, einen Prozess, der eine Funktion von N_t ist, zu „kompensieren", um ein Martingal zu erhalten.

Abb. 5.3 Eine Trajektorie des kompensierten Poisson-Prozesses.

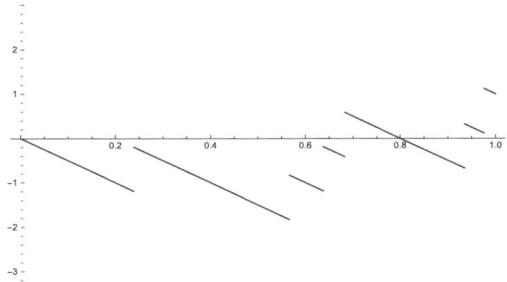

5.4 Beweis von Theorem 5.2.1

Wir zeigen, dass, wenn N ein Poisson-Prozess ist, für jedes $0 \leq s < t$ gilt:

i) $N_t - N_s \sim \text{Poisson}_{\lambda(t-s)}$;
ii) $N_t - N_s$ ist unabhängig von $\mathscr{G}_s^N$.

Wir unterteilen den Beweis in zwei Schritte.

[Erster Schritt] Wir zeigen, dass für gegebenes $s > 0$ und $k \in \mathbb{N} \cup \{0\}$ der durch

$$N_h^{(s)} = N_{s+h} - N_s, \quad h \in \mathbb{R}_{\geq 0}, \tag{5.10}$$

definierte Prozess ein Poisson-Prozess bezüglich der bedingten Wahrscheinlichkeit gegeben $(N_s = k)$ ist, d. h. $N^{(s)}$ ist ein Poisson-Prozess auf dem Raum $(\Omega, \mathscr{F}, P(\cdot \mid N_s = k))$.

Dazu definieren wir die „verschobenen" Sprungzeiten

$$T_0^{(s)} = 0, \quad T_n^{(s)} = T_{k+n} - s, \quad n \in \mathbb{N},$$

die auf dem Ereignis $A := (N_s = k) \equiv (T_k \leq s < T_{k+1})$ fast sicher eine wachsende Folge bilden (siehe Abb. 5.4).

Wir beobachten, dass

$$(N_h^{(s)} = n) \cap A = (N_{s+h} = n + k) \cap A = (T_{n+k} \leq s + h < T_{n+k+1}) \cap A = (T_n^{(s)} \leq h < T_{n+1}^{(s)}) \cap A$$

das heißt, in Übereinstimmung mit der Definition des Poisson-Prozesses in der Form (5.4), haben wir *auf dem Ereignis A*

Abb. 5.4 Sprungzeiten T_n und „verschobene" Sprungzeiten $T_n^{(s)}$

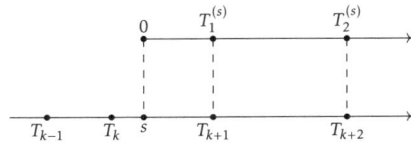

$$(N_h^{(s)} = n) = (T_n^{(s)} \leq h < T_{n+1}^{(s)}), \qquad n \in \mathbb{N} \cup \{0\}.$$

Es ist also ausreichend zu überprüfen, dass die Zeiten

$$\tau_1^{(s)} := T_{k+1} - s, \qquad \tau_n^{(s)} := T_n^{(s)} - T_{n-1}^{(s)} \equiv \tau_{k+n}, \qquad n \geq 2,$$

eine Folge von Zufallsvariablen bilden, die bezüglich $P(\cdot \mid N_s = k)$ eine Exp_λ Verteilung haben und unabhängig sind: daher müssen wir beweisen, dass

$$P\left(\bigcap_{j=1}^{J}(\tau_j^{(s)} \in H_j) \mid N_s = k\right) = \prod_{j=1}^{J} \text{Exp}_\lambda(H_j) \tag{5.11}$$

für jedes $J \in \mathbb{N}$ und $H_1, \ldots, H_J \in \mathscr{B}(\mathbb{R}_{\geq 0})$. Formel (5.11) ist äquivalent zu

$$P\left((N_s = k) \cap (T_{k+1} - s \in H_1) \cap \bigcap_{j=2}^{J}(\tau_{k+j} \in H_j)\right) = P(N_s = k) \prod_{j=1}^{J} \text{Exp}_\lambda(H_j). \tag{5.12}$$

Unter Ausnutzung der Tatsache, dass $(N_s = k) \cap (T_{k+1} - s \in H_1) = (T_k \leq s) \cap (T_{k+1} - s \in H_1)$, $T_{k+1} = T_k + \tau_{k+1}$ und dass die Zufallsvariablen $T_k, \tau_{k+1}, \ldots, \tau_{k+J}$ unabhängig unter P sind, reduziert sich (5.12) auf

$$P\left((T_k \leq s) \cap (T_k + \tau_{k+1} - s \in H_1)\right) = P(N_s = k)\text{Exp}_\lambda(H_1). \tag{5.13}$$

Jetzt genügt es, den Fall zu betrachten, in dem H_1 ein Intervall ist, $H_1 = [0, c]$: da T_k und τ_{k+1} unabhängig unter P sind, wird die gemeinsame Dichte durch das Produkt der Randverteilungen gegeben und unter Berücksichtigung von Lemma 5.1.1 haben wir

$$\begin{aligned}P\left((T_k \leq s) \cap (\tau_{k+1} \in [s - T_k, c + s - T_k])\right) &= \int_0^s \left(\int_{s-x}^{c+s-x} \lambda e^{-\lambda y} dy\right) \text{Gamma}_{k,\lambda}(dx) \\ &= \int_0^s e^{-\lambda(c+s-x)}(e^{\lambda c} - 1)\text{Gamma}_{k,\lambda}(dx) \\ &= \frac{(s\lambda)^k}{k!} e^{-\lambda(c+s)}(e^{\lambda c} - 1) = \text{Poisson}_{\lambda s}(\{k\})\text{Exp}_\lambda([0, c])\end{aligned}$$

was (5.13) mit $H_1 = [0, c]$ beweist.

[Zweiter Schritt] Durch den ersten Schritt ist $N_t - N_s$ ein Poisson-Prozess bedingt auf $(N_s = k)$ und daher haben wir

$$P(N_t - N_s = n \mid N_s = k) = \text{Poisson}_{\lambda(t-s)}(\{n\}) \tag{5.14}$$

5.4 Beweis von Theorem 5.2.1

für jedes $s < t$ und $n, k \in \mathbb{N} \cup \{0\}$. Durch das Gesetz der totalen Wahrscheinlichkeit haben wir

$$P(N_t - N_s = n) = \sum_{k \geq 0} P(N_t - N_s = n \mid N_s = k) P(N_s = k) =$$

(durch (5.14))

$$= \sum_{k \geq 0} \text{Poisson}_{\lambda(t-s)}(\{n\}) P(N_s = k) = \text{Poisson}_{\lambda(t-s)}(\{n\}), \tag{5.15}$$

und dies beweist Eigenschaft i). Darüber hinaus ist Formel (5.14) aufgrund von (5.15) äquivalent zu

$$P((N_t - N_s = n) \cap (N_s = k)) = P(N_s = k) P(N_t - N_s = n)$$

was beweist, dass die aufeinanderfolgenden Inkremente $N_t - N_s$ und $N_s = N_s - N_0$ unter P unabhängig sind.

Allgemeiner überprüfen wir, dass $N_t - N_r$ und $N_r - N_s$, mit $0 \leq s < r < t$, unter P unabhängig sind. Unter Berücksichtigung der Notation (5.10) haben wir

$$P((N_t - N_r = n) \cap (N_r - N_s = k)) = P((N_{t-s}^{(s)} - N_{r-s}^{(s)} = n) \cap (N_{r-s}^{(s)} = k)) =$$

(nach dem Gesetz der totalen Wahrscheinlichkeit)

$$= \sum_{j \geq 0} P((N_{t-s}^{(s)} - N_{r-s}^{(s)} = n) \cap (N_{r-s}^{(s)} = k) \mid N_s = j) P(N_s = j) =$$

(hier verwenden wir die Tatsache, dass $N^{(s)}$ ein Poisson-Prozess bedingt auf $(N_s = j)$ ist und daher, wie gerade bewiesen, die Inkremente $N_{t-s}^{(s)} - N_{r-s}^{(s)}$ und $N_{r-s}^{(s)}$ unter $P(\cdot \mid N_s = j)$ unabhängig sind. Darüber hinaus sind $N_{r-s}^{(s)} = N_r - N_s$ und N_s unter P unabhängig und daher $P(N_{r-s}^{(s)} = k \mid N_s = j) = P(N_{r-s}^{(s)} = k)$)

$$= \sum_{j \geq 0} P(N_{t-s}^{(s)} - N_{r-s}^{(s)} = n \mid N_s = j) P(N_{r-s}^{(s)} = k) P(N_s = j)$$

$$= P(N_{t-s}^{(s)} - N_{r-s}^{(s)} = n) P(N_{r-s}^{(s)} = k)$$

$$= P(N_t - N_r = n) P(N_r - N_s = k).$$

Somit haben wir bewiesen, dass für $0 \leq s < r < t$ die Inkremente $N_t - N_r$ unabhängig von $X := N_r$ und $Y := N_r - N_s$ sind: folglich ist $N_t - N_r$ auch unabhängig von $N_s = X - Y$ und dies beweist Eigenschaft ii). □

5.5 Wichtige Merksätze

Hier sind die wichtigsten Ergebnisse und Grundideen des Kapitels, die man sich merken sollte. Technische oder weniger wichtige Details werden weggelassen. Bei Unklarheiten zu den folgenden kurzen Aussagen lohnt sich ein Blick in den jeweiligen Abschnitt.

- Abschn. 5.1: Der Poisson-Prozess N ist der Prototyp von Sprungprozessen. Manchmal als „Zählprozess" bezeichnet, gibt N_t die Anzahl der Male im Intervall $[0, t]$ an, in dem ein Ereignis auftritt. Die Unstetigkeitspunkte von N sind Sprünge der Einheitsgröße; in verschiedenen Anwendungen wird der *zusammengesetzte* Poisson-Prozess verwendet, der Sprünge mit zufälligen Größen hat. Die CHF eines (zusammengesetzten) Poisson-Prozesses ist zeitlich homogen und kann in expliziter Form in Bezug auf den charakteristischen Exponenten ausgedrückt werden.
- Abschn. 5.2: N ist ein Prozess mit unabhängigen Inkrementen und besitzt die Markov- und Feller-Eigenschaften.
- Abschn. 5.3: Der kompensierte Prozess $\widetilde{N}_t = N_t - \lambda t$ ist ein Martingal.
- Abschn. 5.4: Aus der konstruktiven Definition des Poisson-Prozesses, die in Abschn. 5.2 gegeben ist, kann man einige bemerkenswerte Eigenschaften ableiten, nämlich die Tatsache, dass $N_t - N_s \sim \text{Poisson}_{\lambda(t-s)}$ und dass $N_t - N_s$ unabhängig von $\mathscr{G}_s^N$ ist (vgl. Theorem 5.2.1); dies erfordert jedoch einige Arbeit und der Beweis kann bei einer ersten Lektüre übersprungen werden.

Hauptnotationen, die in diesem Kapitel verwendet oder eingeführt wurden:

Symbol	Beschreibung	Seite
$N = (N_t)_{t \geq 0}$	Poisson-Prozess	84
τ_n	Zeit zwischen zwei Sprüngen (oder Ereignissen)	84
T_n	Zeitpunkt des n-ten Sprungs	84
$\mathscr{G}_s^N$	von N erzeugte Filtration	88
$\widetilde{N}_t = N_t - \lambda t$	kompensierter Poisson-Prozess	90

Kapitel 6
Stoppzeiten

> *Leidenschaft glüht in deinem Herzen*
> *Wie ein hell brennender Ofen*
> *Bis du durch die Dunkelheit kämpfst*
> *Wirst du nie die Freude im Leben kennen.*
>
> *Dream Theater, Illumination theory*

Stoppzeiten sind ein grundlegendes Werkzeug in der Untersuchung von stochastischen Prozessen: Sie sind spezielle zufällige Zeiten, die eine Konsistenzbedingung in Bezug auf die zugewiesene Filtration von Informationen erfüllen. Das Konzept der Stoppzeit liegt einigen tiefgreifenden Ergebnissen über die Struktur von Martingalen zugrunde: dem Optional Sampling Theorem, den Maximal-Ungleichungen und dem Upcrossing-Lemma. Die inhärenten Herausforderungen bei der Herstellung dieser Ergebnisse werden auch innerhalb des diskreten Rahmens deutlich. Um zu kontinuierlicher Zeit überzugehen, wird es notwendig sein, weitere Annahmen über Filtrationen einzuführen, die sogenannten *üblichen Bedingungen*. Der zweite Teil des Kapitels sammelt einige technische Ergebnisse: Es zeigt, wie man die Filtrationen von Markov-Prozessen und anderen wichtigen Klassen von stochastischen Prozessen erweitert, um die üblichen Bedingungen zu gewährleisten und dabei die Eigenschaften der Prozesse zu erhalten.

6.1 Der diskrete Fall

In diesem Abschnitt betrachten wir den Fall einer *endlichen* Anzahl von Zeitpunkten, innerhalb eines gefilterten Wahrscheinlichkeitsraums $(\Omega, \mathscr{F}, P, (\mathscr{F}_n)_{n=0,1,\ldots,N})$ mit $N \in \mathbb{N}$.

Definition 6.1.1 (Diskrete Stoppzeit) Eine diskrete Stoppzeit ist eine Zufallsvariable

$$\tau : \Omega \longrightarrow \{0, 1, \ldots, N, \infty\}$$

so dass

$$(\tau = n) \in \mathscr{F}_n, \qquad n = 0, \ldots, N. \tag{6.1}$$

Wir verwenden das Symbol ∞, um eine konstante Zahl darzustellen, die nicht Teil der Menge $\{0, 1, \ldots, N\}$ der angegebenen Zeitpunkte ist: Der Grund für die Verwendung eines solchen Symbols wird später klar, siehe Beispiel 6.1.3. Wir nehmen an, dass $N < \infty$ ist, so dass

$$(\tau \geq n) := (\tau = n) \cup \cdots \cup (\tau = N) \cup (\tau = \infty)$$

für jedes $n = 0, \ldots, N$.

Bemerkung 6.1.2 Beachte, dass:

i) Bedingung (6.1) ist äquivalent zu

$$(\tau \leq n) \in \mathscr{F}_n, \qquad n = 0, 1, \ldots, N;$$

ii) wir haben

$$(\tau \geq n+1) = (\tau \leq n)^c \in \mathscr{F}_n, \qquad n = 0, \ldots, N, \tag{6.2}$$

und insbesondere $(\tau = \infty) \in \mathscr{F}_N$;

iii) wenn τ, σ Stoppzeiten sind, dann sind $\tau \wedge \sigma$ und $\tau \vee \sigma$ Stoppzeiten, weil

$$(\tau \wedge \sigma \leq n) = (\tau \leq n) \cup (\sigma \leq n), \qquad (\tau \vee \sigma \leq n)$$
$$= (\tau \leq n) \cap (\sigma \leq n), \qquad n = 0, \ldots, N;$$

iv) konstante Zeiten sind Stoppzeiten: genau genommen, wenn $\tau \equiv k$ für ein $k \in \{0, \ldots, N, \infty\}$, dann ist τ eine Stoppzeit.

Beispiel 6.1.3 (Austrittszeit) [!] Gegeben sei ein *adaptierter* reellwertiger Prozess $X = (X_n)_{n=0,1,\ldots,N}$. Für $H \in \mathscr{B}$ setzen wir

$$J(\omega) = \{n \mid X_n(\omega) \notin H\}, \qquad \omega \in \Omega.$$

Die *erste* Austrittszeit von X aus H ist als

$$\tau(\omega) = \begin{cases} \min J(\omega) & \text{wenn } J(\omega) \neq \emptyset, \\ \infty & \text{sonst} \end{cases}$$

6.1 Der diskrete Fall

definiert. Von nun an führen wir die Konvention $\min \emptyset = \infty$ ein und schreiben daher

$$\tau = \min\{n \mid X_n \notin H\}.$$

Es ist leicht zu sehen, dass τ eine Stoppzeit ist: In der Tat, $(\tau = 0) = (X_0 \notin H) \in \mathscr{F}_0$ und es gilt

$$(\tau = n) = (X_0 \in H) \cap \cdots \cap (X_{n-1} \in H) \cap (X_n \notin H) \in \mathscr{F}_n, \quad n = 1, \ldots, N.$$

Ein einfaches Beispiel für eine zufällige Zeit, die *keine* Stoppzeit ist, ist die *letzte* Austrittszeit von X aus H:

$$\bar{\tau}(\omega) = \begin{cases} \max J(\omega) & \text{wenn } J(\omega) \neq \emptyset, \\ \infty & \text{sonst.} \end{cases}$$

Notation 6.1.4 Seien τ eine diskrete Stoppzeit und $X = (X_n)_{n=0,1,\ldots,N}$ ein stochastischer Prozess, dann setzen wir

$$(X_\tau)(\omega) := \begin{cases} X_{\tau(\omega)}(\omega) & \text{wenn } \tau(\omega) \in \{0, \ldots, N\}, \\ X_N(\omega) & \text{wenn } \tau(\omega) = \infty, \end{cases}$$

das heißt, $X_\tau := X_{\tau \wedge N}$, und

$$\mathscr{F}_\tau := \{A \in \mathscr{F} \mid A \cap (\tau = n) \in \mathscr{F}_n \text{ für jedes } n = 0, \ldots, N\}. \tag{6.3}$$

Es ist einfach zu beweisen, dass $\mathscr{F}_\tau$ eine σ-Algebra ist: In der Tat, zum Beispiel, wenn $A \in \mathscr{F}_\tau$ dann $A^c \cap (\tau = n) = (\tau = n) \setminus (A \cap (\tau = n)) \in \mathscr{F}_n$ und daher $A^c \in \mathscr{F}_\tau$. Wir stellen fest, dass $\mathscr{F}_\tau = \{A \in \mathscr{F} \mid A \cap (\tau \leq n) \in \mathscr{F}_n \text{ für jedes } n = 0, \ldots, N\}$. Außerdem gilt $\mathscr{F}_\infty$ (das heißt, $\mathscr{F}_\tau$ mit $\tau \equiv \infty$) ist gleich $\mathscr{F}$.

Die folgende Aussage sammelt weitere nützliche Eigenschaften von $\mathscr{F}_\tau$.

Satz 6.1.5 Seien τ, σ diskrete Stoppzeiten, dann gilt:

i) wenn $\tau \equiv k$ für ein $k \in \{0, \ldots, N\}$, dann ist $\mathscr{F}_\tau = \mathscr{F}_k$;
ii) wenn $\tau \leq \sigma$, dann ist $\mathscr{F}_\tau \subseteq \mathscr{F}_\sigma$;
iii) $(\tau \leq \sigma) \in \mathscr{F}_\tau \cap \mathscr{F}_\sigma \equiv \mathscr{F}_{\tau \wedge \sigma}$;
iv) wenn $X = (X_n)_{n=0,\ldots,N}$ ein an die Filtration adaptierter Prozess ist, dann ist $X_\tau \in m\mathscr{F}_\tau$.

Beweis Teil i) folgt aus der Tatsache, dass wenn $\tau \equiv k$, dann

$$A \cap (\tau = n) = \begin{cases} A & \text{wenn } k = n, \\ \emptyset & \text{wenn } k \neq n. \end{cases}$$

Für ii) genügt es zu bemerken, dass für ein gegebenes $n \in \{0, \ldots, N\}$ und $\tau \leq \sigma$, dann $(\sigma = n) \subseteq (\tau \leq n)$ gilt. Folglich haben wir für jedes $A \in \mathscr{F}_\tau$

$$A \cap (\sigma = n) = \underbrace{A \cap (\tau \leq n)}_{\in \mathscr{F}_n} \cap \underbrace{(\sigma = n)}_{\in \mathscr{F}_n}.$$

Für iii), unter Berücksichtigung von (6.2), haben wir

$$(\tau \leq \sigma) \cap (\tau = n) = (\sigma \geq n) \cap (\tau = n) \in \mathscr{F}_n,$$
$$(\tau \leq \sigma) \cap (\sigma = n) = (\tau \leq n) \cap (\sigma = n) \in \mathscr{F}_n,$$

und daher $(\tau \leq \sigma) \in \mathscr{F}_\tau \cap \mathscr{F}_\sigma$. Jetzt, wenn $A \in \mathscr{F}_\tau \cap \mathscr{F}_\sigma$, haben wir

$$A \cap (\tau \wedge \sigma \leq n) = A \cap ((\tau \leq n) \cup (\sigma \leq n))$$
$$= (A \cap (\tau \leq n)) \cup (A \cap (\sigma \leq n)) \in \mathscr{F}_n, \quad n = 0, \ldots, N,$$

so dass $\mathscr{F}_\tau \cap \mathscr{F}_\sigma \subseteq \mathscr{F}_{\tau \wedge \sigma}$. Umgekehrt, wenn $A \in \mathscr{F}_{\tau \wedge \sigma}$, da $(\tau = n) \subseteq (\tau \wedge \sigma = n)$, haben wir

$$A \cap (\tau = n) = (A \cap (\tau \wedge \sigma = n)) \cap (\tau = n) \in \mathscr{F}_n$$

was die entgegengesetzte Inklusion beweist.

Schließlich betrachten wir $H \in \mathscr{B}$: um zu beweisen, dass $(X_\tau \in H) \in \mathscr{F}_\tau$, genügt es zu bemerken, dass

$$(X_\tau \in H) \cap (\tau = n) = (X_n \in H) \cap (\tau = n) \in \mathscr{F}_n, \quad n = 0, \ldots, N.$$

Dies beweist iv). □

Definition 6.1.6 (Gestoppter Prozess) Sei $X = (X_n)_{n=0,\ldots,N}$ ein Prozess und τ eine Stoppzeit, dann ist der *gestoppte Prozess* $X^\tau = (X_n^\tau)_{n=0,\ldots,N}$ definiert durch

$$X_n^\tau = X_{n \wedge \tau}, \quad n = 0, \ldots, N.$$

Satz 6.1.7

i) Wenn X adaptiert ist, dann ist auch X^τ adaptiert;
ii) wenn X ein Sub-Martingal ist, dann ist auch X^τ ein Sub-Martingal.

6.1 Der diskrete Fall

Beweis Teil i) folgt aus der Tatsache, dass für $n = 0, \ldots, N$ gilt[1]

$$X_{\tau \wedge n} = X_0 + \sum_{k=1}^{\tau \wedge n} (X_k - X_{k-1})$$
$$= X_0 + \sum_{k=1}^{n} (X_k - X_{k-1}) \mathbb{1}_{(k \leq \tau)}$$

und, durch (6.2), $(k \leq \tau) \in \mathscr{F}_{k-1}$. Teil ii) folgt durch Anwendung der bedingten Erwartung gegeben $\mathscr{F}_{n-1}$ auf die Identität

$$X_n^\tau - X_{n-1}^\tau = (X_n - X_{n-1}) \mathbb{1}_{(\tau \geq n)}, \qquad n = 1, \ldots, N,$$

und unter Berücksichtigung, dass $(\tau \geq n) \in \mathscr{F}_{n-1}$. □

Aus Aussage 6.1.7 folgt auch, dass wenn X ein Martingal (oder ein Super-Martingal) ist, dann ist auch X^τ ein Martingal (oder ein Super-Martingal).

Lemma 6.1.8 Sei $X \in L^1(\Omega, \mathscr{F}, P)$ und $Z \in L^1(\Omega, \mathscr{G}, P)$, wobei $\mathscr{G}$ eine Unter-σ-Algebra von $\mathscr{F}$ ist. Dann[2] gilt $Z \leq E[X \mid \mathscr{G}]$ genau dann, wenn

$$E[Z \mathbb{1}_G] \leq E[X \mathbb{1}_G] \quad \text{für jede } G \in \mathscr{G}.$$

Wir überlassen den Beweis als Übung.

Satz 6.1.9 Sei $X = (X_n)_{n=0,1,\ldots,N}$ ein absolut integrierbarer und adaptierter Prozess auf dem gefilterten Raum $(\Omega, \mathscr{F}, P, (\mathscr{F}_n)_{n=0,1,\ldots,N})$. Die folgenden Eigenschaften sind äquivalent:

i) X ist ein Sub-Martingal;
ii) für jedes Paar von Stoppzeiten σ, τ haben wir

$$X_{\tau \wedge \sigma} \leq E[X_\tau \mid \mathscr{F}_\sigma];$$

iii) für jede Stoppzeit τ_0 ist der gestoppte Prozess X^{τ_0} ein Sub-Martingal.

Beweis [i) $\Longrightarrow$ ii)] Beobachte, dass

$$X_\tau = X_{\tau \wedge \sigma} + \sum_{\sigma < k \leq \tau} (X_k - X_{k-1}) = \qquad (6.4)$$

---

[1] Mit der Konvention $\sum_{k=1}^{0} \cdots = 0$.
[2] $Z \leq E[X \mid \mathscr{G}]$ bedeutet $Z \leq Y$ fast sicher, wenn $Y = E[X \mid \mathscr{G}]$.

(wobei wir daran erinnern, dass nach Notation 6.1.4 $X_\tau = X_{\tau \wedge N}$)

$$= X_{\tau \wedge \sigma} + \sum_{k=1}^{N}(X_k - X_{k-1})\mathbb{1}_{(\sigma < k \leq \tau)}.$$

Jetzt, durch Punkte ii) und iv) von Proposition 6.1.5, $X_{\tau \wedge \sigma} \in m\mathscr{F}_{\tau \wedge \sigma} \subseteq m\mathscr{F}_\sigma$ und daher falls wir (6.4) auf $\mathscr{F}_\sigma$ bedingen, haben wir

$$E[X_\tau \mid \mathscr{F}_\sigma] = X_{\tau \wedge \sigma} + \sum_{k=1}^{N} E\left[(X_k - X_{k-1})\mathbb{1}_{(\sigma < k \leq \tau)} \mid \mathscr{F}_\sigma\right].$$

Schließlich genügt es zu beweisen, dass $E\left[(X_k - X_{k-1})\mathbb{1}_{(\sigma < k \leq \tau)} \mid \mathscr{F}_\sigma\right] \geq 0$ für $k = 1, \ldots, N$ oder dank Lemma 6.1.8 äquivalent

$$E\left[X_{k-1}\mathbb{1}_{(\sigma < k \leq \tau)}\mathbb{1}_G\right] \leq E\left[X_k \mathbb{1}_{(\sigma < k \leq \tau)}\mathbb{1}_G\right], \qquad G \in \mathscr{F}_\sigma,\ k = 1, \ldots, N. \quad (6.5)$$

Formel (6.5) folgt aus der Sub-Martingal-Eigenschaft von X, sobald beobachtet wird, dass nach Definition von $\mathscr{F}_\sigma$ und Bemerkung 6.1.2-ii), das folgende gilt:

$$(\sigma < k \leq \tau) \cap G = \underbrace{(\sigma < k) \cap G}_{\in \mathscr{F}_{k-1}} \cap \underbrace{(\tau \geq k)}_{\in \mathscr{F}_{k-1}}.$$

[ii) $\Longrightarrow$ iii)] Aus Punkt ii) mit $\tau = \tau_0 \wedge n$ und $\sigma = n - 1$ erhalten wir

$$X_{\tau_0 \wedge (n-1)} \leq E\left[X_{\tau_0 \wedge n} \mid \mathscr{F}_{n-1}\right], \qquad n = 1, \ldots, N,$$

was die Sub-Martingal-Eigenschaft von X^{τ_0} impliziert.
[iii) $\Longrightarrow$ i)] Die Behauptung folgt durch die Wahl von $\tau_0 \equiv \infty$. $\square$

6.1.1 Optional Sampling, Maximal-Ungleichungen und Upcrossing-Lemma

Das folgende Ergebnis ist eine unmittelbare Folge von Proposition 6.1.9 (siehe auch Notation 6.1.4).

Theorem 6.1.10 (Optional Sampling Theorem) [!!!] Sei $X = (X_n)_{n=0,\ldots,N}$ ein Sub-Martingal auf dem Raum $(\Omega, \mathscr{F}, P, (\mathscr{F}_n)_{n=0,\ldots,N})$. Wenn τ, σ diskrete Stoppzeiten sind, so dass $\sigma \leq \tau$, dann

$$X_\sigma \leq E[X_\tau \mid \mathscr{F}_\sigma]. \qquad (6.6)$$

6.1 Der diskrete Fall

Wenn X ein Martingal (bzw. ein Super-Martingal) ist, dann wird die Formel (6.6) zu einer Gleichheit (bzw. die Richtung der Ungleichung wird umgekehrt).

Wir beweisen nun zwei wichtige Folgen des Optional Sampling Theorems:

- *Doobs Maximal-Ungleichung,* die eine Schätzung des Maximums eines Martingals liefern;
- das *Upcrossing-Lemma,* das eine Schätzung des lokalen Verhaltens eines Martingals liefert und insbesondere darüber, „wie oft es in einem Intervall oszillieren kann".

Ein grundlegendes Merkmal beider Ergebnisse besteht darin, Schätzungen zu liefern, die nur vom Endwert des Martingals abhängen und *nicht von der Anzahl N der betrachteten Zeitpunkte:* Diese entscheidende Tatsache wird es uns ermöglichen, problemlos vom diskreten zum kontinuierlichen Fall überzugehen, wie wir in Kap. 8 sehen werden.

Theorem 6.1.11 (Doobs Maximalungleichungen)[!!!] Sei $M = (M_n)_{n=0,1,\ldots,N}$ ein Martingal oder ein nichtnegatives Submartingal auf dem Raum $(\Omega, \mathscr{F}, P, (\mathscr{F}_n)_{n=0,1,\ldots,N})$. Dann gilt:

i) Für jedes $\lambda > 0$ gilt

$$P\left(\max_{0 \leq n \leq N} |M_n| \geq \lambda\right) \leq \frac{E[|M_N|]}{\lambda}; \qquad (6.7)$$

ii) Für jedes $p > 1$ gilt

$$E\left[\max_{0 \leq n \leq N} |M_n|^p\right] \leq \left(\frac{p}{p-1}\right)^p E[|M_N|^p]. \qquad (6.8)$$

Beweis Formel (6.7) ist eine Art Markov-Ungleichung (vgl. (vgl. (3.1.2) in [113]) für diskrete Martingale. Wenn M ein Martingal ist, dann ist nach Proposition 1.4.12 $|M|$ ein nicht-negatives Sub-Martingal: daher genügt es, die Behauptung unter der Annahme zu beweisen, dass M ein nicht-negatives Sub-Martingal ist. In diesem Fall bezeichnen wir mit τ den ersten Zeitpunkt, an dem M den Wert λ überschreitet,

$$\tau = \min\{n \mid M_n \geq \lambda\},$$

und wir setzen

$$\bar{M} = \max_{0 \leq n \leq N} M_n.$$

Nach Beispiel 6.1.3 ist τ eine Stoppzeit und nach Proposition 6.1.5-iii) haben wir

$$(\bar{M} \geq \lambda) = (\tau \leq N) \in \mathscr{F}_{\tau \wedge N}.$$

Dann haben wir

$$P(\bar{M} \geq \lambda) = E\left[\lambda \mathbb{1}_{(\bar{M} \geq \lambda)}\right] \leq E\left[M_{\tau \wedge N} \mathbb{1}_{(\bar{M} \geq \lambda)}\right] \leq$$

(nach dem Optional Sampling Theorem)

$$\leq E\left[E\left[M_N \mid \mathscr{F}_{\tau \wedge N}\right] \mathbb{1}_{(\bar{M} \geq \lambda)}\right] =$$

(da $(\bar{M} \geq \lambda) \in \mathscr{F}_{\tau \wedge N}$)

$$= E\left[E\left[M_N \mathbb{1}_{(\bar{M} \geq \lambda)} \mid \mathscr{F}_{\tau \wedge N}\right]\right] = E\left[M_N \mathbb{1}_{(\bar{M} \geq \lambda)}\right] \qquad (6.9)$$

was (6.7) beweist.

Beobachte nun, dass $\bar{M}^p = \max_{0 \leq n \leq N} M_n^p$. Aus (3.1.7) in [113] haben wir

$$E\left[\bar{M}^p\right] = p \int_0^{+\infty} \lambda^{p-1} P\left(\bar{M} \geq \lambda\right) d\lambda \leq$$

(nach (6.9))

$$\leq p \int_0^{+\infty} \lambda^{p-2} E\left[M_N \mathbb{1}_{(\bar{M} \geq \lambda)}\right] d\lambda \leq$$

(nach dem Satz von Fubini)

$$\leq pE\left[M_N \int_0^{\bar{M}} \lambda^{p-2} d\lambda\right] = \frac{p}{p-1} E\left[M_N \bar{M}^{p-1}\right] \leq$$

(nach der Hölder-Ungleichung, wobei $\frac{p}{p-1}$ der konjugierte Exponent von p ist)

$$\leq \frac{p}{p-1} E\left[M_N^p\right]^{\frac{1}{p}} E\left[\bar{M}^p\right]^{1-\frac{1}{p}},$$

daher folgt (6.8) durch Division durch $E\left[\bar{M}^p\right]^{1-\frac{1}{p}}$ und Erhöhung zur Potenz p. □

Korollar 6.1.12 (Doob's Maximalungleichungen) Sei $M = (M_n)_{n=0,1,\ldots,N}$ ein Martingal oder ein nicht-negatives Sub-Martingal auf dem Raum $(\Omega, \mathscr{F}, P, (\mathscr{F}_n)_{n=0,1,\ldots,N})$, und sei τ eine diskrete Stoppzeit. Dann:

i) für jedes $\lambda > 0$

$$P\left(\max_{0 \leq n \leq \tau \wedge N} |M_n| \geq \lambda\right) \leq \frac{E\left[|M_\tau|\right]}{\lambda};$$

6.1 Der diskrete Fall

ii) für jedes $p > 1$

$$E\left[\max_{0 \leq n \leq \tau \wedge N} |M_n|^p\right] \leq \left(\frac{p}{p-1}\right)^p E\left[|M_\tau|^p\right].$$

Beweis Es genügt, Theorem 6.1.11 auf das gestoppte Martingal M^τ anzuwenden (vgl. Definition 6.1.6 und Proposition 6.1.7). □

Wir beweisen nun ein ziemlich bizarres und überraschendes Ergebnis, das eine entscheidende Rolle bei der Untersuchung der Regularität und Konvergenzeigenschaften von Martingalen spielen wird: das Upcrossing-Lemma. Es zeigt, dass die Anzahl der „Oszillationen" eines Martingals durch seine Erwartung am Endzeitpunkt kontrolliert wird. Dieses Ergebnis ist unerwartet und widerspricht der Vorstellung, die wir von einem Martingal als einem Prozess haben könnten, dessen Trajektorien stark „oszillieren" (man denke an das Beispiel einer Brownschen Bewegung).

Um das Ergebnis zu formalisieren, fixieren wir $a, b \in \mathbb{R}$ mit $a < b$. Das Upcrossing-Lemma liefert eine Schätzung der Anzahl der Male, die ein Martingal von einem Wert *kleiner* als a auf einen Wert *größer* als b „steigt". Genauer gesagt, gegeben sei ein Martingal $M = (M_n)_{n=0,\ldots,N}$ im Raum $(\Omega, \mathscr{F}, P, (\mathscr{F}_n)_{n=0,\ldots,N})$. Wir setzen $\tau_0 := 0$ und rekursiv für $k \in \mathbb{N}$,

$$\sigma_k := \min\{n \in \{\tau_{k-1}, \ldots, N\} \mid M_n \leq a\}, \qquad \tau_k := \min\{n \in \{\sigma_k, \ldots, N\} \mid M_n \geq b\},$$

wobei wir wie üblich die Konvention $\min \emptyset = \infty$ annehmen. Per Definition gilt $\tau_k \geq \sigma_k \geq \tau_{k-1}$ und σ_k, τ_k sind Stoppzeiten mit Werten in $\{0, \ldots, N, \infty\}$. *Wenn $\tau_k(\omega) \leq N$ dann ist $\tau_k(\omega)$ der Zeitpunkt des k-ten Aufkreuzens (Upcrossing) der Trajektorie $M(\omega)$; falls jedoch $\tau_k(\omega) = \infty$ dann ist die Gesamtzahl der Aufkreuzungen der Trajektorie $M(\omega)$ kleiner als k.* Letztendlich ist die *Anzahl der Aufkreuzungen von M auf $[a, b]$* gegeben durch

$$\nu_{a,b} := \max\{k \in \mathbb{N} \cup \{0\} \mid \tau_k \leq N\}. \tag{6.10}$$

Eine grundlegende Zutat des Beweises des Upcrossing-Lemmas ist das Optional Sampling Theorem, nach dem für jedes Sub-Martingal M

$$E\left[M_{\tau_k}\right] \leq E\left[M_{\sigma_{k+1}}\right], \qquad k \in \mathbb{N} \tag{6.11}$$

gilt. Jetzt ist es gut sich daran zu erinnern, dass nach Definition (vgl. Notation 6.1.4) $M_{\tau_k} \equiv M_{\tau_k \wedge N}$ so dass $M_{\tau_k} = M_N$ auf $(\tau_k = \infty)$: insbesondere ist es nicht notwendigerweise wahr, dass $M_{\tau_k}(\omega) \geq b$ wenn $\tau_k(\omega) = \infty$. Diese Bemerkung ist wichtig weil zwischen einer Aufkreuzungszeit $\tau_k(\omega) \leq N$ und der nächsten die Trajektorie $M(\omega)$ von $M_{\tau_k}(\omega) \geq b$ auf $M_{\sigma_{k+1}}(\omega) \leq a$ „absteigen" muss. Das Optional Sampling Theorem besagt, dass dies nicht „zu oft" passieren kann: wenn $\sigma_{k+1} \leq N$, hätten wir nach (6.11) $b \leq E\left[M_{\tau_k}\right] \leq E\left[M_{\sigma_{k+1}}\right] \leq a$ und das ist unter der Annahme $a < b$

nicht möglich. Daher kann für jedes $k \in \mathbb{N}$ das Ereignis $(\tau_k = \infty)$ keine Nullmenge sein und, wie bereits erwähnt, ist ein solches Ereignis mit der Menge der Trajektorien identifizierbar, die weniger als k Aufkreuzungen haben. In diesem Sinne begrenzen die Martingaleigenschaft und das Optional Sampling Theorem die Anzahl der möglichen Aufkreuzungen und damit der Oszillationen von M auf $[a,b]$. Nun ist es offensichtlich, dass $\nu_{a,b} \leq N$, genauer gesagt sogar $\nu_{a,b} \leq \frac{N}{2}$ wenn $N \geq 2$: das überraschende am Upcrossing Lemma ist, dass es eine Schätzung von $\nu_{a,b}$ unabhängig von N liefert.

Lemma 6.1.13 (Upcrossing Lemma) [!!] Für jedes Sub-Martingal $M = (M_n)_{n=0,\ldots,N}$ und $a < b$, gilt

$$E\left[\nu_{a,b}\right] \leq \frac{E\left[(M_N - a)^+\right]}{b - a}$$

wobei $\nu_{a,b}$ in (6.10) die Anzahl der Aufkreuzungen von M auf $[a,b]$ angibt.

Beweis Da a, b fest sind, bezeichnen wir während des Beweises $\nu_{a,b}$ einfach mit ν. Per Definition gilt $\tau_k \leq N$ auf $(k \leq \nu)$ und $\tau_k = \infty$ auf $(k > \nu)$: daher, unter erneuter Berücksichtigung, dass $M_\tau \equiv M_{\tau \wedge N}$ für jede Stoppzeit τ gilt, haben wir

$$\sum_{k=1}^{N}(M_{\tau_k} - M_{\sigma_k}) = \sum_{k=1}^{\nu}(M_{\tau_k} - M_{\sigma_k}) + M_{\tau_{\nu+1}} - M_{\sigma_{\nu+1}}. \quad (6.12)$$

Jetzt gibt es ein kleines Problem: der letzte Term $M_{\tau_{\nu+1}} - M_{\sigma_{\nu+1}} = M_N - M_{\sigma_{\nu+1}}$ kann ein negatives Vorzeichen haben (da M_N auch kleiner als a sein könnte). Um dieses Problem zu lösen (wir werden gleich sehen, was der Vorteil sein wird) führen wir den Prozess Y ein, der durch $Y_n = (M_n - a)^+$ definiert ist. Wir erinnern daran, dass Y ein nicht-negatives Sub-Martingal ist (Proposition 1.4.12) und die Anzahl der Aufkreuzungen von M auf $[a,b]$ gleich der Anzahl der Aufkreuzungen von Y auf $[0, b-a]$ ist, da

$$\sigma_k = \min\{n \in \{\tau_{k-1}, \ldots, N\} \mid Y_n = 0\}, \qquad \tau_k = \min\{n \in \{\sigma_k, \ldots, N\} \mid Y_n \geq b - a\}.$$

Wenn wir (6.12) für Y umschreiben, haben wir jetzt

$$\sum_{k=1}^{N}(Y_{\tau_k} - Y_{\sigma_k}) = \sum_{k=1}^{\nu}(Y_{\tau_k} - Y_{\sigma_k}) + Y_{\tau_{\nu+1}} - Y_{\sigma_{\nu+1}} \geq \sum_{k=1}^{\nu}(Y_{\tau_k} - Y_{\sigma_k}) \geq (b-a)\nu, \quad (6.13)$$

da[3] $Y_{\tau_{\nu+1}} - Y_{\sigma_{\nu+1}} \geq 0$. Abschließend bemerken wir, dass $Y_N = Y_{\sigma_{N+1}}$ und

---

[3] Es gilt $Y_{\tau_{\nu+1}} - Y_{\sigma_{\nu+1}} = Y_N \geq 0$ auf $(\sigma_{\nu+1} \leq N)$ und $Y_{\tau_{\nu+1}} - Y_{\sigma_{\nu+1}} = 0$ auf $(\sigma_{\nu+1} = \infty)$.

$$Y_N \geq Y_{\sigma_{N+1}} - Y_{\sigma_1} = \sum_{k=1}^{N}(Y_{\sigma_{k+1}} - Y_{\sigma_k})$$
$$= \sum_{k=1}^{N}(Y_{\sigma_{k+1}} - Y_{\tau_k}) + \sum_{k=1}^{N}(Y_{\tau_k} - Y_{\sigma_k}) \geq$$

(nach (6.13))

$$\geq \sum_{k=1}^{N}(Y_{\sigma_{k+1}} - Y_{\tau_k}) + (b-a)v.$$

Wendet man den Erwartungswert und das Optional Sampling Theorem an ((6.11) mit $M = Y$), so erhält man schließlich die Behauptung

$$E[Y_N] \geq E[(b-a)v].$$

□

Übung 6.1.14 Zeige, dass für jedes $a < b$ eine stetige Funktion $f : [0, 1] \longrightarrow \mathbb{R}$ nur endlich viele Aufkreuzungen auf $[a, b]$ haben kann.

6.2 Der kontinuierliche Fall

Die Analyse von Stoppzeiten im kontinuierlichen Fall, wo $I = \mathbb{R}_{\geq 0}$, erfordert zusätzliche technische Annahmen an Filtrationen, die als die „üblichen Bedingungen" bezeichnet werden. Wir werden uns in den folgenden Abschnitten mit diesen Bedingungen befassen.

6.2.1 Übliche Bedingungen und Stoppzeiten

Definition 6.2.1 (Übliche Bedingungen) Wir sagen, dass eine Filtration $(\mathscr{F}_t)_{t \geq 0}$ im vollständigen Raum $(\Omega, \mathscr{F}, P)$ die üblichen Bedingungen erfüllt, wenn:

i) sie *vollständig* ist, d.h. $\mathscr{F}_0$ (und daher auch $\mathscr{F}_t$ für jedes $t > 0$) enthält die Familie aller Nullmengen $\mathscr{N}$[4];

---

[4] Nach Annahme ist $(\Omega, \mathscr{F}, P)$ vollständig und daher ist jede Nullmenge ein Ereignis.

ii) sie ist *rechtsstetig*, d.h. für jedes $t \geq 0$ haben wir $\mathscr{F}_t = \mathscr{F}_{t+}$, wobei

$$\mathscr{F}_{t+} := \bigcap_{\varepsilon > 0} \mathscr{F}_{t+\varepsilon}. \tag{6.14}$$

Wenn X an eine Filtration $(\mathscr{F}_t)$ adaptiert ist, die die üblichen Bedingungen erfüllt, dann ist jede Modifikation von X ebenfalls an $(\mathscr{F}_t)$ adaptiert: Ohne die Vollständigkeitsannahme an die Filtration ist diese Aussage falsch. Die Annahme der Rechtsstetigkeit ist subtiler: Sie bedeutet, dass die Kenntnis über Informationen bis zum Zeitpunkt t, repräsentiert durch $\mathscr{F}_t$, es uns ermöglicht zu wissen, was ünmittelbar nach"t passiert, d.h., $\mathscr{F}_{t+}$. Um diesen Sachverhalt besser zu verstehen, der jetzt vielleicht unklar erscheint, führen wir die Konzepte von Stoppzeiten in $\mathbb{R}_{\geq 0}$ und Austrittszeiten eines adaptierten Prozesses ein.

Definition 6.2.2 (Stoppzeit) In einem gefilterten Raum $(\Omega, \mathscr{F}, P, \mathscr{F}_t)$ ist eine Stoppzeit eine Zufallsvariable[5]

$$\tau : \Omega \longrightarrow \mathbb{R}_{\geq 0} \cup \{\infty\}$$

so dass

$$(\tau \leq t) \in \mathscr{F}_t, \quad t \geq 0. \tag{6.15}$$

Beispiel 6.2.3 (Erste Austrittszeit)[!] Gegeben sei ein Prozess $X = (X_t)_{t \geq 0}$ und $H \subseteq \mathbb{R}$. Wir setzen

$$\tau(\omega) = \begin{cases} \inf J(\omega) & \text{wenn } J(\omega) \neq \emptyset, \\ \infty & \text{wenn } J(\omega) = \emptyset, \end{cases} \quad \text{wo } J(\omega) = \{t \geq 0 \mid X_t(\omega) \notin H\}.$$

Im Folgenden schreiben wir auch

$$\tau = \inf\{t \geq 0 \mid X_t \notin H\}$$

wobei wir konventionell annehmen, dass das Infimum der leeren Menge ∞ ist, so dass $\tau(\omega) = \infty$, wenn $X_t(\omega) \in H$ für jedes $t \geq 0$. Wir sagen, dass τ die *erste Austrittszeit von X aus H* ist.

Satz 6.2.4 (Austrittszeit aus einer offenen Menge) [!] Sei X ein adaptierter und stetiger Prozess im Raum $(\Omega, \mathscr{F}, P, \mathscr{F}_t)$. Die erste Austrittszeit von X aus einer offenen Menge H ist eine Stoppzeit.

Beweis Die Behauptung ist eine Folge der Gleichung

$$(\tau > t) = \bigcup_{n \in \mathbb{N}} \bigcap_{s \in \mathbb{Q} \cap [0,t)} \left(\text{dist}(X_s, H^c) \geq \tfrac{1}{n}\right) \tag{6.16}$$

---

[5] Das heißt, $(\tau \in H) \in \mathscr{F}$ für jedes $H \in \mathscr{B}$. Folglich ist auch $(\tau = \infty) = (\tau \in [0, \infty))^c \in \mathscr{F}$.

6.2 Der kontinuierliche Fall

da $(\text{dist}(X_s, H^c) \geq \frac{1}{n}) \in \mathscr{F}_s$ für $s \leq t$ und daher $(\tau \leq t) = (\tau > t)^c \in \mathscr{F}_t$. Wir beweisen (6.16): Wenn ω zur rechten Seite gehört, dann gibt es ein $n \in \mathbb{N}$, so dass $\text{dist}(X_s(\omega), H^c) \geq \frac{1}{n}$ für jedes $s \in \mathbb{Q} \cap [0, t)$; da X stetige Trajektorien hat, folgt daraus, dass $\text{dist}(X_s(\omega), H^c) \geq \frac{1}{n}$ für jedes $s \in [0, t]$ und daher muss, wieder durch die Stetigkeit von X, $\tau(\omega) > t$ sein. Umgekehrt, wenn $\tau(\omega) > t$ dann ist $K := \{X_s(\omega) \mid s \in [0, t]\}$ eine kompakte Teilmenge von H: da H offen ist, folgt daraus, dass $\text{dist}(K, H^c) > 0$, was den Beweis abschließt. □

Im nächsten Lemma beweisen wir, dass wir für jede Stoppzeit τ

$$(\tau < t) \in \mathscr{F}_t, \quad t > 0 \tag{6.17}$$

haben. Im Allgemeinen ist (6.17) *schwächer als* (6.15)*, aber unter den üblichen Bedingungen an die Filtration sind die beiden Eigenschaften äquivalent.*

Lemma 6.2.5 [!] Jede Stoppzeit τ erfüllt (6.17). Umgekehrt, wenn (6.17) gilt und die Filtration $(\mathscr{F}_t)_{t \geq 0}$ rechtsstetig ist, dann ist τ eine Stoppzeit.

Beweis Wir haben

$$(\tau < t) = \bigcup_{n \in \mathbb{N}} \left(\tau \leq t - \tfrac{1}{n}\right).$$

Wenn τ eine Stoppzeit ist, dann $\left(\tau \leq t - \tfrac{1}{n}\right) \in \mathscr{F}_{t-\frac{1}{n}} \subseteq \mathscr{F}_t$ für jedes $n \in \mathbb{N}$, und das beweist den ersten Teil der Behauptung.

Umgekehrt, wenn (6.17) gilt, dann haben wir für jedes $\varepsilon > 0$

$$(\tau \leq t) = \bigcap_{\substack{n \in \mathbb{N} \\ \frac{1}{n} < \varepsilon}} \left(\tau < t + \tfrac{1}{n}\right) \in \mathscr{F}_{t+\varepsilon}.$$

Daher gilt

$$(\tau \leq t) \in \bigcap_{\varepsilon > 0} \mathscr{F}_{t+\varepsilon} = \mathscr{F}_t$$

dank der Annahme der Rechtsstetigkeit der Filtration. □

Bemerkung 6.2.6 Wenn τ eine Stoppzeit ist, dann

$$(\tau = t) = (\tau \leq t) \setminus (\tau < t) \in \mathscr{F}_t.$$

Außerdem

$$(\tau = \infty) = \bigcap_{t \geq 0} (\tau \geq t) \in \bigcup_{t \geq 0} \mathscr{F}_t.$$

Da die Vereinigung von σ-Algebren im Allgemeinen keine σ-Algebra ist, bezeichnen wir durch

$$\mathscr{F}_\infty := \sigma\left(\bigcup_{t \geq 0} \mathscr{F}_t\right) \tag{6.18}$$

die kleinste σ-Algebra, die $\mathscr{F}_t$ für jedes $t \geq 0$ enthält. Offensichtlich $(\tau = \infty) \in \mathscr{F}_\infty$.

Satz 6.2.7 (Austrittszeit aus einer abgeschlossenen Menge) Sei X ein adaptierter und stetiger Prozess auf dem Raum $(\Omega, \mathscr{F}, P, \mathscr{F}_t)$. Die erste Austrittszeit τ von X aus einer abgeschlossenen Menge H erfüllt (6.17). Wenn die Filtration rechtsstetig ist, dann ist τ eine Stoppzeit.

Beweis Da H^c offen und X stetig ist, haben wir für jedes $t > 0$

$$(\tau < t) = \bigcup_{s \in \mathbb{Q} \cap [0,t)} (X_s \in H^c)$$

und die Behauptung folgt aus der Tatsache, dass $(X_s \in H^c) \in \mathscr{F}_t$ für $s \leq t$, da X an $(\mathscr{F}_t)$ adaptiert ist. Der zweite Teil der Behauptung folgt direkt aus Lemma 6.2.5. □

Bemerkung 6.2.8 Unter den üblichen Bedingungen ist auch die Austrittszeit aus einer Borel-Menge eine Stoppzeit. Allerdings erfordert der Nachweis dieser Tatsache einen wesentlich anspruchsvolleren Beweis: siehe zum Beispiel Abschn. I.10 in [20].

Bemerkung 6.2.9 [!] Wir kehren zu Proposition 6.2.7 zurück, indem wir Abb. 6.1 betrachten. Diese stellt die erste Austrittszeit τ von X aus der abgeschlossenen Menge H dar. Bis zur Zeit τ, einschließlich τ, ist die Trajektorie von X in H. Beachte nun den Unterschied zwischen den Ereignissen

$(\tau < t) = $ „X verlässt H *vor* der Zeit t",

$(\tau \leq t) = $ „X verlässt H *vor oder unmittelbar nach* t".

Intuitiv ist es plausibel, dass man, ohne Bedingungen an die Filtration stellen zu müssen, beweisen kann (das haben wir in Proposition 6.2.7 getan), dass $(\tau < t) \in \mathscr{F}_t$, d.h., dass *die Tatsache, dass X H vor der Zeit t verlässt, beobachtbar ist auf der Grundlage des Wissens, was bis zur Zeit t passiert ist* (d.h., $\mathscr{F}_t$, insbesondere die Kenntnis der Trajektorie des Prozesses bis zur Zeit t). Im Gegensatz dazu ist es nur dank der Rechtsstetigkeit der Filtration möglich zu beweisen, dass $(\tau \leq t) \in \mathscr{F}_t$.

Abb. 6.1 Eine Trajektorie eines stetigen Prozesses X und seine erste Austrittszeit aus einer abgeschlossenen Menge H

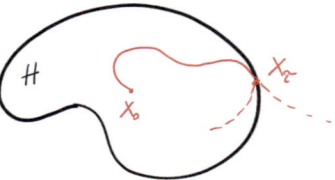

6.2 Der kontinuierliche Fall

Tatsächlich, wenn $t = \tau(\omega)$ dann $X_t(\omega) \in \partial H$ und auf der Grundlage der Beobachtung der Trajektorie von X bis zur Zeit t (d.h., mit den Informationen in $\mathscr{F}_t$) ist es nicht möglich zu wissen, ob $X(\omega)$ weiterhin in H bleiben oder H unmittelbar nach t verlassen wird. Tatsächlich, für eine generische Filtration $(\tau \leq t) \notin \mathscr{F}_t$, d.h., wie wir bereits beobachtet haben, ist die Bedingung $(\tau < t) \in \mathscr{F}_t$ schwächer als $(\tau \leq t) \in \mathscr{F}_t$. Andererseits, wenn $(\mathscr{F}_t)_{t \geq 0}$ die üblichen Bedingungen erfüllt (insbesondere die Eigenschaft der Rechtsstetigkeit) dann sind die beiden Bedingungen $(\tau < t) \in \mathscr{F}_t$ und $(\tau \leq t) \in \mathscr{F}_t$ äquivalent (Lemma 6.2.5). Wie wir bereits angedeutet haben, bedeutet dies, dass die Rechtsstetigkeit der Filtration sicherstellt, dass das Wissen über $\mathscr{F}_t$ uns auch erlaubt die „unmittelbare Zeit nach" t zu sehen.

6.2.2 Erweiterung der Filtration und Markov-Prozesse

Wir haben die Bedeutung der üblichen Bedingungen an Filtrationen sowie die Gründe erläutert, warum es von Vorteil ist, die Gültigkeit solcher Hypothesen anzunehmen. In diesem Abschnitt zeigen wir, dass es immer möglich ist, eine Filtration so zu modifizieren, dass sie die üblichen Bedingungen erfüllt, und dass es unter geeigneten Voraussetzungen auch möglich ist, einige grundlegende Eigenschaften der betrachteten Prozesse, wie etwa die Markov-Eigenschaft, zu bewahren.

> Die Resultate dieses Abschnitts und des restlichen Kapitels sind nützlich, ihre Beweise jedoch recht technisch und weniger anschaulich: Beim ersten Lesen empfiehlt es sich daher, die Aussagen zu lesen, aber die Beweise zu überspringen.

Betrachte einen vollständigen Raum $(\Omega, \mathscr{F}, P)$ ausgestattet mit einer generischen Filtration $(\mathscr{F}_t)_{t \geq 0}$ und bezeichne mit $\mathscr{N}$ die Familie der Nullmengen. Es ist immer möglich $(\mathscr{F}_t)_{t \geq 0}$ so zu erweitern, dass die üblichen Bedingungen erfüllt sind:

i) durch Festlegen

$$\bar{\mathscr{F}}_t := \sigma\left(\mathscr{F}_t \cup \mathscr{N}\right), \quad t \geq 0, \tag{6.19}$$

definieren wir die kleinste Filtration[6] in $(\Omega, \mathscr{F}, P)$, die $(\mathscr{F}_t)_{t \geq 0}$ vervollständigt und erweitert;

ii) die Filtration $(\mathscr{F}_{t+})_{t \geq 0}$ definiert durch (6.14) ist rechtsstetig.

Kombinieren wir Punkte i) und ii) (in beliebiger Reihenfolge), erhalten wir die Filtration $\left(\bar{\mathscr{F}}_{t+}\right)_{t \geq 0}$, die die kleinste Filtration ist, die $(\mathscr{F}_t)_{t \geq 0}$ erweitert und die üblichen Bedingungen erfüllt.

---

[6] Offensichtlich haben wir $\bar{\mathscr{F}}_t \subseteq \bar{\mathscr{F}}_T$ wenn $0 \leq t \leq T$. Darüber hinaus gilt $\bar{\mathscr{F}}_t \subseteq \mathscr{F}$ für jedes $t \geq 0$ dank der Vollständigkeitsannahme an $(\Omega, \mathscr{F}, P)$.

Definition 6.2.10 (**Standarderweiterung einer Filtration**) Die Filtration $\left(\bar{\bar{\mathscr{F}}}_{t+}\right)_{t\geq 0}$ wird als die *Standarderweiterung* der Filtration $(\mathscr{F}_t)_{t\geq 0}$ bezeichnet.

Betrachte nun einen stochastischen Prozess $X = (X_t)_{t\geq 0}$ auf $(\Omega, \mathscr{F}, P)$ und seine zugehörige Filtration
$$\mathscr{G}_t^X := \sigma(X_s, s \leq t), \qquad t \geq 0,$$
das heißt, die von X *erzeugte* Filtration.

Definition 6.2.11 (**Standardfiltration eines Prozesses**) Die *Standardfiltration* eines Prozesses X, im Folgenden durch $\mathscr{F}^X = \left(\mathscr{F}_t^X\right)_{t\geq 0}$ bezeichnet, ist die Standarderweiterung von $\mathscr{G}^X$.

Angenommen, $X = (X_t)_{t\geq 0}$ ist ein Markov-Prozess mit Übergangsverteilung p auf dem vollständigen gefilterten Raum $(\Omega, \mathscr{F}, P, \mathscr{F}_t)$. Im Allgemeinen ist es kein Problem, die Filtration zu „verkleinern": genauer gesagt, wenn $(\mathscr{G}_t)_{t\geq 0}$ eine Filtration ist, so dass $\mathscr{G}_t^X \subseteq \mathscr{G}_t \subseteq \mathscr{F}_t$ für jedes $t \geq 0$, d.h., $(\mathscr{G}_t)_{t\geq 0}$ ist kleiner als $(\mathscr{F}_t)_{t\geq 0}$ aber größer als $(\mathscr{G}_t^X)_{t\geq 0}$, dann ist es unmittelbar, dass X auch ein Markov-Prozess auf dem Raum $(\Omega, \mathscr{F}, P, \mathscr{G}_t)$ ist. Das Problem ist nicht offensichtlich, wenn wir die Filtration *erweitern* wollen. Die folgenden Ergebnisse liefern Bedingungen, unter denen es möglich ist die Filtration eines Markov-Prozesses zu erweitern, so dass sie die üblichen Bedingungen erfüllt, ohne die Markov-Eigenschaft zu beeinflussen.

Satz 6.2.12 Sei $X = (X_t)_{t\geq 0}$ ein Markov-Prozess mit Übergangsverteilung p auf dem vollständigen gefilterten Raum $(\Omega, \mathscr{F}, P, \mathscr{F}_t)$. Dann ist X ein Markov-Prozess mit Übergangsverteilung p auf $(\Omega, \mathscr{F}, P)$ in Bezug auf die vervollständigte Filtration $(\bar{\bar{\mathscr{F}}}_t)_{t\geq 0}$ in (6.19).

Beweis Offensichtlich ist X an $\bar{\bar{\mathscr{F}}}$ adaptiert, so dass wir nur noch beweisen müssen, dass
$$p(t, X_t; T, H) = P(X_T \in H \mid \bar{\bar{\mathscr{F}}}_t), \qquad 0 \leq t \leq T, \ H \in \mathscr{B}.$$

Sei $Z = p(t, X_t; T, H)$, dann ist $Z \in m\sigma(X_t) \subseteq m\bar{\bar{\mathscr{F}}}_t$; basierend auf der Definition von der bedingten Erwartung, bleibt zu überprüfen, dass wir für jedes $G \in \bar{\bar{\mathscr{F}}}_t$

$$E[Z\mathbb{1}_G] = E\left[\mathbb{1}_{(X_T \in H)}\mathbb{1}_G\right] \tag{6.20}$$

haben. Formel (6.20) ist wahr, wenn $G \in \mathscr{F}_t$: andererseits (siehe Bemerkung 1.4.3 in [113]) $G \in \bar{\bar{\mathscr{F}}}_t = \sigma(\mathscr{F}_t \cup \mathscr{N})$ genau dann, wenn $G = A \cup N$ für ein $A \in \mathscr{F}_t$ und $N \in \mathscr{N}$. Daher haben wir

$$E[Z\mathbb{1}_G] = E[Z\mathbb{1}_A] = E\left[\mathbb{1}_{(X_T \in H)}\mathbb{1}_A\right] = E\left[\mathbb{1}_{(X_T \in H)}\mathbb{1}_G\right].$$

□

6.2 Der kontinuierliche Fall

Es ist möglich, die Filtration zu erweitern, um sie rechtsstetig zu machen und die Markov Eigenschaft beizubehalten, unter der Annahme zusätzlicher Stetigkeitsannahmen für die Prozesstrajektorien (z. B. f. s. Rechtsstetigkeit) und für die Übergangsverteilung des Prozesses (die Feller-Eigenschaft, Definition 2.1.10).

Satz 6.2.13 Sei $X = (X_t)_{t \geq 0}$ ein Markov-Prozess mit Übergangsverteilung p auf dem vollständigen gefilterten Raum $(\Omega, \mathscr{F}, P, \mathscr{F}_t)$. Angenommen, X ist ein Feller-Prozess mit f. s. rechtsstetigen Trajektorien. Dann ist X ein Markov-Prozess mit Übergangsverteilung p auf $(\Omega, \mathscr{F}, P, \mathscr{F}_{t+})$.

Beweis Offenbar ist X an $(\mathscr{F}_{t+})_{t \geq 0}$ adaptiert, es bleibt also nur die Markov-Eigenschaft zu zeigen. Das heißt für alle $0 \leq t < T$ und $\varphi \in b\mathscr{B}$ gilt

$$ Z = E\left[\varphi(X_T) \mid \mathscr{F}_{t+}\right] \quad \text{wobei} \quad Z := \int_{\mathbb{R}} p(t, X_t; T, dy) \varphi(y). $$

Nach dem Satz von Fubini gilt $Z \in m\mathscr{F}_t \subseteq m\mathscr{F}_{t+}$. Es bleibt daher nach Definition der bedingten Erwartung zu zeigen, dass für jedes $G \in \mathscr{F}_{t+}$

$$ E[\varphi(X_T)\mathbb{1}_G] = E[Z\mathbb{1}_G] \tag{6.21} $$

gilt. Sei nun $h > 0$ mit $t + h < T$: Dann ist $G \in \mathscr{F}_{t+h}$ und daher gilt nach der Markov-Eigenschaft von X bezüglich $(\mathscr{F}_t)_{t \geq 0}$

$$ E[\varphi(X_T)\mathbb{1}_G] = E\left[\int_{\mathbb{R}} p(t+h, X_{t+h}; T, dy)\varphi(y)\mathbb{1}_G\right]. \tag{6.22} $$

Unter Ausnutzung der f. s. Rechtsstetigkeit der Trajektorien von X und der Feller-Eigenschaft von p können wir den Grenzwert für $h \to 0^+$ in (6.22) bilden. Mit dem Satz von der majorisierten Konvergenz folgt (6.21). □

Bemerkung 6.2.14 [!] Durch Kombination der Aussagen 6.2.12 und 6.2.13 erhalten wir das folgende Ergebnis: *wenn X ein fast sicher rechtsstetiger, Markov und Feller Prozess auf dem vollständigen Raum $(\Omega, \mathscr{F}, P, \mathscr{F}_t)$ ist, dann ist X auch ein Markov-Prozess auf dem vollständigen Raum $(\Omega, \mathscr{F}, P, (\widetilde{\mathscr{F}}_{t+})_{t \geq 0})$, wo die üblichen Bedingungen gelten.*

Als nächstes zeigen wir, dass für einen Markov-Prozess X *in Bezug auf seine eigene Standardfiltration* $\mathscr{F}^X$

$$ \mathscr{F}_t^X = \sigma(\mathscr{G}_t^X \cup \mathscr{N}), \quad t \geq 0 \tag{6.23} $$

gilt. Mit anderen Worten, $\mathscr{F}^X$ wird durch Vervollständigung der von X erzeugten Filtration erhalten und die Eigenschaft der Rechtsstetigkeit ist automatisch erfüllt.

Satz 6.2.15 [!] Wenn X ein Markov-Prozess in Bezug auf seine Standardfiltration $\mathscr{F}^X$ ist, dann gilt (6.23).

Beweis Der Beweis basiert auf der erweiterten Markov-Eigenschaft des Theorems 2.2.4, die besagt, dass[7]

$$ZE[Y \mid X_t] = E\left[ZY \mid \mathscr{F}_t^X\right], \quad Z \in b\sigma(\mathscr{G}_t^X \cup \mathscr{N}),\ Y \in b\mathscr{G}_{t,\infty}^X.$$

Da jede Version von $E[Y \mid X_t]$ $\sigma(X_t)$-messbar ist und angesichts der Eindeutigkeit der bedingten Erwartung bis auf Nullmengen, folgt, dass jede Version von $E\left[ZY \mid \mathscr{F}_t^X\right]$ $\sigma(\mathscr{G}_t^X \cup \mathscr{N})$-messbar ist: Angesichts der Annahmen an Y und Z gilt diese Messbarkeitseigenschaft auch, wenn wir anstelle von ZY eine beliebige Zufallsvariable in $b\sigma(\mathscr{G}_\infty^X \cup \mathscr{N})$ setzen. Insbesondere für $A \in \mathscr{F}_t^X \subseteq \sigma(\mathscr{G}_\infty^X \cup \mathscr{N})$ erhalten wir

$$\mathbb{1}_A = E\left[\mathbb{1}_A \mid \mathscr{F}_t^X\right] \in b\sigma(\mathscr{G}_t^X \cup \mathscr{N}).$$

□

Bemerkung 6.2.16 [!] Durch Kombination der Aussagen 6.2.12, 6.2.13 und 6.2.15 erhalten wir das folgende Ergebnis: *Sei X ein Markov und Feller rechtsstetiger Prozess in Bezug auf $\mathscr{G}^X$; dann ist die Standardfiltration $\mathscr{F}_t^X = \sigma(\mathscr{G}_t^X \cup \mathscr{N})$, $t \geq 0$, und X ist auch ein Markov Prozess in Bezug auf $\mathscr{F}^X$.*

Wir betrachten nun einen Markov-Prozess X auf dem Raum $(\Omega, \mathscr{F}, P, \mathscr{F}_t)$, in dem die üblichen Bedingungen gelten und erinnern an die Definition (2.11) der σ-Algebra $\mathscr{G}_{t,\infty}^X$ der zukünftigen Informationen über X ab der Zeit t.

Theorem 6.2.17 (Blumenthals 0-1 Gesetz) *Sei X ein Markov-Prozess auf $(\Omega, \mathscr{F}, P, \mathscr{F}_t)$. Wenn $A \in \mathscr{F}_t \cap \mathscr{G}_{t,\infty}^X$, dann gilt $P(A \mid X_t) = 1$ oder $P(A \mid X_t) = 0$.*

Beweis Wir stellen ausdrücklich fest, dass A nicht notwendigerweise $\sigma(X_t)$-messbar ist. Mit anderen Worten, im Allgemeinen ist $\sigma(X_t)$ streng in $\mathscr{F}_t \cap \mathscr{F}_{t,\infty}^X$ enthalten, da wir durch die Rechtsstetigkeit von $\mathscr{F}^X$

$$\sigma(X_t) \subseteq \bigcap_{\varepsilon > 0} \sigma(X_s,\ t \leq s \leq t+\varepsilon) \subseteq \mathscr{F}_t \cap \mathscr{F}_{t,\infty}^X$$

haben. Wenn dies der Fall wäre, wäre die Behauptung eine offensichtliche Konsequenz von Beispiel 4.3.3 in [113]. Auf der anderen Seite, durch Korollar 2.2.5, sind $\mathscr{F}_t$ und $\mathscr{G}_{t,\infty}^X$, bedingt auf X_t, unabhängig: daraus folgt, dass A unabhängig von sich selbst ist (bedingt auf X_t) und daher haben wir

$$P(A \mid X_t) = P(A \cap A \mid X_t) = P(A \mid X_t)^2.$$

Daher kann $P(A \mid X_t)$ nur die Werte 0 oder 1 annehmen. □

Beispiel 6.2.18 [!] Wir setzen Beispiel 6.2.3 fort und nehmen an, dass τ die Austrittszeit von einem stetigen Markov-Prozess X auf dem Raum $(\Omega, \mathscr{F}, P, \mathscr{F}^X)$ aus

---

[7] Im Sinne der Konvention 4.2.5. Beachten Sie, dass $Z \in b\sigma(\mathscr{G}_t^X \cup \mathscr{N}) \subseteq b\mathscr{F}_t^X$.

einer abgeschlossenen Menge H ist. Wir wenden Blumenthals 0-1 Gesetz mit $t = 0$ an: klarerweise gehört $(\tau = 0) \in \mathscr{F}_0^X = \mathscr{F}_0^X \cap \mathscr{F}_{0,\infty}^X$, da τ eine Stopp Zeit ist; hier bezeichnet $(\tau = 0)$ das Ereignis, nach dem der Prozess X sofort aus H austritt. Dann haben wir $P(\tau = 0 \mid X_0) = 0$ oder $P(\tau = 0 \mid X_0) = 1$, das heißt fast alle Trajektorien von X treten sofort aus H aus oder fast keine. Dieser Sachverhalt ist besonders interessant, wenn X_0 zur Grenze von H gehört.

6.2.3 Filtrationserweiterung und Lévy-Prozesse

Wir untersuchen nun die Filtrationserweiterung für den Poisson-Prozess und die Brownsche Bewegung. Um das Thema auf einheitliche Weise zu behandeln, führen wir eine Klasse von Prozessen ein, von denen der Poisson-Prozess und die Brownsche Bewegung Spezialfälle sind.

Definition 6.2.19 (Lévy-Prozess) Sei $X = (X_t)_{t \geq 0}$ ein reeller stochastischer Prozess, der auf einem vollständigen gefilterten Wahrscheinlichkeitsraum $(\Omega, \mathscr{F}, P, \mathscr{F}_t)$ definiert ist. Wir sagen, dass X ein Lévy-Prozess ist, wenn er die folgenden Eigenschaften erfüllt:

i) $X_0 = 0$ fast sicher;
ii) die Trajektorien von X sind fast sicher càdlàg;
iii) X ist an $(\mathscr{F}_t)$ adaptiert;
iv) $X_t - X_s$ ist unabhängig von $\mathscr{F}_s$ für jedes $0 \leq s \leq t$;
v) die Inkremente $X_t - X_s$ und $X_{t+h} - X_{s+h}$ haben die gleiche Verteilung für jedes $0 \leq s \leq t$ und $h \geq 0$.

Bemerkung 6.2.20 [!!] Zu Eigenschaften iv) und v) sagt man auch, dass X unabhängige und stationäre Inkremente hat. Nach Proposition 2.3.2 ist ein Lévy-Prozess X ein Markov-Prozess mit Übergangsverteilung $p(t, x; T, \cdot)$ gleich der Verteilung von $X_T - X_t + x$: eine solche Verteilung ist zeitlich homogen dank der Stationarität der Inkremente. Es folgt insbesondere, dass jeder Lévy-Prozess ein Feller-Prozess ist: tatsächlich gilt für jedes $\varphi \in bC(\mathbb{R})$ und $h > 0$

$$(t, x) \longmapsto \int_\mathbb{R} p(t, x; t+h, dy)\varphi(y) =$$

(da $p(t, x; t+h, \cdot)$ die Verteilung von $X_{t+h} - X_t + x$ ist, welche nach der Stationarität der Inkremente in Verteilung gleich $X_h + x$ ist)

$$= \int_\mathbb{R} p(0, x; h, dy)\varphi(y) = E[\varphi(X_h + x)]$$

und die Stetigkeit in (t, x) folgt aus dem Satz von Lebesgue über die dominierte Konvergenz.

Außerdem lässt sich zeigen, dass die charakteristische Funktion (CHF) eines Lévy-Prozesses X die Form
$$\varphi_{X_T}(\eta) = e^{T\psi(\eta)}$$
hat, wobei ψ die *charakteristische Exponente von X* genannt wird: zum Beispiel, $\psi(\eta) = -\frac{\eta^2}{2}$ für die Brownsche Bewegung und $\psi(\eta) = \lambda(e^{i\eta} - 1)$ für den Poisson Prozess (vgl. Bemerkung 5.1.4). Dann setzen wir zur Vereinfachung $p(T, \cdot) = p(0, 0; T, \cdot)$ und erhalten die folgende bemerkenswerte Beziehung:

$$\psi(\eta)e^{T\psi(\eta)} = \partial_T e^{T\psi(\eta)}$$
$$= \partial_T \int_\mathbb{R} e^{i\eta y} p(T, dy) =$$

(angenommen, wir können Ableitung und Integral vertauschen)

$$= \int_\mathbb{R} e^{i\eta y} \partial_T p(T, dy) =$$

(da $p(T, dy)$ die Vorwärts-Kolmogorov-Gleichung (2.45) löst, $\partial_T p(T, \cdot) = \mathscr{A}_T^* p(T, \cdot)$, wobei $\mathscr{A}_T^*$ die Adjungierte des infinitesimalen Generators oder charakteristischen Operators von X ist)

$$= \int_\mathbb{R} e^{i\eta y} \mathscr{A}_T^* p(T, dy).$$

In der Sprache der Pseudo-Differentialrechnung wird diese Tatsache ausgedrückt, indem man sagt, dass ψ *das Symbol des Operators* $\mathscr{A}_T^*$ it ist und wird als

$$\mathscr{A}_T^* = \psi(i\partial_y).$$

bezeichnet. Zum Beispiel haben wir für die Brownsche Bewegung $\psi(\eta) = -\frac{\eta^2}{2}$ und

$$\mathscr{A}_T^* = \psi(i\partial_y) = \frac{1}{2}\partial_{yy},$$

während wir für den Poisson-Prozess, da $\psi(\eta) = \lambda(e^{i\eta} - 1)$, das Folgende haben

$$\mathscr{A}_T^* \varphi(y) = \psi(i\partial_y)\varphi(y) = \lambda(\varphi(y - 1) - \varphi(y)).$$

Die Darstellung (6.2.20) von $\mathscr{A}_T^*$ als Pseudo-Differentialoperator wird auch durch den formalen Ausdruck

$$e^{\alpha \partial_y}\varphi(y) = \sum_{n=0}^\infty \frac{(\alpha \partial_y)^n}{n!}\varphi(y) = \varphi(y + \alpha)$$

6.2 Der kontinuierliche Fall

als Taylorreihenentwicklung für jede analytische Funktion φ gerechtfertigt. Der allgemeine Ausdruck des charakteristischen Exponenten eines Lévy-Prozesses wird durch die berühmte *Lévy-Khintchine Formel*

$$\psi(\eta) = i\mu\eta - \frac{\sigma^2\eta^2}{2} + \int_{\mathbb{R}} \left(e^{i\eta x} - 1 - i\eta x \mathbb{1}_{|x|\leq 1}\right) \nu(dx) \qquad (6.24)$$

gegeben, wobei $\mu, \sigma \in \mathbb{R}$ und ν ein Maß auf $\mathbb{R}$ ist, so dass $\nu(\{0\}) = 0$ und

$$\int_{\mathbb{R}} (1 \wedge |x|^2) \nu(dx) < \infty.$$

Für jedes $H \in \mathscr{B}$ gibt $\nu(H)$ die erwartete Anzahl von Sprüngen der Prozesstrajektorien in einer Zeiteinheit an, mit Größe $\Delta_t X \in H$: zum Beispiel haben wir für den Poisson-Prozess $\nu = \lambda \delta_1$ und für den zusammengesetzten Poisson-Prozess des Beispiels 5.1.5 haben wir $\nu = \lambda \mu_Z$ wo μ_Z die Verteilung der Variablen Z_n ist, d.h. die einzelnen Sprünge des Prozesses.

Wenn ein Lévy-Prozess X *fast sicher stetig* ist, dann ist $\nu \equiv 0$ und daher ist X notwendigerweise eine Brownsche Bewegung mit Drift, d.h. ein Prozess der Form $X_t = \mu t + \sigma W_t$ mit $\mu, \sigma \in \mathbb{R}$ und W Brownsche Bewegung. Unter den Referenztexten für die allgemeine Theorie der Lévy-Prozesse weisen wir auf die Monographie [4] hin.

Satz 6.2.21 Sei $X = (X_t)_{t\geq 0}$ ein Lévy-Prozess auf dem vollständigen Raum $(\Omega, \mathscr{F}, P, \mathscr{F}_t)$. Dann ist X auch ein Lévy-Prozess auf $(\Omega, \mathscr{F}, P, (\bar{\mathscr{F}}_t)_{t\geq 0})$ und auf $(\Omega, \mathscr{F}, P, (\mathscr{F}_{t+})_{t\geq 0})$.

Beweis Es genügt zu überprüfen, dass für jedes $0 \leq s < t$ die Inkremente $X_t - X_s$ unabhängig von $\bar{\mathscr{F}}_s$ und von $\mathscr{F}_{s+}$ sind, d.h. wir haben

$$P(X_t - X_s \in H \mid G) = P(X_t - X_s \in H), \qquad H \in \mathscr{B}, \qquad (6.25)$$

wenn $G \in \bar{\mathscr{F}}_s \cup \mathscr{F}_{s+}$ mit $P(G) > 0$ ist. Betrachten wir zunächst den Fall $G \in \bar{\mathscr{F}}_s$ (immer unter der Annahme $P(G) > 0$). Gl. (6.25) ist wahr, wenn $G \in \mathscr{F}_s$: andererseits (vgl. Bemerkung 1.4.3 in [113]) gilt $G \in \bar{\mathscr{F}}_s = \sigma(\mathscr{F}_s \cup \mathscr{N})$ genau dann, wenn $G = A \cup N$ für ein $A \in \mathscr{F}_s$ und $N \in \mathscr{N}$ (und notwendigerweise $P(A) > 0$, da $P(G) > 0$). Daher haben wir

$$P(X_t - X_s \in H \mid G) = P(X_t - X_s \in H \mid A) = P(X_t - X_s \in H).$$

Betrachten wir nun den Fall $G \in \mathscr{F}_{s+}$ mit $P(G) > 0$. Hier nutzen wir die Tatsache, dass nach Korollar 2.5.8 die Gl. (6.25) genau dann gilt, wenn

$$E[\varphi(X_t - X_s) \mid G] = E[\varphi(X_t - X_s)], \qquad (6.26)$$

für alle $\varphi \in bC$ gilt. Wir beobachten, dass für jedes $h > 0$ $G \in \mathscr{F}_{s+h}$ gilt und daher G unabhängig von $X_{t+h} - X_{s+h}$ ist: Dann gilt

$$E\left[\varphi(X_{t+h} - X_{s+h}) \mid G\right] = E\left[\varphi(X_{t+h} - X_{s+h})\right]$$

und wir beenden den Beweis durch Übergang zum Grenzwert $h \to 0^+$ mit dem Satz von der majorisierten Konvergenz, dank der Rechtsstetigkeit der Trajektorien von X sowie der Stetigkeit und Beschränktheit von φ. □

Durch Kombination der vorherigen Ergebnisse mit Bemerkung 6.2.16 erhalten wir das folgende

Theorem 6.2.22 [!] Sei X ein Lévy-Prozess auf dem vollständigen Raum $(\Omega, \mathscr{F}, P)$ ausgestattet mit der von X erzeugten Filtration $\mathscr{G}^X$. Dann ist $\mathscr{F}_t^X = \sigma(\mathscr{G}_t^X \cup \mathscr{N})$, für $t \geq 0$, und X ist auch ein Lévy Prozess in Bezug auf die Standardfiltration $\mathscr{F}^X$.

Als Konsequenz aus Blumenthals 0-1 Gesetz von Theorem 6.2.17, haben wir

Korollar 6.2.23 (Blumenthals 0-1 Gesetz) Sei $X = (X_t)_{t \geq 0}$ ein Lévy-Prozess. Für jedes $A \in \mathscr{F}_0^X$ haben wir $P(A) = 0$ oder $P(A) = 1$.

Sei $(C(\mathbb{R}_{\geq 0}), \mathscr{B}_{\mu_W}, \mu_W)$ der Wiener Raum (vgl. Definition 4.3.2): hier ist μ_W das Wiener Maß (d. h. die Verteilung einer Brownschen Bewegung) definiert auf der μ_W-Vervollständigung $\mathscr{B}_{\mu_W}$ der Borel σ-Algebra.

Definition 6.2.24 (Kanonische Brownsche Bewegung) Die kanonische Brownsche Bewegung $\mathbf{W}$ ist der Identitätsprozess[8] auf dem Wiener Raum ausgestattet mit der Standardfiltration $\mathscr{F}^{\mathbf{W}}$.

Bemerkung 6.2.25 [!] Nach Korollar 4.3.3 und Theorem 6.2.22 ist die kanonische Brownsche Bewegung eine Brownsche Bewegung, gemäß Definition 4.1.1, auf dem Raum $(C(\mathbb{R}_{\geq 0}), \mathscr{B}_{\mu_W}, \mu_W, \mathscr{F}^{\mathbf{W}})$. Darüber hinaus ist der Wiener Raum ein polnischer metrischer Raum und ein vollständiger Wahrscheinlichkeitsraum, in dem die Standardfiltration $\mathscr{F}^{\mathbf{W}}$ die üblichen Bedingungen erfüllt: Aufgrund dieser wichtigen Eigenschaften stellen der Wiener Raum und die kanonische Brownsche Bewegung jeweils den kanonischen Raum und Prozess der Referenz in der Untersuchung von stochastischen Differentialgleichungen dar.

6.2.4 Allgemeine Ergebnisse zu Stoppzeiten

Wir setzen die Untersuchung von Stoppzeiten mit Werten in $\mathbb{R}_{\geq 0} \cup \{\infty\}$ auf einem gefilterten Raum $(\Omega, \mathscr{F}, P, \mathscr{F}_t)$ *der die üblichen Bedingungen erfüllt* fort (vgl. Definition 6.2.2). Wir lassen den Beweis des Folgenden als Übung

---

[8] Das heißt, $\mathbf{W}_t(w) = w(t)$ für jedes $w \in C(\mathbb{R}_{\geq 0})$ und $t \geq 0$.

6.2 Der kontinuierliche Fall

Satz 6.2.26

i) Wenn $\tau = t$ fast sicher, dann ist τ eine Stoppzeit;
ii) wenn τ, σ Stoppzeiten sind, dann sind auch $\tau \wedge \sigma$ und $\tau \vee \sigma$ Stoppzeiten;
iii) wenn $(\tau_n)_{n \geq 1}$ eine wachsende Folge ist (d.h. $\tau_n \leq \tau_{n+1}$ fast sicher für alle $n \in \mathbb{N}$) dann ist $\sup_{n \in \mathbb{N}} \tau_n$ eine Stoppzeit;
iv) wenn $(\tau_n)_{n \geq 1}$ eine abnehmende Folge ist (d.h. $\tau_n \geq \tau_{n+1}$ fast sicher für alle $n \in \mathbb{N}$) dann ist $\inf_{n \in \mathbb{N}} \tau_n$ eine Stoppzeit;
v) wenn τ eine Stoppzeit ist, dann ist auch für jedes $\varepsilon \geq 0$ $\tau + \varepsilon$ eine Stoppzeit.

Betrachte nun einen stochastischen Prozess $X = (X_t)_{t \geq 0}$ auf dem gefilterten Raum $(\Omega, \mathscr{F}, P, \mathscr{F}_t)$, der die üblichen Bedingungen erfüllt. Bei der Analyse von Stoppzeiten (und später, stochastischer Integration) wird es notwendig, eine minimale Messbarkeitsbedingung an X in Bezug auf die Zeitvariable zu stellen. Diese Bedingung verbessert die Vorstellung von adaptiertem Prozess.

Definition 6.2.27 (Progressiv messbarer Prozess) Ein Prozess $X = (X_t)_{t \geq 0}$ ist progressiv messbar, wenn für jedes $t > 0$ die Funktion $(s, \omega) \mapsto X_s(\omega)$ auf $[0, t] \times \Omega$ nach $\mathbb{R}^d$ in Bezug auf die Produkt σ-Algebra $\mathscr{B} \otimes \mathscr{F}_t$ messbar ist.

Mit anderen Worten: X ist progressiv messbar, wenn für jedes feste $t > 0$ die Funktion $g := X|_{[0,t] \times \Omega}$, definiert durch

$$g : ([0, t] \times \Omega, \mathscr{B} \otimes \mathscr{F}_t) \longrightarrow (\mathbb{R}, \mathscr{B}), \qquad g(s, \omega) = X_s(\omega), \tag{6.27}$$

$(\mathscr{B} \otimes \mathscr{F}_t)$-messbar ist. Ist X progressiv messbar, so ist er nach Lemma 2.3.11 in [113] an $(\mathscr{F}_t)$ adaptiert. Umgekehrt zeigt ein Resultat von Chung und Doob [25], dass *wenn X adaptiert und messbar[9] ist, dann besitzt es eine progressiv messbare Modifikation* (einen Beweis hierfür findet man z. B. in [96], Theorem T46 auf S. 68). Wir benötigen lediglich das folgende, wesentlich einfachere Resultat:

Satz 6.2.28 Wenn X an $(\mathscr{F}_t)$ adaptiert ist und fast sicher rechtsstetige Trajektorien hat (oder fast sicher linksstetige Trajektorien hat), dann ist er progressiv messbar.

Beweis Betrachte die Folgen

$$\vec{X}_t^{(n)} := \sum_{k=1}^{\infty} X_{\frac{k-1}{2^n}} \mathbb{1}_{[\frac{k-1}{2^n}, \frac{k}{2^n})}(t), \qquad \overleftarrow{X}_t^{(n)} := \sum_{k=1}^{\infty} X_{\frac{k}{2^n}} \mathbb{1}_{[\frac{k-1}{2^n}, \frac{k}{2^n})}(t), \qquad t \in [0, T], \ n \in \mathbb{N}.$$

Da X adaptiert ist, folgt aus Korollar 2.3.9 in [113], dass $\vec{X}^{(n)} \in m(\mathscr{B} \otimes \mathscr{F}_T)$ und $\overleftarrow{X}^{(n)} \in m(\mathscr{B} \otimes \mathscr{F}_{T+\frac{1}{2^n}})$. Wenn X fast sicher linksstetige Trajektorien hat, dann konvergiert $\vec{X}^{(n)}$ punktweise $(\text{Leb} \otimes P)$-fast sicher gegen X auf $[0, T] \times \Omega$, wenn $n \to \infty$: Angesichts der Beliebigkeit von T folgt daraus, dass X progressiv messbar ist.

---

[9] Das heißt, $(t, \omega) \mapsto X_t(\omega)$ ist $\mathscr{B} \otimes \mathscr{F}$-messbar.

Ebenso, wenn X fast sicher rechtsstetige Trajektorien hat, dann konvergiert $\bar{X}^{(n)}$ punktweise (Leb $\otimes$ P)-fast sicher gegen X auf $[0, T] \times \Omega$, wenn $n \to \infty$: Es folgt, dass für alle $\varepsilon > 0$ die Abbildung $(t, \omega) \mapsto X_t(\omega)$ ($\mathscr{B} \otimes \mathscr{F}_{T+\varepsilon}$)-messbar auf $[0, T] \times \Omega$ ist. Aufgrund der Rechtsstetigkeit der Filtration schließen wir, dass X progressiv messbar ist. □

Sei τ eine Stoppzeit. Wir erinnern an die Definition (6.18) von $\mathscr{F}_\infty$ und definieren in Analogie mit (6.3)

$$\mathscr{F}_\tau := \{A \in \mathscr{F}_\infty \mid A \cap (\tau \leq t) \in \mathscr{F}_t \text{ für jedes } t \geq 0\}.$$

Beachte, dass $\mathscr{F}_\tau$ eine σ-Algebra ist und $\mathscr{F}_\tau = \mathscr{F}_t$, wenn τ die konstante Stoppzeit gleich t ist. Darüber hinaus definieren wir für einen Prozess $X = (X_t)_{t \geq 0}$

$$(X_\tau)(\omega) := \begin{cases} X_{\tau(\omega)}(\omega) & \text{wenn } \tau(\omega) < \infty, \\ 0 & \text{wenn } \tau(\omega) = \infty. \end{cases}$$

Satz 6.2.29 In einem gefilterten Wahrscheinlichkeitsraum, in dem die üblichen Bedingungen gelten, haben wir:

i) $\tau \in m\mathscr{F}_\tau$;
ii) wenn $\tau \leq \sigma$ dann $\mathscr{F}_\tau \subseteq \mathscr{F}_\sigma$;
iii) $\mathscr{F}_\tau \cap \mathscr{F}_\sigma = \mathscr{F}_{\tau \wedge \sigma}$;
iv) wenn X progressiv messbar ist, dann $X_\tau \in m\mathscr{F}_\tau$;
v) $\mathscr{F}_\tau = \mathscr{F}_{\tau+} := \bigcap_{\varepsilon > 0} \mathscr{F}_{\tau+\varepsilon}$;

Beweis

i) Wir müssen zeigen, dass $(\tau \in H) \cap (\tau \leq t) \in \mathscr{F}_t$ für jedes $t \geq 0$ und $H \in \mathscr{B}$: die Behauptung folgt leicht, da es nach Lemma Lemma 2.1.5 in [113] ausreicht, H vom Typ $(-\infty, s]$ mit $s \in \mathbb{R}$ zu betrachten.
ii) Wenn $\tau \leq \sigma$ dann $(\sigma \leq t) \subseteq (\tau \leq t)$: daher haben wir für jedes $A \in \mathscr{F}_\tau$

$$A \cap (\sigma \leq t) = \underbrace{A \cap (\tau \leq t)}_{\in \mathscr{F}_t} \cap \underbrace{(\sigma \leq t)}_{\in \mathscr{F}_t}.$$

iii) Nach Punkt ii) gilt die Inklusion $\mathscr{F}_\tau \cap \mathscr{F}_\sigma \supseteq \mathscr{F}_{\tau \wedge \sigma}$. Umgekehrt, wenn $A \in \mathscr{F}_\tau \cap \mathscr{F}_\sigma$ dann

$$A \cap (\tau \wedge \sigma \leq t) = A \cap ((\tau \leq t) \cup (\sigma \leq t)) = \underbrace{(A \cap (\tau \leq t))}_{\in \mathscr{F}_t} \cup \underbrace{(A \cap (\sigma \leq t))}_{\in \mathscr{F}_t}.$$

iv) Wir müssen zeigen, dass $(X_\tau \in H) \cap (\tau \leq t) = (X_{\tau \wedge t} \in H) \cap (\tau \leq t) \in \mathscr{F}_t$ für jedes $t \geq 0$ und $H \in \mathscr{B}$ gilt. Da $(\tau \leq t) \in \mathscr{F}_t$ ist, genügt es zu zeigen, dass

$X_{\tau \wedge t} \in m\mathscr{F}_t$: Dies folgt daraus, dass $X_{\tau \wedge t}(\omega) = (f \circ g)(t, \omega)$ mit messbaren Funktionen f und g, definiert durch

$$f : (\Omega, \mathscr{F}_t) \longrightarrow ([0, t] \times \Omega, \mathscr{B} \otimes \mathscr{F}_t), \qquad f(t, \omega) := (\tau(\omega) \wedge t, \omega), \tag{6.28}$$

und g wie in (6.27). Die Messbarkeit von f folgt aus Korollar 2.3.9 in [113] und der Tatsache, dass nach i) $(\tau \wedge t) \in m\mathscr{F}_{\tau \wedge t} \subseteq m\mathscr{F}_t$ gilt; g ist messbar, da X progressiv messbar ist.

v) Die Inklusion $\mathscr{F}_\tau \subseteq \mathscr{F}_{\tau+}$ ist nach ii) offensichtlich. Umgekehrt gilt: Ist $A \in \mathscr{F}_{\tau+}$, so ist per Definition $A \cap (\tau + \epsilon \leq t) \in \mathscr{F}_t$ für jedes $t \geq 0$ und $\epsilon > 0$. Daher gilt $A \cap (\tau \leq t - \epsilon) \in \mathscr{F}_t$ für jedes $t \geq 0$ und $\epsilon > 0$, bzw. äquivalent $A \cap (\tau \leq t) \in \mathscr{F}_{t+\epsilon}$ für jedes $t \geq 0$ und $\epsilon > 0$. Aufgrund der Rechtsstetigkeit der Filtration gilt $A \cap (\tau \leq t) \in \mathscr{F}_t$ für jedes $t \geq 0$, was $A \in \mathscr{F}_\tau$ bedeutet. □

6.3 Wichtige Merksätze

Hier sind die wichtigsten Ergebnisse und Grundideen des Kapitels, die man sich merken sollte. Technische oder weniger wichtige Details werden weggelassen. Bei Unklarheiten zu den folgenden kurzen Aussagen lohnt sich ein Blick in den jeweiligen Abschnitt.

- Abschn. 6.1: Stoppzeiten sind zufällige Zeiten, die mit der Informationsstruktur der zugewiesenen Filtration übereinstimmen. Sie sind ein nützliches Werkzeug in verschiedenen Bereichen und insbesondere für die Untersuchung der grundlegenden Eigenschaften von Martingalen. Selbst im diskreten Fall treten viele der Hauptideen und Techniken im Zusammenhang mit Stoppzeiten auf: Die Beweise, obwohl sie elementare Werkzeuge verwenden, können ziemlich herausfordernd sein. Das Stoppen eines Prozesses erhält seine wesentlichen Eigenschaften wie die Adaptiertheit und die Martingal-Eigenschaft.
- Abschn. 6.1.1: das Optional Sampling Theorem und Doobs Maxmimalungleichung sind entscheidende Ergebnisse, die wir systematisch in den folgenden Kapiteln verwenden werden: daher ist es nützlich, sich auf die Details der Beweise zu konzentrieren. Das Upcrossing-Lemma ist ein eher ungewöhnliches und subtiles Ergebnis, dessen Verwendung sich auf den Nachweis der Stetigkeit von Martingal-Trajektorien beschränken wird: sein Beweis kann bei einer ersten Lektüre übersprungen werden.
- Abschn. 6.2.1: die Untersuchung von Stoppzeiten im kontinuierlichen Fall beinhaltet einige technische Schwierigkeiten. Zunächst ist es notwendig, die sogenannten üblichen Bedingungen für die Filtration anzunehmen: diese sind zum Beispiel entscheidend bei der Untersuchung von Austrittszeiten eines Prozesses aus einer geschlossenen Menge.

- Abschn. 6.2.2 und 6.2.3: jede Filtration kann so erweitert werden, dass sie die üblichen Bedingungen erfüllt, aber in diesem Fall ist es notwendig zu beweisen, dass bestimmte Eigenschaften der Prozesse gültig bleiben: zum Beispiel die Markov-Eigenschaft oder die Unabhängigkeitseigenschaften der Inkremente eines Lévy-Prozesses. Es ist nützlich, die Aussagen in diesen Abschnitten zu verstehen, aber man kann die technischen Aspekte der Beweise überspringen.
- Abschn. 6.2.4: der Begriff des progressiv messbaren Prozesses stärkt den eines adaptierten Prozesses, da er eine gemeinsame Messbarkeitseigenschaft in (t, ω) erfordert. Insbesondere ist ein progressiv messbarer Prozess auch als Funktion der Zeit messbar: dies ist relevant im Kontext der stochastischen Integrationstheorie.

Hauptnotationen, die in diesem Kapitel verwendet oder eingeführt wurden:

Symbol	Beschreibung	Seite
τ	typischer Buchstabe zur Bezeichnung einer Stoppzeit	96
X_τ	Prozess X ausgewertet zur (Stopp-)Zeit τ	97
$\mathscr{F}_\tau$	σ-Algebra der Information zur (Stopp-)Zeit τ	97
X^τ	gestoppter Prozess	98
$\bar{M} = \max_{0 \leq n \leq N} M_n$	Maximumprozess	101
$\mathscr{N}$	Nullmengen	105
$\bar{\mathscr{F}}_t$	vervollständigte σ-Algebra	109
$\mathscr{F}_{t+}$	„rechts-augmentierte" σ-Algebra	109
$\mathscr{F}^X$	Standardfiltration eines Prozesses X	110

_# Kapitel 7
Starke Markov-Eigenschaft

> *L'appartenenza*
> *è assai di più della salvezza personale*
> *è la speranza di ogni uomo che sta male*
> *e non gli basta esser civile.*
> *È quel vigore che si sente se fai parte di qualcosa*
> *che in sé travolge ogni egoismo personale*
> *con quell'aria più vitale che è davvero contagiosa.*
>
> Giorgio Gaber

In diesem Kapitel bezeichnet $X = (X_t)_{t \geq 0}$ einen Markov-Prozess mit Übergangsverteilung p auf einem gefilterten Wahrscheinlichkeitsraum $(\Omega, \mathscr{F}, P, \mathscr{F}_t)$, der die üblichen Bedingungen erfüllt. Die starke Markov-Eigenschaft ist eine Erweiterung der Markov-Eigenschaft, bei der die Anfangszeit eine Stoppzeit ist.

7.1 Feller und starke Markov-Eigenschaften

Definition 7.1.1 (Starke Markov-Eigenschaft) Wir sagen, dass X die starke Markov-Eigenschaft erfüllt, wenn für jedes $h > 0$, $\varphi \in b\mathscr{B}$ und τ eine fast sicher endliche Stoppzeit ist, sodass

$$\int_{\mathbb{R}} p(\tau, X_\tau; \tau + h, dy) \varphi(y) = E\left[\varphi(X_{\tau+h}) \mid \mathscr{F}_\tau\right]. \tag{7.1}$$

Zugehörigkeit ist viel mehr als persönliche Erlösung es ist die Hoffnung jedes Mannes, der kämpft und für ihn ist es nicht genug, zivil zu sein. Es ist diese Stärke, die man fühlt, wenn man Teil von etwas ist das jeden persönlichen Egoismus überwältigt mit dieser vitaleren Luft, die wirklich ansteckend ist.

Theorem 7.1.2 Sei X ein Markov-Prozess. Wenn X ein rechtsstetiger Feller-Prozess ist, dann erfüllt er die starke Markov-Eigenschaft.

Beweis Erinnern wir uns an Definition 2.1.10. Dann wissen wir, dass die Übergangsverteilung p eines Feller-Prozesses so ist, dass für jedes $h > 0$ und $\varphi \in bC(\mathbb{R})$ die Funktion

$$(t, x) \longmapsto \int_{\mathbb{R}} p(t, x; t + h, dy)\varphi(y)$$

stetig ist. Sei $h > 0$ und $\varphi \in bC$. Wir beweisen, dass für

$$Z := \int_{\mathbb{R}} p(\tau, X_\tau; \tau + h, dy)\varphi(y),$$

$Z = E\left[\varphi(X_{\tau+h}) \mid \mathscr{F}_\tau\right]$ gilt. Wir überprüfen die Eigenschaften der bedingten Erwartung. Zunächst einmal, $Z \in m\mathscr{F}_\tau$ denn

- $Z = f(\tau, X_\tau)$ mit $f(t, x) := \int_{\mathbb{R}} p(t, x; t + h, dy)\varphi(y)$, welches eine stetige Funktion durch die Feller-Eigenschaft ist;
- $X_\tau \in m\mathscr{F}_\tau$ durch Proposition 6.2.29-iv), da X adaptiert und rechtsstetig ist (also progressiv messbar durch Proposition 6.2.28).

Zweitens, wir beweisen, dass für jedes $A \in \mathscr{F}_\tau$

$$E[Z\mathbb{1}_A] = E\left[\varphi(X_{\tau+h})\mathbb{1}_A\right] \tag{7.2}$$

gilt. Betrachte zunächst den Fall, in dem τ nur eine abzählbare unendlich viele Werte $t_k, k \in \mathbb{N}$, annimmt: in diesem Fall folgt (7.2) aus der Tatsache, dass

$$E[Z\mathbb{1}_A] = \sum_{k=1}^{\infty} E\left[Z\mathbb{1}_{A \cap (\tau=t_k)}\right]$$

$$= \sum_{k=1}^{\infty} E\left[\int_{\mathbb{R}} p(t_k, X_{t_k}; t_k + h, dy)\varphi(y)\mathbb{1}_{A \cap (\tau=t_k)}\right] =$$

(durch die Markov-Eigenschaft (2.7), da $A \cap (\tau = t_k) \in \mathscr{F}_{t_k}$)

$$= \sum_{k=1}^{\infty} E\left[\varphi(X_{t_k+h})\mathbb{1}_{A \cap (\tau=t_k)}\right] = E\left[\varphi(X_{\tau+h})\mathbb{1}_A\right].$$

Im allgemeinen Fall betrachte die approximierende Folge von Stoppzeiten, die durch

$$\tau_n(\omega) = \begin{cases} \frac{k}{2^n} & \text{falls } \frac{k-1}{2^n} \leq \tau(\omega) < \frac{k}{2^n} \text{ für } k \in \mathbb{N}, \\ \infty & \text{falls } \tau(\omega) = \infty \end{cases}$$

7.1 Feller und starke Markov-Eigenschaften

definiert ist. Für jedes $n \in \mathbb{N}$ nimmt τ_n nur eine abzählbar unendliche Anzahl von Werten an. Darüber hinaus gilt $\tau_n \geq \tau$ und somit, wenn $A \in \mathscr{F}_\tau$ ist, dass dann auch $A \in \mathscr{F}_{\tau_n}$ und es gilt

$$E\left[\int_\mathbb{R} p(\tau_n, X_{\tau_n}; \tau_n + h, dy)\varphi(y)\mathbb{1}_A\right] = E\left[\varphi\left(X_{\tau_n+h}\right)\mathbb{1}_A\right].$$

Indem wir den Grenzwert für $n \to \infty$ nehmen, erhalten wir (7.2). Dieser Grenzwert ist durch den majorisierten Konvergenzsatz gerechtfertigt, da die Integranden beschränkt sind und punktweise fast sicher konvergieren. Auf der rechten Seite wird die Konvergenz durch die Rechtsstetigkeit von X und die Stetigkeit von φ gewährleistet; auf der linken Seite durch die Rechtsstetigkeit von X und die Feller Eigenschaft. □

Bemerkung 7.1.3 [!] Nach Theorem 7.1.2 besitzen die Brownsche Bewegung, der Poisson-Prozess und allgemeiner Lévy-Prozesse (vgl. Definition 6.2.19) die starke Markov-Eigenschaft: daher sagen wir, dass sie *starke Markov-Prozesse* sind.

In Analogie zu den Ergebnissen des Abschnitts 4.2 haben wir

Satz 7.1.4 Sei $W = (W_t)_{t\geq 0}$ eine Brownsche Bewegung auf $(\Omega, \mathscr{F}, P, \mathscr{F}_t)$ und τ eine fast sicher endliche Stoppzeit. Dann ist der Prozess

$$W_t^\tau := W_{t+\tau} - W_\tau, \qquad t \geq 0, \tag{7.3}$$

eine Brownsche Bewegung auf $(\Omega, \mathscr{F}, P, (\mathscr{F}_{t+\tau})_{t\geq 0})$. Insbesondere ist W^τ unabhängig von $\mathscr{F}_\tau$.

Beweis Für jedes $\eta \in \mathbb{R}$ haben wir

$$\begin{aligned} E\left[e^{i\eta W_t^\tau} \mid \mathscr{F}_\tau\right] &= E\left[e^{i\eta(W_{t+\tau}-W_\tau)} \mid \mathscr{F}_\tau\right] \\ &= e^{i\eta W_\tau} E\left[e^{i\eta W_{t+\tau}} \mid \mathscr{F}_\tau\right] \\ &= e^{i\eta W_\tau} E\left[e^{i\eta W_{t+\tau}} \mid W_\tau\right] = e^{-\frac{\eta^2 t^2}{2}} \end{aligned}$$

dank der starken Markov-Eigenschaft in der Form (7.1). Aus Theorem 4.2.10 in [113] folgt, dass $W_t^\tau \sim \mathscr{N}_{0,t}$ und unabhängig von $\mathscr{F}_\tau$ ist. Ebenso beweisen wir, dass $W_t^\tau - W_s^\tau \sim \mathscr{N}_{0,t-s}$ und unabhängig von $\mathscr{F}_{\tau+s}$ für jedes $0 \leq s \leq t$ ist. □

Abb. 7.1 Trajektorien einer Brownschen und ihres reflektierten Prozesses beginnend ab $t_0 = 0{,}2$

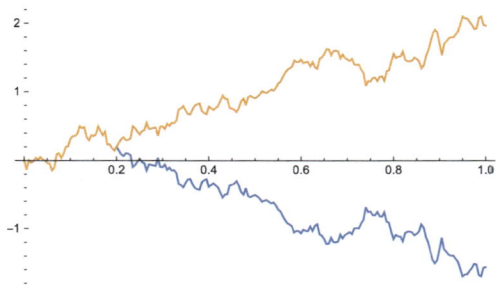

7.2 Reflexionsprinzip

Betrachte eine Brownsche Bewegung W auf dem gefilterten Raum $(\Omega, \mathscr{F}, P, \mathscr{F}_t)$ und fixieren $t_0 \geq 0$. Wir sagen, dass

$$\widetilde{W}_t := W_{t \wedge t_0} - \left(W_t - W_{t \wedge t_0}\right), \qquad t \geq 0,$$

der *reflektierte Prozess von W beginnend ab t_0* ist. Abb. 7.1 stellt eine Trajektorie von W und seinen reflektierten Prozess $\widetilde{W}$ beginnend ab $t_0 = 0{,}2$ dar.

Es ist nicht schwer zu überprüfen[1], dass $\widetilde{W}$ auch eine Brownsche Bewegung auf $(\Omega, \mathscr{F}, P, \mathscr{F}_t)$ ist. Es ist bemerkenswert, dass dieses Ergebnis auf den Fall verallgemeinert wird, in dem t_0 eine Stoppzeit ist.

Theorem 7.2.1 (Reflexionsprinzip)[!] Sei $W = (W_t)_{t \geq 0}$ eine Brownsche Bewegung auf dem gefilterten Raum $(\Omega, \mathscr{F}, P, \mathscr{F}_t)$ und τ eine Stoppzeit. Dann ist der reflektierte Prozess beginnend ab τ, definiert als

$$\widetilde{W}_t := W_{t \wedge \tau} - \left(W_t - W_{t \wedge \tau}\right), \qquad t \geq 0,$$

eine Brownsche Bewegung auf $(\Omega, \mathscr{F}, P, \mathscr{F}_t)$.

---

[1] Für $s \leq t$ haben wir

$$\widetilde{W}_t = \begin{cases} W_t & \text{falls } t \leq t_0, \\ 2W_{t_0} - W_t & \text{falls } t > t_0, \end{cases}$$

so dass $\widetilde{W}_t \in m\mathscr{F}_t$. Darüber hinaus,

$$\widetilde{W}_t - \widetilde{W}_s = \begin{cases} W_t - W_s & \text{falls } s, t \leq t_0, \\ W_{t_0} - W_s - (W_t - W_{t_0}) & \text{falls } s < t_0 < t, \\ -(W_t - W_s) & \text{falls } t_0 \leq s, t, \end{cases}$$

und daher ist $\widetilde{W}_t - \widetilde{W}_s$ unabhängig von $\mathscr{F}_s$ und hat die Verteilung $\mathcal{N}_{0, t-s}$.

7.2 Reflexionsprinzip

Beweis Es genügt, die Behauptung auf einem Zeitintervall $[0, T]$ für ein festes $T > 0$ zu zeigen, und daher ist es keine Einschränkung, $\tau < \infty$ anzunehmen, sodass die Brownsche Bewegung W^τ in (7.3) wohldefiniert ist. Wir beobachten, dass

$$W_t = W_{t \wedge \tau} + W^\tau_{t-\tau} \mathbb{1}_{(t \geq \tau)}, \qquad \widetilde{W}_t = W_{t \wedge \tau} - W^\tau_{t-\tau} \mathbb{1}_{(t \geq \tau)}.$$

Die Behauptung folgt daraus, dass W^τ als Brownsche Bewegung in Verteilung gleich $-W^\tau$ ist und unabhängig von $\mathscr{F}_\tau$ und damit von $W_{t \wedge \tau}$ und τ ist: Daraus folgt, dass W und $\widetilde{W}$ in Vertilung übereinstimmen. □

Betrachte den Prozess des *Maximums von W*, definiert durch

$$\bar{W}_t := \max_{s \in [0,t]} W_s, \qquad t \geq 0.$$

Korollar 7.2.2 Für jedes $a > 0$ haben wir

$$P(\bar{W}_t \geq a) = 2P(W_t \geq a), \qquad t \geq 0. \tag{7.4}$$

Beweis Wir zerlegen $(\bar{W}_t \geq a)$ in die disjunkte Vereinigung

$$(\bar{W}_t \geq a) = (W_t > a) \cup (W_t \leq a, \bar{W}_t \geq a).$$

Wir führen die Stoppzeit

$$\tau_a := \inf\{t \geq 0 \mid W_t \geq a\}$$

ein und den reflektierten Prozess $\widetilde{W}$ von W beginnend bei τ_a. Dann haben wir[2]

$$(W_t \leq a, \bar{W}_t \geq a) = (\widetilde{W}_t \geq a)$$

und die Behauptung folgt aus dem Reflexionsprinzip. □

Bemerkung 7.2.3 [!] Einige bemerkenswerte Folgen des Korollar 7.2.2 sind:

i) da $P(|W_t| \geq a) = 2P(W_t \geq a)$, folgt aus (7.4), dass $\bar{W}_t$ und $|W_t|$ *in Verteilung gleich sind;*
ii) da $(\tau_a \leq t) = (\bar{W}_t \geq a)$, haben wir aus (7.4)

$$P(\tau_a \leq t) = 2P(W_t \geq a) = \frac{2}{\sqrt{\pi}} \int_{\frac{a}{\sqrt{2t}}}^{\infty} e^{-y^2} dy, \tag{7.5}$$

---

[2] Wir setzen $A = (W_t \leq a, \bar{W}_t \geq a)$ und $B = (\widetilde{W}_t \geq a)$. Wenn $\omega \in A$ dann $\tau_a(\omega) \leq t$ und daher $\widetilde{W}_t(\omega) = 2W_{\tau_a(\omega)}(\omega) - W_t = 2a - W_t \geq a$ von dem $\omega \in B$. Umgekehrt, nehmen wir an $\widetilde{W}_t(\omega) \geq a$: wenn $\tau_a(\omega) > t$ hätten wir $a \leq \widetilde{W}_t(\omega) = W_t(\omega)$ was absurd ist. Dann muss $\tau_a(\omega) \leq t$ sein und daher offensichtlich $\bar{W}_t(\omega) \geq a$ und auch $a \leq \widetilde{W}_t(\omega) = 2a - W_t(\omega)$ so dass $W_t(\omega) \geq a$.

so dass
$$P(\tau_a < +\infty) = \lim_{n \to +\infty} P(\tau_a \leq n) = 1$$

und durch Differenzieren von (7.5) erhalten wir den Ausdruck einer Dichte von τ_a:
$$\gamma_{\tau_a}(t) = \frac{a e^{-\frac{a^2}{2t}}}{\sqrt{2\pi} t^{3/2}} \mathbb{1}_{]0,+\infty[}(t);$$

iii) für jedes $\varepsilon > 0$
$$P(W_t \leq 0 \, \forall t \in [0, \varepsilon]) = P(\bar{W}_\varepsilon \leq 0) = P(|W_\varepsilon| \leq 0) = 0.$$

7.3 Der homogene Fall

Wir setzen $I = \mathbb{R}_{\geq 0}$ und nehmen an, dass X die *kanonische Version* (vgl. Proposition 2.2.6) eines Markov-Prozesses mit *zeit-homogener* Übergangsverteilung p ist: Daher ist X auf dem vollständigen Raum $(\mathbb{R}^I, \mathscr{F}^I_\mu, \mu, \mathscr{F}^X)$ definiert, wobei μ die Verteilung des Prozesses X und $\mathscr{F}^X$ die Standardfiltration von X ist (vgl. Definition 6.2.11). Außerdem gilt $X_t(\omega) = \omega(t)$ für alle $t \geq 0$ und $\omega \in \mathbb{R}^I$.

Um die Markov-Eigenschaft effektiver auszudrücken, führen wir die Familie der *Translationen* $(\theta_t)_{t \geq 0}$ ein, definiert durch

$$\theta_t : \mathbb{R}^I \longrightarrow \mathbb{R}^I, \qquad (\theta_t \omega)(s) = \omega(t+s), \qquad s \geq 0, \, \omega \in \mathbb{R}^I. \tag{7.6}$$

Intuitiv „schneidet und entfernt" der Übersetzungsoperator θ_t den Teil der Trajektorie ω bis zur Zeit t. Sei Y eine Zufallsvariable.. Wir bezeichnen mit $Y \circ \theta_t$ die *translatierte Zufallsvariable*, definiert durch

$$(Y \circ \theta_t)(\omega) := Y(\theta_t(\omega)), \qquad \omega \in \mathbb{R}^I.$$

Beachte, dass $(X_s \circ \theta_t)(\omega) = \omega(t+s) = X_{t+s}(\omega)$ oder einfacher,

$$X_s \circ \theta_t = X_{t+s}.$$

In der folgenden Aussage bezeichnen wir mit

$$E_x[Y] := E[Y \mid X_0 = x]$$

eine Version der bedingten Erwartungsfunktion von Y gegeben X_0 (vgl. Definition 4.2.16 in [113]) und $\mathscr{F}^X_{0,\infty} = \sigma(X_s, s \geq 0)$ (vgl. (2.11)).

7.3 Der homogene Fall

Theorem 7.3.1 (Starke Markov-Eigenschaft im homogenen Fall) [!] Sei X die kanonische Version eines starken Markov-Prozesses mit zeit-homogener Übergangsverteilung. Für jede f.s. endliche Stoppzeit τ und jedes $Y \in b\mathscr{F}_{0,\infty}^{X}$ gilt

$$E_{X_\tau}[Y] = E[Y \circ \theta_\tau \mid \mathscr{F}_\tau]. \tag{7.7}$$

Beweis Zur Klarheit beobachten wir explizit, dass die linke Seite von (7.7) die Funktion $E_x[Y]$ angibt, die bei $x = X_\tau$ ausgewertet wird. Wenn X die starke Markov Eigenschaft (7.1) erfüllt, haben wir

$$E[\varphi(X_h) \circ \theta_\tau \mid \mathscr{F}_\tau] = E[\varphi(X_{\tau+h}) \mid \mathscr{F}_\tau]$$
$$= \int_\mathbb{R} p(\tau, X_\tau; \tau+h, dy)\varphi(y) =$$

(durch die Annahme der Homogenität)

$$= \int_\mathbb{R} p(0, X_\tau; h, dy)\varphi(y) = E_{X_\tau}[\varphi(X_h)]$$

was (7.7) für $Y = \varphi(X_h)$ mit $h \geq 0$ und $\varphi \in b\mathscr{B}$ beweist. Der allgemeine Fall wird wie in Theorem 2.2.4 bewiesen, indem (7.7) zuerst auf den Fall

$$Y = \prod_{i=1}^{n} \varphi_i(X_{h_i})$$

mit $0 \leq h_1 < \cdots < h_n$ und $\varphi_1, \ldots, \varphi_n \in b\mathscr{B}$ erweitert wird, und schließlich das zweite Dynkin's Theorem verwendet wird. □

Alle bisherigen Ergebnisse über Markov-Prozesse lassen sich nahtlos auf den mehrdimensionalen Fall erweitern, in dem Prozesse Werte in $\mathbb{R}^d$ annehmen, ohne auf nennenswerte Schwierigkeiten zu stoßen. Das folgende Theorem 7.3.2 ist vorbereitend für die Untersuchung der Beziehung zwischen Markov-Prozessen und harmonischen Funktionen: wir erinnern daran, dass eine harmonische Funktion eine Lösung des Laplace-Operators oder allgemeiner einer partiellen Differentialgleichung elliptischen Typs ist. Wir nehmen die folgenden allgemeinen Hypothesen an:

- D ist eine offene Menge in $\mathbb{R}^d$;
- X ist die kanonische Version eines starken Markov-Prozesses mit Werten in $\mathbb{R}^d$;
- X ist stetig und hat eine zeit-homogene Übergangsverteilung p;
- $X_0 \in D$ fast sicher;
- $\tau_D < \infty$ fast sicher, wobei τ_D die Austrittszeit von X aus D ist (vgl. Beispiel 6.2.3).

Wir bezeichnen mit ∂D den Rand von D und stellen fest, dass aufgrund unserer Annahmen $X_{\tau_D} \in \partial D$ fast sicher ist. In der folgenden Aussage bedeutet $E_x[\cdot] \equiv E[\cdot \mid X_0 = x]$ die bedingte Erwartungsfunktion gegeben X_0.

Theorem 7.3.2 Sei $\varphi \in b\mathscr{B}(\partial D)$. Wenn[3]

$$u(x) = E_x\left[\varphi(X_{\tau_D})\right] \tag{7.8}$$

dann haben wir:

i) der Prozess $(u(X_{t \wedge \tau_D}))_{t \geq 0}$ ist ein Martingal bezüglich der Filtration $(\mathscr{F}^X_{t \wedge \tau_D})_{t \geq 0}$;
ii) für jedes $y \in D$ und $\varepsilon > 0$ so dass $D(y, \varepsilon) := \{z \in \mathbb{R}^d \mid |z - y| < \varepsilon\} \subseteq D$ haben wir

$$u(x) = E_x\left[u\left(X_{\tau_{D(y,\varepsilon)}}\right)\right] \tag{7.9}$$

wobei $\tau_{D(y,\varepsilon)}$ die Austrittszeit von X aus $D(y, \varepsilon)$ ist.

Beweis Der Beweis basiert auf der entscheidenden Bemerkung, dass wenn τ eine Stoppzeit ist und $\tau \leq \tau_D$, dass dann auch

$$X_{\tau_D} \circ \theta_\tau = X_{\tau_D}. \tag{7.10}$$

Genauer gesagt, für jedes $\omega \in \mathbb{R}^I$ haben wir

$$(X_{\tau_D} \circ \theta_\tau)(\omega) = X_{\tau_D}(\theta_\tau(\omega)) = X_{\tau_D}(\omega)$$

da die Trajektorie ω und die Trajektorie $\theta_\tau(\omega)$, die durch Abschneiden und Entfernen des Teils von ω bis zum Zeitpunkt $\tau(\omega)$ erhalten wird, D zum ersten Mal am selben Punkt $X_{\tau_D}(\omega)$ verlassen.

Wir beweisen i): für $0 \leq s \leq t$ haben wir

$$E\left[u(X_{t \wedge \tau_D}) \mid \mathscr{F}_{s \wedge \tau_D}\right] = E\left[E_{X_{t \wedge \tau_D}}\left[\varphi(X_{\tau_D})\right] \mid \mathscr{F}_{s \wedge \tau_D}\right] =$$

(durch die starke Markov-Eigenschaft (7.7), da $\varphi(X_{\tau_D}) \in b\mathscr{F}^X_{0,\infty}$)

$$= E\left[E\left[\varphi(X_{\tau_D}) \circ \theta_{t \wedge \tau_D} \mid \mathscr{F}_{t \wedge \tau_D}\right] \mid \mathscr{F}_{s \wedge \tau_D}\right] =$$

(durch (7.10) mit $\tau = t \wedge \tau_D$)

$$= E\left[E\left[\varphi(X_{\tau_D}) \mid \mathscr{F}_{t \wedge \tau_D}\right] \mid \mathscr{F}_{s \wedge \tau_D}\right] =$$

(da $\mathscr{F}_{s \wedge \tau_D} \subseteq \mathscr{F}_{t \wedge \tau_D}$)

$$= E\left[\varphi(X_{\tau_D}) \mid \mathscr{F}_{s \wedge \tau_D}\right] =$$

(Wiederanwendung der starken Markov-Eigenschaft (7.7))

$$= E_{X_{s \wedge \tau_D}}\left[\varphi(X_{\tau_D})\right] = u(X_{s \wedge \tau_D}).$$

---

[3] Formel (7.8) bedeutet, dass u eine Version von der bedingten Erwartungsfunktion von $\varphi(X_{\tau_D})$ gegeben X_0 ist.

7.3 Der homogene Fall

Nun beweisen wir ii). Wenn $x \notin D(y, \varepsilon)$, ist einerseits $\tau_{D(y,\varepsilon)} = 0$ und andereseits $\tau_{D(y,\varepsilon)} \leq \tau_D < \infty$ fast sicher, da X stetig ist und unter Anwendung des Optional Sampling Theorems, in Form von Theorem 8.5.4, auf das Martingal $M_t := u(X_{t \wedge \tau_D})$ haben wir

$$M_0 = E\left[M_{\tau_{D(y,\varepsilon)}} \mid \mathscr{F}_0^X\right]$$

das heißt

$$u(X_0) = E\left[u(X_{\tau_{D(y,\varepsilon)}}) \mid X_0\right]$$

was (7.9) beweist. □

Kapitel 8
Stetige Martingale

> *Il non poter essere soddisfatto da alcuna cosa terrena,*
> *nè, per dir così, dalla terra intera; considerare*
> *l'ampiezza inestimabile dello spazio, il numero e la*
> *mole meravigliosa dei mondi, e trovare che tutto è*
> *poco e piccino alla capacità dell'animo proprio;*
> *immaginarsi il numero dei mondi infinito, e*
> *l'universo infinito, e sentire che l'animo e il desiderio*
> *nostro sarebbe ancora piú grande che sì fatto*
> *universo; e sempre accusare le cose d'insufficienza e*
> *di nullitá, e patire mancamento e vòto, e peró noia,*
> *pare a me il maggior segno di grandezza e di nobiltá,*
> *che si vegga della natura umana.*
>
> Giacomo Leopardi

In diesem Kapitel erweitern wir einige wichtige Ergebnisse vom diskreten auf den kontinuierlichen Fall, wie das Optional Sampling Theorem und Doobs Maximalungleichung für Martingale. Die allgemeine Strategie besteht aus drei Schritten:

- die Ergebnisse werden zunächst vom diskreten Fall, in dem die Anzahl der Zeitpunkte *endlich* ist, auf den Fall erweitert, in dem die Zeitpunkte die sogenannten *dyadischen Rationalzahlen* sind. Diese sind durch

---

Die Unfähigkeit, durch irgendetwas Irdisches befriedigt zu werden, oder, sozusagen, durch die gesamte Erde; die unermessliche Weite des Raumes, die wunderbare Anzahl und Größe der Welten zu betrachten und festzustellen, dass alles klein und unzureichend für die Kapazität der eigenen Seele ist; sich die Anzahl der Welten als unendlich und das Universum als unendlich vorzustellen und zu fühlen, dass unsere Seele und unser Verlangen noch größer wären als dieses riesige Universum; und immer die Dinge der Unzulänglichkeit und Nichtigkeit zu beschuldigen, und unter Mangel und Leere zu leiden, und daher Langeweile – das scheint mir das größte Zeichen von Größe und Adel zu sein, das man in der menschlichen Natur wahrnehmen kann.

$$\mathscr{D} := \bigcup_{n \geq 1} \mathscr{D}_n, \quad \mathscr{D}_n := \left\{ \tfrac{k}{2^n} \mid k \in \mathbb{N}_0 \right\} = \left\{ 0, \tfrac{1}{2^n}, \tfrac{2}{2^n}, \tfrac{3}{2^n}, \ldots \right\}.$$

definiert. Wir beobachten, dass $\mathscr{D}_n \subseteq \mathscr{D}_{n+1}$ für jedes $n \in \mathbb{N}$ und $\mathscr{D}$ ist eine abzählbare Menge, die dicht in $\mathbb{R}_{\geq 0}$ liegt;
- unter der Annahme der Rechtsstetigkeit der Trajektorien ist es fast unmittelbar möglich, die Gültigkeit der Ergebnisse vom dyadischen auf den kontinuierlichen Fall zu erweitern;
- schließlich ist die Annahme der Stetigkeit der Trajektorien nicht wesentlich einschränkend, da *jedes Martingal eine Modifikation mit càdlàg Trajektorien zulässt:* der Beweis basiert auf Doobs Maximalungleichungen (die es uns erlauben zu beweisen, dass die Trajektorien fast sicher *nicht divergieren*) und auf dem Upcrossing-Lemma (das es uns erlaubt zu beweisen, dass die Trajektorien fast sicher *nicht oszillieren*). Die dritte grundlegende Zutat ist Vitalis Konvergenzsatz (Theorem C.0.2 in [113]), der die Erhaltung der Martingaleigenschaft beim Grenzübergang garantiert.

Im zweiten Teil des Kapitels führen wir einige bemerkenswerte Martingalräume ein, die eine zentrale Rolle in der Theorie der stochastischen Integration spielen werden. Wir geben auch die Definition von *lokalen Martingalen,* einem Begriff, der den von Martingalen verallgemeinert, indem er die Integrabilitätsannahmen abschwächt.

8.1 Optional Sampling und Maximalungleichungen

Betrachte einen gefilterten Wahrscheinlichkeitsraum $(\Omega, \mathscr{F}, P, \mathscr{F}_t)$. In diesem Abschnitt nehmen wir nicht die üblichen Bedingungen für die Filtration an. Im Folgenden verwenden wir mit $T > 0$ die Notation

$$\mathscr{D}(T) := \bigcup_{n \geq 1} \mathscr{D}_{T,n}, \quad \mathscr{D}_{T,n} := \left\{ \tfrac{Tk}{2^n} \mid k = 0, 1, \ldots, 2^n \right\}, \quad n \in \mathbb{N}. \tag{8.1}$$

Lemma 8.1.1 (Doobs Maximalungleichung auf Dyaden) Sei $X = (X_t)_{t \geq 0}$ ein Martingal oder ein nicht negatives Sub-Martingal. Für jedes $T, \lambda > 0$ und $p > 1$ haben wir

$$P\left(\sup_{t \in \mathscr{D}(T)} |X_t| \geq \lambda \right) \leq \frac{E[|X_T|]}{\lambda}, \tag{8.2}$$

$$E\left[\sup_{t \in \mathscr{D}(T)} |X_t|^p \right] \leq \left(\frac{p}{p-1} \right)^p E\left[|X_T|^p \right]. \tag{8.3}$$

Beweis Wenn X ein Martingal ist, dann ist $|X|$ ein nicht negatives Sub-Martingal nach Proposition 1.4.12. Daher genügt es, die Behauptung für ein nicht negatives Sub-Martingal X zu beweisen. Sei $T > 0$ fest. Wir betrachten für jedes $n \in \mathbb{N}$ den

8.1 Optional Sampling und Maximalungleichungen

Prozess $(X_t)_{t \in \mathscr{D}_{T,n}}$, der ein nicht negatives *diskretes* Sub-Martingal im Bezug auf die Filtration $(\mathscr{F}_t)_{t \in \mathscr{D}_{T,n}}$ ist und setzen

$$M_n := \sup_{t \in \mathscr{D}_{T,n}} X_t, \qquad M := \sup_{t \in \mathscr{D}(T)} X_t.$$

Fixiere nun $\varepsilon > 0$. Unter Berücksichtigung, dass $\mathscr{D}_{T,n} \subseteq \mathscr{D}_{T,n+1}$, haben wir nach Beppo Levis Theorem[1]

$$P(M > \lambda - \varepsilon) = \lim_{n \to \infty} P(M_n > \lambda - \varepsilon) \leq$$

(nach Doobs Maximalungleichung für diskrete Sub-Martingale, Theorem 6.1.11)

$$\leq \frac{E[X_T]}{\lambda - \varepsilon}.$$

Formel (8.2) folgt aus der Beliebigkeit von ε.

Nun sei $p > 1$. Da $\mathscr{D}_{T,n} \subseteq \mathscr{D}_{T,n+1}$ und $M_n^p = \sup_{t \in \mathscr{D}_{T,n}} X_t^p$, haben wir $0 \leq M_n^p \nearrow M = \sup_{t \in \mathscr{D}(T)} X_t^p$, wenn $n \to \infty$. Dann haben wir mit Beppo Levi

$$E[M^p] = \lim_{n \to \infty} E[M_n^p] \leq$$

(nach Doobs Maximalungleichung für diskrete Sub-Martingale, Theorem 6.1.11)

$$\leq \left(\frac{p}{p-1}\right)^p E[X_T^p].$$

□

In den folgenden Aussagen werden wir immer die Hypothese der Rechtsstetigkeit der Prozesse annehmen: wir werden in Abschn. 8.2 sehen, dass, wenn die Filtration die üblichen Bedingungen erfüllt, jedes Martingal eine càdlàg Modifikation zulässt.

Theorem 8.1.2 (Doobs Maximalungleichungen)[!] Sei $X = (X_t)_{t \geq 0}$ ein rechtsstetiges Martingal (oder ein nicht-negatives Sub-Martingal). Für jedes $T, \lambda > 0$ und $p > 1$ haben wir

---

[1] Beachte, dass

$$P(M > \lambda - \varepsilon) = E\left[\mathbb{1}_{(M > \lambda - \varepsilon)}\right] = \lim_{n \to \infty} E\left[\mathbb{1}_{(M_n > \lambda - \varepsilon)}\right] = \lim_{n \to \infty} P(M_n > \lambda - \varepsilon),$$

da die Folge $\mathbb{1}_{(M_n > \lambda - \varepsilon)}$ monoton steigend ist.

$$P\left(\sup_{t\in[0,T]} |X_t| \geq \lambda\right) \leq \frac{E[|X_T|]}{\lambda}, \tag{8.4}$$

$$E\left[\sup_{t\in[0,T]} |X_t|^p\right] \leq \left(\frac{p}{p-1}\right)^p E\left[|X_T|^p\right]. \tag{8.5}$$

Beweis Die Behauptung ist eine unmittelbare Folge von Lemma 8.1.1, da wenn X rechtsstetige Trajektorien hat, dann $\sup_{t\in[0,T]} |X_t| = \sup_{t\in\mathscr{D}(T)} |X_t|$. □

In Analogie zum diskreten Fall haben wir das folgende einfache

Korollar 8.1.3 (Doobs Maximalungleichungen) [!] Sei $X = (X_t)_{t\geq 0}$ ein rechtsstetiges Martingal (oder ein nicht-negatives Sub-Martingal). Für jedes $\lambda > 0$, $p > 1$ und τ Stoppzeit, so dass $\tau \leq T$ f.s. für ein bestimmtes T, haben wir

$$P\left(\sup_{t\in[0,\tau]} |X_t| \geq \lambda\right) \leq \frac{E[|X_\tau|]}{\lambda},$$

$$E\left[\sup_{t\in[0,\tau]} |X_t|^p\right] \leq \left(\frac{p}{p-1}\right)^p E\left[|X_\tau|^p\right].$$

Beweis Wir werden später sehen (vgl. Korollar 8.4.1), dass das Stoppen eines rechtsstetigen Martingals zu einem Martingal führt. Dann folgt die Behauptung aus Theorem 8.1.2 angewendet auf $(X_{t\wedge\tau})_{t\geq 0}$. □

Um einige Ergebnisse über Stoppzeiten und Martingale vom diskreten Fall auf den kontinuierlichen Fall zu erweitern, ist das folgende technische Approximationsergebnis nützlich.

Lemma 8.1.4 Sei $\tau : \Omega \longrightarrow [0, +\infty]$ eine Stoppzeit. Es gibt eine Folge $(\tau_n)_{n\in\mathbb{N}}$ von *diskreten* Stoppzeiten (vgl. Definition 6.1.1)

$$\tau_n : \Omega \longrightarrow \{\tfrac{k}{2^n} \mid k = 1, 2, \ldots, n2^n\}$$

so dass:

i) $\tau_n \longrightarrow \tau$ wenn $n \to \infty$;
ii) $\tau_{n+1}(\omega) \leq \tau_n(\omega)$ wenn $n > \tau(\omega)$.

Beweis Für jedes $n \in \mathbb{N}$ setzen wir

$$\tau_n(\omega) = \begin{cases} \frac{k}{2^n} & \text{wenn } \frac{k-1}{2^n} \leq \tau(\omega) < \frac{k}{2^n} \text{ für } k \in \{1, 2, \ldots, n2^n\}, \\ n & \text{falls } \tau(\omega) \geq n. \end{cases}$$

Für jedes $\omega \in \Omega$ und $n \in \mathbb{N}$ mit $\tau(\omega) < n$ haben wir

$$\tau_n(\omega) - \tfrac{1}{2^n} \leq \tau(\omega) \leq \tau_n(\omega)$$

8.1 Optional Sampling und Maximalungleichungen

was i) und ii) beweist. Schließlich ist für jedes feste $n \in \mathbb{N}$, τ_n eine diskrete Stoppzeit in Bezug auf die Filtration $\mathscr{F}_{\frac{k}{2^n}}$ für $k = 0, 1, \ldots, n2^n$, denn

$$\left(\tau_n = \tfrac{k}{2^n}\right) = \left(\tfrac{k-1}{2^n} \leq \tau < \tfrac{k}{2^n}\right) \in \mathscr{F}_{\frac{k}{2^n}}, \qquad k = 0, 1, \ldots, n2^n - 1,$$

$$(\tau_n = n) = \left(\tau \geq n - \tfrac{1}{2^n}\right) = \left(\tau < n - \tfrac{1}{2^n}\right)^c \in \mathscr{F}_{n-\frac{1}{2^n}} \subseteq \mathscr{F}_n.$$

□

Bemerkung 8.1.5 Basierend auf ii) von Lemma 8.1.4, wenn $\tau(\omega) < \infty$, hat die approximierende Folge $(\tau_n(\omega))_{n \in \mathbb{N}}$ die Eigenschaft für große n *monoton fallend* zu sein. Anderseits, wenn $\tau(\omega) = \infty$, dann ist $\tau_n(\omega) = n$.

Wir geben eine erste Version des Optional Sampling Theorems: wir werden eine zweite sehen, mit schwächeren Annahmen an Stoppzeiten, in Theorem 8.5.4.

Theorem 8.1.6 (Optional Sampling Theorem) [!!!] Sei $X = (X_t)_{t \geq 0}$ ein rechtsstetiges Sub-Martingal. Wenn τ_1 und τ_2 Stoppzeiten sind, so dass $\tau_1 \leq \tau_2 \leq T$ für ein $T > 0$, dann haben wir

$$X_{\tau_1} \leq E\left[X_{\tau_2} \mid \mathscr{F}_{\tau_1}\right].$$

Beweis Nehmen wir an, dass X ein rechtsstetiges Martingal ist. Betrachte die Folgen $(\tau_{i,n})_{n \in \mathbb{N}}$, $i = 1, 2$, konstruiert wie in Lemma 8.1.4, von diskreten Stoppzeiten, so dass $\tau_{i,n} \xrightarrow[n \to \infty]{} \tau_i$: durch Konstruktion haben wir auch $\tau_{1,n} \leq \tau_{2,n}$ für jedes $n \in \mathbb{N}$. Sei nun $\bar{\tau}_{i,n} = \tau_{i,n} \wedge T$. Aufgrund der Monotonieeigenschaft von $\bar{\tau}_{i,n}$ (vgl. Lemma 8.1.4-ii)) und der Rechtsstetigkeit von X haben wir $X_{\bar{\tau}_{i,n}} \xrightarrow[n \to \infty]{} X_{\tau_i}$. Anderseits haben wir durch die diskrete Version des Optional Sampling Theorems (vgl. Theorem 6.1.10)

$$X_{\bar{\tau}_{i,n}} = E\left[X_T \mid \mathscr{F}_{\bar{\tau}_{i,n}}\right] \tag{8.6}$$

und daher sind die Folgeen $(X_{\bar{\tau}_{i,n}})_{n \in \mathbb{N}}$ durch Proposition C.0.7 in [113] (und Bemerkung C.0.8 in [113]) gleichmäßig integrierbar. Dann, durch Vitali's Konvergenzsatz C.0.2 in [113], haben wir auch Konvergenz in $L^1(\Omega, P)$:

$$X_{\bar{\tau}_{i,n}} \xrightarrow[n \to \infty]{L^1} X_{\tau_i}, \qquad i = 1, 2. \tag{8.7}$$

Wieder durch das Optional Sampling Theorem 6.1.10 haben wir

$$X_{\bar{\tau}_{1,n}} = E\left[X_{\bar{\tau}_{2,n}} \mid \mathscr{F}_{\bar{\tau}_{1,n}}\right],$$

sodass, wenn wir auf $\mathscr{F}_{\bar{\tau}_1}$ bedingen und die Turmeigenschaft verwenden, wir

$$E\left[X_{\bar{\tau}_{1,n}} \mid \mathscr{F}_{\bar{\tau}_1}\right] = E\left[X_{\bar{\tau}_{2,n}} \mid \mathscr{F}_{\bar{\tau}_1}\right]$$

bekommen. Die Behauptung folgt durch Grenzübergang für $n \to \infty$, dank (8.7) und unter Berücksichtigung dass die Konvergenz in $L^1(\Omega, P)$ von $X_{\bar{\tau}_{i,n}}$ die Konvergenz der bedingten Erwartungen $E\left[X_{\bar{\tau}_{i,n}} \mid \mathscr{F}_{\tau_1}\right]$ impliziert (vgl. Theorem 4.2.10 in [113]).

Wenn X ein Sub-Martingal ist, ist der Beweis völlig analog, außer dass die gleichmäßige Integrierbarkeit nicht direkt aus (8.6) abgeleitet werden kann, sondern erfordert die Verwendung eines etwas subtileren Arguments: für Details verweisen wir auf [6], Theorem 5.13. □

Das folgende nützliche Ergebnis zeigt, dass die Martingaleigenschaft *äquivalent* zur Eigenschaft ist, über die Zeit konstante Erwartung zu haben, zumindest wenn wir auch zufällige Zeiten (genauer gesagt, begrenzte Stoppzeiten) betrachten.

Theorem 8.1.7 [!] Sei $X = (X_t)_{t \geq 0}$ ein adaptierter, rechtsstetiger und absolut integrierbarer (d. h., so dass $X_t \in L^1(\Omega, P)$ für jedes $t \geq 0$) Prozess. Dann ist X genau dann ein Martingal, wenn $E[X_\tau] = E[X_0]$ für jede begrenzte[2] Stoppzeit τ.

Beweis Wenn X ein rechtsstetiges Martingal ist[3] dann ist es im Durchschnitt konstant auf begrenzten Stoppzeiten durch das Optional Sampling Theorem 8.1.6. Umgekehrt, da X nach Voraussetzung adaptiert ist, bleibt nur noch zu zeigen, dass

$$E[X_t \mathbb{1}_A] = E[X_s \mathbb{1}_A], \quad s \leq t, \ A \in \mathscr{F}_s.$$

Dazu betrachten wir

$$\tau := s\mathbb{1}_A + t\mathbb{1}_{A^c}.$$

Es ist leicht nachzuprüfen, dass dies eine beschränkte Stoppzeit ist. Dann gilt nach Voraussetzung

$$E[X_0] = E[X_\tau] = E[X_s \mathbb{1}_A] + E[X_t \mathbb{1}_{A^c}],$$
$$E[X_0] = E[X_t] = E[X_t \mathbb{1}_A] + E[X_t \mathbb{1}_{A^c}]$$

und das Subtrahieren einer Gleichung von der anderen ergibt die Behauptung. □

8.2 Càdlàg Martingale

In diesem Abschnitt beweisen wir, dass *unter den üblichen Bedingungen an die Filtration jedes Martingal eine càdlàg Modifikation zulässt* und somit die Annahme der Rechtsstetigkeit in den Aussagen des vorherigen Abschnitts entfernt werden kann. Wir beweisen zunächst, dass ein Martingal nur Sprungunstetigkeiten haben kann (mit Sprüngen endlicher Größe) auf den dyadischen Rationalen von $\mathbb{R}_{\geq 0}$.

---

[2] Es existiert ein $T > 0$, so dass $\tau \leq T$.
[3] Unter den üblichen Bedingungen an der Filtration ist diese Annahme nicht einschränkend, da wir in Abschn. 8.2 sehen werden, dass jedes Martingal eine càdlàg Modifikation zulässt.

8.2 Càdlàg Martingale

Lemma 8.2.1 Sei $X = (X_t)_{t \in \mathscr{D}}$ ein Martingal oder ein nicht-negatives Sub-Martingal. Dann gibt es eine Nullmenge N, so dass für jedes $t \geq 0$ die Grenzwerte

$$\lim_{\substack{s \to t^- \\ s \in \mathscr{D}}} X_s(\omega), \quad \lim_{\substack{s \to t^+ \\ s \in \mathscr{D}}} X_s(\omega) \qquad (8.8)$$

existieren und für jedes $\omega \in \Omega \setminus N$ endlich sind. Außerdem, wenn $\sup_{t \in \mathscr{D}} E[|X_t|] < \infty$, dann existiert auch der Grenzwert

$$\lim_{\substack{t \to +\infty \\ t \in \mathscr{D}}} X_t(\omega) \qquad (8.9)$$

und ist endlich für $\omega \in \Omega \setminus N$.

Beweis Die Idee des Beweises ist wie folgt. Die Tatsache, dass die Grenzwerte in (8.8) divergieren oder nicht existieren, ist nur in zwei Fällen möglich: wenn $\sup_{t \in \mathscr{D}} |X_t(\omega)| = \infty$ oder wenn es ein nicht-triviales Intervall $[a, b]$ gibt, das von X unendlich oft „überquert" wird. Doobs Maximalungleichung und das Upcrossing-Lemma schließen diese beiden Möglichkeiten aus oder, genauer gesagt, implizieren, dass sie nur für ω auftreten, die zu einer Nullmenge gehören.

Betrachten wir zunächst den Fall, in dem $\kappa := \sup_{t \in \mathscr{D}} E[|X_t|] < \infty$. Für ein festes $n \in \mathbb{N}$ wenden wir die Maximalungleichung (6.7) und das Upcrossing-Lemma 6.1.13 auf die nicht-negativen diskreten Sub-Martingale $(|X_t|)_{t \in \mathscr{D}_n \cap [0,n]}$ an: für alle $\lambda > 0$ und $0 \leq a < b$ haben wir

$$P\left(\max_{t \in \mathscr{D}_n \cap [0,n]} |X_t| \geq \lambda\right) \leq \frac{E[|X_n|]}{\lambda} \leq \frac{\kappa}{\lambda}, \quad E[\nu_{n,a,b}] \leq \frac{E[(|X_n| - a)^+]}{b-a} \leq \frac{\kappa}{b-a},$$

wobei $\nu_{n,a,b}$ die Anzahl der Upcrossings von $(|X_t|)_{t \in \mathscr{D}_n \cap [0,n]}$ auf $[a, b]$ ist. Nehmen wir den Grenzwert für $n \to \infty$ und verwenden Beppo Levis Theorem, dann erhalten wir

$$P\left(\sup_{t \in \mathscr{D}} |X_t| \geq \lambda\right) \leq \frac{\kappa}{\lambda}, \quad E[\nu_{a,b}] \leq \frac{\kappa}{b-a},$$

wobei $\nu_{a,b}$ die Anzahl der Upcrossings von $(|X_t|)_{t \in \mathscr{D}}$ auf $[a, b]$ ist. Dies impliziert die Existenz von zwei Nullmengen N_0 und $N_{a,b}$, für die

$$\sup_{t \in \mathscr{D}} |X_t| < \infty \text{ auf } \Omega \setminus N_0, \quad \nu_{a,b} < \infty \text{ auf } \Omega \setminus N_{a,b}.$$

Auch das Ereignis

$$N := \bigcup_{\substack{a,b \in \mathbb{Q} \\ 0 \leq a < b}} N_{a,b} \cup N_0$$

ist vernachlässigbar: für jedes $\omega \in \Omega \setminus N$ haben wir, dass $\sup_{t \in \mathscr{D}} |X_t(\omega)| < \infty$ und auf jedem Intervall mit nicht-negativen rationalen Endpunkten gibt es nur eine endliche Anzahl von Upcrossings von $|X(\omega)|$; folglich existieren die Grenzwerte in (8.8)–(8.9) und sind endlich auf $\Omega \setminus N$.

Betrachten wir nun den Fall, in dem X eine generische Martingale ist. Für jedes $n \in \mathbb{N}$ können wir das gerade Bewiesene auf den gestoppten Prozess $(X_{t \wedge n})_{t \in \mathscr{D}}$ anwenden. Tatsächlich können wir sofort überprüfen, dass $(X_{t \wedge n})_{t \in \mathscr{D}}$ ein Martingal ist und
$$\sup_{t \in \mathscr{D}} E\left[|X_{t \wedge n}|\right] \leq E\left[|X_n|\right]$$
da nach Proposition 1.4.12 $(|X_{t \wedge n}|)_{t \in \mathscr{D}}$ ein Sub-Martingal ist. Daher existieren die Grenzwerte in (8.8) und sind fast sicher endlich für $t \leq n$. Die Behauptung folgt aus der Beliebigkeit von $n \in \mathbb{N}$. □

Das Argument, das im zweiten Teil des Beweises von Lemma 8.2.1 verwendet wurde, lässt sich leicht anpassen, um das folgende zu beweisen

Theorem 8.2.2 [!] Sei $X = (X_n)_{n \in \mathbb{N}}$ ein diskretes Martingal, so dass $\sup_{n \in \mathbb{N}} E\left[|X_n|\right] < \infty$. Dann existiert der punktweise Grenzwert
$$X_\infty := \lim_{n \to \infty} X_n$$
und ist fast sicher endlich.

Die üblichen Bedingungen, insbesondere die Rechtsstetigkeit der Filtration, spielen eine entscheidende Rolle im Beweis des folgenden Resultats.

Theorem 8.2.3 [!] Angenommen der gefilterte Wahrscheinlichkeitsraum $(\Omega, \mathscr{F}, P, \mathscr{F}_t)$ erfüllt die üblichen Bedingungen. Dann besitzt jedes Martingal (bzw. nichtnegatives Submartingal) $X = (X_t)_{t \geq 0}$ auf $(\Omega, \mathscr{F}, P, \mathscr{F}_t)$ eine Modifikation, die weiterhin ein Martingal (bzw. nichtnegatives Submartingal) mit càdlàg-Trajektorien ist.

Beweis Wir beweisen nur den Fall, in dem X ein Martingal ist. Nach Lemma 8.2.1 haben die Trajektorien von $(X_t)_{t \in \mathscr{D}}$ fast sicher endliche rechte und linke Grenzwerte. Dann ist der Prozess
$$\widetilde{X}_t := \lim_{\substack{s \to t^+ \\ s \in \mathscr{D}}} X_s, \qquad t \geq 0,$$
wohldefiniert und hat càdlàg Trajektorien. Beweisen wir, dass
$$\widetilde{X}_t = E\left[X_T \mid \mathscr{F}_t\right], \qquad 0 \leq t \leq T; \tag{8.10}$$
dies impliziert, dass $\widetilde{X}_t = X_t$ fast sicher, d.h. $\widetilde{X}$ ist eine Modifikation von X, und folglich auch, dass $\widetilde{X}$ ein Martingal ist.

8.3 Der Raum $\mathcal{M}^{c,2}$ der quadratintegrierbaren stetigen Martingale

Beweisen wir (8.10), indem wir die beiden Eigenschaften der bedingten Erwartung überprüfen. Zunächst einmal, nach Definition ist $\widetilde{X}_t \in m\mathcal{F}_{t+} = m\mathcal{F}_t$ dank der üblichen Bedingungen. Zweitens, da X ein Martingal ist, haben wir für jedes $A \in \mathcal{F}_t$

$$E[X_s \mathbb{1}_A] = E[X_T \mathbb{1}_A], \quad s \in [t, T]. \tag{8.11}$$

Nehmen wir den Grenzwert in (8.11) für $s \to t^+$, mit $s \in \mathcal{D} \cap (t, T]$, dann erhalten wir $E\left[\widetilde{X}_t \mathbb{1}_A\right] = E[X_T \mathbb{1}_A]$, was (8.10) beweist. Die Konvergenz wird durch den Vitali'schen Satz C.0.2 in [113] gerechtfertigt, da $X_s = E[X_T \mid \mathcal{F}_s]$, mit $s \in \mathcal{D} \cap (t, T]$, nach Proposition C.0.7 in [113] gleichmäßig integrierbar ist. □

Beispiel 8.2.4 [!] Sei $X \in L^1(\Omega, P)$. Unter den Annahmen des Satzes 8.2.3 hat das Martingal $M_t := E[X \mid \mathcal{F}_t]$ eine càdlàg Version.

> Nach Satz 8.2.3 nehmen wir ab jetzt immer an, dass ein Martingal bezüglich einer Filtration, die die üblichen Bedingungen erfüllt, automatisch càdlàg ist.

8.3 Der Raum $\mathcal{M}^{c,2}$ der quadratintegrierbaren stetigen Martingale

In diesem Abschnitt führen wir den Raum der Prozesse ein, auf dem wir das stochastische Integral aufbauen und beweisen, dass es sich um einen Banach-Raum handelt.

Definition 8.3.1 Für $T > 0$ bezeichnen wir mit $\mathcal{M}_T^{c,2}$ den Raum der stetigen quadratintegrierbaren Martingale $X = (X_t)_{t \in [0,T]}$ und setzen

$$\|X\|_T := \|X_T\|_{L^2(\Omega, P)} = \sqrt{E\left[X_T^2\right]}.$$

Darüber hinaus bezeichnen wir mit $\mathcal{M}^{c,2}$ den Raum der stetigen Martingale $X = (X_t)_{t \geq 0}$, so dass $X_t \in L^2(\Omega, P)$ für jedes $t \geq 0$.

Bemerkung 8.3.2 Beachte, dass $\|\cdot\|_T$ *eine Halbnorm in* $\mathcal{M}_T^{c,2}$ *ist*, im Sinne, dass $\|X\|_T = 0$ genau dann, wenn X *nicht unterscheidbar* vom Nullprozess ist. Diese Tatsache ist eine Folge der Stetigkeitsannahme von X und der Maximalungleichung von Doob, nach der wir

$$E\left[\sup_{t \in [0,T]} X_t^2\right] \leq 4E\left[X_T^2\right] = 4\|X\|_T^2$$

haben. Indem wir ununterscheidbare Prozesse in $\mathcal{M}_T^{c,2}$ identifizieren und somit $\mathcal{M}_T^{c,2}$ als Raum der *Äquivalenzklassen von Prozessen* (im Sinne der Ununterscheidbarkeit) betrachten, erhalten wir einen vollständigen normierten Raum.

Satz 8.3.3 $(\mathcal{M}_T^{c,2}, \|\cdot\|_T)$ ist ein Banach-Raum.

Beweis Sei $(X_n)_{n\in\mathbb{N}}$ eine Cauchy-Folge in $\mathcal{M}_T^{c,2}$ bezüglich $\|\cdot\|_T$. Es genügt zu zeigen, dass $(X_n)_{n\in\mathbb{N}}$ eine konvergente Teilfolge in $\mathcal{M}_T^{c,2}$ hat.

Nach der Maximalungleichung von Doob (8.4) haben wir für jedes $\varepsilon > 0$ und $n, m \in \mathbb{N}$

$$P\left(\sup_{t\in[0,T]} |X_{n,t} - X_{m,t}| \geq \varepsilon\right) \leq \frac{E\left[|X_{n,T} - X_{m,T}|\right]}{\varepsilon} \leq$$

(nach der Hölder-Ungleichung)

$$\leq \frac{E\left[|X_{n,T} - X_{m,T}|^2\right]^{\frac{1}{2}}}{\varepsilon} = \frac{\|X_n - X_m\|_T}{\varepsilon}.$$

Folglich existiert für jedes $k \in \mathbb{N}$ ein $n_k \in \mathbb{N}$ so, dass

$$P\left(\sup_{t\in[0,T]} |X_{n,t} - X_{m,t}| \geq \frac{1}{k}\right) \leq \frac{1}{2^k}, \quad n, m \geq n_k,$$

und nach dem Lemma von Borel-Cantelli 1.3.28 in [113] konvergiert $X_{n_k,\cdot}$ fast sicher gleichmäßig auf $[0, T]$: Der Grenzwert, den wir mit X bezeichnen, ist ein stetiger Prozess (wir können die unstetigen Trajektorien auf null setzen).

Fixiere $t \in [0, T]$: Nach Doobs Maximalungleichung (8.5) ist auch $\left(X_{n_k,t}\right)_{k\in\mathbb{N}}$ eine Cauchy-Folge in $L^2(\Omega, P)$, welches ein vollständiger Raum ist, und sie konvergiert aufgrund der Eindeutigkeit des Grenzwerts gegen X_t

$$\lim_{k\to\infty} E\left[|X_t - X_{n_k,t}|^2\right] = 0. \tag{8.12}$$

Insbesondere, wenn $t = T$, haben wir

$$\lim_{k\to\infty} \|X - X_{n_k}\|_T = 0.$$

Schließlich beweisen wir, dass X ein Martingal ist. Für $0 \leq s \leq t \leq T$ und $G \in \mathcal{F}_s$ haben wir

$$E\left[X_{n_k,t} \mathbb{1}_G\right] = E\left[X_{n_k,s} \mathbb{1}_G\right]$$

da $X_{n_k} \in \mathcal{M}_T^{c,2}$. Wenn wir den Grenzwert für $n \to \infty$ dank (8.12) nehmen, haben wir $E[X_t \mathbb{1}_G] = E[X_s \mathbb{1}_G]$, was die Behauptung beweist. □

8.4 Der Raum $\mathscr{M}^{c,\text{loc}}$ der stetigen lokalen Martingale

Eine der Hauptmotivationen für die Einführung von Stoppzeiten ist die Verwendung sogenannter „Lokalisierungstechniken", die eine Lockerung der Integrabilitätsannahmen ermöglichen. In diesem Abschnitt analysieren wir den Spezialfall von Martingalen.

Betrachte einen gefilterten Raum $(\Omega, \mathscr{F}, P, \mathscr{F}_t)$, der die üblichen Bedingungen erfüllt. Das Konzept des lokalen Martingals erweitert das des Martingals durch Entfernen der Integrabilitätsbedingung des Prozesses. Dies erlaubt die Einbeziehung wichtiger Klassen von Prozessen (zum Beispiel stochastische Integrale), die nur Martingale sind, wenn sie gestoppt (oder „lokalisiert") sind. Wir stellen zunächst fest, dass, wie im diskreten Fall (vgl. Proposition 6.1.7), die Martingaleigenschaft durch Stoppen des Prozesses erhalten bleibt.

Korollar 8.4.1 (Gestopptes Martingal) Sei $X = (X_t)_{t \geq 0}$ ein (càdlàg) Martingal und τ_0 eine Stoppzeit. Dann ist auch der gestoppte Prozess $(X_{t \wedge \tau_0})_{t \geq 0}$ ein Martingal.

Beweis Da X nach Annahme càdlàg und adaptiert ist, haben wir durch Proposition 6.2.29 $X_{t \wedge \tau_0} \in m\mathscr{F}_{t \wedge \tau_0} \subseteq m\mathscr{F}_t$. Außerdem, durch Theorem 8.1.6 $X_{t \wedge \tau_0} = E\left[X_t \mid \mathscr{F}_{t \wedge \tau_0}\right] \in L^1(\Omega, P)$ für jedes $t \geq 0$. Wieder durch Theorem 8.1.6 haben wir für jede beschränkte Stoppzeit τ $E\left[X_{\tau \wedge \tau_0}\right] = E[X_0]$ und daher folgt die Behauptung aus Theorem 8.1.7. □

Definition 8.4.2 (Lokales Martingal) Wir sagen, dass $X = (X_t)_{t \geq 0}$ ein lokales Martingal ist, wenn $X_0 \in m\mathscr{F}_0$ und es eine nicht abnehmende Folge $(\tau_n)_{n \in \mathbb{N}}$ von Stoppzeiten, genannt *Lokalisierungsfolge* für X, gibt, so dass:

i) $\tau_n \nearrow \infty$ für $n \to \infty$;
ii) für jedes $n \in \mathbb{N}$, ist der gestoppte und translatierte Prozess $(X_{t \wedge \tau_n} - X_0)_{t \geq 0}$ ein Martingal.

Wir bezeichnen mit $\mathscr{M}^{c,\text{loc}}$ den *Raum der stetigen lokalen Martingale*.

Durch Korollar 8.4.1 ist jedes (càdlàg) Martingal ein lokales Martingal mit Lokalisierungsfolge $\tau_n \equiv \infty$.

Beispiel 8.4.3 Betrachte den konstanten Prozess $X = (X_t)_{t \geq 0}$ mit $X_t \equiv X_0 \in m\mathscr{F}_0$ für alle $t \geq 0$. Wenn $X_0 \in L^1(\Omega, P)$, dann ist X ein Martingal. Wenn $X_0 \notin L^1(\Omega, P)$, ist der Prozess X kein Martingal aufgrund des Mangels an Integrabilität, aber ist offensichtlich ein lokales Martingal: tatsächlich, wenn wir $\tau_n \equiv \infty$ setzen, haben wir $X_{t \wedge \tau_n} - X_0 \equiv 0$.

Beispiel 8.4.4 Sei W eine Brownsche Bewegung auf $(\Omega, \mathscr{F}, P, \mathscr{F}_t)$ und $Y \in m\mathscr{F}_0$. Dann ist der Prozess
$$X_t := Y W_t$$
adaptiert. Außerdem, wenn $Y \in L^1(\Omega, P)$, da $W_t = W_t - W_0$ und Y unabhängig sind, haben wir auch $X_t \in L^1(\Omega, P)$ für jedes $t \geq 0$ und

$$E[YW_t \mid \mathscr{F}_s] = YE[W_t \mid \mathscr{F}_s] = YW_s, \quad s \leq t,$$

so dass X ein Martingal ist.

Ohne weitere Annahmen an Y (abgesehen von der $\mathscr{F}_0$-Messbarkeit) kann der Prozess X aufgrund des Mangels an Integrabilität kein Martingal sein, ist aber immer noch ein lokales Martingal: die Idee ist, die Trajektorien zu entfernen, wo Y „zu groß" ist, indem wir

$$\tau_n := \begin{cases} 0 & \text{wenn } |Y| > n, \\ \infty & \text{wenn } |Y| \leq n \end{cases}$$

setzen, was eine ansteigende Folge von Stoppzeiten definiert (beachte, dass $(\tau_n \leq t) = (|Y| > n) \in \mathscr{F}_0 \subseteq \mathscr{F}_t$). Für jedes $n \in \mathbb{N}$ ist dann der Prozess

$$t \mapsto X_{t \wedge \tau_n} = X_t \mathbb{1}_{(\tau_n = \infty)} = W_t Y \mathbb{1}_{(|Y| \leq n)}$$

ein Martingal, da es vom Typ $W_t \bar{Y}$ ist, wo $\bar{Y} = Y \mathbb{1}_{(|Y| \leq n)}$ eine beschränkte $\mathscr{F}_0$-messbare Zufallsvariable ist.

Übung 8.4.5 (Brownsche Bewegung mit zufälligem Anfangswert) Sei $W = (W_t)_{t \geq 0}$ eine Brownsche Bewegung auf $(\Omega, \mathscr{F}, P, \mathscr{F}_t)$. Für gegebenes $t_0 \geq 0$ und $Z \in m\mathscr{F}_{t_0}$ sei

$$W_t^{t_0,Z} := W_t - W_{t_0} + Z, \quad t \geq t_0.$$

Der Prozess $W^{t_0,Z}$ hat einen Anfangswert (zum Zeitpunkt t_0) gleich Z, ist stetig, adaptiert und besitzt unabhängige und stationäre Inkremente, die den Inkrementen einer Standard-Brownschen Bewegung entsprechen. Ist $Z \in L^1(\Omega, P)$, so ist $(W_t^{t_0,Z})_{t \geq t_0}$ ein Martingal; im Allgemeinen ist $W^{t_0,Z}$ ein lokales Martingal mit Lokalisierungsfolge $\tau_n \equiv \infty$.

Wir bemerken außerdem, dass sich zu jeder Verteilung μ leicht eine Brownsche Bewegung W^μ mit Anfangsverteilung $W_0^\mu \sim \mu$ auf dem Raum $(\Omega \times \mathbb{R}, \mathscr{F} \otimes \mathscr{B}, P \otimes \mu)$ konstruieren lässt.

Bemerkung 8.4.6 [!] Wenn X ein lokales Martingal mit lokalisierender Folge $(\tau_n)_{n \in \mathbb{N}}$ ist, dann:

i) X hat eine Modifikation mit càdlàg Trajektorien, die aus der Existenz einer càdlàg Modifikation jedes Martingals $X_{t \wedge \tau_n}$ konstruiert wird.

> Im Folgenden, *wird immer implizit angenommen, dass ein lokales Martingal càdlàg ist;*

ii) X ist adaptiert, da $X_0 \in m\mathscr{F}_0$ per Definition und $X_t - X_0$ ist der punktweise Grenzwert von $X_{t \wedge \tau_n} - X_0$, welches per Definition $m\mathscr{F}_t$-messbar ist;

iii) a priori hat X_t keine Integrabilitätseigenschaft;

8.4 Der Raum $\mathscr{M}^{c,\text{loc}}$ der stetigen lokalen Martingale

iv) wenn X càdlàg Trajektorien hat, dann gibt es eine lokalisierende Folge $(\bar{\tau}_n)_{n \in \mathbb{N}}$, so dass
$$|\bar{\tau}_n| \leq n, \quad |X_{t \wedge \bar{\tau}_n}| \leq n, \quad t \geq 0, \ n \in \mathbb{N}.$$

Tatsächlich ist nach Proposition 6.2.7 die Austrittszeit σ_n von $|X|$ aus dem Intervall $[-n, n]$ eine Stoppzeit; außerdem, da X càdlàg ist (und daher jede Trajektorie von X auf jedem kompakten Zeitintervall beschränkt ist), haben wir $\sigma_n \nearrow \infty$. Dann ist
$$\bar{\tau}_n := \tau_n \wedge \sigma_n \wedge n$$

eine lokalisierende Folge für X: insbesondere, da $X_{t \wedge \tau_n} - X_0$ ein Martingal ist, folgt aus Korollar 8.4.1, dass $X_{t \wedge \bar{\tau}_n} - X_0 = X_{(t \wedge \bar{\tau}_n) \wedge (\sigma_n \wedge n)} - X_0$ auch ein Martingal ist;

v) wenn es ein $Y \in L^1(\Omega, P)$ gibt, so dass $|X_t| \leq Y$ für alle $t \geq 0$, dann ist X ein Martingal: tatsächlich haben wir für $s \leq t$ $X_{s \wedge \tau_n} - X_0 = E\left[X_{t \wedge \tau_n} - X_0 \mid \mathscr{F}_s\right]$, was dank der Integrabilitätshypothese äquivalent zu

$$X_{s \wedge \tau_n} = E\left[X_{t \wedge \tau_n} \mid \mathscr{F}_s\right] \tag{8.13}$$

ist. Die Behauptung folgt durch Grenzübergang für $n \to \infty$ und Anwendung des majorisierten Konvergenzsatzes für die bedingte Erwartung. Beachte, dass insbesondere jedes beschränkte lokale Martingal ein echtes Martingal ist. Konvergenz in (8.13) ist eine sehr heikle Frage: zum Beispiel gibt es gleichmäßig integrierbare lokale Martingale, die keine Martingale sind[4];

vi) wenn $X \geq 0$ dann ist X ein Super-Martingal. Denn, falls wir wie im vorherigen Punkt vorgehen und Fatou's Lemma anstelle des majorisierten Konvergenzsatzes verwenden, das Folgende erhalten

$$X_s \geq E[X_t \mid \mathscr{F}_s], \quad 0 \leq s \leq t \leq T. \tag{8.14}$$

Außerdem, wenn $E[X_T] = E[X_0]$ dann ist $(X_t)_{t \in [0,T]}$ ein echtes Martingal. Tatsächlich lässt sich aus (8.14) leicht

$$E[X_0] \geq E[X_t] \geq E[X_T], \quad 0 \leq t \leq T$$

ableiten und daher erhalten wir aus der Annahme $E[X_t] = E[X_0]$ für alle $t \in [0, T]$. Wenn $X_s > E[X_t \mid \mathscr{F}_s]$ auf einem nicht vernachlässigbaren Ereignis gelten würde, dann würden wir einen Widerspruch aus (8.14) erhalten.

---

[4] Siehe zum Beispiel Kap. 2 in [37].

8.5 Gleichmäßig quadratisch integrierbare Martingale

In diesem Abschnitt beweisen wir eine weitere Version des Optional Sampling Theorems. Sei $(\Omega, \mathscr{F}, P, \mathscr{F}_t)$ ein gefilterter Raum, der die üblichen Bedingungen erfüllt. Um mit dem Fall zu arbeiten, in dem der Zeitindex in $\mathbb{R}_{\geq 0}$ variiert, führen wir eine Integrabilitäts-Bedingung ein, die es erlauben wird, den Fall $[0, T]$ durch Verwendung von Stoppzeiten leicht zu reduzieren.

Definition 8.5.1 Sei $p \geq 1$. Wir sagen, dass ein Prozess $X = (X_t)_{t \geq 0}$ *gleichmäßig in L^p* ist, wenn
$$\sup_{t \geq 0} E\left[|X_t|^p\right] < \infty.$$

Satz 8.5.2 Sei $X = (X_t)_{t \geq 0}$ ein Martingal. Die folgenden Aussagen sind äquivalent:
i) X ist gleichmäßig in L^2;
ii) es existiert eine $\mathscr{F}_\infty$-messbare[5] Zufallsvariable $X_\infty \in L^2(\Omega, P)$, so dass
$$X_t = E[X_\infty \mid \mathscr{F}_t], \quad t \geq 0.$$

In diesem Fall gilt außerdem
$$E\left[\sup_{t \geq 0} X_t^2\right] \leq 4 E\left[X_\infty^2\right]. \tag{8.15}$$

Beweis [ii) $\Rightarrow$ i)] Durch Jensens Ungleichung haben wir
$$E\left[X_t^2\right] = E\left[E[X_\infty \mid \mathscr{F}_t]^2\right] \leq E\left[E\left[X_\infty^2 \mid \mathscr{F}_t\right]\right] = E\left[X_\infty^2\right] < \infty. \tag{8.16}$$

[i) $\Rightarrow$ ii)] Betrachte das diskrete Martingal $(X_n)_{n \in \mathbb{N}}$. Nach Theorem 8.2.2 gibt es für fast alle $\omega \in \Omega$ den endlichen Grenzwert
$$X_\infty(\omega) := \lim_{n \to \infty} X_n(\omega);$$

wir setzen auch $X_\infty(\omega) = 0$ für die ω, für die ein solcher Grenzwert nicht existiert oder nicht endlich ist. Offensichtlich ist $X_\infty \in m\mathscr{F}_\infty$ und auch $X_\infty \in L^2(\Omega, P)$, da wir durch Fatous Lemma
$$E\left[X_\infty^2\right] \leq \lim_{n \to \infty} E\left[X_n^2\right] \leq \sup_{t \geq 0} E\left[X_t^2\right] < \infty$$

nach Annahme haben. Dank Bemerkung C.0.10 in [113] ist $(X_n)_{n \in \mathbb{N}}$ gleichmäßig integrierbar und somit konvergiert X_n nach Vitalis Satz C.0.2 in [113] gegen X_∞ in

---
[5] Siehe die Definition von $\mathscr{F}_\infty$ in (6.18).

8.5 Gleichmäßig quadratisch integrierbare Martingale

$L^1(\Omega, P)$: daraus folgt auch, dass

$$X_n = E[X_\infty \mid \mathscr{F}_n], \quad n \in \mathbb{N}; \tag{8.17}$$

tatsächlich ist es ausreichend zu beobachten, dass für jedes $A \in \mathscr{F}_n$

$$0 = \lim_{N \to \infty} E\left[(X_n - X_N)\mathbb{1}_A\right] = E\left[(X_n - X_\infty)\mathbb{1}_A\right]$$

gilt. Sei nun $t \geq 0$ gegeben und $n \geq t$, dann haben wir

$$X_t = E[X_n \mid \mathscr{F}_t] = E[E[X_\infty \mid \mathscr{F}_n] \mid \mathscr{F}_t] = E[X_\infty \mid \mathscr{F}_t].$$

Schließlich haben wir für jedes $n \in \mathbb{N}$ durch Doobs Maximalungleichung

$$E\left[\sup_{t \in [0,n]} X_t^2\right] \leq 4E\left[X_n^2\right] \leq$$

(durch (8.17) und wie im Beweis von (8.16) vorgegangen)

$$\leq 4E\left[X_\infty^2\right]$$

und (8.15) folgt durch Grenzübergang für $n \to +\infty$, durch den Satz von Beppo Levi. □

Beispiel 8.5.3 Eine reelle Brownsche Bewegung W ist nicht gleichmäßig in L^2, da $E\left[W_t^2\right] = t$. Allerdings ist für ein festes $T > 0$ der Prozess $X_t := W_{t \wedge T}$ ein Martingal, das gleichmäßig in L^2 ist, mit $X_\infty = W_T$.

Das nächste Ergebnis ist eine Version des Optional Sampling Theorems für Martingale, die gleichmäßig in L^2 sind. Eine solche Integrationsbedingung ist notwendig, wie aus dem folgenden Beispiel hervorgeht: gegeben sei eine reelle Brownsche Bewegung W und $a > 0$, betrachte die Stoppzeit $\tau_a = \inf\{t \geq 0 \mid W_t \geq a\}$. Wir haben in Bemerkung 7.2.3-ii) gesehen, dass $\tau_a < \infty$ fast sicher ist, aber

$$0 = W_0 < E\left[W_{\tau_a}\right] = a.$$

Theorem 8.5.4 (Optional Sampling Theorem)[!] Sei $X = (X_t)_{t \geq 0}$ ein (càdlàg) Martingal, das gleichmäßig in L^2 ist. Wenn τ_1 und τ_2 Stoppzeiten sind, so dass $\tau_1 \leq \tau_2 < \infty$, dann haben wir

$$X_{\tau_1} = E\left[X_{\tau_2} \mid \mathscr{F}_{\tau_1}\right].$$

Beweis Wir beginnen mit dem Beweis, dass wenn $X = (X_t)_{t \geq 0}$ ein (càdlàg) Sub-Martingal ist, das gleichmäßig in L^2 ist, dass wir dann für jede Stoppzeit τ mit $P(\tau < \infty) = 1$

$$X_0 \leq E[X_\tau \mid \mathscr{F}_0] \tag{8.18}$$

haben. Zuerst beobachten wir, dass wir durch (8.15) $X_\tau \in L^2(\Omega, P)$ haben. Wenn wir das Optional Sampling Theorem 8.1.6 mit der Folge der beschränkten Stoppzeiten $\tau \wedge n$ anwenden, haben wir

$$X_0 \leq E[X_{\tau \wedge n} \mid \mathscr{F}_0].$$

Wenn wir den Grenzwert für $n \to \infty$ nehmen, erhalten wir (8.18) durch das majorisierten Konvergenzsatz, da

$$|X_{\tau \wedge n}| \leq 1 + \sup_{t \geq 0} X_t^2 \in L^1(\Omega, P)$$

dank (8.15).

Um die Behauptung zu beweisen, genügt es nun zu überprüfen, dass für jedes $A \in \mathscr{F}_{\tau_1}$

$$E[X_{\tau_1} \mathbb{1}_A] = E[X_{\tau_2} \mathbb{1}_A] \tag{8.19}$$

gilt. Betrachte

$$\tau := \tau_1 \mathbb{1}_A + \tau_2 \mathbb{1}_{A^c},$$

das ist eine Stoppzeit, da

$$(\tau < t) = (A \cap (\tau_1 < t)) \cup (A^c \cap (\tau_2 < t)) \in \mathscr{F}_t, \quad t \geq 0.$$

Dann haben wir durch (8.18)

$$E[X_0] = E[X_\tau] = E[X_{\tau_1} \mathbb{1}_A] + E[X_{\tau_2} \mathbb{1}_{A^c}],$$
$$E[X_0] = E[X_{\tau_1}] = E[X_{\tau_1} \mathbb{1}_A] + E[X_{\tau_1} \mathbb{1}_{A^c}],$$

und dies beweist (8.19). □

8.6 Wichtige Merksätze

Hier sind die wichtigsten Ergebnisse und Grundideen des Kapitels, die man sich merken sollte. Technische oder weniger wichtige Details werden weggelassen. Bei Unklarheiten zu den folgenden kurzen Aussagen lohnt sich ein Blick in den jeweiligen Abschnitt.

- Abschn. 8.1: Das Optional Sampling Theorem und Doobs Maximalungleichung lassen sich problemlos von diskrete auf kontinuierliche Martingale übertragen.
- Abschn. 8.2: Unter den üblichen Bedingungen lässt sich für jedes Martingal eine càdlàg-Modifikation finden; daher ist die Stetigkeitsannahme des Abschn. 8.1 tatsächlich nicht einschränkend.

8.6 Wichtige Merksätze

- Abschn. 8.3: Der Raum $\mathcal{M}^{c,2}$ der stetigen quadrat-integrierbaren Martingale X auf $[0, T]$ ist ein Banach-Raum, ausgestattet mit der L^2-Norm des Endwerts, $\|X_T\|_{L^2(\Omega, P)}$.
- Abschn. 8.4: Ein lokales Martingal ist ein Prozess, der durch eine lokalisierte Folge von Stoppzeiten durch echte Martingale approximiert werden kann. In der Definition eines lokalen Martingals werden keine Annahmen bezüglich der Integrabilität des Prozesses oder Bedingungen an die Anfangsdaten gemacht. Wichtige Klassen von Prozessen, einschließlich stochastischer Integrale, fallen unter die Kategorie der lokalen Martingale, da sie nur bei Stoppen Martingale sind. Jedes beschränkte lokale Martingal ist ein echtes Martingal, und jedes nicht-negative lokale Martingal ist ein Supermartingal.
- Abschn. 8.5: Wir führen die Klasse der gleichmäßig quadrat-integrierbaren Martingale ein und eine weitere Version des Optional Sampling Theorems, in der die Beschränktheitsannahme für Stoppzeiten entfernt wird.

Hauptnotationen, die in diesem Kapitel verwendet oder eingeführt wurden:

Symbol	Beschreibung	S.
$\mathcal{D}$	Dyadische Rationale	132
$\mathcal{D}(T)$	Dyadische Rationale von $[0, T]$	132
$\mathcal{M}^{c,2}$	Stetige quadrat-integrierbare Martingale	139
$\mathcal{M}^{c,\text{loc}}$	Stetige lokale Martingale	141

Kapitel 9
Theorie der Variation

*Der traditionelle Professor
schreibt a, sagt b und meint c;
aber es sollte d sein.*

George Pólya

In diesem Kapitel überprüfen wir einige grundlegende Konzepte der deterministischen Integrationstheorie im Sinne von Riemann-Stieltjes und Lebesgue-Stieltjes. Wir werden sehen, dass die Trajektorien einer Brownschen Bewegung (und im Allgemeinen eines Martingals) leider nicht regulär genug sind, um das Brownsche Integral in einem deterministischen Sinne Pfad für Pfad zu definieren. Um diese Tatsache zu verstehen, ist es notwendig, die Konzepte der ersten und zweiten (oder quadratischen) Variation einer Funktion einzuführen, die bei der Konstruktion des stochastischen Integrals entscheidend sind. Im zweiten Teil des Kapitels führen wir eine wichtige Klasse von stochastischen Prozessen ein, die als *Semimartingale* bezeichnet werden. Ein Semimartingal ist die Summe eines lokalen Martingals und eines Prozesses, dessen Trajektorien von beschränkter Variation sind: Unter geeigneten Annahmen ist eine solche Zerlegung eindeutig. Wir beweisen eine spezielle Version des fundamentalen Doob-Meyer-Zerlegungssatzes: Wenn X ein Martingal ist, dann ist X^2 ein Semimartingal, d.h., es kann in die Summe eines Martingals und eines Prozesses von beschränkter Variation zerlegt werden: Letzterer ist der sogenannte *quadratische Variationsprozess von X*. Die Ergebnisse dieses Kapitels bilden die Grundlage für die Konstruktion des stochastischen Integrals, das wir im nächsten Kapitel vorstellen werden.

9.1 Riemann-Stieltjes-Integral

In diesem Abschnitt erinnern wir an einige klassische Ergebnisse zur Integration in einem deterministischen Rahmen. Sei $T > 0$. Eine Partition des Intervalls $[0, T]$ ist eine Menge der Form $\pi = \{t_0, t_1, \ldots, t_N\}$ mit $0 = t_0 < t_1 < \cdots < t_N = T$. Wir bezeichnen mit $\mathscr{P}_T$ die Menge der Partitionen von $[0, T]$. Die *erste Variation* einer Funktion

$$g : [0, T] \longrightarrow \mathbb{R}^d$$

bezüglich der Partition $\pi \in \mathscr{P}_T$ ist als

$$V(g; \pi) := \sum_{k=1}^{N} |g(t_k) - g(t_{k-1})|$$

definiert.

Definition 9.1.1 (BV Funktion) Wir sagen, dass g auf $[0, T]$ von beschränkter Variation ist, und wir schreiben $g \in \mathrm{BV}_T$, wenn

$$V_T(g) := \sup_{\pi \in \mathscr{P}_T} V(g; \pi) < \infty.$$

Wir sagen, dass

$$g : \mathbb{R}_{\geq 0} \longrightarrow \mathbb{R}^d$$

lokal von beschränkter Variation ist, und wir schreiben $g \in \mathrm{BV}$, wenn $g|_{[0,T]} \in \mathrm{BV}_T$ für alle $T > 0$.

Beachte, dass die Funktion $t \mapsto V_t(g)$ steigend und nicht negativ ist.

Beispiel 9.1.2 [!]

i) Sei $d = 1$. Ist g eine monotone Funktion auf $[0, T]$, so gilt $g \in \mathrm{BV}_T$. Ist zum Beispiel g wachsend, dann gilt

$$V(g; \pi) = \sum_{k=1}^{N} |g(t_k) - g(t_{k-1})| = \sum_{k=1}^{N} (g(t_k) - g(t_{k-1})) = g(T) - g(0)$$

für jedes $\pi \in \mathscr{P}_T$. Im Fall $d = 1$ ist Monotonie fast eine Charakterisierung: Es ist bekannt, dass $g \in \mathrm{BV}_T$ genau dann, wenn g die Differenz zweier monoton wachsender Funktionen ist, $g = g_+ - g_-$. Ist g zudem stetig, so sind auch g_+ und g_- stetig.

ii) Es ist nicht schwer zu zeigen, dass, falls g stetig ist,

$$V_T(g) = \lim_{|\pi| \to 0} V(g; \pi) \qquad (9.1)$$

9.1 Riemann-Stieltjes-Integral

wobei
$$|\pi| := \max_{1 \leq k \leq N} |t_k - t_{k-1}|$$

die *Maschenweite* von π ist (d.h. die Länge des längsten Teilintervalls). Interpretiert man $t \mapsto g(t)$ als Trajektorie (oder parametrisierte Kurve) in $\mathbb{R}^d$, so bedeutet $g \in \mathrm{BV}_T$, dass g *rektifizierbar* ist, im Sinne, dass die Länge von g als Supremum der Längen von Polygonzügen[1] berechnet werden kann: Per Definition ist $V_T(g)$ die Länge von g. Die Gl. (9.1) gilt nicht, wenn g unstetig ist: Zum Beispiel, für festes $s \in \,]0, T[$, ist die Funktion

$$g(t) = \begin{cases} 1 & \text{falls } t = s, \\ 0 & \text{falls } t \in [0, s[\cup\,]s, T], \end{cases}$$

so beschaffen, dass $V(g; \pi) = 2$ für jedes $\pi \in \mathscr{P}_T$ mit $s \in \pi$ und $V(g; \pi) = 0$ für jedes $\pi \in \mathscr{P}_T$ mit $s \notin \pi$.

iii) Gilt $g \in \mathrm{Lip}([0, T]; \mathbb{R}^d)$, d.h. es existiert eine Konstante c mit $|g(t) - g(s)| \leq c|t - s|$ für alle $t, s \in [0, T]$, so gilt $g \in \mathrm{BV}_T$, denn

$$V(g; \pi) = \sum_{k=1}^{N} |g(t_k) - g(t_{k-1})| \leq c \sum_{k=1}^{N} (t_k - t_{k-1}) = cT$$

für jedes $\pi \in \mathscr{P}_T$.

iv) Ist g eine Integralfunktion der Form

$$g(t) = \int_0^t u(s)ds, \quad t \in [0, T],$$

mit $u \in L^1([0, T]; \mathbb{R}^d)$, so gilt $g \in \mathrm{BV}_T$, denn

$$V(g; \pi) = \sum_{k=1}^{N} \left| \int_{t_{k-1}}^{t_k} u(s)ds \right| \leq \sum_{k=1}^{N} \int_{t_{k-1}}^{t_k} |u(s)|ds = \|u\|_{L^1},$$

für jedes $\pi \in \mathscr{P}_T$.

v) Es ist nicht schwer zu zeigen, dass die Funktion

$$g(t) = \begin{cases} 0 & \text{falls } t = 0, \\ t \sin \frac{1}{t} & \text{falls } 0 < t \leq T, \end{cases}$$

stetig, aber nicht von beschränkter Variation ist.

---

[1] Eine Polygonzugapproximation erhält man, indem man endlich viele Strecken entlang der Kurve verbindet.

Wir führen nun das Riemann-Stieltjes-Integral ein. Sei $\pi = \{t_0, \ldots, t_N\} \in \mathscr{P}_T$. Wir bezeichnen mit $\mathscr{T}_\pi$ die Familie der *Punktwahlen bezüglich* π: ein Element von $\mathscr{T}_\pi$ ist von der Form

$$\tau = \{\tau_1, \ldots, \tau_N\}, \qquad \tau_k \in [t_{k-1}, t_k], \qquad k = 1, \ldots, N.$$

Seien nun $f, g : [0, T] \longrightarrow \mathbb{R}$ zwei Funktionen, $\pi \in \mathscr{P}_T$ und $\tau \in \mathscr{T}_\pi$, dann sagen wir, dass

$$S(f, g; \pi, \tau) := \sum_{k=1}^{N} f(\tau_k)(g(t_k) - g(t_{k-1}))$$

die *Riemann-Stieltjes-Summe von* f *bezüglich* g bezogen auf die Partition π ist und die Wahl der Punkte τ.

Satz 9.1.3 (**Riemann-Stieltjes-Integral**) Für jedes $f \in C[0, T]$ und $g \in \mathrm{BV}_T$ existiert der endliche Grenzwert

$$\lim_{|\pi| \to 0} S(f, g; \pi, \tau). \tag{9.2}$$

Ein solcher Grenzwert wird *Riemann-Stieltjes-Integral von* f *bezüglich* g *auf* $[0, T]$ genannt und durch

$$\int_0^T f \, dg \quad \text{oder} \quad \int_0^T f(t) \, dg(t)$$

bezeichnet. Genauer gesagt, für jedes $\varepsilon > 0$ gibt es ein $\delta_\varepsilon > 0$, so dass

$$\left| S(f, g; \pi, \tau) - \int_0^T f \, dg \right| < \varepsilon$$

für jedes $\pi \in \mathscr{P}_T$, mit $|\pi| < \delta_\epsilon$, und $\tau \in \mathscr{T}_\pi$.

Beweis Wir verwenden das Cauchy-Kriterium und zeigen, dass für jedes $\epsilon > 0$ ein $\delta_\epsilon > 0$ existiert, so dass

$$\left| S(f, g; \pi', \tau') - S(f, g; \pi'', \tau'') \right| < \epsilon$$

für alle $\pi', \pi'' \in \mathscr{P}_T$, so dass $|\pi'|, |\pi''| < \delta_\epsilon$ und für jedes $\tau' \in \mathscr{T}_{\pi'}$ und $\tau'' \in \mathscr{T}_{\pi''}$.

Sei $\pi = \pi' \cup \pi'' = \{t_0, \ldots, t_N\}$. Da f gleichmäßig stetig auf dem kompakten Intervall $[0, T]$ ist, gibt es für gegebenes $\epsilon > 0$ ein $\delta_\epsilon > 0$, so dass wir für $|\pi'|, |\pi''| < \delta_\epsilon$

$$\left| S(f, g; \pi', \tau') - S(f, g; \pi'', \tau'') \right| \leq \epsilon \sum_{k=1}^{N} |g(t_k) - g(t_{k-1})| \leq \epsilon V(g; \pi)$$

haben, was die Behauptung beweist. □

9.1 Riemann-Stieltjes-Integral

Betrachten wir einige Spezialfälle, in denen es möglich ist, ein Riemann-Stieltjes-Integral ausgehend von der allgemeinen Definition (9.2) zu berechnen.

Beispiel 9.1.4 Betrachte $\bar{t} \in {]}0, T[$ und

$$g(t) = \begin{cases} 0 & \text{wenn } t \in [0, \bar{t}[, \\ 1 & \text{wenn } t \in [\bar{t}, T]. \end{cases}$$

Für jedes $f \in C[0, T]$, $\pi = \{t_0, \ldots, t_N\} \in \mathscr{P}_T$ und $\tau \in \mathscr{T}_\pi$, sei $\bar{k}$ der Index, für den $\bar{t} \in {]}t_{\bar{k}-1}, t_{\bar{k}}]$. Dann haben wir

$$S(f, g; \pi, \tau) = f(\tau_{\bar{k}})\left(g(t_{\bar{k}}) - g(t_{\bar{k}-1})\right) = f(\tau_{\bar{k}}) \xrightarrow[|\pi|\to 0]{} f(\bar{t}).$$

Daher

$$\int_0^T f\,dg = f(\bar{t}).$$

Beachte, dass

$$\int_0^T f(t)dg(t) = \int_{[0,T]} f(t)\delta_{\bar{t}}(dt)$$

wo die rechte Seite das Integral bezüglich des Dirac-Delta-Maßes zentriert in $\bar{t}$ ist.

Beispiel 9.1.5 Sei

$$g(t) = \int_0^t u(s)ds, \qquad t \in [0, T],$$

die Integralfunktion von Beispiel 9.1.2-iv), mit $u \in L^1([0, T]; \mathbb{R})$. Indem wir die positiven und negativen Teile von u getrennt betrachten, haben wir o.B.d.A, dass $u \geq 0$. Seien $\pi \in \mathscr{P}_T$ und $f \in C[0, T]$, betrachten wir die besondere Wahl der Punkte

$$\tau_k \in \arg\min_{[t_{k-1}, t_k]} f, \qquad k = 1, \ldots, N.$$

Dann haben wir

$$\begin{aligned} S(f, g; \pi, \tau) &= \sum_{k=1}^N f(\tau_k)(g(t_k) - g(t_{k-1})) \\ &= \sum_{k=1}^N f(\tau_k) \int_{t_{k-1}}^{t_k} u(s)ds \\ &\leq \sum_{k=1}^N \int_{t_{k-1}}^{t_k} f(s)u(s)ds = \int_0^T f(s)u(s)ds. \end{aligned}$$

Wir beweisen eine ähnliche Ungleichung mit der Wahl

$$\tau_k \in \underset{[t_{k-1},t_k]}{\arg\max} f, \quad k = 1, \ldots, N.$$

und folgern, indem wir den Grenzwert für $|\pi| \to 0$ nehmen, dass

$$\int_0^T f(t)dg(t) = \int_0^T f(t)u(t)dt \equiv \int_0^T f(t)g'(t)dt.$$

Das allgemeine Ergebnis, das die Regeln für die Riemann-Stieltjes-Integration liefert, ist die folgende wichtige Itô'sche Formel.

Theorem 9.1.6 (Deterministische Itô-Formel) Für jedes $F = F(t, x) \in C^1([0, T] \times \mathbb{R})$ und $g \in BV_T \cap C[0, T]$ gilt

$$F(T, g(T)) - F(0, g(0)) = \int_0^T (\partial_t F)(t, g(t))dt + \int_0^T (\partial_x F)(t, g(t))dg(t)$$

Beweis Für jedes $\pi = \{t_0, \ldots, t_N\} \in \mathscr{P}_T$, haben wir

$$F(T, g(T)) - F(0, g(0)) = \sum_{k=1}^N (F(t_k, g(t_k)) - F(t_{k-1}, g(t_{k-1}))) =$$

(durch den Mittelwertsatz und die Stetigkeit von g, mit $\tau', \tau'' \in \mathscr{T}_\pi$)

$$= \sum_{k=1}^N \left((\partial_t F)(\tau_k', g(\tau_k''))(t_k - t_{k-1}) + (\partial_x F)(\tau_k', g(\tau_k'')) (g(t_k) - g(t_{k-1})) \right)$$

was die Behauptung beweist, indem man den Grenzwert für $|\pi| \to 0$ nimmt. □

Bemerkung 9.1.7 Wenn F nur von x abhängt, wird die Itô-Formel zu

$$F(g(T)) - F(g(0)) = \int_0^T F'(g(t))dg(t)$$

was manchmal, insbesondere im Kontext der stochastischen Analysis (vgl. Notation 10.4.2), in der sogenannten „Differentialnotation" wie folgt geschrieben wird:

$$dF(g(t)) = F'(g(t))dg(t). \tag{9.3}$$

Letzteres erinnert formal an die übliche Kettenregel für die Ableitung von zusammengesetzten Funktionen.

9.1 Riemann-Stieltjes-Integral

Im mehrdimensionalen Fall, wo $g = (g_1, \ldots, g_d)$ Werte in $\mathbb{R}^d$ annimmt, und wenn wir $\nabla_x = (\partial_{x_1}, \ldots, \partial_{x_d})$ setzen, wird die Itô-Formel zu

$$F(T, g(T)) - F(0, g(0)) = \int_0^T (\partial_t F)(t, g(t))dt + \int_0^T (\nabla_x F)(t, g(t))dg(t)$$

$$= \int_0^T (\partial_t F)(t, g(t))dt + \sum_{i=1}^d \int_0^T (\partial_{x_i} F)(t, g(t))dg_i(t)$$

oder in Differentialnotation

$$dF(t, g(t)) = (\partial_t F)(t, g(t))dt + (\nabla_x F)(t, g(t))dg(t).$$

Beispiel 9.1.8 Betrachten wir einige Beispiele für die Anwendung der deterministischen Itô-Formel:

i) für $F(t, x) = x$ haben wir

$$g(T) - g(0) = \int_0^T dg$$

was den Hauptsatz der Integralrechnung verallgemeinert;

ii) für $F(t, x) = f(t)x$ mit $f \in C^1[0, T]$ haben wir

$$f(T)g(T) - f(0)g(0) = \int_0^T f'(t)g(t)dt + \int_0^T f(t)dg(t)$$

was die Formel für die partielle Integration verallgemeinert. In Differentialform haben wir

$$d(f(t)g(t)) = f'(t)g(t)dt + f(t)dg(t) \tag{9.4}$$

was formal an die Formel für die Ableitung eines Produkts erinnert;

iii) für $F(t, x) = x^2$ haben wir

$$\int_0^T g(t)dg(t) = \frac{g^2(T) - g^2(0)}{2}$$

oder

$$dg^2(t) = 2g(t)dg(t).$$

9.2 Lebesgue-Stieltjes-Integral

Jede reellwertige Funktion $g \in \mathrm{BV} \cap C(\mathbb{R}_{\geq 0})$ zerlegt sich in die Differenz $g = g_+ - g_-$, wobei g_+, g_- steigende und stetige Funktionen sind. Nach Theorem 1.4.33 in [113] sind g_+ und g_- mit zwei Maßen auf[2] $(\mathbb{R}_{\geq 0}, \mathscr{B})$ assoziiert, die wir mit μ_g^+ und μ_g^- bezeichnen: wir haben

$$\mu_g^{\pm}([a,b]) = \mu_g^{\pm}(]a,b]) = g_{\pm}(b) - g_{\pm}(a), \qquad a \leq b.$$

Um Theorem Theorem 1.4.33 in [113] anzuwenden, können wir annehmen, dass g rechtsstetig ist (wie im Beispiel 9.1.4, wo $\mu_g = \delta_{\bar{t}}$). Um jedoch die Behandlung zu vereinfachen, betrachten wir hier nur eine stetige Funktion g, weil wir später das stochastische Integral nur in Bezug auf stetige Integratoren studieren werden. Wir bezeichnen durch

$$|\mu_g| := \mu_g^+ + \mu_g^-$$

das Maß, das als Summe von μ_g^+ und μ_g^- definiert ist. Darüber hinaus setzen wir für jedes $H \in \mathscr{B}$, so dass mindestens eines von $\mu_g^+(H)$ und $\mu_g^-(H)$ endlich ist,

$$\mu_g(H) = \mu_g^+(H) - \mu_g^-(H). \tag{9.5}$$

Wir sagen, dass μ_g ein *signiertes Maß* ist, da es auch negative Werte, einschließlich $-\infty$, annehmen kann.

Definition 9.2.1 (**Lebesgue-Stieltjes-Maß**) Für $g \in \mathrm{BV} \cap C(\mathbb{R}_{\geq 0})$ nennen wir μ_g in (9.5) das Lebesgue-Stieltjes-Maß, das zu g gehört. Für jedes $H \in \mathscr{B}$ und $f \in L^1(H, |\mu_g|)$ definieren wir das *Lebesgue-Stieltjes-Integral von f bezüglich g auf H* als

$$\int_H f \, d\mu_g := \int_H f \, d\mu_g^+ - \int_H f \, d\mu_g^-.$$

Das Lebesgue-Stieltjes-Integral verallgemeinert das Riemann-Stieltjes-Integral und erweitert die Klasse der integrierbaren Funktionen.

Satz 9.2.2 (**Riemann-Stieltjes vs Lebesgue-Stieltjes**) Für alle $f \in C(\mathbb{R}_{\geq 0})$, $g \in \mathrm{BV} \cap C(\mathbb{R}_{\geq 0})$ und $T > 0$ haben wir

$$\int_0^T f \, dg = \int_{[0,T]} f \, d\mu_g.$$

---

[2] Wir definieren die Maße auf $\mathbb{R}_{\geq 0}$, da die nichtnegativen reellen Zahlen die Menge der Zeitindizes für stochastische Prozesse sein wird. Um Theorem 1.4.33 in [113] anzuwenden, können wir die Funktionen g_+, g_- so erweitern, dass sie für $t \leq 0$ stetig und konstant sind. Alle Ergebnisse des Abschnitts gelten offensichtlich auf $(\mathbb{R}, \mathscr{B})$.

9.2 Lebesgue-Stieltjes-Integral

Beweis Gegeben sei $\pi = \{t_0, \ldots, t_N\} \in \mathscr{P}_T$. Wir betrachten die einfachen Funktionen

$$f_\pi^\pm(t) = \sum_{k=1}^{N} f(\tau_k^\pm) \mathbb{1}_{[t_{k-1}, t_k[}(t)$$

mit

$$\tau_k^+ \in \underset{[t_{k-1}, t_k]}{\arg\max} f, \qquad \tau_k^- \in \underset{[t_{k-1}, t_k]}{\arg\min} f, \qquad k = 1, \ldots, N.$$

Dann haben wir

$$\sum_{k=1}^{N} f(\tau_k^-) \left(g_+(t_k) - g_+(t_{k-1})\right) = \int_{[0,T]} f_\pi^- d\mu_g^+ \leq \int_{[0,T]} f d\mu_g^+ \leq \int_{[0,T]} f_\pi^+ d\mu_g^+$$

$$= \sum_{k=1}^{N} f(\tau_k^+) \left(g_+(t_k) - g_+(t_{k-1})\right).$$

Nehmen wir den Grenzwert für $|\pi| \to 0$, erhalten wir

$$\int_0^T f dg_+ = \int_{[0,T]} f d\mu_g^+.$$

Wenn wir auf ähnliche Weise mit g_- verfahren, schließen wir den Beweis ab. $\square$

Wir beweisen ein technisches Ergebnis, das später verwendet wird (siehe zum Beispiel Theorem 11.2.1).

Satz 9.2.3 In einem gefilterten Wahrscheinlichkeitsraum $(\Omega, \mathscr{F}, P, \mathscr{F}_t)$, der die üblichen Bedingungen erfüllt, sei:

- τ eine endliche (d.h. $\tau < \infty$ f.s.) Stoppzeit;
- A ein stetiger, wachsender und adaptierter Prozess mit $A_0 = 0$;
- X eine nicht-negative integrierbare Zufallsvariable.

Dann haben wir

$$E\left[\int_0^\tau X dA_t\right] = E\left[\int_0^\tau E[X \mid \mathscr{F}_t] dA_t\right] \tag{9.6}$$

und genauer gesagt,

$$E\left[\int_0^\tau X dA_t\right] = E\left[\int_0^\tau M_t dA_t\right]$$

für jede càdlàg Version M des Martingals $E[X \mid \mathscr{F}_t]$.

Beweis Zunächst nehmen wir an, dass A und X f.s. durch ein $N \in \mathbb{N}$ beschränkt sind. Für ein festes $n \in \mathbb{N}$, sei $\tau_k = \frac{k\tau}{n}$ mit $k = 0, \ldots, n$. Wir haben

$$E\left[\int_0^\tau X dA_t\right] = E\left[\sum_{k=1}^n X\left(A_{\tau_k} - A_{\tau_{k-1}}\right)\right]$$
$$= E\left[\sum_{k=1}^n E\left[X \mid \mathscr{F}_{\tau_k}\right]\left(A_{\tau_k} - A_{\tau_{k-1}}\right)\right]$$
$$= E\left[\sum_{k=1}^n M_{\tau_k}\left(A_{\tau_k} - A_{\tau_{k-1}}\right)\right]$$
$$= E\left[\int_0^\tau M_t^{(n)} dA_t\right]$$

wobei

$$M_t^{(n)} = M_0 + \sum_{k=1}^n M_{\tau_k} \mathbb{1}_{]\tau_{k-1},\tau_k]}(t).$$

Aufgrund der Rechtsstetigkeit von M haben wir

$$\lim_{n\to\infty} M_t^{(n)}(\omega) = M_t(\omega)$$

für fast alle ω, für die $t \leq \tau(\omega)$ gilt. Angesichts der Beschränktheit von X und daher von M, folgt die Behauptung aus dem Satz von der majorisierten Konvergenz.

Für den allgemeinen Fall genügt es, das gerade Bewiesene auf $X \wedge N$ und $A \wedge N$ anzuwenden und mit dem Satz von Beppo Levi den Grenzwert für $N \to \infty$ zu nehmen. □

9.3 Semimartingale

Definition 9.3.1 Wir sagen, dass ein Prozess $X = (X_t)_{t \geq 0}$

- *wachsend* ist, wenn die Trajektorien $t \mapsto X_t(\omega)$ wachsende Funktionen[3] für fast alle $\omega \in \Omega$ sind;
- *lokal von beschränkter Variation* ist, wenn $X(\omega) \in$ BV für fast alle $\omega \in \Omega$ (vgl. Definition 9.1.1). Zur Vereinfachung lassen wir oft das Adjektiv „lokal" weg und sprechen einfach von Prozessen von beschränkter Variation (oder *BV-Prozessen*), wobei wir weiterhin die Notation BV verwenden, um die Familie solcher Prozesse zu bezeichnen;
- *ein Semimartingal* ist, wenn es von der Form $X = M + A$ ist, wobei M ein lokales Martingal und A ein adaptierter Prozess von beschränkter Variation ist, sodass $A_0 = 0$.

---

[3] Das heißt, $X_s(\omega) \leq X_t(\omega)$ für $s \leq t$.

9.3 Semimartingale

Das Interesse an Semimartingalen liegt darin, dass wir solche Prozesse als Integratoren im Itô stochastischen Integral verwenden werden. Wir beschränken unsere Aufmerksamkeit auf stetige Semimartingale, d. h. Prozesse der Form $X = M + A$ mit $M \in \mathcal{M}^{c,\text{loc}}$ (vgl. Definition 8.4.2) und A stetig, adaptiert und von beschränkter Variation.

Beispiel 9.3.2 Seien $x, \mu, \sigma \in \mathbb{R}$ und W eine Standard-Brownsche Bewegung. Die *Brownsche Bewegung mit Drift*

$$X_t := x + \mu t + \sigma W_t, \quad t \geq 0,$$

ist ein stetiges Semimartingal mit Zerlegung $X = M + A$, wobei $M_t = x + \sigma W_t$ und $A_t = \mu t$. Wir werden in Korollar 9.3.7 beweisen, dass die Zerlegung eines stetigen Semimartingals eindeutig ist.

Bemerkung 9.3.3 Ein tiefgreifendes Ergebnis, der Doob-Meyer-Zerlegungssatz, besagt, dass jedes càdlàg Submartingal ein Semimartingal ist: Im Gegensatz zum diskreten Fall (vgl. Theorem 1.4.15) ist der Beweis dieser Tatsache jenseits von elementar.

In [121], Kap. IV Theorem 71, wird gezeigt, dass, wenn $X \in \mathcal{M}^{c,\text{loc}}$, mit $X_0 = 0$ ein stetiges lokales Martingal ist, dann ist der Prozess $|X|^\alpha$, $0 < \alpha < \frac{1}{2}$, kein Semimartingal, es sei denn, X ist identisch null.

9.3.1 Brownsche Bewegung als Semimartingal

Eine Brownsche Bewegung W ist ein stetiges Martingal und daher auch ein Semimartingal. Um zu zeigen, dass sein BV-Teil null ist (und fast alle Trajektorien von W nicht BV sind), führen wir das Konzept der *zweiten (oder quadratischen) Variation* einer Funktion g in Bezug auf die Partition $\pi = \{t_0, t_1, \ldots, t_N\} \in \mathscr{P}_T$ ein:

$$V_T^{(2)}(g; \pi) := \sum_{k=1}^{N} |g(t_k) - g(t_{k-1})|^2. \tag{9.7}$$

Satz 9.3.4 Wenn $g \in \text{BV}_T \cap C[0, T]$ dann

$$\lim_{|\pi| \to 0} V_T^{(2)}(g; \pi) = 0.$$

Beweis Da g auf dem kompakten Intervall $[0, T]$ gleichmäßig stetig ist, gibt es für jedes $\varepsilon > 0$ ein $\delta_\varepsilon > 0$ so dass

$$\max_{1 \leq k \leq N} |g(t_k) - g(t_{k-1})| < \epsilon$$

für alle $\pi \in \mathscr{P}_T$, so dass $|\pi| < \delta_\epsilon$. Folglich,

$$V_T^{(2)}(g;\pi) \leq \epsilon \sum_{k=1}^{N} |g(t_k) - g(t_{k-1})| \leq \epsilon V_T(g).$$

$\square$

Beispiel 9.3.5 [!] Wenn W eine reelle Brownsche Bewegung ist, dann

$$\lim_{|\pi| \to 0} V_T^{(2)}(W;\pi) = T \quad \text{in } L^2(\Omega, P), \tag{9.8}$$

und folglich sind die Trajektorien von W fast sicher nicht von beschränkter Variation.

Um (9.8) zu beweisen, setzen wir für eine Partition $\pi = \{t_0, t_1, \ldots, t_N\} \in \mathscr{P}_T$

$$\delta_k = t_k - t_{k-1}, \quad \Delta_k = W_{t_k} - W_{t_{k-1}}, \quad k = 1, \ldots, N,$$

und beobachten, dass $E\left[\Delta_k^4\right] = 3\delta_k^2$ und

$$E\left[\Delta_k^2 - \delta_k\right] = 0, \quad E\left[\left(\Delta_h^2 - \delta_h\right)\left(\Delta_k^2 - \delta_k\right)\right] = E\left[\left(\Delta_h^2 - \delta_h\right) E\left[\Delta_k^2 - \delta_k \mid \mathscr{F}_{t_h}\right]\right] = 0 \tag{9.9}$$

wenn $h < k$. Dann haben wir

$$E\left[\left(V_T^{(2)}(W;\pi) - T\right)^2\right] = E\left[\left(\sum_{k=1}^{N}\left(\Delta_k^2 - \delta_k\right)\right)^2\right]$$

$$= \sum_{k=1}^{N} E\left[\left(\Delta_k^2 - \delta_k\right)^2\right] + 2\sum_{h<k} E\left[\left(\Delta_h^2 - \delta_h\right)\left(\Delta_k^2 - \delta_k\right)\right] =$$

(da die Terme der zweiten Summe null sind durch (9.9))

$$= \sum_{k=1}^{N} E\left[\Delta_k^4 - 2\Delta_k^2 \delta_k + \delta_k^2\right] =$$

(wieder durch (9.9))

$$= \sum_{k=1}^{N} 2\delta_k^2 \leq 2|\pi| \sum_{k=1}^{N} \delta_k = 2|\pi| T$$

was die Behauptung beweist.

9.3.2 Semimartingale von beschränkter Variation

Im Beispiel 9.3.5 haben wir wiederholt die Martingaleigenschaft verwendet, um zu beweisen, dass W eine positive quadratische Variation hat und daher nicht von beschränkter Variation ist. Tatsächlich erstreckt sich dieses Ergebnis auf die gesamte Klasse der stetigen lokalen Martingale, deren Trajektorien nicht von beschränkter Variation sind, es sei denn, sie sind identisch null.

Theorem 9.3.6 [!] Sei $X = (X_t)_{t\geq 0}$ ein stetiges lokales Martingal, $X \in \mathscr{M}^{c,\text{loc}}$. Wenn $X \in \text{BV}$ dann ist X ununterscheidbar von dem Prozess, der identisch gleich X_0 ist.

Beweis Ohne Beschränkung der Allgemeinheit können wir $X_0 = 0$ betrachten. Zuerst beweisen wir die Behauptung in dem Fall, wo $X \in \text{BV}$ ein beschränktes stetiges Martingal ist: Genau genommen, nehmen wir an, dass eine Konstante K so existiert, dass

$$\sup_{t\geq 0}(|X_t| + V_t(X)) \leq K.$$

Für ein festes $T > 0$ und $\pi \in \mathscr{P}_T$ setzen wir

$$\Delta_k = X_{t_k} - X_{t_{k-1}}, \qquad \Delta_\pi = \max_{1\leq k\leq N}|X_{t_k} - X_{t_{k-1}}|.$$

Wir beobachten, dass nach der Identität (1.11)

$$E\left[(X_{t_k} - X_{t_{k-1}})^2\right] = E\left[X_{t_k}^2 - X_{t_{k-1}}^2\right]$$

gilt und aufgrund der gleichmäßigen Stetigkeit der Trajektorien

$$\lim_{|\pi|\to 0}\Delta_\pi(\omega) = 0, \qquad 0 \leq \Delta_\pi(\omega) \leq 2K, \qquad \omega \in \Omega. \tag{9.10}$$

Dann haben wir

$$E\left[X_T^2\right] = E\left[\sum_{k=1}^N \left(X_{t_k}^2 - X_{t_{k-1}}^2\right)\right] = E\left[\sum_{k=1}^N \left(X_{t_k} - X_{t_{k-1}}\right)^2\right] \leq E[\Delta_\pi V_T(X;\pi)]$$
$$\leq K E[\Delta_\pi] \tag{9.11}$$

was, wenn $|\pi| \to 0$, aufgrund von (9.10) und dem majorisierten Konvergenzsatz gegen null geht. Daher $E\left[X_T^2\right] = 0$ und durch Doobs Maximalungleichung

$$E\left[\sup_{0\leq t\leq T}X_t^2\right] \leq 4E\left[X_T^2\right] = 0.$$

Folglich sind durch Stetigkeit die Trajektorien von X fast sicher identisch null auf $[0, T]$. Angesichts der Beliebigkeit von T folgern wir, dass X vom Nullprozess ununterscheidbar ist.

Im allgemeinen Fall betrachten wir eine lokalisierende Folge $\bar{\tau}_n$, für $Y_{n,t} := X_{t \wedge \bar{\tau}_n} \in \mathrm{BV}$. Wir verfeinern diese Folge, indem wir die Stoppzeiten

$$\sigma_n = \inf\{t \geq 0 \mid |Y_{n,t}| + V_t(Y_{n,\cdot}) \geq n\}$$

definieren. Auch $\tau_n := \bar{\tau}_n \wedge \sigma_n \wedge n$ ist eine lokalisierende Folge für X: außerdem ist $X_{t \wedge \tau_n}$ ein beschränktes stetiges Martingal, das für $t \geq n$ konstant ist und dessen erste Variation durch n beschränkt ist. Wie oben bewiesen, ist $X_{t \wedge \tau_n}$ vom Nullprozess ununterscheidbar und die Behauptung folgt, indem man den Grenzwert für $n \to \infty$ nimmt. □

Korollar 9.3.7 [!] Sei X ein stetiges Semimartingal. Die Zerlegung $X = M + A$, mit $M \in \mathscr{M}^{c,\mathrm{loc}}$ und $A \in \mathrm{BV}$ stetiger, adaptierter Prozess mit $A_0 = 0$, ist eindeutig.

Beweis Wenn $X = M' + A'$ eine andere Zerlegung ist, dann ist $M - M' = A' - A$ ein stetiges lokales Martingal, das lokal von beschränkter Variation ist. Nach Theorem 9.3.6 ist M von M' und A von A' ununterscheidbar. □

Bemerkung 9.3.8 Ohne die Stetigkeitsannahme ist die Zerlegung eines Semimartingals im Allgemeinen nicht eindeutig: Unstetigkeiten in den Pfaden eines Semimartingals können zu unterschiedlichen Zerlegungen führen. Zum Beispiel ist der Poisson-Prozess N steigend und daher von beschränkter Variation: dann $N = M + A$ mit $A := N$ und $M := 0$. Die Zerlegung ist jedoch durch $A_t := \lambda t$ und $M_t := N_t - \lambda t$ gegeben, wobei M der kompensierte Poisson-Prozess ist (vgl. Proposition 5.3.1).

9.4 Doobs Zerlegung und quadratischer Variationsprozess

In diesem Abschnitt führen wir ein grundlegendes Ergebnis ein, das die Theorie der stochastischen Integration untermauert: Für jedes stetige lokale Martingal X gibt es einen steigenden Prozess, genannt der *quadratische Variationsprozess* und bezeichnet durch $\langle X \rangle$, der das lokale Sub-Martingal X^2 in dem Sinne „kompensiert", dass $X^2 - \langle X \rangle$ ein stetiges lokales Martingal ist. Der Prozess $\langle X \rangle$ kann pfadweise als Grenzwert der quadratischen Variation (9.7) für $|\pi| \to 0$ konstruiert werden: dies ist konsistent mit dem, was in Beispiel 9.3.5 in Bezug auf die Brownsche Bewegung W gesehen wurde, für die $\langle W \rangle_t = t$ und der Prozess $W_t^2 - t$ ein stetiges Martingal ist.

Erinnern wir uns daran, dass $\mathscr{M}^{c,2}$ den Raum der stetigen Martingale X bezeichnet, für die $X_t \in L^2(\Omega, P)$ für alle $t \geq 0$ (vgl. Definition 8.3.1) und $\mathscr{M}^{c,\mathrm{loc}}$ bezeichnet den Raum der stetigen lokalen Martingale (vgl. Definition 8.4.2).

9.4 Doobs Zerlegung und quadratischer Variationsprozess

Theorem 9.4.1 (Doobs Zerlegungssatz) [!!] Für jedes $X \in \mathscr{M}^{c,2}$ existieren zwei eindeutige (bis auf Ununterscheidbarkeit) Prozesse M und $\langle X \rangle$, so dass:

i) M ist ein stetiges Martingal;
ii) $\langle X \rangle$ ist ein adaptierter, stetiger und steigender Prozess[4], so dass $\langle X \rangle_0 = 0$;
iii)
$$X_t^2 = M_t + \langle X \rangle_t, \quad t \geq 0;$$

iv)
$$E\left[(X_t - X_s)^2 \mid \mathscr{F}_s\right] = E\left[\langle X \rangle_t - \langle X \rangle_s \mid \mathscr{F}_s\right], \quad t \geq s \geq 0. \quad (9.12)$$

Die Formel (9.12) ist die erste Version einer wichtigen Identität, die als *Itô-Isometrie* bezeichnet wird (siehe Abschn. 10.2.1).

Allgemeiner gilt: Ist $X \in \mathscr{M}^{c,\text{loc}}$, so gelten ii) und iii) weiterhin, während i) durch

i') $M \in \mathscr{M}^{c,\text{loc}}$

ersetzt wird. Der Prozess $\langle X \rangle$ wird als der *quadratische Variationsprozess* von X bezeichnet und wir haben

$$\langle X \rangle_t = \lim_{n \to \infty} \sum_{k=1}^{2^n} \left(X_{\frac{tk}{2^n}} - X_{\frac{t(k-1)}{2^n}}\right)^2, \quad t > 0, \quad (9.13)$$

mit Konvergenz in Wahrscheinlichkeit. Allgemeiner gesagt, gegeben ein stetiges Semimartingal der Form $S = X + A$, mit $X \in \mathscr{M}^{c,\text{loc}}$ und $A \in \text{BV}$ adaptiert, für jedes $t > 0$ haben wir

$$\langle S \rangle_t := \lim_{n \to \infty} \sum_{k=1}^{2^n} \left(S_{\frac{tk}{2^n}} - S_{\frac{t(k-1)}{2^n}}\right)^2 = \langle X \rangle_t \quad (9.14)$$

in Wahrscheinlichkeit und daher sagen wir, dass $\langle S \rangle$ der quadratische Variationsprozess von S ist.

Der Beweis von Theorem 9.4.1 wird auf Abschn. 9.6 verschoben.

Beispiel 9.4.2 Sei $X_t = t + W_t$, wobei W eine Brownsche Bewegung ist, dann ist nach Definition $\langle X \rangle_t = \langle W \rangle_t = t$. Beachte, dass $E\left[X_t^2 - t\right] = t^2$ und $X_t^2 - t$ kein Martingal ist.

Bemerkung 9.4.3 Theorem 9.4.1 ist ein Spezialfall eines tiefen und allgemeineren Ergebnisses, bekannt als Doob-Meyer-Zerlegungssatz, welches besagt, dass *jedes càdlàg Sub-Martingal X der Klasse D (d. h., so dass die Familie der Zufallsvariablen X_τ, mit τ Stoppzeit, gleichmäßig integrierbar ist) eindeutig in der Form $X = M + A$*

---

[4] Offensichtlich ist $\langle X \rangle$ auch absolut integrierbar, da $\langle X \rangle_t = X_t^2 - M_t$ mit $X_t \in L^2(\Omega, P)$ nach Annahme und $M_t \in L^1(\Omega, P)$ nach Definition eines Martingals.

geschrieben werden kann, wobei M ein stetiges Martingal und A ist ein steigender Prozess, so dass $A_0 = 0$.

Dieses Ergebnis wurde erstmals von Meyer in den 60er Jahren des letzten Jahrhunderts bewiesen und seitdem wurden viele andere Beweise bereitgestellt. Ein besonders prägnanter Beweis wurde kürzlich in [14] vorgeschlagen: die sehr intuitive Idee besteht darin, den Prozess X auf die Dyaden zu diskretisieren, die diskrete Version des Doob's Zerlegungstheorems (vgl. Theorem 1.4.15) zu verwenden und schließlich zu beweisen dass die Folge der diskreten Zerlegungen zur gewünschten Zerlegung konvergiert, unter Verwendung von Komlós' Lemma 9.6.1.

Bemerkung 9.4.4 Durch das Optional Sampling Theorem 8.1.6 wird die wichtige Identität (9.12) auf den Fall verallgemeinert wo wir statt t, s zwei beschränkte Stoppzeiten τ, σ zulassen, so dass $\sigma \leq \tau \leq T$ f.s. für ein $T > 0$.

9.5 Kovariationsmatrix

Wir erweitern das Konzept des quadratischen Variation Prozesses auf den mehrdimensionalen Fall.

Satz 9.5.1 (Kovariationsprozess) *Seien* $X, Y \in \mathcal{M}^{c,\text{loc}}$ *reellwertige Prozesse. Der Kovariationsprozess von X und Y, durch*

$$\langle X, Y \rangle := \frac{\langle X + Y \rangle - \langle X - Y \rangle}{4}, \tag{9.15}$$

definiert. Er ist der eindeutige (bis auf Ununterscheidbarkeit) Prozess, so dass

i) $\langle X, Y \rangle \in$ BV *ist adaptiert, stetig, und so dass* $\langle X, Y \rangle_0 = 0$;
ii) $XY - \langle X, Y \rangle \in \mathcal{M}^{c,\text{loc}}$ *und ist ein echtes Martingal, wenn* $X, Y \in \mathcal{M}^{c,2}$.

Wenn $X, Y \in \mathcal{M}^{c,2}$, *haben wir*

$$E\left[(X_t - X_s)(Y_t - Y_s) \mid \mathscr{F}_s\right] = E\left[\langle X, Y \rangle_t - \langle X, Y \rangle_s \mid \mathscr{F}_s\right], \quad t \geq s \geq 0, \tag{9.16}$$

und

$$\langle X, Y \rangle_t = \lim_{n \to \infty} \sum_{k=1}^{2^n} \left(X_{\frac{tk}{2^n}} - X_{\frac{t(k-1)}{2^n}} \right) \left(Y_{\frac{tk}{2^n}} - Y_{\frac{t(k-1)}{2^n}} \right), \quad t \geq 0, \tag{9.17}$$

in Wahrscheinlichkeit.

Beweis Mit der elementaren Gleichung

$$XY = \frac{(X+Y)^2 - (X-Y)^2}{4}$$

ist es einfach zu überprüfen, dass der Prozess $\langle X, Y \rangle$ definiert wie in (9.15) die Eigenschaften i) und ii) erfüllt. Die Eindeutigkeit folgt direkt aus Theorem 9.3.6. Formel (9.16) folgt aus der Identität

$$E\left[(X_t - X_s)(Y_t - Y_s) \mid \mathscr{F}_s\right] = E\left[X_t Y_t - X_s Y_s \mid \mathscr{F}_s\right]$$

und aus der Martingaleigenschaft von $XY - \langle X, Y \rangle$. Formel (9.17) ist eine einfache Folge von (9.15), angewendet auf $X + Y$ und $X - Y$, und von Proposition 11.2.4, deren Beweis in Kap. 11 gegeben ist. □

Bemerkung 9.5.2 Durch Eindeutigkeit haben wir $\langle X, X \rangle = \langle X \rangle$. Die folgenden Eigenschaften sind direkte Folgen der Definition (9.15) der Kovariation und von (9.17):

i) Symmetrie: $\langle X, Y \rangle = \langle Y, X \rangle$;
ii) Bilinearität: $\langle \alpha X + \beta Y, Z \rangle = \alpha \langle X, Z \rangle + \beta \langle Y, Z \rangle$, für $\alpha, \beta \in \mathbb{R}$;
iii) Cauchy-Schwarz: $|\langle X, Y \rangle| \leq \sqrt{\langle X \rangle \langle Y \rangle}$.

Da die quadratische Variation einer stetigen BV-Funktion null ist (vgl. Proposition 9.3.4), erweitert sich die Definition der quadratischen Variation auf stetige Semimartingale auf natürliche Weise: Erinnern wir uns daran, dass wir in Theorem 9.4.1 den *quadratischen Variationsprozess* eines stetigen Semimartingals $S = X + A$, mit $X \in \mathscr{M}^{c,\text{loc}}$ und $A \in \text{BV}$ adaptiert, als $\langle S \rangle := \langle X \rangle$ definiert haben.

Definition 9.5.3 (Kovariationsmatrix eines Semimartingals) Wenn $S = (S^1, \ldots, S^d)$ ein stetiges d-dimensionales Semimartingal mit Zerlegung $S = X + A$ ist, dann ist die *Kovariationsmatrix* von S die $d \times d$ symmetrische Matrix

$$\langle S \rangle := (\langle X^i, X^j \rangle)_{i,j=1,\ldots,d}.$$

9.6 Beweis des Zerlegungssatzes von Doob

Um Theorem 9.4.1 zu beweisen, passen wir ein Argument an, das in [14] vorgeschlagen wurde, basierend auf einem interessanten und nützlichen Ergebnis der Funktionalanalysis. Der klassische Satz von Bolzano-Weierstrass stellt sicher, dass aus jeder beschränkten Folge im euklidischen Raum eine konvergente Teilfolge extrahiert werden kann. Obwohl dieses Ergebnis sich nicht auf den unendlichdimensionalen Fall ausdehnt, zeigt das folgende Lemma, dass es immer möglich ist, eine konvergente Folge von *konvexen Kombinationen* (Teilfolgen sind spezielle konvexe Kombinationen) der Elemente der Ausgangsfolge zu konstruieren. Genauer gesagt, gegeben eine Folge $(f_n)_{n \in \mathbb{N}}$ in einem Hilbertraum, bezeichnen wir durch

$$\mathscr{C}_n = \{\lambda_n f_n + \cdots + \lambda_N f_N \mid N \geq n, \lambda_n, \ldots, \lambda_N \geq 0, \lambda_n + \cdots + \lambda_N = 1\}$$

die Familie der Konvexkombinationen einer endlichen Anzahl von Elementen von $(f_k)_{k \geq n}$.

Lemma 9.6.1 (Komlós' Lemma [72]) Sei $(f_n)_{n\in\mathbb{N}}$ eine beschränkte Folge in einem Hilbertraum. Dann gibt es eine konvergente Folge $(g_n)_{n\in\mathbb{N}}$, mit $g_n \in \mathscr{C}_n$.

Beweis Wenn $\|f_n\| \leq K$ für jedes $n \in \mathbb{N}$ dann haben wir durch die Dreiecksungleichung $\|g\| \leq K$ für alle $g \in \mathscr{C}_n$. Daher setzen wir

$$a_n := \inf_{g\in\mathscr{C}_n} \|g\|, \quad n \in \mathbb{N}$$

und haben $a_n \leq a_{n+1}$, sowie $a := \sup_{n\in\mathbb{N}} a_n \leq K$. Dann gibt es für jedes $n \in \mathbb{N}$ $g_n \in \mathscr{C}_n$, so dass $\|g_n\| \leq a + \frac{1}{n}$. Andererseits gibt es für jedes $\varepsilon > 0$ ein $n_\varepsilon \in \mathbb{N}$, so dass $\left\|\frac{g_n+g_m}{2}\right\| \geq a - \varepsilon$ für jedes $n \geq m \geq n_\varepsilon$, einfach weil $\frac{g_n+g_m}{2} \in \mathscr{C}_n$ und durch Definition von a. Dann haben wir für jedes $n, m \geq n_\varepsilon$

$$\|g_n - g_m\|^2 = 2\|g_n\|^2 + 2\|g_m\|^2 - \|g_n + g_m\|^2 \leq 4\left(a + \frac{1}{n}\right)^2 - 4(a-\varepsilon)^2$$

was beweist, dass $(g_n)_{n\in\mathbb{N}}$ eine Cauchy-Folge und daher konvergent ist. $\square$

Beweis von Theorem 9.4.1 Die Eindeutigkeit folgt direkt aus Theorem 9.3.6, da wenn M' und A' i), ii) und iii) erfüllen, dann $M - M'$ ein stetiges Martingal von beschränkter Variation beginnend bei 0 ist. Wir beweisen die Existenz zuerst unter der Annahme, dass $X = (X_t)_{t\in[0,1]}$ ein stetiges und beschränktes Martingal ist:

$$\sup_{t\in[0,1]} |X_t| \leq K \qquad (9.18)$$

für eine positive Konstante K. Dies ist der schwierige Teil des Beweises, in dem die Hauptideen auftauchen. Wir gehen Schritt für Schritt vor.

[Schritt 1] Für ein festes $n \in \mathbb{N}$ führen wir zur Vereinfachung der Rechnungen auf Dyaden von $[0,1]$ folgende Notation ein:

$$X_{n,k} = X_{\frac{k}{2^n}}, \quad A_{n,k} = \sum_{i=1}^{k}\left(X_{n,i} - X_{n,i-1}\right)^2, \quad \mathscr{F}_{n,k} := \mathscr{F}_{\frac{k}{2^n}}, \quad k = 0, 1, \ldots, 2^n.$$

Offensichtlich sind $k \mapsto X_{n,k}$ und $k \mapsto A_{n,k}$ Prozesse, die an die diskrete Filtration $(\mathscr{F}_{n,k})_{k=0,1,\ldots,2^n}$ adaptiert sind, und $k \mapsto A_{n,k}$ ist wachsend. Außerdem ist der Prozess

$$M_{n,k} := X_{n,k}^2 - A_{n,k}, \quad k = 0, 1, \ldots, 2^n$$

ein diskretes Martingal. Tatsächlich gilt

$$E\left[A_{n,k} - A_{n,k-1} \mid \mathscr{F}_{n,k-1}\right] = E\left[\left(X_{n,k} - X_{n,k-1}\right)^2 \mid \mathscr{F}_{n,k-1}\right] =$$

9.6 Beweis des Zerlegungssatzes von Doob

(nach (1.11))
$$= E\left[X_{n,k}^2 - X_{n,k-1}^2 \mid \mathscr{F}_{n,k-1}\right] \quad (9.19)$$

was die Martingal-Eigenschaft von $M_{n,k}$ beweist.

[Schritt 2] Dies ist der entscheidende Punkt des Beweises: wir zeigen, dass

$$\sup_{n \in \mathbb{N}} E\left[A_{n,2^n}^2\right] \leq 36K^4. \quad (9.20)$$

Beachte, dass für jedes feste $n \in \mathbb{N}$ der Endwert $A_{n,2^n}$ des Prozesses $A_{n,\cdot}$ klarerweise in $L^2(\Omega, P)$ liegt, da er eine endliche Summe von Termen ist, die durch die Annahme begrenzt sind: jedoch nimmt die Anzahl solcher Terme exponentiell mit n zu und dies erklärt die Schwierigkeit beim Beweis von (9.20), das *eine einheitliche Schätzung in $n \in \mathbb{N}$ ist*. Hier verwenden wir im Wesentlichen die Martingale-Eigenschaft und die Beschränktheit von X (beachte, dass in den allgemeinen Annahmen X quadratisch integrierbar ist, aber in (9.20) Potenzen von X der Ordnung vier auftreten). Wir haben

$$A_{n,2^n}^2 = \sum_{k=1}^{2^n} (X_{n,k} - X_{n,k-1})^4 + 2\sum_{k=1}^{2^n} \sum_{h=k+1}^{2^n} (X_{n,k} - X_{n,k-1})^2 (X_{n,h} - X_{n,h-1})^2$$

$$= \sum_{k=1}^{2^n} (X_{n,k} - X_{n,k-1})^4 + 2\sum_{k=1}^{2^n} (X_{n,k} - X_{n,k-1})^2 (A_{n,2^n} - A_{n,k}). \quad (9.21)$$

Indem wir den Erwartungswert nehmen, schätzen wir die erste Summe der Gl. (9.21) punktweise mit Hilfe der Gl. (9.18). Dann wenden wir die Turmeigenschaft in der zweiten Summe an:

$$E\left[A_{n,2^n}^2\right] \leq 2K^2 \sum_{k=1}^{2^n} E\left[(X_{n,k} - X_{n,k-1})^2\right]$$

$$+ 2\sum_{k=1}^{2^n} E\left[(X_{n,k} - X_{n,k-1})^2 E\left[A_{n,2^n} - A_{n,k} \mid \mathscr{F}_{n,k}\right]\right] =$$

(nach der Martingale-Eigenschaft (9.19) von $M_{n,k} = X_{n,k}^2 - A_{n,k}$)

$$= 2K^2 E\left[A_{n,2^n}\right] + 2\sum_{k=1}^{2^n} E\left[(X_{n,k} - X_{n,k-1})^2 E\left[X_{n,2^n}^2 - X_{n,k}^2 \mid \mathscr{F}_{n,k}\right]\right] \leq$$

(da $\left|X_{n,2^n}^2 - X_{n,k}^2\right| \leq 2K^2$)

$$\leq 6K^2 E\left[A_{n,2^n}\right] \leq 6K^2 E\left[A_{n,2^n}^2\right]^{\frac{1}{2}}$$

wobei wir im letzten Schritt die Höldersche Ungleichung angewendet haben. Dies schließt den Beweis von (9.20) ab.

[Schritt 3] Wir erweitern das diskrete Martingal $M_{n,\cdot}$ auf das gesamte Interval $[0, 1]$ durch
$$M_t^{(n)} := E\left[M_{n,2^n} \mid \mathscr{F}_t\right], \quad t \in [0, 1].$$

Für jedes $t \in \left[\frac{k-1}{2^n}, \frac{k}{2^n}\right]$ haben wir durch die Turmeigenschaft

$$\begin{aligned}
M_t^{(n)} &= E\left[E\left[M_{n,2^n} \mid \mathscr{F}_{n,k}\right] \mid \mathscr{F}_t\right] \\
&= E\left[M_{n,k} \mid \mathscr{F}_t\right] \\
&= E\left[X_{n,k}^2 - A_{n,k} \mid \mathscr{F}_t\right] \\
&= E\left[X_{n,k}^2 - \left(X_{n,k} - X_{n,k-1}\right)^2 \mid \mathscr{F}_t\right] - A_{n,k-1} \\
&= E\left[2 X_{n,k} X_{n,k-1} \mid \mathscr{F}_t\right] - X_{n,k-1}^2 - A_{n,k-1} \\
&= 2 X_t X_{n,k-1} - X_{n,k-1}^2 - A_{n,k-1}.
\end{aligned}$$

Dann folgt aus der Stetigkeit von X, dass $M^{(n)}$ auch ein stetiger Prozess ist. Darüber hinaus ist durch Schritt 2 die Folge

$$M_1^{(n)} = X_1^2 - A_{n,2^n}$$

in $L^2(\Omega, P)$ beschränkt. Man könnte beweisen, dass $(M_1^{(n)})_{n \in \mathbb{N}}$ eine Cauchy-Folge ist, die in der L^2-Norm (und daher in der Wahrscheinlichkeit) konvergiert, aber der direkte Beweis dieser Tatsache ist ein weniger technisch und mühsam. Daher bevorzugen wir es hier eine Abkürzung zu nehmen und wenden Komlós' Lemma 9.6.1 an. Für alle $n \in \mathbb{N}$ existieren nicht-negative Zahlen $\lambda_n^{(n)}, \ldots, \lambda_{N_n}^{(n)}$, deren Summe gleich eins ist, sodass

$$\widetilde{M}_{n,t} = \lambda_n^{(n)} M_t^{(n)} + \cdots + \lambda_{N_n}^{(n)} M_t^{(N_n)}, \quad t \in [0, 1].$$

Wir haben, dass $\widetilde{M}_{n,1}$ in $L^2(\Omega, P)$ gegen eine Zufallsvariable Z konvergiert. Sei M eine càdlàg Version des durch

$$M_t := E[Z \mid \mathscr{F}_t], \quad t \in [0, 1].$$

definierten Martingals. Da $t \mapsto \widetilde{M}_{n,t}$ ein stetiges Martingal für jedes $n \in \mathbb{N}$ ist, haben wir durch Doobs Maximalungleichung

$$E\left[\sup_{t \in [0,1]} |\widetilde{M}_{n,t} - M_t|^2\right] \leq 4 E\left[|\widetilde{M}_{n,1} - M_1|^2\right] = 4 E\left[|\widetilde{M}_{n,1} - Z|^2\right].$$

9.6 Beweis des Zerlegungssatzes von Doob

Daher haben wir nach der Auswahl einer Teilfolge

$$\lim_{n\to\infty} \sup_{t\in[0,1]} |\widetilde{M}_{n,t}(\omega) - M_t(\omega)|^2 = 0, \qquad \omega \in \Omega \setminus F,$$

mit F vernachlässigbar, woraus wir die Existenz einer stetigen Version von M ableiten. Folglich ist auch der Prozess

$$A_t := X_t^2 - M_t$$

stetig.

Um zu zeigen, dass A wachsend ist, fixieren wir zuerst zwei dyadische Zahlen $s, t \in [0, 1]$ mit $s \leq t$: dann gibt es ein $\bar{n}$, so dass $s, t \in \mathcal{D}_n$ für jedes $n \geq \bar{n}$, das heißt, $s = \frac{k_n}{2^n}$ und $t = \frac{h_n}{2^n}$ für bestimmte $k_n, h_n \in \{0, 1, \ldots, 2^n\}$. Jetzt haben wir durch Konstruktion

$$X_{n,k_n}^2 - M_{n,k_n} = A_{n,k_n} \leq A_{n,h_n} = X_{n,h_n}^2 - M_{n,h_n}$$

und eine ähnliche Ungleichung gilt auch für jede Konvexkombination, so dass wir im Grenzübergang $A_s(\omega) \leq A_t(\omega)$ für jedes $\omega \in \Omega \setminus F$ haben. Aus der Dichte der dyadischen Zahlen in $[0, 1]$ und der Stetigkeit von A folgt, dass A fast sicher zunimmt. Schließlich beweisen wir (9.12): durch (1.11) haben wir

$$E\left[(X_t - X_s)^2 \mid \mathscr{F}_s\right] = E\left[X_t^2 - X_s^2 \mid \mathscr{F}_s\right]$$
$$= E[M_t - M_s \mid \mathscr{F}_s] + E[A_t - A_s \mid \mathscr{F}_s]$$
$$= E[A_t - A_s \mid \mathscr{F}_s].$$

[**Schritt 4**] Nehmen wir nun an, dass $X = (X_t)_{t \geq 0}$ ein stetiges, nicht notwendigerweise beschränktes, Martingal ist, aber so dass $X_t \in L^2(\Omega, P)$ für jedes $t \geq 0$. Wir verwenden ein Lokalisierungsverfahren und definieren die Folge der Stoppzeiten

$$\tau_n = \inf\{t \mid |X_t| \geq n\} \wedge n, \qquad n \in \mathbb{N}.$$

Durch die Stetigkeit von X haben wir $\tau_n \nearrow \infty$ für $n \to \infty$. Durch Korollar 8.4.1 ist $X_{t \wedge \tau_n}$ ein stetiges, beschränktes Martingal, das für $t \geq n$ konstant ist: dann können wir die vorherigen Argumente verwenden, um zu zeigen, dass es ein stetiges quadratintegrierbares Martingal $M^{(n)}$ und einen stetigen und zunehmenden Prozess $A^{(n)}$ gibt, so dass

$$X_{t \wedge \tau_n}^2 = M_t^{(n)} + A_t^{(n)}, \qquad t \geq 0.$$

Durch Eindeutigkeit haben wir für jedes $m > n$ $M_t^{(n)} = M_t^{(m)}$ und $A_t^{(n)} = A_t^{(m)}$ für $t \in [0, \tau_n]$: somit sind die Definition $M_t := M_t^{(n)}$ und $A_t := A_t^{(n)}$ für jedes n wohldefiniert, so dass $\tau_n \geq t$. Offensichtlich sind M, A stetige Prozesse, A ist wachsend und M ist ein Martingal: tatsächlich, wenn $0 \leq s \leq t$, für jedes n so dass $\tau_n \geq t$ haben wir

$$M_{s\wedge\tau_n} = E\left[M_{t\wedge\tau_n} \mid \mathscr{F}_s\right].$$

Daher folgern wir durch Anwendung der gleichen Argumentation wie im Beweis von Theorem 8.1.6, da die Familie $\{M_{t\wedge\tau_n} \mid n \in \mathbb{N}\}$ gleichmäßig integrierbar ist, wie durch Doob's Maximalungleichung garantiert

$$E\left[\sup_{s\in[0,t]} |M_s|^2\right] \leq 4E\left[M_t^2\right]$$

und Bemerkung C.0.10 in [113].

Die gleiche Lokalisierungsfolge kann verwendet werden, um den Fall zu behandeln, in dem $X \in \mathscr{M}^{c,\mathrm{loc}}$ und in diesem Fall ist es offensichtlich, dass $M \in \mathscr{M}^{c,\mathrm{loc}}$.

[**Schritt 5**] Mit den derzeit verfügbaren Werkzeugen würde der Beweis der Formeln (9.13) und (9.14) lange und mühsame Rechnungen erfordern. Da wir diese Formeln jedoch in nächster Zeit nicht benötigen, verschieben wir ihren Beweis auf einen späteren Abschnitt, wenn uns die Itô-Formel zur Verfügung steht: Dies wird den Beweis erheblich vereinfachen (vgl. Proposition 11.2.4). □

9.7 Wichtige Merksätze

Hier sind die wichtigsten Ergebnisse und Grundideen des Kapitels, die man sich merken sollte. Technische oder weniger wichtige Details werden weggelassen. Bei Unklarheiten zu den folgenden kurzen Aussagen lohnt sich ein Blick in den jeweiligen Abschnitt.

- Abschn. 9.1: Um das Verständnis der stochastischen Integrationstheorie zu erleichtern, erinnern wir an die Definition des Riemann-Stieltjes-Integrals. Es ist die natürliche Verallgemeinerung des Riemann-Integrals, definiert unter der Annahme, dass die Integrandenfunktion stetig ist und der Integrator von beschränkter Variation ist. Die Hauptregeln der Integralrechnung werden durch die Itô-Formel bereitgestellt, die in einer deterministischen Version das analoge Ergebnis für das stochastische Integral vorwegnimmt.
- Abschn. 9.2: Das Lebesgue-Integral kann ebenfalls verallgemeinert werden. Tatsächlich wird durch den Satz von Carathéodory jeder BV-Funktion ein (signiertes) Maß zugeordnet, das als Lebesgue-Stieltjes-Maß bezeichnet wird. Das zugehörige Integral, das Lebesgue-Stieltjes-Integral, erlaubt eine Klasse von integrierbaren Funktionen, die viel größer ist als das Riemann-Stieltjes-Integral.
- Abschn. 9.3: Ein Semimartingal ist ein adaptierter Prozess, der sich in die Summe eines lokalen Martingals und eines BV-Prozess zerlegt. Für ein stetiges Semimartingal ist diese Zerlegung eindeutig: tatsächlich, wenn ein Prozess gleichzeitig ein stetiges lokales Martingal und von beschränkter Variation ist, dann ist er von einem konstanten Prozess ununterscheidbar. Dies liegt daran, dass ein stetiger und

9.7 Wichtige Merksätze

BV Prozess X die quadratische Variation gleich null hat und dies, in Kombination mit der Martingal-Eigenschaft, impliziert (siehe (9.11)) dass X konstant ist. Eine direkte und anschauliche Berechnung zeigt, dass der quadratische Variationsprozess einer Brownschen Bewegung W gleich $\langle W \rangle_T = T$ ist: folglich sind fast alle Trajektorien von W nicht von beschränkter Variation.

- Abschn. 9.4: Der Doob'sche Zerlegungssatz besagt, dass es für alle stetigen lokalen Martingale X einen steigenden (und daher BV) Prozess gibt, der als der *quadratische Variationsprozess* bezeichnet wird und durch $\langle X \rangle$ bezeichnet wird, der das lokale Sub-Martingal X^2 in dem Sinne „kompensiert", als dass $X^2 - \langle X \rangle$ ein stetiges lokales Martingal ist. In der Praxis besagt dieses Ergebnis, dass X^2 ein Semimartingal ist und liefert seine Doob'sche Zerlegung in BV und Martingale-Teile.

- Abschn. 9.6: Die allgemeine Idee des Beweises des Doob'schen Zerlegungssatzes ist einfach: der Prozess $\langle X \rangle$ kann Pfad für Pfad als die Grenze des quadratischen Variationsprozesses konstruiert werden. Allerdings, angesichts der Bedeutung der technischen Details, ist es ratsam, diesen Abschnitt bei der ersten Lektüre zu überspringen.

Hauptnotationen, die in diesem Kapitel verwendet oder eingeführt werden:

Symbol	Beschreibung	S.
$\mathscr{P}_T$	Familie von Partitionen π von $[0,T]$	150
$V(g;\pi)$	Erste Variation der Funktion g bezüglich π	150
BV_T	Familie von Funktionen mit beschränkter Variation auf $[0,T]$	150
$V_T(g)$	Erste Variation der Funktion g auf $[0,T]$	150
BV	Familie von Funktionen, die lokal von beschränkter Variation sind	150
$\int_0^T f\,dg$	Riemann-Stieltjes-Integral von f bezüglich g auf $[0,T]$	152
$dF(g(t)) = F'(g(t))dg(t)$	Deterministische Itô-Formel in Differentialnotation	154
μ_g	Lebesgue-Stieltjes-Maß von $g \in \mathrm{BV} \cap C$	156
$\mathscr{M}^{c,2}$	Stetige quadratintegrierbare Martingale	139
$\mathscr{M}^{c,\mathrm{loc}}$	Stetige lokale Martingale	141
$V_T^{(2)}(g;\pi)$	Quadratische Variation der Funktion g bezüglich π	159
$\langle X \rangle$	Quadratischer Variationsprozess	163
$\langle X, Y \rangle$	Kovariationsprozess	164

Kapitel 10
Stochastisches Integral

> Man benötigt für die stochastische
> Integration einen sechsmonatigen
> Kurs, um nur die Definitionen
> abzudecken. Was gibt es zu tun?
>
> *Paul-André Meyer*

In diesem Kapitel führen wir das stochastische Integral

$$X_t := \int_0^t u_s \, dB_s, \quad t \geq 0,$$

ein, interpretiert als stochastischer Prozess mit variierendem Integrationsendpunkt[1]. Wir werden geeignete HypoBehauptungn für den *Integranden* Prozess u und den *Integrator* Prozess B annehmen. Der Prototyp für den Integrator ist die Brownsche Bewegung: Da die Brown'schen Trajektorien keine beschränkte Variation haben, können wir die deterministische Theorie der Lebesgue-Stieltjes-Integration nicht anwenden, um das Integral Pfad für Pfad zu definieren. Stattdessen folgen wir der Konstruktion von Kiyosi Itô (1915–2008), die auf der in Kap. 9 vorgestellten Theorie der Variation basiert: Eine entscheidende Zutat ist die Annahme, dass der Integrandenprozess u *progressiv messbar* ist.

Die Konstruktion des stochastischen Integrals ist in gewisser Weise analog zu der des Lebesgue Integrals, aber entschieden länger und mühsamer: Sie beginnt mit den „einfachen" Prozessen (d. h. stückweise konstant in der Zeit) und schreitet zu progressiv messbaren Prozessen voran, deren Trajektorien eine schwache Integrier-

---

[1] Wir möchten also X_t nicht nur als Zufallsvariable für festes t definieren, sondern als stochastischen Prozess, der durch $t \geq 0$ indiziert ist: wir werden sehen, dass dies aufgrund der Tatsache, dass t in einer überabzähöbaren Menge variiert, eine zusätzliche Schwierigkeit mit sich bringt.

barkeitseigenschaft in Bezug auf die Zeitvariable erfüllen. Ein wichtiger Zwischenschritt ist, wenn u ein „quadratintegrierbarer Prozess" ist (vgl. Definition 10.1.1); in diesem Fall hat das stochastische Integral einige bemerkenswerte Eigenschaften: es ist ein stetiges quadratintegrierbares Martingal, d. h. es gehört zum Raum $\mathcal{M}^{c,2}$, die sogenannte *Itô-Isometrie* gilt, und schließlich wird der quadratische Variationsprozess explizit durch

$$\langle X \rangle_t = \int_0^t u_s^2 d\langle B \rangle_s, \quad t \geq 0.$$

gegeben. Der letzte Teil des Kapitels ist der Definition des stochastischen Integrals im Fall, in dem B ein *stetiges Semimartingal* ist, gewidmet. Wir werden auch die wichtige Klasse der *Itô-Prozesse* einführen, die stetige Semimartingale sind, die sich eindeutig in die Summe eines Lebesgue-Integrals (eines progressiv messbaren und absolut integrierbaren Prozesses) und eines Brown'schen stochastischen Integrals zerlegen lassen.

Wie Meyer im Zitat zu Beginn des Kapitels sagt, braucht man eigentlich ein ganzes Semester, nur um die Definition des stochastischen Integrals vollständig zu behandeln. Wer sich zum ersten Mal mit der Theorie der stochastischen Integration beschäftigt, sollte dem Lesetipp in Abschn. 10.5 folgen: Man konzentriere sich vor allem auf die Abschn. 10.1 und 10.4 und kann die Abschn. 10.2 und 10.3 zunächst überspringen.

10.1 Integral in Bezug auf eine Brownsche Bewegung

Zu Einführungszwecken betrachten wir den Spezialfall, in dem B eine reelle Brownsche Bewegung auf einem gefilterten Raum $(\Omega, \mathcal{F}, P, \mathcal{F}_t)$ ist. Um das Problem der Unregelmäßigkeit der Brown'schen Trajektorien zu überwinden, besteht die Idee darin, die Klasse der Integrandenprozesse selektiv zu wählen, um einige probabilistische Eigenschaften auszunutzen.

Definition 10.1.1 Wir bezeichnen mit $\mathbb{L}^2$ die Klasse der Prozesse $u = (u_t)_{t \geq 0}$, für die gilt:

i) u ist progressiv messbar in Bezug auf $(\mathcal{F}_t)$ (vgl. Definition 6.2.27);
ii) für jedes $T \geq 0$ haben wir

$$E\left[\int_0^T u_t^2 dt\right] < \infty. \tag{10.1}$$

10.1 Integral in Bezug auf eine Brownsche Bewegung

Bemerkung 10.1.2 Eigenschaft i) ist mehr als eine einfache Bedingung der gemeinsamen Messbarkeit in (t, ω) (was natürlich wäre, da wir ein Integral definieren): Sie beinhaltet auch die kritische Annahme, dass die Informationsstruktur der betrachteten Filtration eingehalten wird. Erinnern wir uns daran, dass, wenn u stetig ist, dann ist i) gleichbedeutend mit der Tatsache, dass u an $(\mathscr{F}_t)$ adaptiert ist.

Bemerkung 10.1.3 Wie bereits erwähnt, beschränken wir uns auf *stetige Integratoren*. Es ist jedoch möglich, das stochastische Integral auch in Bezug auf càdlàg Prozesse wie den Poisson-Prozess zu definieren. In solchen Fällen ist es notwendig, eine strengere Bedingung an den Integranden zu stellen, im Wesentlichen erfordert es, dass er durch linksstetige Prozesse approximierbar ist[2].

Wie beim Lebesgue-Integral erfolgt die Konstruktion des stochastischen Integrals schrittweise, wobei zunächst „einfache" Prozesse betrachtet werden.

Definition 10.1.4 Wir sagen, dass $u \in \mathbb{L}^2$ einfach ist, wenn

$$u_t = \sum_{k=1}^{N} \alpha_k \mathbb{1}_{[t_{k-1}, t_k[}(t), \quad t \geq 0, \tag{10.2}$$

wobei $0 \leq t_0 < t_1 < \cdots < t_N$ und $\alpha_1, \ldots, \alpha_N$ Zufallsvariablen sind, so dass $P(\alpha_k \neq \alpha_{k+1}) > 0$ für $k = 1, \ldots, N-1$. Für jedes $T \geq t_N$ setzen wir

$$\int_0^T u_t \, dB_t := \sum_{k=1}^{N} \alpha_k \left(B_{t_k} - B_{t_{k-1}} \right)$$

und definieren das stochastische Integral für zwei beliebige Integrationsgrenzen a und b, mit $0 \leq a \leq b$, als

$$\int_a^b u_t \, dB_t := \int_0^{t_N} u_t \mathbb{1}_{[a,b[}(t) \, dB_t. \tag{10.3}$$

In diesem einleitenden Teil machen wir uns keine Sorgen, alle Details der Definition des Integrals zu klären, wie die Tatsache, dass (10.3) wohldefiniert ist, weil es unabhängig von der Darstellung (10.2) des Prozesses u bis auf ununterscheidbare Prozesse ist.

Bemerkung 10.1.5 Ein einfacher Prozess ist stückweise konstant als Funktion der Zeit und hat Trajektorien, die von den zufälligen Koeffizienten $\alpha_1, \ldots, \alpha_N$ abhängen. Aus der Tatsache, dass $u \in \mathbb{L}^2$ gilt, ergeben sich einige Eigenschaften der Variablen $\alpha_1, \ldots, \alpha_N$:

---

[2] Der Poisson-Prozess ist ein BV-Prozess und daher können wir das zugehörige stochastische Integral in dem Sinne der Lebesgue-Stieltjes-Integration definieren: Wenn jedoch der Integrand nicht linksstetig ist, verliert das Integral die grundlegende Eigenschaft, ein (lokales) Martingal zu sein: Für eine intuitive Erklärung dieser Tatsache siehe Abschn. 2.1 in [37].

i) da u progressiv messbar ist und $\alpha_k = u_t \in m\mathscr{F}_t$ für alle $t \in [t_{-k}, t_k[$, gilt

$$\alpha_k \in m\mathscr{F}_{t_{k-1}}, \qquad k = 1, \ldots, N; \tag{10.4}$$

ii) durch die Integrabilitätsannahme (10.1) haben wir

$$E\left[\int_0^{t_N} u_t^2 dt\right] = \sum_{k=1}^N E\left[\int_0^{t_N} \alpha_k^2 \mathbb{1}_{[t_{k-1}, t_k[}(t) dt\right] = \sum_{k=1}^N E\left[\alpha_k^2\right](t_k - t_{k-1}) < +\infty$$

und daher $\alpha_1, \ldots, \alpha_N \in L^2(\Omega, P)$.

Wir beweisen nun einige grundlegende Eigenschaften des stochastischen Integrals.

Theorem 10.1.6 [!] Seien $u, v \in \mathbb{L}^2$ zwei einfache Prozesse. Wir betrachten

$$X_t := \int_0^t u_s dB_s, \qquad Y_t := \int_0^t v_s dB_s, \qquad t \geq 0.$$

Für $0 \leq s \leq t \leq T$ gelten die folgenden Eigenschaften:

i) X ist ein stetiges quadratisch-integrierbares Martingal, $X \in \mathscr{M}^{c,2}$, und

$$E\left[\int_s^t u_r dB_r \mid \mathscr{F}_s\right] = 0; \tag{10.5}$$

ii) die *Itô Isometrie* gilt

$$E\left[\left(\int_s^t u_r dB_r\right)^2 \mid \mathscr{F}_s\right] = E\left[\int_s^t u_r^2 dr \mid \mathscr{F}_s\right] \tag{10.6}$$

und allgemeiner

$$E\left[\int_s^t u_r dB_r \int_s^t v_r dB_r \mid \mathscr{F}_s\right] = E\left[\int_s^t u_r v_r dr \mid \mathscr{F}_s\right], \tag{10.7}$$

$$E\left[\int_s^t u_r dB_r \int_t^T v_r dB_r \mid \mathscr{F}_s\right] = 0; \tag{10.8}$$

iii) der Kovariationsprozess von X und Y (vgl. Proposition 9.5.1) ist gegeben durch

$$\langle X, Y \rangle_t = \int_0^t u_s v_s ds, \qquad t \geq 0. \tag{10.9}$$

Schließlich gelten die *bedingungslosen* Versionen der Formeln (10.5), (10.6), (10.7) und (10.8) ebenfalls.

10.1 Integral in Bezug auf eine Brownsche Bewegung

Beweis Zunächst sei bemerkt, dass die Formeln (10.5), (10.6), (10.7) und (10.8) äquivalent zum Folgenden sind:

$$E[X_t - X_s \mid \mathscr{F}_s] = 0, \tag{10.10}$$

$$E\left[(X_t - X_s)^2 \mid \mathscr{F}_s\right] = E[\langle X \rangle_t - \langle X \rangle_s \mid \mathscr{F}_s],$$

$$E[(X_t - X_s)(Y_t - Y_s) \mid \mathscr{F}_s] = E[\langle X, Y \rangle_t - \langle X, Y \rangle_s \mid \mathscr{F}_s],$$

$$E[(X_t - X_s)(Y_T - Y_t) \mid \mathscr{F}_s] = 0.$$

Wir beweisen (10.5), das äquivalent zur Martingaleigenschaft $E[X_t \mid \mathscr{F}_s] = X_s$ ist: Bezieht man sich auf (10.2) und erinnert sich an die Notation (10.3), können wir o.B.d.A $s = t_k$ und $t = t_h$ für k, h mit $k < h \leq N$ annehmen. Wir haben

$$E\left[X_{t_h} \mid \mathscr{F}_{t_k}\right] = X_{t_k} + E\left[\int_{t_k}^{t_h} u_r dB_r \mid \mathscr{F}_{t_k}\right]$$

$$= X_{t_k} + \sum_{i=k+1}^{h} E\left[\alpha_i \left(B_{t_i} - B_{i-1}\right) \mid \mathscr{F}_{t_k}\right] =$$

(durch (10.4) und die Turmeigenschaft)

$$= X_{t_k} + \sum_{i=k+1}^{h} E\left[\alpha_i E\left[B_{t_i} - B_{t_{i-1}} \mid \mathscr{F}_{t_{i-1}}\right] \mid \mathscr{F}_{t_k}\right] = X_{t_k}$$

wo die letzte Gleichheit aus der Unabhängigkeit und Stationarität der Brownschen Inkremente folgt, für die wir

$$E\left[B_{t_i} - B_{t_{i-1}} \mid \mathscr{F}_{t_{i-1}}\right] = E\left[B_{t_i} - B_{t_{i-1}}\right] = 0$$

für alle $i = 1, \ldots, N$ haben.

Bezüglich Itôs Isometrie, immer noch unter der Annahme, dass $s = t_k$ und $t = t_h$, haben wir

$$E\left[\left(\int_s^t u_r dB_r\right)^2 \mid \mathscr{F}_s\right] = E\left[(X_{t_h} - X_{t_k})^2 \mid \mathscr{F}_{t_k}\right]$$

$$= E\left[\left(\sum_{i=k+1}^{h} \alpha_i \left(B_{t_i} - B_{t_{i-1}}\right)\right)^2 \mid \mathscr{F}_{t_k}\right]$$

$$= \sum_{i=k+1}^{h} E\left[\alpha_i^2 \left(B_{t_i} - B_{t_{i-1}}\right)^2 \mid \mathscr{F}_{t_k}\right] + \frac{1}{2} \sum_{k+1 \leq i < j \leq h}$$

$$E\left[\alpha_i \left(B_{t_i} - B_{t_{i-1}}\right) \alpha_j \left(B_{t_j} - B_{t_{j-1}}\right) \mid \mathscr{F}_{t_k}\right] =$$

(durch (10.4) und die Turmeigenschaft)

$$= \sum_{i=k+1}^{h} E\left[\alpha_i^2 E\left[\left(B_{t_i} - B_{t_{i-1}}\right)^2 \mid \mathscr{F}_{t_{i-1}}\right] \mid \mathscr{F}_{t_k}\right]$$
$$+ \frac{1}{2} \sum_{k+1 \leq i < j \leq h} E\left[\alpha_i \left(B_{t_i} - B_{t_{i-1}}\right) \alpha_j E\left[B_{t_j} - B_{t_{j-1}} \mid \mathscr{F}_{t_{j-1}}\right] \mid \mathscr{F}_{t_k}\right] =$$

(da $B_{t_j} - B_{t_{j-1}}$ unabhängig von $\mathscr{F}_{t_{j-1}}$ ist)

$$= \sum_{i=k+1}^{h} E\left[\alpha_i^2 (t_i - t_{i-1}) \mid \mathscr{F}_{t_k}\right]$$
$$= \sum_{i=k+1}^{h} E\left[\int_s^t \alpha_i^2 \mathbb{1}_{[t_{i-1}, t_i[}(r) dr \mid \mathscr{F}_s\right]$$
$$= E\left[\int_s^t u_r^2 dr \mid \mathscr{F}_s\right].$$

Formel (10.7) wird auf ähnliche Weise bewiesen. Bezüglich (10.8) genügt es zu beobachten, dass

$$E\left[\int_s^t u_r dB_r \int_t^T v_r dB_r \mid \mathscr{F}_s\right] = E\left[\int_s^T u_r \mathbb{1}_{[s,t[}(r) dB_r \int_s^T v_r \mathbb{1}_{[t,T[}(r) dB_r \mid \mathscr{F}_s\right] =$$

(durch (10.7))

$$= E\left[\int_s^T u_r v_r \mathbb{1}_{[s,t[}(r) \mathbb{1}_{[t,T[}(r) dr\right] = 0.$$

Schließlich ist $\langle X, Y \rangle$ in (10.9) ein BV-Prozess, der adaptiert, stetig und so ist, dass $\langle X, Y \rangle_0 = 0$. Um zu beweisen, dass $\langle X, Y \rangle$ der Kovariationsprozess von X und Y ist, genügt es dank Proposition 9.5.1 zu überprüfen, dass $XY - \langle X, Y \rangle$ ein Martingal ist. Für $0 \leq s \leq t$ haben wir

$$E\left[X_t Y_t \mid \mathscr{F}_s\right] = X_s Y_s + E\left[(X_t - X_s)(Y_t - Y_s) \mid \mathscr{F}_s\right] + 2 X_s E\left[Y_t - Y_s \mid \mathscr{F}_s\right] =$$

(durch (10.7) und da $E\left[Y_t - Y_s \mid \mathscr{F}_s\right] = 0$ durch (10.10))

$$= X_s Y_s + E\left[\int_s^t u_r v_r dr \mid \mathscr{F}_s\right]$$
$$= X_s Y_s + E\left[\langle X, Y \rangle_t - \langle X, Y \rangle_s \mid \mathscr{F}_s\right]$$

was die Behauptung beweist. □

10.1 Integral in Bezug auf eine Brownsche Bewegung

Dank Itôs Isometrie (10.6) erweitert sich das stochastische Integral auf den Fall von Integranden in $\mathbb{L}^2$ mit einem Approximationsverfahren unter Verwendung einfacher Prozesse. Das folgende Dichteergebnis gilt, dessen Beweis auf Abschn. 10.1.1 verschoben wird.

Lemma 10.1.7 Sei $u \in \mathbb{L}^2$. Für jedes $T > 0$ gibt es eine Folge $(u_n)_{n \in \mathbb{N}}$ von einfachen Prozessen in $\mathbb{L}^2$, die in der $L^2(\Omega \times [0, T])$-Norm gegen u konvergiert:

$$\lim_{n \to \infty} E\left[\int_0^T (u_s - u_{n,s})^2 \, ds\right] = 0. \tag{10.11}$$

Sei $u \in \mathbb{L}^2$. Wir betrachten eine approximierende Folge $(u_n)_{n \in \mathbb{N}}$ von einfachen Prozessen. wie im Lemma 10.1.7 für ein festes $T > 0$. Dann ist $(u_n)_{n \in \mathbb{N}}$ eine Cauchy-Folge in $L^2([0, T] \times \Omega)$ und durch Itôs Isometrie haben wir

$$\lim_{n,m \to \infty} E\left[\left(\int_0^T u_{n,s} dB_s - \int_0^T u_{m,s} dB_s\right)^2\right] = \lim_{n,m \to \infty} E\left[\int_0^T (u_{n,s} - u_{m,s})^2 \, ds\right] = 0.$$

Daher ist auch die Folge der stochastischen Integrale eine Cauchy-Folge in $L^2(\Omega, P)$, was die Existenz von

$$\int_0^T u_s dB_s := \lim_{n \to \infty} \int_0^T u_{n,s} dB_s.$$

gewährleistet. Mit diesem Verfahren wird das stochastische Integral für ein festes T als Grenzwert in $L^2(\Omega, P)$-Norm definiert, d. h. bis zu einem vernachlässigbaren Ereignis. Wir werden in Abschn. 10.2.3 sehen, dass es dank Doobs Maximalungleichung möglich ist, das Integral als einen stochastischen Prozess (durch Variation des Integrationsendpunkts) zu konstruieren, indem es als Grenzwert im Raum der Martingale $\mathcal{M}^{c,2}$ definiert wird. Durch Approximation bleiben die Eigenschaften des Theorems 10.1.6 unter der Annahme $u \in \mathbb{L}^2$ gültig.

In Abschn. 10.2.4 werden wir das Integral weiter auf den Fall von Integranden $u \in \mathbb{L}^2_{\text{loc}}$ erweitern, d. h. u ist progressiv messbar und erfüllt die milde Integrabilitätsbedingung

$$\int_0^T u_t^2 dt < \infty \qquad T > 0, \text{ f.s.} \tag{10.12}$$

was deutlich schwächer ist als (10.1): zum Beispiel gehört jeder adaptierte stetige Prozess u zu $\mathbb{L}^2_{\text{loc}}$, da das Integral in (10.12) auf dem kompakten Intervall $[0, T]$ durch die Stetigkeit der Trajektorien von u endlich ist. Andererseits, $u_t = \exp(B_t^4)$ ist in $\mathbb{L}^2_{\text{loc}}$ aber nicht[3] in $\mathbb{L}^2$. Theorem 10.1.6 erweitert sich nicht auf den Fall von

---

[3] Da

$$E\left[\int_0^T e^{2B_t^4} dt\right] = \int_\mathbb{R} \int_0^T e^{2x^4} \frac{1}{\sqrt{2\pi t}} e^{-\frac{x^2}{2t}} dt dx = +\infty.$$

180   10 Stochastisches Integral

$u \in \mathbb{L}^2_{\text{loc}}$, jedoch werden wir beweisen, dass in diesem Fall der Integralprozess ein lokales Martingal ist.

10.1.1 Beweis von Lemma 10.1.7

Um die Dichte der Klasse der einfachen Prozesse im Raum $\mathbb{L}^2$ zu beweisen, verwenden wir die folgende Folgerung aus Proposition B.3.3 in [113] nämlich die sogenannte „Stetigkeit im Mittel" von absolut integrierbaren Funktionen.

Korollar 10.1.8 (Stetigkeit im Mittel) Wenn $f \in L^1(\mathbb{R})$ dann haben wir für fast alle $x \in \mathbb{R}$

$$\lim_{h \to 0} \frac{1}{h} \int_x^{x+h} |f(x) - f(y)| dy = 0.$$

Wir beweisen Lemma 10.1.7 zunächst unter der Annahme, dass u stetig ist. Für festes $T > 0$ und $n \in \mathbb{N}$ bezeichnen wir durch

$$t_{n,k} = \frac{Tk}{2^n}, \qquad k = 0, \ldots, 2^n, \tag{10.13}$$

die dyadischen Zahlen von $[0, T]$ und definieren den einfachen Prozess

$$u_{n,t} = \sum_{k=1}^{2^n} \alpha_{n,k} \mathbb{1}_{[t_{n,k-1}, t_{n,k}[}, \qquad \alpha_{n,k} = u_{t_{n,k-1}} \mathbb{1}_{\{|u_{t_{n,k-1}}| \leq n\}}, \qquad t \in [0, T].$$

Dann folgt (10.11) aus dem Satz von der majorisierten Konvergenz.

Um den Beweis abzuschließen, genügt es zu beweisen, dass jedes $u \in \mathbb{L}^2$ in der $L^2([0, T] \times \Omega)$-Norm durch eine Folge $(u_n)_{n \in \mathbb{N}}$ von stetigen Prozessen in $\mathbb{L}^2$ approximiert werden kann. Zu diesem Zweck definieren wir[4]

$$u_{n,t} := \fint_{(t-\frac{1}{n}) \vee 0}^t u_s ds, \qquad 0 < t \leq T, \, n \in \mathbb{N}.$$

Beachten, dass u_n stetig und adaptiert ist (und daher progressiv messbar). Außerdem haben wir

$$E\left[\int_0^T (u_t - u_{n,t})^2 dt\right] = E\left[\int_0^T \left(\fint_{(t-\frac{1}{n}) \vee 0}^t (u_t - u_s) ds\right)^2 dt\right] \leq$$

---

[4] Hier ist $\fint_a^b u_s ds = \frac{1}{b-a} \int_a^b u_s ds$ für $a < b$.

10.2 Integral bezüglich stetiger quadratintegrierbarer Martingale

(durch Jensens Ungleichung)

$$\leq E\left[\int_0^T \int_{(t-\frac{1}{n})\vee 0}^t (u_t - u_s)^2 ds\, dt\right]$$
$$= \int_0^T \int_{(t-\frac{1}{n})\vee 0}^t E\left[(u_t - u_s)^2\right] ds\, dt. \tag{10.14}$$

Jetzt haben wir durch Korollar 10.1.8

$$\lim_{n\to\infty} \int_{(t-\frac{1}{n})\vee 0}^t E\left[(u_t - u_s)^2\right] ds = 0 \quad \text{a.e.}$$

und daher können wir den Grenzwert in (10.14) als $n \to \infty$ nehmen und mit dem majorisierten Konvergenzsatz abschließen.

10.2 Integral bezüglich stetiger quadratintegrierbarer Martingale

Wir nehmen an, dass der Integratorprozess B zur Klasse $\mathscr{M}^{c,2}$ gehört, d. h. B ist ein stetiges Martingale, sodass $B_t \in L^2(\Omega, P)$ für jedes $t \geq 0$. Die Konstruktion des stochastischen Integrals ähnelt dem Fall einer Brownschen Bewegung mit einigen zusätzlichen technischen Details.

Wir bezeichnen mit $\langle B \rangle$ den quadratischen Variationsprozess, der in Theorem 9.4.1 definiert ist: $\langle B \rangle$ ist ein stetiger und wachsender Prozess, der mit dem Lebesgue-Stieltjes-Maß $\mu_{\langle B \rangle}$ assoziiert ist (vgl. Abschn. 9.2). Wir bezeichnen mit

$$\int_{[a,b]} f\, d\mu_{\langle B \rangle} \quad \text{oder} \quad \int_a^b f(t)\, d\langle B \rangle_t, \quad 0 \leq a \leq b,$$

das Integral bezüglich $\mu_{\langle B \rangle}$. Zum Beispiel, wenn B eine Brownsche Bewegung ist, dann ist $\langle B \rangle_t = t$ und das entsprechende Lebesgue-Stieltjes-Maß ist einfach das Lebesgue Maß, wie in Abschn. 10.1 gesehen.

Definition 10.2.1 Wir bezeichnen mit $\mathbb{L}_B^2$ die Klasse der Prozesse $u = (u_t)_{t\geq 0}$, so dass:

i) u ist progressiv messbar;
ii) für jedes $T \geq 0$ haben wir

$$E\left[\int_0^T u_t^2\, d\langle B \rangle_t\right] < \infty. \tag{10.15}$$

Im Allgemeinen wird der Prozess B einmal und für alle festgelegt und daher, werden wir einfach $\mathbb{L}^2$ anstelle von $\mathbb{L}^2_B$ schreiben, wenn es zu keiner Verwirrung führt.

In einem späteren Stadium werden wir die Integrabilitätsbedingung ii) abschwächen, indem wir verlangen, dass u zur folgenden Klasse gehört.

Definition 10.2.2 Wir bezeichnen mit $\mathbb{L}^2_{B,\text{loc}}$ (oder, einfacher, $\mathbb{L}^2_{\text{loc}}$) die Klasse der Prozesse u, so dass

i) u ist progressiv messbar;
ii') für jedes $T \geq 0$ haben wir

$$\int_0^T u_t^2 d\langle B\rangle_t < \infty \quad \text{f.s.} \tag{10.16}$$

Eigenschaft ii') ist eine sehr schwache Integrabilitätsbedingung, die automatisch verifiziert wird, wenn zum Beispiel u stetige Trajektorien hat oder, allgemeiner, lokal beschränkte (beachte, dass das Integrationsgebiet in (10.16) kompakt ist). Formel (10.16) ist äquivalent zu $P(u \in L^2([0,T], \mu_{\langle B\rangle})) = 1$.

10.2.1 Integral von Indikatorprozessen

Betrachte eine sehr spezielle Klasse von Integranden, die in Bezug auf die zeitliche Variable Indikatorfunktionen eines Intervalls sind: genau genommen ist ein *Indikatorprozess* ein stochastischer Prozess der Form

$$u_t = \alpha \mathbb{1}_{[t_0, t_1[}(t), \quad t \geq 0, \tag{10.17}$$

wo α eine $\mathscr{F}_{t_0}$-*messbare und beschränkte* Zufallsvariable ist (d.h.. so dass $|\alpha| \leq c$ f.s. für eine positive Konstante c) und $t_1 > t_0 \geq 0$.

Bemerkung 10.2.3 Jeder Indikatorprozess u gehört zu $\mathbb{L}^2$: tatsächlich ist u càdlàg und adaptiert, daher progressiv messbar; außerdem erfüllt u (10.15), da

$$E\left[\int_0^T u_t^2 d\langle B\rangle_t\right] = E\left[\alpha^2\left(\langle B\rangle_{T\wedge t_1} - \langle B\rangle_{T\wedge t_0}\right)\right] \leq c^2 E\left[\langle B\rangle_{T\wedge t_1} - \langle B\rangle_{T\wedge t_0}\right] < \infty$$

für jedes $T \geq 0$.

Die Definition des stochastischen Integrals eines Indikatorprozesses ist elementar und völlig explizit: es wird, Pfad für Pfad, definiert, indem α mit einem Inkrement von B multipliziert wird.

10.2 Integral bezüglich stetiger quadratintegrierbarer Martingale

Definition 10.2.4 (Stochastisches Integral von Indikatorprozessen) Sei u der Indikatorprozess in (10.17) und $B \in \mathcal{M}^{c,2}$. Für jedes $T \geq t_1$ setzen wir

$$\int_0^T u_t \, dB_t := \alpha \left(B_{t_1} - B_{t_0} \right) \tag{10.18}$$

und wir definieren das stochastische Integral für zwei generische Integrationsendpunkte a und b, mit $0 \leq a \leq b$, als

$$\int_a^b u_t \, dB_t := \int_0^{t_1} u_t \mathbb{1}_{[a,b[}(t) \, dB_t. \tag{10.19}$$

Bemerkung 10.2.5 Wenn $[t_0, t_1[\cap [a, b[\neq \emptyset$, wird das Integral auf der rechten Seite von (10.19) durch (10.18) definiert, indem $u_t \mathbb{1}_{[a,b[}(t)$ als den einfachen Prozess $\alpha \mathbb{1}_{[t_0 \vee a, t_1 \wedge b[}(t)$ interpretiert und $T = t_1$ gewählt wird. Andernfalls wird angenommen, dass das Integral per Definition null ist.

Bemerkung 10.2.6 [!] Da es in Bezug auf die Inkremente von B definiert ist, hängt das stochastische Integral nicht vom Anfangswert B_0 ab. Darüber hinaus ist X ein adaptierter und stetiger Prozess.

Im nächsten Ergebnis stellen wir einige grundlegende Eigenschaften des stochastischen Integrals fest. Der zweite Teil des Beweises basiert auf der bemerkenswerten Identität (9.12), die für jedes $B \in \mathcal{M}^{c,2}$ gilt, an die wir hier erinnern:

$$E\left[(B_t - B_s)^2 \mid \mathcal{F}_s \right] = E\left[\langle B \rangle_t - \langle B \rangle_s \mid \mathcal{F}_s \right], \qquad 0 \leq s \leq t. \tag{10.20}$$

Im gesamten Kapitel bestehen wir darauf, den expliziten Ausdruck der quadratischen Variation des stochastischen Integrals oder der Kovariation von zwei Integralen zu liefern: Der Grund dafür ist, dass sie in dem wichtigsten Werkzeug zur Berechnung stochastischer Integrale, der Itô-Formel, die wir in Kap. 11 vorstellen werden, auftauchen.

Theorem 10.1.6 hat die folgende natürliche Erweiterung.

Theorem 10.2.7 [!] Seien

$$X_t := \int_0^t u_s \, dB_s, \qquad Y_t := \int_0^t v_s \, dB_s, \qquad t \geq 0,$$

wobei u, v Indikatorprozesse und $B \in \mathcal{M}^{c,2}$ sind. Für $0 \leq s \leq t \leq T$ gelten die folgenden Eigenschaften:

i) X ist ein stetiges quadratischintegrierbares Martingal, $X \in \mathcal{M}^{c,2}$, und wir haben

$$E\left[\int_s^t u_r \, dB_r \mid \mathcal{F}_s \right] = 0; \tag{10.21}$$

ii) die *Itô-Isometrie* gilt

$$E\left[\left(\int_s^t u_r dB_r\right)^2 \mid \mathscr{F}_s\right] = E\left[\int_s^t u_r^2 d\langle B\rangle_r \mid \mathscr{F}_s\right] \qquad (10.22)$$

und allgemeiner

$$E\left[\int_s^t u_r dB_r \int_s^t v_r dB_r \mid \mathscr{F}_s\right] = E\left[\int_s^t u_r v_r d\langle B\rangle_r \mid \mathscr{F}_s\right], \qquad (10.23)$$

$$E\left[\int_s^t u_r dB_r \int_t^T v_r dB_r \mid \mathscr{F}_s\right] = 0; \qquad (10.24)$$

iii) der Kovariationsprozess von X und Y ist durch

$$\langle X, Y\rangle_t = \int_0^t u_s v_s d\langle B\rangle_s, \qquad t \geq 0 \qquad (10.25)$$

gegeben.

Beweis Gemäß Bemerkung 10.2.5 können wir ohne Beschränkung der Allgemeinheit annehmen, dass $u = \alpha 1_{[s,t[}$ und $v = \beta 1_{[s,t[}$ mit beschränkten $\alpha, \beta \in m\mathscr{F}_s$ sind.

i) Wir haben

$$E\left[\int_s^t u_r dB_r \mid \mathscr{F}_s\right] = E\left[\alpha(B_t - B_s) \mid \mathscr{F}_s\right] = \alpha E[B_t - B_s \mid \mathscr{F}_s] = 0$$

wo wir die Tatsache ausgenutzt haben, dass $\alpha \in m\mathscr{F}_s$ und die Martingaleigenschaft von B. Dies beweist (10.21), was äquivalent zur Martingaleigenschaft von X ist. Offensichtlich ist $X_T \in L^2(\Omega, P)$ für jedes $T \geq 0$, da X_T das Produkt der beschränkten Zufallsvariable α und einem Inkrement von B ist, was quadratisch integrierbar ist.

ii) Wir beweisen (10.23) direkt: wir haben

$$E\left[\int_s^t u_r dB_r \int_s^t v_r dB_r \mid \mathscr{F}_s\right] = E\left[\alpha\beta(B_t - B_s)^2 \mid \mathscr{F}_s\right]$$

$$= \alpha\beta E\left[(B_t - B_s)^2 \mid \mathscr{F}_s\right] =$$

(durch die entscheidende Formel (10.20))

$$= \alpha\beta E\left[\langle B\rangle_t - \langle B\rangle_s \mid \mathscr{F}_s\right]$$
$$= E\left[\alpha\beta(\langle B\rangle_t - \langle B\rangle_s) \mid \mathscr{F}_s\right]$$
$$= E\left[\int_s^t u_r v_r d\langle B\rangle_r \mid \mathscr{F}_s\right].$$

10.2 Integral bezüglich stetiger quadratintegrierbarer Martingale   185

Der Beweis von (10.23) ist analog.

iii) Der Prozess $\langle X, Y \rangle$ in (10.25) ist adaptiert, stetig und lokal von beschränkter Variation, da er die Differenz von wachsenden Prozessen ist

$$\langle X, Y \rangle_t = \int_0^t (u_s v_s)^+ \, d\langle B \rangle_s - \int_0^t (u_s v_s)^- \, d\langle B \rangle_s.$$

Außerdem ist $\langle X, Y \rangle_0 = 0$. Um die Behauptung zu folgern, genügt es zu beweisen, dass $XY - \langle X, Y \rangle$ ein Martingal ist: wir haben

$$X_t Y_t = \left(X_s + \int_s^t u_r \, dB_r \right) \left(Y_s + \int_s^t v_r \, dB_r \right)$$
$$= X_s Y_s + \int_s^t u_r \, dB_r \int_s^t v_r \, dB_r + X_s \int_s^t v_r \, dB_r + Y_s \int_s^t u_r \, dB_r$$

und daher

$$E[X_t Y_t \mid \mathscr{F}_s] = X_s Y_s + E\left[\int_s^t u_r \, dB_r \int_s^t v_r \, dB_r \mid \mathscr{F}_s \right]$$
$$+ X_s E\left[\int_s^t v_r \, dB_r \mid \mathscr{F}_s \right] + Y_s E\left[\int_s^t u_r \, dB_r \mid \mathscr{F}_s \right] =$$

(durch (10.23) und (10.21))

$$= X_s Y_s + E\left[\int_s^t u_r v_r \, d\langle B \rangle_r \mid \mathscr{F}_s \right]$$

so

$$E[X_t Y_t - \langle X, Y \rangle_t \mid \mathscr{F}_s] = X_s Y_s - \langle X, Y \rangle_s.$$

□

Bemerkung 10.2.8 Formeln (10.21), (10.22), (10.23), (10.24), und (10.25) können in die folgende Form umgeschrieben werden

$$E[X_t - X_s \mid \mathscr{F}_s] = 0,$$
$$E\left[(X_t - X_s)^2 \mid \mathscr{F}_s \right] = E[\langle X \rangle_t - \langle X \rangle_s \mid \mathscr{F}_s],$$
$$E[(X_t - X_s)(Y_t - Y_s) \mid \mathscr{F}_s] = E[\langle X, Y \rangle_t - \langle X, Y \rangle_s \mid \mathscr{F}_s],$$
$$E[(X_t - X_s)(Y_T - Y_t) \mid \mathscr{F}_s] = 0.$$

Indem wir den Erwartungswert nehmen, erhalten wir auch die bedingungslosen Versionen von Itôs Isometrie:

$$E\left[\left(\int_s^t u_r dB_r\right)^2\right] = E\left[\int_s^t u_r^2 d\langle B\rangle_r\right], \qquad (10.26)$$

$$E\left[\int_s^t u_r dB_r \int_s^t v_r dB_r\right] = E\left[\int_s^t u_r v_r d\langle B\rangle_r\right],$$

$$E\left[\int_s^t u_r dB_r \int_t^T v_r dB_r\right] = 0, \qquad (10.27)$$

und (10.25) mit $u = v$ wird zu

$$\langle X\rangle_t = \int_0^t u_s^2 d\langle B\rangle_s, \qquad t \geq 0.$$

10.2.2 Integral von einfachen Prozessen

In diesem Abschnitt erweitern wir die Klasse der integrierbaren Prozesse auf einfache Prozesse: Sie sind Summen von Indikatorprozessen wie die, die im vorherigen Abschnitt betrachtet wurden. Aufgrund der Linearität erweitert sich die Definition des stochastischen Integrals, Pfad für Pfad, auf eine elementare und explizite Weise. Die grundlegenden Eigenschaften des Integrals bleiben gültig: die Martingaleigenschaft und Itô's Isometrie.

Definition 10.2.9 (**Einfacher Prozess**). Ein einfacher Prozess u ist ein Prozess der Form

$$u_t = \sum_{k=1}^N u_{k,t}, \qquad u_{k,t} := \alpha_k \mathbb{1}_{[t_{k-1}, t_k[}(t), \qquad (10.28)$$

wo:

i) $0 \leq t_0 < t_1 < \cdots < t_N$;
ii) α_k ist eine beschränkte $\mathscr{F}_{t_{k-1}}$-messbare Zufallsvariable für jedes $k = 1, \ldots, N$.

Man kann auch verlangen, dass $P(\alpha_k \neq \alpha_{k+1}) > 0$, für $k = 1, \ldots, N-1$, so dass die Darstellung (10.28) von u eindeutig ist.

Definition 10.2.10 (**Stochastisches Integral einfacher Prozesse**) Sei u ein einfacher Prozess der Form (10.28) und sei $B \in \mathscr{M}^{c,2}$. Das stochastische Integral von u bezüglich B ist der stochastische Prozess

$$\int_0^t u_s dB_s := \sum_{k=1}^N \int_0^t u_{k,s} dB_s = \sum_{k=1}^N \alpha_k \left(B_{t \wedge t_k} - B_{t \wedge t_{k-1}}\right).$$

10.2 Integral bezüglich stetiger quadratintegrierbarer Martingale   187

Theorem 10.2.11 Theorem 10.2.7 bleibt auch unter der Annahme, dass u, v einfache Prozesse sind, gültig.

Beweis Die Stetigkeit und die Martingaleigenschaft (10.21) sind aufgrund der Linearität sofort gegeben. Wie bei Itô's Isometrie (10.23) können wir zuerst v in der Form (10.28) mit der gleichen Wahl von $t_0, \ldots, t_N$ schreiben, d.h. $v_{k,t} = \beta_k \mathbb{1}_{[t_{k-1},t_k[}(t)$: beachte, dass

$$u_t v_t = \sum_{k=1}^{N} u_{k,t} \sum_{h=1}^{N} v_{h,t} = \sum_{k=1}^{N} \alpha_k \beta_k \mathbb{1}_{[t_{k-1},t_k[}(t). \qquad (10.29)$$

Dann haben wir

$$E\left[\int_s^t u_r dB_r \int_s^t v_r dB_r \mid \mathscr{F}_s\right] = E\left[\sum_{k=1}^{N} \int_s^t u_{k,r} dB_r \sum_{h=1}^{N} \int_s^t v_{h,r} dB_r \mid \mathscr{F}_s\right]$$

$$= \sum_{k=1}^{N} E\left[\int_s^t u_{k,r} dB_r \int_s^t v_{k,r} dB_r \mid \mathscr{F}_s\right]$$

$$2 \sum_{h<k} E\left[\int_{t_{h-1}}^{t_h} u_{h,r} \mathbb{1}_{[s,t[}(r) dB_r \int_{t_{k-1}}^{t_k} v_{k,r} \mathbb{1}_{[s,t[}(r) dB_r \mid \mathscr{F}_s\right] =$$

(nach (10.22) und (10.24))

$$= \sum_{k=1}^{N} E\left[\int_s^t u_{k,r} v_{k,r} d\langle B\rangle_r \mid \mathscr{F}_s\right] =$$

(nach (10.29))

$$= E\left[\int_s^t u_r v_r d\langle B\rangle_r \mid \mathscr{F}_s\right].$$

Schließlich wird die Tatsache, dass $\langle X, Y\rangle$ in (10.25) der Kovariationsprozess von X und Y ist, wie im Beweis von Theorem 10.2.7-iii) bewiesen.   □

10.2.3 Integral in $\mathbb{L}^2$

In diesem Abschnitt erweitern wir die Klasse der Integranden, indem wir die Dichte von einfachen Prozessen in $\mathbb{L}_B^2$ (vgl. Definition 10.2.1) ausnutzen. Das stochastische Integral wird nun als Grenzwert in $\mathscr{M}^{c,2}$ definiert und daher, unter Berücksichtigung von Bemerkung 8.3.2, als eine *Äquivalenzklasse* und nicht länger Pfad für Pfad. Die grundlegenden Eigenschaften des Integrals bleiben jedoch gültig: die Martingaleigenschaft und die Isometrie von Itô. Wie üblich schreiben wir einfach $\mathbb{L}^2$ anstatt $\mathbb{L}_B^2$, da B fest ist.

Lemma 10.1.7 hat die folgende Verallgemeinerung, die mit einem technischen Trick bewiesen wird: die Idee besteht darin, eine Änderung der Zeitvariable vorzunehmen, um den stetigen und wachsenden Prozess $\langle B \rangle_t$ auf den Brown'schen Fall auszurichten, in dem $\langle B \rangle_t \equiv t$ gilt; für Details, verweisen wir auf Lemma 2.2.7 in [67].

Lemma 10.2.12 Sei $u \in \mathbb{L}^2$. Für jedes $T > 0$ gibt es eine Folge $(u_n)_{n \in \mathbb{N}}$ von einfachen Prozessen so dass

$$\lim_{n \to \infty} E\left[\int_0^T (u_s - u_{n,s})^2 \, d\langle B \rangle_s \right] = 0.$$

Wir erinnern an die Konvention, nach der $\mathscr{M}_T^{c,2}$ der Raum der Äquivalenzklassen (nach Ununterscheidbarkeit) von stetigen quadratintegrierbaren Martingalen $X = (X_t)_{t \in [0,T]}$ ist, ausgestattet mit der Norm

$$\|X\|_T := \sqrt{E\left[X_T^2\right]}.$$

Nach Proposition 8.3.3 ist $(\mathscr{M}_T^{c,2}, \|\cdot\|_T)$ ein Banachraum.

Wir sehen nun, wie das stochastische Integral von $u \in \mathbb{L}^2$ definiert wird. Gegeben sei $T > 0$ und eine approximierende Folge $(u_n)_{n \in \mathbb{N}}$ von einfachen Prozessen wie in Lemma 10.2.12, wir bezeichnen mit

$$X_{n,t} = \int_0^t u_{n,s} \, dB_s, \qquad t \in [0,T], \tag{10.30}$$

die Folge ihrer jeweiligen stochastischen Integrale. Nach Theorem 10.2.11 ist $X_n \in \mathscr{M}_T^{c,2}$ und nach Itô's Isometrie (10.22) haben wir

$$\|X_n - X_m\|_T^2 = E\left[\left(\int_0^T (u_{n,t} - u_{m,t}) \, dB_t\right)^2\right] = E\left[\int_0^T (u_{n,t} - u_{m,t})^2 \, d\langle B \rangle_t\right].$$

Daraus folgt, dass $(X_n)_{n \in \mathbb{N}}$ eine Cauchy-Folge in $(\mathscr{M}_T^{c,2}, \|\cdot\|_T)$ ist und daher existiert

$$X := \lim_{n \to \infty} X_n \quad \text{in } \mathscr{M}_T^{c,2}. \tag{10.31}$$

Satz 10.2.13 (Stochastisches Integral von $\mathbb{L}^2$ Prozessen) Der Grenzprozess $X = (X_t)_{t \in [0,T]}$ in (10.31) ist unabhängig von der approximierenden Folge und wird als *stochastischer Integralprozess von u bezüglich B auf $[0,T]$* bezeichnet und als

$$X_t = \int_0^t u_s \, dB_s, \qquad t \in [0,T].$$

geschrieben.

10.2 Integral bezüglich stetiger quadratintegrierbarer Martingale

Beweis Sei X der Grenzwert in (10.31), der aus der approximierenden Folge $(u_n)_{n\in\mathbb{N}}$ definiert ist. Sei $(v_n)_{n\in\mathbb{N}}$ eine andere approximierende Folge für u und

$$Y_{n,t} = \int_0^t v_{n,s} dB_s, \quad t \in [0, T]. \tag{10.32}$$

Dann gilt $\|Y_n - X\|_T \leq \|Y_n - X_n\|_T + \|X_n - X\|_T$ und es genügt zu beobachten, dass wir wiederum durch Itô's Isometrie das Folgende erhalten:

$$\|Y_n - X_n\|_T^2 = E\left[\left(\int_0^T (v_{n,t} - u_{n,t}) dB_t\right)^2\right] = E\left[\int_0^T (v_{n,t} - u_{n,t})^2 d\langle B\rangle_t\right] \xrightarrow[n\to\infty]{} 0.$$

□

Bemerkung 10.2.14 [!] Konstruktionsbedingt ist das Itô-stochastische Integral

$$X_t = \int_0^t u_s dB_s, \tag{10.33}$$

mit $u \in \mathbb{L}^2$ und $B \in \mathscr{M}^{c,2}$, *eine Äquivalenzklasse* in $\mathscr{M}^{c,2}$: Jeder Repräsentant dieser Klasse ist ein stetiges Martingal, das bis auf ununterscheidbare Prozesse eindeutig bestimmt ist. Aus dieser Sicht sind, sofern keine spezielle Wahl des Repräsentanten getroffen wurde, die einzelnen Trajektorien des stochastischen Integralprozesses nicht definiert, und es ist nicht sinnvoll, $X_t(\omega)$ für ein bestimmtes $\omega \in \Omega$ zu betrachten.

Theorem 10.2.15 Satz 10.2.7 bleibt gültig unter der Annahme, dass $u, v \in \mathbb{L}^2$.

Beweis Seien $(u_n)_{n\in\mathbb{N}}$ und $(v_n)_{n\in\mathbb{N}}$ Folgen von einfachen Prozessen, die u und v in $(\mathscr{M}_T^{c,2}, \|\cdot\|_T)$ approximieren. Wir bezeichnen durch $(X_n)_{n\in\mathbb{N}}$ und $(Y_n)_{n\in\mathbb{N}}$ die entsprechenden stochastischen Integrale in (10.30) und (10.32). Gl. (10.21) und (10.22) sind eine direkte Folge der Tatsache dass $X_{n,t} \to X_t$ in $L^2(\Omega, P)$ (und daher auch in $L^1(\Omega, P)$) und $X_{n,t}Y_{n,t} \to X_tY_t$ in $L^1(\Omega, P)$, zusammen mit der allgemeinen Tatsache dass[5] wenn $Z_n \to Z$ in $L^1(\Omega, P)$ dann $E[Z_n \mid \mathbb{G}] \to E[Z \mid \mathbb{G}]$ in $L^1(\Omega, P)$. Der Beweis von (10.25) ist identisch mit dem von Satz 10.2.7-iii). □

Bemerkung 10.2.16 [!] Sei $B \in \mathscr{M}^{c,2}$ und $u \in \mathbb{L}_B^2$. Nach Satz 10.2.15 gehört das Integral X in (10.33) zu $\mathscr{M}^{c,2}$ und kann daher wiederum *als Integrator verwendet werden*. Da

$$\langle X\rangle_t = \int_0^t u_s^2 d\langle B\rangle_s,$$

---

[5] Durch Jensens Ungleichung haben wir

$$E\left[|E[Z_n \mid \mathbb{G}] - E[Z \mid \mathbb{G}]|\right] \leq E\left[E[|Z_n - Z| \mid \mathbb{G}]\right] = E[|Z_n - Z|].$$

haben wir, dass $v \in \mathbb{L}_X^2$, wenn v progressiv messbar ist und erfüllt

$$E\left[\int_0^t v_s^2 d\langle X\rangle_s\right] = E\left[\int_0^t v_s^2 u_s^2 d\langle B\rangle_s\right] < \infty$$

für jedes $t \geq 0$. In diesem Fall haben wir

$$\int_0^t v_s dX_s = \int_0^t v_s u_s dB_s$$

was direkt für einfache u, v überprüft werden kann und im Allgemeinen durch Approximation.

Insbesondere, wenn B eine Brownsche Bewegung ist, dann ist das Lebesgue-Stieltjes-Maß, das mit $\langle X\rangle$ assoziiert ist, absolut stetig bezüglich des Lebesgue-Maßes, mit Dichte u^2.

Wir geben nun zwei Aussagen, die fast offensichtlich erscheinen, aber tatsächlich, im Licht von Bemerkung 10.2.14, einen rigorosen Beweis erfordern. Beide Ergebnisse werden mit einem Approximationsverfahren bewiesen, was technisch und etwas mühsam ist.

Satz 10.2.17 [!] Seien $u, v \in \mathbb{L}^2$ zwei Modifikationen auf einem Ereignis F im Sinne, dass für jedes $t \in [0, T]$ $u_t(\omega) = v_t(\omega)$ für alle $\omega \in F \setminus N$ gilt, wobei N eine Nullmenge ist. Dann sind die zugehörigen Integralprozesse

$$X_t = \int_0^t u_s dB_s, \qquad Y_t = \int_0^t v_s dB_s,$$

auf F ununterscheidbar, das heißt, $\sup_{t\in[0,T]} |X_t(\omega) - Y_t(\omega)| = 0$ für $\omega \in F \setminus N$.

Beweis Betrachten wir die Approximationen u_n und v_n, wie sie in Lemma 10.2.12 definiert sind. Durch Konstruktion gilt für jedes $n \in \mathbb{N}$ und $t \in [0, T]$, dass $u_{n,t} = v_{n,t}$ fast sicher auf F. Daraus folgt, dass die relativen Integrale $(X_{n,t})_{t\in[0,T]}$ in (10.30) und $(Y_{n,t})_{t\in[0,T]}$ in (10.32) Modifikationen auf F sind. Wenn wir den Grenzwert in n nehmen, leiten wir ab, dass $(X_t)_{t\in[0,T]}$ und $(Y_t)_{t\in[0,T]}$ Modifikationen auf F sind: Die Behauptung folgt aus der Stetigkeit von X und Y. □

Bemerkung 10.2.18 Angenommen, für ein $T > 0$ haben wir

$$\int_0^T u_t dB_t = \int_0^T v_t dB_t$$

10.2 Integral bezüglich stetiger quadratintegrierbarer Martingale   191

wo $u, v \in \mathbb{L}^2$ und B eine Brownsche Bewegung ist. Dann gilt $P(u = v$ fastü berall auf $[0, T]) = 1$, das heißt, die Trajektorien von u und v sind fast überall gleich auf $[0, T]$. Tatsächlich haben wir durch Itôs Isometrie

$$E\left[\int_0^T (u_t - v_t)^2 dt\right] = E\left[\left(\int_0^T (u_t - v_t) dB_t\right)^2\right] = 0$$

was die Behauptung beweist.

Satz 10.2.19 (Integral mit zufälligem Integrationsendpunkt) [!] Sei X in (10.33) der stochastische Integralprozess von $u \in \mathbb{L}^2$ in Bezug auf $B \in \mathscr{M}^{c,2}$. Sei τ eine Stoppzeit, so dass $0 \leq \tau \leq T$ für ein $T > 0$. Dann gilt $(u_t \mathbb{1}_{(t \leq \tau)})_{t \geq 0} \in \mathbb{L}^2$ und

$$X_\tau = \int_0^\tau u_s dB_s = \int_0^T u_s \mathbb{1}_{(s \leq \tau)} dB_s \quad \text{fast sicher.}$$

Beweis Zunächst stellen wir fest, dass nach Proposition 10.2.17, wenn $F \in \mathscr{F}_t$, dann

$$\mathbb{1}_F \int_t^T u_s dB_s = \int_t^T \mathbb{1}_F u_s dB_s \quad \text{fast sicher.} \tag{10.34}$$

Die Messbarkeitsbedingung auf F ist wesentlich, weil sie sicherstellt, dass das Integral auf der rechten Seite von (10.34) wohldefiniert ist, da der Integrand progressiv messbar auf $[t, T]$ ist.

Nun erinnern wir an die Notation (10.13), $t_{n,k} := \frac{Tk}{2^n}$, für die dyadischen Zahlen von $[0, T]$ und wir verwenden die übliche Diskretisierung von τ:

$$\tau_n = \sum_{k=1}^{2^n} t_{n,k} \mathbb{1}_{F_{n,k}}$$

mit

$$F_{n,1} = \left(0 \leq \tau \leq \tfrac{T}{2^n}\right), \quad F_{n,k} = \left(t_{n,k-1} < \tau \leq t_{n,k}\right), \quad k = 2, \ldots, 2^n.$$

Wir stellen fest, dass $(F_{n,k})_{k=1,\ldots,2^n}$ eine Partition von Ω mit $F_{n,k} \in \mathscr{F}_{t_{n,k}}$ bildet und $(\tau_n)_{n \in \mathbb{N}}$ eine abnehmende Folge von Stoppzeiten ist, die gegen τ konvergiert. Durch Stetigkeit haben wir $X_{\tau_n} \to X_\tau$. Außerdem setzen wir

$$Y = \int_0^T u_s \mathbb{1}_{(s \leq \tau)} dB_s, \quad Y_n = \int_0^T u_s \mathbb{1}_{(s \leq \tau_n)} dB_s,$$

dann ist es mit Hilfe von Itôs Isometrie einfach zu beweisen, dass $Y_n \to Y$ in $L^2(\Omega, P)$ und daher auch fast sicher.

Um die Behauptung zu beweisen, d. h. die Tatsache, dass $X_\tau = Y$ fast sicher, genügt es zu überprüfen, dass $X_{\tau_n} = Y_n$ fast sicher für jedes $n \in \mathbb{N}$. Nun haben wir auf $F_{n,k}$

$$X_{\tau_n} = X_{t_{n,k}} = \int_0^T u_s dB_s - \int_{t_{n,k}}^T u_s dB_s,$$

und daher

$$X_{\tau_n} = \int_0^T u_s dB_s - \sum_{k=1}^{2^n} \mathbb{1}_{F_{n,k}} \int_{t_{n,k}}^T u_s dB_s. \tag{10.35}$$

Andererseits,

$$Y_n = \int_0^T u_s \left(1 - \mathbb{1}_{(s > \tau_n)}\right) dB_s$$

$$= \int_0^T u_s dB_s - \sum_{k=1}^{2^n} \int_{t_{n,k}}^T u_s \mathbb{1}_{F_{n,k}} dB_s =$$

(nach (10.34), mit Wahrscheinlichkeit eins)

$$= \int_0^T u_s dB_s - \sum_{k=1}^{2^n} \mathbb{1}_{F_{n,k}} \int_{t_{n,k}}^T u_s dB_s$$

was in Kombination mit (10.35) die Behauptung beweist. □

10.2.4 Integral in $\mathbb{L}^2_{loc}$

Wenn wir die Integrabilitätsbedingung für den Integranden von $\mathbb{L}^2$ auf $\mathbb{L}^2_{loc}$ abschwächen, gehen einige der grundlegenden Eigenschaften des Integrals verloren, einschließlich der Martingal-Eigenschaft und Itôs Isometrie. Wir werden jedoch beweisen, dass das Integral ein *lokales Martingal* ist und einen „Ersatz" für Itôs Isometrie, Lemma 10.2.25, bereitstellen.

Wir erinnern daran, dass $u \in \mathbb{L}^2_{loc}$ ist, wenn es progressiv messbar ist und, für jedes $t > 0$,

$$A_t := \int_0^t u_s^2 d\langle B\rangle_s < \infty \quad \text{fast sicher.} \tag{10.36}$$

Der Prozess A ist stetig, adaptiert und wachsend; außerdem ist A nicht-negativ, da $A_0 = 0$ (siehe Abb. 10.1).

10.2 Integral bezüglich stetiger quadratintegrierbarer Martingale   193

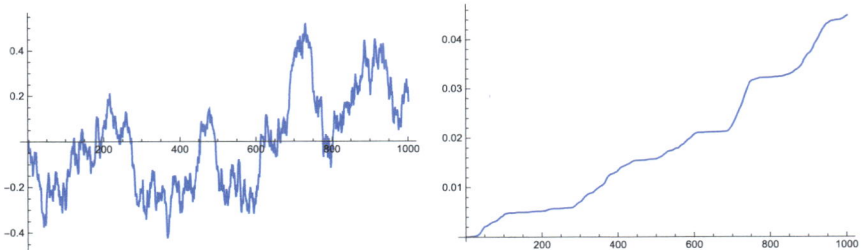

Abb. 10.1 **Links:** Darstellung einer Trajektorie einer Brownschen Bewegung W. **Rechts:** Darstellung der zugehörigen Trajektorie von $A_t = \int_0^t W_s^2 ds$, entsprechend dem Prozess in (10.36) mit $u = W$ und B Brownsche Bewegung

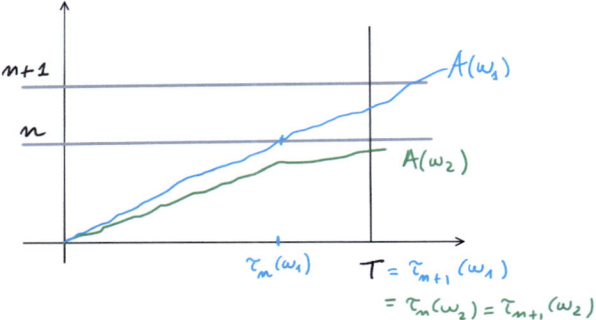

Abb. 10.2 Darstellung von zwei Trajektorien des Prozesses A in (10.36) und den entsprechenden Stoppzeiten τ_n und τ_{n+1} in (10.37)

Bemerkung 10.2.20 [!] Beachte, dass die Klasse $\mathbb{L}^2$ von dem festgelegten Wahrscheinlichkeitsmaß abhängt, im Gegensatz zu $\mathbb{L}^2_{\text{loc}}$ das invariant bezüglich äquivalenter[6] Wahrscheinlichkeitsmaße ist.

Wir setzen $T > 0$ fest und betrachten die Folge von Stoppzeiten, die durch

$$\tau_n = T \wedge \inf\{t \geq 0 \mid A_t \geq n\}, \qquad n \in \mathbb{N}, \tag{10.37}$$

definiert und in Abb. 10.2 dargestellt ist. Aufgrund der Stetigkeit von A haben wir $\tau_n \nearrow T$ fast sicher, und somit ist die Folge der Ereignisse $F_n := (\tau_n = T)$ so, dass $F_n \nearrow \Omega \setminus N$ mit $P(N) = 0$. Wenn wir u zur Zeit τ_n abschneiden, definieren wir den Prozess

$$u_{n,t} := u_t \mathbb{1}_{(t \leq \tau_n)}, \qquad t \in [0, T],$$

---

[6] Äquivalente Maße haben die gleichen sicheren (und daher auch vernachlässigbaren) Ereignisse.

der progressiv messbar ist und so dass

$$E\left[\int_0^t u_{n,s}^2 d\langle B\rangle_s\right] = E\left[\int_0^{t\wedge\tau_n} u_s^2 d\langle B\rangle_s\right] \leq n, \quad t \in [0,T].$$

Daher ist $u_n \in \mathbb{L}^2$ und das entsprechende Integral

$$X_{n,t} := \int_0^t u_{n,s} dB_s = \int_0^{t\wedge\tau_n} u_s dB_s, \quad t \in [0,T], \tag{10.38}$$

gehört zu $\mathscr{M}^{c,2}$ nach Theorem 10.2.15. Außerdem gilt für alle $n, h \in \mathbb{N}$ fast sicher für jedes $t \in [0,T]$

$$u_{n,t} = u_{n+h,t} = u_t \quad \text{auf } F_n,$$

und daher sind die Prozesse $\left(X_{n,t}\right)_{t\in[0,n]}$ und $\left(X_{n+h,t}\right)_{t\in[0,n]}$ auf F_n dank Proposition 10.2.17 ununterscheidbar. Daher ist die folgende Definition wohldefiniert:

Definition 10.2.21 (**Stochastisches Integral von Prozessen in $\mathbb{L}^2_{\text{loc}}$**) Das stochastische Integral von $u \in \mathbb{L}^2_{\text{loc}}$ bezüglich $B \in \mathscr{M}^{c,2}$ auf $[0,T]$ ist der stetige und adaptierte Prozess $X = (X_t)_{t\in[0,T]}$, der auf F_n von X_n in (10.38) für jedes $n \in \mathbb{N}$ ununterscheidbar ist. Wie üblich schreiben wir

$$X_t = \int_0^t u_s dB_s, \quad t \in [0,T]. \tag{10.39}$$

Wir werden später in Proposition 10.2.26 sehen, dass

$$\int_0^t u_s dB_s = \lim_{n\to\infty} \int_0^t u_{n,s} dB_s$$

mit Konvergenz *in Wahrscheinlichkeit*.

Bemerkung 10.2.22 Wie bereits früher bemerkt, wird das stochastische Integral als Äquivalenzklasse von nicht unterscheidbaren Prozessen definiert. Die vorherige Definition und insbesondere die Notation (10.39) sind wohldefiniert im Sinne, dass wenn X und $\bar{X}$ jeweils die stochastischen Integralprozesse von u bezüglich B auf den Intervallen $[0,T]$ und $[0,\bar{T}]$ mit $T \leq \bar{T}$ bezeichnen, dann erhalten wir durch ein Approximationsverfahren ausgehend von einfachen Prozessen, dass X und $\bar{X}|_{[0,T]}$ nicht unterscheidbare Prozesse sind. Folglich ist der *Itô stochastische Integralprozess von u bezüglich B* bezeichnet durch

$$X_t = \int_0^t u_s dB_s, \quad t \geq 0.$$

wohldefiniert.

10.2 Integral bezüglich stetiger quadratintegrierbarer Martingale

Proposition 10.2.19 hat die folgende einfache Verallgemeinerung.

Satz 10.2.23 (Integral mit zufälligem Integrationsendpunkt) Sei X der stochastische Integralprozess von $u \in \mathbb{L}^2_{\text{loc}}$ bezüglich $B \in \mathcal{M}^{c,2}$. Sei τ eine Stoppzeit, so dass $0 \leq \tau \leq T$ für ein $T > 0$. Dann $\left(u_t \mathbb{1}_{(t \leq \tau)}\right)_{t \geq 0} \in \mathbb{L}^2_{\text{loc}}$ und

$$X_\tau = \int_0^\tau u_s dB_s = \int_0^T u_s \mathbb{1}_{(s \leq \tau)} dB_s \qquad \text{fast sicher.}$$

Beweis Es ist klar, dass $\left(u_t \mathbb{1}_{(t \leq \tau)}\right)_{t \geq 0} \in \mathbb{L}^2_{\text{loc}}$. Sei $(\tau_n)_{n \in \mathbb{N}}$ die Folge der Stoppzeiten in (10.37). Nach Definition auf dem Ereignis $F_n = (\tau_n = T)$ haben wir

$$X_\tau = \int_0^\tau u_s \mathbb{1}_{(s \leq \tau_n)} dB_s =$$

(nach Proposition 10.2.19, da $u_s \mathbb{1}_{(s \leq \tau_n)} \in \mathbb{L}^2$)

$$= \int_0^T u_s \mathbb{1}_{(s \leq \tau_n)} \mathbb{1}_{(s \leq \tau)} dB_s =$$

(da $\tau_n = T \geq \tau$ auf F_n)

$$= \int_0^T u_s \mathbb{1}_{(s \leq \tau)} dB_s.$$

Die Behauptung folgt aus der Beliebigkeit von n. g □

Wenn wir die Klasse der Integranden von $\mathbb{L}^2$ auf $\mathbb{L}^2_{\text{loc}}$ erweitern, verlieren wir die Martingaleigenschaft, jedoch haben wir das folgende

Theorem 10.2.24 [!] Sei

$$X_t = \int_0^t u_s dB_s, \qquad Y_t = \int_0^t v_s dB_s$$

mit $u, v \in \mathbb{L}^2_{\text{loc}}$ und $B \in \mathcal{M}^{c,2}$. Dann:

i) X ist ein stetiges lokales Martingal, d. h. $X \in \mathcal{M}^{c,\text{loc}}$, und

$$\tau_n := n \wedge \inf\{t \geq 0 \mid A_t \geq n\}, \qquad n \in \mathbb{N},$$

mit A in (10.36) ist eine Lokalisierungsfolge für X (vgl. Definition 8.4.2);

ii) der Kovariationsprozess von X und Y ist

$$\langle X, Y \rangle_t = \int_0^t u_s v_s d\langle B \rangle_s, \qquad t \geq 0.$$

Beweis Nach Proposition 10.2.23 (mit der Wahl $\tau = t \wedge \tau_n$ und $T = t$) haben wir für jedes $t \geq 0$

$$X_{t \wedge \tau_n} = \int_0^t u_s \mathbb{1}_{(s \leq \tau_n)} dB_s \quad \text{fast sicher.}$$

und daher ist durch Stetigkeit $X_{t \wedge \tau_n}$ eine Version des stochastischen Integrals des Prozesses $u_s \mathbb{1}_{(s \leq \tau_n)}$, der zu $\mathbb{L}^2$ gehört. Es folgt, dass $X_{t \wedge \tau_n}$ ein stetiges Martingal ist und daher ist X ein lokales Martingal mit lokalisierender Folge $(\tau_n)_{n \in \mathbb{N}}$.

Nun sei $A_t = \int\limits_0^t u_s v_s d\langle B\rangle_s$ und

$$\tau_n = n \wedge \inf\{t \geq 0 \mid \langle X\rangle_t + \langle Y\rangle_t \geq n\}, \quad n \in \mathbb{N}.$$

Nach Theorem 10.2.15 (vgl. (10.25)) und der Cauchy-Schwarz-Ungleichung von Bemerkung 9.5.2-iii) ist der Prozess

$$(XY - A)_{t \wedge \tau_n} = X_{t \wedge \tau_n} Y_{t \wedge \tau_n} - A_{t \wedge \tau_n} = X_{t \wedge \tau_n} Y_{t \wedge \tau_n} - \int_0^t u_s v_s \mathbb{1}_{(s \leq \tau_n)} d\langle B\rangle_s$$

ein Martingal: es folgt, dass $XY - A \in \mathscr{M}^{c,\text{loc}}$ mit lokalisierender Folge $(\tau_n)_{n \in \mathbb{N}}$ ist und daher $A = \langle X, Y\rangle$. $\square$

Für das stochastische Integral von $u \in \mathbb{L}^2_{\text{loc}}$ haben wir kein grundlegendes Werkzeug wie Itôs Isometrie: in vielen Situationen kann es durch das folgende Lemma ersetzt werden.

Lemma 10.2.25 [!] Sei

$$X_t = \int_0^t u_s dB_s, \quad \langle X\rangle_t = \int_0^t u_s^2 d\langle B\rangle_s,$$

mit $u \in \mathbb{L}^2_{\text{loc}}$ und $B \in \mathscr{M}^{c,2}$. Für jedes $t, \varepsilon, \delta > 0$ haben wir

$$P(|X_t| \geq \varepsilon) \leq P(\langle X\rangle_t \geq \delta) + \frac{\delta}{\varepsilon^2}.$$

Beweis Sei

$$\tau_\delta = \inf\{s > 0 \mid \langle X\rangle_s \geq \delta\}, \quad \delta > 0.$$

Seien $t, \varepsilon > 0$, dann haben wir

$$P(|X_t| \geq \varepsilon) = P((|X_t| \geq \varepsilon) \cap (\tau_\delta \leq t)) + P((|X_t| \geq \varepsilon) \cap (\tau_\delta > t)) \leq$$

(da $(\tau_\delta \leq t) = (\langle X\rangle_t \geq \delta)$)

$$\leq P(\langle X\rangle_t \geq \delta) + P((|X_t| \geq \varepsilon) \cap (\tau_\delta > t))$$

10.2 Integral bezüglich stetiger quadratintegrierbarer Martingale

und daher bleibt zu beweisen, dass

$$P\left((|X_t| \geq \varepsilon) \cap (\tau_\delta > t)\right) \leq \frac{\delta}{\varepsilon^2}.$$

Nun haben wir

$$P\left(\left(\left|\int_0^t u_s dB_s\right| \geq \varepsilon\right) \cap (t < \tau_\delta)\right) = P\left(\left(\left|\int_0^t u_s \mathbb{1}_{(s<\tau_\delta)} dB_s\right| \geq \varepsilon\right) \cap (t < \tau_\delta)\right)$$

$$\leq P\left(\left|\int_0^t u_s \mathbb{1}_{(s<\tau_\delta)} dB_s\right| \geq \varepsilon\right) \leq$$

(nach Chebyshev's Ungleichung (3.1.3) in [113])

$$\leq \frac{1}{\varepsilon^2} E\left[\left|\int_0^t u_s \mathbb{1}_{(s<\tau_\delta)} dB_s\right|^2\right] =$$

(nach Itôs Isometrie, da $u_s \mathbb{1}_{(s<\tau_\delta)} \in \mathbb{L}^2$)

$$= \frac{1}{\varepsilon^2} E\left[\int_0^t u_s^2 \mathbb{1}_{(s<\tau_\delta)} d\langle B\rangle_s\right] \leq \frac{\delta}{\varepsilon^2}. \qquad \square$$

10.2.5 Stochastisches Integral als Riemann-Stieltjes Integral

Das folgende Ergebnis zeigt, dass das stochastische Integral von $u \in \mathbb{L}^2_{\text{loc}}$ auch durch Approximation definiert werden kann, wie wir es für $u \in \mathbb{L}^2$ getan haben, vorausgesetzt, dass wir Konvergenz in Wahrscheinlichkeit anstelle in $L^2(\Omega, P)$-Norm verwenden.

Satz 10.2.26 Sei $u, u_n \in \mathbb{L}^2_{\text{loc}}, n \in \mathbb{N}$, so dass

$$\int_0^t |u_{n,s} - u_s|^2 d\langle B\rangle_s \xrightarrow[n\to\infty]{P} 0. \tag{10.40}$$

Dann

$$\int_0^t u_{n,s} dB_s \xrightarrow[n\to\infty]{P} \int_0^t u_s dB_s.$$

Beweis Die Behauptung ist eine unmittelbare Folge von Itôs Isometrie in der Form von Lemma 10.2.25: sei $\varepsilon > 0$ und setze $\delta = \varepsilon^3$, dann haben wir

$$\lim_{n\to\infty} P\left(\left|\int_0^t (u_{n,s} - u_s) dB_s\right| \geq \varepsilon\right) \leq \lim_{n\to\infty} P\left(\int_0^t |u_{n,s} - u_s|^2 d\langle B\rangle_s \geq \delta\right) + \varepsilon = \varepsilon$$

dank der Annahme (10.40). □

Als einfache Anwendung von Proposition 10.2.26 beweisen wir, dass im Fall, dass der Integrand ein stetiger Prozess ist, das stochastische Integral tatsächlich die Grenze in Wahrscheinlichkeit der Riemann-Stieltjes-Summen ist, in denen der Integrand am *linken Endpunkt* jedes Intervalls der Partition ausgewertet wird: Dies ist konsistent mit der Konstruktion des Itô-Integrals, das die Hypothese der progressiven Messbarkeit des Integranden entscheidend ausnutzt. Das folgende Ergebnis ist auch die Grundlage der *numerischen Approximationsmethoden für das stochastische Integral*.

Korollar 10.2.27 [!] Sei u ein stetiger und adaptierter Prozess, $B \in \mathcal{M}^{c,2}$, und $(\pi_n)_{n \in \mathbb{N}}$ eine Folge von Partitionen von $[0, t]$, mit $\pi_n = (t_{n,k})_{k=0,\ldots,m_n}$, so dass $\lim_{n \to \infty} |\pi_n| = 0$. Dann

$$\sum_{k=1}^{m_n} u_{t_{n,k-1}} \left(B_{t_{n,k}} - B_{t_{n,k-1}} \right) \xrightarrow[n \to \infty]{P} \int_0^t u_s dB_s.$$

Beweis Setze

$$u_{n,s} = \sum_{k=1}^{m_n} u_{t_{n,k-1}} \mathbb{1}_{[t_{n,k-1}, t_{n,k}[}(s)$$

dann haben wir, dass $u_n \in \mathbb{L}^2_{\text{loc}}$ und

$$\sum_{k=1}^{m_n} u_{t_{n,k-1}} \left(B_{t_{n,k}} - B_{t_{n,k-1}} \right) = \int_0^t u_{n,s} dB_s.$$

Darüber hinaus haben wir durch die Stetigkeit von u und dem Satz von Lebesgue

$$\lim_{n \to \infty} \int_0^t |u_{n,s} - u_s|^2 d\langle B \rangle_s = 0 \quad \text{a.s.}$$

Die Behauptung folgt aus Proposition 10.2.26. □

Eine nützliche Folgerung aus Korollar 10.2.27 ist das Folgende

Korollar 10.2.28 [!] Seien für $i = 1, 2$ die Prozesse $B^i \in \mathcal{M}^{c,2}$ und der stetige adaptierte Prozess u^i auf $(\Omega^i, \mathcal{F}^i, P^i)$ definiert. Darüber hinaus setze

$$X_t^i = \int_0^t u_s^i dB_s^i.$$

Wenn $(u^1, B^1) \stackrel{d}{=} (u^2, B^2)$ (d.h. (u^1, B^1) und (u^2, B^2) sind gleich in Verteilung) dann haben wir auch $(u^1, B^1, X^1) \stackrel{d}{=} (u^2, B^2, X^2)$.

10.3 Integral in Bezug auf stetige Semimartingale

Ein ähnliches Ergebnis gilt unter viel allgemeineren Annahmen: diesbezüglich siehe zum Beispiel Übung IV.5.16 in [123].

10.3 Integral in Bezug auf stetige Semimartingale

In den vorherigen Abschnitten haben wir angenommen, dass der Integrator B ein stetoges quadratintegrierbares Martingal ist. Jetzt erweitern wir die Definition des stochastischen Integrals auf den Fall wo der Integrator, hier durch S bezeichnet, ein *stetiges Semimartingal* ist: genau genommen, nach Definition 9.3.1, ist S ein adaptierter und stetiger Prozess der Form

$$S = A + B$$

wo $A \in BV$ so ist, dass $A_0 = 0$ und $B \in \mathscr{M}^{c,\text{loc}}$. Wir verwenden die Notation

$$\int_0^t u_r dS_r$$

um das stochastische Integral des Prozesses u in Bezug auf S anzugeben: es ist definiert als die Summe

$$\int_0^t u_r dS_r := \int_0^t u_r dA_r + \int_0^t u_r dB_r$$

wo die beiden Integrale auf der rechten Seite die folgende Bedeutung haben.

Sei μ_A das Lebesgue-Stieltjes-Maß[7], das mit A assoziiert ist und Pfad für Pfad definiert ist: wir bezeichnen durch

$$\int_0^t u_r dA_r := \int_{[0,t]} u_r \mu_A(dr)$$

das entsprechende Lebesgue-Stieltjes-Integral. Damit dieses Integral wohldefiniert ist, verlangen wir, dass $u \in \mathbb{L}^2_{S,\text{loc}}$ gemäß der folgenden

Definition 10.3.1 $\mathbb{L}^2_{S,\text{loc}}$ ist die Klasse der progressiv messbaren Prozesse u, so dass

$$\int_{[0,t]} |u_r| |\mu_A|(dr) + \int_0^t u_r^2 d\langle B \rangle_r < \infty \quad \text{f.s.}$$

für jedes $t \geq 0$ gilt.

---

[7] Nach Definition 9.2.1, μ_A ist ein signiertes Maß.

Was das Integral in Bezug auf $B \in \mathscr{M}^{c,\text{loc}}$ betrifft, so kann man ein Lokalisierungsverfahren verwenden, das völlig analog[8] zu dem von Abschn. 10.2.4 ist. Zusammenfassend, unter Berücksichtigung der Definition 9.5.3 der quadratischen Variation eines Semimartingals, haben wir das Folgende

Satz 10.3.2 Sei $S = A + B$ ein stetiges Semimartingal und $u \in \mathbb{L}^2_{S,\text{loc}}$. Der stochastische Integralprozess

$$X_t := \int_0^t u_r dS_r = \int_0^t u_r dA_r + \int_0^t u_r dB_r, \qquad t \geq 0,$$

---

[8] Sei $(\tau_n)_{n \in \mathbb{N}}$ eine Lokalisierungsfolge für B: wie in Bemerkung 8.4.6-iv) können wir annehmen, dass $|B_{t \wedge \tau_n}| \leq n$ so dass $B_n := (B_{t \wedge \tau_n})_{t \geq 0} \in \mathscr{M}^{c,2}$. Wenn $u \in \mathbb{L}^2_{S,\text{loc}}$ dann

$$\int_0^t u_r^2 d\langle B_n \rangle_r \leq \int_0^t u_r^2 d\langle B \rangle_r < \infty \qquad \text{f.s.}$$

und daher $u \in \mathbb{L}^2_{B_n,\text{loc}}$ und das Integral

$$Y_{n,t} := \int_0^t u_r dB_{n,r}$$

ist wohldefiniert. Auf dem Ereignis $F_{n,T} := (T \leq \tau_n)$ haben wir f.s.

$$\sup_{0 \leq t \leq T} |Y_{n,t} - Y_{m,t}| = 0, \qquad m \geq n.$$

Dies ist wahr, wenn u einfach ist und im Allgemeinen kann es durch Approximation bewiesen werden, wie Satz 10.2.17. Da $F_{n,T} \nearrow F_T$ mit $P(F_T) = 1$, definieren wir das Integral

$$Y_t = \int_0^t u_r dB_r, \qquad 0 \leq t \leq T,$$

als Äquivalenzklasse von stetigen und adaptierten Prozessen, die für jedes $n \in \mathbb{N}$ ununterscheidbar von $(Y_{n,t})_{t \in [0,T]}$ auf $F_{n,T}$ sind. Wenn Y und $\bar{Y}$ jeweils die stochastischen Integralprozesse von u auf den Intervallen $[0, T]$ und $[0, \bar{T}]$ mit $T \leq \bar{T}$ bezeichnen, dann sind Y und $\bar{Y}|_{[0,T]}$ auf $[0, T]$ ununterscheidbar. Daher ist der *Itô stochastische Integralprozess von* $u \in \mathbb{L}^2_{S,\text{loc}}$ *in Bezug auf* $B \in \mathscr{M}^{c,\text{loc}}$ wohldefiniert:

$$Y_t = \int_0^t u_r dB_r, \qquad t \geq 0.$$

Wir haben $Y \in \mathscr{M}^{c,\text{loc}}$ mit quadratischem Variationsprozess

$$\langle Y \rangle_t = \int_0^t u_r^2 d\langle B \rangle_r, \qquad t \geq 0,$$

und eine Lokalisierungsfolge für Y wird durch $\bar{\tau}_n = \tau_n \wedge \tau_n'$ gegeben, wobei $\tau_n' = \inf\{t \geq 0 \mid \langle I \rangle_t \geq n\}$.

10.4 Skalare Itô-Prozesse

ist ein stetiges Semimartingal mit quadratischem Variationsprozess

$$\langle X \rangle_t = \int_0^t u_r^2 d\langle B \rangle_r, \quad t \geq 0. \tag{10.41}$$

Im nächsten Abschnitt befassen wir uns mit dem Spezialfall, in dem $A_t = t$ und B eine Brownsche Bewegung ist.

10.4 Skalare Itô-Prozesse

Ein Itô-Prozess ist eine spezielle Art von stetigem Semimartingal, die als Summe eines Lebesgue-Integrals und eines stochastischen Integrals ausgedrückt werden kann. In diesem Abschnitt bezeichnet W eine reelle Brownsche Bewegung.

Definition 10.4.1 (Itô-Prozess)[!] Ein *Itô-Prozess* ist ein Prozess der Form

$$X_t = X_0 + \int_0^t u_s ds + \int_0^t v_s dW_s, \tag{10.42}$$

wo:

i) $X_0 \in m\mathscr{F}_0$;
ii) $u \in \mathbb{L}_{loc}^1$, das heißt, u ist progressiv messbar und so, dass

$$\int_0^t |u_s|ds < \infty, \quad \text{f.s.}$$

für jedes $t \geq 0$;
iii) $v \in \mathbb{L}_{loc}^2$, das heißt, v ist progressiv messbar und so für jedes $t \geq 0$.

Notation 10.4.2 (Differentialnotation)[!] Um den Itô-Prozess in (10.42) anzugeben, wird oft die sogenannte „Differentialnotation" verwendet:

$$dX_t = u_t dt + v_t dW_t. \tag{10.43}$$

Diese Notation, die neben ihrer Kompaktheit den Vorteil hat, den Ausdrücken der klassischen Differentialrechnung zu ähneln, ist in strengen Begriffen weder eine „Ableitung" noch ein „Differential des Prozesses X". Diese Begriffe wurden nicht definiert; vielmehr handelt es sich um ein Symbol, das ausschließlich im Kontext des Ausdrucks (10.43) Bedeutung hat: Dieser Ausdruck ist eine Schreibweise, deren genaue Bedeutung durch die Integralgleichung (10.42) gegeben ist. Wenn wir von *stochastischer Differentialrechnung* sprechen, beziehen wir uns auf diese Art von symbolischer Rechnung, deren wahre Bedeutung durch die entsprechenden Integralausdrücke gegeben ist: Es handelt sich also tatsächlich um eine *stochastische Integralrechnung*.

Der Prozess in (10.42) ist ein stetiges Semimartingal und kann daher selbst als Integrator fungieren, tatsächlich haben wir $X = A + M$, wo:

- der Prozess

$$A_t := \int_0^t u_s ds$$

stetig, adaptiert und von beschränkter Variation gemäß Beispiel 9.1.2-iv) ist und wird als *Drift* von X bezeichnet;
- der stochastische Integralprozess

$$M_t := X_0 + \int_0^t v_s dW_s$$

ist ein stetiges lokales Martingale und wird als *diffusiver Teil oder Diffusion* von X bezeichnet.

Nach Formel (10.41) ist der quadratische Variationsprozess von X

$$\langle X \rangle_t = \int_0^t v_s^2 ds,$$

oder in Differentialnotation,

$$d\langle X \rangle_t = v_t^2 dt.$$

Bemerkung 10.4.3 [!] *Die Darstellung eines Itô-Prozesses ist eindeutig* im folgenden Sinne: Wenn X der Prozess in (10.43) ist und wir haben auch

$$dX_t = u_t' dt + v_t' dW_t,$$

mit $u' \in \mathbb{L}^1_{\text{loc}}$ und $v' \in \mathbb{L}^2_{\text{loc}}$, dann

$$P\left(v = v' \text{ fast überall}\right) = P\left(u = u' \text{ fast überall}\right) = 1.$$

Insbesondere, wenn u, u', v, v' stetig sind, dann ist u von u' und v von v' ununterscheiden.

Tatsächlich ist der Prozess

$$M_t := \int_0^t v_s dW_s - \int_0^t v_s' dW_s = \int_0^t u_s' ds - \int_0^t u_s ds$$

ein stetiges lokales Martingal und von beschränkter Variation, und somit nach Theorem 9.3.6 vom Nullprozess ununterscheibar. Betrachte

$$\tau_n := n \wedge \inf\{t \geq 0 \mid A_t \geq n\}, \qquad A_t := \int_0^t (v_s - v_s')^2 ds, \qquad n \in \mathbb{N},$$

die übliche Lokalisierungsfolge für M. Dann haben wir

$$0 = E\left[\left(\int_0^{\tau_n}(v_s - v_s')dW_s\right)^2\right] = E\left[\left(\int_0^n(v_s - v_s')\mathbb{1}_{[0,\tau_n]}(s)dW_s\right)^2\right]$$
$$= E\left[\int_0^n(v_s - v_s')^2\mathbb{1}_{[0,\tau_n]}(s)ds\right]$$

wo die zweite und dritte Gleichheit jeweils auf Proposition 10.2.23 und Itôs Isometrie zurückzuführen sind. Nimmt man den Grenzwert für $n \to \infty$, so erhält man nach dem Satz von Beppo Levi

$$E\left[\int_0^\infty(v_s - v_s')^2 ds\right] = 0$$

und daher $P\left(v = v' \text{ fast überall}\right) = 1$. Andererseits haben wir nach Proposition B.3.2 in [113] auch, dass
$$P\left(u = u' \text{ fast überall}\right) = 1.$$

10.5 Wichtige Merksätze

Hier sind die wichtigsten Ergebnisse und Grundideen des Kapitels, die man sich merken sollte. Technische oder weniger wichtige Details werden weggelassen. Bei Unklarheiten zu den folgenden kurzen Aussagen lohnt sich ein Blick in den jeweiligen Abschnitt.

- Abschn. 10.1: Bei der ersten Beschäftigung mit diesen Themen ist es besser, einige Inhalte auszuwählen und die allgemeine Behandlung und vertiefte Studie auf einen späteren Zeitpunkt zu verschieben. Insbesondere ist es am besten, zunächst nur den Fall zu betrachten, in dem der Integrator eine Brownsche Bewegung ist. Was den Integranden betrifft, so ist die entscheidende Annahme, dass es sich um einen progressiv messbaren Prozess handelt; die Konstruktion des Brownschen Integrals erfolgt in drei Schritten, wobei die Klasse der Integranden schrittweise erweitert wird:

  1) die Definition des Integrals von *einfachen* Prozessen ist explizit: es handelt sich um eine Riemann-Summe von Brownschen Inkrementen. In diesem Fall werden drei grundlegende Eigenschaften des Integrals direkt bewiesen:

     i) es ist ein stetiges Martingal;
     ii) Itôs Isometrie;
     iii) es gibt einen expliziten Ausdruck für den quadratischen Variationsprozess;

  2) das stochastische Integral erweitert sich durch Dichte auf Integranden in $\mathbb{L}^2$. Die drei grundlegenden Eigenschaften bleiben gültig;

3) Mit einem Lokalisierungsverfahren unter Verwendung von Stoppzeiten (die den Quadratischen Variationsprozess stoppen, sobald er ein bestimmtes Niveau überschreitet), lässt sich das stochastische Integral auf Integranden aus der wesentlich größeren Klasse $\mathbb{L}^2_{\text{loc}}$ erweitern. In diesem Fall gehen die ersten beiden fundamentalen Eigenschaften verloren bzw. gelten nur noch in abgeschwächter Form.

- Abschn. 10.2: Die Konstruktion des stochastischen Integrals lässt sich auf den Fall erweitern, dass der Integratorprozess in $\mathscr{M}^{c,2}$ liegt, wobei im Wesentlichen analoge Eigenschaften wie beim Brownschen Integral gelten. Das Integrationsende kann ebenfalls zufällig sein, vorausgesetzt, es handelt sich um eine Stoppzeit (siehe Proposition 10.2.23).
- Abschn. 10.3: Wir erweitern die Definition des stochastischen Integrals weiter auf den Fall, dass der Integrator ein stetiges Semimartingal ist.
- Abschn. 10.4: Ein Itô-Prozess ist ein spezielles stetiges Semimartingal, das sich als Summe eines Lebesgue-Integrals mit Integrand in $\mathbb{L}^1_{\text{loc}}$ (Driftterm) und eines Brownschen Integrals mit Integrand in $\mathbb{L}^2_{\text{loc}}$ (diffusiver Anteil) schreiben lässt: In Differentialschreibweise lautet dies $dX_t = u_t dt + v_t dW_t$. Die Zerlegung eines Itô-Prozesses in Drift- und Diffusionsteil ist eindeutig und der Quadratische Variationsprozess ist $d\langle X\rangle_t = v_t^2 dt$.

Hauptnotationen, die in diesem Kapitel verwendet oder eingeführt werden:

Symbol	Beschreibung	S.
$\int_0^t u_s dB_s$	Stochastisches Integral mit Integrand u und Integrator B	173
$\mathbb{L}^2$	Progressiv messbare Prozesse in $L^2(\Omega \times [0,T])$	174
$\mathbb{L}^2_{\text{loc}}$	Progressiv messbare Prozesse in $L^2([0,T])$ fast sicher	179
$\mathscr{M}^{c,2}$	Raum der stetigen Martingale X, mit $X_t \in L^2(\Omega, P)$ für alle t	181
$\mu_{\langle B\rangle}$	Lebesgue-Stieltjes-Maß des wachsenden Prozesses $\langle B\rangle$	181
$\int_a^b f(t)d\langle B\rangle_t$	Lebesgue-Stieltjes Integral bezüglich des wachsenden Prozesses $\langle B\rangle$	181
$\mathbb{L}^2_B$	Progressiv messbare Prozesse in $L^2(\Omega \times [0,T], P \otimes \mu_{\langle B\rangle})$	181
$\mathbb{L}^2_{B,\text{loc}}$	Progressiv messbare Prozesse in $L^2([0,T], \mu_{\langle B\rangle})$ fast sicher	182
$\mathscr{M}^{c,2}_T$	Stetige quadratintegrierbare Martingale	188
$\|X\|_T = \sqrt{E\left[X_T^2\right]}$	Norm in $\mathscr{M}^{c,2}_T$	188
$\mathbb{L}^1_{\text{loc}}$	Progressiv messbare Prozesse in $L^1([0,T])$ fast sicher	201

Kapitel 11
Itô's Formel

> *Bedeutung in sein Leben zu legen, kann in Wahnsinn enden,*
> *Aber ein Leben ohne Bedeutung ist die Qual*
> *Der Unruhe und vagen Sehnsucht-*
> *Es ist ein Boot, das sich nach dem Meer sehnt und doch Angst hat.*
>
> Edgar Lee Master

Die Formel von Itô ist das wichtigste Werkzeug in der stochastischen Differentialrechnung. In diesem Kapitel stellen wir mehrere Versionen vor, die die allgemeinen Regeln der stochastischen Analysis liefern und die analoge deterministische Formel des Satzes 9.1.6 für das Lebesgue-Stieltjes Integral verallgemeinern.

11.1 Itô's Formel für stetige Semimartingale

Obwohl der Fall von Semimartingalen sehr allgemein ist, geben wir sofort diese Version von Itô's Formel, weil sie den Vorteil hat, einen kompakten Ausdruck und einen intuitiven Beweis zu haben. Erinnern wir uns daran, dass ein stetiges Semimartingal ein adaptierter und stetiger Prozess der Form $X = A + M$ mit $A \in$ BV so dass $A_0 = 0$ und $M \in \mathcal{M}^{c,\text{loc}}$, das heißt, M ist ein stetiges lokales Martingal gemäß Definition 8.4.2.

Wir bezeichnen mit $\langle X \rangle$ den *quadratischen Variationsprozess* von X: nach Satz 9.4.1 haben wir $\langle X \rangle \equiv \langle M \rangle$, wobei $\langle M \rangle$ der eindeutige stetige und wachsende Prozess ist, so dass $\langle M \rangle_0 = 0$ und $M^2 - \langle M \rangle$ ein lokaler Martingal ist. Zum Beispiel, wenn X eine Brown'sche Bewegung ist, dann ist $A \equiv 0$ und der quadratische Variationsprozess ist deterministisch: $\langle X \rangle_t = t$ für $t \geq 0$. Allgemeiner, wenn

X ein Itô-Prozess der Form $dX_t = u_t dt + v_t dW_t$ ist (vgl. Definition 10.4.1), dann ist $d\langle X \rangle_t = v_t^2 dt$.

Theorem 11.1.1 (Itô's Formel) [!!!] Sei X ein stetiges reelles Semimartingal und $F \in C^2(\mathbb{R})$. Dann gilt fast sicher für alle $t \geq 0$

$$F(X_t) = F(X_0) + \int_0^t F'(X_s) dX_s + \frac{1}{2} \int_0^t F''(X_s) d\langle X \rangle_s \qquad (11.1)$$

oder, in Differentialnotation,

$$dF(X_t) = F'(X_t) dX_t + \frac{1}{2} F''(X_t) d\langle X \rangle_t. \qquad (11.2)$$

Idee des Beweises Gegeben sei eine Partition $\pi = \{t_0, \ldots, t_N\}$ von $[0, t]$. Wir schreiben die Differenz $F(X_t) - F(X_0)$ als eine Telekopsumme und dann erweitern wir sie in einer Taylor Reihe bis zur zweiten Ordnung: wir erhalten

$$F(X_t) - F(X_0) = \sum_{k=1}^{N} \left(F(X_{t_k}) - F(X_{t_k}) \right)$$

$$= \sum_{k=1}^{N} F'(X_{t_{k-1}}) \left(X_{t_k} - X_{t_{k-1}} \right) + \frac{1}{2} \sum_{k=1}^{N} F''(X_{t_{k-1}}) \left(X_{t_k} - X_{t_{k-1}} \right)^2$$

$$+ \text{„Restglieder"}.$$

Schließlich beweisen wir, dass die Grenzwerte im geeigneten Sinne existieren

$$\sum_{k=1}^{N} F'(X_{t_{k-1}}) \left(X_{t_k} - X_{t_{k-1}} \right) \longrightarrow \int_0^t F'(X_s) dX_s,$$

$$\sum_{k=1}^{N} F''(X_{t_{n,k-1}}) \left(X_{t_k} - X_{t_{k-1}} \right)^2 \longrightarrow \int_0^t F''(X_s) d\langle X \rangle_s$$

wenn $|\pi| \to 0$ und der Restterm vernachlässigbar ist. Der detaillierte Beweis, der mehr technische Feinheiten beinhaltet, wird in Abschn. 11.3 vorgestellt.

Bemerkung 11.1.2 Im Vergleich zur deterministischen Version (9.3) erscheint in der Itô-Formel (11.2) ein zusätzlicher Term zweiter Ordnung, der aus der quadratischen Variation von X stammt: der Faktor $\frac{1}{2}$ vor ihm ist der Koeffizient der Taylorreihenentwicklung von F.

Ebenso stellen wir eine umfassendere Version der Itô-Formel auf.

11.1 Itô's Formel für stetige Semimartingale

Theorem 11.1.3 (Itô-Formel) Sei X eine stetiges reelles Semimartingal und $F = F(t, x) \in C^{1,2}(\mathbb{R}_{\geq 0} \times \mathbb{R})$. Dann gilt fast sicher für alle $t \geq 0$

$$F(t, X_t) = F(0, X_0) + \int_0^t (\partial_t F)(s, X_s)ds + \int_0^t (\partial_x F)(s, X_s)dX_s$$
$$+ \frac{1}{2} \int_0^t (\partial_{xx} F)(s, X_s)d\langle X \rangle_s$$

oder, in Differentialnotation,

$$dF(t, X_t) = \partial_t F(t, X_t)dt + (\partial_x F)(t, X_t)dX_t + \frac{1}{2}(\partial_{xx} F)(t, X_t)d\langle X \rangle_t.$$

11.1.1 Itô-Formel für die Brownsche Bewegung

Wir betrachten die Itô-Formel für eine reelle Brownsche Bewegung W und gehen auf mehrere anschauliche Beispiele ein. Beachte, dass der quadratische Variationsprozess von W einfach $\langle W \rangle_t = t$ ist.

Korollar 11.1.4 (Itô-Formel für die Brownsche Bewegung) Für alle $F = F(t, x) \in C^{1,2}(\mathbb{R}_{\geq 0} \times \mathbb{R})$ haben wir

$$F(t, W_t) = F(0, W_0) + \int_0^t (\partial_t F)(s, W_s)ds + \int_0^t (\partial_x F)(s, W_s)dW_s$$
$$+ \frac{1}{2} \int_0^t (\partial_{xx} F)(s, W_s)ds$$

oder, in Differentialnotation,

$$dF(t, W_t) = \left(\partial_t F + \frac{1}{2} \partial_{xx} F \right)(t, W_t)dt + (\partial_x F)(t, W_t)dW_t.$$

Beispiel 11.1.5

i) wenn $F(t, x) = f(t)x$, mit $f \in C^1(\mathbb{R})$, haben wir

$$\partial_t F(t, x) = f'(t)x, \quad \partial_x F(t, x) = f(t), \quad \partial_{xx} F(t, x) = 0.$$

Dann haben wir

$$f(t)W_t = \int_0^t f'(s)W_s ds + \int_0^t f(s)dW_s$$

was der deterministischen Formel für die partielle Integration des Beispiels 9.1.8-ii) entspricht. In Differentialform haben wir äquivalent

$$d(f(t)W_t) = f'(t)W_t dt + f(t)dW_t$$

was der üblichen Formel für die Ableitung eines Produkts ähnelt;

ii) wenn $F(t, x) = x^2$ haben wir

$$\partial_t F(t, x) = 0, \qquad \partial_x F(t, x) = 2x, \qquad \partial_{xx} F(t, x) = 2,$$

und daher

$$W_t^2 = 2 \int_0^t W_s dW_s + t$$

oder, in Differentialform,

$$dW_t^2 = 2W_t dW_t + dt;$$

iii) wenn $F(t, x) = e^{at+\sigma x}$, mit $a, \sigma \in \mathbb{R}$, haben wir

$$\partial_t F(t, x) = aF(t, x), \qquad \partial_x F(t, x) = \sigma F(t, x), \qquad \partial_{xx} F(t, x) = \sigma^2 F(t, x),$$

und daher, wenn wir $X_t = e^{at+\sigma W_t}$ setzen, erhalten wir

$$X_t = 1 + a \int_0^t X_s ds + \sigma \int_0^t X_s dW_s + \frac{\sigma^2}{2} \int_0^t X_s ds$$

oder, in Differentialform,

$$dX_t = \left(a + \frac{\sigma^2}{2}\right) X_t dt + \sigma X_t dW_t.$$

Mit der Wahl $a = -\frac{\sigma^2}{2}$ verschwindet die Drift des Prozesses, und wir erhalten

$$X_t = 1 + \int_0^t \sigma X_s dW_s$$

was ein stetiges Martingal ist: speziell ist $X_t = e^{\sigma W_t - \frac{\sigma^2}{2}t}$ das in Proposition 4.4.1 eingeführte *exponentielle Martingal*.

Bemerkung 11.1.6 [!] Die Itô-Formel zeigt, dass jeder stochastische Prozess der Form $X_t = F(t, W_t)$, mit ausreichend regulärem F, ein Itô-Prozess gemäß Definition 10.4.1 ist: insbesondere ist X ein Semimartingal, und die Itô-Formel liefert den expliziten Ausdruck für die Zerlegung (eindeutig bis auf ununterscheidbare Prozesse) von X in die Summe $X = A + M$, wobei der Prozess von beschränkter Variation

11.1 Itô's Formel für stetige Semimartingale

$$A_t := \int_0^t \left(\partial_t F + \frac{1}{2} \partial_{xx} F \right) (s, W_s) ds$$

der *Drift* von X ist und das lokale Martingal[1]

$$M_t := X_0 + \int_0^t (\partial_x F)(s, W_s) dW_s$$

ist der *diffusive Teil* von X.

Beachte, dass wenn F die Wärmeleitungsgleichung löst

$$\partial_t F(t, x) + \frac{1}{2} \partial_{xx} F(t, x) = 0, \qquad t > 0, \ x \in \mathbb{R}, \tag{11.3}$$

dann verschwindet der Drift von X und daher ist X eine lokales Martingal. Umgekehrt, wenn X eine lokales Martingale ist, dann haben wir durch Bemerkung 10.4.3, dass

$$(\partial_t F + \frac{1}{2} \partial_{xx} F)(t, W_t) = 0 \tag{11.4}$$

im Sinne der Ununterscheidbarkeit und dies impliziert[2] dass F die Wärmeleitungsgleichung (11.3) löst.

11.1.2 Itôs Formel für Itô-Prozesse

Sei X ein Itô-Prozess der Form

$$dX_t = \mu_t dt + \sigma_t dW_t \tag{11.5}$$

mit $\mu \in \mathbb{L}^1_{\text{loc}}$ und $\sigma \in \mathbb{L}^2_{\text{loc}}$. In Abschn. 10.4 haben wir gesehen, dass X ein stetiges Semimartingal mit quadratischem Variationsprozess

$$\langle X \rangle_t = \int_0^t \sigma_s^2 ds$$

---

[1] Wir finden hier das Ergebnis von Theorem 4.4.3, bewiesen im Kontext der Markov-Prozess-Theorie!

[2] Die *stochastische* Gl. (11.4) ist äquivalent zur *deterministischen* Gl. (11.3): beachte einfach, dass wenn f eine stetige Funktion ist, so dass $f(W_t) = 0$ f.s. für ein $t > 0$ dann $f \equiv 0$: tatsächlich, wenn $f(\bar{x}) > 0$ für ein $\bar{x} \in \mathbb{R}$ gelte, dann hätten wir auch $f(x) > 0$ für $|x - \bar{x}| < r$ für ein ausreichend kleines $r > 0$; dies führt zu einem Widerspruch, denn

$$0 = E\left[f(W_t) \mathbb{1}_{(|W_t - \bar{x}| < r)} \right] = 0,$$

da die Gauss'sche Dichte streng positiv ist.

ist, das heißt $d\langle X\rangle_t = \sigma_t^2 dt$. Daher haben wir die folgende weitere Version von Itôs Formel.

Korollar 11.1.7 (Itôs Formel für Itô-Prozesse) Sei X der Itô-Prozess in (11.5). Für alle $F = F(t,x) \in C^{1,2}(\mathbb{R}_{\geq 0} \times \mathbb{R})$ haben wir

$$F(t, X_t) = F(0, X_0) + \int_0^t (\partial_t F)(s, X_s)ds + \int_0^t (\partial_x F)(s, X_s)dX_s$$
$$+ \frac{1}{2}\int_0^t (\partial_{xx} F)(s, X_s)\sigma_s^2 ds \qquad (11.6)$$

oder äquivalent

$$dF(t, X_t) = \left(\partial_t F + \mu_t \partial_x F + \frac{\sigma_t^2}{2}\partial_{xx} F\right)(t, X_t)dt + \sigma_t \partial_x F(t, X_t)dW_t.$$

Beispiel 11.1.8 [!!] Berechnen wir das stochastische Differential des Prozesses

$$Y_t = e^{t \int_0^t W_s dW_s}.$$

Zunächst stellen wir fest, dass wir Itôs Formel für die Brownsche Bewegung aus Korollar 11.1.4 *nicht verwenden können, weil Y_t keine Funktion von W_t ist, sondern von $(W_s)_{s\in[0,t]}$ abhängt*, das heißt, von der gesamten Trajektorie von W im Intervall $[0,t]$. Das allgemeine Kriterium zur korrekten Anwendung von Itôs Formel besteht darin, zuerst zu analysieren, wie Y_t von der Variable t abhängt, wobei die „deterministische" von der „stochastischen" Abhängigkeit unterschieden wird: in diesem Beispiel heben wir in Fettdruck die deterministische Abhängigkeit hervor

$$\mathbf{t} \mapsto \exp\left(\mathbf{t}\int_0^t W_s dW_s\right)$$

und die stochastische Abhängigkeit

$$\mathbf{t} \mapsto \exp\left(t\int_0^{\mathbf{t}} W_s dW_s\right)$$

um festzustellen, dass

$$Y_t = F(t, X_t), \qquad F(t,x) = e^{tx}, \qquad X_t = \int_0^t W_s dW_s,$$

und daher $dX_t = W_t dW_t$ und $d\langle X\rangle_t = W_t^2 dt$. Dann können wir Itôs Formel (11.6) anwenden: da

$$\partial_t F(t,x) = xF(t,x), \qquad \partial_x F(t,x) = tF(t,x), \qquad \partial_{xx} F(t,x) = t^2 F(t,x),$$

11.1 Itô's Formel für stetige Semimartingale

und wir erhalten
$$dY_t = \left(X_t + \frac{(tW_t)^2}{2}\right) Y_t dt + tW_t Y_t dW_t.$$

Beispiel 11.1.9 [!] Betrachten wir einen Itô-Prozess mit *deterministischen* Koeffizienten
$$X_t = x + \int_0^t \mu(s) ds + \int_0^t \sigma(s) dW_s$$

mit $x \in \mathbb{R}, \mu \in L^1_{\text{loc}}(\mathbb{R}_{\geq 0})$ und $\sigma \in L^2_{\text{loc}}(\mathbb{R}_{\geq 0})$. Als Anwendung der Itô-Formel (11.6) zeigen wir, dass

$$X_t \sim \mathcal{N}_{m(t), \mathscr{C}(t)}, \qquad m(t) := x + \int_0^t \mu(s) ds, \qquad \mathscr{C}(t) := \int_0^t \sigma^2(s) ds,$$

für alle $t \geq 0$ gilt. Tatsächlich können wir die charakteristische Funktion von X leicht berechnen: Für jedes $\eta \in \mathbb{R}$ gilt zunächst

$$de^{i\eta X_t} = e^{i\eta X_t} \left(i\eta dX_t - \frac{\eta^2}{2} d\langle X \rangle_t\right)$$
$$= e^{i\eta X_t} \left(a(t, \eta) dt + i\eta \sigma(t) dW_t\right), \qquad a(t, \eta) := i\eta \mu(t) - \frac{\eta^2 \sigma^2(t)}{2}.$$

Wenn wir den Erwartungswert anwenden und die Erwartung des stochastischen Integrals null ist, erhalten wir

$$\varphi_{X_t}(\eta) = e^{i\eta x} + E\left[\int_0^t a(s, \eta) e^{i\eta X_s} ds\right]$$
$$= e^{i\eta x} + \int_0^t a(s, \eta) \varphi_{X_s}(\eta) ds;$$

äquivalent dazu löst $t \mapsto \varphi_{X_t}(\eta)$ das Cauchy-Problem

$$\begin{cases} \frac{d}{dt} \varphi_{X_t}(\eta) = a(t, \eta) \varphi_{X_t}(\eta), \\ \varphi_{X_0}(\eta) = e^{i\eta x}, \end{cases}$$

so dass
$$\varphi_{X_t}(\eta) = e^{i\eta m(t) - \frac{\eta^2}{2} \mathscr{C}(t)}$$

und dies beweist die Behauptung.

Beispiel 11.1.10 [!] Gegeben

$$X_t := \int_0^t W_s ds \qquad (11.7)$$

haben wir $X_t \sim \mathcal{N}_{0, \frac{t^3}{3}}$. Tatsächlich haben wir nach Itô's Formel

$$d(tW_t) = t dW_t + W_t dt$$

das heißt

$$X_t = tW_t - \int_0^t s dW_s = \int_0^t (t-s) dW_s.$$

Wir stellen fest, dass der Ausdruck von X in (11.7) der eines Itô-Prozesses ist, während

$$\int_0^t (t-s) dW_s$$

nicht in der Form eines Itô-Prozesses geschrieben ist: Um dieses Problem zu umgehen, definieren wir den Itô Prozess

$$Y_t^{(a)} := \int_0^t (a-s) dW_s$$

abhängig vom Parameter $a \in \mathbb{R}$. Wir wissen, dass

$$Y_t^{(a)} \sim \mathcal{N}_{0, \frac{t^3}{3} + at(a-t)}$$

und die Behauptung folgt aus der Tatsache, dass $X_t = Y_t^{(t)}$.

11.2 Einige Folgen von Itô's Formel

11.2.1 Burkholder-Davis-Gundy Ungleichungen

Wir beweisen einige klassische Ungleichungen, die ein grundlegendes Werkzeug in der Untersuchung von Martingalen und stochastischen Differential Gleichungen sind.

Theorem 11.2.1 (Burkholder-Davis-Gundy) [!] Sei X ein stetiges lokales Martingal, so dass $X_0 = 0$ fast sicher und τ eine fast sicher endliche Stopp Zeit (d.h., so dass $\tau < \infty$ fast sicher). Für jedes $p > 0$ gibt es zwei positive Konstanten c_p, C_p, so dass

$$c_p E\left[\langle X \rangle_\tau^{p/2}\right] \leq E\left[\sup_{t \in [0,\tau]} |X_t|^p\right] \leq C_p E\left[\langle X \rangle_\tau^{p/2}\right]. \qquad (11.8)$$

11.2 Einige Folgen von Itô's Formel

In (11.8) bezeichnet $\langle X \rangle$ den quadratischen Variationprozess von X.

Beweis Wir beweisen nur den Fall $p \geq 2$, in dem es möglich ist, einen elementaren Beweis basierend auf Itô's Formel zu geben. Für den allgemeinen Fall siehe zum Beispiel Proposition 3.26 in [67]. Der Fall $p = 2$ folgt aus Itô's Isometrie (9.12) und daher genügt es, $p > 2$ zu betrachten.

Wir beginnen mit dem Beweis der zweiten Ungleichung. Ohne Beschränkung der Allgemeinheit können wir annehmen, dass $E\left[\langle X \rangle_\tau^{p/2}\right] > 0$ sonst gibt es nichts zu beweisen. Sei
$$\bar{X}_\tau = \sup_{t \in [0,\tau]} |X_t|$$
und nimm für den Moment an, dass $\bar{X}_\tau \leq n$ fast sicher für ein $n \in \mathbb{N}$. Dann haben wir nach Doob's Maximalungleichung, Korollar 8.1.3,
$$E\left[\bar{X}_\tau^p\right] \leq c_p E\left[|X_\tau|^p\right] =$$
(nach Itô's Formel, unter Beachtung, dass die Funktion $x \mapsto |x|^p$ der Klasse C^2 ist, da $p \geq 2$)
$$= c_p E\left[\int_0^\tau p|X_t|^{p-1} dX_t\right] + \frac{c_p}{2} E\left[\int_0^\tau p(p-1)|X_t|^{p-2} d\langle X \rangle_t\right] =$$
(da der erste Term null ist, weil das stochastische Integral ein Martingal ist wegen der Beschränktheit von $\bar{X}_\tau$)
$$= c_p' E\left[\int_0^\tau |X_t|^{p-2} d\langle X \rangle_t\right]$$
$$\leq c_p' E\left[\int_0^\tau \bar{X}_\tau^{p-2} d\langle X \rangle_t\right]$$
$$= c_p' E\left[\bar{X}_\tau^{p-2} \langle X \rangle_\tau\right] \leq$$
(nach Hölder's Ungleichung mit Exponenten $\frac{p}{p-2}$ und $\frac{p}{2}$)
$$\leq c_p' E\left[\bar{X}_\tau^p\right]^{\frac{p-2}{p}} E\left[\langle X \rangle_\tau^{p/2}\right]^{\frac{2}{p}}$$

und aus dieser Ungleichung folgt leicht die Behauptung. Um die Beschränkungsannahme zu entfernen, genügt es, das gerade bewiesene Ergebnis auf die Stoppzeit $\tau_n = \inf\{t \geq 0 \mid |X_t| \geq n\} \wedge \tau$ anzuwenden und dann den Grenzwert für $n \to \infty$ unter Verwendung von Beppo Levi's Theorem zu nehmen.

Wir beweisen nun die erste Ungleichung: Mit dem gleichen Lokalisierungsargument und dem Satz von Beppo Levi können wir ohne Beschränkung der Allgemeinenheit annehmen, dass τ, $\bar{X}_\tau$ und $\langle X \rangle_\tau$ durch eine positive Konstante beschränkt sind. Wir nehmen auch an, dass $E\left[\bar{X}_\tau^p\right] > 0$, sonst gibt es nichts zu beweisen. Sei $r = \frac{p}{2} > 1$ und $A = \langle X \rangle$. Durch die deterministische Itô'sche Formel, Satz 9.1.6 und Formel (9.4) haben wir

$$dA_t^r = r A_t^{r-1} dA_t,$$
$$dA_t^r = d\left(A_t A_t^{r-1}\right) = A_t dA_t^{r-1} + A_t^{r-1} dA_t,$$

und wenn wir die erste in die zweite Gleichung einsetzen, erhalten wir

$$dA_t^r = A_t dA_t^{r-1} + \frac{1}{r} dA_t^r$$

das heißt

$$(r-1) A_\tau^r = r \int_0^\tau A_t dA_t^{r-1}.$$

Da auch

$$A_\tau^r = A_\tau \int_0^\tau dA_t^{r-1} = \int_0^\tau A_\tau dA_t^{r-1},$$

erhalten wir schließlich

$$A_\tau^r = r \int_0^\tau (A_\tau - A_t) dA_t^{r-1}.$$

Dann haben wir

$$E\left[A_\tau^r\right] = rE\left[\int_0^\tau (A_\tau - A_t) dA_t^{r-1}\right] =$$

(nach Proposition 9.2.3 und da $A_t = E[A_t \mid \mathscr{F}_t]$)

$$= rE\left[\int_0^\tau E[A_\tau - A_t \mid \mathscr{F}_t] dA_t^{r-1}\right] =$$

(nach (9.12) und (1.11) (siehe auch Bemerkung 9.4.4), unter Berücksichtigung der Notation $A = \langle X \rangle$)

$$= rE\left[\int_0^\tau E\left[X_\tau^2 - X_t^2 \mid \mathscr{F}_t\right] d\langle X \rangle_t^{r-1}\right]$$
$$\leq rE\left[\int_0^\tau E\left[\bar{X}_\tau^2 \mid \mathscr{F}_t\right] d\langle X \rangle_t^{r-1}\right] =$$

11.2 Einige Folgen von Itô's Formel

(wieder nach Proposition 9.2.3)

$$= rE\left[\int_0^\tau \bar{X}_t^2 d\langle X\rangle_t^{r-1}\right] = rE\left[\bar{X}_\tau^2 \langle X\rangle_\tau^{r-1}\right].$$

Um den Beweis zu beenden, wenden wir einfach Hölders Ungleichung mit den Exponenten $r, \frac{r}{r-1}$ an und teilen anschließend durch $E\left[\langle X\rangle_\tau^r\right]^{\frac{r-1}{r}}$. □

Wir haben das folgende unmittelbare

Korollar 11.2.2 [!] Sei $\sigma \in \mathbb{L}^2$ und W eine reelle Brownsche Bewegung. Für jedes $p \geq 2$ und $T > 0$ haben wir

$$E\left[\sup_{0\leq t\leq T}\left|\int_0^t \sigma_s dW_s\right|^p\right] \leq c_p T^{\frac{p-2}{2}} E\left[\int_0^T |\sigma_s|^p ds\right] \quad (11.9)$$

wo c_p eine positive Konstante ist, die nur von p abhängt.

Beweis Es genügt[3] $p > 2$ zu betrachten. Durch Anwendung der Burkholder-Davis-Gundy-Ungleichung auf das stetige Martingal

$$X_t = \int_0^t \sigma_s dW_s,$$

erhalten wir

$$E\left[\sup_{0\leq t\leq T}|X_t|\right] \leq c_p E\left[\langle X\rangle_T^{p/2}\right] = c_p E\left[\left(\int_0^T \sigma_t^2 dt\right)^{p/2}\right].$$

Die Behauptung folgt durch Anwendung der Hölderschen Ungleichung mit den Exponenten $\frac{p}{2}$ und $\frac{p}{p-2}$. □

Bemerkung 11.2.3 Sei $p > 4$ und

$$X_t := \int_0^t \sigma_s dW_s \quad \text{mit} \quad E\left[\int_0^T |\sigma_s|^p ds\right] < \infty.$$

Kombiniert man die Abschätzung (11.9) mit dem Stetigkeitssatz von Kolmogorov, so ergibt sich, dass der Integralprozess X eine Version mit α-Hölder-stetigen Trajektorien für jedes $\alpha \in [0, \frac{1}{2} - \frac{2}{p}[$ zulässt.

---

[3] Der Fall $p = 2$ entspricht der Isometrie von Itô.

11.2.2 Quadratische Variationsprozess

Wir beweisen Formel (9.13), die wir noch offen gelassen haben.

Satz 11.2.4 Sei X ein stetiges lokales Martingal mit quadratischem Variationsprozess $\langle X \rangle$. Wir haben

$$\langle X \rangle_t = \lim_{n \to \infty} \sum_{k=1}^{2^n} \left(X_{\frac{tk}{2^n}} - X_{\frac{t(k-1)}{2^n}} \right)^2, \qquad t \geq 0,$$

in Wahrscheinlichkeit. Darüber hinaus, wenn $S = A + X$ ein stetiges Semimartingal ist, mit $A \in BV$ und $X \in \mathcal{M}^{c,\text{loc}}$, haben wir

$$\lim_{n \to \infty} \sum_{k=1}^{2^n} \left(S_{\frac{tk}{2^n}} - S_{\frac{t(k-1)}{2^n}} \right)^2 = \langle X \rangle_t, \qquad t \geq 0, \qquad (11.10)$$

in Wahrscheinlichkeit.

Beweis Wie üblich bezeichnen wir mit $t_{n,k} = \frac{tk}{2^n}, k = 0, \ldots, 2^n$, die dyadischen Rationalen des Intervalls $[0, t]$. Wir nehmen zunächst an, dass X ein beschränktes stetiges lokales Martingal ist, $|X| \leq K$ mit K positiver Konstante. Seien $n \in \mathbb{N}$ und $k \in \{1, \ldots, 2^n\}$, dann betrachten wir den Prozess

$$Y_s := X_s - X_{t_{n,k-1}}, \qquad s \geq t_{n,k-1},$$

und stellen fest, dass $\langle Y \rangle_s = \langle X \rangle_s - \langle X \rangle_{t_{n,k-1}}$: tatsächlich, es genügt zu bemerken, dass

$$Y_s^2 - (\langle X \rangle_s - \langle X \rangle_{t_{n,k-1}}) = X_s^2 - \langle X \rangle_s + M_s, \qquad M_s := -2 X_s X_{t_{n,k-1}} + X_{t_{n,k-1}}^2 + \langle X \rangle_{t_{n,k-1}},$$

und es ist leicht zu überprüfen, dass $(M_s)_{s \geq t_{n,k-1}}$ ein Martingal ist. Mit Hilfe von Itôs Formel erhalten wir

$$dY_s^2 = 2 Y_s dY_s + d\langle Y \rangle_s$$

und in IntegralForm über $[t_{n,k}, t_{n,k-1}]$

$$\left(X_{t_{n,k}} - X_{t_{n,k-1}} \right)^2 = 2 \int_{t_{n,k-1}}^{t_{n,k}} \left(X_s - X_{t_{n,k-1}} \right) dY_s + \langle X \rangle_{t_{n,k}} - \langle X \rangle_{t_{n,k-1}}$$

das heißt

$$\left(X_{t_{n,k}} - X_{t_{n,k-1}} \right)^2 - \left(\langle X \rangle_{t_{n,k}} - \langle X \rangle_{t_{n,k-1}} \right) = 2 \int_{t_{n,k-1}}^{t_{n,k}} \left(X_s - X_{t_{n,k-1}} \right) dY_s.$$

Summieren wir über k, erhalten wir

$$R_n := \sum_{k=1}^{2^n} \left(X_{t_{n,k}} - X_{t_{n,k-1}}\right)^2 - \langle X \rangle_t = 2 \sum_{k=1}^{2^n} \int_{t_{n,k-1}}^{t_{n,k}} \left(X_s - X_{t_{n,k-1}}\right) dY_s.$$

Dank der Itô-Isometrie in der Form (10.26) und (10.27) (erinnern wir uns auch an das Theorem 10.2.15) haben wir

$$E\left[R_n^2\right] = 4 \sum_{k=1}^{2^n} E\left[\int_{t_{n,k-1}}^{t_{n,k}} \left(X_s - X_{t_{n,k-1}}\right)^2 d\langle Y \rangle_s\right]$$

$$= 4E\left[\int_0^t \sum_{k=1}^{2^n} \left(X_s - X_{t_{n,k-1}}\right)^2 \mathbb{1}_{[t_{n,k-1}, t_{n,k}]}(s) d\langle Y \rangle_s\right].$$

Nach dem Satz über die majorisierte Konvergenz erhalten wir $\lim_{n \to \infty} E\left[R_n^2\right] = 0$. Daher beweisen wir in diesem speziellen Fall die Konvergenz in der L^2-Norm, die offensichtlich Konvergenz in Wahrscheinlichkeit impliziert.

Um die Beschränktheitsannahme an X zu entfernen, genügt es, ein Lokalisierungsargument zu verwenden und die Behauptung für das beschränkte Martingal $X_{t \wedge \tau_n}$ zu beweisen, mit

$$\tau_n = t \wedge \inf\{s \geq 0 \mid |X_s| \geq n, \ \langle X \rangle_s \geq n, \ V_s(A) \geq n\}, \quad n \in \mathbb{N},$$

um dann n gegen Unendlich streben zu lassen: Mit diesem Verfahren können wir die Konvergenz in Wahrscheinlichkeit beweisen. Der Beweis von (11.10) ist ähnlich und wird weggelassen. □

11.3 Beweis der Itô'schen Formel

Wir beweisen Theorem 11.1.1. Sei $X = A + M$ ein stetiges reellwertiges Semimartingal, wobei A ein adaptierter, stetiger und lokal von beschränkter Variation Prozess ist und $M \in \mathcal{M}^{c,\text{loc}}$. In Theorem 9.4.1 haben wir den quadratischen Variationprozess $\langle M \rangle$ als den eindeutigen (bis auf Ununterscheidbarkeit) adaptierten, stetigen, wachsenden Prozess definiert, so dass $\langle M \rangle_0 = 0$ und $M^2 - \langle M \rangle \in \mathcal{M}^{c,\text{loc}}$. Darüber hinaus, wenn M quadratintegrierbar ist, d.h. $M \in \mathcal{M}^{c,2}$, dann haben wir die wichtigen Identitäten

$$E\left[(M_t - M_s)^2 \mid \mathscr{F}_s\right] = E\left[M_t^2 - M_s^2 \mid \mathscr{F}_s\right] \tag{11.11}$$

$$= E\left[\langle M \rangle_t - \langle M \rangle_s \mid \mathscr{F}_s\right], \quad 0 \leq s \leq t. \tag{11.12}$$

Obwohl es eine Rechnung ist, die wir bereits gemacht haben, ist es nützlich zu erinnern, dass (11.11) einfach aus

$$E\left[(M_t - M_s)^2 \mid \mathscr{F}_s\right] = E\left[M_t^2 - 2M_t M_s + M_s^2 \mid \mathscr{F}_s\right]$$
$$= E\left[M_t^2 \mid \mathscr{F}_s\right] - 2M_s E\left[M_t \mid \mathscr{F}_s\right] + M_s^2 =$$

(nach der Martingal-Eigenschaft von M)

$$= E\left[M_t^2 \mid \mathscr{F}_s\right] - M_s^2.$$

Dagegen ist (11.12) äquivalent zur Martingal-Eigenschaft von $M^2 - \langle M \rangle$. Der Beweis der Itô-Formel basiert im Wesentlichen auf diesen beiden Identitäten. Eine weitere Zutat ist die gleichmäßige Abschätzung (9.20) der L^2-Norm der quadratischen Variation von M auf den Dyaden.

Wir unterteilen den Beweis von Satz 11.1.1 in vier Schritte.

[**Erster Schritt**] Betrachte das stetige Semimartingal $X = A + M$. Da (11.1) eine Gleichung von stetigen Prozessen ist, genügt es zu beweisen, dass sie Modifikationen sind: mit anderen Worten, wir können die Behauptung für ein festes $t > 0$ beweisen. Wir setzen

$$\tau_n = t \wedge \inf\{s \geq 0 \mid |X_s| \geq n, \ \langle X \rangle_s \geq n, \ V_s(A) \geq n\}, \quad n \in \mathbb{N},$$

wobei $V_s(A)$ den ersten Variationsprozess von A auf $[0, s]$ (vgl. Definition 9.1.1) bezeichnet. Durch Stetigkeit erhalten wir $\tau_n \nearrow \infty$ fast sicher und daher genügt es, Itôs Formel für $X_{t \wedge \tau_n}$ für jedes $n \in \mathbb{N}$ zu beweisen: äquivalent genügt es zu beweisen, dass für jedes feste $\bar{N} \in \mathbb{N}$ (11.1) gilt, wenn die Prozesse $|X|$, $|M|$, A, $\langle X \rangle$ und $V(A)$ durch $\bar{N}$ beschränkt sind. In diesem Fall können wir ohne Beschränkung der Allgemeinheit annehmen, dass die Funktion F kompakten Träger hat, möglicherweise modifiziert außerhalb $[-\bar{N}, \bar{N}]$. Zunächst nehmen wir auch an, dass $F \in C^3(\mathbb{R})$.

Wir verwenden die Notation (8.1) für die Dyaden

$$\mathscr{D}(t) = \{t_{n,k} = \tfrac{tk}{2^n} \mid k = 0, \ldots, 2^n, \ n \in \mathbb{N}\}$$

von $[0, t]$ und bezeichnen mit $\Delta_{n,k} Y = Y_{t_{n,k}} - Y_{t_{n,k-1}}$ das Inkrement eines generischen Prozesses Y. Außerdem sei $\mathscr{F}_{n,k} := \mathscr{F}_{t_{n,k}}$ und

$$\delta_n(Y) = \sup_{\substack{s,r \in \mathscr{D}(t) \\ |s-r| < \frac{1}{2^n}}} |Y_s - Y_r|, \quad n \in \mathbb{N}.$$

11.3 Beweis der Itô'schen Formel

Durch Erweitern in eine Taylor-Reihe bis zur zweiten Ordnung mit Lagrange-Rest erhalten wir

$$F(X_t) - F(X_0) = \sum_{k=1}^{2^n} \left(F(X_{t_{n,k}}) - F(X_{t_{n,k-1}}) \right)$$

$$= \sum_{k=1}^{2^n} F'(X_{t_{n,k-1}}) \Delta_{n,k} X + \frac{1}{2} \sum_{k=1}^{2^n} F''(X_{t_{n,k-1}}) \left(\Delta_{n,k} X \right)^2 + R_n \quad (11.13)$$

wobei

$$|R_n| \leq \|F'''\|_\infty \sum_{k=1}^{2^n} \left(\Delta_{n,k} X \right)^3. \quad (11.14)$$

In den nächsten zwei Schritten schätzen wir die einzelnen Terme in (11.13) ab, um zu zeigen, dass sie gegen die entsprechenden Termen in (11.1) konvergieren und $R_n \longrightarrow 0$ für $n \to \infty$.

[Zweiter Schritt] Betrachte die erste Summe in (11.13). Wir haben

$$\sum_{k=1}^{2^n} F'(X_{t_{n,k-1}}) \Delta_{n,k} X = I_n^{1,A} + I_n^{1,M}$$

wo, nach Proposition 9.1.3,

$$I_n^{1,A} := \sum_{k=1}^{2^n} F'(X_{t_{n,k-1}}) \Delta_{n,k} A \xrightarrow[n \to \infty]{} \int_0^t F'(X_s) dA_s \quad (11.15)$$

mit dem Integral im Sinne von Riemann-Stieltjes (oder Lebesgue-Stieltjes, nach Proposition 9.2.2) und

$$I_n^{1,M} := \sum_{k=1}^{2^n} F'(X_{t_{n,k-1}}) \Delta_{n,k} M \xrightarrow[n \to \infty]{} \int_0^t F'(X_s) dM_s$$

in Wahrscheinlichkeit, nach Korollar 10.2.27.

[Dritter Schritt] Betrachte die zweite Summe in (11.13), wir haben

$$\sum_{k=1}^{2^n} F''(X_{t_{n,k-1}})(\Delta_{n,k} X)^2 = I_n^{2,A} + 2 I_n^{2,AM} + I_n^{2,M}$$

wobei

$$I_n^{2,A} := \sum_{k=1}^{2^n} F''(X_{t_{n,k-1}})(\Delta_{n,k}A)^2, \quad I_n^{2,AM} := \sum_{k=1}^{2^n} F''(X_{t_{n,k-1}})(\Delta_{n,k}A)(\Delta_{n,k}M),$$

$$I_n^{2,M} := \sum_{k=1}^{2^n} F''(X_{t_{n,k-1}})(\Delta_{n,k}M)^2.$$

Jetzt haben wir

$$|I_n^{2,A}| \leq \|F''\|_\infty \delta_n(A) V_t(A) \leq \bar{N}\|F''\|_\infty \delta_n(A) \xrightarrow[n\to\infty]{} 0 \quad \text{fast sicher}$$

durch die gleichmäßige Stetigkeit der Trajektorien von A auf $[0, t]$. Ein ähnliches Ergebnis gilt für $I_n^{2,AM}$. Unter Berücksichtigung, dass nach Definition $\langle X \rangle = \langle M \rangle$, bleibt zu beweisen, dass

$$I_n^{2,M} \xrightarrow[n\to\infty]{} \int_0^t F''(X_s) d\langle M \rangle_s.$$

Da, analog zu (11.15), wir fast sicher

$$\sum_{k=1}^{2^n} F''(X_{t_{n,k-1}}) \Delta_{n,k}\langle M \rangle \xrightarrow[n\to\infty]{} \int_0^t F''(X_s) d\langle M \rangle_s,$$

haben, beweisen wir, dass

$$\sum_{k=1}^{2^n} F''(X_{t_{n,k-1}}) \left((\Delta_{n,k}M)^2 - \Delta_{n,k}\langle M \rangle\right) \xrightarrow[n\to\infty]{} 0$$

in der $L^2(\Omega, P)$ Norm. Setzen wir $G_{n,k} = F''(X_{t_{n,k-1}})\left((\Delta_{n,k}M)^2 - \Delta_{n,k}\langle M \rangle\right)$ und erweitern das Quadrat der Summe, erhalten wir

$$E\left[\left(\sum_{k=1}^{2^n} G_{n,k}\right)^2\right] = E\left[\sum_{k=1}^{2^n} G_{n,k}^2\right]$$

da die Doppelprodukte sich aufheben: tatsächlich, wenn $h < k$, haben wir

$$E\left[G_{n,h} G_{n,k}\right] = E\left[G_{n,h} F''(X_{t_{n,k-1}}) E\left[(\Delta_{n,k}M)^2 - \Delta_{n,k}\langle M \rangle \mid \mathscr{F}_{n,k-1}\right]\right] = 0$$

aufgrund von (11.12). Jetzt, durch die elementare Ungleichung $(x + y)^2 \leq 2x^2 + 2y^2$, haben wir

11.3 Beweis der Itô'schen Formel

$$E\left[\sum_{k=1}^{2^n} G_{n,k}^2\right] \leq 2\|F''\|_\infty E\left[\sum_{k=1}^{2^n} \left((\Delta_{n,k}M)^4 + (\Delta_{n,k}\langle M\rangle)^2\right)\right]$$

$$\leq 2\|F''\|_\infty E\left[\delta_n^2(M)\sum_{k=1}^{2^n}(\Delta_{n,k}M)^2 + \delta_n(M)V_t(\langle M\rangle)\right] \leq$$

(Anwendung der Hölderschen Ungleichung auf den ersten Term)

$$\leq 2\|F''\|_\infty \left(E\left[\delta_n^4(M)\right]^{\frac{1}{2}} E\left[\left(\sum_{k=1}^{2^n}(\Delta_{n,k}M)^2\right)^2\right]^{\frac{1}{2}} + \bar{N}E\left[\delta_n(\langle M\rangle)\right]\right) \xrightarrow[n\to\infty]{} 0$$

da:

- $\delta_n(M) \leq 2\bar{N}$ und $\delta_n(M) \xrightarrow[n\to\infty]{} 0$ fast überall durch die gleichmäßige Stetigkeit von M auf $[0, t]$: folglich geht $E\left[\delta_n^4(M)\right] \to 0$ durch den majorisierten Konvergenzsatz. Ähnlich geht $E\left[\delta_n(\langle M\rangle)\right] \xrightarrow[n\to\infty]{} 0$;

- $\sup_{n\in\mathbb{N}} E\left[\left(\sum_{k=1}^{2^n}(\Delta_{n,k}M)^2\right)^2\right] \leq 16\bar{N}^4$ durch Schätzung (9.20).

Basierend auf (11.14) ist der Beweis, dass

$$\lim_{n\to\infty} E\left[|R_n|^2\right] = 0$$

vollständig analog.

[Vierter Schritt] Wir schließen den Beweis ab, indem wir die zusätzliche Regularitätsannahme an F entfernen. Gegeben sei $F \in C^2(\mathbb{R})$ mit kompaktem Träger, betrachten wir eine Folge $(F_n)_{n\in\mathbb{N}}$ von C^3 Funktionen, die gleichmäßig gegen F konvergieren zusammen mit ihren ersten und zweiten Ableitungen. Wir wenden die Itô-Formel auf F_n an und lassen n gegen Unendlich gehen: wir haben $F_n(X_s) \xrightarrow[n\to\infty]{} F(X_s)$ für jedes $s \in [0, t]$. Durch den majorisierten Konvergenzsatz haben wir fast sicher

$$\lim_{n\to\infty} \int_0^t \left(F_n'(X_s) - F'(X_s)\right) dA_s = \lim_{n\to\infty} \int_0^t \left(F_n''(X_s) - F''(X_s)\right) d\langle X\rangle_s = 0$$

und durch Itôs Isometrie

$$\lim_{n\to\infty} E\left[\left(\int_0^t \left(F_n'(X_s) - F'(X_s)\right) dM_s\right)^2\right] = \lim_{n\to\infty} E\left[\int_0^t \left(F_n'(X_s) - F'(X_s)^2\right) d\langle M\rangle_s\right] = 0.$$

11.4 Wichtige Merksätze

Hier sind die wichtigsten Ergebnisse und Grundideen des Kapitels, die man sich merken sollte. Technische oder weniger wichtige Details werden weggelassen. Bei Unklarheiten zu den folgenden kurzen Aussagen lohnt sich ein Blick in den jeweiligen Abschnitt.

- Kap. 11: Die Bedeutung des quadratischen Variationsprozesses wird in der Skizze des Beweises der Itô-Formel deutlich: insbesondere führt er einen zusätzlichen Term ein, der die üblichen Regeln des deterministischen Integralrechnens modifiziert. Die Itô-Formel liefert die Doob'sche Zerlegung eines Prozesses, der eine hinreichend reguläre Funktion eines stetigen Semimartingals ist, und gibt die Ausdrücke für den Drift- und den diffusiven Teil an.
- Abschn. 11.1.1 und 11.1.2: Der Wärmeleitungsoperator erscheint im Driftterm der Itô-Formel für die Brownsche Bewegung: Ein Prozess der Form $X_t = F(t, W_t)$ ist ein genau dann (lokales) Martingal, wenn die Funktion F eine Lösung der Wärmeleitungsgleichung ist. Eine Anwendung der Itô-Formel zeigt, dass Itô-Prozesse mit deterministischen Koeffizienten normalverteilt sind.
- Abschn. 11.2: Die Burkholder-Davis-Gundy-Ungleichung verallgemeinert die Itô-Isometrie und liefert einen Vergleich zwischen der L^p-Norm eines stetigen lokalen Martingals X und der $L^{p/2}$-Norm des zugehörigen quadratischen Variationsprozesses $\langle X \rangle$.

Wichtige in diesem Kapitel verwendete oder eingeführte Notationen:

Symbol	Beschreibung	S.
$\mathcal{M}^{c,2}$	Stetige quadratintegrierbare Martingale	139
$\mathcal{M}^{c,\mathrm{loc}}$	Stetige lokale Martingale	141
$\langle X \rangle$	Quadratischer Variationsprozess	163

Kapitel 12
Mehrdimensionale stochastische Analysis

*Du, du bist mir nie genug
wirklich, du bist mir nie genug
du, du süßes Land von mir
wo ich noch nie gewesen bin.*

Lucio Dalla

In diesem Kapitel erweitern wir die Definitionen und Ergebnisse der vorherigen Kapitel auf den mehrdimensionalen Fall. Wir führen keine wirklich neuen Konzepte ein; jedoch werden einige Ergebnisse, wie die Itô-Formel, technisch ko mplizierter und aus diesem Grund können einige formale Regeln, die in Abschn. 12.3 eingeführt wurden, für praktische Berechnungen nützlich sein.

12.1 Mehrdimensionale Brownsche Bewegung

Definition 12.1.1 (*d*-dimensionale Brownsche Bewegung) Sei $W = (W_t^1, \ldots, W_t^d)_{t \geq 0}$ ein stochastischer Prozess mit Werten in $\mathbb{R}^d$ definiert auf einem gefilterten Wahrscheinlichkeitsraum $(\Omega, \mathscr{F}, P, \mathscr{F}_t)$. Wir sagen, dass W eine d-dimensionale Brownsche Bewegung ist, wenn sie die folgenden Eigenschaften erfüllt:

i) $W_0 = 0$ fast sicher;
ii) W ist fast sicher stetig;

Du, du bist mir nie genug wirklich, du bist mir nie genug du, du süßes Land von mir wo ich noch nie gewesen bin.

iii) W ist adaptiert;
iv) $W_t - W_s$ ist unabhängig von $\mathscr{F}_s$ für jedes $t \geq s \geq 0$;
v) $W_t - W_s \sim \mathcal{N}_{0,(t-s)I}$ für jedes $t \geq s \geq 0$, wobei I die $d \times d$ Einheitsmatrix bezeichnet.

Eine mehrdimensionale Brownsche Bewegung ist ein Vektor von unabhängigen reellen Brownschen Bewegungen: tatsächlich haben wir

Satz 12.1.2 Wenn $W = (W^1, \ldots, W^d)$ eine d-dimensionale Brownsche Bewegung auf $(\Omega, \mathscr{F}, P, \mathscr{F}_t)$ ist, dann:

i) ist jede Komponente W^i, für $i = 1, \ldots, d$, eine reelle Brownsche Bewegung auf $(\Omega, \mathscr{F}, P, \mathscr{F}_t)$;
ii) sind $W_t^i - W_s^i$ und $W_t^j - W_s^j$ unabhängige Zufallsvariablen für jedes $i \neq j$ und $t \geq s \geq 0$;
iii) ist die Kovariationsmatrix von W $\langle W \rangle_t = tI$ oder, in differentieller Notation,

$$d\langle W^i, W^j \rangle_t = \delta_{ij} dt \tag{12.1}$$

wo δ_{ij} das *Kronecker-Delta*

$$\delta_{ij} = \begin{cases} 1 & \text{wenn } i = j, \\ 0 & \text{wenn } i \neq j; \end{cases}$$

iv) wenn A eine orthogonale $d \times d$ Matrix ist, dann ist der durch $B_t := AW_t$ definierte Prozess immer noch eine d-dimensionale Brownsche Bewegung. Wenn A stattdessen eine generische $N \times d$ Matrix ist, dann erfüllt B die Eigenschaften i), ii), iii) und iv) von Definition 12.1.1 und $B_t - B_s \sim \mathcal{N}_{0,(t-s)\mathscr{C}}$ für jedes $0 \leq s \leq t$, wobei $\mathscr{C} = AA^*$. Die Kovariationsmatrix von B stimmt mit ihrer Kovarianzmatrix $\langle B \rangle_t = \text{cov}(B_t) = t\mathscr{C}$ überein. Wir sagen, dass B eine N-*dimensionale korrelierte Brownsche Bewegung* ist.

Beweis Eigenschaften i) und ii) folgen aus der Tatsache, dass für $t > s \geq 0$, die Inkremente $W_t - W_s$ die Gaußsche Dichte hat

$$\frac{1}{(2\pi(t-s))^{\frac{d}{2}}} e^{-\frac{|x|^2}{2(t-s)}} = \prod_{i=1}^{d} \frac{1}{\sqrt{2\pi(t-s)}} e^{-\frac{x_i^2}{2(t-s)}}, \quad x \in \mathbb{R}^d,$$

die das Produkt von standard eindimensionalen Gaußschen ist: insbesondere folgt die Unabhängigkeit aus Theorem 2.3.23 in [113].

12.1 Mehrdimensionale Brownsche Bewegung

Was iii) betrifft, haben wir durch Punkt i) $\langle W^i \rangle_t = \langle W^i, W^i \rangle_t = t$ für jedes $i = 1, \ldots, d$. Für $i \neq j$ ist es eine einfache Übung[1] zu zeigen, dass $W^i W^j$ ein Martingal ist und daher $\langle W^i, W^j \rangle_t = 0$ gilt.

Punkt iv) ist eine einfache Überprüfung basierend auf Proposition 2.5.15 in [113]. □

Beispiel 12.1.3 [!] Sei W eine zweidimensionale Brownsche Bewegung. Setzen wir

$$A = \begin{pmatrix} 1 & 0 \\ \rho & \sqrt{1-\rho^2} \end{pmatrix}$$

mit $\rho \in [-1, 1]$, dann erhalten wir

$$\mathscr{C} = AA^* = \begin{pmatrix} 1 & \rho \\ \rho & 1 \end{pmatrix}.$$

Die zweidimensionale korrelierte Brownsche Bewegung $B := AW$ ist so, dass

$$B_t^1 = W_t^1, \qquad B_t^2 = \rho W_t^1 + \sqrt{1-\rho^2} W_t^2,$$

skalare Brownsche Bewegungen sind und

$$\operatorname{cov}(B_t^1, B_t^2) = \langle B^1, B^2 \rangle_t = \rho t.$$

In diesem Abschnitt zeigen wir kurz, wie man das stochastische Integral von mehrdimensionalen Prozessen definiert, wobei wir uns insbesondere auf die Brownsche Bewegung und Itô-Prozesse konzentrieren. Zur Vereinfachung behandeln wir nur den Fall, in dem der Integrator in $\mathscr{M}^{c,2}$ ist, obwohl alle Ergebnisse direkt auf Integratoren erweitert werden können, die stetige Semimartingale sind. Im Folgenden bezeichnen d und N zwei natürliche Zahlen.

Definition 12.1.4 Sei $B = (B^1, \ldots, B^d) \in \mathscr{M}^{c,2}$ ein d-dimensionaler Prozess. Betrachte einen Prozess $u = (u^{ij})$ mit Werten im Raum der Matrizen der Dimension $N \times d$. Wir schreiben $u \in \mathbb{L}^2_B$ (oder einfach $u \in \mathbb{L}^2$), wenn $u^{ij} \in \mathbb{L}^2_{B^j}$ für jedes

---

[1] Für $t \geq s \geq 0$, haben wir

$$E\left[W_t^i W_t^j \mid \mathscr{F}_s\right] = E\left[\left(W_t^i - W_s^i\right) W_t^j \mid \mathscr{F}_s\right] + W_s^i E\left[W_t^j \mid \mathscr{F}_s\right] = W_s^i W_s^j$$

da

$$E\left[\left(W_t^i - W_s^i\right) W_t^j \mid \mathscr{F}_s\right] = E\left[\left(W_t^i - W_s^i\right)\left(W_t^j - W_s^j\right) \mid \mathscr{F}_s\right] + W_s^j E\left[W_t^i - W_s^i \mid \mathscr{F}_s\right]$$
$$= E\left[\left(W_t^i - W_s^i\right)\left(W_t^j - W_s^j\right)\right] = 0$$

aufgrund der Unabhängigkeit der Inkremente.

$i = 1, \ldots, N$ und $j = 1, \ldots, d$. Die Klasse $\mathbb{L}^2_{\text{loc}} \equiv \mathbb{L}^2_{B,\text{loc}}$ wird auf analoge Weise definiert. Das stochastische Integral von u bezüglich B ist der N-dimensionale Prozess, komponentenweise definiert als

$$\int_0^t u_s dB_s := \left(\sum_{j=1}^d \int_0^t u_s^{ij} dB_s^j \right)_{i=1,\ldots,N}$$

für $t \geq 0$.

Theorem 12.1.5 [!] Sei

$$X_t = \int_0^t u_s dB_s^1, \qquad Y_t = \int_0^t v_s dB_s^2,$$

mit B^1, B^2 eindimensionalen Prozessen in $\mathscr{M}^{c,2}$ und u, v eindimensionalen Prozessen jeweils in $\mathbb{L}^2_{B^1,\text{loc}}$ und $\mathbb{L}^2_{B^2,\text{loc}}$. Dann gilt:

i)
$$\langle X, Y \rangle_t = \int_0^t u_s v_s d\langle B^1, B^2 \rangle_s; \tag{12.2}$$

ii) wenn $u \in \mathbb{L}^2_{B^1}$ und $v \in \mathbb{L}^2_{B^2}$ dann gilt die folgende Version der Itô'schen Isometrie

$$E\left[\int_t^T u_s dB_s^1 \int_t^T v_s dB_s^2 \mid \mathscr{F}_t \right] = E\left[\int_t^T u_s v_s d\langle B^1, B^2 \rangle_s \mid \mathscr{F}_t \right],$$
$$0 \leq t \leq T. \tag{12.3}$$

Beweis Wenn u und v Indikatorprozesse sind, wird (12.3) bewiesen, indem man den Beweis von Theorem 10.2.7-ii) wiederholt, wobei man anstelle von (10.20) (9.16) in der Form verwendet

$$E\left[(B_T^1 - B_t^1)(B_T^2 - B_t^2) \mid \mathscr{F}_t \right] = E\left[\langle B^1, B^2 \rangle_T - \langle B^1, B^2 \rangle_t \mid \mathscr{F}_t \right], \qquad 0 \leq t \leq T.$$

Der Beweis von (12.2) ist völlig analog zum Fall, in dem $B^1 = B^2$. □

Korollar 12.1.6 Wenn $W = (W^1, \ldots, W^d)$ eine d-dimensionale Brownsche Bewegung ist (vgl. Definition 12.1.1) auf $(\Omega, \mathscr{F}, P, \mathscr{F}_t)$, dann gilt für jedes u, $v \in \mathbb{L}^2_W$

$$E\left[\int_t^T u_s dW_s^i \int_t^T v_s dW_s^j \mid \mathscr{F}_t \right] = \delta_{ij} E\left[\int_t^T u_s v_s ds \mid \mathscr{F}_t \right],$$
$$0 \leq t \leq T, \ i, j = 1, \ldots, d. \tag{12.4}$$

Beweis Gl. (12.4) folgt direkt aus (12.3) und Punkt iii) von Proposition 12.1.2. □

12.2 Mehrdimensionale Itô-Prozesse

Bemerkung 12.1.7 Die Komponenten der Kovariationsmatrix (vgl. Definition 9.5.3) des Integralprozesses

$$X_t = \int_0^t u_s dB_s$$

sind

$$\langle X \rangle_t^{ij} = \langle \sum_{h=1}^d \int_0^t u_s^{ih} dB_s^h, \sum_{k=1}^d \int_0^t u_s^{jk} dB_s^k \rangle =$$

(nach (12.2))

$$= \sum_{h,k=1}^d \int_0^t u_s^{ih} u_s^{jk} d\langle B^h, B^k \rangle_s \qquad (12.5)$$

für $i, j = 1, \ldots, N$.

12.2 Mehrdimensionale Itô-Prozesse

Definition 12.2.1 (Itô-Prozess) [!] Sei W eine d-dimensionale Brownsche Bewegung. Ein N-dimensionaler *Itô-Prozess* ist ein Prozess der Form

$$X_t = X_0 + \int_0^t u_s ds + \int_0^t v_s dW_s, \qquad (12.6)$$

wobei:

i) $X_0 \in m\mathscr{F}_0$ ist eine N-dimensionale Zufallsvariable;
ii) u ist ein N-dimensionaler Prozess in $\mathbb{L}_{\text{loc}}^1$, d.h. u ist progressiv messbar und so, dass für alle $t \geq 0$,

$$\int_0^t |u_s| ds < \infty, \quad \text{fast sicher}$$

iii) v ist ein Prozess in $\mathbb{L}_{\text{loc}}^2$ mit Werten im Raum der $N \times d$ Matrizen, d.h. v ist progressiv messbar und so, dass für alle $t \geq 0$,

$$\int_0^t |v_s|^2 ds < \infty \quad \text{fast sicher}$$

wobei $|v|$ die Hilbert-Schmidt-Norm der Matrix v bezeichnet, d.h. die euklidische Norm in $\mathbb{R}^{N \times d}$, definiert durch

$$|v|^2 = \sum_{i=1}^N \sum_{j=1}^d (v^{ij})^2.$$

In Differentialnotation schreiben wir

$$dX_t = u_t dt + v_t dW_t.$$

Kombiniert man (12.5) mit der Tatsache, dass $\langle w \rangle_t = tI$, erhält man das Folgende

Satz 12.2.2 Sei X der Itô-Prozess in (12.6). Die Kovariationsmatrix von X ist

$$\langle X \rangle_t = \int_0^t v_s v_s^* ds, \quad t \geq 0,$$

oder in Differentialnotation,

$$d\langle X^i, X^j \rangle_t = \mathscr{C}_t^{ij} dt, \quad \mathscr{C}^{ij} := (vv^*)^{ij} = \sum_{k=1}^d v^{ik} v^{jk}. \quad (12.7)$$

Satz 12.2.3 (Itô-Isometrie) Für jede $N \times d$ Matrix $v \in \mathbb{L}^2$ und d-dimensionale Brownsche Bewegung W, gilt

$$E\left[\left|\int_0^t v_s dW_s\right|^2\right] = E\left[\int_0^t |v|^2 ds\right].$$

Beweis Wir haben

$$E\left[\left|\int_0^t v_s dW_s\right|^2\right] = \sum_{i=1}^N E\left[\left(\sum_{j=1}^d \int_0^t v_s^{ij} dW_s^j\right)^2\right] =$$

(nach (12.4))

$$= \sum_{i=1}^N \sum_{j=1}^d E\left[\left(\int_0^t v_s^{ij} dW_s^j\right)^2\right] =$$

(nach der skalaren Itô-Isometrie)

$$= \sum_{i=1}^N \sum_{j=1}^d E\left[\int_0^t (v_s^{ij})^2 ds\right].$$

$\square$

Beispiel 12.2.4 Im einfachsten Fall, in dem u, v Konstanten sind, haben wir

$$X_t = X_0 + ut + vW_t,$$

d. h. X ist eine korrelierte Brownsche Bewegung mit Drift.

12.3 Mehrdimensionale Itô-Formel

Theorem 12.3.1 (Itô-Formel für stetige Semimartingale) Sei $X = (X^1, \ldots, X^d)$ ein stetiges d-dimensionales Semimartingal und $F = F(t,x) \in C^{1,2}(\mathbb{R}_{\geq 0} \times \mathbb{R}^d)$. Dann haben wir fast sicher für alle $t \geq 0$

$$F(t, X_t) = F(0, X_0) + \int_0^t (\partial_t F)(s, X_s) ds + \sum_{j=1}^d \int_0^t (\partial_{x_j} F)(s, X_s) dX_s^j$$

$$+ \frac{1}{2} \sum_{i,j=1}^d \int_0^t (\partial_{x_i x_j} F)(s, X_s) d\langle X^i, X^j \rangle_s$$

oder, in der Differentialnotation,

$$dF(t, X_t) = \partial_t F(t, X_t) dt + \sum_{j=1}^d (\partial_{x_j} F)(t, X_t) dX_t^j$$

$$+ \frac{1}{2} \sum_{i,j=1}^d (\partial_{x_i x_j} F)(t, X_t) d\langle X^i, X^j \rangle_t.$$

Im Folgenden betrachten wir zwei besonders wichtige Fälle, in denen wir die Ausdrücke (12.1) und (12.7) der Kovariationen $\langle X^i, X^j \rangle$ verwenden:

i) wenn W eine d-dimensionale Brownsche Bewegung ist (vgl. Definition 12.1.1), haben wir

$$d\langle W^i, W^j \rangle_t = \delta_{ij} dt \qquad (12.8)$$

wo δ_{ij} das Kronecker-Delta ist;

ii) wenn X ein Itô-Prozess der Form

$$dX_t = \mu_t dt + \sigma_t dW_t \qquad (12.9)$$

ist, wobei μ ein N-dimensionaler Prozess in $\mathbb{L}^1_{\text{loc}}$ und σ eine $N \times d$ Matrix in $\mathbb{L}^2_{\text{loc}}$ ist, dann

$$d\langle X^i, X^j \rangle_t = \mathscr{C}_t^{ij} dt, \qquad \mathscr{C}^{ij} = (\sigma \sigma^*)^{ij}, \qquad (12.10)$$

das heißt, unter Rückgriff auf die Notation $\langle X \rangle$ für die Kovariationsmatrix von X (vgl. Definition 9.5.3),

$$d\langle X \rangle_t = \mathscr{C}_t dt.$$

Korollar 12.3.2 (Itô's Formel für Brownsche Bewegung) Sei W eine d-dimensionale Brownsche Bewegung. Für jedes $F = F(t, x) \in C^{1,2}(\mathbb{R}_{\geq 0} \times \mathbb{R}^d)$ haben wir

$$F(t, W_t) = F(0, 0) + \int_0^t (\partial_t F)(s, W_s)ds + \sum_{j=1}^d \int_0^t (\partial_{x_j} F)(s, W_s)dW_s^j$$
$$+ \frac{1}{2} \int_0^t (\Delta F)(s, W_s)ds$$

wo Δ der Laplace-Operator in $\mathbb{R}^d$ ist:

$$\Delta = \sum_{j=1}^d \partial_{x_j x_j}.$$

In Differentialnotation haben wir

$$dF(t, W_t) = \left(\partial_t F + \frac{1}{2}\Delta F\right)(t, W_t)dt + (\nabla_x F)(t, W_t)dW_t,$$

wo $\nabla_x = (\partial_{x_1}, \ldots, \partial_{x_d})$ den räumlichen Gradienten bezeichnet.

Beispiel 12.3.3 (Quadratische Martingale) Berechnen wir das stochastische Differential von $|W_t|^2$, wobei W eine N-dimensionale Brownsche Bewegung ist. In diesem Fall

$$F(x) = |x|^2 = x_1^2 + \cdots + x_N^2, \qquad \partial_{x_i} F(x) = 2x_i, \qquad \partial_{x_i x_j} F(x) = 2\delta_{ij},$$

wo δ_{ij} das Kronecker-Delta ist. Daher haben wir

$$d|W_t|^2 = Ndt + 2W_t dW_t = Ndt + 2\sum_{i=1}^N W_t^i dW_t^i.$$

Es folgt, dass der Prozess $X_t = |W_t|^2 - Nt$ ein Martingal ist.

Korollar 12.3.4 (Itô's Formel für Itô-Prozesse) [!] Sei X ein Itô-Prozess in $\mathbb{R}^N$ der Form (12.9). Für jedes $F = F(t, x) \in C^{1,2}(\mathbb{R}_{\geq 0} \times \mathbb{R}^N)$ haben wir

$$F(t, X_t) = F(0, X_0) + \int_0^t (\partial_t F)(s, X_s)ds + \sum_{j=1}^N \int_0^t (\partial_{x_j} F)(s, X_s)dX_s^j$$
$$+ \frac{1}{2} \sum_{i,j=1}^N \int_0^t (\partial_{x_i x_j} F)(s, X_s)\mathscr{C}_s^{ij} ds$$

12.3 Mehrdimensionale Itô-Formel

wo $\mathscr{C} = \sigma\sigma^*$. In Differentialnotation haben wir

$$dF(t, X_t) = \left(\partial_t F + \frac{1}{2} \sum_{i,j=1}^{N} \mathscr{C}_s^{ij} \partial_{x_i x_j} F + \sum_{j=1}^{N} \mu_t^j \partial_{x_j} F \right)(t, X_t)dt$$

$$+ \sum_{j=1}^{N} \sum_{k=1}^{d} \sigma_t^{jk} \partial_{x_j} F(t, X_t) dW_t^k.$$

Beispiel 12.3.5 (**Exponentielle Martingale**) Sei

$$dY_t = \sigma_t dW_t$$

mit σ der Dimension $N \times d$ und W eine d-dimensionale Brownsche Bewegung. Beachte, dass die Kovariationsmatrix von Y $d\langle Y \rangle_t = \sigma_t \sigma_t^* dt$ ist. Sei $\eta \in \mathbb{R}^N$, dann

$$M_t^\eta = \exp\left(\langle \eta, Y_t \rangle - \frac{1}{2} \langle \langle Y \rangle_t \eta, \eta \rangle \right) = \exp\left(\langle \eta, Y_t \rangle - \frac{1}{2} \int_0^t |\sigma_s^* \eta|^2 ds \right).$$

Wir wenden die Itô-Formel mit $F(x) = e^{\langle x, \eta \rangle}$ und

$$dX_t = dY_t - \frac{1}{2} \sigma_t \sigma_t^* \eta dt.$$

an. Wir haben $M_t^\eta = F(X_t)$ und

$$\partial_{x_i} F(x) = \eta_i F(x), \qquad \partial_{x_i x_j} F(x) = \eta_i \eta_j F(x),$$

so dass

$$dM_t^\eta = X_t \left(\eta dX_t + \frac{1}{2} \langle \sigma_t \sigma_t^* \eta, \eta \rangle dt \right) = X_t \eta dY_t = X_t \sum_{i=1}^{N} \sum_{j=1}^{d} \eta_i \sigma_t^{ij} dW_t^j.$$

Insbesondere folgt daraus, dass M^η ein positives lokales Martingal (und daher ein Super-Martingal nach Bemerkung 8.4.6-vi)) ist.

Satz 4.4.2 hat die folgende mehrdimensionale Verallgemeinerung: wir betrachten das exponentielle Martingal

$$M_t^\eta := e^{i \langle \eta, W_t \rangle + \frac{|\eta|^2}{2} t}, \qquad t \geq 0, \ \eta \in \mathbb{R}^d, \tag{12.11}$$

wo i die imaginäre Einheit und W eine d-dimensionale Brownsche Bewegung ist.

Satz 12.3.6 Sei W ein d-dimensionaler, stetiger und adaptierter Prozess auf dem Raum $(\Omega, \mathscr{F}, P, \mathscr{F}_t)$ und so dass $W_0 = 0$ fast sicher. Wenn für jedes $\eta \in \mathbb{R}^d$ der Prozess M^η in (12.11) ein Martingal ist, dann ist W eine Brownsche Bewegung.

Bemerkung 12.3.7 (Formale Regeln für Kovariationen) [!] Sei X der Itô-Prozess in (12.9) mit Komponenten

$$dX_t^i = \mu_t^i dt + \sum_{k=1}^d \sigma_t^{ik} dW_t^k, \quad i = 1, \ldots, N. \tag{12.12}$$

Um die Koeffizienten der zweiten Ableitungen in der Itô-Formel zu bestimmen, müssen wir die Kovariationsmatrix $\langle X \rangle = (\langle X^i, X^j \rangle)$ berechnen, die mit (12.10) aus $d\langle X \rangle_t = \sigma_t \sigma_t^* dt$ berechenen. Aus praktischer Sicht kann die Berechnung von $\sigma \sigma^*$ umständlich sein und es ist daher vorzuziehen, die folgende Faustregel zu verwenden: wir schreiben

$$d\langle X^i, X^j \rangle = dX^i * dX^j$$

und berechnen das Produkt „$*$" auf der rechten Seite als Produkt der „Polynome" dX^i in (12.12) nach den folgenden Rechenregeln

$$dt * dt = dt * dW_t^i = dW_t^i * dt = 0, \quad dW_t^i * dW_t^j = \delta_{ij} dt, \tag{12.13}$$

wo δ_{ij} das Kronecker-Delta ist.

Beispiel 12.3.8 Angenommen wir haben $N = d = 2$ in (12.12) und berechnen das stochastische Differential des Produkts von $Z_t = X_t^1 X_t^2$. Wir haben $Z_t = F(X_t)$ wo $F(x_1, x_2) = x_1 x_2$ und

$$\partial_{x_1} F(x) = x_2, \quad \partial_{x_2} F(x) = x_1, \quad \partial_{x_1 x_1} F(x) = \partial_{x_2 x_2} F(x) = 0, \quad \partial_{x_1 x_2} F(x)$$
$$= \partial_{x_2 x_1} F(x) = 1.$$

Folglich,

$$d(X_t^1 X_t^2) = X_t^1 dX_t^2 + X_t^2 dX_t^1 + d\langle X^1, X^2 \rangle_t$$
$$= X_t^1 dX_t^2 + X_t^2 dX_t^1 + \left(\sigma_t^{11} \sigma_t^{21} + \sigma_t^{12} \sigma_t^{22}\right) dt.$$

Darüberhinaus haben wir bezüglich der quadratischen Variation von X^1

$$d\langle X^1 \rangle_t = \left((\sigma_t^{11})^2 + (\sigma_t^{12})^2\right) dt.$$

Beispiel 12.3.9 Berechnen wir das stochastische Differential des Prozesses

$$Y_t = e^{tW_t^1} \int_0^t W_s^2 dW_s^1$$

12.4 Lévy's Charakterisierung und korrelierte Brownsche Bewegung 233

wo (W^1, W^2) eine standard zweidimensionale Brownsche Bewegung ist. Wie im Beispiel 11.1.8 identifizieren wir die Funktion $F = F(t, x_1, x_2) = e^{tx_1}x_2$ und den Itô-Prozess

$$dX_t^1 = dW_t^1, \qquad dX_t^2 = W_t^2 dW_t^1$$

um die Itô-Formel anzuwenden. Wir haben

$$\partial_t F = x_1 F, \quad \partial_{x_1} F = tF, \quad \partial_{x_2} F = e^{tx_1}, \quad \partial_{x_1 x_1} F = t^2 F, \quad \partial_{x_1 x_2} F = te^{tx_1},$$
$$\partial_{x_2 x_2} F = 0,$$

und nach den formalen Regeln (12.13) für die Berechnung von Kovariationsprozessen

$$d\langle X^1 \rangle_t = dt, \qquad d\langle X^1, X^2 \rangle_t = W_t^2 dt.$$

Folglich haben wir

$$dY_t = W_t^1 Y_t dt + tY_t dW_t^1 + e^{tW_t^1} dW_t^2 + \frac{1}{2}\left(t^2 Y_t + 2te^{tW_t^1} W_t^2\right) dt.$$

Schließlich geben wir die mehrdimensionale Version von Korollar 11.2.2 zu den L^p-Schätzungen für das stochastische Integral. Wir lassen den Beweis aus, der dem skalaren Fall ähnlich ist.

Korollar 12.3.10 [!] Sei $\sigma \in \mathbb{L}^2$, eine $N \times d$-dimensionale Matrix, und W eine d-dimensionale Brownsche Bewegung. Für jedes $p \geq 2$ und $T > 0$ haben wir

$$E\left[\sup_{0 \leq t \leq T}\left|\int_0^t \sigma_s dW_s\right|^p\right] \leq cT^{\frac{p-2}{2}} E\left[\int_0^T |\sigma_s|^p ds\right] \qquad (12.14)$$

wo $|\sigma|$ die Hilbert-Schmidt-Norm[2] von σ istt und c eine positive Konstante ist, die nur von p, N und d abhängt.

12.4 Lévy's Charakterisierung und korrelierte Brownsche Bewegung

Wir erinnern an den Ausdruck (12.8) der Kovariationen einer standard Brownschen Bewegung W.

Theorem 12.4.1 (Lévy's Charakterisierung einer Brownschen Bewegung) Sei X ein d-dimensionaler Prozess, der auf dem Raum $(\Omega, \mathscr{F}, P, (\mathscr{F}_t))$ definiert ist und

---

[2] Das heißt, die euklidische Norm in $\mathbb{R}^{N \times d}$.

so dass $X_0 = 0$ fast sicher. Dann ist X genau dann eine Brownsche Bewegung, wenn X ein stetiges lokales Martingal ist, so dass

$$\langle X^i, X^j \rangle_t = \delta_{ij} t, \qquad t \geq 0. \tag{12.15}$$

Beweis Wir verwenden Proposition 12.3.6 und überprüfen, dass für jedes $\eta \in \mathbb{R}^d$ der exponentielle Prozess

$$M_t^\eta := e^{i\eta X_t + \frac{|\eta|^2}{2} t}$$

ein Martingal ist. Nach Itô's Formel haben wir

$$dM_t^\eta = M_t^\eta \left(\frac{|\eta|^2}{2} dt + i\eta dX_t - \frac{1}{2} \sum_{i,j=1}^{d} \eta_i \eta_j d\langle X^i, X^j \rangle_t \right) =$$

(nach Annahme 12.4.1)

$$= M_t^\eta i\eta dX_t$$

und daher ist M^η nach Theorem 10.2.24 ein stetiges lokales Martingal. Andererseits ist M^η auch ein echtes Martingal, da es sich um einen beschränkten Prozess handelt, daher die Behauptung. □

Korollar 12.4.2 Sei $\alpha = (\alpha^1, \ldots, \alpha^d)$ ein d-dimensionaler progressiv messbarer Prozess, so dass $|\alpha_t| = 1$ für $t \geq 0$ fast sicher. Für jede d-dimensionale Brownsche Bewegung W ist der Prozess

$$B_t := \int_0^t \alpha_s dW_s$$

eine reelle Brownsche Bewegung.

Beweis Nach Theorem 10.2.15 ist B ein stetiges Martingal und nach Annahme

$$\langle B \rangle_t = \int_0^t |\alpha_s|^2 ds = t.$$

Die Behauptung folgt aus Theorem 12.4.1. □

Definition 12.4.3 (Korrelierte Brownsche Bewegung) Sei α ein progressiv messbarer Prozess mit Werten im Raum der $N \times d$ Matrizen, dessen Zeilen α^i so sind, dass $|\alpha_t^i| = 1$ für $t \geq 0$ fast sicher. Sei W eine standard d-dimensionale Brownsche Bewegung. Dann wird der Prozess

$$B_t := \int_0^t \alpha_s dW_s$$

als *korrelierte Brownsche Bewegung* bezeichnet.

12.4 Lévy's Charakterisierung und korrelierte Brownsche Bewegung 235

Nach Korollar 12.4.2 ist jede Komponente von B eine reelle Brownsche Bewegung und nach (12.10) haben wir

$$\langle B^i, B^j \rangle_t = \int_0^t \rho_s^{ij} \, ds$$

wo $\rho_t = \alpha_t \alpha_t^*$ als *Korrelationsmatrix von B* bezeichnet wird. Außerdem haben wir

$$\mathrm{cov}(B_t) = \int_0^t E[\rho_s] \, ds,$$

da

$$\mathrm{cov}(B_t^i, B_t^j) = E\left[B_t^i B_t^j\right] = E\left[\sum_{k=1}^d \int_0^t \alpha_s^{ik} dW_s^k \sum_{h=1}^d \int_0^t \alpha_s^{jh} dW_s^h\right] =$$

(nach der Itô-Isometrie, Proposition 12.2.3)

$$= E\left[\int_0^t \sum_{k=1}^d \alpha_s^{ik} \alpha_s^{jk} ds\right] = \int_0^t E[\rho_s^{ij}] \, ds.$$

Wenn σ orthogonal ist, haben wir $N = d$, $\alpha^* = \alpha^{-1}$ und daher $\alpha^i \cdot \alpha^j = \delta_{ij}$ für jedes Paar von Zeilen: In diesem speziellen Fall ist B auch eine standard d-dimensionale Brownsche Bewegung nach Definition 12.1.1.

Beispiel 12.4.4 (Itô's Formel für korrelierte Brownsche Bewegung) [!] In manchen Anwendungen ist es naheliegend, Itô-Prozesse zu verwenden, die in Bezug auf eine korrelierte Brownsche Bewegung $dB_t = \alpha_t dW_t$ wie in Definition 12.4.3 definiert sind. Zum Beispiel können im Black&Scholes-Finanzmodell [19] die stochastischen Dynamiken, die die Preise von N riskanten Vermögenswerten bestimmen, durch die folgenden Gleichungen beschrieben werden

$$dS_t^i = \mu_t^i S_t^i dt + \sigma_t^i S_t^i dB_t^i, \qquad i = 1, \ldots, N, \tag{12.16}$$

oder alternativ durch

$$dS_t^i = \mu_t^i S_t^i dt + \sum_{j=1}^d v_t^{ij} S_t^i dW_t^j, \qquad i = 1, \ldots, N, \tag{12.17}$$

wobei W eine standard d-dimensionale Brownsche Bewegung ist. In (12.17) beinhaltet die Dynamik des i-ten Vermögenswerts explizit alle Brownschen Bewegungen $W^1, \ldots, W^d$ und die Diffusionskoeffizienten v^{ij} beinhalten die Korrelationen zwischen den verschiedenen Vermögenswerten. Die in Gl. (12.16) beschriebene Dynamik könnte bequemer sein, da das i-te Vermögen nur von der reellen Brownschen Bewegung B^i abhängt: der Koeffizient σ^i, üblicherweise als *Volatilität* bezeichnet, ist ein Indikator für das „Risiko" des i-ten Vermögenswerts; die Abhängigkeit zwischen den verschiedenen Vermögenswerten ist in B durch die Korrelationsmatrix $\rho = \alpha\alpha^*$ implizit, für die $d\langle B\rangle_t = \rho_t dt$ gilt. In diesem Kontext wird oft bevorzugt, die Dynamik (12.16) anstelle von (12.17) zu betrachten, um die Volatilitätsstrukturen von einzelnen Wertpapieren von der der Korrelation zu trennen.

Im Fall der korrelierten Brownschen Bewegung ändern sich die formalen Rechnenregeln von Bemerkung 12.3.7 zu

$$dt * dt = dt * dB_t^i = dB_t^i * dt = 0, \qquad dB_t^i * dB_t^j = \varrho_t^{ij} dt.$$

Zum Beispiel nehmen wir an, dass die Dynamik (12.16) $N = 2$ habe und sei B eine zweidimensionale Brownsche Bewegung (wie im Beispiel 12.1.3 definiert) mit Korrelationsmatrix

$$\begin{pmatrix} 1 & \varrho \\ \varrho & 1 \end{pmatrix}, \qquad \varrho \in [-1, 1].$$

Dann haben wir

$$d\frac{S_t^1}{S_t^2} = \frac{dS_t^1}{S_t^2} - \frac{S_t^1}{(S_t^2)^2} dS_t^2 + \frac{1}{2}\left(-\frac{2}{(S_t^2)^2} d\langle S^1, S^2\rangle_t + \frac{2S_t^1}{(S_t^2)^3} d\langle S^2\rangle_t\right)$$
$$= \frac{S_t^1}{S_t^2}\left(\mu_t^1 - \mu_t^2 - \varrho_t \sigma_t^1 \sigma_t^2 + (\sigma_t^2)^2\right) dt + \frac{S_t^1}{S_t^2}(\sigma_t^1 dB_t^1 - \sigma_t^2 dB_t^2).$$

12.5 Wichtige Merksätze

Hier sind die wichtigsten Ergebnisse und Grundideen des Kapitels, die man sich merken sollte. Technische oder weniger wichtige Details werden weggelassen. Bei Unklarheiten zu den folgenden kurzen Aussagen lohnt sich ein Blick in den jeweiligen Abschnitt.

- Abschn. 12.1, 12.2 und 12.3: Diese Abschnitte enthalten die mehrdimensionale Erweiterung der Hauptkonzepte der stochastischen Integration. Da mehrere technische und nicht wesentliche Komplikationen auftreten, sind die Faustregeln der Bemerkung 12.3.7 nützlich, wenn man die Itô-Formel anwendet.
- Abschn. 12.4: Ein klassisches Ergebnis von Lévy liefert eine Charakterisierung einer Brownschen Bewegung in Bezug auf die Martingaleigenschaft und den Ausdruck der Kovariationsmatrix. In bestimmten Anwendungen, wie zum Beispiel in der Finanzwirtschaft (siehe Beispiel 12.4.4), ist es üblich, korrelierte Brownsche Bewegung und die zugehörige Itô-Formel zu verwenden.

12.5 Wichtige Merksätze

Symbole, die in diesem Kapitel eingeführt wurden:

Symbol	Beschreibung	S.
$\int_0^t u_s \, dB_s := \left(\sum_{j=1}^d \int_0^t u_s^{ij} \, dB_s^j \right)_{i=1,\ldots,N}$	Mehrdimensionales stochastisches Integral	226
$\Delta = \sum_{j=1}^d \partial_{x_j x_j}$	Laplace-Operator in $\mathbb{R}^d$	230

Kapitel 13
Maßwechsel und Martingaldarstellung

> *Es wurde vorgeschlagen, dass eine Armee von Affen trainiert werden könnte, um Schreibmaschinen zufällig zu bedienen, in der Hoffnung, dass letztendlich große Werke der Literatur produziert werden. Die Verwendung einer Münze zu demselben Zweck könnte die Kosten für Fütterung und Training sparen und die Affen für andere Affengeschäfte freisetzen.*
>
> William Feller

In diesem Kapitel stellen wir zwei klassische Resultate vor:

- Das Girsanov-Theorem 13.3.3, das besagt, dass der durch Hinzufügen eines Drifts zu einer Brownschen Bewegung erhaltene Prozess unter einem neuen Wahrscheinlichkeitsmaß wieder eine Brownsche Bewegung ist;
- das Martingal-Darstellungstheorem 13.5.1, demzufolge jedes lokale Martingal bezüglich der Brownschen Filtration eine Darstellung als stochastisches Integral besitzt und somit eine stetige Version hat.

Diese Resultate lassen sich kombinieren, um den Einfluss eines Maßwechsels auf den Driftterm eines Itô-Prozesses zu untersuchen. Bei der Behandlung dieser Fragestellungen spielen exponentielle Martingale eine zentrale Rolle.

13.1 Maßwechsel und Itô-Prozesse

Betrachte eine d-dimensionale Brownsche Bewegung W auf einem gefilterten Raum $(\Omega, \mathscr{F}, P, \mathscr{F}_t)$ und einen d-dimensionalen Prozess $\lambda \in \mathbb{L}^2_{\text{loc}}$. Durch Anwendung der Itô-Formel auf den exponentiellen Prozess

$$M_t^\lambda := \exp\left(-\int_0^t \lambda_s dW_s - \frac{1}{2}\int_0^t |\lambda_s|^2 ds\right), \quad t \in [0, T], \tag{13.1}$$

erhalten wir

$$dM_t^\lambda = -M_t^\lambda \lambda_t dW_t. \tag{13.2}$$

Daher ist M^λ ein lokales Martingal, manchmal auch *exponentielles Martingal* genannt. Da M^λ positiv ist, ist es ein Super-Martingal (vgl. Bemerkung (8.4.6)-vi)) und insbesondere

$$E\left[M_t^\lambda\right] \leq M_0^\lambda = 1, \quad t \in [0, T].$$

Darüber hinaus ist M^λ genau dann ein echtes Martingal auf $[0, T]$, wenn $E\left[M_T^\lambda\right] = 1$.

Exponentielle Martingale haben eine interessante Verbindung zu Änderungen des Wahrscheinlichkeitsmaßes. Wir erinnern uns daran, dass zwei Wahrscheinlichkeiten P, Q auf einem messbaren Raum $(\Omega, \mathscr{F})$ äquivalent sind, wenn sie die gleichen sicheren und vernachlässigbaren Ereignisse haben: in diesem Fall schreiben wir $Q \sim P$. Durch den Radon-Nikodym-Satz B.1.3 in [113] gibt es für jedes Wahrscheinlichkeitsmaß Q, was zu P äquivalent ist, eine Zufallsvariable Z, die fast sicher streng positiv ist und so ist, dass

$$Q(A) = \int_A Z dP, \quad A \in \mathscr{F};$$

insbesondere haben wir $E^P[Z] = 1$. Z wird als Radon-Nikodym-Ableitung von Q bezüglich P bezeichnet und wird durch das Symbol $Z = \frac{dQ}{dP}$ dargestellt. Beachte, dass die Aussagen, dass $Q \sim P$ und die Existenz einer streng positive Zufallsvariable Z mit $E^P[Z] = 1$ äquivalent sind.

Der folgende Satz besagt, dass es eine Eins-zu-Eins-Korrespondenz zwischen den Maßen Q, äquivalent zu P, und den Prozessen $\lambda \in \mathbb{L}^2_{\text{loc}}$ gibt, so dass M^λ ein Martingal ist. Darüber hinaus entspricht eine Änderung des Wahrscheinlichkeitsmaßes einer Änderung des Drift der Brownschen Bewegung (und der damit verbundenen Itô-Prozesse).

Theorem 13.1.1 (Änderungen des Maßes und des Drift) [!!] Sei $W = (W_t)_{t \in [0,T]}$ eine d-dimensionale Brownsche Bewegung auf dem Raum $(\Omega, \mathscr{F}, P)$ ausgestattet mit der Standard-Brownschen Filtration[1] $\mathscr{F}^W$. Wir haben:

i) wenn Q ein zu P äquivalentes Wahrscheinlichkeitsmaß ist, dann gibt es $\lambda \in \mathbb{L}^2_{\text{loc}}$, sodass

$$\frac{dQ}{dP} = M_T^\lambda \tag{13.3}$$

wo M^λ das exponentielle Martingal in (13.1) ist;

---

[1] Die Filtration, die durch Vervollständigung der durch W erzeugten Filtration erhalten wird, so dass sie die üblichen Bedingungen erfüllt.

13.1 Maßwechsel und Itô-Prozesse

ii) wenn umgekehrt $\lambda \in \mathbb{L}_{\text{loc}}^2$ so ist, dass M^λ ein echtes Martingal ist, dann definiert (13.3) ein Wahrscheinlichkeitsmaß $Q \sim P$.

Darüber hinaus, wenn $Q \sim P$:

a) es gilt fast sicher

$$M_t^\lambda = E^P\left[\frac{dQ}{dP} \mid \mathscr{F}_t^W\right], \quad t \in [0, T]; \tag{13.4}$$

b) der Prozess

$$W_t^\lambda := W_t + \int_0^t \lambda_s ds \tag{13.5}$$

ist eine Brownsche Bewegung auf $(\Omega, \mathscr{F}, Q, \mathscr{F}_t^W)$;

c) wenn X ein Itô-Prozess der Form

$$dX_t = b_t dt + \sigma_t dW_t \tag{13.6}$$

mit $b \in \mathbb{L}_{\text{loc}}^1$ und $\sigma \in \mathbb{L}_{\text{loc}}^2$ ist, dann

$$dX_t = (b_t - \sigma_t \lambda_t)dt + \sigma_t dW_t^\lambda. \tag{13.7}$$

Wir werden Theorem 13.1.1 in Abschn. 13.5.1 beweisen, als Korollar der beiden Hauptergebnisse dieses Kapitels, dem Girsanov-Theorem und dem Brownschen Martingal-Darstellungssatz.

13.1.1 Eine Anwendung: Risikoneutrale Bewertung von Finanzderivaten

In manchen Anwendungen interessiert man sich dafür, den Drift b_t eines Itô-Prozesses der Form (13.6) durch einen geeigneten Drift $r_t \in \mathbb{L}_{\text{loc}}^1$ zu ersetzen. Satz 13.1.1 besagt, dass dies durch einen Wechsel des Wahrscheinlichkeitsmaßes möglich ist, vorausgesetzt, es existiert ein Prozess $\lambda \in \mathbb{L}_{\text{loc}}^2$ mit $r_t = b_t - \sigma_t \lambda_t$ und dass M^λ in (13.1) ein Martingal ist. In diesem Abschnitt stellen wir eine konkrete Anwendung aus dem Bereich der mathematischen Finanztheorie vor.

Im eindimensionalen Black&Scholes-Modell [19] aus Beispiel 12.4.4 hat der Preis S eines risikobehafteten Vermögenswerts die folgende stochastische Dynamik

$$dS_t = \mu S_t dt + \sigma S_t dW_t, \tag{13.8}$$

wo W eine reelle Brownsche Bewegung auf $(\Omega, \mathscr{F}, P, \mathscr{F}_t)$ ist und μ, σ zwei reelle Parameter sind, die als *erwartete Rendite* und *Volatilität* bezeichnet werden. Wir nehmen an, dass $\sigma > 0$ ist, um den zufälligen Effekt der Brownschen Bewegung, die das Risiko[2] des Vermögenswerts nicht aufzuheben. Darüber hinaus ist es sinnvoll anzunehmen, dass $\mu > r$ gilt, wobei r den risikofreien Zinssatz[3] bezeichnet: Dies ist durch die Tatsache ökonomisch motiviert, dass Anleger, um das Risiko einer Investition in den Vermögenswert S einzugehen, eine Rendite $\mu > r$ erwarten, die lukrativer ist als das Bankkonto. In der Finanzsprache, wird P als die „Reale Welt-Maß" bezeichnet, weil die Dynamik (13.8) unter dem Maß P die reelle Entwicklung des riskanten Vermögenswerts beschreiben soll: Genau genommen sind die Parameter μ, σ des Modells diejenigen, die durch Anwendung von ökonometrischen Methoden auf reale Daten, wie eine historische Reihe von Aktienkursen, geschätzt werden könnten. Diese statistische Schätzung wird typischerweise mit der Absicht durchgeführt, den zukünftigen Preistrend auf der Grundlage von vergangenen Daten zu *prognostizieren*.

In der mathematischen Finanzwissenschaft wird ausgehend vom Modell (13.8) ein weiteres Wahrscheinlichkeitsmaß Q eingeführt, wie in Theorem 13.1.1, wo λ gleich dem konstanten Prozess ist

$$\lambda = \frac{\mu - r}{\sigma} \in \mathbb{R}_+. \tag{13.9}$$

Die Wahl von λ ist so, dass die Dynamik von S zu

$$dS_t = rS_t dt + \sigma S_t dW_t^\lambda,$$

wird, also formal analog[4] zu (13.8), aber mit der erwarteten Rendite gleich dem risikofreien Zinssatz. Das Maß Q beabsichtigt nicht, die reelle Dynamik der Aktie zu beschreiben: Q wird „risikoneutrales Maß" oder auch „Martingal-Maß" genannt, weil der Prozess $\widetilde{S}_t := e^{-rt} S_t$ des *diskontierten Vermögenspreises*[5] ein Q-Martingal[6] ist und insbesondere haben wir

$$S_0 = e^{-rT} E^Q [S_t]. \tag{13.10}$$

---

[2] Wenn $\sigma = 0$, reduziert sich (13.8) auf eine gewöhnliche Differentialgleichung

$$dS_t = \mu S_t dt$$

mit deterministischer Lösung $S_t = S_0 e^{\mu t}$: Letztere wird als *Zinseszinsformel* mit Zinssatz μ bezeichnet.

[3] Der Zinssatz, der von dem Bankkonto gezahlt wird, das als risikofreie Referenzanlage angenommen wird.

[4] $W_t^\lambda = W_t + \lambda t$ ist eine reelle Brownsche Bewegung unter dem Maß Q.

[5] Der Diskontfaktor e^{-rt} eliminiert den „Zeitwert" der Preise.

[6] Im Gegensatz zum realen Maß P, unter das, da $\mu > r$ ist, der diskontierte Preis ein Sub-Martingal ist: Dies beschreibt die Erwartung einer höheren Rendite im Vergleich zu einem Bankkonto, unter Berücksichtigung der Risikobehaftetheit des Vermögenswerts.

13.2 Integrierbarkeit von exponentiellen Martingalen

Gl. (13.10) ist eine *risikoneutrale Bewertungsformel,* nach der der aktuelle Preis S_0 in dem Sinne fair ist, dass er gleich dem erwarteten Wert des diskontierten zukünftigen Preises ist.

Das Maß Q wird verwendet, um spezielle Finanzinstrumente, die als *Derivate* bekannt sind, zu bewerten, deren Wert zu einem zukünftigen Zeitpunkt T als Funktion von S_T bestimmt wird: Genau genommen wird eine „Auszahlungsfunktion" φ gegeben und die Zufallsvariable $\varphi(S_T)$ stellt den Wert des Derivats zur Zeit T dar. Im Einklang mit Formel (13.10) wird der (diskontierte) Erwartungswert unter dem risikoneutralen Maß

$$e^{-rT} E^Q [\varphi(S_T)] \tag{13.11}$$

als „risikoneutraler Preis" zum Anfangszeitpunkt des Derivats mit Auszahlung φ bezeichnet. Der Erwartungswert in (13.11) kann explizit berechnet werden, indem man die Tatsache nutzt, dass S_T eine log-normal Verteilung hat, was zur berühmten *Black&Scholes Formel.* führt.

Der Parameter λ in (13.9) wird als „Marktpreis des Risikos" bezeichnet, weil er das Verhältnis zwischen der Renditedifferenz $\mu - r$, die erforderlich ist, um das Risiko einer Investition in S einzugehen, und der Volatilität σ, die das Risiko von S misst, definiert ist.

Im Gegensatz zu P hat das Maß Q keinen „statistischen" Zweck und spiegelt nicht die tatsächlichen Wahrscheinlichkeiten von Ereignissen wider; vielmehr handelt es sich um ein künstliches Maß, unter dem alle Marktpreise (vom Bankkonto, von der Aktie S und vom Derivat $\varphi(S_T)$) als fair angesehen werden: der Zweck von Q ist hauptsächlich die Bewertung von Derivaten und die Untersuchung einiger grundlegender Eigenschaften von Finanzmodellen, wie *Abwesenheit von Arbitrage* und *Vollständigkeit.* Für eine vollständige Behandlung dieser Themen verweisen wir beispielsweise auf [111, 112, 115].

13.2 Integrierbarkeit von exponentiellen Martingalen

In diesem Abschnitt geben wir einige Bedingungen für den Prozess λ, die garantieren, dass das exponentielle Martingal (13.1) ein echtes Martingal ist.

Satz 13.2.1 Angenommen, dass

$$\int_0^T |\lambda_t|^2 dt \leq \kappa \quad \text{fast sicher.} \tag{13.12}$$

für eine Konstante κ. Dann ist das exponentielle Martingal M^λ in (13.1) ein echtes Martingal und

$$E\left[\sup_{0 \leq t \leq T} \left(M_t^\lambda\right)^p\right] < \infty, \quad p \geq 1.$$

Wir beweisen Proposition 13.2.1 am Ende des Abschnitts.

Notation 13.2.2 Für jeden Prozess X setzen wir

$$\bar{X}_T := \sup_{0 \leq t \leq T} |X_t|.$$

Betrachte den Integralprozess

$$Y_t := \int_0^t \lambda_s dW_s, \quad t \in [0, T], \tag{13.13}$$

wobei die Brownsche Bewegung W und $\lambda \in \mathbb{L}^2_{\text{loc}}$ beide d-dimensionale Prozesse sind[7]. Unter der Bedingung (13.12) liefert die Burkholder-Davis-Gundy-Ungleichung die folgende Summierbarkeitsschätzung für Y: für jedes $p > 0$ haben wir

$$E\left[\bar{Y}_T^p\right] \leq cE\left[\langle Y \rangle_T^{p/2}\right] \leq c\kappa^{p/2}.$$

Tatsächlich gilt eine stärkere, exponentielle Integrabilitätsschätzung; um sie zu beweisen, benötigen wir das folgende

Lemma 13.2.3 Für jedes stetige, nicht-negative Supermartingal $Z = (Z_t)_{t \in [0,T]}$ haben wir

$$P\left(\sup_{0 \leq t \leq T} Z_t \geq \varepsilon\right) \leq \frac{E[Z_0]}{\varepsilon}, \quad \varepsilon > 0.$$

Beweis Fixiere $\varepsilon > 0$, und lasse

$$\tau := \inf\{t \geq 0 \mid Z_t \geq \varepsilon\} \wedge T.$$

Dann ist τ eine beschränkte Stoppzeit und durch das Optional Sampling Theorem 8.1.6 haben wir

$$E[Z_0] \geq E[Z_\tau] \geq E\left[Z_\tau \mathbb{1}_{(\bar{Z}_T \geq \varepsilon)}\right] \geq \varepsilon P(\bar{Z}_T \geq \varepsilon). \qquad \square$$

Satz 13.2.4 (Exponentielle Integrabilität) Sei Y das stochastische Integral in (13.13) mit $\lambda \in \mathbb{L}^2$, das die Bedingung (13.12) erfüllt. Dann haben wir

$$P\left(\bar{Y}_T \geq \epsilon\right) \leq 2e^{-\frac{\epsilon^2}{2\kappa}}, \quad \epsilon > 0, \tag{13.14}$$

---

[7] Dann gilt explizit

$$Y_t = \sum_{j=1}^d \int_0^t \lambda_s^j dW_s^j.$$

Wir bemerken, dass $M_t^\lambda = \exp\left(-Y_t - \frac{1}{2}\langle Y \rangle_t\right)$.

13.2 Integrierbarkeit von exponentiellen Martingalen

und folglich gibt es ein $\alpha = \alpha(\kappa) > 0$, so dass

$$E\left[e^{\alpha \bar{Y}_T^2}\right] < \infty. \tag{13.15}$$

Beweis Für jedes $\alpha > 0$ ist der Prozess

$$Z_t^\alpha = e^{\alpha Y_t - \frac{\alpha^2}{2}\langle Y \rangle_t},$$

ein stetiges, positives Supermartingal. Darüber hinaus haben wir unter der Bedingung (13.12), für jedes $\epsilon > 0$ und $t \in [0, T]$, dass

$$(Y_t \geq \epsilon) = \left(e^{\alpha Y_t} \geq e^{\alpha \epsilon}\right) \subseteq \left(Z_t^\alpha \geq e^{\alpha \epsilon - \frac{\alpha^2 \kappa}{2}}\right).$$

Daher

$$P\left(\sup_{0 \leq t \leq T} Y_t \geq \epsilon\right) \leq P\left(\sup_{0 \leq t \leq T} Z_t^\alpha \geq e^{\alpha \epsilon - \frac{\alpha^2 \kappa}{2}}\right) \leq e^{-\alpha \epsilon + \frac{\alpha^2 \kappa}{2}}$$

nach Lemma 13.2.3, da $E[Z_0^\alpha] = 1$. Wählen wir $\alpha = \frac{\epsilon}{\kappa}$, um den letzten Term zu minimieren, erhalten wir

$$P\left(\sup_{0 \leq t \leq T} Y_t \geq \epsilon\right) \leq e^{-\frac{\epsilon^2}{2\kappa}}$$

Eine analoge Schätzung gilt für $-Y$ und dies beweist (13.14). Schließlich ist (13.15) eine unmittelbare Folge von (13.14), Proposition 3.1.6 in [113] und Beispiel 3.1.7 in [113]. □

Bemerkung 13.2.5 Proposition 13.2.4 erweitert sich auf den Fall, in dem σ ein $N \times d$-dimensionaler Prozess ist: in diesem Fall haben wir

$$P\left(\bar{Y}_T \geq \epsilon\right) \leq 2N e^{-\frac{\epsilon^2}{2\kappa N}}, \quad \epsilon > 0, \tag{13.16}$$

und es gibt ein $\alpha = \alpha(\kappa, N) > 0$, so dass

$$E\left[e^{\alpha \bar{Y}_T^2}\right] < \infty.$$

Tatsächlich genügt es zu bemerken, dass

$$\left(\bar{Y}_T \geq \epsilon\right) \subseteq \left(\bar{Y}_T^j \geq \frac{\epsilon}{\sqrt{N}}\right)$$

für mindestens eine Komponente Y^j, mit $j \in \{1, \ldots, N\}$, von Y. Daher haben wir

$$P\left(\bar{Y}_t \geq \epsilon\right) \leq \sum_{j=1}^{N} P\left(\bar{Y}_T^j \geq \frac{\epsilon}{\sqrt{N}}\right)$$

und die Behauptung folgt.

Beweis von Proposition 13.2.1 Für jedes $\varepsilon > 0$, durch (13.14) haben wir

$$P\left(\sup_{0 \leq t \leq T} M_t^\lambda \geq \varepsilon\right) \leq P\left(\sup_{0 \leq t \leq T} e^{|Y_t|} \geq \varepsilon\right) = P\left(\bar{Y}_T \geq \log \varepsilon\right) \leq 2e^{-\frac{(\log \varepsilon)^2}{2\kappa}}.$$

und folglich, durch Proposition 3.1.6 in [113], haben wir

$$E\left[\sup_{0 \leq t \leq T} (M_t^\lambda)^p\right] = p \int_0^\infty \varepsilon^{p-1} P\left(\sup_{0 \leq t \leq T} M_t^\lambda \geq \varepsilon\right) d\varepsilon < \infty. \qquad (13.17)$$

Insbesondere für $p = 2$ haben wir

$$E\left[\int_0^T \lambda_t^2 (M_t^\lambda)^2 dt\right] \leq E\left[\sup_{0 \leq t \leq T} (M_t^\lambda)^2 \int_0^T \lambda_t^2 dt\right] \leq$$

(durch Annahme (13.12))

$$\leq \kappa E\left[\sup_{0 \leq t \leq T} (M_t^\lambda)^2\right] < \infty$$

durch (13.17). Daher $\lambda M^\lambda \in \mathbb{L}^2$ und aus (13.2) folgt, dass M^λ ein Martingal ist. $\square$

Eine allgemeinere Bedingung, die die Martingaleigenschaft für den exponentiellen Prozess M^λ garantiert, wird durch das folgende klassische Ergebnis von Novikov [100] gegeben.

Theorem 13.2.6 (Novikovs Bedingung) Wenn $\lambda \in \mathbb{L}^2_{\text{loc}}$ so ist, dass

$$E\left[\exp\left(\frac{1}{2} \int_0^T |\lambda_s|^2 ds\right)\right] < \infty \qquad (13.18)$$

dann ist der Prozess M^λ in (13.1) ein Martingal.

Bemerkung 13.2.7 Bedingung (13.18) ist scharf im Sinne, dass es für jedes $0 < \alpha < \frac{1}{2}$ einen Prozess $\lambda \in \mathbb{L}^2_{\text{loc}}$ gibt, der

$$E\left[\exp\left(\alpha \int_0^T |\lambda_s|^2 ds\right)\right] < \infty$$

erfüllt und so ist, dass M^λ in (13.1) kein Martingal ist: für Details siehe Kap. 6 in [90].

13.3 Girsanov Theorem

Sei W eine d-dimensionale Brownsche Bewegung im Raum $(\Omega, \mathscr{F}, P, \mathscr{F}_t)$. Im Abschn. 13.2 haben wir ausreichende Bedingungen für den exponentiellen Prozess mit $\lambda \in \mathbb{L}^2_{\text{loc}}$

$$M_t^\lambda := \exp\left(-\int_0^t \lambda_s dW_s - \frac{1}{2}\int_0^t |\lambda_s|^2 ds\right), \qquad t \in [0, T]. \tag{13.19}$$

gegeben, um ein echtes Martingal zu sein und somit insbesondere $E\left[M_T^\lambda\right] = 1$: in diesem Fall ist

$$Q(A) := \int_A M_T^\lambda dP, \qquad A \in \mathscr{F},$$

ein Wahrscheinlichkeitsmaß auf $(\Omega, \mathscr{F})$ mit Radon-Nikodym Ableitung

$$\frac{dQ}{dP} = M_T^\lambda. \tag{13.20}$$

Der Beweis des folgenden Lemmas basiert auf der Bayes'schen Formel des Theorem 4.2.14 in [113]: für jedes $X \in L^1(\Omega, Q)$ haben wir

$$E^Q[X \mid \mathscr{F}_t] = \frac{E^P\left[XM_T^\lambda \mid \mathscr{F}_t\right]}{E^P\left[M_T^\lambda \mid \mathscr{F}_t\right]} \qquad t \in [0, T]. \tag{13.21}$$

Lemma 13.3.1 *Angenommen, dass M^λ in (13.19) ein P-Martingal ist und sei Q das Wahrscheinlichkeitsmaß in (13.20). Ein Prozess $X = (X_t)_{t \in [0, T]}$ ist genau dann ein Q-Martingal, wenn $(X_t M_t^\lambda)_{t \in [0, T]}$ ein P-Martingal ist.*

Beweis Da M^λ adaptiert und streng positiv ist, ist klar, dass X genau dann adaptiert ist, wenn es XM^λ ist. Darüber hinaus haben wir

$$E^Q[|X_t|] = E^P\left[|X_t|M_T^\lambda\right] = E^P\left[E^P\left[|X_t|M_T^\lambda \mid \mathscr{F}_t\right]\right] =$$

(da X adaptiert ist und M^λ ein P-Martingal ist)

$$= E^P\left[|X_t|E^P\left[M_T^\lambda \mid \mathscr{F}_t\right]\right] = E^P\left[|X_t|M_t^\lambda\right],$$

und somit $X_t \in L^1(\Omega, Q)$, genau dann wenn $X_t M_t^\lambda \in L^1(\Omega, P)$. Ähnlich haben wir für $s \leq t$

$$E^P\left[X_t M_T^\lambda \mid \mathscr{F}_s\right] = E^P\left[E^P\left[X_t M_T^\lambda \mid \mathscr{F}_t\right] \mid \mathscr{F}_s\right] = E^P\left[X_t M_t^\lambda \mid \mathscr{F}_s\right].$$

Dann aus (13.21) mit $X = X_t$ haben wir

$$E^Q[X_t \mid \mathscr{F}_s] = \frac{E^P\left[X_t M_T^\lambda \mid \mathscr{F}_s\right]}{E^P\left[M_T^\lambda \mid \mathscr{F}_s\right]} = \frac{E^P\left[X_t M_t^\lambda \mid \mathscr{F}_s\right]}{M_s^\lambda},$$

was die Behauptung beweist. □

Bemerkung 13.3.2 Unter den Annahmen von Lemma 13.3.1 ist der Prozess

$$\left(M_t^\lambda\right)^{-1} = \exp\left(\int_0^t \lambda_s dW_s + \frac{1}{2} \int_0^t |\lambda_s|^2 ds\right).$$

ein Q-Martingal, da $M^\lambda \left(M^\lambda\right)^{-1}$ offensichtlich ein P-Martingal ist. Darüber hinaus haben wir für jede absolut integrierbare Zufallsvariable X,

$$E^P[X] = E^P\left[X \left(M_T^\lambda\right)^{-1} M_T^\lambda\right] = E^Q\left[X \left(M_T^\lambda\right)^{-1}\right]$$

und daher

$$\frac{dP}{dQ} = \left(M_T^\lambda\right)^{-1}.$$

Insbesondere sind P, Q *äquivalente Maße*, im Sinne, dass sie die gleichen sicheren und vernachlässigbaren Ereignisse haben, da sie gegenseitig streng positive Dichten haben.

Eine Brownsche Bewegung ist ein Martingal und daher ein „driftloser Prozess": Das Girsanov-Theorem besagt, dass wenn einem Brownschen Prozess ein Drift hinzugefügt wird, dieser Prozess immer noch eine Brownsche Bewegung im Bezug auf ein neues Wahrscheinlichkeitsmaß ist. Um dieses Ergebnis zu verstehen, das auf den ersten Blick ein bisschen seltsam erscheint, ist es hilfreich, das elementare Beispiel 1.4.8 im Hinterkopf zu behalten, am Ende dessen wir beobachtet haben, dass die Martingaleigenschaft *keine Eigenschaft der Pfade des Prozesses ist, sondern eher von dem betrachteten Wahrscheinlichkeitsmaß abhängt.*

Theorem 13.3.3 (Girsanov) [!!] Seien W eine Brownsche Bewegung und M^λ in (13.19) ein Martingal auf dem Raum $(\Omega, \mathscr{F}, P, \mathscr{F}_t)$. Dann ist der Prozess

$$W_t^\lambda := W_t + \int_0^t \lambda_s ds, \quad t \in [0, T],$$

eine Brownsche Bewegung auf $(\Omega, \mathscr{F}, Q, \mathscr{F}_t)$ mit $\frac{dQ}{dP} = M_T^\lambda$.

13.3 Girsanov Theorem

Beweis Nach Proposition 12.3.6 über die Charakterisierung einer Brownschen Bewegung, reicht es aus zu zeigen, dass für jedes $\eta \in \mathbb{R}^d$ der Prozess

$$X_t^\eta := e^{i\eta W_t^\lambda + \frac{|\eta|^2}{2}t}, \quad t \in [0, T],$$

ein Q-Martingal ist (d. h. ein Martingal unter dem Maß Q): äquivalent dazu, beweisen wir durch Lemma 13.3.1, dass der Prozess

$$X_t^\eta M_t^\lambda = \exp\left(i\eta W_t + i\int_0^t \eta \lambda_s ds + \frac{|\eta|^2 t}{2} - \int_0^t \lambda_s dW_s - \frac{1}{2}\int_0^t |\lambda_s|^2 ds\right)$$

$$= \exp\left(-\int_0^t (\lambda_s - i\eta)\, dW_s - \frac{1}{2}\sum_{j=1}^d \int_0^t (\lambda_s^j - i\eta^j)^2 ds\right)$$

ein P-Martingal ist. Unter der Beschränktheitsbedingung (13.12) folgt die Behauptung aus Lemma 13.2.1, das auch für komplexwertige Prozesse gilt und insbesondere für $\lambda - i\eta$.

Im allgemeinen Fall verwenden wir ein Lokalisierungsargument: Wir betrachten die Folge von Stoppzeiten

$$\tau_n = \inf\left\{t \geq 0 \mid \int_0^t |\lambda_s|^2 ds \geq n\right\} \wedge T, \quad n \in \mathbb{N}.$$

Nach Lemma 13.2.1 ist der Prozess $(X_{t\wedge\tau_n}^\eta M_{t\wedge\tau_n}^\lambda)$ ein P-Martingal und es gilt

$$\mathbb{E}^P\left[X_{t\wedge\tau_n}^\eta M_{t\wedge\tau_n}^\lambda \mid \mathscr{F}_s\right] = X_{s\wedge\tau_n}^\eta M_{s\wedge\tau_n}^\lambda, \quad s \leq t,\ n \in \mathbb{N}.$$

Daher ist es, um zu beweisen, dass $X^\eta Z$ ein Martingal ist, ausreichend zu zeigen, dass $(X_{t\wedge\tau_n}^\eta M_{t\wedge\tau_n}^\lambda)$ gegen $(X_t^\eta M_t^\lambda)$ in der L^1-Norm konvergiert, wenn n gegen Unendlich strebt. Da

$$\lim_{n\to\infty} X_{t\wedge\tau_n}^\eta = X_t^\eta \quad \text{f.s.}$$

und $0 \leq X_{t\wedge\tau_n}^\eta \leq e^{\frac{|\eta|^2 T}{2}}$, ist es ausreichend zu beweisen, dass

$$\lim_{n\to\infty} M_{t\wedge\tau_n}^\lambda = M_t^\lambda \quad \text{in } L^1(\Omega, P).$$

Setzen wir

$$M_{n,t} = \min\{M_{t\wedge\tau_n}^\lambda, M_t^\lambda\};$$

so haben wir $0 \leq M_{n,t} \leq M_t^\lambda$ und durch den Satz von der majorisierten Konvergenz

$$\lim_{n\to\infty} \mathbb{E}\left[M_{n,t}\right] = \mathbb{E}\left[M_t^\lambda\right].$$

Andererseits

$$\mathbb{E}\left[|M_t^\lambda - M_{t\wedge\tau_n}^\lambda|\right] = \mathbb{E}\left[M_t^\lambda - M_{n,t}\right] + \mathbb{E}\left[M_{t\wedge\tau_n}^\lambda - M_{n,t}\right] =$$

(da $\mathbb{E}\left[M_t^\lambda\right] = \mathbb{E}\left[M_{t\wedge\tau_n}^\lambda\right] = 1$)

$$= 2\mathbb{E}\left[M_t^\lambda - M_{n,t}\right]$$

was die Behauptung beweist. □

13.4 Approximation durch exponentielle Martingale

Ein weiterer Grund für das Interesse an exponentiellen Martingalen ist die Tatsache, dass sie ein nützliches Approximationswerkzeug sind. Im Folgenden ist W eine Brownsche Bewegung auf dem Raum $(\Omega, \mathscr{F}, P)$ ausgestattet mit der Standard-Brownschen Filtration $\mathscr{F}^W$: die Wahl dieser speziellen Filtration ist entscheidend für die Gültigkeit der folgenden Ergebnisse. Der nächste Satz ist die Hauptzutat im Beweis des Brownschen Martingal-Darstellungssatzes, den wir in Abschn. 13.5 vorstellen werden.

> Die Beweise dieses Abschnitts sind etwas technisch und können beim ersten Lesen übersprungen werden.

Theorem 13.4.1 Der Raum der linearen Kombinationen von Zufallsvariablen der Form

$$M_T^\lambda = \exp\left(-\int_0^T \lambda(t)dW_t - \frac{1}{2}\int_0^T \lambda(t)^2 dt\right),$$

mit λ *deterministischer Funktion* in $L^\infty([0, T])$, ist dicht in $L^2(\Omega, \mathscr{F}_T^W)$.

Der Beweis von Satz 13.4.1 basiert auf dem folgenden

Lemma 13.4.2 Sei $(t_n)_{n\in\mathbb{N}}$ eine dichte Folge in $[0, T]$. Die Familie der Zufallsvariablen der Form

$$\varphi(W_{t_1}, \ldots, W_{t_n}), \qquad \varphi \in C_0^\infty(\mathbb{R}^n), \quad n \in \mathbb{N},$$

ist dicht in $L^2(\Omega, \mathscr{F}_T^W)$.

Beweis Die diskrete Filtration definiert durch

$$\mathscr{G}_n := \sigma(W_{t_1}, \ldots, W_{t_n}), \quad n \in \mathbb{N},$$

13.4 Approximation durch exponentielle Martingale

ist so, dass $\sigma(\mathscr{G}_n, n \in \mathbb{N}) = \mathscr{G}_T^W$, wobei $\mathscr{G}^W$ die durch die Brownsche Bewegung erzeugte Filtration bezeichnet. Gegeben $X \in L^2(\Omega, \mathscr{F}_T^W)$, werden wir später beweisen, dass

$$\lim_{n\to\infty} E\left[|X - X_n|^2\right] = 0, \qquad X_n := E[X \mid \mathscr{G}_n], \quad n \in \mathbb{N}. \tag{13.22}$$

Da $X_n \in m\mathscr{G}_n$, haben wir durch Doobs Theorem 2.3.3 in [113]

$$X_n = \varphi_n(W_{t_1}, \dots, W_{t_n})$$

für eine messbare Funktion φ_n, die quadratisch integrierbar bezüglich der Verteilung $\mu_{W_{t_1},\dots,W_{t_n}}$ ist: durch Dichte kann φ_n in L^2 durch eine Folge $(\varphi_{n,k})_{k\in\mathbb{N}}$ in $C_0^\infty(\mathbb{R}^n)$ approximiert werden und wir haben auch

$$\lim_{k\to\infty} \varphi_{n,k}(W_{t_1}, \dots, W_{t_n}) = X_n, \qquad \text{in } L^2(\Omega, P),$$

was die Behauptung beweist.

Es bleibt (13.22) zu beweisen. Durch Doobs Maximalungleichung (8.3) haben wir

$$E\left[\sup_{n\in\mathbb{N}} X_n^2\right] \leq 4E\left[X^2\right] < \infty. \tag{13.23}$$

Dann gibt es durch Satz 8.2.2 über die Konvergenz von diskreten Martingalen den f.s. punktweisen Grenzwert

$$M := \lim_{n\to\infty} X_n.$$

Außerdem, da

$$(X_n - M)^2 \leq 2(X_n^2 + M^2) \leq 2\sup_{n\in\mathbb{N}} X_n^2,$$

haben wir durch (13.23) und den Satz von der majorisierten Konvergenz auch

$$\lim_{n\to\infty} X_n = M \qquad \text{in } L^2(\Omega, P).$$

Setzt man $M_n = E[M \mid \mathscr{G}_n]$, so gilt

$$E\left[(X_n - M_n)^2\right] = E\left[(X_n - E[M \mid \mathscr{G}_n])^2\right] = E\left[(E[X_n - M \mid \mathscr{G}_n])^2\right] \leq$$

(nach der Jensen-Ungleichung)

$$\leq E\left[(X_n - M)^2\right] \xrightarrow[n\to\infty]{} 0. \tag{13.24}$$

Abschließend zeigen wir, dass $M = E\left[X \mid \mathscr{F}_T^W\right] = X$ und somit $M = X$ fast sicher gilt. Zunächst gilt $M \in m\mathscr{G}_T^W \subseteq m\mathscr{F}_T^W$; dann gilt für festes $\bar{n} \in \mathbb{N}$ und $Z \in b\mathscr{G}_{\bar{n}}$, sowie $n \geq \bar{n}$:

$$E[Z(M - X)] = E[ZE[M - X \mid \mathscr{G}_n]] = E[Z(M_n - X_n)] \xrightarrow[\bar{n} \leq n \to \infty]{} 0$$

aufgrund von (13.24). Da sich die Elemente von $\mathscr{F}_T^W$ und $\mathscr{G}_T^W$ nur auf Nullmengen unterscheiden, folgt $M = E\left[X \mid \mathscr{F}_T^W\right]$. □

Beweis von Theorem 13.4.1 Es genügt zu beweisen, dass wenn $X \in L^2(\Omega, \mathscr{F}_T^W)$ und, für jedes $\lambda \in L^\infty([0,T])$,

$$\langle X, M_T^\lambda \rangle_{L^2(\Omega)} = E\left[X M_T^\lambda\right] = 0 \tag{13.25}$$

dann gilt $X = 0$ fast sicher.

Aus (13.25), indem wir ein stückweise konstantes λ wählen, haben wir

$$F(\eta) := E\left[X e^{\eta_1 W_{t_1} + \cdots + \eta_n W_{t_n}}\right] = 0, \qquad \eta \in \mathbb{R}^n,\ t_1, \ldots, t_n \in [0, T],$$

und die analytische Fortsetzung von F zu $\mathbb{C}^n$, durch den Satz von der analytischen Fortsetzung, ist identisch null. Dann haben wir für jedes $\varphi \in C_0^\infty(\mathbb{R}^n)$ durch den Satz 2.5.6 in [113] über Fourier-Inversion

$$E\left[X\varphi(W_{t_1}, \ldots, W_{t_n})\right] = E\left[\frac{X}{(2\pi)^n} \int_{\mathbb{R}^n} e^{-i(\eta_1 W_{t_1} + \cdots + \eta_n W_{t_n})} \hat{\varphi}(\eta) d\eta\right]$$
$$= \frac{1}{(2\pi)^n} \int_{\mathbb{R}^n} \hat{\varphi}(\eta) E\left[e^{-i(\eta_1 W_{t_1} + \cdots + \eta_n W_{t_n})} X\right] d\eta = 0,$$

und die Behauptung folgt aus Lemma 13.4.2. □

13.5 Darstellung von Brownschen Martingalen

Das Brownsche stochastische Integral, das in Kap. 10 konstruiert wurde, ist ein stetiges lokales Martingal. Das folgende Ergebnis zeigt, dass umgekehrt jedes lokale Martingal *bezüglich der Standard Brownschen Filtration* $\mathscr{F}^W$ eine Darstellung als stochastisches Integral zulässt.

Theorem 13.5.1 (Darstellung von Brownschen Martingalen) [!!!] Sei W eine Brownsche Bewegung im Raum $(\Omega, \mathscr{F}, P)$ ausgestattet mit der Standard Brownschen Filtration $\mathscr{F}^W$. Wenn $X = (X_t)_{t \in [0,T]}$ eine càdlàg Version eines lokalen Martingals auf $(\Omega, \mathscr{F}, P, \mathscr{F}^W)$ ist, dann gibt es ein eindeutiges $u \in \mathbb{L}^2_{\text{loc}}$, so dass

13.5 Darstellung von Brownschen Martingalen

$$X_t = X_0 + \int_0^t u_s dW_s, \qquad t \in [0, T]. \tag{13.26}$$

Insbesondere ist X ein fast sicher stetiger Prozess.

Bemerkung 13.5.2 Theorem 13.5.1 stärkt das in Abschn. 8.2 bewiesene Ergebnis, da es besagt, dass jedes Brownsche lokale Martingal eine stetige Modifikation zulässt, nicht nur eine cádlág.

Bevor wir den Beweis von Theorem 13.5.1 präsentieren, leiten wir ihn mit der folgenden Aussage ein, die auf den Approximationsergebnissen aus Abschn. 13.4 basiert.

Satz 13.5.3 [!] Für jede Zufallsvariable $X \in L^2(\Omega, \mathscr{F}_T^W)$ gibt es ein eindeutiges $u \in \mathbb{L}^2$, so dass

$$X = E[X] + \int_0^T u_t dW_t. \tag{13.27}$$

Beweis Wir beschränken uns auf den eindimensionalen Fall zur Vereinfachung. Was die Eindeutigkeit betrifft, wenn $u, v \in \mathbb{L}^2$ (13.27) erfüllen, dann

$$\int_0^T (u_t - v_t) dW_t = 0$$

und aus Itôs Isometrie folgt, dass $P(u = v$ fast überall auf $[0, T]) = 1$ (vgl. Bemerkung 10.2.18).

Was die Existenz betrifft, ist der Beweis einfach, wenn X die Form

$$X = M_T^\lambda := \exp\left(-\int_0^T \lambda(t) dW_t - \frac{1}{2} \int_0^T \lambda(t)^2 dt\right) \tag{13.28}$$

hat, wobei $\lambda \in L^\infty([0, T])$ eine deterministische Funktion ist. Tatsächlich haben wir nach Itô's Formel

$$X = 1 - \int_0^T \lambda(t) M_t^\lambda dW_t$$

mit $\lambda M^\lambda \in \mathbb{L}^2$ nach Proposition 13.2.1 und daher, insbesondere, $E[X] = E[M_T^\lambda] = 1$ durch die Martingaleigenschaft.

Im Allgemeinen wird nach Satz 13.4.1 jedes $X \in L^2(\Omega, \mathscr{F}_T^W)$ in L^2 durch eine Folge $(X_n)_{n \in \mathbb{N}}$ von Linearkombinationen von Zufallsvariablen der Form (13.28) approximiert, für die

$$X_n = E[X_n] + \int_0^T u_{n,t} dW_t \tag{13.29}$$

mit $u_n \in \mathbb{L}^2$ gilt. Nach der Itô-Isometrie gilt

$$E[(X_n - X_m)^2] = (E[X_n - X_m])^2 + E\left[\int_0^T (u_{n,t} - u_{m,t})^2 dt\right],$$

und somit ist $(u_n)_{n \in \mathbb{N}}$ eine Cauchy-Folge in $\mathbb{L}^2$. Die Behauptung folgt durch Grenzübergang in (13.29). □

Beweis von Theorem 13.5.1 Die Eindeutigkeit von u folgt aus der Eindeutigkeit der Darstellung eines Itô-Prozesses (vgl. Bemerkung 10.4.3).

Was die Existenz betrifft, betrachten wir zunächst den Fall, dass X ein Martingal ist, so dass $X_T \in L^2(\Omega, P)$. Nach Theorem 13.5.3 gibt es ein $u \in \mathbb{L}^2$, so dass

$$X_T = E[X_T] + \int_0^T u_t \, dW_t,$$

aus dem (13.26) folgt, einfach durch Anwendung der bedingten Erwartung auf $\mathscr{F}_t^W$ für jedes $t \in [0, T]$. Insbesondere haben wir gezeigt, dass X eine stetige Modifikation besitzt.

Nun entfernen wir die Annahme $X_T \in L^2(\Omega, P)$ und beweisen, dass jedes $\mathscr{F}^W$-Martingal X eine stetige Modifikation zulässt. Da $X_T \in L^1(\Omega, P)$ und $L^2(\Omega, P)$ dicht in $L^1(\Omega, P)$ ist, gibt es eine Folge $(Y_n)_{n \in \mathbb{N}}$ von Zufallsvariablen in $L^2(\Omega, P)$ so dass

$$E[|Y_n - X_T|] \leq \frac{1}{2^n}, \quad n \in \mathbb{N}.$$

Für den vorherigen Punkt lässt die Folge der Martingale

$$X_{n,t} := E\left[Y_n \mid \mathscr{F}_t^W\right], \quad t \in [0, T],$$

eine stetige Modifikation zu und durch Doobs Maximalungleichung, Theorem 8.1.2, haben wir

$$P\left(\sup_{t \in [0,T]} |X_{n,t} - X_t| \geq \frac{1}{k}\right) \leq kE\left[|X_{n,T} - X_T|\right] \leq \frac{k}{2^n}, \quad k, n \in \mathbb{N}.$$

Aus dem Lemma von Borel-Cantelli 1.3.28 in [113] folgt, dass $(X_n)_{n \in \mathbb{N}}$ fast sicher gleichmäßig auf $[0, T]$ gegen das Martingal X konvergiert, das daher fast sicher stetig ist.

Wenn X ein lokales Martingal ist, betrachten wir eine lokalisierende Folge $(\tau_n)_{n \in \mathbb{N}}$: der Prozess $X_{t \wedge \tau_n} - X_0$ ist ein Martingal und, wie wir gerade bewiesen haben, lässt eine stetige Modifikation zu. Da

$$X_t \mathbb{1}_{(\tau_n \geq T)} = X_{t \wedge \tau_n} \mathbb{1}_{(\tau_n \geq T)}, \quad t \in [0, T], \, n \in \mathbb{N}, \qquad (13.30)$$

schließen wir daraus, dass auch X eine stetige Modifikation zulässt.

Schließlich beweisen wir (13.26) unter der Annahme, dass X ein stetiges lokales Martingal ist. Nach Bemerkung 8.4.6 gibt es eine lokalisierende Folge $(\tau_n)_{n \in \mathbb{N}}$, so dass $X_{t \wedge \tau_n} - X_0$ ein stetiges und beschränktes Martingal für jedes $n \in \mathbb{N}$ ist. Dann gibt es eine Folge $(u_n)_{n \in \mathbb{N}}$ in $\mathbb{L}^2$, so dass

13.6 Wichtige Merksätze

$$X_{t \wedge \tau_n} = X_0 + \int_0^t u_{n,s} dW_s, \quad t \in [0, T]. \tag{13.31}$$

Durch (13.30) und Proposition 10.2.26 können wir den Grenzübergang in (13.31) nehmen, um den Beweis abzuschließen. □

13.5.1 Beweis von Theorem 13.1.1

Nach dem Brownschen Martingal-Darstellungssatz 13.5.1 gibt es ein $u \in \mathbb{L}^2_{\text{loc}}$, so dass der Prozess M in (13.4) die Darstellung

$$M_t = 1 + \int_0^t u_s dW_s, \quad t \in [0, T].$$

zulässt. Beachte, dass $\lambda_t := -\frac{u_t}{M_t}$ zu $\mathbb{L}^2_{\text{loc}}$ gehört, da M ein adaptierter, stetiger und streng positiver Prozess ist. Folglich haben wir

$$M_t = 1 - \int_0^t M_s \lambda_s dW_s, \quad t \in [0, T],$$

das heißt, M löst eine lineare stochastische Differentialgleichung, deren exponentielles Martingal M^λ in (13.1) die eindeutige[8] Lösung ist. Daher ist $M = M^\lambda$ im Sinne der Ununterscheidbarkeit.

Nach Konstruktion ist M ein Martingal und daher ist nach Girsanovs Theorem 13.3.3 W^λ in (13.5) eine Brownsche Bewegung auf $(\Omega, \mathscr{F}, Q, \mathscr{F}_t^W)$. Schließlich haben wir

$$dX_t = b_t dt + \sigma_t dW_t =$$

(nach (13.5))

$$= b_t dt + \sigma_t (dW_t^\lambda - \lambda_t dt)$$

aus dem (13.7) folgt.

13.6 Wichtige Merksätze

Hier sind die wichtigsten Ergebnisse und Grundideen des Kapitels, die man sich merken sollte. Technische oder weniger wichtige Details werden weggelassen. Bei Unklarheiten zu den folgenden kurzen Aussagen lohnt sich ein Blick in den jeweiligen Abschnitt.

---

[8] Die Tatsache, dass M^λ eine Lösung ist, ist eine einfache Überprüfung mit Itôs Formel. Für die Eindeutigkeit ist es nicht schwierig, den Beweis von Theorem 17.1.1 anzupassen, den wir später beweisen werden.

- Abschn. 13.1: Das exponentielle Martingal M^λ in (13.1) mit $\lambda \in \mathbb{L}^2_{\text{loc}}$ ist das zentrale Werkzeug des gesamten Kapitels. Ist M^λ ein echtes Martingal, so kann es als Dichte (bzw. Radon-Nikodym-Ableitung) verwendet werden, um ein zum ursprünglich betrachteten Maß P äquivalentes Maß Q zu definieren. Der Prozess W^λ in (13.5), der durch Hinzufügen eines Drifts λ zu einer Brownschen Bewegung entsteht, ist unter dem neuen Maß Q wieder eine Brownsche Bewegung. Die Idee ist, dass es eine Übereinstimmung zwischen Änderungen des Drifts einer Brownschen Bewegung (und zugehöriger Itô-Prozesse) und Änderungen des Wahrscheinlichkeitsmaßes gibt: Der Driftkoeffizient λ tritt als Exponent im Martingal M^λ auf, welches die Radon-Nikodym-Ableitung des Maßwechsels ist.
- Abschn. 13.1.1: Die Resultate zu Drift- und Maßwechsel (im Finanzjargon oft als „Girsanov-Maßwechsel" bezeichnet) sind grundlegend für die moderne Preistheorie von Finanzderivaten. Bemerkenswert ist, dass ein Girsanov-Maßwechsel den Driftterm eines Itô-Prozesses verändert, *aber den Diffusionskoeffizienten unverändert lässt.*
- Abschn. 13.2: Wir geben hinreichende Bedingungen an den Prozess λ, damit M^λ ein echtes Martingal ist. Die Novikov-Bedingung ist eine klassische Voraussetzung, die häufig in der Wahrscheinlichkeitstheorie und mathematischen Finanztheorie verwendet wird.
- Abschn. 13.3: Der Beweis des Girsanov-Theorems ist eine relativ direkte Folge der Proposition 4.4.2, die die Brownsche Bewegung mittels exponentieller Martingale charakterisiert.
- Abschn. 13.4 und 13.5: Der Beweis des Martingal-Darstellungssatzes für die Brownsche Bewegung ist recht anspruchsvoll und basiert auf einem Dichtheitsresultat exponentieller Martingale im Raum $L^2(\Omega, \mathscr{F}^W_T)$, wobei $\mathscr{F}^W$ die Standard-Brown'sche Filtration bezeichnet (die die üblichen Bedingungen erfüllt). Ein wesentliches Korollar ist die Tatsache, dass jedes lokale Brownsche Martingal eine stetige Modifikation besitzt.

Hauptnotationen, die in diesem Kapitel verwendet oder eingeführt werden:

Symbol	Beschreibung	S.
M^λ	Exponentielle Martingal-Lösung von $dM^\lambda_t = -M^\lambda_t \lambda_t dW_t$	240
$Q \sim P$	Äquivalenz zwischen den Maßen P und Q	240
$\frac{dQ}{dP}$	Radon-Nikodym-Ableitung von Q bezüglich P	240
$X_T = \sup_{0 \leq t \leq T} |X_t|$	Maximumprozess	244
W^λ	Brownsche Bewegung mit Drift λ	248
$\mathcal{G}^W$	Von der Brownschen Bewegung erzeugte Filtration	250
$\mathscr{F}^W$	Standard Brownsche Filtration	252

Kapitel 14
Stochastische Differentialgleichungen

> *Es scheint fair zu sagen, dass alle Differentialgleichungen bessere Modelle der Welt sind, wenn ein stochastischer Term hinzugefügt wird und dass ihre klassische Analyse nur dann nützlich ist, wenn sie in einem geeigneten Sinne stabil gegenüber solchen Störungen ist.*
>
> David Mumford

Ab diesem Kapitel beginnen wir mit der Untersuchung von Stochastischen Differentialgleichungen, im Folgenden mit SDE abgekürzt. Wie bereits in Abschn. 2.6 erwähnt, wurden solche Gleichungen ursprünglich für die Konstruktion von stetigen Markov-Prozessen oder Diffusionen eingeführt. Im Laufe der Zeit haben SDEs an Bedeutung in der stochastischen Modellierung in einer Vielzahl von Bereichen gewonnen. SDEs verallgemeinern deterministische Differentialgleichungen durch die Einbeziehung eines zufälligen Störungsfaktors, was es ihnen ermöglicht, Systeme zu modellieren, die Unsicherheiten unterliegen. Darüber hinaus können SDEs zur Konstruktion expliziter Beispiele von stetigen Semimartingalen verwendet werden.

In diesem Kapitel führen wir den Begriff der Lösung einer SDE ein und die damit verbundenen Probleme der Existenz und Eindeutigkeit. Diese Probleme haben eine duale Formulierung, in einem schwachen und starken Sinn. Wir geben ein sehr spezielles Existenz- und Eindeutigkeitsergebnis, aus dem einige Besonderheiten von SDEs im Vergleich zu den üblichen deterministischen Gleichungen abgeleitet werden können, einschließlich des sogenannten „Regularisierung durch Rauschen" Effekts. Wir sehen, dass es möglich ist, die Untersuchung einer SDE auf eine kanonisches Setting zu übertragen und die Beziehung zwischen schwacher und starker Lösbarkeit zu analysieren. Schließlich beweisen wir einige a-priori Abchätzungen der stetigen Abhängigkeit und Integrabilität von Lösungen.

14.1 Lösen von SDEs: Konzepte von Existenz und Eindeutigkeit

Im Folgenden sind $N, d \in \mathbb{N}$ und $0 \leq t_0 < T$ feste Konstanten. Eine SDE ist ein Ausdruck der Form
$$dX_t = b(t, X_t)dt + \sigma(t, X_t)dW_t \tag{14.1}$$

wo W eine d-dimensionale Brownsche Bewegung ist und

$$b = b(t, x) :]t_0, T[\times \mathbb{R}^N \longrightarrow \mathbb{R}^N, \qquad \sigma = \sigma(t, x) :]t_0, T[\times \mathbb{R}^N \longrightarrow \mathbb{R}^{N \times d}, \tag{14.2}$$

messbare Funktionen[1] sind: b wird als *Drift*-Koeffizient und σ als *Diffusions*-Koeffizient der SDE bezeichnet. In (14.2) bezeichnet $\mathbb{R}^{N \times d}$ den Raum der Matrizen mit Dimension $N \times d$. Um die Darstellung zu vereinfachen, werden wir immer folgendes annehmen

Annahme 14.1.1 Die Funktionen b, σ sind messbar und lokal beschränkt in x, sowie gleichmäßig in t (kurz, wir schreiben $b, \sigma \in L^\infty_{\text{loc}}(]t_0, T[\times \mathbb{R}^N)$): genau genommen, für jedes $n \in \mathbb{N}$ gibt es eine Konstante κ_n so dass

$$|b(t, x)| + |\sigma(t, x)| \leq \kappa_n, \qquad t \in]t_0, T[, \ |x| \leq n.$$

Bemerkung 14.1.2 Obwohl dies eine etwas schwierigere Notation einführt, wählen wir eine allgemeine Anfangszeit t_0 anstatt sie strikt auf Null zu setzen. Wir gehen davon aus, dass dieser Ansatz das Verständnis der Theorie der „starken Lösungen", die im Kap. 17 diskutiert wird, sowie zentraler Ergebnisse wie der Flusseigenschaft von Lösungen und Schätzungen der Parameterabhängigkeit verbessert. Ab Kap. 18 setzen wir t_0 zur Vereinfachung auf Null.

Bevor wir die Definition der Lösung einer SDE geben, ist es notwendig, das Problem ordnungsgemäß zu formulieren durch die folgende

Definition 14.1.3 (Konfiguration) Eine Konfiguration $(W, \mathscr{F}_t)$ auf $[t_0, T]$ besteht aus:

- einem gefilterten Wahrscheinlichkeitsraum $(\Omega, \mathscr{F}, P, (\mathscr{F}_t)_{t \in [t_0, T]})$;
- einer d-dimensionalen Brownschen Bewegung[2] $W = (W_t)_{t \in [t_0, T]}$ auf $(\Omega, \mathscr{F}, P, \mathscr{F}_t)$, startend zum Zeitpunkt t_0.

---

[1] Allgemeiner ist es möglich, Gleichungen zu untersuchen, deren Koeffizienten stochastisch von der Zeitvariablen abhängen. Diese Art von Gleichung tritt zum Beispiel bei der Untersuchung von Optimalsteuerungsproblemen und stochastischen Filtern auf. Wir werden unsere Aufmerksamkeit auf deterministische Koeffizienten beschränken. Wir verweisen zum Beispiel auf [66, 77] für eine allgemeine Behandlung.

[2] Auf dem Wahrscheinlichkeitsraum $(\Omega, \mathscr{F}, P, (\mathscr{F}_t)_{t \in [t_0, T]})$ sagen wir, dass $W = (W_t)_{t \in [t_0, T]}$ eine Brownsche Bewegung beginnend zur Zeit t_0 ist, wenn:

i) $W_{t_0} = 0$ fast sicher;

14.1 Lösen von SDEs: Konzepte von Existenz und Eindeutigkeit

Bemerkung 14.1.4 Wir stellen ausdrücklich fest, dass $\mathscr{F}_{t_0}$ unabhängig von W_t für $t \geq t_0$ und daher auch von der Standard-Brown'schen Filtration $(\mathscr{F}_t^W)_{t \in [t_0, T]}$, die die üblichen Bedingungen erfüllt.

Definition 14.1.5 (**Lösung einer SDE**) Eine *Lösung der SDE mit den Koeffizienten* b, σ *mti der Konfiguration* $(W, \mathscr{F}_t)$ ist ein N-dimensionaler Prozess $X = (X_t)_{t \in [t_0, T]}$, definiert auf demselben Raum wie W und so, dass:

i) X ist stetig und adaptiert, d. h. $X_t \in m\mathscr{F}_t$ für alle $t \in [t_0, T]$;
ii) fast sicher haben wir[3]

$$X_t = X_{t_0} + \int_{t_0}^t b(s, X_s)ds + \int_{t_0}^t \sigma(s, X_s)dW_s, \qquad t \in [t_0, T]. \qquad (14.4)$$

Um anzugeben, dass X eine Lösung der SDE mit den Koeffizienten b, σ mit der Konfiguration $(W, \mathscr{F}_t)$ ist, schreiben wir

$$X \in \text{SDE}(b, \sigma, W, \mathscr{F}_t).$$

---

ii) W ist fast sicher stetig;
iii) W ist adaptiert an $(\mathscr{F}_t)_{t \in [t_0, T]}$;
iv) $W_t - W_s$ ist unabhängig von $\mathscr{F}_s$ für alle $t_0 \leq s \leq t \leq T$;
v) $W_t - W_s \sim \mathcal{N}_{0, (t-s)I}$ für alle $t_0 \leq s \leq t \leq T$, wobei I die $d \times d$ Einheitsmatrix bezeichnet.

Zum Beispiel sei $B = (B_t)_{t \geq 0}$ eine Standard-Brownsche Bewegung auf $(\Omega, \mathscr{F}, P, (\mathscr{F}_t)_{t \geq 0})$; dann ist $W_t := B_t - B_{t_0}$ eine Brownsche Bewegung, die zum Zeitpunkt t_0 auf $(\Omega, \mathscr{F}, P)$ startet, bezüglich der Filtration $(\mathscr{F}_t)_{t \geq t_0}$ oder sogar bezüglich der Standardfiltration, definiert durch

$$\mathscr{F}_t^W := \sigma(\mathscr{G}_t^W \cup \mathcal{N}), \quad \mathscr{G}_t^W := \sigma(W_s, t_0 \leq s \leq t), \qquad t_0 \leq t \leq T.$$

Beachte, dass im Fall $t_0 > 0$ eine strikte Inklusion $\mathscr{F}_t^W \subset \mathscr{F}_t^B$ gilt. Außerdem gilt, da das stochastische Integral nur von den Brownschen Inkrementen abhängt (vgl. Korollar 10.2.27), f.s.

$$\int_{t_0}^t u_s dB_s = \int_{t_0}^t u_s dW_s, \qquad t \geq t_0.$$

[3] Das heißt, es gibt eine Version des stochastischen Integrals

$$t \longmapsto \int_{t_0}^t \sigma(s, X_s)dW_s$$

so dass (14.4) für jedes $t \in [t_0, T]$ fast sicher gilt. Wir stellen ausdrücklich fest, dass unter der Annahme der lokalen Beschränktheit 14.1.1

$$\int_{t_0}^T |b(t, X_t)|dt + \int_{t_0}^T |\sigma(t, X_t)|^2 dt < \infty \quad \text{f.s.} \qquad (14.3)$$

gilt und daher sind die Integrale in (14.4) wohldefiniert.

Es ist üblich, einer SDE eine „Anfangsbedingung" zuzuordnen, die *punktweise* durch eine Zufallsvariable $Z \in m\mathscr{F}_{t_0}$ zugewiesen werden kann wenn die Konfiguration $(W, \mathscr{F}_t)$ zuvor festgelegt wurde oder, wie wir später sehen werden, *in Verteilung* durch eine Verteilung μ_0 auf $\mathbb{R}^N$.

Definition 14.1.6 (Starke Lösung einer SDE) Gegeben seien eine Konfiguration $(W, \mathscr{F}_t)$ und ein Anfangsdatum $Z \in m\mathscr{F}_{t_0}$. Wir bezeichnen mit

$$\mathscr{F}^{Z,W} = (\mathscr{F}_t^{Z,W})_{t \in [t_0, T]}$$

die durch W und Z erzeugte vervollständigte Filtration, so dass sie die üblichen Bedingungen erfüllt[4]. Wir sagen, dass eine Lösung $X \in \text{SDE}(b, \sigma, W, \mathscr{F}_t)$ mit $X_{t_0} = Z$ eine *starke Lösung* ist, wenn sie an die Filtration $\mathscr{F}^{Z,W}$ adaptiert ist.

Bemerkung 14.1.7 [!] Starke Lösungen zeichnen sich durch die Eigenschaft aus, dass sie an die Filtration $\mathscr{F}^{Z,W}$ adaptiert sind: Da $\mathscr{F}^{Z,W}$ die kleinste[5] Filtration ist, in Bezug auf die eine Lösung der SDE definiert werden kann, ist diese Messbarkeitsbedingung die restriktivste.

Ist das Anfangsdatum deterministisch, d. h. $Z \in \mathbb{R}^N$, so ist eine starke Lösung an die Standard-Brownsche Filtration $\mathscr{F}^W$ adaptiert. Das bedeutet, dass durch die SDE einem Prozess (der Lösung) X der Prozess W zugeordnet wird und X ein „Funktional" von W ist, d. h. X_t kann als Funktion des Prozesses $(W_s)_{s \in [t_0, t]}$ dargestellt werden. Diese Bemerkung ist relevant, da in verschiedenen Anwendungen, etwa in der Signaltheorie, W eine Menge beobachteter Daten repräsentiert, die als „Input" für ein dynamisches System (formalisiert durch die SDE) dienen, das die Lösung X als „Output" erzeugt: In diesem Fall ist es wesentlich, dass der Output als Funktion der Eingangsdaten dargestellt werden kann. In anderen Bereichen, wie etwa der mathematischen Finanztheorie, kann es ausreichen, ein schwächeres Lösungskonzept zu betrachten, insbesondere wenn man sich nur für Anwendungen interessiert, bei denen die Verteilung der Lösung entscheidend ist.

Beispiel 14.1.8 Sind die Koeffizienten $b = b(t)$ und $\sigma = \sigma(t)$ der SDE (14.1) deterministische L^∞-Funktionen nur von der Zeitvariablen, so ist die Lösung der entsprechenden SDE der Itô-Prozess

$$X_t = Z + \int_{t_0}^t b(s) ds + \int_{t_0}^t \sigma(s) dW_s.$$

Wir erinnern aus Beispiel 11.1.9, dass, falls auch das Anfangsdatum deterministisch ist, X_t ein gaußscher Prozess ist.

Als nächstes stellen wir zwei Formulierungen des Problems bezüglich der Existenz von Lösungen für eine SDE vor.

---

[4] Durch Theorem 6.2.22 und die Unabhängigkeit von Z von $\mathscr{F}^W$ (vgl. Bemerkung 14.1.4), ist W auch in Bezug auf $\mathscr{F}^{Z,W}$ eine Brown'sche Bewegung.

[5] Die kleinste Filtration, die die üblichen Bedingungen erfüllt.

14.1 Lösen von SDEs: Konzepte von Existenz und Eindeutigkeit

Definition 14.1.9 (Lösbarkeit einer SDE) Wir sagen, dass die SDE mit den Koeffizienten b, σ lösbar ist

- **im schwachen Sinne,** wenn es für jede Verteilung μ_0 auf $\mathbb{R}^N$ eine Konfiguration $(W, \mathscr{F}_t)$ und eine Lösung $X \in \mathrm{SDE}(b, \sigma, W, \mathscr{F}_t)$ gibt, so dass $X_{t_0} \sim \mu$;
- **im starken Sinne,** wenn für jede Konfiguration $(W, \mathscr{F}_t)$ und $Z \in m\mathscr{F}_{t_0}$ es eine starke Lösung $X \in \mathrm{SDE}(b, \sigma, W, \mathscr{F}_t^{Z,W})$ gibt, so dass $X_{t_0} = Z$ fast sicher.

Obwohl es kontraintuitiv erscheinen mag, ist es möglich, dass ein Prozess eine Gleichung des Typs

$$X_t = x + \int_0^t b(s, X_s)ds + \int_0^t \sigma(s, X_s)dW_s$$

mit deterministischem Anfangsdatum $x \in \mathbb{R}^N$ erfüllt, *und nicht an $\mathscr{F}^W$ adaptiert ist:* mit anderen Worten, in einigen Fällen benötigt eine Lösung X zusätzliche Zufälligkeit über das hinaus, was durch die Brownsche Bewegung induziert wird, in Bezug auf die die SDE formuliert ist. Ein berühmtes Beispiel stammt von Tanaka [139] (siehe auch [154]): hier beschreiben wir die allgemeine Idee und verweisen auf Abschn. 9.2.1 in [112] oder Beispiel 3.5, Kap. 5 in [67] für Details.

Beispiel 14.1.10 (Tanaka). [!] Betrachte die skalare (d. h. mit $N = d = 1$) SDE

$$dX_t = \sigma(X_t)dW_t \qquad (14.5)$$

mit null Drift und Anfangsdatum, $b = Z = 0$, und Diffusionskoeffizient

$$\sigma(x) = \mathrm{sgn}(x) := \begin{cases} 1 & \text{wenn } x \geq 0, \\ -1 & \text{wenn } x < 0. \end{cases}$$

Um zu beweisen, dass die SDE (14.5) im schwachen Sinne lösbar ist, betrachte eine Brownsche Bewegung X definiert auf dem Raum $(\Omega, \mathscr{F}, P, \mathscr{F}^X)$. Der Prozess

$$W_t := \int_0^t \sigma(X_s)dX_s \qquad (14.6)$$

ist ein stetiges Martingal mit quadratischer Variation $\langle W \rangle_t = t$ und folglich, durch Theorem 12.4.1, ist es auch eine Brownsche Bewegung auf $(\Omega, \mathscr{F}, P, \mathscr{F}^X)$. Da $\sigma^2 \equiv 1$, erhalten wir aus der Definition $dW_t = \sigma(X_t)dX_t$

$$dX_t = \sigma^2(X_t)dX_t = \sigma(X_t)dW_t,$$

was bedeutet, dass X eine Lösung der SDE (14.5) in Bezug auf W ist, d. h. $X \in \mathrm{SDE}(0, \sigma, W, \mathscr{F}^X)$ mit null Anfangsdatum. Der entscheidende Punkt ist, dass man zeigen kann[6], dass W, definiert durch (14.6) an die Standardfiltration $\mathscr{F}^{|X|}$ des Absolutwertprozesses $|X|$ adaptiert ist: wenn X an $\mathscr{F}^W$ adaptiert wäre, dann sollte es an $\mathscr{F}^{|X|}$ auch adaptiert sein und das ist ein Widerspruch. Dieses Beispiel mag ein wenig pathologisch erscheinen, weil der Koeffizient σ eine unstetige Funktion ist: mehr kürzlich hat Barlow [7] gezeigt, dass es für jedes $\alpha < \frac{1}{2}$ eine α-Hölder-stetige Funktion σ gibt, die von oben und unten durch positive Konstanten beschränkt ist, und so, dass die SDE (14.5) im schwachen Sinne lösbar ist, aber nicht im starken Sinne.

Zusammenfassend kann eine SDE im schwachen Sinne lösbar sein, ohne im starken Sinne lösbar zu sein: Schwache Lösbarkeit ist weniger einschränkend, weil sie die Freiheit gibt, den Raum, die Brownsche Bewegung und die Filtration zu wählen, in Bezug auf die die SDE geschrieben wird. Im Gegensatz dazu sind starke Lösungen gezwungen, an die Standardfiltration $\mathscr{F}^{Z,W}$ des Anfangsdatums Z und der Brownschen Bewegung W adaptiert zu sein.

Genau wie für die Existenz gibt es verschiedene Vorstellungen von Eindeutigkeit für die Lösung einer SDE.

Definition 14.1.11 (Eindeutigkeit für eine SDE) Wir sagen, dass für die SDE mit den Koeffizienten b, σ es die folgenden Eindeutigkeiten gibt:

- **im starken Sinne,** wenn $X \in \text{SDE}(b, \sigma, W, \mathscr{F}_t)$ und $Y \in \text{SDE}(b, \sigma, W, \mathscr{G}_t)$ mit $X_{t_0} = Y_{t_0}$ fast sicher impliziert, dass X und Y ununterscheidbare Prozesse sind;
- **im schwachen Sinne (oder in Verteilung),** wenn $X \in \text{SDE}(b, \sigma, W, \mathscr{F}_t)$ und $Y \in \text{SDE}(b, \sigma, B, \mathscr{G}_t)$ mit $X_{t_0} \stackrel{d}{=} Y_{t_0}$, impliziert, dass $(X, W) \stackrel{d}{=} (Y, B)$ oder, äquivalent, (X, W) und (Y, B) die gleichen endlich-dimensionalen Verteilungen haben.

In der Definition der starken Eindeutigkeit sind die beiden Prozesse X und Y auf dem *gleichen* Wahrscheinlichkeitsraum $(\Omega, \mathscr{F}, P)$ definiert und sind Lösungen der SDE auf den Konfigurationen $(W, \mathscr{F}_t)$ und $(W, \mathscr{G}_t)$, beziehungsweise: hier ist W eine Brownsche Bewegung in Bezug auf beide Filtrationen $(\mathscr{F}_t)$ und $(\mathscr{G}_t)$, die unterschiedlich sein können. Starke Eindeutigkeit wird auch als „pfadweise Eindeutigkeit" bezeichnet. In der Definition der Eindeutigkeit in Verteilung können die Prozesse X und Y Lösungen auf verschiedenen Konfigurationen $(W, \mathscr{F}_t)$ und $(B, \mathscr{G}_t)$ sein oder sogar auf verschiedenen Wahrscheinlichkeitsräumen definiert sein.

Beispiel 14.1.12 [!] Für die SDE im Beispiel 14.1.10 gibt es schwache, aber keine starke Eindeutigkeit. Tatsächlich ist jede Lösung X der SDE (14.5) ein lokales Martingal mit $\langle X \rangle_t = t$ und ist daher nach Lévys Charakterisierung 12.4.1 X eine Brownsche Bewegung: daher gibt es Eindeutigkeit in Verteilung.

---

[6] Hier wird die Meyer-Tanaka-Formel verwendet: siehe zum Beispiel Abschn. 5.3.2 in [112] oder Abschn. 2.11 in [37].

Andererseits, wenn X die schwache Lösung aus Beispiel 14.1.10 ist, können wir überprüfen, dass auch $-X$ eine Lösung der SDE ist und daher gibt es keine starke Eindeutigkeit: tatsächlich, da $\sigma(-x) = -\sigma(x)$ wenn $x \neq 0$, haben wir

$$\int_0^t \sigma(-X_s)dW_s = -\int_0^t \sigma(X_s)dW_s + 2\int_0^t \mathbb{1}_{(X_s=0)}dW_s$$
$$= -\int_0^t \sigma(X_s)dW_s \quad \text{a.s.}$$

da durch Itôs Isometrie

$$E\left[\left(\int_0^t \mathbb{1}_{(X_s=0)}dW_s\right)^2\right] = \int_0^t E\left[\mathbb{1}_{(X_s=0)}\right]ds = 0.$$

Hier haben wir die Tatsache verwendet, dass $P(X_s = 0) = 0$ für jedes $s \geq 0$, da X eine Brownsche Bewegung ist.

Bemerkung 14.1.13 [!] Der Satz 14.3.6, von Yamada und Watanabe, besagt, dass *wenn eine SDE im starken Sinn lösbar ist, dann ist sie auch im schwachen Sinn lösbar.* Darüber hinaus, *starke Eindeutigkeit impliziert Eindeutigkeit im Gesetz:* obwohl dieses Ergebnis intuitiv erscheinen mag, ist sein Beweis nicht einfach; tatsächlich bezieht sich starke Eindeutigkeit auf Lösungen, die auf demselben Raum definiert sind, während der Nachweis der schwachen Eindeutigkeit erfordert den Umgang mit Lösungen, die auf verschiedenen Räumen definiert sein können. Schließlich haben wir auch, dass *wenn für eine SDE eine starke Eindeutigkeit besteht, dann ist jede Lösung eine starke Lösung.*

Bemerkung 14.1.14 In jüngster Zeit wurde auch ein weiterer Eindeutigkeitsbegriff für SDEs, genannt „Pfad-für-Pfad-Eindeutigkeit", untersucht: siehe in diesem Zusammenhang [31, 48, 130].

14.2 Schwache Existenz und Eindeutigkeit via Girsanov

Es gibt viele Möglichkeiten, die schwache Existenz und Eindeutigkeit für eine SDE zu beweisen. In diesem Abschnitt untersuchen wir eine ganz besondere Technik, die die Ergebnisse des Maßwechsels von Kap. 13 ausnutzt. Der folgende bemerkenswerte Satz 14.2.3 ist ein Beispiel für den sogenannten „Regularisierungseffekt der Brownschen Bewegung", wobei schwache Existenz und Eindeutigkeit für eine SDE unter minimalen Regularitätsannahmen an den Driftkoeffizienten erzielt werden, der hier nur als messbar und beschränkt angenommen wird. Unter solchen Annahmen hat die entsprechende gewöhnliche Differentialgleichung (ohne den Brownschen Teil) im Allgemeinen keine eindeutige Lösung, wie das bekannte folgende Beispiel zeigt.

Beispiel 14.2.1 (Peanos Pinsel) Die SDE (14.1) mit $b(t,x) = |x|^\alpha$, $\sigma = 0$ und null Anfangsdatum reduziert sich auf die Volterra-Integralgleichung

$$X_t = \int_0^t |X_s|^\alpha ds. \tag{14.7}$$

Gl. (14.7) hat die Nullfunktion als ihre eindeutige Lösung, wenn $\alpha \geq 1$, während wenn $\alpha \in \,]0, 1[$ es unendlich viele Lösungen der Form

$$X_t = \begin{cases} 0 & \text{wenn } 0 \leq t \leq s, \\ \left(\frac{t-s}{\beta}\right)^\beta & \text{wenn } s \leq t \leq T \end{cases}$$

gibt, wobei $\beta = \frac{1}{1-\alpha}$ und $s \in [0, T]$.

Ein ähnliches Phänomen tritt auch im stochastischen Fall auf.

Beispiel 14.2.2 (Itô und Watanabe [64]) [!] Die SDE

$$dX_t = 3X_t^{\frac{1}{3}} dt + 3X_t^{\frac{2}{3}} dW_t, \qquad X_0 = 0,$$

hat unendlich viele starke Lösungen der Form

$$X_t^{(a)} = \begin{cases} 0 & \text{für } 0 \leq t < \tau_a, \\ W_t^3 & \text{für } t \geq \tau_a, \end{cases}$$

wobei $a \in [0, +\infty]$ und $\tau_a = \inf\{t \geq a \mid W_t = 0\}$. Für $a = +\infty$ und $a = 0$ haben wir jeweils die Lösungen $X_t^{(+\infty)} \equiv 0$ und $X_t^{(0)} = W_t^3$.

Im Licht der vorherigen Beispiele ist das folgende Ergebnis ziemlich überraschend und zeigt den Regularisierungseffekt der Brownschen Bewegung.

Theorem 14.2.3 (Zvonkin [154], Veretennikov [144]) Angenommen, der Koeffizient

$$b : \,]0, T[\, \times \mathbb{R}^d \longrightarrow \mathbb{R}^d$$

ist eine Borel-messbare und beschränkte Funktion. Dann ist die SDE

$$dX_t = b(t, X_t)dt + dW_t \tag{14.8}$$

im schwachen Sinn lösbar und die Lösung ist eindeutig in Verteilung.

Beweis **[Existenz]** Sei μ_0 eine Verteilung auf $\mathbb{R}^d$ und X eine d-dimensionale Brownsche Bewegung mit Anfangswert $X_0 \sim \mu_0$ (vgl. Übung 8.4.5) definiert auf dem Raum $(\Omega, \mathscr{F}, P, \mathscr{F}_t)$. Durch die Beschränktheit von b und Proposition 13.2.1 haben wir, dass

14.2 Schwache Existenz und Eindeutigkeit via Girsanov 265

$$M_t := \exp\left(\int_0^t b(s, X_s) dX_s - \frac{1}{2} \int_0^t |b(s, X_s)|^2 ds\right), \quad t \in [0, T], \quad (14.9)$$

ein Martingal ist. Dann ist durch Theorem 13.1.1 der Prozess

$$W_t := X_t - X_0 - \int_0^t b(s, X_s) ds \quad (14.10)$$

eine Standard-Brownsche Bewegung unter dem Maß Q, definiert durch $\frac{dQ}{dP} = M_T$. Formel (14.10) zeigt, dass X eine schwache Lösung der SDE (14.8) unter dem Maß Q ist. Außerdem

$$Q(X_0 \in H) = E^P[\mathbb{1}_H(X_0) M_T] = E^P\left[\mathbb{1}_H(X_0) E^P[M_T \mid \mathscr{F}_0]\right] = P(X_0 \in H)$$

durch die Martingaleigenschaft des Prozesses M, und daher $X_0 \sim \mu_0$ unter Q.

[**Eindeutigkeit**] Seien $X^{(i)}, i = 1, 2$, Lösungen der SDE (14.8) auf den Konfigurationen $(W^{(i)}, \mathscr{F}_t^{(i)})$ und jeweils auf den Räumen $(\Omega_i, \mathscr{F}^{(i)}, P_i)$ definiert. Wir nehmen an, dass $X_0^{(1)}$ und $X_0^{(2)}$ gleich in der Verteilung sind. Wiederum durch die Beschränktheit von b und Proposition 13.2.1 sind die Prozesse

$$M_t^{(i)} := \exp\left(-\int_0^t b(s, X_s^{(i)}) dW_s^{(i)} - \frac{1}{2} \int_0^t |b(s, X_s^{(i)})|^2 ds\right), \quad t \in [0, T], \quad (14.11)$$

Martingale. Aus Theorem 13.1.1 folgt, dass

$$X_t^{(i)} = X_0^{(i)} + \int_0^t b(s, X_s^{(i)}) ds + W_t^{(i)} \quad (14.12)$$

Brownsche Bewegungen jeweils auf den Räumen $(\Omega_i, \mathscr{F}^{(i)}, Q_i, \mathscr{F}_t^{(i)})$ sind, wobei $\frac{dQ_i}{dP_i} = M_T^{(i)}$. Daher ist die Verteilung von $X^{(1)}$ mit Q_1 gleich der Verteilung von $X^{(2)}$ mit Q_2: aus (14.11), (14.12) und Korollar 10.2.28 folgt, dass die Verteilung von $(X^{(1)}, W^{(1)}, M^{(1)})$ mit Q_1 gleich der Vertilung von $(X^{(2)}, W^{(2)}, M^{(2)})$ mit Q_2 ist. Schließlich haben wir für alle $0 \le t_1 < \cdots < t_n \le T$ und $H \in \mathscr{B}_{2nd}$

$$P_1((X_{t_1}^{(1)}, W_{t_1}^{(1)}, \ldots, X_{t_n}^{(1)}, W_{t_n}^{(1)}) \in H) = \int_{\Omega_1} \mathbb{1}_H(X_{t_1}^{(1)}, W_{t_1}^{(1)}, \ldots, X_{t_n}^{(1)}, W_{t_n}^{(1)}) \frac{dQ_1}{M_T^{(1)}}$$

$$= \int_{\Omega_2} \mathbb{1}_H(X_{t_1}^{(2)}, W_{t_1}^{(2)}, \ldots, X_{t_n}^{(2)}, W_{t_n}^{(2)}) \frac{dQ_2}{M_T^{(2)}}$$

$$= P_2((X_{t_1}^{(2)}, W_{t_1}^{(2)}, \ldots, X_{t_n}^{(2)}, W_{t_n}^{(2)}) \in H)$$

was die Behauptung beweist. □

Bemerkung 14.2.4 Theorem 14.2.3 kann in verschiedene Richtungen erweitert werden. Mit Hilfe der Novikov-Bedingung (Theorem 13.2.6) um zu beweisen, dass der Prozess in (14.9) ein Martingal ist, beweist man die Existenz einer schwachen Lösung der SDE (14.8) unter der allgemeineren Annahme eines linearen Wachstums in x (zusätzlich zur Messbarkeit) des Koeffizienten b: für weitere Details siehe zum Beispiel Proposition 5.3.6 in [67].

In Abschn. 18.4 werden wir eine „starke Version" des Theorems 14.2.3 beweisen. Dafür werden wir einschränkend annehmen, dass $b = b(t, x)$ eine beschränkte und Hölder-stetige Funktion in der Variable x ist und gleichmäßig in t ist.

14.3 Schwache vs. starke Lösungen: das Yamada-Watanabe-Theorem

Wir untersuchen den Zusammenhang zwischen starker und schwacher Lösbarkeit. Der Einfachheit halber nehmen wir $t_0 = 0$ an und betrachten für gegebene $N, d \in \mathbb{N}$ und $T > 0$ eine SDE mit Koeffizienten

$$b = b(t, x) :]0, T[\times \mathbb{R}^N \longrightarrow \mathbb{R}^N, \qquad \sigma = \sigma(t, x) :]0, T[\times \mathbb{R}^N \longrightarrow \mathbb{R}^{N \times d}.$$

Darüber hinaus lassen wir μ_0 eine Verteilung auf $\mathbb{R}^N$ sein, die wir als Anfangsbedingung verwenden werden.

> Da die Ergebnisse dieses Abschnitts eher technisch sind, wird empfohlen bei der ersten Lektüre die Aussagen zu lesen und die Beweise zu überspringen.

Definition 14.3.1 (Schwache Lösung einer SDE) Die SDE mit den Koeffizienten b, σ und der Anfangsverteilung μ_0 ist *im schwachen Sinne lösbar*, wenn es eine Konfiguration $(W, \mathscr{F}_t)$ und eine Lösung $X \in \text{SDE}(b, \sigma, W, \mathscr{F}_t)$ gibt, so dass $X_0 \sim \mu_0$. In diesem Fall gilt

$$X_t = X_0 + \int_0^t b(s, X_s)ds + \int_0^t \sigma(s, X_s)dW_s, \qquad t \in [0, T] \qquad (14.13)$$

fast sicher und wir sagen, dass *das Paar (X, W) eine schwache Lösung der SDE mit den Koeffizienten b, σ und der Anfangsverteilung μ_0 ist*.

Bemerkung 14.3.2 [!] Um zu beweisen, dass eine SDE im schwachen Sinne lösbar ist, muss nicht nur der Prozess X konstruiert werden, sondern auch die Konfiguration $(W, \mathscr{F}_t)$, auf die die SDE definiert ist: aus diesem Grund wird die schwache Lösung typischerweise als das *Paar (X, W)*, nicht nur als der Prozess X, bezeichnet.

14.3 Schwache vs. starke Lösungen: das Yamada-Watanabe-Theorem

Wir sehen nun, dass *es immer möglich ist, das Problem der schwachen Lösbarkeit einer SDE auf ein „kanonisches Setting" zu übertragen.*

Notation 14.3.3 Gegeben sei $n \in \mathbb{N}$, wir bezeichnen durch

$$\mathbf{\Omega}_n = C([0, T]; \mathbb{R}^n)$$

den Raum der stetigen n-dimensionalen Trajektorien ausgestattet mit der Filtration $(\mathscr{G}_t^n)_{t \in [0,T]}$, erzeugt durch den Identitätsprozess

$$\mathbf{X}_t(w) := w(t), \quad w \in \mathbf{\Omega}_n, \ t \in [0, T],$$

und der Borel σ-Algebra[7] $\mathscr{G}_T^n$.

Bemerkung 14.3.4 Wenn der auf dem Raum $(\Omega, \mathscr{F}, P)$ definierte Prozess (X, W) eine Lösung der SDE (14.13) ist, dann ist seine Verteilung $\mu_{X,W}$ die auf definierte $\mathbf{\Omega}_{N+d} = \mathbf{\Omega}_N \times \mathbf{\Omega}_d$ Verteilung durch

$$\mu_{X,W}(H) = P((X, W) \in H), \quad H \in \mathscr{G}_T^{N+d}.$$

Im Folgenden werden wir wiederholt die Tatsache nutzen, dass $\mathbf{\Omega}_{N+d}$ ein polnischer Raum ist, auf dem, dank Theorem 4.3.2 in [113], es möglich ist, eine *reguläre Version der bedingten Wahrscheinlichkeit* zu definieren. Das folgende Lemma ist eine entscheidende Zutat in allen nachfolgenden Analysen.

Lemma 14.3.5 (Übertragung von Lösungen) [!] Wenn (X, W) eine schwache Lösung der SDE mit den Koeffizienten b, σ und der Anfangsverteilung μ_0 auf dem Raum $(\Omega, \mathscr{F}, P)$ ist, dann ist der kanonische Prozess $(\mathbf{X}, \mathbf{W})$, definiert durch

$$\mathbf{X}_t(x, w) := x(t), \quad \mathbf{W}_t(x, w) := w(t), \quad (x, w) \in \mathbf{\Omega}_{N+d}, \ t \in [0, T],$$

eine schwache Lösung der SDE mit den Koeffizienten b, σ und der Anfangsverteilung μ_0 auf dem Raum $(\mathbf{\Omega}_{N+d}, \mathscr{G}_T^{N+d}, \mu_{X,W})$.

Beweis Wir haben das Schema

$$(\Omega, \mathscr{F}, P) \xrightarrow{(X,W)} (\mathbf{\Omega}_{N+d}, \mathscr{G}_T^{N+d}, \mu_{X,W}) \xrightarrow{(\mathbf{X},\mathbf{W})} (\mathbf{\Omega}_{N+d}, \mathscr{G}_T^{N+d})$$

und durch Konstruktion gilt $(X, W) \stackrel{d}{=} (\mathbf{X}, \mathbf{W})$. Die Tatsache, dass $\mathbf{W}$ eine Brown'sche Bewegung ist, ist eine Konsequenz[8] der Gleichheit in der Verteilung

---

[7] Wir haben in Proposition 3.2.1 gesehen, dass in dem Raum der stetigen Trajektorien die σ-Algebra, die durch Zylinder erzeugt wird (oder äquivalent durch den Identitätsprozess), mit der Borel σ-Algebra übereinstimmt.

[8] Insbesondere ist es ausreichend, die Unabhängigkeit der Inkremente mit Hilfe der charakteristischen Funktion zu zeigen: für Details siehe zum Beispiel Lemma IV.1.2 in [63].

von (X, W) und $(\mathbf{X}, \mathbf{W})$. Nehmen wir zunächst an, dass das Anfangsgesetz $\mu_0 = \delta_{x_0}$ für ein $x_0 \in \mathbb{R}^N$ ist und daher $\mathbf{X}_0 = x_0$ fast sicher gilt. Setzen wir

$$J_t := \int_0^t b(s, X_s)ds + \int_0^t \sigma(s, X_s)dW_s, \quad \mathbf{J}_t := \int_0^t b(s, \mathbf{X}_s)ds + \int_0^t \sigma(s, \mathbf{X}_s)d\mathbf{W}_s,$$

so sind (X, W, J) und $(\mathbf{X}, \mathbf{W}, \mathbf{J})$ nach Korollar 10.2.28 gleichverteilt. Daher ist $\mathbf{X} - x_0 - \mathbf{J}$ ununscheidbar vom Nullprozess, was die Behauptung beweist.

Der Fall, in dem das Anfangsdatum $\mathbf{X}_0$ zufällig ist, kann durch Bedingung auf $\mathbf{X}_0$ behandelt werden. Genauer gesagt, um die Notation zu erleichtern, sei $\mathbf{P} := \mu_{X,W}$: nach Theorem 4.3.2 in [113] gibt es eine reguläre Version

$$\mathbf{P}(\cdot \mid \mathbf{X}_0) = \left(\mathbf{P}_{x,w}(\cdot \mid \mathbf{X}_0)\right)_{(x,w) \in \Omega_{d+N}}$$

der bedingten Wahrscheinlichkeit von $\mathbf{P}$ gegeben $\mathbf{X}_0$. Für fast alle $(x, w) \in \Omega_{N+d}$, unter dem Maß $\mathbf{P}_{x,w}(\cdot \mid \mathbf{X}_0)$, hat der Prozess $(\mathbf{X}, \mathbf{W})$ die gleiche Verteilung wie $(\hat{X}, W)$, wo $(\hat{X}, W)$ die Lösung der SDE mit Koeffizienten b, σ und Anfangsdatum $\hat{X}_0 = x(0)$ ist. Dann ist unter dem Maß $\mathbf{P}_{x,w}(\cdot \mid \mathbf{X}_0)$ er Prozess $(\mathbf{X}, \mathbf{W})$ für fast alle $(x, w) \in \Omega_{N+d}$ eine Lösung der SDE mit Koeffizienten b, σ und Anfangsdatum $x(0)$. Um den Beweis zu beenden, genügt es zu beobachten, dass wir für

$$\mathbf{Z} := \sup_{t \in [0,T]} \left| \mathbf{X}_t - \mathbf{X}_0 - \int_0^t b(s, \mathbf{X}_s)ds - \int_0^t \sigma(s, \mathbf{X}_s)d\mathbf{W}_s \right|$$

nach dem Gesetz der totalen Wahrscheinlichkeit $E[\mathbf{Z}] = E[E[\mathbf{Z} \mid \mathbf{X}_0]] = 0$ haben. □

Das folgende Ergebnis stellt die Beziehungen zwischen Lösbarkeit und Eindeutigkeit für eine SDE im schwachen und starken Sinne her, gemäß den Definitionen 14.1.9 und 14.1.11.

Theorem 14.3.6 (Yamada und Watanabe [149]) [!]

i) Starke Lösbarkeit impliziert schwache Lösbarkeit;
ii) starke Eindeutigkeit impliziert schwache Eindeutigkeit;
iii) schwache Lösbarkeit und starke Eindeutigkeit zusammen implizieren starke Lösbarkeit.

Beweis Wir geben eine detaillierte Skizze des Beweises und verweisen die Leser auf Kap. 8 in [136] für eine umfassende Behandlung[9].

[i)] Um schwache Lösbarkeit aus starker Lösbarkeit abzuleiten, müssen wir nur eine Konfiguration konstruieren. Genauer gesagt, gegeben eine Verteilung μ_0 auf $\mathbb{R}^N$, betrachten wir den kanonischen Raum $\mathbb{R}^N \times \Omega_d$ ausgestattet mit dem

---

[9] Weitere Referenzquellen sind Theorem 21.14 und Lemma 21.17 in [66] und Abschn. V.17 in [124].

14.3 Schwache vs. starke Lösungen: das Yamada-Watanabe-Theorem

Produktmaß $\mu_0 \otimes \mu_W$, wo μ_W die Verteilung der d-dimensionalen Brownschen Bewegung ist, und mit der Filtration $(\mathscr{G}_t)_{t\in[0,T]}$, erzeugt durch den Identitätsprozess

$$(\mathbf{Z}, \mathbf{W}) : \mathbb{R}^N \times \mathbf{\Omega}_d \longrightarrow \mathbb{R}^N \times \mathbf{\Omega}_d, \quad \mathbf{Z}(z, w) = z, \ \mathbf{W}_t(z, w) = w(t), \ t \in [0, T].$$

Dann ist $\mathbf{Z} \sim \mu_0$ $\mathscr{G}_0$-messbar und $\mathbf{W}$ ist eine Brownsche Bewegung (in Bezug auf $\mathscr{G}_t$). Daher gibt es nach der Annahme der starken Lösbarkeit eine Lösung $\mathbf{X}$, die mit der Konfiguration $(\mathbf{W}, \mathscr{G}_t)$ verbunden ist, mit $\mathbf{X}_0 = \mathbf{Z} \sim \mu_0$.

[ii)] Wir lassen den Fall aus, in dem das Anfangsdatum zufällig ist: dies kann auf völlig analoge Weise zur zweiten Hälfte des Beweises von Lemma 14.3.5 behandelt werden (für Details siehe zum Beispiel Proposition IX.1.4 in [123]). Wir betrachten also zwei Lösungen $X^i \in \text{SDE}(b, \sigma, W^i, \mathscr{F}_t^i)$ so dass $X_0^i = x \in \mathbb{R}^N$ fast sicher, für $i = 1, 2$. Wir beweisen, dass die Annahme der starken Eindeutigkeit impliziert, dass (X^1, W^1) und (X^2, W^2) gleich in Verteilung sind. Das Problem ist, dass die Lösungen X^1 und X^2 im Allgemeinen auf verschiedenen Stichprobenräumen definiert sind: so ist die Idee, Versionen von X^1 und X^2 zu konstruieren, die Lösungen der SDE auf demselben Raum sind und in Bezug auf die gleiche Brownsche Bewegung. Zu diesem Zweck konstruieren wir einen kanonischen Raum, auf dem *drei* Prozesse definiert sind: eine Brownsche Bewegung und die Versionen von X^1 und X^2.

Nach Theorem 4.3.4 in [113] (und Bemerkung 4.3.5 in [113]) gibt es eine reguläre Version

$$\mu_{X^i|W^i} = (\mu_{X^i|W^i}(\cdot\,;w))_{w\in\mathbf{\Omega}_d}$$

der Verteilung von X^i bedingt auf W^i: für jedes $w \in \mathbf{\Omega}_d$ ist $\mu_{X^i|W^i}(\cdot\,;w)$ eine Verteilung auf der Borel σ-Algebra $\mathscr{G}_T^N$ von $\mathbf{\Omega}_N$ und wir haben[10]

$$\int_A \mu_{X^i|W^i}(H;w)\mu_W(dw) = E\left[E\left[\mathbb{1}_H(X^i) \mid W^i\right]\mathbb{1}_A(W^i)\right]$$
$$= \mu_{X^i,W^i}(H \times A), \quad (H, A) \in \mathscr{G}_T^N \times \mathscr{G}_T^d. \tag{14.14}$$

Nun definieren wir auf $\mathbf{\Omega}_N \times \mathbf{\Omega}_N \times \mathbf{\Omega}_d$ das Wahrscheinlichkeitsmaß[11]

$$\mathbf{P}(H \times K \times A) := \int_A \mu_{X^1|W^1}(H;w)\mu_{X^2|W^2}(K;w)\mu_W(dw),$$
$$(H, K, A) \in \mathscr{G}_T^N \times \mathscr{G}_T^N \times \mathscr{G}_T^d, \tag{14.15}$$

---

[10] Hier ist $\mu_W \equiv \mu_{W^i}$, $i = 1, 2$, das Wiener Maß auf $\mathbf{\Omega}_d$.
[11] $\mathbf{P}$ erweitert sich auf die Produkt σ-Algebra $\mathscr{G}_T^N \otimes \mathscr{G}_T^N \otimes \mathscr{G}_T^d = \mathscr{G}_T^{2N+d}$.

und bezeichnen mit $(\mathbf{X}^1, \mathbf{X}^2, \mathbf{W})$ den kanonischen Prozess auf diesem Raum. Wenn wir in (14.15) jeweils $H = \mathbf{\Omega}_N$ oder $K = \mathbf{\Omega}_N$ nehmen, haben wir durch (14.14)

$$(\mathbf{X}^i, \mathbf{W}) \stackrel{d}{=} (X^i, W^i), \quad i = 1, 2; \qquad (14.16)$$

insbesondere folgern wir, dass $\mathbf{W}$ unter dem Maß $\mathbf{P}$ eine Brownsche Bewegung ist und, wie im Beweis von Lemma 14.3.5, sind $(\mathbf{X}^1, \mathbf{W})$ und $(\mathbf{X}^2, \mathbf{W})$ beide Lösungen der SDE mit den Koeffizienten b, σ und mit Anfangsdatum x. Durch starke Eindeutigkeit haben wir, dass $\mathbf{X}^1$ und $\mathbf{X}^2$ unter dem Maß $\mathbf{P}$ ununterscheidbar sind und daher

$$(X^1, W^1) \stackrel{d}{=} (\mathbf{X}^1, \mathbf{W}) = (\mathbf{X}^2, \mathbf{W}) \stackrel{d}{=} (X^2, W^2).$$

[iii)] Wiederum betrachten wir nur den Fall eines deterministischen Anfangsdatums. Sei $X \in \text{SDE}(b, \sigma, W, \mathscr{F}_t)$ eine Lösung mit Anfangsdatum $X_0 = x \in \mathbb{R}^N$ fast sicher. Wir wenden die Konstruktion von Punkt ii) mit $X^1 = X^2 = X$ an, d.h. wir konstruieren auf dem Raum $\mathbf{\Omega}_N \times \mathbf{\Omega}_N \times \mathbf{\Omega}_d$ das Maß $\mathbf{P}$ wie in (14.15) und den kanonischen Prozess $(\mathbf{X}^1, \mathbf{X}^2, \mathbf{W})$, wobei $\mathbf{X}^1, \mathbf{X}^2$ gleichverteilt mit X sind und Lösungen der SDE in Bezug auf die Brownsche Bewegung $\mathbf{W}$ sind.

Wir betrachten die bedingte Wahrscheinlichkeit $\mathbf{P}(\cdot \mid \mathbf{W}) = (\mathbf{P}_w(\cdot \mid \mathbf{W}))_{w \in \mathbf{\Omega}_d}$ und die zugehörigen bedingten Verteilungen

$$\mu_{\mathbf{X}^i \mid \mathbf{W}}(H) = \mathbf{P}(\mathbf{X}^i \in H \mid \mathbf{W}), \qquad H \in \mathbf{\Omega}_N, \, i = 1, 2,$$

wobei wir bemerken, dass $\mu_{\mathbf{X}^i \mid \mathbf{W}} = \mu_{X \mid W}$ durch (14.16) gilt. Wir haben[12] dass die Zufallsvariablen $\mathbf{X}^1$ und $\mathbf{X}^2$ *gleichzeitig fast sicher gleich und unabhängig* in $\mathbf{P}_w(\cdot \mid \mathbf{W})$ für fast alle $w \in \mathbf{\Omega}_d$ sind und daher[13] $\mathbf{X}^1$ und $\mathbf{X}^2$ eine Dirac-Delta-Verteilung unter $\mathbf{P}_w(\cdot \mid \mathbf{W})$ haben. In anderen Worten haben wir für fast alle

---

[12] Tatsächlich haben wir durch die starke Eindeutigkeit $\mathbf{P}(\mathbf{X}^1 = \mathbf{X}^2) = 1$, so dass

$$E\left[\mathbf{P}(\mathbf{X}^1 = \mathbf{X}^2 \mid \mathbf{W})\right] = E\left[\mathbf{P}(\mathbf{X}^1 = \mathbf{X}^2)\right] = 1$$

und da $\mathbf{P}(\mathbf{X}^1 = \mathbf{X}^2 \mid \mathbf{W}) \leq 1$, haben wir auch $\mathbf{P}_w(\mathbf{X}^1 = \mathbf{X}^2 \mid \mathbf{W}) = 1$ für fast alle $w \in \mathbf{\Omega}_d$. Darüber hinaus ist aus der Definition (14.15) von $\mathbf{P}$ leicht zu überprüfen, dass das gemeinsame bedingte Verteilung von $\mathbf{X}^1, \mathbf{X}^2$ das Produkt der Randverteilungen ist

$$\mu_{\mathbf{X}^1, \mathbf{X}^2 \mid \mathbf{W}}(H \times K) = \mathbf{P}\left((\mathbf{X}^1, \mathbf{X}^2) \in H \times K \mid \mathbf{W}\right) = \mu_{X \mid W}(H)\mu_{X \mid W}(K)$$
$$= \mu_{\mathbf{X}^1 \mid \mathbf{W}}(H)\mu_{\mathbf{X}^2 \mid \mathbf{W}}(K), \qquad H, K \in \mathbf{\Omega}_N,$$

aus dem die Unabhängigkeit für fast alle $w \in \mathbf{\Omega}_d$ folgt.

[13] Als Übung beweise, dass wenn X, Y reelle Zufallsvariablen auf einem Raum $(\Omega, \mathscr{F}, P)$ sind, die fast sicher gleich und unabhängig sind, dann $X \sim \delta_{x_0}$ für ein $x_0 \in \mathbb{R}$. Beweise, dass ein analoges Ergebnis für X, Y mit Werten im Raum $\mathbf{\Omega}_n$ gilt.

$w \in \Omega_d$ $\mu_{X|W}(H; w) = \mu_{X^i|W}(H; w) = \delta_{F(w)}$ für eine messbare Abbildung F von Ω_d nach Ω_N und daher $X = F(W)$ fast sicher. Um den Beweis zu beenden, ist es notwendig zu zeigen, dass X an die Standard-Brown'sche Filtration $\mathscr{F}^W$ adaptiert ist: für den Beweis dieser Tatsache, basierend auf den Eigenschaften der regulären Version der bedingten Wahrscheinlichkeit, verweisen wir[14] auf Problem 3.21 auf S. 310 in [67]. □

Bemerkung 14.3.7 [!] In Bemerkung 14.1.7 haben wir darauf hingewiesen, dass starke Lösungen sich von schwachen durch die Eigenschaft unterscheiden, an die Standard-Brown'sche Filtration adaptiert zu sein (unter der Annahme, dass das Anfangsdatum für die Einfachheit deterministisch ist). Diese Messbarkeitseigenschaft wird gut durch die funktionale Abhängigkeit $X = F(W)$ ausgedrückt, die im vorherigen Beweis gezeigt wurde: insbesondere kann eine starke Lösung (X, W) auf dem kanonischen Raum Ω_d definiert werden. Im Gegensatz dazu zeigt Lemma 14.3.5, dass es möglich ist, jede schwache Lösung auf den kanonischen Raum $\Omega_N \times \Omega_d$ zu „transportieren". Das bedeutet, dass schwache Lösungen im Allgemeinen einen reicheren Stichprobenraum erfordern, in dem die Trajektorien einer Lösung (die Elemente von Ω_N sind) nicht notwendigerweise Funktionale der Brown'schen Trajektorien sind (die Elemente von Ω_d sind): das ist der Fall von Tanakas Beispiel 14.1.10.

14.4 Standardannahmen und apriori Schätzungen

In diesem Abschnitt führen wir zusätzliche Annahmen an die Koeffizienten ein, die es uns ermöglichen, nützliche Abschätzungen für die Lösungen von SDEs zu erhalten.

Definition 14.4.1 (Standardannahmen) Die Koeffizienten b, σ erfüllen die Standardannahmen auf $]t_0, T[$, wenn es zwei positive Konstanten c_1, c_2 gibt, so dass

$$|b(t, x)| + |\sigma(t, x)| \leq c_1(1 + |x|), \quad (14.17)$$
$$|b(t, x) - b(t, y)| + |\sigma(t, x) - \sigma(t, y)| \leq c_2|x - y|, \quad (14.18)$$

für alle $t \in]t_0, T[$ und $x, y \in \mathbb{R}^N$.

Formeln (14.17) und (14.18) sind *lineare Wachstums* und *globale Lipschitz Stetigkeit* Bedingungen in x einheitlich in $t \in]t_0, T[$, bzw. Wir stellen fest, dass unter Annahme 14.1.1, (14.18) impliziert (14.17). In einigen Ergebnissen werden wir (14.18) abschwächen, indem wir *lokale* Lipschitz-Stetigkeit in x fordern.

---

[14] Tatsächlich wird in [67] mehr bewiesen (siehe auch Bemerkung 2 auf S. 310 in [123]): unter Berücksichtigung der Abhängigkeit vom Anfangsdatum $x \in \mathbb{R}^N$, ist die Funktion $F = F(x, w)$ gemeinsam messbar und, für $Z \in m\mathscr{F}_0$, ist $X = F(Z, W)$ eine starke Lösung der SDE mit zufälligem Anfangsdatum $X_0 = Z$.

Beispiel 14.4.2 (**Geometrische Brownsche Bewegung**) Betrachte die SDE mit linearen Koeffizienten

$$dX_t = \mu X_t dt + \sigma X_t dW_t \tag{14.19}$$

wo μ, σ reelle Parameter sind. In diesem Fall sind $b(t, x) = \mu x$ und $\sigma(t, x) = \sigma x$, so dass die Standardannahmen offensichtlich erfüllt sind. Wie im Beispiel 11.1.5-iii), zeigt eine direkte Anwendung der Itô'schen Formel, dass

$$X_t = X_0 e^{\left(\mu - \frac{\sigma^2}{2}\right)t + \sigma W_t}$$

eine Lösung von (14.19) ist. Der Prozess X, bekannt als *geometrische Brownsche Bewegung*, wird verwendet, um die Dynamik eines riskanten Finanzanlagenpreises im klassischen Black-Scholes-Modell [19] darzustellen. Das Modell verallgemeinert sich auf den Fall von zeitabhängigen Koeffizienten, $\mu = \mu(t), \sigma = \sigma(t) \in L^\infty(\mathbb{R}_{\geq 0})$: auch in diesem Fall ist es einfach, den expliziten Ausdruck der Lösung zu bestimmen.

In den Abschätzungen, die wir in diesem Abschnitt beweisen, werden mehrere Konstanten eingeführt. Da es wesentlich ist, sie im Auge zu behalten, führen wir die folgende Konvention ein.

Konvention 14.4.3 Um anzugeben, dass eine Konstante c *ausschließlich und allein* von den Werten der Parameter $\alpha_1, \ldots, \alpha_n$ abhängt, werden wir $c = c(\alpha_1, \ldots, \alpha_n)$ schreiben.

Lemma 14.4.4 [!] Seien X, Y adaptierte und f.s. stetige Prozesse und $p \geq 2$. Dann gilt:

- Falls b, σ die lineare Wachstumseigenschaft (14.17) erfüllen, so existiert eine positive Konstante $\bar{c}_1 = \bar{c}_1(T, d, N, p, c_1)$, so dass

$$E\left[\sup_{t_0 \leq t \leq t_1} \left|\int_{t_0}^t b(s, X_s)ds + \int_{t_0}^t \sigma(s, X_s)dW_s\right|^p\right]$$
$$\leq \bar{c}_1(t_1 - t_0)^{\frac{p-2}{2}} \int_{t_0}^{t_1} \left(1 + E\left[\sup_{t_0 \leq r \leq s} |X_r|^p\right]\right)ds \tag{14.20}$$

für jedes $t_1 \in]t_0, T[$;

- Falls b, σ die globale Lipschitz-Bedingung (14.18) erfüllen, so existiert eine positive Konstante $\bar{c}_2 = \bar{c}_2(T, d, N, p, c_2)$, so dass

14.4 Standardannahmen und apriori Schätzungen

$$E\left[\sup_{t_0\leq t\leq t_1}\left|\int_{t_0}^t (b(s,X_s)-b(s,Y_s))\,ds + \int_{t_0}^t (\sigma(s,X_s)-\sigma(s,Y_s))\,dW_s\right|^p\right]$$
$$\leq \bar{c}_2(t_1-t_0)^{\frac{p-2}{2}}\int_{t_0}^{t_1} E\left[\sup_{t_0\leq r\leq s}|X_r-Y_r|^p\right]ds \qquad (14.21)$$

für jedes $t_1 \in\,]t_0,T[$.

Beweis Wir erinnern an die elementare Ungleichung

$$|x_1+\cdots+x_n|^p \leq n^{p-1}\left(|x_1|^p+\cdots|x_n|^p\right), \qquad x_1,\ldots,x_n\in\mathbb{R}^N,\ n\in\mathbb{N}. \qquad (14.22)$$

Durch Hölders Ungleichung erhalten wir

$$E\left[\sup_{t_0\leq t\leq t_1}\left|\int_{t_0}^t b(s,X_s)ds\right|^p\right] \leq (t_1-t_0)^{p-1} E\left[\int_{t_0}^{t_1}|b(s,X_s)|^p ds\right] \leq$$

(durch (14.17))

$$\leq (t_1-t_0)^{p-1}c_1^p \int_{t_0}^{t_1} E\left[(1+|X_s|)^p\right]ds \leq$$

(durch (14.22))

$$\leq 2^{p-1}(t_1-t_0)^{p-1}c_1^p \int_{t_0}^{t_1}\left(1+E\left[|X_s|^p\right]\right)ds$$
$$\leq 2^{p-1}(t_1-t_0)^{p-1}c_1^p \int_{t_0}^{t_1}\left(1+E\left[\sup_{t_0\leq r\leq s}|X_r|^p\right]\right)ds.$$

Ähnlich, durch Burkholder-Davis-Gundy's Ungleichung, in der Version von Korollar 12.3.10, gibt es eine Konstante $c=c(d,N,p)$ so dass

$$E\left[\sup_{t_0\leq t\leq t_1}\left|\int_{t_0}^t \sigma(s,X_s)dW_s\right|^p\right] \leq c(t_1-t_0)^{\frac{p-2}{2}} E\left[\int_{t_0}^{t_1}|\sigma(s,X_s)|^p ds\right] \leq$$

(wie bei der vorherigen Schätzung)

$$\leq c(t_1-t_0)^{\frac{p-2}{2}} 2^{p-1}c_1^p \int_{t_0}^{t_1}\left(1+E\left[\sup_{t_0\leq r\leq s}|X_r|^p\right]\right)ds.$$

Dies beweist (14.20).

Wiederum, durch Hölders Ungleichung, haben wir

$$E\left[\sup_{t_0 \leq t \leq t_1} \left|\int_{t_0}^{t} (b(s, X_s) - b(s, Y_s))\, ds\right|^p\right]$$
$$\leq (t_1 - t_0)^{p-1} E\left[\int_{t_0}^{t_1} |b(s, X_s) - b(s, Y_s)|^p ds\right] \leq$$

(durch (14.18))

$$\leq (t_1 - t_0)^{p-1} c_2^p \int_{t_0}^{t_1} E\left[|X_s - Y_s|^p\right] ds$$
$$\leq (t_1 - t_0)^{p-1} c_2^p \int_{t_0}^{t_1} E\left[\sup_{t_0 \leq r \leq s} |X_r - Y_r|^p\right] ds.$$

Ähnlich, durch Korollar 12.3.10, haben wir

$$E\left[\sup_{t_0 \leq t \leq t_1} \left|\int_{t_0}^{t} (\sigma(s, X_s) - \sigma(s, Y_s))\, dW_s\right|^p\right]$$
$$\leq c_p (t_1 - t_0)^{\frac{p-2}{2}} E\left[\int_{t_0}^{t_1} |\sigma(s, X_s) - \sigma(s, Y_s)|^p ds\right] \leq$$

(wie bei der vorherigen Schätzung, durch (14.18))

$$\leq c_p (t_1 - t_0)^{\frac{p-2}{2}} c_2^p \int_{t_0}^{t_1} E\left[\sup_{t_0 \leq r \leq s} |X_r - Y_r|^p\right] ds.$$

Dies beweist (14.21). □

14.5 Einige a-priori Schätzungen

In diesem Abschnitt beweisen wir einige polynomiale und exponentielle Integrabilitätsschätzungen für die Lösungen von SDEs *deren Koeffizienten die lineare Wachstumsannahme* (14.17) *erfüllen*. Wir verwenden den Begriff „a-priori" Schätzungen, weil *Bedingung (14.17) allein nicht ausreicht, um die Existenz einer Lösung zu gewährleisten:* Existenz wird daher implizit als Hypothese angenommen. Die folgenden Schätzungen haben erhebliche theoretische Bedeutung (zum Beispiel für den Beweis von Feynman-Kac's Theorem 15.4.4) und praktische Anwendungen (zum Beispiel für die Ergebnisse der stetigen Abhängigkeit von Parametern des Abschn. 17.4 und die Untersuchung der Konvergenz von numerischen Approximationsschemata für SDEs). Andererseits können die Beweise dieses Abschnitts, die technisch und nicht sehr informativ sind, beim ersten Lesen übersprungen werden.

14.5 Einige a-priori Schätzungen

Um die Notation zu vereinfachen, nehmen wir in diesem Abschnitt $t_0 = 0$ an und für jeden stochastischen Prozess X setzen wir

$$\bar{X}_t = \sup_{0 \leq s \leq t} |X_s|.$$

Im Folgenden werden wir wiederholt den folgenden klassischen Satz anwenden.

Lemma 14.5.1 (Grönwall) Betrachte $v \in L^1([0, T])$ so dass

$$v(t) \leq a + b \int_0^t v(s)ds, \qquad t \in [0, T],$$

wobei a und b nicht-negative reelle Zahlen sind. Dann haben wir

$$v(t) \leq ae^{bt}, \qquad t \in [0, T].$$

In Grönwalls Lemma ist die Integrabilitätsannahme von v notwendig: Ein Gegenbeispiel ist gegeben durch $v(t) = 0$ für $t = 0$ und $v(t) = \frac{1}{t}$ für $t > 0$, mit $a = 0$ und $b = 1$. Wenn wir die Annahmen $v \geq 0$ und $a = 0$ zu den Hypothesen von Grönwalls Lemma hinzufügen, dann haben wir $v \equiv 0$.

Theorem 14.5.2 (A-priori L^p Schätzungen) Sei $X = (X_t)_{t \in [0,T]}$ eine Lösung der SDE

$$dX_t = b(t, X_t)dt + \sigma(t, X_t)dW_t,$$

mit b, σ, die die Annahme des linearen Wachstums (14.17) erfüllen. Dann gibt es für jedes $T > 0$ und $p \geq 2$ eine positive Konstante $c = c(T, p, d, N, c_1)$, so dass

$$E\left[\sup_{0 \leq t \leq T} |X_t|^p\right] \leq c(1 + E[|X_0|^p]). \qquad (14.23)$$

Beweis Wir können ohne Beschränkung der Allgemeinheit annehmen, dass $E[|X_0|^p] < \infty$ ist, sonst ist die Behauptung offensichtlich. Die allgemeine Idee des Beweises ist einfach: Aus Schätzung (14.20) haben wir

$$v(t) := E\left[\bar{X}_t^p\right] \leq 2^{p-1}\left(E[|X_0|^p] + \bar{c}_1 \int_0^t \left(1 + E\left[\bar{X}_s^p\right]ds\right)\right), \qquad t \in [0, T],$$

oder äquivalent

$$v(t) \leq c\left(1 + E[|X_0|^p] + \int_0^t v(s)ds\right), \qquad t \in [0, T],$$

und daher würde die Behauptung direkt aus Grönwalls Lemma folgen.

Tatsächlich ist es notwendig, um Grönwalls Lemma anzuwenden, a-priori[15] zu wissen, dass $v \in L^1([0, T])$. Aus diesem Grund ist es notwendig, vorsichtiger vorzugehen und ein technisches Lokalisierungsargument zu verwenden. Sei dazu

$$\tau_n = \inf\{t \in [0, T] \mid |X_t| \geq n\}, \quad n \in \mathbb{N},$$

mit der Konvention $\min \emptyset = T$. Da X fast sicher stetig ist, haben wir, dass τ_n eine aufsteigende Folge von Stoppzeiten ist, so dass $\tau_n \nearrow T$ fast sicher. Mit b_n, σ_n wie in (17.3), haben wir

$$\begin{aligned}X_{t \wedge \tau_n} &= X_0 + \int_0^{t \wedge \tau_n} b(s, X_s)ds + \int_0^{t \wedge \tau_n} \sigma(s, X_s)dW_s \\ &= X_0 + \int_0^t b_n(s, X_{s \wedge \tau_n})ds + \int_0^t \sigma_n(s, X_{s \wedge \tau_n})dW_s.\end{aligned}$$

Die Koeffizienten $b_n = b_n(t, x)$ und $\sigma_n = \sigma_n(t, x)$, obwohl stochastisch, erfüllen die lineare Wachstumsbedingung (14.17) mit der gleichen Konstante c_1: der Beweis der Schätzung (14.20) kann in einer im Wesentlichen identischen Weise zum Fall der deterministischen b, σ wiederholt werden, um

$$v_n(t_1) := E\left[\sup_{0 \leq t \leq t_1} |X_{t \wedge \tau_n}|^p\right]$$

$$\leq 2^{p-1}\left(E\left[|X_0|^p\right] + \bar{c}_1 \int_0^{t_1}\left(1 + \underbrace{E\left[\sup_{0 \leq r \leq s}|X_{r \wedge \tau_n}|^p\right]}_{=v_n(s)}\right)ds\right), \quad t_1 \in [0, T],$$

zu erhalten oder äquivalent

$$v_n(t_1) \leq c\left(1 + E\left[|X_0|^p\right] + \int_0^{t_1} v_n(s)ds\right), \quad t_1 \in [0, T],$$

mit c positiver Konstante, die nur von T, p, d, N, c_1 und nicht von n abhängt. Wir beobachten, dass v_n eine messbare und beschränkte Funktion ist, da $|X_{t \wedge \tau_n}| \leq |X_0|\mathbb{1}_{(|X_0| \geq n)} + n\mathbb{1}_{(|X_0| < n)}$ und daher $v_n(t) \leq E[(|X_0| + n)^p] < +\infty$: dann haben wir durch Grönwalls Lemma

$$E\left[\sup_{0 \leq t \leq T}|X_{t \wedge \tau_n}|^p\right] = v_n(T) \leq ce^{cT}\left(1 + E\left[|X_0|^p\right]\right),$$

---

[15] Basierend auf dem, was bisher bewiesen wurde, wissen wir nicht einmal, ob v eine stetige Funktion ist.

14.5 Einige a-priori Schätzungen

und wenn wir den Grenzwert für n gegen Unendlich nehmen, erhalten wir (14.23) durch Beppo Levis Theorem. □

Wenn der diffusive Koeffizient σ beschränkt ist, gilt eine stärkere Integrabilitätsschätzung als die von Theorem 14.5.2.

Theorem 14.5.3 (A-priori exponentielle Schätzung) Sei $X = (X_t)_{t \in [0,T]}$ die Lösung der SDE
$$dX_t = b(t, X_t)dt + \sigma(t, X_t)dW_t$$

mit b, das die lineare Wachstumsannahme (14.17) erfüllt, und σ beschränkt durch eine Konstante κ, d.h. $|\sigma(t,x)| \leq \kappa$ für $(t,x) \in [0,T] \times \mathbb{R}^N$. Dann gibt es zwei positive Konstanten α und c, die nur von T, κ, c_1 und N abhängen, so dass
$$E\left[e^{\alpha \bar{X}_T^2}\right] \leq cE\left[e^{c|X_0|^2}\right], \qquad \bar{X}_T := \sup_{0 \leq t \leq T} |X_t|.$$

Beweis Sei
$$\bar{M}_T = \sup_{0 \leq t \leq T} \left| \int_0^t \sigma(s, X_s) dW_s \right|.$$

Sei nun $\delta > 0$. Wir haben auf $(\bar{M}_T < \delta)$
$$|X_t| < |X_0| + c_1 \int_0^t (1 + \bar{X}_s) ds + \delta, \qquad t \in [0,T]$$

fast sicher, so dass nach Grönwalls Lemma
$$\bar{X}_T < (|X_0| + c_1 T + \delta)e^{c_1 T}.$$

Folglich
$$\left(\bar{X}_T \geq (|X_0| + c_1 T + \delta)e^{c_1 T}\right) \subseteq \left(\bar{M}_T \geq \delta\right)$$

und nach Proposition 13.2.4 (und Schätzung (13.16)) gibt es eine positive Konstante c, die nur von N, κ und T abhängt, so dass[16]
$$P\left(\bar{X}_T \geq (|X_0| + c_1 T + \delta)e^{c_1 T} \mid X_0\right) \leq ce^{-\frac{\delta^2}{c}}. \qquad (14.24)$$

Sei $\lambda = (|X_0| + c_1 T + \delta)e^{c_1 T}$ und beachte dass
$$\delta = \lambda e^{-c_1 T} - |X_0| - c_1 T \geq \frac{\lambda}{2} e^{-c_1 T} \quad \text{wenn } \lambda \geq \bar{a}|X_0| + \bar{b} \qquad (14.25)$$

---

[16] Vorausgesetzt, dass wir zum kanonischen Setting wechseln mittels Lemma 14.3.5 (dies ist nicht einschränkend, da die Behauptung nur von der Verteilung von X abhängt), existiert eine reguläre Version der bedingten Wahrscheinlichkeit und Schätzung (14.24) gilt punktweise als Folge von Proposition 13.2.4.

mit $\bar{a} := 2e^{c_1 T}$ und $\bar{b} := 2c_1 T e^{c_1 T}$. Also haben wir mit einer Kombination von (14.24) und (14.25)

$$P\left(\bar{X}_T \geq \lambda \mid X_0\right) \leq c e^{-\bar{c}\lambda^2}, \quad \lambda \geq \bar{a}|X_0| + \bar{b}, \tag{14.26}$$

wobei $c, \bar{c}$ positive Konstanten sind, die nur von T, κ, c_1 und N abhängen. Jetzt wenden wir Proposition 3.1.6 in [113] mit $f(\lambda) = e^{\alpha \lambda^2}$ an, wobei die Konstante $\alpha > 0$ später bestimmt wird: wir haben

$$E\left[e^{\alpha \bar{X}_T^2} \mid X_0\right] = 1 + 2\alpha \int_0^\infty \lambda e^{\alpha \lambda^2} P\left(\bar{X}_T \geq \lambda \mid X_0\right) d\lambda \leq$$

(nach (14.26))

$$\leq 1 + 2\alpha \int_0^{\bar{a}|X_0|+\bar{b}} \lambda e^{\alpha \lambda^2} d\lambda + 2\alpha c \int_{\bar{a}|X_0|+\bar{b}}^{+\infty} \lambda e^{\lambda^2(\alpha-\bar{c})} d\lambda.$$

Die Behauptung folgt durch Setzen von $\alpha = \frac{\bar{c}}{2}$ und Anwenden des Erwartungswertes. □

14.6 Wichtige Merksätze

Hier sind die wichtigsten Ergebnisse und Grundideen des Kapitels, die man sich merken sollte. Technische oder weniger wichtige Details werden weggelassen. Bei Unklarheiten zu den folgenden kurzen Aussagen lohnt sich ein Blick in den jeweiligen Abschnitt.

- Abschn. 14.1: Wir führen die Konzepte der *Lösung einer SDE auf einer Konfiguration* $(W, \mathscr{F}_t)$ und der *Lösbarkeit einer SDE* im starken Sinne (d. h. mit Lösungen, die an die von den Anfangsdaten und von W erzeugte Filtration adaptiert sind) und im schwachen Sinne ein: Im letzteren Fall, da die Konfiguration a-priori nicht festgelegt ist, besteht eine Lösung aus dem *Paar* (X, W).
- Abschn. 14.2: Dank der regulierenden Wirkung der Brownschen Bewegung und im Gegensatz zu dem, was im deterministischen Fall geschieht, können wir Existenz und Eindeutigkeit der Lösung einer SDE mit einem stark unregelmäßigen Driftkoeffizienten haben, selbst wenn dieser nur messbar und begrenzt ist.
- Abschn. 14.3: Die Technik der Lösungsübertragung ermöglicht es uns, das Problem der Lösbarkeit einer SDE im kanonischen Raum stetiger Trajektorien zu formulieren: Dies ist besonders nützlich für die Untersuchung schwacher Lösungen. Das Yamada-Watanabe-Theorem klärt das Verhältnis zwischen den Konzepten der Lösbarkeit im schwachen und starken Sinne:

14.6 Wichtige Merksätze

i) Wenn eine SDE im starken Sinne lösbar ist, dann ist sie auch im schwachen Sinne lösbar;
ii) Wenn es für eine SDE Eindeutigkeit im starken Sinne gibt, dann gibt es auch Eindeutigkeit im schwachen Sinne;
iii) Wenn es für eine SDE Lösbarkeit im schwachen Sinne und Eindeutigkeit im starken Sinne gibt, dann gibt es Lösbarkeit im starken Sinne.

- Abschn. 14.4 und 14.5: Unter den „Standardannahmen" des linearen Wachstums und Lipschitz-Stetigkeit der Koeffizienten beweisen wir einige Integrabilitätsschätzungen, die für die Untersuchung starker Lösungen entscheidend sein werden.

Hauptnotationen, die in diesem Kapitel verwendet oder eingeführt werden:

Symbol	Beschreibung	S.
$(W, \mathscr{F}_t)$	Aufstellung	258
$W = (W_t)_{t \in [t_0, T]}$	Brownsche Bewegung mit Anfangspunkt t_0	258
$\mathscr{F}^W$	Standard Brownsche Filtration	258
$X \in \mathrm{SDE}(b, \sigma, W, \mathscr{F}_t)$	X ist die Lösung der SDE mit Koeffizienten b, σ bezogen auf $(W, \mathscr{F}_t)$	259
$\mathscr{F}^{Z,W}$	(vervollständigte) Filtration erzeugt durch $Z \in m\mathscr{F}_{t_0}$ und W	260
$\mathbf{\Omega}_n = C([0, T]; \mathbb{R}^n)$	Raum der stetigen n-dimensionalen Trajektorien	267
$\mathbf{X}_t(w) = w(t)$	Identitätsprozess auf $\mathbf{\Omega}_n$	267
$(\mathscr{G}_t^n)_{t \in [0,T]}$	Filtration auf $\mathbf{\Omega}_n$ erzeugt durch den Identitätsprozess	267

# Kapitel 15
Feynman-Kac Formeln

> *Ich werde vielleicht nie alle Antworten finden Ich werde vielleicht nie verstehen warum Ich werde vielleicht nie beweisen Was ich weiß, dass es wahr ist Aber ich weiß, dass ich es trotzdem versuchen muss*
>
> Dream Theater,
>
> The spirit carries on

Betrachte die SDE
$$dX_t = b(t, X_t)dt + \sigma(t, X_t)dW_t \tag{15.1}$$

wobei W eine d-dimensionale Brownsche Bewegung ist und

$$b = b(t,x) :]0,T[\times \mathbb{R}^N \longrightarrow \mathbb{R}^N, \qquad \sigma = \sigma(t,x) :]0,T[\times \mathbb{R}^N \longrightarrow \mathbb{R}^{N\times d}.$$

Wenn es eine Lösung $X^{t,x} = (X^{t,x}_s)_{s\in[t,T]}$ zu (15.1) mit Anfangsdatum (t,x) gibt, dann haben wir nach Itôs Formel für jede geeignet glatte Funktion u

$$\begin{aligned} u(s, X^{t,x}_s) = u(t,x) &+ \int_t^s (\partial_r + \mathscr{A}_r)\, u(r, X^{t,x}_r)dr \\ &+ \int_t^s \nabla u(r, X^{t,x}_r)\sigma(r, X^{t,x}_r)dW_r, \quad s\in[t,T], \end{aligned} \tag{15.2}$$

wobei

$$\mathscr{A}_t := \frac{1}{2}\sum_{i,j=1}^N c_{ij}(t,x)\partial_{x_i x_j} + \sum_{j=1}^N b_j(t,x)\partial_{x_j}, \qquad c := \sigma\sigma^*, \tag{15.3}$$

der sogenannte *charakteristische Operator der SDE* (15.1) ist (siehe Definition 15.1.1).

Die Feynman-Kac Formeln bieten einen probabilistischen Rahmen zur Darstellung von Lösungen partieller Differentialgleichungen (abgekürzt als PDEs), die den Operator $\mathscr{A}_t$ beinhalten. Um die Ideen zu fixieren, nehmen wir an, es existiert eine klassische Lösung für das rückwärts Cauchy-Problem

$$\begin{cases} (\partial_t + \mathscr{A}_t)u(t,x) = 0, & (t,x) \in \,]0, T[\,\times\mathbb{R}^N, \\ u(T,x) = \varphi(x), & x \in \mathbb{R}^N. \end{cases} \qquad (15.4)$$

Dann reduziert sich (15.2) auf

$$u(s, X_s^{t,x}) = u(t,x) + \int_t^s \nabla u(r, X_r^{t,x})\sigma(r, X_r^{t,x}) dW_r, \qquad s \in [t, T],$$

und daher ist der Prozess $s \mapsto u(s, X_s^{t,x})$ ein lokales Martingal: außerdem, wenn $(u(s, X_s^{t,x}))_{s \in [t,T]}$ ein echtes Martingal ist, erhalten wir durch Erwartungswertbildung und Verwendung der Endbedingung $u(T, \cdot) = \varphi$

$$u(t,x) = E\left[u(T, X_T^{t,x})\right] = E\left[\varphi(X_T^{t,x})\right]. \qquad (15.5)$$

Die Formel (15.5) liefert eine Darstellung der Lösung von (15.4) in Bezug auf das Enddatum φ: aus Anwendungssicht kann diese Formel mit Monte-Carlo-Methoden zur numerischen Approximation der Lösung umgesetzt werden; aus theoretischer Sicht liefert Gl. (15.5) ein Eindeutigkeitsergebnis für die Lösung des Problems (15.4).

In diesem Kapitel untersuchen wir verschiedene Varianten und Verallgemeinerungen der Formel (15.5), die für partielle Differentialoperatoren zweiter Ordnung vom elliptischen und parabolischen Typ gelten.

15.1 Charakteristischer Operator einer SDE

Betrachte eine SDE der Form (15.1) mit Koeffizienten $b, \sigma \in L_{\text{loc}}^\infty$ die die lineare Wachstumsannahme (14.17) erfüllen. Angenommen, es existiert eine Lösung $X^{t,x} = (X_s^{t,x})_{s \in [t,T]}$ mit Anfangsdatum (t,x). Dann, gegeben eine Funktion $\psi = \psi(x) \in bC^2(\mathbb{R}^N)$ (d.h. ψ hat stetige und beschränkte Ableitungen bis zur zweiten Ordnung), haben wir nach der Itô-Formel

$$E\left[\frac{\psi(X_s^{t,x}) - \psi(x)}{s-t}\right] = E\Bigg[\frac{1}{s-t}\int_t^s \mathscr{A}_r \psi(X_r^{t,x}) dr$$
$$+ \frac{1}{s-t}\int_t^s \nabla\psi(X_r^{t,x})\sigma(r, X_r^{t,x}) dW_r\Bigg] =$$

15.1 Charakteristischer Operator einer SDE

(da $|\nabla \psi(X_r^{t,x})\sigma(r, X_r^{t,x})| \leq c(1 + |X_r^{t,x}|) \in \mathbb{L}^2$ nach den a-priori Integrabilitätsschätzungen von Theorem 14.5.2)

$$= E\left[\frac{1}{s-t}\int_t^s \mathscr{A}_r\psi(X_r^{t,x})dr\right] \xrightarrow[s-t \to 0^+]{} \mathscr{A}_t\psi(x)$$

wo wir den Satz von der majorisierten Konvergenz und die Abschätzungen aus Theorem 14.5.2 verwendet haben, um den Grenzwert zu bilden: daher haben wir

$$\frac{d}{ds}E\left[\psi(X_s^{t,x})\right]\bigg|_{s=t} = \mathscr{A}_t\psi(x). \tag{15.6}$$

Dies dient als Motivation für die folgende Definition, die Formel (2.25) für Markov-Prozesse widerspiegelt.

Definition 15.1.1 (Charakteristischer Operator einer SDE) Der Operator $\mathscr{A}_t$ in (15.3) wird als *charakteristischer Operator der SDE* (15.1) bezeichnet.

Bemerkung 15.1.2 [!] Sei $m \in \mathbb{R}^N$. Betrachte die Funktionen

$$\psi_i(x) := x_i, \qquad \psi_{ij}(x) := (x_i - m_i)(x_j - m_j), \qquad x \in \mathbb{R}^N, \; i, j = 1, \ldots, N,$$

und beachte, dass

$$\mathscr{A}_t\psi_i(x) = b_i(t, x), \qquad \mathscr{A}_t\psi_{ij}(x) = c_{ij}(t, x) + b_i(t, x)(x_j - m_j) + b_j(t, x)(x_i - m_i).$$

Gl. (15.6) ist für $\psi = \psi_i$ und $\psi = \psi_{ij}$ gültig: dies kann mit den gleichen Argumenten wie oben bewiesen werden, da die lineare Wachstumsbedingung der Koeffizienten b, σ und die L^p Abschätzungen des Theorems 14.5.2 Konvergenz und die Martingaleigenschaft der stochastischen Integrale rechtfertigen. Daher haben wir

$$\frac{d}{ds}E\left[X_s^{t,x}\right]\bigg|_{s=t} = b(t, x), \tag{15.7}$$

$$\frac{d}{ds}E\left[(X_s^{t,x} - m)_i(X_s^{t,x} - m)_j\right]\bigg|_{s=t} = c_{ij}(t, x) + b_i(t, x)(x_j - m_j) + b_j(t, x)(x_i - m_i)$$

und insbesondere, für $m = x$,

$$\frac{d}{ds}E\left[(X_s^{t,x} - x)_i(X_s^{t,x} - x)_j\right]\bigg|_{s=t} = c_{ij}(t, x). \tag{15.8}$$

Auf der Grundlage der Formeln (15.7) und (15.8) stellen die Koeffizienten $b_i(t, x)$ und $c_{ij}(t, x)$ in Übereinstimmung mit Bemerkung 2.5.8 die *infinitesimalen Inkremente von Erwartung und Kovarianzmatrix* von $X^{t,x}$.

Bemerkung 15.1.3 Sei $u \in C^{1,2}(\mathbb{R}^{N+1})$. Gemäß der Itô-Formel ist der Prozess

$$M_t := u(s, X_s^{t,x}) - \int_t^s (\partial_r + \mathscr{A}_r)u(r, X_r^{t,x})dr, \quad s \geq t,$$

ein lokales Martingal: dieses Ergebnis ähnelt Theorem 2.5.13 und zeigt, wie man den Prozess $s \mapsto u(s, X_s^{t,x})$ „kompensieren" kann, um ein (lokales) Martingal zu erhalten. Diese Ähnlichkeiten zwischen Markov-Prozessen und Lösungen von SDEs sind kein Zufall: wir werden später beweisen (siehe Theoreme 17.3.1 und 18.2.3), dass unter geeigneten Annahmen an die Koeffizienten die Lösung einer SDE eine Diffusion ist.

15.2 Austrittszeit aus einem beschränkten Bereich

In diesem Abschnitt geben wir einige einfache Bedingungen an, die sicherstellen, dass die erste Austrittszeit der Lösung der SDE (15.1) aus einem beschränkten Bereich[1] D von $\mathbb{R}^N$, absolut integrierbar und daher fast sicher endlich ist. Wir machen die folgenden

Annahme 15.2.1

i) Die Koeffizienten der SDE (15.1) sind messbar und lokal beschränkt, $b, \sigma \in L_{\text{loc}}^\infty([0, +\infty[\times \mathbb{R}^N)$;
ii) Für alle $t \geq 0$ und $x \in D$ existiert eine Lösung $X^{t,x}$ von (15.1) mit Anfangsbedingung $X_t^{t,x} = x$ auf einer Konfiguration $(W, \mathscr{F}_t)$.

Wir bezeichnen mit $\tau_{t,x}$ die erste Austrittszeit von $X^{t,x}$ aus D,

$$\tau_{t,x} = \inf\{s \geq t \mid X_s^{t,x} \notin D\},$$

und zur Vereinfachung schreiben wir $X^{0,x} = X^x$ und $\tau_{0,x} = \tau_x$.

Satz 15.2.2 Angenommen, es existiert eine Funktion $f \in C^2(\mathbb{R}^N)$, die auf D nichtnegativ ist und für die

$$\mathscr{A}_t f(x) \leq -1, \quad t \geq 0, \ x \in D \tag{15.9}$$

gilt. Dann ist $E[\tau_x]$ endlich für jedes $x \in D$. Insbesondere existiert eine solche Funktion, wenn für ein $\lambda > 0$ und $i \in \{1, \ldots, N\}$

$$c_{ii}(t, \cdot) \geq \lambda, \quad t \geq 0, \ x \in D. \tag{15.10}$$

---

[1] Offene und zusammenhängende Menge.

15.2 Austrittszeit aus einem beschränkten Bereich

gilt.[2]

Beweis Für eine feste Zeit t haben wir nach der Itô-Formel

$$f(X^x_{t\wedge\tau_x}) = f(x) + \int_0^{t\wedge\tau_x} \mathscr{A}_s f(X^x_s) ds + \int_0^{t\wedge\tau_x} \nabla f(X^x_s) \sigma(s, X^x_s) dW_s.$$

Da ∇f und $\sigma(s,\cdot)$ auf D für $s \leq t$ beschränkt sind, hat das stochastische Integral null Erwartung und nach (15.9) haben wir

$$E\left[f(X^x_{t\wedge\tau_x})\right] \leq f(x) - E[t \wedge \tau_x];$$

also, da $f \geq 0$,

$$E[t \wedge \tau_x] \leq f(x).$$

Schließlich erhalten wir durch Grenzübergang für $t \to \infty$ nach dem Satz von Beppo Levi

$$E[\tau_x] \leq f(x).$$

Nehmen wir nun an, dass (15.10) gilt und betrachten nur den Fall $i = 1$: dann reicht es aus

$$f(x) = \alpha(e^{\beta R} - e^{\beta x_1})$$

zu setzen, wobei α, β geeignete positive Konstanten sind und R so groß ist, so dass D in der euklidischen Kugel mit Radius R, zentriert im Ursprung, enthalten ist. Tatsächlich ist f auf D nicht-negativ und wir haben

$$\mathscr{A}_t f(x) = -\alpha e^{\beta x_1}\left(\frac{1}{2} c_{11}(t,x)\beta^2 + b_1(t,x)\beta\right)$$

$$\leq -\alpha\beta e^{-\beta R}\left(\frac{\lambda\beta}{2} - \|b\|_{L^\infty(D)}\right).$$

Die Behauptung folgt durch geeignete Wahl von α, β. □

Bemerkung 15.2.3 Es ist einfach, eine Bedingung für die Terme erster Ordnung zu bestimmen, die analog zu der von Proposition 15.2.2 ist: Wenn es ein $\lambda > 0$ und $i \in \{1, \ldots, N\}$ gibt, so dass $b_i(t,\cdot) \geq \lambda$ oder $b_1(t,x) \leq -\lambda$ auf D für jedes $t \geq 0$ gilt, dann ist $E[\tau_x]$ endlich. Tatsächlich, nehmen wir zum Beispiel an, dass $b_1(t,x) \geq \lambda$: Dann erhalten wir durch Anwendung der Itô-Formel auf die Funktion $f(x) = x_1$

$$\left(X^x_{t\wedge\tau_x}\right)_1 = x_1 + \int_0^{t\wedge\tau_x} b_1(s, X^x_s) ds + \sum_{i=1}^d \int_0^{t\wedge\tau_x} \sigma_{1i}(s, X^x_s) dW^i_s,$$

---

[2] Gl. (15.10) ist eine Nicht-Gesamtentartungsbedingung für die Matrix (c_{ij}) der zweiten Ordnungskoeffizienten des charakteristischen Operators $\mathscr{A}_t$ in (15.3): Sie ist offensichtlich erfüllt, wenn (c_{ij}) gleichmäßig positiv definit ist.

und im Erwartungswert

$$E\left[\left(X^x_{t\wedge\tau_x}\right)_1\right] \geq x_1 + \lambda E\left[t \wedge \tau_x\right],$$

was die Behauptung im Grenzwert für $t \to \infty$ beweist.

15.3 Der autonome Fall: das Dirichlet-Problem

In diesem Abschnitt betrachten wir den Fall, in dem die Koeffizienten $b = b(x)$ und $\sigma = \sigma(x)$ der SDE (15.1) unabhängig von der Zeit sind und bezeichnen daher $\mathscr{A}_t$ in (15.3) einfach als $\mathscr{A}$. In vielerlei Hinsicht ist diese Bedingung nicht einschränkend, da auch Probleme mit Zeitabhängigkeit in diesem Kontext behandelt werden können, indem die Zeit als Zustandsvariablen verstanden wird, wie im folgenden Beispiel 15.3.7. Wir nehmen zusätzlich zur Annahme 15.2.1 an, dass $E[\tau_x]$ für alle $x \in D$ endlich ist, wobei D ein beschränkter Bereich ist.

Das folgende Ergebnis liefert eine Darstellungsformel (und damit ein Eindeutigkeitsergebnis) für die klassischen Lösungen des *Dirichlet-Problems* für den elliptisch-parabolischen Operator $\mathscr{A}$:

$$\begin{cases} \mathscr{A}u - au = f, & \text{in } D, \\ u|_{\partial D} = \varphi, \end{cases} \tag{15.11}$$

wobei f, a, φ gegebene Funktionen sind. Wie bereits erwähnt, bildet die Formel (15.12) die Grundlage für Monte-Carlo-Verfahren zur numerischen Approximation von Lösungen des Dirichlet-Problems (15.11).

Theorem 15.3.1 (Feynman-Kac-Formel) [!!] Seien $f \in L^\infty(D), \varphi \in C(\partial D)$ und $a \in C(D)$ mit $a \geq 0$. Ist $u \in C^2(D) \cap C(\bar{D})$ eine Lösung des Dirichlet-Problems (15.11), so gilt für jedes $x \in D$

$$u(x) = E\left[e^{-\int_0^{\tau_x} a(X^x_t)dt}\varphi(X^x_{\tau_x}) - \int_0^{\tau_x} e^{-\int_0^t a(X^x_s)ds} f(X^x_t)dt\right]. \tag{15.12}$$

Beweis Für $\varepsilon > 0$ hinreichend klein, sei D_ε ein Gebiet, so dass

$$x \in D_\varepsilon, \qquad \bar{D}_\varepsilon \subseteq D, \qquad \text{dist}\,(\partial D_\varepsilon, \partial D) \leq \varepsilon.$$

Sei außerdem τ_ε die Austrittszeit von X^x aus D_ε und beobachte, dass X^x stetig ist,

$$\lim_{\varepsilon \to 0^+} \tau_\varepsilon = \tau_x.$$

15.3 Der autonome Fall: das Dirichlet-Problem

Setze
$$Z_t = e^{-\int_0^t a(X_s^x)ds},$$

und beachte, dass $Z_t \in \,]0,1]$ nach Annahme. Außerdem, wenn $u_\varepsilon \in C_0^2(\mathbb{R}^N)$ so ist auf D_ε $u_\varepsilon = u$ und wir haben nach Itôs Formel

$$d(Z_t u_\varepsilon(X_t^x)) = Z_t \left((\mathscr{A} u_\varepsilon - a u_\varepsilon)(X_t^x)dt + \nabla u_\varepsilon(X_t^x)\sigma(X_t^x)dW_t\right)$$

so dass

$$Z_{\tau_\varepsilon} u(X_{\tau_\varepsilon}^x) = u(x) + \int_0^{\tau_\varepsilon} Z_t f(X_t^x)dt + \int_0^{\tau_\varepsilon} Z_t \nabla u(X_t^x)\sigma(X_t^x)dW_t.$$

Da ∇u und σ auf D beschränkt sind, erhalten wir in Erwartung

$$u(x) = E\left[Z_{\tau_\varepsilon} u(X_{\tau_\varepsilon}^x) - \int_0^{\tau_\varepsilon} Z_t f(X_t^x)dt\right].$$

Wir lassen nun $\varepsilon \to 0^+$ und erhalten die Behauptung durch die majorisierte Konvergenz: Tatsächlich, wenn wir uns daran erinnern, dass $Z_t \in \,]0,1]$, haben wir

$$\left|Z_{\tau_\varepsilon} u(X_{\tau_\varepsilon}^x)\right| \leq \|u\|_{L^\infty(D)}, \qquad \left|\int_0^{\tau_\varepsilon} Z_t f(X_t^x)dt\right| \leq \tau_x \|f\|_{L^\infty(D)},$$

und nach Annahme ist τ_x absolut integrierbar. $\square$

Bemerkung 15.3.2 Die Annahme $a \geq 0$ im Theorem 15.3.1 ist wesentlich: zum Beispiel erfüllt die Funktion

$$u(x,y) = \sin x \sin y$$

das Dirichlet-Problem

$$\begin{cases} \frac{1}{2}\Delta u + u = 0, & \text{in } D = \,]0,2\pi[\,\times\,]0,2\pi[\,, \\ u|_{\partial D} = 0, \end{cases}$$

erfüllt aber nicht (15.12) (Abb. 15.1).

Bemerkung 15.3.3 (Maximumprinzip) Unter den Annahmen des Theorems 15.3.1 folgt aus der Formel (15.12), dass wenn $f \geq 0$ dann

$$u(x) \leq E\left[e^{-\int_0^{\tau_x} a(X_t^x)dt}\varphi(X_{\tau_x}^x)\right] \leq \max_{\partial D}\varphi.$$

Abb. 15.1 Das Gebiet eines Dirichlet-Problems und zwei Trajektorien der entsprechenden Lösung der zugehörigen SDE

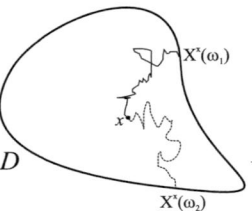

Außerdem, wenn $f = a = 0$, gilt das folgende „Maximumprinzip":

$$\min_{\partial D} u \leq u(x) \leq \max_{\partial D} u.$$

Existenz Lösungen für das Problem (15.11) sind im *gleichmäßig elliptischen* Fall gut bekannt: wir erinnern an das folgende klassische Theorem (siehe zum Beispiel Theorem 6.13 in [53]).

Theorem 15.3.4 Unter den folgenden Annahmen

i) $\mathscr{A}$ in (15.3) ist ein gleichmäßig elliptischer Operator, d. h. es gibt eine Konstante $\lambda > 0$, so dass

$$\sum_{i,j=1}^{N} c_{ij}(x)\xi_i\xi_j \geq \lambda |\xi|^2, \quad x \in D, \ \xi \in \mathbb{R}^N;$$

ii) die Koeffizienten sind Hölder stetige Funktionen, $c_{ij}, b_j, a, f \in C^\alpha(D)$. Außerdem sind die Funktionen c_{ij}, b_j, f beschränkt und $a \geq 0$;
iii) für jedes $y \in \partial D$ gibt es[3] eine euklidische Kugel B, die im Komplement von D enthalten ist und so dass $y \in \bar{B}$;
iv) $\varphi \in C(\partial D)$;

gibt es eine klassische Lösung $u \in C^{2+\alpha}(D) \cap C(\bar{D})$ des Problems (15.11).

Betrachten wir nun einige bedeutende Beispiele.

Beispiel 15.3.5 (**Erwartungswert der Austrittszeit**) Wenn das Problem

$$\begin{cases} \mathscr{A}u = -1, & \text{in } D, \\ u|_{\partial D} = 0, \end{cases}$$

eine Lösung hat, dann haben wir nach (15.12) $u(x) = E[\tau_x]$.

---

[3] Dies ist eine Regularitätsbedingung für den Rand von D, die erfüllt ist wenn zum Beispiel ∂D eine C^2-Mannigfaltigkeit ist.

15.3 Der autonome Fall: das Dirichlet-Problem

Beispiel 15.3.6 (**Poisson-Kern**) Im Fall $a = f = 0$ ist (15.12) äquivalent zu einer Mittelwertformel. Genauer gesagt, sei μ^x die Verteilung der Zufallsvariable $X^x_{\tau_x}$: dann ist μ^x ein Wahrscheinlichkeitsmaß auf ∂D und durch (15.12) haben wir

$$u(x) = E\left[u(X^x_{\tau_x})\right] = \int_{\partial D} u(y)\mu^x(dy).$$

Die Verteilung μ^x wird üblicherweise als das *harmonische Maß* von $\mathscr{A}$ auf ∂D bezeichnet. Wenn X^x eine Brownsche Bewegung mit Anfangspunkt $x \in \mathbb{R}^N$ ist, dann ist $\mathscr{A} = \frac{1}{2}\Delta$ und wenn $D = B(0, R)$ die euklidische Kugel mit Radius R ist, hat μ^x eine Dichte (bezogen auf das Oberflächenmaß), deren explizite Ausdruck bekannt ist: es entspricht dem sogenannten *Poisson-Kern*.

$$\frac{1}{R\omega_N} \frac{R - |x|^2}{|x - y|^N},$$

wobei ω_N das Maß der Einheitssphärenoberfläche in $\mathbb{R}^N$ bezeichnet.

Beispiel 15.3.7 (**Wärmeleitungsgleichung**) Sei W eine reelle Brownsche Bewegung. Der Prozess $X_t = (W_t, -t)$ ist die Lösung der SDE

$$\begin{cases} dX^1_t = dW_t, \\ dX^2_t = -dt, \end{cases}$$

und der entsprechende charakteristische Operator

$$\mathscr{A} = \frac{1}{2}\partial_{x_1 x_1} - \partial_{x_2}$$

ist der Wärmeoperator in $\mathbb{R}^2$.

Betrachten wir die Formel (15.12) auf einem rechteckigen Gebiet

$$D =]a_1, b_1[\times]a_2, b_2[.$$

Untersucht man den expliziten Ausdruck der Trajektorien von X (siehe Abb. 15.2), so ist klar, dass der Wert $u(\bar{x}_1, \bar{x}_2)$ einer Lösung der Wärmeleitungsgleichung nur von den Werten von u auf dem Randteil D abhängt, der in $\{x_2 < \bar{x}_2\}$ enthalten ist. Im Allgemeinen hängt der Wert von u in D nur von den Werten von u auf dem *parabolischen Rand* von D ab, definiert durch

$$\partial_p D = \partial D \setminus (\,]a_1, b_1[\times \{b_2\}).$$

Diese Tatsache ist konsistent mit den Ergebnissen zum Cauchy-Dirichlet-Problem aus Abschn. 20.1.1.

Abb. 15.2 Zwei Pfade, die von der Lösung der SDE verfolgt werden, die zu einem Cauchy-Dirichlet-Problem definiert auf einem rechteckigen Gebiet gehören

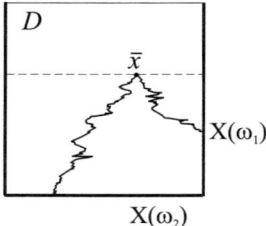

Beispiel 15.3.8 (Methode der Charakteristiken) Wenn $\sigma = 0$ ist, ist der charakteristische Operator der Differentialoperator erster Ordnung

$$\mathscr{A} = \sum_{i=1}^{N} b_i(x) \partial_{x_i}.$$

Die entsprechende SDE ist tatsächlich deterministisch und reduziert sich auf

$$X_t^x = x + \int_0^t b(X_s^x) ds,$$

das heißt, X ist eine Integralkurve des Vektorfeldes b:

$$\frac{d}{dt} X_t = b(X_t).$$

Wenn die Austrittszeit von X aus D endlich ist (vgl. Bemerkung 15.2.3), dann haben wir die Darstellung

$$u(x) = e^{-\int_0^{\tau_x} a(X_t^x) dt} \varphi(X_{\tau_x}^x) - \int_0^{\tau_x} e^{-\int_0^t a(X_s^x) ds} f(X_t^x) dt, \qquad (15.13)$$

für die Lösung des Problems

$$\begin{cases} \langle b, \nabla u \rangle - au = f, & \text{in } D, \\ u|_{\partial D} = \varphi. \end{cases}$$

Gl. (15.13) ist ein Spezialfall der klassischen *Methode der Charakteristiken* für die Lösung von partiellen Differentialgleichungen erster Ordnung: für eine vollständige Beschreibung dieser Methode verweisen wir beispielsweise auf Abschn. 3.2 in [41].

15.4 Der evolutionäre Fall: das Cauchy-Problem

Als spezielles Beispiel betrachten wir das Cauchy-Problem in $\mathbb{R}^2$

$$\begin{cases} \partial_{x_1} u(x_1, x_2) - x_1 \partial_{x_2} u(x_1, x_2) = 0, & (x_1, x_2) \in D := \mathbb{R} \times \,]0, +\infty[, \\ u(x_1, 0) = \varphi(x_1), & x_1 \in \mathbb{R}. \end{cases} \quad (15.14)$$

In diesem Fall ist $b(x_1, x_2) = (1, -x_1)$ und die entsprechende „SDE" ist

$$\begin{cases} \frac{d}{dt} X_{1,t} = 1, \\ \frac{d}{dt} X_{2,t} = -X_{1,t}. \end{cases}$$

Indem wir die Anfangsbedingung $X_0 = x \equiv (x_1, x_2) \in D$ vorgeben, bestimmen wir die Lösung

$$X_t^x = (X_{1,t}^x, X_{2,t}^x) = \left(x_1 + t, x_2 - tx_1 - \frac{t^2}{2} \right).$$

Setzt man $X_{2,t}^x = 0$, so erhält man die Austrittszeit der Trajektorie X^x aus D:

$$\tau_x = \sqrt{x_1^2 + x_2} - x_1.$$

Dann ist $X_{\tau_x}^x = \left(\sqrt{x_1^2 + x_2}, 0 \right)$ der Austrittspunkt und gemäß Gl. (15.13) ist die Lösung des Problems (15.14)

$$u(x_1, x_2) = \varphi(X_{\tau_x}^x) = \varphi\left(\sqrt{x^2 + y} \right).$$

Beachte, dass wie in Beispiel 2.5.12 die Lösung u die Regularitätseigenschaften von φ erbt und daher im Allgemeinen die Differentialgleichung in (15.14) im distributionellen Sinn zu verstehen ist. Aus probabilistischer Sicht ist die Übergangsverteilung des Prozesses X (das in diesem Fall eine Dirac-Maß-Verteilung ist, d.h. $X_t^x \sim \delta_{(x_1+t, x_2-tx_1-t^2/2)}$) die Fundamentallösung des Cauchy-Problems (15.14).

15.4 Der evolutionäre Fall: das Cauchy-Problem

Theorem 15.3.1 hat auch ein parabolisches Gegenstück, dessen Beweis völlig analog ist. Genauer gesagt, gegeben sei das beschränkte Gebiet D. Wir betrachten den Zylinder

$$D_T = \,]0, T[\times D$$

und wir bezeichnen mit

$$\partial_p D_T := \partial D \setminus (\{0\} \times D)$$

den sogenannten *parabolischen Rand von* D_T. Das folgende Theorem liefert eine Darstellungsformel für die klassischen Lösungen des Cauchy-Dirichlet-Problems

$$\begin{cases} \mathscr{A}_t u - au + \partial_t u = f, & \text{in } D_T, \\ u|_{\partial_p D_T} = \varphi, \end{cases} \tag{15.15}$$

wobei f, a, φ gegebene Funktionen sind.

Theorem 15.4.1 (Feynman-Kac-Formel) [!] Sei $f \in L^\infty(D_T)$, $\varphi \in C(\partial_p D_T)$ und $a \in C(D_T)$ so, dass $a_0 := \inf a$ endlich ist. Unter Annahme 15.2.1, wenn $u \in C^2(D_T) \cap C(D_T \cup \partial_p D_T)$ eine Lösung des Problems (15.15) ist, dann haben wir für jedes $(t, x) \in D_T$

$$u(t, x) = E\left[e^{-\int_t^{T \wedge \tau_{t,x}} a(s, X_s^{t,x}) ds} \varphi(T \wedge \tau_{t,x}, X_{T \wedge \tau_{t,x}}^{t,x}) \right. \\ \left. - \int_t^{T \wedge \tau_{t,x}} e^{-\int_t^s a(r, X_r^{t,x}) dr} f(s, X_s^{t,x}) ds \right]. \tag{15.16}$$

Bemerkung 15.4.2 (Maximumprinzip) Unter den Annahmen von Theorem 15.4.1 und unter der Annahme, dass $f = a = 0$, leiten wir aus der Gl. (15.16) das folgende „Maximumprinzip" ab

$$\min_{\partial_p D_T} u \leq u(x) \leq \max_{\partial_p D_T} u,$$

welches wir durch analytische Mittel in Abschn. 20.1.1 finden werden.

Wir beweisen nun eine Darstellungsformel für die klassische Lösung des rückwärts Cauchy-Problems

$$\begin{cases} \mathscr{A}_t u - au + \partial_t u = f, & \text{in } [0, T[\times \mathbb{R}^N, \\ u(T, \cdot) = \varphi, & \text{in } \mathbb{R}^N, \end{cases} \tag{15.17}$$

wobei $\mathscr{A}_t$ der charakteristische Operator in (15.3) und f, a, φ gegebene Funktionen sind. Kap. 20 ist einer knappen Darstellung der wichtigsten Existenz- und Eindeutigkeitsergebnisse für das Problem (15.17) im Fall von gleichmäßig parabolischen Operatoren mit Hölder und beschränkten Koeffizienten gewidmet.

Da das Problem (15.17) auf einem unbeschränkten Bereich gestellt ist, ist es notwendig, geeignete Annahmen über das Verhalten der Koeffizienten im Unendlichen einzuführen.

Annahme 15.4.3

i) Die Koeffizienten $b = b(t, x)$ und $\sigma = \sigma(t, x)$ sind messbare Funktionen, mit höchstens linearem Wachstum in x gleichmäßig in $t \in [0, T[$;
ii) $a \in C([0, T[\times \mathbb{R}^N)$ mit $\inf a =: a_0 > -\infty$.

15.4 Der evolutionäre Fall: das Cauchy-Problem

Theorem 15.4.4 (Feynman-Kac-Formel) [!!] Angenommen es existiert eine Lösung $u \in C^2([0, T[\times \mathbb{R}^N) \cap C([0, T] \times \mathbb{R}^N)$ des Cauchy Problems (15.17). Weiterhin nehmen wir 15.4.3 and und nehmen auch mindestens eine der folgenden Bedingungen als gegeben an:

1) es existieren zwei positive Konstanten M, p, sodass

$$|u(t,x)| + |f(t,x)| \leq M(1 + |x|^p), \qquad (t,x) \in [0, T[\times \mathbb{R}^N; \qquad (15.18)$$

2) die Matrix σ ist beschränkt und es existieren zwei positive Konstanten M und α, mit α ausreichend klein, so dass

$$|u(t,x)| + |f(t,x)| \leq M e^{\alpha|x|^2}, \qquad (t,x) \in [0, T[\times \mathbb{R}^N. \qquad (15.19)$$

Wenn die SDE (15.1) eine Lösung $X^{t,x}$ mit Anfangsdatum $(t,x) \in [0, T[\times \mathbb{R}^N$ hat, dann gilt die Darstellungsformel

$$u(t,x) = E\left[e^{-\int_t^T a(s, X_s^{t,x})ds} \varphi(X_T^{t,x}) - \int_t^T e^{-\int_t^s a(r, X_r^{t,x})dr} f(s, X_s^{t,x})ds\right]. \quad (15.20)$$

Beweis Setze $(t,x) \in [0, T[\times \mathbb{R}^N$ und zur Vereinfachung, $X = X^{t,x}$. Wenn τ_R die Austrittszeit von X aus der euklidischen Kugel mit Radius R bezeichnet, haben wir nach Theorem 15.4.1

$$u(t,x) = E\left[e^{-\int_t^{T \wedge \tau_R} a(s, X_s)ds} u(T \wedge \tau_R, X_{T \wedge \tau_R}) - \int_t^{T \wedge \tau_R} e^{-\int_t^s a(r, X_r)dr} f(s, X_s)ds\right]. \tag{15.21}$$

Da

$$\lim_{R \to \infty} T \wedge \tau_R = T,$$

folgt die These durch Grenzübergang in R in (15.21) dank des majorisierten Konvergenzsatzes. Tatsächlich haben wir punktweise Konvergenz der Integranden und außerdem, unter Bedingung 1), haben wir

$$e^{-\int_t^{T \wedge \tau_R} a(s, X_s)ds} \left|u(T \wedge \tau_R, X_{T \wedge \tau_R})\right| \leq M e^{|a_0|T}\left(1 + \bar{X}_T^p\right),$$

$$\left|\int_t^{T \wedge \tau_R} e^{-\int_t^s a(r, X_r)dr} f(s, X_s)ds\right| \leq T e^{|a_0|T} M \left(1 + \bar{X}_T^p\right),$$

wobei

$$\bar{X}_T = \sup_{0 \leq t \leq T} |X_t|$$

absolut integrierbar ist dank der a-priori Abschätzungen des Theorems 14.5.2. Unter Bedingung 2), gehen wir auf ähnliche Weise vor, indem wir die exponentielle Integrabilitätsschätzung des Theorems 14.5.3 verwenden. □

Bemerkung 15.4.5 Aus der Darstellungsformel (15.20) folgt insbesondere die Eindeutigkeit der Lösung des Cauchy-Problems. Wie wir in Abschn. 20.1 sehen werden, sind die Wachstumsbedingungen (15.18)–(15.19) notwendig, um eine unter den möglicherweise unendlich vielen Lösungen auszuwählen.

15.5 Wichtige Merksätze

Dieses Kapitel führt verschiedene Arten von Darstellungsformeln für Lösungen zu (Cauchy oder Cauchy-Dirichlet) Problemen ein, die den charakteristischen Operator einer SDE betreffen. Nicht überraschend spiegelt die Definition des charakteristischen Operators genau die wider, die im Kontext der Markov-Prozess-Theorie eingeführt wurde. Wenn Zweifel an den folgenden Aussagen bestehen, empfiehlt sich ein erneuter Blick auf den relevanten Abschnitt.

- Abschn. 15.1: wir definieren den charakteristischen Operator einer SDE: seine Koeffizienten repräsentieren die infinitesimalen Inkremente von Erwartung und Kovarianzmatrix der Lösung der zugehörigen SDE.
- Abschn. 15.2: als vorläufiges Ergebnis geben wir einfache Bedingungen an, die sicherstellen, dass die Austrittszeit aus einem begrenzten Bereich der Lösung einer SDE fast sicher endlich oder sogar absolut integrierbar ist.
- Abschn. 15.3: Mit Hilfe der Itô-Formel ist es fast unmittelbar möglich, Darstellungsformeln für die klassischen Lösungen (sofern sie existieren) des Dirichlet-Problems in Bezug auf den Erwartungswert der Lösung der zugehörigen SDE zu erhalten. Diese Formeln, bekannt als Feynman-Kac-Formeln, haben erhebliche theoretische und praktische Bedeutung, die an zahlreichen Beispielen veranschaulicht wird.
- Abschn. 15.4: wir präsentieren die parabolische Version der Feynman-Kac-Formeln.

Hauptnotationen, die in diesem Kapitel verwendet oder eingeführt wurden:

Symbol	Beschreibung	Seite
$\mathscr{A}_t$	Charakteristischer Operator einer SDE	281
$\tau_{t,x}$	Erste Austrittszeit	284
$\partial_p D$	Parabolische Grenze des Zylinders D	292
$\bar{X}_T = \sup_{0 \leq t \leq T} |X_t|$	Maximumprozess	293

Kapitel 16
Lineare Gleichungen

Tant que nous sommes agités, nous pouvons être calmes

Julien Green

In diesem Kapitel betrachten wir stochastische Differentialgleichungen der Form

$$dX_t = (BX_t + b)dt + \sigma dW_t \tag{16.1}$$

wo $B \in \mathbb{R}^{N \times N}$, $b \in \mathbb{R}^N$, $\sigma \in \mathbb{R}^{N \times d}$, und W ist eine d-dimensionale Brownsche Bewegung. Gl. (16.1) ist ein Spezialfall von (14.1) mit Koeffizienten $b(t,x) = Bx + b$ und $\sigma(t,x) = \sigma$, die lineare Funktionen der Variablen x sind (tatsächlich ist der Diffusionskoeffizient sogar konstant) und daher sagen wir, dass (16.1) eine *lineare* SDE ist. In diesem Kapitel zeigen wir die explizite Lösung und untersuchen die Eigenschaften von seiner Übergangsverteilung, mit besonderem Augenmerk auf den absolut stetigen Fall, und liefern Bedingungen für die Existenz der Übergangsdichte.

16.1 Lösung und Übergangsverteilung einer linearen SDE

Der folgende Satz liefert die explizite Lösung einer linearen SDE.

Theorem 16.1.1 Die Lösung $X^x = (X_t^x)_{t \geq 0}$ von (16.1) mit Anfangsdatum $X_0^x = x \in \mathbb{R}^N$ ist gegeben durch

$$X_t^x = e^{tB}\left(x + \int_0^t e^{-sB}bds + \int_0^t e^{-sB}\sigma dW_s\right). \tag{16.2}$$

Solange wir unruhig sind, können wir ruhig sein.

Die Lösung X^x ist ein Gaußscher Prozess: insbesondere, $X_t^x \sim \mathcal{N}_{m_t(x), \mathscr{C}_t}$ wo

$$m_t(x) = e^{tB}\left(x + \int_0^t e^{-sB} b\, ds\right), \qquad \mathscr{C}_t = \int_0^t e^{sB}\sigma(e^{sB}\sigma)^* ds.$$

Beweis Um zu beweisen, dass X^x in (16.2) die SDE (16.1) löst, genügt es, Itôs Formel anzuwenden, indem man den Ausdruck $X_t^x = e^{tB} Y_t^x$ verwendet, wo

$$dY_t^x = e^{-tB} b\, dt + e^{-tB} \sigma\, dW_t, \qquad Y_0^x = x.$$

Wir erinnern nun daran, dass Y^x ein Itô-Prozess mit deterministischen Koeffizienten ist. Durch die mehrdimensionale Version von Beispiel 11.1.9 haben wir

$$Y_t^x \sim \mathcal{N}_{\mu_t(x), C_t}, \qquad \mu_t(x) = x + \int_0^t e^{-sB} b\, ds, \qquad C_t = \int_0^t e^{-sB} \sigma \sigma^* e^{-sB^*} ds. \tag{16.3}$$

Die Behauptung folgt leicht aus der Tatsache, dass X^x eine lineare Transformation von Y^x ist. □

Bemerkung 16.1.2 [!] Der Prozess

$$T \mapsto X_T^{t,x} := X_{T-t}^x, \qquad T \geq t,$$

löst die SDE (16.1) mit Anfangsdatum (t, x). Wenn die Kovarianzmatrix $\mathscr{C}_{T-t}$ positiv definit ist, dann ist die Zufallsvariable $X_T^{t,x}$ absolut stetig mit Gaußscher Dichte $\Gamma(t, x; T, \cdot)$ gegeben durch

$$\Gamma(t, x; T, y) = \frac{1}{\sqrt{(2\pi)^N \det \mathscr{C}_{T-t}}} \exp\left(-\frac{1}{2}\langle \mathscr{C}_{T-t}^{-1}(y - m_{T-t}(x)), (y - m_{T-t}(x))\rangle\right).$$

Nach[1] Bemerkung 2.5.10 ist Γ eine Übergangsdichte von X in (16.1) und ist die Fundamentallösung des rückwärts Kolmogorov-Operators $\mathscr{A}_t + \partial_t$, wobei

$$\mathscr{A}_t = \frac{1}{2} \sum_{i,j=1}^{N} c_{ij} \partial_{x_i x_j} + \langle Bx + b, \nabla\rangle, \qquad c := \sigma\sigma^*, \tag{16.4}$$

der charakteristische Operator von X ist.

Beispiel 16.1.3 (**Langevin-Gleichung**) [!] Betrachte die SDE in $\mathbb{R}^2$

$$\begin{cases} dV_t = dW_t, \\ dX_t = V_t dt, \end{cases}$$

---

[1] Siehe auch Theorem 17.3.1.

16.1 Lösung und Übergangsverteilung einer linearen SDE

welche die vereinfachte Version der Langevin-Gleichung [86] ist. Diese wird in der Physik verwendet, um die zufällige Bewegung eines Teilchens im Phasenraum zu beschreiben: V_t und X_t stellen dabei jeweils die Geschwindigkeit und die Position des Teilchens zum Zeitpunkt t dar. Paul Langevin war der Erste, der 1908 die Newtonschen Gesetze auf die von Einstein einige Jahre zuvor untersuchte zufällige Brownsche Bewegung anwandte. Lemons [88] gibt einen interessanten Überblick über die Ansätze von Einstein und Langevin.

Unter Bezugnahme auf die allgemeine Notation (16.1) haben wir $d = 1$, $N = 2$ und

$$B = \begin{pmatrix} 0 & 0 \\ 1 & 0 \end{pmatrix}, \quad \sigma = \begin{pmatrix} 1 \\ 0 \end{pmatrix}. \tag{16.5}$$

Da $B^2 = 0$, ist die Matrix B nilpotent und

$$e^{tB} = I + tB = \begin{pmatrix} 1 & 0 \\ t & 1 \end{pmatrix}.$$

Darüber hinaus, wenn wir $z = (v, x)$ setzen, haben wir

$$m_t(z) = e^{tB} z = (v, x + tv),$$

und

$$\mathscr{C}_t = \int_0^t e^{sB} \sigma \sigma^* e^{sB^*} ds = \int_0^t \begin{pmatrix} 1 & 0 \\ s & 1 \end{pmatrix} \begin{pmatrix} 1 & 0 \\ 0 & 0 \end{pmatrix} \begin{pmatrix} 1 & s \\ 0 & 1 \end{pmatrix} ds = \begin{pmatrix} t & \frac{t^2}{2} \\ \frac{t^2}{2} & \frac{t^3}{3} \end{pmatrix}. \tag{16.6}$$

Beachte, dass $\mathscr{C}_t$ für jedes $t > 0$ positiv definit ist und daher (V, X) die Übergangsdichte

$$\Gamma(t, z; T, \zeta) = \frac{\sqrt{3}}{\pi (T-t)^2} \exp\left(-\frac{1}{2} \langle \mathscr{C}_{T-t}^{-1}(\zeta - e^{(T-t)B} z), \zeta - e^{(T-t)B} z \rangle\right) \tag{16.7}$$

für $t < T$ und $z = (v, x)$, $\zeta = (\eta, \xi) \in \mathbb{R}^2$ hat, wobei

$$\mathscr{C}_t^{-1} = \begin{pmatrix} \frac{4}{t} & -\frac{6}{t^2} \\ -\frac{6}{t^2} & \frac{12}{t^3} \end{pmatrix}.$$

Darüber hinaus ist $(t, v, x) \mapsto \Gamma(t, v, x; T, \eta, \xi)$ eine Fundamentallösung des rückwärts Kolmogorov-Operators

$$\frac{1}{2} \partial_{vv} + v \partial_x + \partial_t \tag{16.8}$$

und $(T, \eta, \xi) \mapsto \Gamma(t, v, x; T, \eta, \xi)$ ist eine Fundamentallösung des vorwärts Kolmogorov-Operators

$$\frac{1}{2}\partial_{\eta\eta} - \eta\partial_\xi - \partial_T. \tag{16.9}$$

Die Operatoren in (16.8) und (16.9) sind nicht gleichmäßig parabolisch, weil die Matrix des zweiten Teils

$$\sigma\sigma^* = \begin{pmatrix} 1 & 0 \\ 0 & 0 \end{pmatrix}$$

entartet ist; dennoch haben sie, wie der klassische Wärmeleitungsgleichungsoperator, eine Gaußsche Fundamentallösung. Kolmogorov [70] war der erste, der den expliziten Ausdruck (16.7) der Fundamentallösung von (16.8) zeigte (siehe auch die Einführung in Hörmanders Arbeit [62]). In der mathematischen Finanzwirtschaft wird der rückwärts Operator (16.8) verwendet, um einige komplexe Derivate zu bewerten, insbesondere die sogenannten Asian-Optionen (siehe zum Beispiel [8] und [112]).

Beispiel 16.1.4 [!] Im Beispiel 16.1.3 haben wir bewiesen, dass für

$$X_t := \int_0^t W_s ds,$$

das Paar (W, X) eine zweidimensionale Normalverteilung mit Kovarianzmatrix hat, die in (16.6) gegeben ist. Daraus folgt insbesondere, dass $X_t \sim \mathcal{N}_{0, \frac{t^3}{3}}$, was bestätigt, was wir bereits im Beispiel 11.1.10 beobachtet haben.

Wir zeigen nun, dass *X kein Markov-Prozess ist*. In Theorem 17.3.1 werden wir sehen, dass das Paar (W, X), da es eine Lösung der Langevin SDE ist, ein Markov Prozess ist: Theorem 17.3.1 gilt nicht für X, das ein Itô-Prozess ist, aber keine Lösung einer SDE der Form (17.1) ist. Tatsächlich haben wir

$$E[X_T \mid \mathscr{F}_t] = X_t + E\left[\int_t^T W_s ds \mid \mathscr{F}_t\right] = X_t + (T-t)W_t \tag{16.10}$$

da nach Itôs Formel

$$d(tW_t) = W_t dt + t dW_t$$

nämlich

$$TW_T = tW_t + \int_t^T W_s ds + \int_t^T s dW_s$$

aus dem folgt

$$E[TW_T \mid \mathscr{F}_t] = tW_t + E\left[\int_t^T W_s ds \mid \mathscr{F}_t\right] + E\left[\int_t^T s dW_s \mid \mathscr{F}_t\right]$$

und daher

$$E\left[\int_t^T W_s ds \mid \mathscr{F}_t\right] = (T-t)W_t.$$

Nach (16.10) ist $E[X_T \mid \mathscr{F}_t]$ eine Funktion nicht nur von X_t, sondern auch von W_t: übrigens ist dies eine weitere Bestätigung der Markov-Eigenschaft des Paares (W, X). Wenn X ein Markov-Prozess wäre, dann sollten wir[2]

$$E[X_T \mid X_t] = E[X_T \mid \mathscr{F}_t], \quad t \leq T \tag{16.11}$$

haben, was kombiniert mit (16.10) implizieren würde, dass $W_t = f(X_t)$ fast sicher für eine Funktion $f \in m\mathscr{B}$ wäre. Dies ist jedoch ein Widerspruch: Tatsächlich, wenn $W_t = f(X_t)$ fast sicher gelte, dann wäre $\mu_{W_t \mid X_t} = \delta_{f(X_t)}$ und dies steht im Widerspruch zu der Tatsache, dass (W_t, X_t) eine zweidimensionale Gauss'sche Dichte hat.

Bemerkung 16.1.5 Die Ergebnisse dieses Abschnitts erweitern sich auf den Fall linearer SDEs der Art

$$dX_t = (b(t) + B(t)X_t)dt + \sigma(t)dW_t,$$

wo die Matrizen B, b und σ messbare und beschränkte Funktionen der Zeit sind. In diesem Fall wird die Matrixexponentialfunktion e^{tB} im Ausdruck der Lösung, die durch Theorem 16.1.1 gegeben ist, durch die Lösung $\Phi(t)$ des Matrix-Cauchy-Problems

$$\begin{cases} \Phi'(t) = B(t)\Phi(t), \\ \Phi(0) = I_N, \end{cases}$$

geben, wobei I_N die $N \times N$ Einheitsmatrix bezeichnet.

16.2 Steuerbarkeit linearer Systeme und absolute Stetigkeit

Wir haben gesehen, dass die Lösung X von der linearen SDE (16.1) eine multinormales Übergangsverteilung hat. Offensichtlich ist es von besonderem Interesse, wenn X eine Übergangsdichte zulässt und daher die zugehörigen Kolmogorov-Gleichungen eine fundamentale Lösung haben. In diesem Abschnitt sehen wir, dass die Nichtentartung der Kovarianzmatrix von X_t,

$$\mathscr{C}_t := \mathrm{cov}(X_t) = \int_0^t G_s G_s^* ds, \qquad G_t := e^{tB}\sigma, \tag{16.12}$$

---

[2] Die Formel (16.11) muss gemäß Konvention 4.2.5 in [113] interpretiert werden.

in Bezug auf die Steuerbarkeit eines Systems im Rahmen der Optimalsteuerungstheorie (siehe zum Beispiel [87] und [151]) charakterisiert werden kann. Wir beginnen mit der Einführung der folgenden Definition.

Definition 16.2.1 Das Paar (B, σ) ist auf $[0, T]$ steuerbar, wenn es für jedes $x, y \in \mathbb{R}^N$ eine Funktion $v \in C([0, T]; \mathbb{R}^d)$ gibt, so dass die Lösung $\gamma \in C^1([0, T]; \mathbb{R}^N)$ des Problems

$$\begin{cases} \gamma'(t) = B\gamma(t) + \sigma v(t), & 0 < t < T, \\ \gamma(0) = x, \end{cases} \quad (16.13)$$

die Endbedingung $\gamma(T) = y$ erfüllt. Wir sagen, dass v eine Steuerung für (B, σ) auf $[0, T]$ ist.

Theorem 16.2.2 [!] Die Matrix $\mathscr{C}_T$ in (16.12) ist genau dann positiv definit, wenn (B, σ) auf $[0, T]$ steuerbar ist.

Beweis Wir beobachten zunächst, dass $\mathscr{C}_t = e^{tB} C_t e^{tB^*}$, wobei

$$C_t = \int_0^t G_{-s} G_{-s}^* ds \quad (16.14)$$

die Kovarianzmatrix in (16.3) ist. Offensichtlich gilt $\mathscr{C}_T > 0$ genau dann, wenn $C_T > 0$.

Wir nehmen an, dass $C_T > 0$ und beweisen, dass (B, σ) auf $[0, T]$ steuerbar ist. Betrachte die Lösung

$$\gamma(t) = e^{tB}\left(x + \int_0^t G_{-s} v(s) ds\right), \quad t \in [0, T],$$

des Cauchy-Problems (16.13). Sei $y \in \mathbb{R}^N$, so haben wir $\gamma(T) = y$ genau dann, wenn

$$\int_0^T G_{-s} v(s) ds = z := e^{-TB} y - x. \quad (16.15)$$

Dann ist es einfach zu überprüfen, dass eine Steuerung explizit durch

$$v(s) = G_{-s}^* C_T^{-1} z, \quad s \in [0, T]. \quad (16.16)$$

gegeben ist. Umgekehrt, nehmen wir nun an, dass (B, σ) auf $[0, T]$ steuerbar ist und nehmen an, dass C_T entartet ist, d. h. es gibt ein $w \in \mathbb{R}^N \setminus \{0\}$, so dass

$$\langle C_T w, w \rangle = 0.$$

Äquivalent dazu haben wir

$$\int_0^T |w^* G_{-s}|^2 ds = 0$$

16.2 Steuerbarkeit linearer Systeme und absolute Stetigkeit

so dass $w^* G_{-s} = 0$ für jedes $s \in [0, T]$ und daher auch

$$w^* \int_0^T G_{-s} v(s) ds = 0.$$

Dies widerspricht (16.15), daher die Steuerbarkeitsannahme, und schließt den Beweis ab. □

Bemerkung 16.2.3 Die Steuerung v in (16.16) ist *optimal* im Sinne, dass sie das „Kostenfunktional"

$$U(v) := \|v\|^2_{L^2([0,T])} = \int_0^T |v(t)|^2 dt.$$

minimiert. Dies ist eine Folge des Lagrange-Ljusternik-Theorems (vgl. z. B. [137]), das die funktionalanalytische Erweiterung des klassischen Satzes über Lagrange-Multiplikatoren ist. Genauer gesagt, um das Funktional U unter der Nebenbedingung (16.15) zu minimieren, betrachten wir das Lagrange-Funktional

$$\mathscr{L}(v, \lambda) = \|v\|^2_{L^2([0,T])} - \lambda^* \left(\int_0^T G_{-t} v(t) dt - z \right),$$

wobei $\lambda \in \mathbb{R}^N$ der Lagrange-Multiplikator ist. Durch Differentiation von $\mathscr{L}$ im Fréchet Sinne setzen wir voraus, dass v ein kritischer Punkt für $\mathscr{L}$ ist und erhalten

$$\partial_v \mathscr{L}(u) = 2 \int_0^T v(t)^* u(t) dt - \lambda^* \int_0^T G_{-t} u(t) dt = 0, \quad u \in L^2([0, T]).$$

Dann finden wir $v(s) = \frac{1}{2} G^*_{-s} \lambda$ mit λ, das durch die Beschränkung (16.15) bestimmt wird, das heißt $\lambda = 2 C_T^{-1} z$, in Übereinstimmung mit (16.16).

Beispiel 16.2.4 Wir setzen nun Beispiel 16.1.3 mit den Matrizen B, σ wie in (16.5) fort. In diesem Fall hat die Steuerung $v = v(t)$ reelle Werte und das Problem (16.13) wird zu

$$\begin{cases} \gamma_1'(t) = v(t), \\ \gamma_2'(t) = \gamma_1(t), \\ \gamma(0) = (x_1, x_2). \end{cases} \quad (16.17)$$

Die Steuerung wirkt direkt nur auf die erste Komponente von γ, beeinflusst aber auch die zweite Komponente γ_2 durch die zweite Gleichung: nach Theorem 16.2.2 ist (B, σ) auf $[0, T]$ für jedes $T > 0$ steuerbar mit einer Steuerung, die explizit durch Formel (16.16) gegeben ist (siehe Abb. 16.1).

Abb. 16.1 Plot der optimalen Trajektorie $\gamma(t) = (6(t - t^2), 3t^3 - 2t^3)$, Lösung des Problems (16.17) mit Anfangsbedingung $\gamma(0) = (0, 0)$ und Endpunkt $\gamma(1) = (0, 1)$

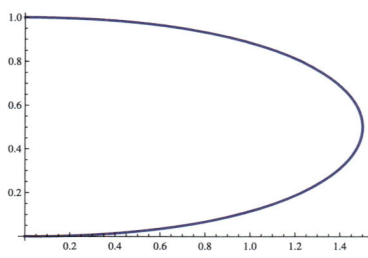

16.3 Kalman Rangbedingung

Wir geben ein weiteres operationales Kriterium zur Überprüfung der Nichtentartung der Kovarianzmatrix $\mathscr{C}$.

Theorem 16.3.1 (Kalman Rangbedingung) Die Matrix $\mathscr{C}_T$ in (16.12) ist genau dann positiv definit für $T > 0$, wenn das Paar (B, σ) die folgende Kalman-Bedingung erfüllt: die Block-Matrix der Dimension $N \times (Nd)$ definiert durch

$$\left(\sigma \;\; B\sigma \;\; B^2\sigma \;\; \cdots \;\; B^{N-1}\sigma \right), \tag{16.18}$$

hat maximalen Rang gleich N.

Beweis Bezeichne mit

$$p(\lambda) := \det(B - \lambda I_N) = \lambda^N + a_1 \lambda^{N-1} + \cdots + a_{N-1}\lambda + a_N$$

das charakteristische Polynom der Matrix B: nach dem Cayley-Hamilton-Theorem haben wir $p(B) = 0$. Daraus folgt, dass jede Potenz B^k, mit $k \geq N$, eine lineare Kombination von $I_N, B, \ldots, B^{N-1}$ ist.

Jetzt hat die Matrix (16.18) genau dann keinen maximalen Rang, wenn ein $w \in \mathbb{R}^N \setminus \{0\}$ existiert, so dass

$$w^*\sigma = w^*B\sigma = \cdots = w^*B^{N-1}\sigma = 0. \tag{16.19}$$

Wenn die Matrix (16.18) keinen maximalen Rang hat, haben wir daher durch (16.19) und den Satz von Cayley-Hamilton

$$w^*B^k\sigma = 0, \quad k \in \mathbb{N}_0,$$

woraus auch

$$w^*e^{tB}\sigma = 0, \quad t \geq 0$$

folgt. Demnach

$$\langle \mathscr{C}_T w, w \rangle = \int_0^T |w^*e^{tB}\sigma|^2 dt = 0, \tag{16.20}$$

16.4 Hörmander's Bedingung

und $\mathscr{C}_T$ ist entartet für jedes $T > 0$.

Umgekehrt, wenn $\mathscr{C}_T$ entartet ist, dann gibt es $w \in \mathbb{R}^N \setminus \{0\}$ für das (16.20) gilt und daher

$$f(t) := w^* e^{tB} \sigma = 0, \quad t \in [0, T].$$

Durch Differentiation erhalten wir

$$0 = \frac{d^k}{dt^k} f(t) \mid_{t=0} = w^* B^k \sigma, \quad k \in \mathbb{N}_0,$$

und daher hat die Matrix (16.18) durch (16.19) keinen maximalen Rang. □

Bemerkung 16.3.2 Da die Kalman-Bedingung nicht von T abhängt, ist $\mathscr{C}_T$ genau dann positiv definit für ein $T > 0$, wenn es *für jedes $T > 0$* ist.

Beispiel 16.3.3 Im Beispiel 16.1.3 haben wir

$$\sigma = \begin{pmatrix} 1 \\ 0 \end{pmatrix}, \quad B\sigma = \begin{pmatrix} 0 & 0 \\ 1 & 0 \end{pmatrix} \begin{pmatrix} 1 \\ 0 \end{pmatrix} = \begin{pmatrix} 0 \\ 1 \end{pmatrix},$$

und somit ist $(\sigma \; B\sigma)$ die 2×2 Einheitsmatrix, die offensichtlich die Kalman-Bedingung erfüllt.

16.4 Hörmander's Bedingung

Die Nichtentartung der Kovarianzmatrix einer linearen SDE kann auch in Bezug auf eine bekannte Bedingung im Kontext von partiellen Differentialgleichungen charakterisiert werden. Betrachte die lineare SDE (16.1) unter der Annahme, dass σ den Rang d hat: dann können wir ohne Beschränkung der Allgemeinheit bis auf eine lineare Transformation annehmen, dass

$$\sigma = \begin{pmatrix} I_d \\ 0 \end{pmatrix}.$$

Der entsprechende Kolmogorov-Rückwärtsoperator ist

$$\mathcal{K} = \frac{1}{2} \Delta_d + \langle b + Bx, \nabla \rangle + \partial_t, \quad (t, x) \in \mathbb{R}^{N+1}, \tag{16.21}$$

wo Δ_d den Laplace-Operator in den ersten d Variablen $x_1, \ldots, x_d$ bezeichnet.

Nach Konvention identifizieren wir einen Differentialoperator erster Ordnung auf $\mathbb{R}^N$ vom Typ

$$Z := \sum_{i=1}^{N} \alpha_i(x) \partial_{x_i},$$

mit dem Vektorfeld seiner Koeffizienten und daher schreiben wir auch

$$Z(x) = (\alpha_1(x), \ldots, \alpha_N(x)), \quad x \in \mathbb{R}^N.$$

Der *Kommutator* von zwei Vektorfeldern Z und U, mit

$$U = \sum_{i=1}^{N} \beta_i \partial_{x_i},$$

wird durch

$$[Z, U] = ZU - UZ = \sum_{i=1}^{N} (Z\beta_i - U\alpha_i) \partial_{x_i}$$

definiert. Hörmanders Theorem [62] (siehe auch Stroock [133] für eine neuere Behandlung) gilt als ein bemerkenswert umfassendes Theorem. Hier betrachten wir eine spezifische Version, die für den Operator $\mathcal{K}$ in (16.21) relevant ist: Dieses Theorem besagt, dass $\mathcal{K}$ genau dann eine glatte fundamentale Lösung hat, wenn an jedem Punkt $x \in \mathbb{R}^N$ die Operatoren erster Ordnung (Vektorfelder)

$$\partial_{x_1}, \ldots, \partial_{x_d}, \quad Y := \langle Bx, \nabla \rangle,$$

zusammen mit ihren Kommutatoren jeder Ordnung, $\mathbb{R}^N$ aufspannen. Dies ist die sogenannte *Hörmanders Bedingung*. Beachte, dass $\partial_{x_1}, \ldots, \partial_{x_d}$ die Ableitungen sind, die im zweiten Teil von $\mathcal{K}$ auftreten, entsprechend den Richtungen der Brownschen Diffusion, während Y der Drift des Operators ist: daher ist die Existenz der fundamentalen Lösung im Wesentlichen gleichbedeutend mit der Tatsache, dass $\mathbb{R}^N$ an jedem Punkt durch die Richtungsableitungen, die in $\mathcal{K}$ als zweite Ableitungen und als Drift auftreten, zusammen mit ihren Kommutatoren jeder Ordnung aufgespannt wird.

Beispiel 16.4.1

i) Wenn $d = N$ dann ist $\mathcal{K}$ ein gleichmäßig parabolischer Operator und Hörmanders Bedingung ist offensichtlich erfüllt, ohne auf die Drift und Kommutatoren zurückgreifen zu müssen, da $\partial_{x_1}, \ldots, \partial_{x_N}$ die kanonische Basis von $\mathbb{R}^N$ bilden.

ii) Im Fall des Langevin-Operators aus Beispiel 16.1.3 haben wir $Y = x_1 \partial_{x_2}$. Daher bilden $\partial_{x_1} = (1, 0)$ zusammen mit dem Kommutator

$$[\partial_{x_1}, Y] = \partial_{x_2} = (0, 1)$$

die kanonische Basis von $\mathbb{R}^2$ und Hörmanders Bedingung ist erfüllt.

iii) Betrachte den Kolmogorov-Operator

$$\mathcal{K} = \frac{1}{2} \partial_{x_1 x_1} + x_1 \partial_{x_2} + x_2 \partial_{x_3} + \partial_t, \quad (x_1, x_2, x_3) \in \mathbb{R}^3.$$

Hier ist $N = 3$, $d = 1$ und $Y = x_1 \partial_{x_2} + x_2 \partial_{x_3}$: auch in diesem Fall ist Hörmanders Bedingung erfüllt, da

$$\partial_{x_1}, \quad [\partial_{x_1}, Y] = \partial_{x_2}, \quad [[\partial_{x_1}, Y], Y] = \partial_{x_3},$$

eine Basis von $\mathbb{R}^3$ bilden. Dieses Beispiel kann als Verallgemeinerung des Langevin-Modells betrachtet werden, in dem zusätzlich zur Betrachtung von *Position und Geschwindigkeit* ein dritter stochastischer Prozess eingeführt wird, der die *Beschleunigung* eines Teilchens repräsentiert und als reelle Brownsche Bewegung definiert ist.

Theorem 16.4.2 Die Bedingungen von Kalman und Hörmander sind äquivalent.

Beweis Es genügt zu bemerken, dass für $i = 1, \ldots, d$,

$$[\partial_{x_i}, Y] = \sum_{k=1}^{N} b_{ki} \partial_{x_k}$$

die i-te Spalte der Matrix B ist. Darüber hinaus ist $[[\partial_{x_i}, Y], Y]$ die i-te Spalte der Matrix B^2 und eine analoge Darstellung gilt für Kommutatoren höherer Ordnung.

Andererseits ist für $k = 1, \ldots, N$ der Block $B^k \sigma$ in der Kalman-Matrix (16.18) die $N \times d$ Matrix, deren Spalten die ersten d Spalten von B^k sind. □

Aufbauend auf den Forschungen in [34, 85, 106, 114, 119] wurde eine Theorie für Kolmogorov-Gleichungen *mit variablen Koeffizienten* der Art $\partial_t + \mathscr{A}_t$ mit $\mathscr{A}_t$ wie in (16.4) und $\sigma = \sigma(t, x)$ entwickelt, die der klassischen Behandlung von gleichmäßig parabolischen Gleichungen ähnelt.

16.5 Beispiele und Anwendungen

Lineare SDEs sind die Grundlage vieler wichtiger stochastischer Modelle: hier stellen wir kurz einige Beispiele vor.

Beispiel 16.5.1 (Vasicek Modell) Eines der einfachsten und bekanntesten stochastischen Modelle für die Entwicklung von Zinssätzen (auch Kurzfristzinsen oder kurzfristige Zinssätze genannt) wurde von Vasicek [143] vorgeschlagen:

$$dr_t = \kappa(b - r_t)dt + \sigma dW_t.$$

Hierbei ist W eine reelle Brownsche Bewegung, σ steht für die Volatilität des Zinssatzes und die Parameter κ, θ werden als „Geschwindigkeit der Mittelwertrückkehr" bzw. „langfristiges Mittel" bezeichnet. Die spezielle Form des Drifts $\kappa(\theta - r_t)$ mit $\kappa > 0$ ist so gewählt, dass sie die sogenannte „Mittelwertrückkehr"-Eigenschaft erfasst, ein wesentliches Merkmal des Zinssatzes, das ihn von anderen Finanzpreisen

Abb. 16.2 Darstellung von zwei Trajektorien des Vasicek-Prozesses mit den Parametern $\kappa = 1$, $X_0 = \theta = 5\%$ und $\sigma = 8\%$

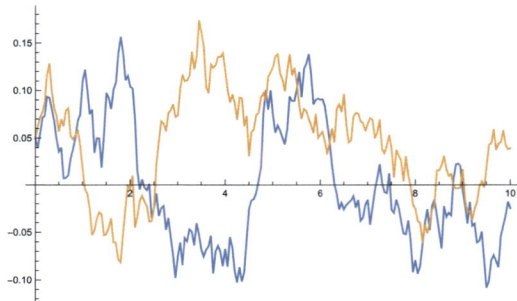

unterscheidet: Im Gegensatz zu beispielsweise Aktienkursen können Zinssätze nicht unbegrenzt steigen. Denn auf sehr hohem Niveau würden sie die wirtschaftliche Aktivität hemmen, was zu einem Rückgang der Zinssätze führen würde. Folglich bewegen sich Zinssätze in einem begrenzten Bereich und zeigen eine Tendenz, zu einem langfristigen Wert zurückzukehren, der im Modell durch den Parameter θ repräsentiert wird. Sobald r_t das Niveau θ überschreitet, wird der Drift negativ und „drückt" r_t nach unten; umgekehrt ist der Drift positiv, wenn $r_t < \theta$, und lässt r_t in Richtung θ steigen. Die Tatsache, dass r_t normalverteilt ist, macht das Modell sehr einfach anwendbar und ermöglicht explizite Formeln auch für komplexere Finanzinstrumente wie Zinsderivate. Unter den verschiedenen Quellen ist [18] ein hervorragender einführender Text zur Zinsmodellierung (Abb. 16.2).

Beispiel 16.5.2 (Brown'sche Brücke) Gegeben sei $b \in \mathbb{R}$, betrachten wir die eindimensionale SDE

$$dB_t = \frac{b - B_t}{1 - t} dt + dW_t$$

mit der Lösung

$$B_t = B_0(1 - t) + bt + (1 - t) \int_0^t \frac{dW_s}{1 - s}, \quad 0 \leq t < 1.$$

Wir haben

$$E[B_t] = B_0(1 - t) + bt,$$

und durch Itôs Isometrie erhalten wir

$$\mathrm{var}(B_t) = (1 - t)^2 \int_0^t \frac{ds}{(1 - s)^2} = t(1 - t),$$

so dass

$$\lim_{t \to 1^-} E[B_t] = b, \qquad \lim_{t \to 1^-} \mathrm{var}(B_t) = 0.$$

16.5 Beispiele und Anwendungen

Abb. 16.3 Darstellung von vier Trajektorien einer Brown'schen Brücke

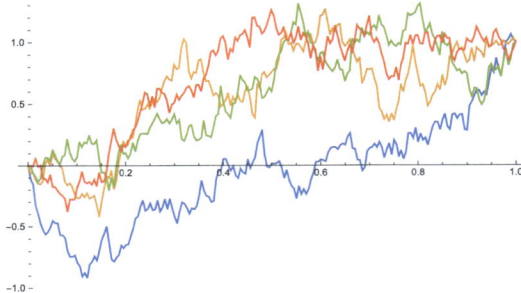

Beweisen wir, dass B_t für $t \to 1^-$ in der L^2-Norm gegen b konvergiert:

$$E\left[(B_t - b)^2\right] = (1-t)^2(b - B_0)^2 - 2(1-t)^2(b - B_0)$$

$$\underbrace{E\left[\int_0^t \frac{dW_s}{1-s}\right]}_{=0} + E\left[\left(\int_0^t \frac{dW_s}{1-s}\right)^2\right]$$

$$= (1-t)^2 \left((b - B_0)^2 + \int_0^t \frac{ds}{(1-s)^2}\right)$$

$$= (1-t)^2 \left((b - B_0)^2 + \frac{1}{1-t} - 1\right) \xrightarrow[t \to 1^-]{} 0.$$

Die Brown'sche Brücke ist nützlich zur Modellierung eines Systems, das auf einem Niveau B_0 startet und erwartet wird, auf Niveau b zu einem zukünftigen Zeitpunkt, zum Beispiel $t = 1$, zu erreichen. In Abb. 16.3 sind vier Trajektorien einer Brown'schen Brücke B mit Anfangswert $B_0 = 0$ und $B_1 = 1$ dargestellt.

Beispiel 16.5.3 (Ornstein-Uhlenbeck [104]) Das folgende System von Gleichungen für die Bewegung eines Teilchens erweitert das Langevin-Modell durch Einführung eines zusätzlichen Reibungsterms:

$$\begin{cases} dX_t^1 = -\mu X_t^1 dt + \eta dW_t \\ dX_t^2 = X_t^1 dt. \end{cases}$$

Hierbei ist W eine reelle Brownsche Bewegung, μ und η sind die positiven Parameter für Reibung und Diffusion. In Matrixform

$$dX_t = BX_t dt + \sigma dW_t$$

mit

$$B = \begin{pmatrix} -\mu & 0 \\ 1 & 0 \end{pmatrix}, \quad \sigma = \begin{pmatrix} \eta \\ 0 \end{pmatrix}.$$

Die Gültigkeit der Kalman-Bedingung lässt sich leicht überprüfen. Außerdem haben wir
$$B^n = \begin{pmatrix} (-\mu)^n & 0 \\ (-\mu)^{n-1} & 0 \end{pmatrix}, \quad n \in \mathbb{N},$$

und
$$e^{tB} = I + \sum_{n=1}^{N} \frac{(tB)^n}{n!} = \begin{pmatrix} e^{-\mu t} & 0 \\ \frac{1-e^{-\mu t}}{\mu} & 1 \end{pmatrix}.$$

Die Lösung X_t mit Anfangsdatum $(x_1, x_2) \in \mathbb{R}^2$ ist ein zweidimensionaler Gaußscher Prozess mit
$$E[X_t] = e^{tB}x = \begin{pmatrix} x_1 e^{-\mu t} \\ x_2 + \frac{x_1}{\mu}(1 - e^{-\mu t}) \end{pmatrix}$$

und
$$\begin{aligned}
\mathscr{C}_t &= \int_0^t e^{sB} \sigma \sigma^* e^{sB^*} ds \\
&= \eta^2 \int_0^t \begin{pmatrix} e^{-\mu s} & 0 \\ \frac{1-e^{-\mu s}}{\mu} & 0 \end{pmatrix} \begin{pmatrix} e^{-\mu s} & \frac{1-e^{-\mu s}}{\mu} \\ 0 & 1 \end{pmatrix} ds \\
&= y^2 \int_0^t \begin{pmatrix} e^{-2\mu s} & \frac{e^{-\mu s} - e^{-2\mu s}}{\mu} \\ \frac{e^{-\mu s} - e^{-2\mu s}}{\mu} & \left(\frac{1-e^{-\mu s}}{\mu}\right)^2 \end{pmatrix} ds \\
&= y^2 \begin{pmatrix} \frac{1}{2\mu}(1 - e^{-2\mu t}) & \frac{1}{2\mu^2}(1 - 2e^{-\mu t} + e^{-2\mu t}) \\ \frac{1}{2\mu^2}(1 - 2e^{-\mu t} + e^{-2\mu t}) & \frac{1}{\mu^3}\left(\mu t + 2e^{-\mu t} - \frac{e^{-2\mu t}-3}{2}\right) \end{pmatrix}.
\end{aligned}$$

Als nächstes stellen wir zwei Beispiele für sehr populäre SDEs vor, die häufig im Bereich der mathematischen Finanzwissenschaften verwendet werden. Obwohl es sich nicht um lineare SDEs der Form (16.1) handelt, haben diese Gleichungen eine „affine Struktur" (im Sinne von [36]), die es ermöglicht, den Ausdruck ihrer CHF und Dichte in Bezug auf spezielle Funktionen abzuleiten.

Beispiel 16.5.4 (CIR-Modell) Das Cox-Ingersoll-Ross (CIR) Modell [29] ist eine Variante des Vasicek-Modells aus Beispiel 16.5.1 in dem der Diffusionskoeffizient eine Quadratwurzelfunktion ist: Dies impliziert, dass im Gegensatz zu Vasicek die Lösung (der Zinssatz) nichtnegative Werte annimmt. Insbesondere betrachten wir die folgenden stochastischen Dynamiken (Abb. 16.4)

$$dX_t = \kappa(\theta - X_t)dt + \sigma\sqrt{X_t}dW_t \tag{16.22}$$

wo κ, θ, σ positive Parameter und W eine reelle Brownsche Bewegung sind. Mit Hilfe der Itô-Formel bestimmen wir die CHF φ_{X_t} von X_t: zuerst haben wir

16.5 Beispiele und Anwendungen

Abb. 16.4 Darstellung von vier Trajektorien des CIR Prozesses mit den Parametern $X_0 = \theta = 5\%$, $\kappa = 1$ und $\sigma = 20\%$

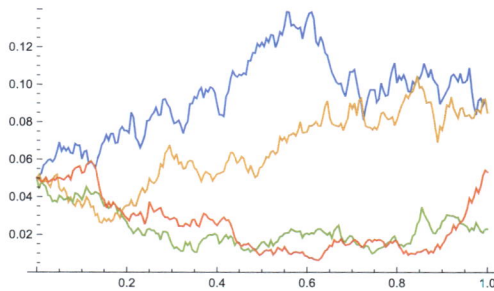

$$de^{i\eta X_t} = i\eta e^{i\eta X_t} dX_t - \frac{\eta^2}{2} e^{i\eta X_t} d\langle X\rangle_t$$

$$= e^{i\eta X_t}\left(i\eta\kappa(\theta - X_t) - \frac{(\eta\sigma)^2}{2}X_t\right)dt + i\eta\sigma e^{i\eta X_t}\sqrt{X_t}dW_t =$$

(setzen $a(\eta) = i\eta\kappa\theta$, $b(\eta) = i\eta\kappa - \frac{(\eta\sigma)^2}{2}$ und $c(\eta, X_t) = i\eta\sigma e^{i\eta X_t}\sqrt{X_t}$)

$$= e^{i\eta X_t}(a(\eta) + b(\eta)X_t)dt + c(\eta, X_t)dW_t =$$

(nutzen der Tatsache, dass $X_t e^{i\eta X_t} = -i\partial_\eta e^{i\eta X_t}$)

$$= (a(\eta) - ib(\eta)\partial_\eta)e^{i\eta X_t}dt + c(\eta, X_t)dW_t.$$

Mit Anwendung des Erwartungswertes und der Annahme $X_0 = x$ haben wir

$$\varphi_{X_t}(\eta) = e^{i\eta x} + \int_0^t \left(a(\eta) - ib(\eta)\partial_\eta\right)\varphi_{X_s}(\eta)ds.$$

Äquivalent dazu erfüllt die Funktion $u(t,\eta) := \varphi_{X_t}(\eta)$ das folgende Cauchy-Problem für eine partielle Differentialgleichung erster Ordnung

$$\begin{cases} \partial_t u(t,\eta) = (a(\eta) - ib(\eta)\partial_\eta)\varphi_{X_t}(\eta), & t > 0, \eta \in \mathbb{R}, \\ u(0,\eta) = e^{i\eta x}. \end{cases}$$

Dieses Problem wird mit der Methode der Charakteristiken des Beispiels 15.3.8 gelöst: setze

$$d(t) := \frac{2\kappa}{(1 - e^{-\kappa t})\sigma^2}, \qquad \lambda(t) := 2xe^{-\kappa t}d(t),$$

dann erhalten wir

$$\varphi_{X_t}(\eta) = \left(\frac{d(t)}{d(t) - i\eta}\right)^{\frac{\kappa}{2}} e^{\frac{i\eta\lambda(t)/2}{d(t) - i\eta}}.$$

Beispiel 16.5.5 (**CEV Modell**) Das *Modell der konstanten Elastizität der Varianz* (CEV) hat seinen Ursprung in der Physik und wurde in der mathematischen Finanzwissenschaft von Cox [27, 28] eingeführt, um die Dynamik des Preises eines riskobehafteten Vermögenswerts zu beschreiben: die CEV-Gleichung hat die Form

$$dX_t = \sigma X_t^\beta dW_t, \qquad (16.23)$$

mit den Parametern $\sigma > 0$, $0 < \beta < 1$ und der Anfangsbedingung $X_0 = x \geq 0$.

Wir illustrieren hier seine besonderen Eigenschaften nach der Darstellung in [105] (siehe auch [32] und [33]): es ist möglich, eine schwache Lösung von (16.23) zu konstruieren, ausgehend von der Kolmogorov-Gleichung, die die Übergangsdichte[3] der Lösung in Bezug auf spezielle Funktionen ausdrückt. Der Prozess X hat unterschiedliche Eigenschaften in den beiden Fällen $\beta < \frac{1}{2}$ und $\beta \geq \frac{1}{2}$. Um diese Eigenschaften zu beschreiben, führen wir zuerst die folgende Funktionen ein

$$\Gamma_\pm(t,x;T,y) = \frac{x^{\frac{1}{2}-2\beta}\sqrt{y}e^{-\frac{x^{2(1-\beta)}+y^{2(1-\beta)}}{2(1-\beta)^2\sigma^2(T-t)}}}{(1-\beta)\sigma^2(T-t)} \mathscr{I}_{\pm\frac{1}{2(1-\beta)}}\left(\frac{(xy)^{1-\beta}}{(1-\beta)^2\sigma^2(T-t)}\right),$$

wobei $\mathscr{I}_\nu(x)$ die modifizierte Besselsche Funktion der ersten Art ist und ist definiert durch

$$\mathscr{I}_\nu(x) = \left(\frac{x}{2}\right)^\nu \sum_{k=0}^\infty \frac{x^{2k}}{2^{2k}k!\Gamma_E(\nu+k+1)},$$

und Γ_E bezeichnet das Euler Gamma. Sowohl Γ_+ als auch Γ_- sind fundamentale Lösungen von $\partial_t + \mathscr{A}$, wobei $\mathscr{A}$ der charakteristische Operator von X ist:

$$\mathscr{A} = \frac{\sigma^2 x^{2\beta}}{2}\partial_{xx}.$$

Genauer gilt

$$(\partial_t + \mathscr{A})\Gamma_\pm(t,x;T,y) = 0, \qquad \text{auf }]0,T[\times\mathbb{R}_{>0},$$

---

[3] Die Übergangsdichte wird aus der Transformation

$$Y_t = \frac{X_t^{2(1-\beta)}}{\sigma^2(1-\beta)^2}$$

konstruiert, die (16.23) zur Bessel-Gleichung führt

$$dY_t = \delta dt + 2\sqrt{Y_t}dW_t \qquad (16.24)$$

mit $\delta = \frac{1-2\beta}{1-\beta}$. Formel (16.24) ist ein Spezialfall von (16.22).

16.5 Beispiele und Anwendungen

und
$$\lim_{\substack{(t,x)\to(T,x_0)\\t<T}} \int_{\mathbb{R}_{>0}} \Gamma_{\pm}(t,x;T,y)\varphi(y)dy = \varphi(x_0), \qquad x_0 \in \mathbb{R}_{\geq 0},$$

für jede stetige und beschränkte Funktion φ.

Der Prozess X ist nichtnegativ und kann den Wert 0 annehmen. Ist $\beta \geq \frac{1}{2}$, so sagt man, dass 0 ein „absorbierender" Zustand ist, denn wenn wir mit $\tau_x := \inf\{t \mid X_t = 0\}$ die erste Zeit bezeichnen, zu der X ausgehend von $X_0 = x$ den Wert 0 erreicht, dann gilt $X_t \equiv 0$ für $t \geq \tau_x$. Die Übergangsverteilung von X ist

$$p(t,x;T,H) = (1-a)\delta_0(H) + a\int_H \Gamma_+(t,x;T,y)dy, \qquad H \in \mathscr{B},$$

wobei
$$a := \int_0^{+\infty} \Gamma_+(t,x;T,y)dy < 1.$$

Andererseits, wenn $\beta < \frac{1}{2}$, dann erreicht X 0, wird aber „reflektiert": in diesem Fall hat Γ_- ein Integral gleich eins auf $\mathbb{R}_{>0}$ und ist die Übergangsdichte von X.

In [33] und [61] wird bewiesen, dass X ein streng lokales Martingal ist und aus diesem Grund ist es kein gutes Modell für den Preis eines riskobehafteten Vermögenswertes, weil es „Arbitragemöglichkeiten" schafft: tatsächlich im Fall $\beta < \frac{1}{2}$, wenn wir die Aktie zum Zeitpunkt τ_x zu Nullkosten zu kaufen, dann gibt es einen sicheren Gewinn, da der Preis später positiv wird. Aus diesem Grund wird im CEV-Modell, das von Cox [27] eingeführt wurde, der Preis als der Prozess definiert, der durch Anhalten der Lösung X zur Zeit τ_x erhalten wird, das heißt

$$S_t := X_{t\wedge\tau_x}, \qquad t \geq 0.$$

In der finanziellen Interpretation stellt τ_x die Schuldnerverzugszeit des riskobehafteten Vermögenswerts dar. Delbaen und Shirakawa [33] zeigen, dass S ein nicht negatives Martingal für jedes $0 < \beta < 1$ ist. Der nicht angehaltene Prozess X wird stattdessen als Modell für die Dynamik der Zinssätze und Volatilität (oder Risikoindex, positiv per Definition) von Finanzanlagen verwendet, wie in den berühmten CIR [29] und Heston [60] Modellen. Das CEV-Modell (und sein stochastisches Volatilitätsgegenstück, das populäre SABR-Modell [58], das in der Zinsstrukturmodellierung verwendet wird) ist ein interessantes Beispiel für ein degeneriertes Modell, weil der infinitesimale Generator nicht gleichmäßig elliptisch ist und die Verteilung des Preisprozesses in Bezug auf das Lebesgue-Maß nicht absolut stetig ist.

16.6 Wichtige Merksätze

Hier sind die wichtigsten Ergebnisse und Grundideen des Kapitels, die man sich merken sollte. Technische oder weniger wichtige Details werden weggelassen. Bei Unklarheiten zu den folgenden kurzen Aussagen lohnt sich ein Blick in den jeweiligen Abschnitt.

- Abschn. 16.1: lineare SDEs haben explizite Gaußsche Lösungen. Ein besonders interessantes Beispiel wird durch das kinetische Langevin-Modell geliefert, dessen Lösung eine Dichte hat, obwohl der diffusive Koeffizient der SDE degeneriert ist.
- Abschn. 16.2, 16.3 und 16.4: die Untersuchung der Absolutstetigkeit der Lösung einer linearen SDE eröffnet interessante Verbindungen mit den Theorien der Optimalsteuerung und PDEs. Die Tatsache, dass die Kovarianzmatrix der Lösung einer linearen SDE positiv definit ist, entspricht der Steuerbarkeit eines geeigneten linearen Systems: in dieser Hinsicht liefert die Kalman-Bedingung ein einfaches operationales Kriterium. Es gibt eine zusätzliche Äquivalenz mit der Hörmander-Bedingung, die im Kontext der PDE-Theorie bekannt ist.
- Abschn. 16.5: lineare SDEs sind die Grundlage klassischer stochastischer Modelle und finden vielfältige Anwendungen in verschiedenen Bereichen. In diesem Abschnitt präsentieren wir zahlreiche Beispiele von linearen und nichtlinearen SDEs, die in der mathematischen Finanzwirtschaft und darüber hinaus verwendet werden.

Kapitel 17
Starke Lösungen

Ich verbringe viele Stunden damit, durch die Straßen von Palermo zu wandern, starken schwarzen Kaffee zu trinken und mich zu fragen, was mit mir nicht stimmt. Ich habe es geschafft – ich bin die Nummer eins im Tennis, doch ich fühle mich leer.

Andre Agassi [1]

Wir präsentieren klassische Ergebnisse bezüglich der starken Existenz und Pfad-Eindeutigkeit für SDEs. Wir behalten die allgemeinen Notationen aus Kap. 14 bei und konzentrieren uns auf die SDE

$$dX_t = b(t, X_t)dt + \sigma(t, X_t)dW_t \tag{17.1}$$

wo W eine d-dimensionale Brownsche Bewegung ist und die Koeffizienten

$$b = b(t,x) :]t_0, T[\times \mathbb{R}^N \longrightarrow \mathbb{R}^N, \qquad \sigma = \sigma(t,x) :]t_0, T[\times \mathbb{R}^N \longrightarrow \mathbb{R}^{N \times d},$$

die Standardannahmen der Definition 14.4.1 für Regularität (lokale Lipschitz-Stetigkeit) und lineares Wachstum erfüllen. Hier sind $N, d \in \mathbb{N}$ und $0 \leq t_0 < T$ festgelegt. Wir beweisen die folgenden Ergebnisse:

- Theorem 17.1.1 über starke Eindeutigkeit;
- Theorem 17.2.1 über starke Lösbarkeit und die Flusseigenschaft;
- Theorem 17.3.1 über die Markov-Eigenschaft;
- Theorem 17.4.1 und Korollar 17.4.2 über die Abhängigkeit vom Anfangswert, Regularität der Trajektorien, Feller-Eigenschaft und starke Markov-Eigenschaft.

17.1 Eindeutigkeit

Theorem 17.1.1 (Starke Eindeutigkeit) Angenommen, es gilt die folgende lokale Lipschitz-Stetigkeit in x, gleichmäßig in t: Für alle $n \in \mathbb{N}$ existiert eine Konstante κ_n, so dass

$$|b(t,x) - b(t,y)| + |\sigma(t,x) - \sigma(t,y)| \leq \kappa_n |x-y|, \qquad (17.2)$$

für alle $t \in [t_0, T]$ und $x, y \in \mathbb{R}^N$ mit $|x|, |y| \leq n$. Dann gilt für die SDE (17.1) mit Anfangswert Z starke Eindeutigkeit gemäß Definition 14.1.11.

Beweis Seien X, Y zwei Lösungen der SDE (17.1) mit Anfangswert Z, d.h. $X \in$ SDE$(b, \sigma, W, \mathscr{F}_t)$ und $Y \in$ SDE$(b, \sigma, W, \mathscr{G}_t)$. Wir verwenden ein Lokalisierungsargument[1] und setzen

$$\tau_n = \inf\{t \in [t_0, T] \mid |X_t| \vee |Y_t| \geq n\}, \qquad n \in \mathbb{N},$$

mit der Konvention $\min \emptyset = T$. Beachte, dass $\tau_n = t_0$ auf $(|Z| > n) \in \mathscr{F}_{t_0} \cap \mathscr{G}_{t_0}$. Da nach Annahme X, Y adaptiert und fast sicher stetig sind, ist τ_n eine wachsende Folge von Stoppzeiten[2] mit Werten in $[t_0, T]$, so dass $\tau_n \nearrow T$ fast sicher. Wir setzen

$$b_n(t,x) = b(t,x)\mathbb{1}_{[t_0, \tau_n]}(t), \quad \sigma_n(t,x) = \sigma(t,x)\mathbb{1}_{[t_0, \tau_n]}(t), \quad n \in \mathbb{N}. \qquad (17.3)$$

Die Prozesse $X_{t \wedge \tau_n}, Y_{t \wedge \tau_n}$ erfüllen fast sicher die Gleichung

$$\begin{aligned}
X_{t \wedge \tau_n} - Y_{t \wedge \tau_n} &= \int_{t_0}^{t \wedge \tau_n} (b(s, X_s) - b(s, Y_s))\, ds \\
&\quad + \int_{t_0}^{t \wedge \tau_n} (\sigma(s, X_s) - \sigma(s, Y_s))\, dW_s \\
&= \int_{t_0}^{t} \left(b_n(s, X_{s \wedge \tau_n}) - b_n(s, Y_{s \wedge \tau_n})\right) ds \\
&\quad + \int_{t_0}^{t} \left(\sigma_n(s, X_{s \wedge \tau_n}) - \sigma_n(s, Y_{s \wedge \tau_n})\right) dW_s. \qquad (17.4)
\end{aligned}$$

---

[1] Das Lokalisierungsargument ist selbst unter der Annahme globaler Lipschitz-Stetigkeit notwendig, da die Idee darin besteht, das Lemma von Grönwall auf die Funktion

$$v(t) = E\left[\sup_{t_0 \leq s \leq t} |X_s - Y_s|^2\right]$$

unter der Voraussetzung anzuwenden, dass v beschränkt ist.

[2] In Bezug auf die Filtration definiert durch $\mathscr{F}_t \vee \mathscr{G}_t := \sigma(\mathscr{F}_t \cup \mathscr{G}_t)$.

17.1 Eindeutigkeit

Außerdem haben wir

$$\left|b_n(s, X_{s\wedge\tau_n}) - b_n(s, Y_{s\wedge\tau_n})\right| = \left|b_n(s, X_{s\wedge\tau_n}) - b_n(s, Y_{s\wedge\tau_n})\right| \mathbb{1}_{(|Z|\leq n)} \leq$$

(da $|X_{s\wedge\tau_n}|, |Y_{s\wedge\tau_n}| \leq n$ auf $(|Z| \leq n)$ für $s \in [t_0, T]$)

$$\leq \kappa_n \left|X_{s\wedge\tau_n} - X_{s\wedge\tau_n}\right| \tag{17.5}$$

und eine ähnliche Abschätzung wird mit σ_n anstelle von b_n erhalten. Jetzt sei

$$v_n(t) = E\left[\sup_{t_0 \leq s \leq t} \left|X_{s\wedge\tau_n} - Y_{s\wedge\tau_n}\right|^2\right], \quad t \in [t_0, T].$$

Aus (17.4) und (17.5), genau wie im Beweis von der Abschätzung (14.21) mit $p = 2$, erhalten wir

$$v_n(t) \leq \bar{c} \int_{t_0}^{t} v(s)ds, \quad t \in [t_0, T],$$

für eine positive Konstante $\bar{c} = \bar{c}(T, d, N, \kappa_n)$. Da X und Y fast sicher stetig und adaptiert sind (und daher progressiv messbar), stellt Fubinis Theorem sicher, dass v eine messbare Funktion auf $[t_0, T]$ ist, das heißt, $v_n \in m\mathscr{B}$. Außerdem ist v_n beschränkt, genauer $|v_n| \leq 4n^2$, durch Konstruktion. Aus Grönwalls Lemma erhalten wir, dass $v_n \equiv 0$ und daher

$$E\left[\sup_{t_0 \leq t \leq T} \left|X_{t\wedge\tau_n} - Y_{t\wedge\tau_n}\right|^2\right] = v_n(T) = 0.$$

Nehmen wir den Grenzwert für $n \to \infty$, nach Beppo Levis Theorem, sind X und Y ununterscheidbar auf $[t_0, T]$. □

Im eindimensionalen Fall gilt das folgende stärkere Ergebnis, das wir ohne Beweis angeben (siehe zum Beispiel Theorem 5.3.3 in [37] oder Proposition 5.2.13 in [67]).

Theorem 17.1.2 (Yamada und Watanabe [149]) Im Fall $N = d = 1$ gibt es eine starke Eindeutigkeit für die SDE (17.1) unter den folgenden Bedingungen:

$$|b(t, x) - b(t, y)| \leq k(|x - y|), \quad |\sigma(t, x) - \sigma(t, y)| \leq h(|x - y|),$$
$$t \geq 0, \ x, y \in \mathbb{R},$$

wobei

i) h ist eine streng monoton steigende Funktion, so dass $h(0) = 0$ und für alle $\varepsilon > 0$
$$\int_0^\varepsilon \frac{1}{h^2(s)} ds = \infty;$$

ii) k ist eine streng monoton steigende, konkave Funktion, so dass $k(0) = 0$ und für jedes $\varepsilon > 0$
$$\int_0^\varepsilon \frac{1}{k(s)} ds = \infty.$$

17.2 Existenz

Wir sind daran interessiert, die Lösbarkeit im starken Sinne zu untersuchen, was, wie in Abschn. 14.1 gesehen, erfordert, dass die Lösung an die Standardfiltration der Brownschen Bewegung und das Anfangsdatum adaptiert ist. Wie festgestellt[3] in [124], der Punkt, an dem die ursprüngliche Theorie von Itô über starke Lösungen von SDEs sich als wirklich effektiv erweist, ist die Theorie der Flüsse, die in vielen Anwendungen eine wichtige Rolle spielt: in diesem Zusammenhang weisen wir auf [82] als Referenzmonographie hin (weitere wertvolle Ressourcen sind [12, 47, 51]).

Theorem 17.2.1 (Starke Lösbarkeit und Flusseigenschaft) [!] Angenommen, die Koeffizienten b, σ erfüllen die Standardannahmen[4] (14.17)–(14.18) auf $]t_0, T[\times \mathbb{R}^N$. Sei $(W, \mathscr{F}_t)$ eine Konfiguration, dann haben wir:

i) für jedes $x \in \mathbb{R}^N$, gibt es eine starke Lösung $X^{t_0,x} \in \text{SDE}(b, \sigma, W, \mathscr{F}^W)$ mit Anfangsdatum $X_{t_0}^{t_0,x} = x$. Darüber hinaus haben wir für jedes $t \in [t_0, T]$

$$(x, \omega) \longmapsto \psi_{t_0, t}(x, \omega) := X_t^{t_0,x}(\omega) \in m(\mathscr{B}_N \otimes \mathscr{F}_t^W); \qquad (17.6)$$

ii) für jedes $Z \in m\mathscr{F}_{t_0}$ ist der Prozess $X^{t_0, Z}$ definiert durch

$$X_t^{t_0, Z}(\omega) := \psi_{t_0, t}(Z(\omega), \omega), \qquad \omega \in \Omega, \ t \in [t_0, T], \qquad (17.7)$$

---

[3] [124] S. 136: „Wo der ‚starke' oder ‚pfadweise' Ansatz der ursprünglichen Theorie der SDEs von Itô wirklich zur Geltung kommt, ist die Theorie der Flüsse. Flüsse sind heute ein sehr großes Geschäft; und der Martingal-Problem-Ansatz, so interessant er auch sein mag, kann sie auf natürliche Weise nicht behandeln."

[4] Tatsächlich ist es unter Verwendung eines Lokalisierungsarguments wie im Beweis von Theorem 17.1.1 ausreichend, die Annahme (17.2) (lokale Lipschitz-Stetigkeit) anstelle von (14.18) anzunehmen.

17.2 Existenz

eine starke Lösung der SDE (17.1) (d.h. $X^{t_0,Z} \in \mathrm{SDE}(b, \sigma, W, \mathscr{F}^{Z,W})$) mit Anfangsdatum $X_{t_0}^{t_0,Z} = Z$;

iii) die *Flusseigenschaft* gilt: für jedes $t \in [t_0, T[$ sind die Prozesse $X^{t_0,Z}$ und $X^{t,X_t^{t_0,Z}}$ auf $[t, T]$ ununterscheidbar, das heißt wir haben fast sicher

$$X_s^{t_0,Z} = X_s^{t,X_t^{t_0,Z}} \quad \text{für jedes } s \in [t, T]. \tag{17.8}$$

Beweis Wir teilen den Beweis in mehrere Schritte auf.

(1) Wir beweisen die Existenz der Lösung von (17.1) auf $[t_0, T]$ mit deterministschem Anfangsdatum $X_{t_0} = x \in \mathbb{R}^N$. Wir verwenden die Methode der sukzessiven Approximationen und definieren rekursiv die Folge der Itô-Prozesse

$$X_t^{(0)} \equiv x,$$
$$X_t^{(n)} = x + \int_{t_0}^t b(s, X_s^{(n-1)})ds + \int_{t_0}^t \sigma(s, X_s^{(n-1)})dW_s, \quad n \in \mathbb{N}, \tag{17.9}$$

für $t \in [t_0, T]$. Die Folge ist wohldefiniert und $X^{(n)}$ ist an $\mathscr{F}^W$ adaptiert und f.s. stetig für alle n. Darüber hinaus zeigt ein induktives Argument[5] in n, dass $X_t^{(n)} = X_t^{(n)}(x, \omega) \in m(\mathscr{B}_N \otimes \mathscr{F}_t^W)$ für alle $n \geq 0$ und $t \in [t_0, T]$.

Wir beweisen durch Induktion die Abschätzung

$$E\left[\sup_{t_0 \leq t \leq t_1} |X_t^{(n)} - X_t^{(n-1)}|^2\right] \leq \frac{c^n(t_1 - t_0)^n}{n!}, \quad t_1 \in]t_0, T[, \ n \in \mathbb{N}, \tag{17.10}$$

mit $c = c(T, d, N, x, c_1, c_2) > 0$, wobei c_1, c_2 die Konstanten der Standardannahmen an die Koeffizienten sind. Sei $n = 1$: nach (14.20) haben wir

$$E\left[\sup_{t_0 \leq t \leq t_1} |X_t^{(1)} - X_t^{(0)}|^2\right] = E\left[\sup_{t_0 \leq t \leq t_1} \left|\int_{t_0}^t b(s, x)ds + \int_{t_0}^t \sigma(s, x)dW_s\right|^2\right]$$
$$\leq \bar{c}_1(1 + |x|^2)(t_1 - t_0).$$

Angenommen (17.10) ist wahr für n, dann beweisen wir es nun für $n + 1$: wir haben

$$E\left[\sup_{t_0 \leq t \leq t_1} |X_t^{(n+1)} - X_t^{(n)}|^2\right] = E\left[\sup_{t_0 \leq t \leq t_1} \left|\int_{t_0}^t \left(b(s, X_s^{(n)}) - b(s, X_s^{(n-1)})\right)ds\right.\right.$$
$$\left.\left. + \int_{t_0}^t \left(\sigma(s, X_s^{(n)}) - \sigma(s, X_s^{(n-1)})\right)dW_s\right|^2\right] \leq$$

---

[5] Die Messbarkeit in (x, ω) ist offensichtlich für $n = 0$. Unter der Annahme, dass die These für $n - 1$ wahr ist, genügt es, den Integranden in (17.9) mit einfachen Prozessen zu approximieren und Korollar 10.2.27 zu verwenden, wobei man sich daran erinnert, dass Konvergenz in Wahrscheinlichkeit die Eigenschaft der Messbarkeit beibehält.

(nach (14.21))
$$\leq \bar{c}_2 \int_{t_0}^{t_1} E\left[\sup_{t_0 \leq r \leq s} |X_r^{(n)} - X_r^{(n-1)}|^2\right] ds \leq$$

(nach Induktionsannahme, mit $c = \bar{c}_2 \vee \bar{c}_1(1+|x|^2)$)
$$\leq c^{n+1} \int_{t_0}^{t_1} \frac{(s-t_0)^n}{n!} ds$$

und dies beweist (17.10).

Durch Kombination der Markov-Ungleichung mit (17.10) erhalten wir
$$P\left(\sup_{t_0 \leq t \leq T} |X_t^{(n)} - X_t^{(n-1)}| \geq \frac{1}{2^n}\right) \leq 2^{2n} E\left[\sup_{t_0 \leq t \leq T} |X_t^{(n)} - X_t^{(n-1)}|^2\right]$$
$$\leq \frac{(4cT)^n}{n!}, \quad n \in \mathbb{N}.$$

Dann haben wir nach dem Borel-Cantelli-Lemma 1.3.28 in [113]
$$P\left(\sup_{t_0 \leq t \leq T} |X_t^{(n)} - X_t^{(n-1)}| \geq \frac{1}{2^n} \text{ i.o.}\right) = 0$$

das heißt, für fast alle $\omega \in \Omega$ gibt es ein $n_\omega \in \mathbb{N}$, so dass
$$\sup_{t_0 \leq t \leq T} |X_t^{(n)}(\omega) - X_t^{(n-1)}(\omega)| \leq \frac{1}{2^n}, \quad n \geq n_\omega.$$

Da
$$X_t^{(n)} = x + \sum_{k=1}^{n} (X_t^{(k)} - X_t^{(k-1)})$$

folgt daraus, dass $X_t^{(n)}$ fast sicher gleichmäßig in $t \in [t_0, T]$ für $n \to +\infty$ zu einem Grenzwert konvergiert, den wir mit X_t bezeichnen: um diesen Sachverhalt auszudrücken, schreiben wir in Symbolen $X_t^{(n)} \rightrightarrows X_t$ f.s. Beachte, dass $X = (X_t)_{t \in [t_0, T]}$ f.s. stetig (dank der gleichmäßigen Konvergenz) und adaptiert an $\mathscr{F}^W$ ist: außerdem ist $X_t = X_t(x, \omega) \in m(\mathscr{B}_N \otimes \mathscr{F}_t^W)$ für alle $t \in [t_0, T]$, weil diese Messbarkeitseigenschaft für $X_t^{(n)}$ für alle $n \in \mathbb{N}$ gilt.

17.2 Existenz

Nach (14.17) und da X f.s. stetig ist, ist klar, dass Bedingung (14.3) erfüllt ist. Um zu überprüfen, dass wir

$$X_t = x + \int_{t_0}^t b(s, X_s)ds + \int_{t_0}^t \sigma(s, X_s)dW_s, \qquad t \in [t_0, T]$$

fast sicher haben, genügt es zu beobachten, dass:

- durch die Lipschitz-Eigenschaft von b und σ $b(t, X_t^{(n)}) \rightrightarrows b(t, X_t)$ gleichmäßig in t folgt, sowie $\sigma(t, X_t^{(n)}) \rightrightarrows \sigma(t, X_t)$ f.s., und daher

$$\lim_{n \to +\infty} \int_{t_0}^t b(s, X_s^{(n)})ds = \int_{t_0}^t b(s, X_s)ds \qquad \text{f.s.}$$

$$\lim_{n \to +\infty} \int_{t_0}^t \left|\sigma(s, X_s^{(n)}) - \sigma(s, X_s)\right|^2 ds = 0 \qquad \text{f.s.} \qquad (17.11)$$

- nach Proposition 10.2.26 impliziert (17.11), dass

$$\lim_{n \to +\infty} \int_{t_0}^t \sigma(s, X_s^{(n)})dW_s = \int_{t_0}^t \sigma(s, X_s)dW_s \qquad \text{f.s.}$$

Dies beendet den Beweis der Existenz im Fall eines deterministischen Anfangswertes.

(2) Betrachte nun den Fall eines zufälligen Anfangswertes $Z \in m\mathscr{F}_{t_0}$. Sei $f = f(x, \omega)$ die Funktion auf $\mathbb{R}^N \times \Omega$, die wie folgt definiert ist:

$$f(x, \cdot) := \sup_{t_0 \leq t \leq T} \left| X_t^{t_0, x} - x - \int_{t_0}^t b(s, X_s^{t_0, x})ds - \int_{t_0}^t \sigma(s, X_s^{t_0, x})dW_s \right|.$$

Beachte, dass $f \in m(\mathscr{B}_N \otimes \mathscr{F}_T^W)$, da $X_t^{t_0, \cdot} \in m(\mathscr{B}_N \otimes \mathscr{F}_t^W)$ für jedes $t \in [t_0, T]$. Außerdem haben wir für alle $x \in \mathbb{R}^N$ $f(x, \cdot) = 0$ f.s. und daher auch $F(x) := E[f(x, \cdot)] = 0$. Dann haben wir

$$0 = F(Z) = E[f(x, \cdot)]|_{x=Z} =$$

(nach dem Einfrierlemma in Theorem 4.2.10 in [113], da $Z \in m\mathscr{F}_{t_0}$, dann $f \in m(\mathscr{B}_N \otimes \mathscr{F}_T^W)$ mit $\mathscr{F}_{t_0}$ und $\mathscr{F}_t^W$ unabhängigen σ-Algebren nach Bemerkung 14.1.4 und $f \geq 0$)

$$= E\left[f(Z, \cdot) \mid \mathscr{F}_{t_0}\right].$$

Wenn wir den Erwartungswert

$$E[f(Z, \cdot)] = 0$$

und daher ist $X^{t_0,Z}$ in (17.7) eine Lösung der SDE (17.1); tatsächlich ist $X^{t_0,Z}$ eine starke Lösung, da es offensichtlich an $\mathscr{F}^{Z,W}$ adaptiert ist.

(3) Für $t_0 \leq t \leq s \leq T$ (mit Gleichheiten, die fast sicher gelten) haben wir

$$\begin{aligned}
X_s^{t_0,Z} &= Z + \int_{t_0}^s b(r, X_r^{t_0,Z})dr + \int_{t_0}^s \sigma(r, X_r^{t_0,Z})dW_r \\
&= Z + \int_{t_0}^t b(r, X_r^{t_0,Z})dr + \int_{t_0}^t \sigma(r, X_r^{t_0,Z})dW_r \\
&\quad + \int_t^s b(r, X_r^{t_0,Z})dr + \int_t^s \sigma(r, X_r^{t_0,Z})dW_r \\
&= X_t^{t_0,Z} + \int_t^s b(r, X_r^{t_0,Z})dr + \int_t^s \sigma(r, X_r^{t_0,Z})dW_r,
\end{aligned}$$

das heißt $X^{t_0,Z}$ ist eine Lösung auf $[t, T]$ der SDE (17.1) mit Anfangsdatum $X_t^{t_0,Z}$. Andererseits, wie in Punkt **(2)** bewiesen, ist auch $X^{t,X_t^{t_0,Z}}$ eine Lösung der gleichen SDE. Durch Eindeutigkeit sind die Prozesse $X^{t_0,Z}$ und $X^{t,X_t^{t_0,Z}}$ auf $[t, T]$ ununterscheidbar. Dies beweist (17.8) und schließt den Beweis des Theorems ab. □

17.3 Markov-Eigenschaft

In diesem Abschnitt zeigen wir, dass unter geeigneten Annahmen die Lösung einer SDE ein stetiger Markov-Prozess (d. h. eine *Diffusion*) ist. Im Folgenden werden wir systematisch auf die Ergebnisse des Abschn. 2.5 bezüglich des charakteristischen Operators eines Markov-Prozesses verweisen.

Theorem 17.3.1 (Markov-Eigenschaft) [!] Nehmen wir an, dass die Koeffizienten b, σ die Bedingungen (14.17) und (17.2) des linearen Wachstums und der lokalen Lipschitz-Stetigkeit erfüllen. Wenn $X \in \mathrm{SDE}(b, \sigma, W, \mathscr{F}_t)$, dann ist X ein Markov-Prozess mit Übergangsverteilung p, wobei für alle $t_0 \leq t \leq s \leq T$ und $x \in \mathbb{R}^N$, $p = p(t, x; s, \cdot)$ die Verteilung der Zufallsvariablen $X_s^{t,x}$ ist, das heißt, der Lösung der SDE mit Anfangsbedingung x zur Zeit t, bewertet zur Zeit s. Darüber hinaus ist der charakteristische Operator von X

$$\mathscr{A}_t = \frac{1}{2}\sum_{i,j=1}^N c_{ij}(t,x)\partial_{x_i x_j} + \sum_{j=1}^N b_j(t,x)\partial_{x_i}, \qquad c_{ij} := (\sigma\sigma^*)_{ij}. \tag{17.12}$$

Beweis Wir stellen fest, dass p eine Übergangsverteilung nach Definition 2.1.1 ist. Tatsächlich haben wir:

i) für alle $x \in \mathbb{R}^N$ ist $p(t, x; s, \cdot)$ nach Definition eine Verteilung, so dass $p(t, x; t, \cdot) = \delta_x$;

17.3 Markov-Eigenschaft

ii) für alle $H \in \mathscr{B}_N$

$$x \mapsto p(t,x;s,H) = E\left[\mathbb{1}_H\left(X_s^{t,x}\right)\right] \in m\mathscr{B}_N$$

dank der Messbarkeitseigenschaft (17.6) und dem Satz von Fubini.

Wir beweisen, dass p eine Übergangsverteilung für X ist: gemäß Definition 2.1.1 müssen wir überprüfen, dass

$$p(t,X_t;s,H) = P(X_s \in H \mid X_t), \qquad t_0 \leq t \leq s \leq T, \ H \in \mathscr{B}_N.$$

Da X durch Eindeutigkeit von der Lösung $X^{t_0,X_{t_0}} \in \mathrm{SDE}(b,\sigma,W,\mathscr{F}_t^{X_{t_0},W})$, die in Theorem 17.2.1 konstruiert wurde, ununterscheidbar ist, haben wir aus der Flusseigenschaft (17.8)

$$X_s = X_s^{t,X_t} \quad \text{für jedes } s \in [t,T]$$

fast sicher. Daher haben wir

$$\begin{aligned} P(X_s \in H \mid X_t) &\equiv E\left[\mathbb{1}_H(X_s) \mid X_t\right] \\ &= E\left[\mathbb{1}_H\left(X_s^{t,X_t}\right) \mid X_t\right] \end{aligned}$$

(nach (4.2.7) in [113] des Einfrier-Lemmas, da $X_t \in m\mathscr{F}_t$ und daher, nach Bemerkung 14.1.4, unabhängig von $\mathscr{F}_s^W$ und $(x,\omega) \mapsto \mathbb{1}_H(X_s^{t,x}(\omega)) \in m(\mathscr{B}_N \otimes \mathscr{F}_s^W)$ dank (17.6))

$$= E\left[\mathbb{1}_H(X_s^{t,x})\right]\big|_{x=X_t} = p(t,X_t;s,H).$$

Andererseits genügt es, die vorherigen Schritte zu wiederholen, jedoch auf $\mathscr{F}_t$ statt auf X_t zu bedingen, um die Markov-Eigenschaft zu beweisen

$$p(t,X_t;s,H) = P(X_s \in H \mid \mathscr{F}_t), \qquad 0 \leq t_0 \leq t \leq s \leq T, \ H \in \mathscr{B}_N.$$

Schließlich wurde in Abschn. 15.1 (insbesondere vergleiche man (15.6) mit Definition (2.25)) bewiesen, dass $\mathscr{A}_t$ der charakteristische Operator von X ist. □

Bemerkung 17.3.2 Unter den Voraussetzungen des Satzes 17.3.1 gilt nach der Markov-Eigenschaft

$$E[\varphi(X_T) \mid \mathscr{F}_t] = u(t,X_t), \qquad \varphi \in b\mathscr{B},$$

wobei

$$u(t,x) := \int_{\mathbb{R}} p(t,x;T,dy)\varphi(y).$$

Wir erinnern daran, dass nach den Resultaten der Abschn. 2.5.3 und 2.5.2 die Übergangsverteilung p eine Lösung der Kolmogorov'schen Rückwärts- und Vorwärtsgleichung ist, die jeweils durch

$$(\partial_t + \mathscr{A}_t) p(t, x; s, dy) = 0, \qquad (\partial_s - \mathscr{A}_s^*) p(t, x; s, dy) = 0, \qquad t_0 \leq t < s \leq T,$$

gegeben sind, wobei $\mathscr{A}_s^*$ den adjungierten Operator von $\mathscr{A}_t$ in (17.12) bezeichnet, der in der Vorwärtsvariablen y wirkt.

17.3.1 Vorwärts-Kolmogorov-Gleichung

Die Vorwärts-Kolmogorov-Gleichung einer Diffusion X kann durch eine direkte Anwendung der Itô-Formel abgeleitet werden. Unter den Annahmen des Theorems 17.3.1 bezeichnen wir mit $X^{t,x}$ die Lösung der SDE (17.1) mit der Anfangsbedingung $X_t^{t,x} = x$. Gegeben sei eine Testfunktion $\varphi \in C_0^\infty(\mathbb{R} \times \mathbb{R}^N)$, deren kompakter Träger in $]t, T[\times \mathbb{R}^N$ enthalten ist, dann haben wir nach Itôs Formel

$$0 = \varphi(T, X_T^{t,x}) - \varphi(t, x) = \int_t^T (\partial_s + \mathscr{A}_s) \varphi(s, X_s^{t,x}) ds$$
$$+ \int_t^T \nabla \varphi(s, X_s^{t,x}) \sigma(s, X_s^{t,x}) dW_s,$$

wobei $\mathscr{A}_t$ der charakteristische Operator in (17.12) ist. Durch Anwendung des Erwartungswertes und des Satzes von Fubini erhalten wir

$$0 = E \left[\int_t^T (\partial_s + \mathscr{A}_s) \varphi(s, X_s^{t,x}) ds \right]$$
$$= \int_t^T E \left[(\partial_s + \mathscr{A}_s) \varphi(s, X_s^{t,x}) \right] ds$$
$$= \int_t^T \int_{\mathbb{R}^N} (\partial_s + \mathscr{A}_s) \varphi(s, y) p(t, x; s, dy) ds \qquad (17.13)$$

wobei $p(t, x; s, dy)$ die Verteilung der Zufallsvariablen $X_s^{t,x}$ bezeichnet, die nach Theorem 17.3.1, die Übergangsverteilung des Markov-Prozesses X ist.

Nach (17.13) haben wir für alle $t \geq 0$

$$\iint_{\mathbb{R}^{N+1}} (\partial_s + \mathscr{A}_s) \varphi(s, y) p(t, x; s, dy) ds = 0, \qquad \varphi \in C_0^\infty(]t, +\infty[\times \mathbb{R}^N),$$

und so erhalten wir das Ergebnis des Abschn. 2.5.3, nach dem p eine distributionelle Lösung der Vorwärts-Kolmogorov-Gleichung ist

$$(\partial_s - \mathscr{A}_s^*) p(t, x; s, \cdot) = 0, \qquad s > t. \qquad (17.14)$$

Insbesondere, wenn p absolut stetig mit Dichte Γ ist, das heißt

$$p(t, x; t, H) = \int_H \Gamma(t, x; t, x) dx, \quad H \in \mathscr{B}_N,$$

dann ist $\Gamma(t, x; t, x)$ eine distributionelle Lösung von (17.14), das heißt

$$\iint_{\mathbb{R}^{N+1}} \Gamma(t, x; s, y) (\partial_s + \mathscr{A}_s) \varphi(t, x) dy ds = 0, \quad \varphi \in C_0^\infty(]t, +\infty[\times \mathbb{R}^N),$$

und wir sagen, dass $(s, y) \mapsto \Gamma(t, x; s, y)$ eine *fundamentale Lösung des Vorwärtsoperators* $\partial_s - \mathscr{A}_s^*$ *mit Pol in* (t, x) ist.

17.4 Stetige Abhängigkeit von Parametern

Theorem 17.4.1 (Stetige Abhängigkeit von Parametern) Unter den Standardannahmen (14.17)–(14.18) seien X^{t_0, Z_0} und X^{t_1, Z_1} Lösungen der SDE (17.1) jeweils mit den Anfangsdaten (t_0, Z_0) und (t_1, Z_1), sowie $0 \leq t_0 \leq t_1 \leq t_2 \leq T$. Für jedes $p \geq 2$ gibt es eine positive Konstante $c = c(T, d, N, p, c_1, c_2)$, so dass

$$E\left[\sup_{t_2 \leq t, s \leq T} \left|X_t^{t_0, Z_0} - X_s^{t_1, Z_1}\right|^p\right] \leq c E\left[|Z_0 - Z_1|^p\right]$$
$$+ c \left(1 + E\left[|Z_1|^p\right]\right) \left(|t_1 - t_0|^{\frac{p}{2}} + |T - t_2|^{\frac{p}{2}}\right).$$
(17.15)

Beweis Durch die elementare Ungleichung (14.22) erhalten wir

$$E\left[\sup_{t_2 \leq t, s \leq T} \left|X_t^{t_0, Z_0} - X_s^{t_1, Z_1}\right|^p\right] \leq 3^{p-1} E\left[\sup_{t_2 \leq t \leq T} \left|X_t^{t_0, Z_0} - X_t^{t_0, Z_1}\right|^p\right]$$
$$+ 3^{p-1} E\left[\sup_{t_2 \leq t \leq T} \left|X_t^{t_0, Z_1} - X_t^{t_1, Z_1}\right|^p\right]$$
$$+ 3^{p-1} E\left[\sup_{t_2 \leq t, s \leq T} \left|X_t^{t_1, Z_1} - X_s^{t_1, Z_1}\right|^p\right]. \quad (17.16)$$

Wiederum durch (14.22) und (14.21) erhalten wir

$$v(t) := E\left[\sup_{t_0 \leq s \leq t} \left|X_s^{t_0, Z_0} - X_s^{t_0, Z_1}\right|^p\right] \leq 2^{p-1} E\left[|Z_0 - Z_1|^p\right]$$
$$+ 2^{p-1} \bar{c}_2 T^{\frac{p-2}{2}} \int_{t_0}^t v(s) ds,$$

und, durch Grönwalls Lemma,

$$E\left[\sup_{t_2\leq t\leq T}|X_t^{t_0,Z_0}-X_t^{t_0,Z_1}|^p\right]\leq v(T)\leq cE\left[|Z_0-Z_1|^p\right] \tag{17.17}$$

mit c, das nur von p, T und c_2 abhängt.

Andererseits haben wir durch die Flusseigenschaft

$$E\left[\sup_{t_2\leq t\leq T}|X_t^{t_0,Z_1}-X_t^{t_1,Z_1}|^p\right]=E\left[\sup_{t_2\leq t\leq T}\left|X_t^{t_1,X_{t_1}^{t_0,Z_1}}-X_t^{t_1,Z_1}\right|^p\right]\leq$$

(durch (17.17))

$$\leq cE\left[|X_{t_1}^{t_0,Z_1}-Z_1|^p\right]\leq$$

(durch (14.20))

$$\leq c\bar{c}_1|t_1-t_0|^{\frac{p-2}{2}}\int_{t_0}^{t_1}\left(1+E\left[\sup_{t_0\leq r\leq s}|X_r^{t_0,Z_1}|^p\right]\right)ds\leq$$

(durch die L^p Schätzung (14.23), für eine neue Konstante $c=C(T,d,N,p,c_1,c_2)$)

$$\leq c(1+E\left[|Z_1|^p\right])|t_1-t_0|^{\frac{p}{2}}.$$

Wir schätzen den letzten Term von (17.16) mit einem völlig analogen Ansatz ab, was den Beweis abschließt. □

Korollar 17.4.2 (Feller und starke Markov-Eigenschaften) Unter den Standardannahmen (14.17)–(14.18) und den üblichen Bedingungen an die Filtration, ist jedes $X\in\text{SDE}(b,\sigma,W,\mathscr{F}_t)$ ein Feller-Prozess und erfüllt die starke Markov-Eigenschaft.

Beweis Nach Theorem 17.3.1 ist X ein Markov-Prozess mit Übergangsverteilung $p=p(t,x;T,\cdot)$, wo für jedes $t,T\geq 0$ mit $t\leq T$ und $x\in\mathbb{R}^N$ $p(t,x;T,\cdot)$ die Verteilung der Zufallsvariablen $X_T^{t,x}$ ist. Durch (17.15) und Kolmogorovs Stetigkeitssatz (in der mehrdimensionalen Version von Theorem 3.3.4) hat der Prozess $(t,x,T)\mapsto X_T^{t,x}$ eine Modifikation $\widetilde{X}_T^{t,x}$ mit lokal α-Hölder stetigen Trajektorien für alle $\alpha\in[0,1[$ in Bezug auf die sogenannte „parabolische" Distanz: genau genommen, für alle $\alpha\in[0,1[$, $n\in\mathbb{N}$ und $\omega\in\Omega$ gibt es ein $c_{\alpha,n,\omega}>0$ so dass

$$\left|\widetilde{X}_r^{t,x}(\omega)-\widetilde{X}_u^{s,y}(\omega)\right|\leq c_{\alpha,n,\omega}\left(|x-y|+|t-s|^{\frac{1}{2}}+|r-u|^{\frac{1}{2}}\right)^\alpha,$$

17.4 Stetige Abhängigkeit von Parametern

für jedes $t, s, r, u \in [0, T]$ so dass $t \leq r$, $s \leq u$, und für jedes $x, y \in \mathbb{R}^N$ so dass $|x|, |y| \leq n$. Folglich ist die Funktion

$$(t, x) \longmapsto \int_{\mathbb{R}^N} p(t, x; t+h, dy)\varphi(y) = E\left[\varphi(\widetilde{X}_{t+h}^{t,x})\right]$$

für alle $\varphi \in bC(\mathbb{R}^N)$ und $h > 0$ stetig dank des Satzes von der majorisierten Konvergenz und dies beweist die Feller-Eigenschaft. Die starke Markov-Eigenschaft folgt aus Theorem 7.1.2. □

Kapitel 18
Schwache Lösungen

> *Wenn mich jemand als Philosoph fragen würde, was man in der Schule lernen sollte, würde ich antworten: „Zuerst einmal nur ‚nutzlose' Dinge, Altgriechisch, Latein, reine Mathematik und Philosophie. Alles, was im Leben nutzlos ist". Das Schöne ist, dass man dadurch im Alter von 18 Jahren einen Reichtum an nutzlosem Wissen hat, mit dem man alles machen kann. Während man mit nützlichem Wissen nur kleine Dinge machen kann.*
>
> Agnes Heller

In diesem Kapitel stellen wir schwache Existenz- und Eindeutigkeitsergebnisse für SDEs mit Koeffizienten

$$b = b(t,x) :]0, T[\times \mathbb{R}^N \longrightarrow \mathbb{R}^N, \qquad \sigma = \sigma(t,x) :]0, T[\times \mathbb{R}^N \longrightarrow \mathbb{R}^{N \times d}, \tag{18.1}$$

vor, wobei $N, d \in \mathbb{N}$ und $T > 0$ fest sind. Zu diesem Zweck beschreiben wir das sogenannte „Martingal Problem" nach Stroock und Varadhan [136]: Dieses Problem betrifft die Konstruktion einer Verteilung, bezüglich derer der kanonische Prozess $\mathbf{X}$ ein Semimartingal mit Drift $b(t, \mathbf{X}_t)$ und Kovarianzmatrix $(\sigma \sigma^*)(t, \mathbf{X}_t)$ ist. Die Lösung des Martingalproblems, falls sie existiert, ist die Verteilung der Lösung der entsprechenden SDE: Tatsächlich stellt sich heraus, dass das Martingalproblem äquivalent zum schwachen Lösbarkeitsproblem ist.

Die analytischen Ergebnisse zur Fundamentallösung parabolischer PDEs (vgl. Kap. 20) liefern eine Lösung für das Martingalproblem unter Hölder-Regularitäts- und gleichmäßigen Elliptizitätsannahmen für die Koeffizienten. Unter diesen Annahmen beweisen wir Existenz und Eindeutigkeit im schwachen Sinne für SDEs, zusammen mit starken Markov-, Feller- und anderen Regularitätseigenschaften der Trajektorien der Lösung. Wir zeigen auch breitere Ergebnisse von prominenten Mathematikern, einschließlich Skorokhod, Stroock, Varadhan, Krylov, Veretennikov und Zvonkin. Im letzten Abschnitt beweisen wir ein „Regularisierung durch Rauschen" Ergebnis, das *starke* Eindeutigkeit für SDEs mit beschränkter Hölder-Drift garantiert.

Die Ergebnisse dieses Kapitels markieren den Endpunkt der Untersuchung von Konstruktionsmethoden für Diffusionen, deren historische Motivationen in Abschn. 2.6 dargestellt wurden.

18.1 Das Stroock-Varadhan Martingalproblem

Angenommen, die SDE mit den Koeffizienten b, σ hat eine schwache Lösung (X, W) und bezeichnen wir wie üblich mit $\mu_{X,W}$ ihre Verteilung. Nach Lemma 14.3.5 ist der kanonische Prozess $(\mathbf{X}, \mathbf{W})$ auch eine Lösung der SDE mit den Koeffizienten b, σ auf dem Raum $(\mathbf{\Omega}_{N+d}, \mathscr{G}_T^{N+d}, \mu_{X,W})$ und folglich[1], für jede $i, j = 1, \ldots, N$, sind die Prozesse

$$\mathbf{M}_t^i := \mathbf{X}_t^i - \int_0^t b_i(s, \mathbf{X}_s) ds, \tag{18.2}$$

$$\mathbf{M}_t^{ij} := \mathbf{M}_t^i \mathbf{M}_t^j - \int_0^t c_{ij}(s, \mathbf{X}_s) ds, \qquad (c_{ij}) := \sigma \sigma^*, \tag{18.3}$$

lokale Martingale bezüglich der Filtration $(\mathscr{G}_t^{N+d})_{t \in [0,T]}$, die von $(\mathbf{X}, \mathbf{W})$ erzeugt wird.

Beachte, dass die Brownsche Bewegung $\mathbf{W}$ nicht in den Definitionen (18.2)–(18.3) erscheint und man kann überprüfen, wobei $\mathbf{X}$ immer noch den Identitätsprozess auf $\mathbf{\Omega}_N$ bezeichnet, dass die Prozesse, die formal wie in (18.2)–(18.3) definiert sind, lokale Martingale auf dem Raum $(\mathbf{\Omega}_N, \mathscr{G}_T^N, \mu_X)$ sind. Dies motiviert die folgende Definition.

Definition 18.1.1 (**Martingalproblem**) Eine Lösung des *Martingalproblems für* b, σ ist ein Wahrscheinlichkeitsmaß auf dem kanonischen Raum $(\mathbf{\Omega}_N, \mathscr{G}_T^N)$, so dass die Prozesse $\mathbf{M}^i$, $\mathbf{M}^{ij}$ in (18.2)–(18.3) lokale Martingale bezüglich der Filtration $\mathscr{G}_t^N$ sind, die vom Identitätsprozess $\mathbf{X}$ erzeugt werden.

---

[1] Gl. (18.2) folgt aus der Tatsache, dass

$$\mathbf{M}_t = \mathbf{X}_0 + \int_0^t \sigma(s, \mathbf{X}_s) d\mathbf{W}_s;$$

dann

$$\langle \mathbf{M}^i, \mathbf{M}^j \rangle_t = \int_0^t c_{ij}(s, \mathbf{X}_s) ds$$

ist der Kovariationsprozess von $\mathbf{M}$, was zu Gl. (18.3) führt.

18.1 Das Stroock-Varadhan Martingalproblem

Bemerkung 18.1.2 [!!] Es ist erwähnenswert, dass die Martingalbedingung für die Prozesse in (18.2)–(18.3) im Grunde bedeutet, dass **X** *ein Semimartingal mit Drift* $b(t, \mathbf{X}_t)$ *und Kovariationsmatrix* $\mathscr{C}_t := \big(c_{ij}(t, \mathbf{X}_t)\big)$ *ist*.

Wenn (X, W) eine Lösung der SDE mit den Koeffizienten b, σ ist, dann ist μ_X eine Lösung des Martingalproblems für b, σ. Wir zeigen nun ein Ergebnis in die entgegengesetzte Richtung, das es uns ermöglicht zu folgern, dass *das Martingalproblem und die schwache Lösbarkeit einer SDE äquivalent sind*.

Theorem 18.1.3 (Stroock und Varadhan) Ist μ eine Lösung des Martingalproblems für b, σ, so existiert eine schwache Lösung der SDE mit Koeffizienten b, σ und Anfangsverteilung μ_0, definiert durch

$$\mu_0(H) := \mu(\mathbf{X}_0 \in H), \qquad H \in \mathscr{B}_N.$$

Beweis Wir liefern den Beweis nur im skalaren Fall $N = d = 1$ und verweisen beispielsweise auf Abschn. 5.4.B in [67] für den allgemeinen Fall. Die Tatsache, dass μ eine Lösung des Martingalproblems für b, σ ist, bedeutet, dass der auf $(\mathbf{\Omega}_N, \mathscr{G}_T^N, \mu)$ wie in (18.2) definierte Prozess, das heißt

$$\mathbf{M}_t = \mathbf{X}_t - \int_0^t b(s, \mathbf{X}_s) ds, \qquad (18.4)$$

ein lokales Martingal mit quadratischem Variationsprozess $d\langle \mathbf{M}\rangle_t = \sigma^2(t, \mathbf{X}_t) dt$ ist.

Wenn $\sigma(t, x) \neq 0$ für jedes (t, x) ist, ist der Beweis sehr einfach: Tatsächlich ist der Prozess

$$\mathbf{B}_t := \int_0^t \frac{1}{\sigma(s, \mathbf{X}_s)} d\mathbf{M}_s \qquad (18.5)$$

ein lokales Martingal mit quadratischer Variation

$$\langle \mathbf{B}\rangle_t = \int_0^t \frac{1}{\sigma^2(s, \mathbf{X}_s)} d\langle \mathbf{M}\rangle_s = t.$$

Dann ist nach dem Lévys Charakterisierung 12.4.1, **B** eine Brownsche Bewegung und da $d\mathbf{B}_t = \sigma^{-1}(t, \mathbf{X}_t) d\mathbf{M}_t = \sigma^{-1}(t, \mathbf{X}_t)(d\mathbf{X}_t - b(t, \mathbf{X}_t) dt)$, haben wir

$$\int_0^t \sigma(s, \mathbf{X}_s) d\mathbf{B}_s = \mathbf{X}_t - \mathbf{X}_0 - \int_0^t b(s, \mathbf{X}_s) ds,$$

das heißt, $(\mathbf{X}, \mathbf{B})$ ist eine Lösung der SDE mit den Koeffizienten b, σ. Beachte, dass die Lösung $(\mathbf{X}, \mathbf{B})$ auf dem Raum $(\mathbf{\Omega}_N, \mathscr{G}_T^N, \mu)$ definiert ist.

Im allgemeinen Fall, in dem σ null sein kann, betrachten wir den Raum $(\mathbf{\Omega}_{N+d}, \mathscr{G}_T^{N+d}, \mu \otimes \mu_W)$, wo μ_W das Wiener Maß ist und der kanonische Prozess $(\mathbf{X}, \mathbf{W})$ so ist, dass **W** eine reelle Brownsche Bewegung ist (wir erinnern daran, dass wir uns nur mit dem Fall $N = d = 1$ befassen). Sei $J_t = \mathbb{1}_{(\sigma(t, \mathbf{X}_t) \neq 0)}$ und

$$\mathbf{B}_t = \int_0^t \frac{J_s}{\sigma(s, \mathbf{X}_s)} d\mathbf{M}_s + \int_0^t (1 - J_s) d\mathbf{W}_s.$$

Wiederum ist **B** eine reelle Brownsche Bewegung, da es ein lokales Martingal mit quadratischer Variation gleich

$$d\langle \mathbf{B} \rangle_t = \frac{J_t}{\sigma^2(t, \mathbf{X}_t)} d\langle \mathbf{M} \rangle_t + (1 - J_t) d\langle \mathbf{W} \rangle_t + 2 \frac{J_t(1 - J_t)}{\sigma(t, \mathbf{X}_t)} d\langle \mathbf{M}, \mathbf{W} \rangle_t = dt$$

ist. Da $(1 - J_t)\sigma(t, \mathbf{X}_t) = 0$, haben wir

$$\int_0^t \sigma(s, \mathbf{X}_s) d\mathbf{B}_s = \int_0^t J_s d\mathbf{M}_s = \mathbf{M}_t - \mathbf{M}_0 + \int_0^t (J_s - 1) d\mathbf{M}_s$$
$$= \mathbf{X}_t - \mathbf{X}_0 - \int_0^t b(s, \mathbf{X}_s) ds$$

wo wir im letzten Schritt die Tatsache verwendet haben, dass nach der Itô-Isometrie

$$E\left[\left(\int_0^t (J_s - 1) d\mathbf{M}_s\right)^2\right] = E\left[\int_0^t (J_s - 1)\sigma^2(s, \mathbf{X}_s) ds\right] = 0.$$

□

Bemerkung 18.1.4 Es ist interessant zu bemerken, dass im vorherigen Beweis, wenn $\sigma \neq 0$, d. h. im nicht entarteten Fall, die Brownsche Bewegung **B** als Funktion von **X** konstruiert wird und daher der Raum Ω_N ausreicht, um die Lösung $(\mathbf{X}, \mathbf{B})$ der SDE zu „unterstützen". Im Gegensatz dazu, im entarteten Fall, in dem σ null sein kann, kommt die Brownsche Bewegung **W** ins Spiel, um „ausreichende Zufälligkeit" für das System zu „garantieren", und es ist daher notwendig, die Lösung auf dem erweiterten Raum Ω_{N+d} zu definieren. Dies verdeutlicht weiter den Unterschied zwischen schwachen und starken Lösungen, der bereits in den Bemerkungen 14.1.7 und 14.3.7 erläutert wurde.

Bemerkung 18.1.5 Stroock und Varadhan (vgl. Theorem 6.2.3 in [136]) beweisen, dass für das Martingalproblem die Gleichheit der Randverteilungen die Gleichheit der endlich-dimensionalen Verteilungen impliziert und daher die Eindeutigkeit in Verteilung. Genauer gesagt, nehmen wir an, dass b, σ messbare und beschränkte Funktionen sind: wenn für jedes $t \in [0, T]$, $x \in \mathbb{R}^n$ und $\varphi \in bC(\mathbb{R}^n)$ wir

$$E^{\mu_1}[\varphi(\mathbf{X}_t)] = E^{\mu_2}[\varphi(\mathbf{X}_t)]$$

haben, wo μ_1, μ_2 Lösungen des Martingalproblems für b, σ mit Anfangsverteilung δ_x sind, dann gibt es höchstens eine Lösung des Martingalproblems für b, σ mit Anfangsverteilung δ_x. Im Folgenden werden wir dieses Ergebnis nicht verwenden, sondern einen eher analytischen Ansatz zur Beweisführung der schwachen Eindeutigkeit unter Verwendung von Existenzsätzen für die mit der SDE assoziierte Kolmogorov-Gleichung anwenden.

18.2 Gleichungen mit Hölder-Koeffizienten

Wir betrachten eine SDE mit Koeffizienten b, σ wie in (18.1) und definieren die *Diffusionsmatrix*

$$\mathscr{C} = (c_{ij}) := \sigma \sigma^*.$$

Um die Regularitätsbedingungen an die Koeffizienten zu präzisieren, führen wir folgende Notation ein.

Notation 18.2.1 bC_T^α bezeichnet den Raum der beschränkten, stetigen Funktionen auf $]0, T[\times \mathbb{R}^n$, die in x gleichmäßig Hölder-stetig mit Exponenten $\alpha \in]0, 1]$ sind. Auf bC_T^α betrachten wir die Norm

$$[g]_\alpha := \sup_{]0,T[\times \mathbb{R}^n} |g| + \sup_{\substack{0<t<T \\ x \neq y}} \frac{|g(t,x) - g(t,y)|}{|x-y|^\alpha}. \tag{18.6}$$

Die Elemente von bC_T^α sind stetige Funktionen in (t, x), Hölder-stetig in der Raumvariablen x, gleichmäßig bezüglich der Zeitvariablen t. Tatsächlich kann die Stetigkeitsbedingung in t weggelassen werden und wird nur zur Vereinfachung der Darstellung angenommen.

In diesem Abschnitt beweisen wir ein schwaches Existenz- und Eindeutigkeitsergebnis für SDE unter der folgenden Annahme.

Annahme 18.2.2
i) $c_{ij}, b_i \in bC_T^\alpha$ für ein $\alpha \in]0, 1]$ und für jedes $i, j = 1, \ldots, N$;
ii) die Diffusionsmatrix $\mathscr{C}$ ist gleichmäßig positiv definit: es existiert eine positive Konstante λ_0 so dass

$$\frac{1}{\lambda_0} |\eta|^2 \leq \langle \mathscr{C}(t,x)\eta, \eta \rangle \leq \lambda_0 |\eta|^2, \quad (t,x) \in]0, T[\times \mathbb{R}^N, \, \eta \in \mathbb{R}^N. \tag{18.7}$$

Theorem 18.2.3 [!!] Unter Annahme 18.2.2 existiert für jede Verteilung μ_0 auf $\mathbb{R}^N$ eine in Verteilung eindeutige schwache Lösung (X, W) der SDE

$$dX_t = b(t, X_t)dt + \sigma(t, X_t)dW_t \tag{18.8}$$

mit Anfangsverteilung μ_0. Darüber hinaus:

i) X ist ein Feller- und starker Markov-Prozess mit charakteristischem Operator

$$\mathscr{A}_t := \frac{1}{2} \sum_{i,j=1}^N c_{ij}(t,x) \partial_{x_i x_j} + \sum_{i=1}^N b_i(t,x) \partial_{x_i}, \quad (t,x) \in]0, T[\times \mathbb{R}^N.$$

ii) X hat eine Übergangsdichte $\Gamma(t, x; s, y)$, die die Fundamentallösung[2] von $\partial_t + \mathscr{A}_t$ ist;
iii) X hat eine Modifikation mit β-Hölder-stetigen Trajektorien für alle $\beta < \frac{1}{2}$.

Der Beweis von Theorem 18.2.3 basiert auf den Existenzresultaten der Fundamentallösung für parabolische PDEs von Theorem 18.2.6 unten.

Notation 18.2.4 Wir bezeichnen mit $C^{1,2}(]0, T[\times \mathbb{R}^N)$ den Raum der Funktionen, die auf $]0, T[\times \mathbb{R}^N$ definiert sind und die stetig differenzierbar in Bezug auf t und zweimal stetig differenzierbar in Bezug auf x sind.

Definition 18.2.5 (**Rückwärts Cauchy-Problem**) Eine klassische Lösung des rückwärts Cauchy-Problems für den Operator $\partial_t + \mathscr{A}_t$ auf $]0, s[\times \mathbb{R}^N$, ist eine Funktion $u \in C^{1,2}(]0, s[\times \mathbb{R}^N) \cap C(]0, s] \times \mathbb{R}^N)$ so dass

$$\begin{cases} \partial_t u(t, x) + \mathscr{A}_t u(t, x) = 0, & (t, x) \in]0, s[\times \mathbb{R}^N, \\ u(s, x) = \varphi(x), & x \in \mathbb{R}^N, \end{cases} \quad (18.9)$$

wo $\varphi \in C(\mathbb{R}^N)$ das zugewiesene *Enddatum* ist.

Abschn. 20.3 ist dem eher langen und komplizierten Beweis des folgenden Ergebnisses[3] gewidmet.

Theorem 18.2.6 (**Levi [89], Friedman [49]**) Unter Annahme 18.2.2, gibt es eine stetige Funktion $\Gamma = \Gamma(t, x; s, y)$, definiert für $0 < t < s \leq T$ und $x, y \in \mathbb{R}^N$, so dass:

i) für jedes $s \in]0, T]$ und für jedes $\varphi \in bC(\mathbb{R}^N)$ ist die durch

$$u(t, x) = \int_{\mathbb{R}^N} \Gamma(t, x; s, y)\varphi(y)dy, \quad (t, x) \in]0, s[\times \mathbb{R}^N, \quad (18.10)$$

und durch $u(s, \cdot) = \varphi$, definierte Funktion eine klassische Lösung des rückwärts Cauchy-Problems auf $]0, s[\times \mathbb{R}^N$ mit Enddatum φ. Wir sagen, dass Γ die *Fundamentallösung* des Operators $\partial_t + \mathscr{A}_t$ auf $]0, T[\times \mathbb{R}^N$ ist;
ii) die Funktion

$$p(t, x; s, H) := \int_H \Gamma(t, x; s, y)dy, \quad 0 < t < s \leq T, \ x \in \mathbb{R}^N, \ H \in \mathscr{B}_N,$$

---

[2] Siehe Theorem 18.2.6 für die Definition der Fundamentallösung.
[3] In Abschn. 20.3 werden wir ein äquivalentes Ergebnis, Theorem 20.2.5, beweisen, das die Vorwärtsversion von Theorem 18.2.6 ist.

18.2 Gleichungen mit Hölder-Koeffizienten   333

ist eine Übergangsverteilung[4], besitzt die Feller-Eigenschaft (vgl. Definitionen 2.1.1 und 2.1.10) und erfüllt die Chapman-Kolmogorow-Gleichung (2.18):

iii) Für jedes $(s, y) \in \,]0, T] \times \mathbb{R}^N$ gilt $\Gamma(\cdot, \cdot; s, y) \in C^{1,2}(]0, s[\times \mathbb{R}^N)$ und es gelten die folgenden gaußschen Abschätzungen: Es existieren zwei positive Konstanten λ, c, die nur von $T, N, \alpha, \lambda_0, [c_{ij}]_\alpha$ und $[b_i]_\alpha$ abhängen, so dass gilt

$$\frac{1}{c} \mathbf{G}\left(\lambda^{-1}(s-t), x-y\right) \leq \Gamma(t, x; s, y) \leq c\, \mathbf{G}\left(\lambda(s-t), x-y\right), \quad (18.11)$$

$$\left|\partial_{x_i} \Gamma(t, x; s, y)\right| \leq \frac{c}{\sqrt{s-t}} \mathbf{G}\left(\lambda(s-t), x-y\right),$$

$$\left|\partial_{x_i x_j} \Gamma(t, x; s, y)\right| + |\partial_t \Gamma(t, x; s, y)| \leq \frac{c}{s-t} \mathbf{G}\left(\lambda(s-t), x-y\right)$$

für jedes $(t, x) \in \,]0, s[\times \mathbb{R}^N$, wo $\mathbf{G}$ die Standard N-dimensionale Gaußsche Funktion bezeichnet

$$\mathbf{G}(t, x) = \frac{1}{(2\pi t)^{\frac{N}{2}}} e^{-\frac{|x|^2}{2t}}, \quad t > 0,\ x \in \mathbb{R}^N.$$

Beweis von Theorem 18.2.3 Es ist eine Frage der Kombination von Theorem 18.2.6 mit einer Reihe von früher bewiesenen Ergebnissen. Wir untersuchen getrennt die Existenz und Eindeutigkeit:

[Schwache Lösbarkeit] Sei Γ die Fundamentallösung auf $]0, T[\times \mathbb{R}^N$ des Operators $\partial_t + \mathscr{A}_t$ wie in Theorem 18.2.6. Aufgrund der Eigenschaften von Γ, insbesondere in Theorem 18.2.6-ii), und der mehrdimensionalen Version von Theorem 2.4.4, existiert ein Markov-Prozess $X = (X_t)_{t \in [0,T]}$, der Übergangsdichte Γ hat und so ist, dass $X_0 \sim \mu_0$. Nach Proposition 2.2.6 ist der Identitätsprozess $\mathbf{X}$ ein Markov-Prozess auf dem kanonischen Raum $(\mathbf{\Omega}_N, \mathscr{G}_T^N, \mu_X)$ ausgestattet mit der Filtration $(\mathscr{G}_t^N)_{t \in [0,T]}$ erzeugt von $\mathbf{X}$.

Wir zeigen, dass das Gesetz μ_X des Prozesses X das Martingalproblem für b, σ löst und daher, nach Theorem 18.1.3, die SDE im schwachen Sinne lösbar ist. Wir betrachten die Funktionen

$$\psi_i(x) = x_i, \qquad \psi_{ij}(x) = x_i x_j, \qquad x \in \mathbb{R}^N,\ i, j = 1, \ldots, N,$$

---

[4] Insbesondere gilt nach Definition 2.1.1 einer Übergangsverteilung

$$p(s, x; s, \cdot) := \lim_{t \to s^-} p(t, x; s, \cdot) = \delta_x$$

wobei der Grenzwert im Sinne der schwachen Konvergenz zu verstehen ist.

für die wir haben

$$\mathscr{A}_t \psi_i(x) = b_i(t,x), \qquad \mathscr{A}_t \psi_{ij}(x) = c_{ij}(t,x) + b_i(t,x)x_j + b_j(t,x)x_i.$$

Wir stellen fest, dass die Beschränktheitsannahme der Koeffizienten und die Gaußsche Abschätzung von oben (18.11) garantieren, dass $\mathscr{A}_t \psi_i(\mathbf{X}_t), \mathscr{A}_t \psi_{ij}(\mathbf{X}_t) \in L^1([0,T] \times \mathbf{\Omega}_N)$: dann folgt aus Theorem 2.5.13, dass die Prozesse

$$\mathbf{M}_t^i := \mathbf{X}_t^i - \int_0^t b_i(s, \mathbf{X}_s) ds,$$

$$Z_t^{ij} := \mathbf{X}_t^i \mathbf{X}_t^j - \int_0^t \left(c_{ij}(s, \mathbf{X}_s) + b_i(s, \mathbf{X}_s)\mathbf{X}_s^j + b_j(s, \mathbf{X}_s)\mathbf{X}_s^i \right) ds$$

stetige Martingale sind. Zum Abschluss beweisen wir, dass $\mathbf{M}^{ij}$ in (18.3) ununterscheidbar von Z^{ij} ist oder äquivalent der Prozess

$$Y_t^{ij} := \mathbf{M}_t^{ij} - Z_t^{ij} = \int_0^t \left(b_i(s, \mathbf{X}_s)(\mathbf{X}_s^j - \mathbf{X}_t^j) + b_j(s, \mathbf{X}_s)(\mathbf{X}_s^i - \mathbf{X}_t^i) \right)$$
$$+ \int_0^t b_i(s, \mathbf{X}_s) ds \int_0^t b_j(s, \mathbf{X}_s) ds,$$

null ist. Zunächst haben wir die Gleichung

$$Y_t^{ij} = \int_0^t b_i(s, \mathbf{X}_s)(\mathbf{M}_s^j - \mathbf{M}_t^j) ds + \int_0^t b_j(s, \mathbf{X}_s)(\mathbf{M}_s^i - \mathbf{M}_t^i) ds$$

durch die Tatsache, dass

$$\int_0^t b_i(s, \mathbf{X}_s)(\mathbf{M}_s^j - \mathbf{M}_t^j) ds = \int_0^t b_i(s, \mathbf{X}_s)(\mathbf{X}_s^j - \mathbf{X}_t^j) ds$$
$$- \int_0^t b_i(s, \mathbf{X}_s) \left(\int_0^s b_j(r, \mathbf{X}_r) dr \right) ds$$
$$+ \int_0^t b_i(s, \mathbf{X}_s) ds \int_0^t b_j(s, \mathbf{X}_s) ds$$

und durch partielle Integrations haben wir

$$\int_0^t b_i(s, \mathbf{X}_s) \left(\int_0^s b_j(r, \mathbf{X}_r) dr \right) ds = \int_0^t b_i(s, \mathbf{X}_s) ds \int_0^t b_j(s, \mathbf{X}_s) ds$$
$$- \int_0^t b_j(s, \mathbf{X}_s) \left(\int_0^s b_i(r, \mathbf{X}_r) dr \right) ds.$$

18.2 Gleichungen mit Hölder-Koeffizienten

Außerdem beobachten wir, dass

$$\int_0^t b_i(s, \mathbf{X}_s)(\mathbf{M}_s^j - \mathbf{M}_t^j) ds = -\int_0^t \left(\int_0^s b_i(r, \mathbf{X}_r) dr \right) d\mathbf{M}_s^j \qquad (18.12)$$

was äquivalent zu dem Ausdruck ist, der sich aus der Itô-Formel ergibt:

$$d\left(\mathbf{M}_t^j \int_0^t b_j(s, \mathbf{X}_s) ds \right) = \mathbf{M}_t^j b_j(t, \mathbf{X}_t) dt + \left(\int_0^t b_j(s, \mathbf{X}_s) ds \right) d\mathbf{M}_t^j.$$

Gl. (18.12) ist eine Gleichung zwischen einem BV-Prozess und einem stetigen lokalen Martingal: nach Theorem 9.3.6 sind beide Prozesse null, so dass $Y^{ij} = 0$. Nach Theorem 18.1.3 ist **X** dann eine Lösung[5] der SDE mit Koeffizienten b, σ und Anfangsverteilung μ_0 in Bezug auf eine Brownsche Bewegung **W**.

[Eindeutigkeit in Verteilung und Hauptmerkmale] Wir beweisen, dass wenn (X, W) eine schwache Lösung der SDE (18.8) auf $[0, T]$ ist, dann ist X ein Markov-Prozess. Für ein festes $\varphi \in bC(\mathbb{R}^N)$ betrachten wir die[6] Lösung u in (18.10) des rückwärts Cauchy-Problems (18.9). Beachte, dass u eine beschränkte Funktion ist, da wir durch die Gaußsche Abschätzung (18.11)

$$|u(t, x)| \leq c \|\varphi\|_{L^\infty(\mathbb{R}^N)} \int_{\mathbb{R}^N} \mathbf{G}(\lambda(s-t), x-y) \, dy$$
$$= c \|\varphi\|_{L^\infty(\mathbb{R}^N)}, \qquad (t, x) \in \,]0, s] \times \mathbb{R}^N \qquad (18.13)$$

haben. Nach Itôs Formel ist $u(t, X_t)$ ein lokales Martingal und ein beschränkter Prozess durch (18.13): daher ist $u(t, X_t)$ ein echtes Martingal (vgl. Bemerkung 8.4.6-v)) und wir haben

$$\varphi(X_s) = u(t, X_t) + \int_t^s \nabla_x u(r, X_r) \sigma(r, X_r) dW_r. \qquad (18.14)$$

Bedingt man (18.14) auf $\mathscr{F}_t$, erhält man

$$E[\varphi(X_s) \mid \mathscr{F}_t] = u(t, X_t) = \int_{\mathbb{R}^N} \Gamma(t, X_t; s, y) \varphi(y) dy.$$

---

[5] Möglicherweise erweitern wir den kanonischen Raum, um auch die Brownsche Bewegung **W** zu unterstützen, in Bezug auf die wir die SDE schreiben, wie im Beweis von Theorem 18.1.3 und in der anschließenden Bemerkung 18.1.4.

[6] Wie wir in Kap. 20 sehen werden, hat das Cauchy-Problem (18.9) im Allgemeinen mehr als eine Lösung.

Angesichts der Beliebigkeit von φ folgt daraus, dass X ein Markov-Prozess mit Übergangsdichte Γ ist: nach Theorem 18.2.6-ii) ist X ein Feller-Prozess und hat daher auch die starke Markov-Eigenschaft nach Theorem 7.1.2.

Nach dem Stetigkeitssatz von Kolmogorov 3.3.4 hat der Prozess X eine Modifikation mit β-Hölder-stetigen Trajektorien für jedes $\beta < \frac{1}{2}$: tatsächlich gilt für jedes $0 \leq t < s \leq T$ und $p > 0$ die folgende Integralabschätzung

$$E\left[|X_t - X_s|^p\right] = E\left[E\left[|X_t - X_s|^p \mid X_t\right]\right]$$
$$= E\left[\int_{\mathbb{R}^N} |X_t - y|^p \Gamma(t, X_t; s, y) dy\right] \leq$$

(durch die Gaußsche Abschätzung von oben (18.11))

$$\leq cE\left[\int_{\mathbb{R}^N} |X_t - y|^p \mathbf{G}\left(\lambda(s-t), X_t - y\right) dy\right] \leq c(s-t)^{\frac{p}{2}}$$

wo der letzte Schritt durch die Variablentransformation $z = \frac{X_t - y}{\sqrt{s-t}}$ gerechtfertigt ist.

Schließlich, wenn (X^i, W^i) für $i = 1, 2$ schwache Lösungen der SDE (18.8) auf $[0, T]$ sind, dann ist Γ, wie gerade gezeigt, eine Übergangsverteilung für sowohl X^1 als auch X^2. Daher, wenn $X_0^1 \stackrel{d}{=} X_0^2$, d.h. wenn X^1, X^2 die gleiche Anfangsverteilung haben, dann sind nach Proposition 2.4.1 X^1, X^2 gleich in Verteilung.

Zum Abschluss stellen wir fest, dass unter der Annahme der gleichmäßigen Elliptizität (18.7) W^i eine Funktion von X^i ist: um die Ideen zu fixieren, erhalten wir im Fall $d = 1$ aus der SDE den expliziten Ausdruck einer solchen Funktion wie in (18.4)–(18.5). Dann haben wir aus Korollar 10.2.28 die Gleichheit in Verteilung von (X^1, W^1) und (X^2, W^2). □

Bemerkung 18.2.7 Der letzte Teil des Beweises von Theorem 18.2.3 zeigt ein Dualitätsergebnis, nämlich, dass *die Existenz* einer fundamentalen Lösung von $\partial_t + \mathscr{A}_t$ *die Eindeutigkeit* in Verteilung der Lösung (X, W) der stochastischen Differentialgleichung impliziert.

18.3 Weitere Ergebnisse für das Martingalproblem

Wir präsentieren ein Existenz- und Eindeutigkeitsergebnis für schwache Lösungen unter deutlich breiteren Annahmen als denen von Theorem 18.2.3.

Theorem 18.3.1 (Skorokhod [131], Stroock und Varadhan [136], Krylov [74, 75]) [!!] Sei μ_0 eine Verteilung auf $\mathbb{R}^N$. Angenommen,

i) die Koeffizienten b, σ sind beschränkte, Borel-messbare Funktionen

und *mindestens eine* der folgenden Voraussetzungen ist erfüllt:

ii) $b(t, \cdot), \sigma(t, \cdot)$ sind für alle $t \in [0, T]$ stetige Funktionen;
iii) die Bedingung (18.7) der gleichmäßigen Elliptizität ist erfüllt.

Dann existiert eine schwache Lösung (X, W) der SDE

$$dX_t = b(t, X_t)dt + \sigma(t, X_t)dW_t$$

auf $[0, T]$ mit Anfangsverteilung μ_0. Falls *beide* Voraussetzungen ii) und iii) erfüllt sind, so gilt außerdem Eindeutigkeit im schwachen Sinn.

So wie für Theorem 18.2.3 hängt der Beweis der schwachen Lösbarkeit vom Martingal-Problem ab und besteht daher in der Konstruktion der Verteilung der Lösung. Im Beweis von Theorem 18.2.3 wird diese Wahrscheinlichkeitsverteilung jedoch durch die Fundamentallösung der rückwärts Kolmogorov-Gleichung definiert, deren Existenz durch die klassischen Ergebnisse der Theorie der PDEs gewährleistet ist. Im Gegensatz dazu ähnelt Skorokhods Ansatz zum Beweis von Theorem 18.3.1 eher der Methode, die bei der Feststellung der Existenz von starken Lösungen angewendet wird. Es beinhaltet eine zeitliche Diskretisierung oder Glättung der Koeffizienten, um die Gleichung lösbar zu machen, gefolgt von der Grenzwertbildung: Die Methode der sukzessiven Approximationen, die in Theorem 17.2.1 angewendet wird, wird durch ein Argument ersetzt, das auf relativer Kompaktheit oder Dichtheit (vgl. Abschn. 3.3.2 in [113]) basiert, im Raum der Verteilungen, aus denen die schwache Konvergenz zu einer Verteilung abgeleitet wird; letzteres wird schließlich als Lösung des Martingal-Problems gezeigt. Für die Details des Beweises von Theorem 18.3.1 verweisen wir auf Abschn. 2.6 in [77] und auf die Theoreme 6.1.7 und 7.2.1 in [136].

Bemerkung 18.3.2 (Bibliographische Anmerkung) Die Literatur zum Martingal-Problem ist umfangreich. Wir erwähnen nur einige der neuesten Beiträge, in denen Gleichungen betrachtet werden, die die Bedingung der einheitlichen Elliptizität (18.7) nicht erfüllen: [11, 30, 44, 46, 95, 140].

18.4 Starke Eindeutigkeit durch Regularisierung durch Rauschen

Das Hauptergebnis des Abschnitts ist das folgende Theorem, das ein Beispiel für „Regularisierung durch Rauschen" liefert: Es erweitert die Ergebnisse von Abschn. 14.2 auf den Fall starker Lösungen.

Theorem 18.4.1 (Zvonkin [154], Veretennikov [144]) [!!] Wir treffen die folgenden Annahmen:

i) der Driftkoeffizient ist beschränkt und Hölder-stetig, $b \in bC_T^\alpha$ für ein $\alpha \in]0, 1]$;
ii) der Diffusionskoeffizient ist beschränkt und Lipschitz-stetig, $\sigma \in bC_T^1$;
iii) die Bedingung (18.7) der einheitlichen Elliptizität gilt.

Dann gibt es für die SDE

$$dX_t = b(t, X_t)dt + \sigma(t, X_t)dW_t \tag{18.15}$$

Existenz und Eindeutigkeit im starken Sinne.

Bemerkung 18.4.2 [!] Theorem 18.4.1 veranschaulicht den regularisierenden Effekt von Rauschen, d. h. den diffusiven Teil der SDE: Im Fall von Null-Diffusion σ zeigt das klassische Beispiel 14.2.1 von Peano, dass die Hölder-Stetigkeit des Drifts b nicht ausreicht, um die Eindeutigkeit der Lösung zu garantieren.

Zunächst bewies Zvonkin [154] die Existenz und Eindeutigkeit im starken Sinne für SDEs in einer Dimension mit $b \in L^\infty(]0, T[\times \mathbb{R})$ und $\sigma = 1$: Veretennikov [144] erweiterte dieses Ergebnis auf den mehrdimensionalen Fall. Krylov und Röckner [78] zeigen, dass es Existenz und Eindeutigkeit im starken Sinne gibt, wenn $b \in L^p_{\text{loc}}$ mit $p > N$ und Zhang [153] behandelte den Fall, in dem der Diffusionskoeffizient nicht konstant ist. In der jüngsten Arbeit [23] untersuchen Champagnat und Jabin die Existenz und starke Eindeutigkeit für SDEs mit unregelmäßigen Koeffizienten, ohne die einheitliche Elliptizität der Diffusionsmatrix anzunehmen, ausgehend von geeigneten L^p-Schätzungen für die Lösungen der zugehörigen Fokker-Planck-Gleichung. Schließlich weisen wir auf die jüngsten Ergebnisse in [57] zur Approximation von Lösungen unter minimalen Regularitätsannahmen hin.

Für den Beweis von Theorem 18.4.1 folgen wir Fedrizzi und Flandoli [43], die den sogenannten *Itô-Tanaka-Trick* und den folgenden Satz verwenden.

Satz 18.4.3 Unter den Annahmen von Theorem 18.2.6 sei Γ die Fundamentallösung des Kolmogorov-Operators $\partial_t + \mathscr{A}_t$ auf $]0, T[\times \mathbb{R}^N$. Für alle $\lambda \geq 1$ ist die vektorwertige Funktion in $\mathbb{R}^N$

$$u_\lambda(t, x) := \int_t^T \int_{\mathbb{R}^N} e^{-\lambda(s-t)} \Gamma(t, x; s, y) b(s, y) dy ds, \qquad (t, x) \in \,]0, T] \times \mathbb{R}^N,$$

eine klassische Lösung des Cauchy-Problems

$$\begin{cases} (\partial_t + \mathscr{A}_t)u = \lambda u - b, & \text{in }]0, T[\times \mathbb{R}^N, \\ u(T, \cdot) = 0, & \text{in } \mathbb{R}^N. \end{cases}$$

Darüber hinaus gibt es eine Konstante $c > 0$, die nur von N, λ_0, T und den Normen $[b_i]_\alpha$ und $[c_{ij}]_\alpha$ in (18.6) abhängt, so dass

$$|u_\lambda(t, x) - u_\lambda(t, y)| \leq c \frac{|x - y|}{\sqrt{\lambda}},$$

$$|\nabla_x u_\lambda(t, x) - \nabla_x u_\lambda(t, y)| \leq c|x - y|, \tag{18.16}$$

für jedes $t \in \,]0, T[$ und $x, y \in \mathbb{R}^N$, wobei $\nabla_x = (\partial_{x_1}, \ldots, \partial_{x_N})$.

18.4 Starke Eindeutigkeit durch Regularisierung durch Rauschen

Proposition 18.4.3 ist eine Folge einiger Schätzungen, die im Beweis von Theorem 18.2.6 über die Existenz der Fundamentallösung erhalten wurden: wir verweisen auf Abschn. 20.3.5 für den Beweis und Details.

Beweis von Theorem 18.4.1 Die Existenz einer schwachen Lösung ist eine Folge von Theorem 18.2.3: daher bleibt noch die starke Eindeutigkeit zu zeigen, aus der die Behauptung dank des Yamada-Watanabe Theorems 14.3.6 folgen wird.

Zunächst stellen wir den Itô-Tanaka-Trick vor, um die SDE in eine neue Gleichung mit einem regelmäßigeren Drift umzuwandeln. Sei (X, W) eine Lösung von (18.15). Durch Proposition 18.4.3 und Itôs Formel haben wir[7]

$$du_\lambda(t, X_t) = (\partial_t + \mathscr{A}_t)u_\lambda(t, X_t)dt + (\nabla_x u_\lambda \cdot \sigma)(t, X_t)dW_t$$
$$= (\lambda u_\lambda(t, X_t) - b(t, X_t))dt + (\nabla_x u_\lambda \cdot \sigma)(t, X_t)dW_t$$

oder äquivalent

$$\int_0^t b(s, X_s)ds = u_\lambda(0, X_0) - u_\lambda(t, X_t)$$
$$+ \lambda \int_0^t u_\lambda(s, X_s)ds + \int_0^t (\nabla_x u_\lambda \cdot \sigma)(s, X_s)dW_s. \quad (18.17)$$

Setzen wir (18.17) in (18.15) ein, erhalten wir

$$X_t = X_0 + u_\lambda(0, X_0) - u_\lambda(t, X_t) + \lambda \int_0^t u_\lambda(s, X_s)ds$$
$$+ \int_0^t \sigma(s, X_s)dW_s + \int_0^t (\nabla_x u_\lambda \cdot \sigma)(s, X_s)dW_s. \quad (18.18)$$

Auf diese Weise wird der Driftkoeffizient b durch die regelmäßigere Funktion u_λ ersetzt: an diesem Punkt kann man mit einigen kleinen Anpassungen so vorgehen wie im Fall von Lipschitz-Koeffizienten und unter Verwendung des Grönwall'schen Lemmas, um die Eindeutigkeit zu beweisen. Tatsächlich sei X' eine andere Lösung der SDE (18.15), die mit der gleichen Brownschen Bewegung W zusammenhängt, und sei $Z := X - X'$. Schreiben wir auch X' wie in (18.18) und subtrahieren die beiden Gleichungen. So erhalten wir

---

[7] Hier
$$(\nabla_x u_\lambda \cdot \sigma)_{ij} = \sum_{k=1}^N (\nabla_x u_\lambda)_{ik} \sigma_{kj}, \quad i = 1, \ldots, N, \; j = 1, \ldots, d.$$

$$Z_t = -u_\lambda(t, X_t) + u_\lambda(t, X'_t) + \lambda \int_0^t (u_\lambda(s, X_s) - u_\lambda(s, X'_s))ds$$
$$+ \int_0^t \left(\sigma(s, X_s) - \sigma(s, X'_s)\right) dW_s$$
$$+ \int_0^t \left((\nabla_x u_\lambda \cdot \sigma)(s, X_s) - (\nabla_x u_\lambda \cdot \sigma)(s, X'_s)\right) dW_s.$$

Durch die elementare Ungleichung (14.22) und die Jensen- und Burkholder-Ungleichungen (12.14) haben wir

$$\frac{1}{4} E\left[|Z_t|^2\right] \le E\left[|u_\lambda(t, X_t) - u_\lambda(t, X'_t)|^2\right]$$
$$+ \lambda^2 T E\left[\int_0^t |u_\lambda(s, X_s) - u_\lambda(s, X'_s)|^2 ds\right]$$
$$+ E\left[\int_0^t |\sigma(s, X_s) - \sigma(s, X'_s)|^2 ds\right]$$
$$+ E\left[\int_0^t |(\nabla_x u_\lambda \cdot \sigma)(s, X_s) - (\nabla_x u_\lambda \cdot \sigma)(s, X'_s)|^2 ds\right] \le$$

(durch die Abschätzungen (18.16) der Proposition 18.4.3 mit $\lambda \ge 1$ und der Lipschitz-Annahme von σ)

$$\le \frac{c}{\lambda} E\left[|Z_t|^2\right] + c(1 + \lambda) \int_0^t E\left[|Z_s|^2\right] ds,$$

für eine positive Konstante c, die nur von N, λ_0, T und den Normen $[b]_\alpha$ und $[\sigma]_1$ abhängt. Mit anderen Worten, wir haben

$$\left(\frac{1}{4} - \frac{c}{\lambda}\right) E\left[|Z_t|^2\right] \le c(1 + \lambda) \int_0^t E\left[|Z_s|^2\right] ds.$$

Indem wir λ groß genug wählen, erhalten wir dann

$$E\left[|Z_t|^2\right] \le \bar{c} \int_0^t E\left[|Z_s|^2\right] ds, \quad t \in [0, T],$$

für eine geeignete positive Konstante $\bar{c}$. Die Behauptung folgt aus dem Lemma von Grönwall. □

Bemerkung 18.4.4 Formel (18.18) kann wie im Beweis von Theorem 17.4.1 verwendet werden, um die steige Abhängigkeit (17.15) von den Parametern zu erhalten. Als Konsequenz aus dem Stetigkeitssatz von Kolmogorov, Theorem 3.3.4, und unter den Annahmen von Theorem 18.4.1 hat die Lösung der SDE (18.15) mit Anfangsdatum x zur Zeit t eine Modifikation $(t, x, s) \mapsto X_s^{t,x}$ mit lokal α-Hölder stetigen

Trajektorien für alle $\alpha \in [0, 1[$ in Bezug auf den „parabolischen" Abstand: genau genommen, für alle $\alpha \in [0, 1[$, $n \in \mathbb{N}$ und $\omega \in \Omega$ gibt es ein $c_{\alpha,n,\omega} > 0$, so dass

$$\left| X_{s_1}^{t_1,x}(\omega) - X_{s_2}^{t_2,y}(\omega) \right| \leq c_{\alpha,n,\omega} \left(|x - y| + |t_1 - t_2|^{\frac{1}{2}} + |s_1 - s_2|^{\frac{1}{2}} \right)^\alpha,$$

für alle $t_1, t_2, s_1, s_2 \in [0, T]$ so dass $t_1 \leq s_1, t_2 \leq s_2$, und für jedes $x, y \in \mathbb{R}^N$ so dass $|x|, |y| \leq n$.

18.5 Wichtige Merksätze

Hier sind die wichtigsten Ergebnisse und Grundideen des Kapitels, die man sich merken sollte. Technische oder weniger wichtige Details werden weggelassen. Bei Unklarheiten zu den folgenden kurzen Aussagen lohnt sich ein Blick in den jeweiligen Abschnitt.

- Abschn. 18.1: Durch das Martingal-Problem von Stroock-Varadhan wird die Untersuchung der schwachen Lösbarkeit einer SDE auf die Konstruktion einer Verteilung (das Gesetz der Lösung) auf dem kanonischen Raum reduziert, die die Prozesse in (18.2)–(18.3) zu Martingalen macht.
- Abschn. 18.2 und 18.3: Wir nutzen die analytischen Ergebnisse über die Existenz der Fundamentallösung von gleichmäßig parabolischen PDEs, um das Martingal-Problem zu lösen. Als Konsequenz beweisen wir Existenz, schwache Eindeutigkeit und Markov-Eigenschaften für SDEs mit Hölder und beschränkten Koeffizienten. Die Annahmen werden weiter in Theorem 18.3.1 geschwächt, dessen Beweis auf Eigenschaften der relativen Kompaktheit im Raum der Verteilungen basiert.
- Abschn. 18.4: wir stellen ein „Regularisierung durch Rauschen" Ergebnis auf, das *starke* Eindeutigkeit für SDEs mit Hölder stetigem und beschränktem Drift gewährleistet, unter einer Bedingung der gleichmäßigen Elliptizität.

Hauptnotationen, die in diesem Kapitel verwendet oder eingeführt wurden:

Symbol	Beschreibung	Seite
$\mathbf{\Omega}_n = C([0, T]; \mathbb{R}^n)$	Raum der stetigen n-dimensionalen Trajektorien	267
$\mathbf{X}_t(w) = w(t)$	Identitätsprozess auf $\mathbf{\Omega}_n$	267
$(\mathscr{G}_t^n)_{t \in [0,T]}$	Filtration auf $\mathbf{\Omega}_n$ erzeugt durch den Identitätsprozess	267
bC_T^α	Stetige, beschränkte und gleichmäßig Hölder stetige Funktionen in x	331
$[g]_\alpha$	Norm in bC_T^α	331
$C^{1,2}(]0, T[\times \mathbb{R}^N)$	Funktionen, die stetig differenzierbar sind bezüglich t und zweimal stetig differenzierbar bezüglich x	332
$\mathscr{A}_t$	Charakteristischer Operator	331
$\Gamma(t, x; s, y)$	Fundamentallösung	332
$\mathbf{G}(t, x)$	Standard N-dimensionale Gaußsche Funktion	333

Kapitel 19
Ergänzungen

> *Der Tag, an dem ein Mensch erkennt, dass er nicht alles wissen kann, ist ein Tag der Trauer. Dann kommt der Tag, an dem ihn der Verdacht beschleicht, dass er vieles nicht wissen kann; und schließlich jener Herbstnachmittag, an dem es ihm vorkommt, als habe er das, was er zu wissen glaubte, nie allzu gut gewusst.*
>
> Julien Green

Wir bieten eine kurze und entspannte Erkundung verschiedener Wege, die die Theorie der stochastischen Differentialgleichungen genommen hat. Am Ende jedes Abschnitts fügen wir eine Bibliographie hinzu, die interessierte Leser auf weitere Literatur zu den speziell diskutierten Themen hinweist.

19.1 Markovsche Projektion und Gyöngys Lemma

Betrachte einen Itô-Prozess der Form

$$dX_t = u_t dt + v_t dB_t \tag{19.1}$$

wobei u ein N-dimensionaler Prozess in $\mathbb{L}^1_{\text{loc}}$, v ein $N \times d$-dimensionaler Prozess in $\mathbb{L}^2_{\text{loc}}$ und B eine d-dimensionale Brownsche Bewegung auf dem Raum $(\Omega, \mathscr{F}, P, \mathscr{F}_t)$ ist. Im Allgemeinen kann X_t zu jedem Zeitpunkt t in einer äußerst komplizierten Weise durch die Koeffizienten u_t und v_t von der σ-Algebra $\mathscr{F}_t$ (der Information bis zum Zeitpunkt t) abhängen. In diesem Abschnitt stellen wir ein Ergebnis vor, das als Gyöngys Lemma bekannt ist. Dieses besagt, dass es eine es eine Diffusion Y gibt, die die Lösung einer SDE der Art

Abb. 19.1 Plot der Trajektorien $t \mapsto W_t(\omega)$ (durchgezogene Linie) und $t \mapsto \widetilde{W}(\omega)$ (gestrichelte Linie) der Prozesse aus Bemerkung 19.1.1, bezogen auf zwei Ergebnisse $\omega = \omega_1$ (in schwarz) und $\omega = \omega_2$ (in grau)

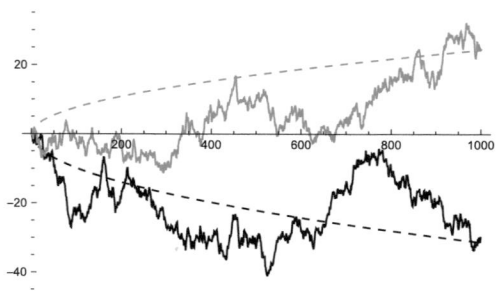

$$dY_t = b(t, Y_t)dt + \sigma(t, Y_t)dW_t, \qquad (19.2)$$

ist und X aus (19.1) in dem Sinne „nachahmt", dass sie die gleichen Randverteilungen hat. Das heißt sie ist so, dass $Y_t \stackrel{d}{=} X_t$ für alle t. Dieses Ergebnis kann nützlich sein, wenn man an der Verteilung von X_t für eine feste Zeit t und nicht an der gesamten Verteilung des Prozesses X interessiert ist. Da die Koeffizienten $b = b(t, y)$ und $\sigma = \sigma(t, y)$ in (19.2) deterministische Funktionen sind, ist Y durch die Ergebnisse der vorherigen Kapitel ein Markov-Prozess, manchmal *Markovsche Projektion* von X genannt.

Bemerkung 19.1.1 Prozesse mit den gleichen *eindimensionalen* Verteilungen können sehr unterschiedliche Eigenschaften haben: zum Beispiel haben wir in Bemerkung 4.1.5 gesehen, dass eine Brownsche Bewegung W die gleichen eindimensionalen Verteilungen hat wie der Prozess $\widetilde{W}_t := \sqrt{t}W_1$. Trotz dieser Äquivalenz, sind die beiden Prozesse in ihrer Verteilung grundsätzlich verschieden, und ihre Trajektorien zeigen völlig unterschiedliche Eigenschaften, wie in Abb. 19.1 dargestellt.

Theorem 19.1.2 (Gyöngy [56]) Sei X ein Itô-Prozess der Form (19.1) mit den Koeffizienten u, v, die progressiv messbar, beschränkt und die die Bedingung der uniformen Elliptizität erfüllen

$$\langle v_t v_t^* \eta, \eta \rangle \geq \lambda |\eta|^2, \qquad t \in [0, T], \ \eta \in \mathbb{R}^N,$$

für eine positive Konstante λ. Es existieren zwei beschränkte und messbare Funktionen

$$b : [0, T] \times \mathbb{R}^N \longrightarrow \mathbb{R}^N, \qquad \sigma : [0, T] \times \mathbb{R}^N \longrightarrow \mathbb{R}^{N \times N},$$

so dass wir mit $\mathscr{C} = \sigma\sigma^*$ das Folgende haben[1]

$$b(t, X_t) = E[u_t \mid X_t], \qquad \mathscr{C}(t, X_t) = E[v_t v_t^* \mid X_t] \qquad (19.3)$$

---

[1] Gl. (19.3) bedeutet, dass nach Definition 4.2.16 in [113] $b(t, \cdot)$ und $(\sigma\sigma^*)(t, \cdot)$ jeweils Versionen der bedingten Erwartungsfunktionen von u_t und $v_t v_t^*$ gegeben X_t sind.

19.1 Markovsche Projektion und Gyöngys Lemma

und die SDE (19.2) mit den Koeffizienten b, σ hat eine schwache Lösung (Y, W), so dass $Y_t \stackrel{d}{=} X_t$ für alle $t \in [0, T]$.

Beweis Wir geben nur einen Überblick über den Beweis. Seien dazu, wie in (19.3), b und $\mathscr{C} = (c_{ij})$ Versionen der bedingten Erwartungsfunktionen von u_t und $v_t v_t^*$ gegeben X_t. Darüber hinaus sei $\sigma = \mathscr{C}^{\frac{1}{2}}$ die positiv definite Quadratwurzel der positiv definiten Matrix $\mathscr{C}$: Der vollständige Beweis in [56] verwendet ein Regularisierungsargument für die Koeffizienten, das es erlaubt, auf den Fall zu reduzieren, in dem $b_i(t, \cdot)$ und $c_{ij}(t, \cdot)$ mindestens Hölder-stetige Funktionen sind, sodass die Voraussetzungen von Satz 18.2.6 für die Existenz einer Fundamentallösung des charakteristischen Operators $\mathscr{A}_t + \partial_t$ erfüllt sind, wobei

$$\mathscr{A}_t := \frac{1}{2} \sum_{i,j=1}^{N} c_{ij}(t, x) \partial_{x_i x_j} + \sum_{i=1}^{N} b_i(t, x) \partial_{x_i}.$$

Sei also $s \in]0, T]$ und $\varphi \in C_0^\infty(\mathbb{R}^N)$ fest, und betrachte die klassische, beschränkte Lösung f des rückwärts Cauchy-Problems

$$\begin{cases} \partial_t f(t, x) + \mathscr{A}_t f(t, x) = 0, & (t, x) \in]0, s[\times \mathbb{R}^N, \\ f(s, x) = \varphi(x), & x \in \mathbb{R}^N. \end{cases}$$

Nach der Itô-Formel gilt

$$f(s, X_s) = f(0, X_0) + \frac{1}{2} \sum_{i,j=1}^{N} \int_0^s (v_t v_t^*)_{ij} \partial_{x_i x_j} f(t, X_t) dt$$
$$+ \int_0^s \left(u_t \nabla_x f(t, X_t) + \partial_t f(t, X_t) \right) dt + \int_0^s \nabla_x f(t, X_t) v_t dB_t \quad (19.4)$$

und durch Bildung des Erwartungswertes[2]

$$E[f(s, X_s)] = E[f(0, X_0)] + \frac{1}{2} \sum_{i,j=1}^{N} \int_0^s E\left[(v_t v_t^*)_{ij} \partial_{x_i x_j} f(t, X_t) \right] dt$$
$$+ \int_0^s E\left[u_t \nabla_x f(t, X_t) + \partial_t f(t, X_t) \right] dt =$$

---

[2] Hier wird ein technisches Argument verwendet, das auf den analytischen Resultaten aus Kap. 20 basiert: Die Abschätzung aus Korollar 20.2.7 garantiert, dass $\nabla_x f(t, X_t) v_t \in \mathbb{L}^2$ und somit das stochastische Integral in (19.4) Erwartungswert null hat.

(nach den Eigenschaften der bedingten Erwartung)

$$= E[f(0, X_0)] + \frac{1}{2} \sum_{i,j=1}^{N} \int_0^s E\left[E\left[(v_t v_t^*)_{ij} \mid X_t\right] \partial_{x_i x_j} f(t, X_t)\right] dt$$

$$+ \int_0^s E\left[E[u_t \mid X_t] \nabla_x f(t, X_t) + \partial_t f(t, X_t)\right] dt =$$

(nach (19.3))

$$= E[f(0, X_0)] + \int_0^s E[(\mathscr{A}_t f + \partial_t f)(t, X_t)] dt =$$

(da f eine Lösung des Cauchy-Problems ist)

$$= E[f(0, X_0)]. \tag{19.5}$$

Andererseits gibt es nach Theorem 18.3.1 eine schwache Lösung (Y, W) der SDE (19.2) mit Anfangsverteilung gleich der Verteilung von X_0. Nach der Itô-Formel ist der Prozess $f(t, Y_t)$ ein Martingal[3] und daher haben wir nach (19.5)

$$E[\varphi(Y_s)] = E[f(s, Y_s)] = E[f(0, Y_0)] = E[f(0, X_0)] = E[f(s, X_s)] = E[\varphi(X_s)]$$

so dass $Y_s \stackrel{d}{=} X_s$, da φ beliebig war. □

Bemerkung 19.1.3 (Bibliographische Anmerkung) Markovsche Projektionsmethoden werden in der mathematischen Finanzwissenschaft häufig zur Kalibrierung von lokal-stochastischen Volatilitäts- und Zinsmodellen verwendet: diesbezüglich siehe zum Beispiel [3, 83] und Abschn. 11.5 in [55]. Eine Version von Gyöngys Theorem 19.1.2, die die Hypothesen über die Koeffizienten lockert, wurde kürzlich von Brunick und Shreve [22] bewiesen.

19.2 Rückwärts stochastische Differentialgleichungen

In den vorherigen Kapiteln haben wir SDEs mit einem gegebenen *Anfangs*datum untersucht. In einigen Anwendungen, zum Beispiel in der stochastischen Optimalsteuerungstheorie oder der mathematischen Finanzwissenschaft, treten jedoch Probleme auf, bei denen es natürlich ist, eine *End*bedingung zu setzen: in diesem Fall sprechen wir von rückwärts SDEs (oder BSDEs). Das einfachste Beispiel ist

---

[3] Genauer gesagt, ist der Prozess $f(t, Y_t)$ nach der Itô-Formel ein lokales Martingal, aber es ist auch ein echtes Martingal durch die Beschränktheit der Funktion f.

19.2 Rückwärts stochastische Differentialgleichungen

$$\begin{cases} dY_t = 0, \\ Y_T = \eta. \end{cases} \quad (19.6)$$

Wenn das Datum $\eta \in \mathbb{R}^N$ nicht zufällig ist, ist (19.6) eine einfache gewöhnliche Differentialgleichung (ODE) mit konstanter Lösung $Y \equiv \eta$. Die Situation ist völlig anders, wenn wir das Problem in einem Raum $(\Omega, \mathscr{F}, P)$ stellen, auf dem eine Brownsche Bewegung W mit Standardfiltration $\mathscr{F}^W$ definiert ist und annehmen, dass $\eta \in m\mathscr{F}_T^W$: tatsächlich möchten wir, um innerhalb des klassischen Itô-Kalküls zu bleiben, dass die Lösung Y ein adaptierter Prozess ist und daher ist die konstante Lösung gleich η nicht akzeptabel. Das erste Problem besteht daher darin, das Konzept einer Lösung für eine BSDE korrekt zu formulieren.

Für jedes $\eta \in L^2(\Omega, \mathscr{F}_T^W, P)$ ist der *adaptierte* Prozess, der den konstanten Prozess gleich η am besten (in der L^2-Norm) approximiert

$$Y_t := E\left[\eta \mid \mathscr{F}_t^W\right], \quad t \in [0, T]. \quad (19.7)$$

Aus dieser Perspektive ist der Prozess Y in (19.7) der natürliche Kandidat, um eine Lösung für die BSDE (19.6) zu sein. Offensichtlich ist es nicht notwendigerweise der Fall, dass Y in (19.7) die Gleichung $dY_t = 0$ erfüllt. Da Y es ein $\mathscr{F}^W$-quadratintegrierbares Martingal ist, gibt es durch den Martingal-Darstellungssatz 13.5.1 ein eindeutiges $Z \in \mathbb{L}^2$, so dass

$$Y_t = Y_0 + \int_0^t Z_s dW_s = \underbrace{Y_0 + \int_0^T Z_s dW_s}_{=\eta} - \int_t^T Z_s dW_s.$$

Das bedeutet, dass Y die vorwärts SDE erfüllt

$$\begin{cases} dY_t = Z_t dW_t, \\ Y_0 = \eta - \int_0^T Z_s dW_s. \end{cases} \quad (19.8)$$

$$\begin{cases} dA_t = B_t dW_t, \\ A_T = 0. \end{cases}$$

Nach Itôs Formel haben wir

$$dA_t^2 = 2A_t dA_t + d\langle A \rangle_t$$

und daher

$$A_t = -\int_t^T 2A_s dA_s - \int_t^T B_s^2 ds$$

und
$$E\left[A_t^2 + \int_t^T B_s^2 ds\right] = E\left[\int_t^T 2A_s dA_s\right] = 0$$

wobei die letzte Gleichheit auf der Tatsache beruht, dass A, und daher auch das stochastische Integral, ein Martingal ist. Basierend auf dem gerade Bewiesenen ist die folgende Definition gut wohldefiniert.

Definition 19.2.1 Sei W eine Brownsche Bewegung im Raum $(\Omega, \mathscr{F}, P)$ ausgestattet mit der Standardfiltration $\mathscr{F}^W$. Wir sagen, dass das Paar $(Y, Z) \in \mathbb{L}^2$, eindeutige Lösung der SDE (19.8), die *adaptierter Lösung* der BSDE (19.6) mit endlichem Datum $\eta \in L^2(\Omega, \mathscr{F}_T^W, P)$ ist.

Beachte, dass wir per Definition
$$\begin{cases} dY_t = Z_t dW_t, \\ Y_T = \eta \end{cases}$$

haben. Auf ähnliche Weise werden allgemeinere rückwärts Gleichungen der Form
$$\begin{cases} dY_t = f(t, Y_t, Z_t)dt + Z_t dW_t, \\ Y_T = \eta, \end{cases}$$

untersucht. Unter Standard-Lipschitz-Annahmen an den Koeffizienten $f = f(t, y, z)$ in den Variablen (y, z), ist es möglich, die Existenz und Eindeutigkeit der adaptiertern Lösung (Y, Z) zu beweisen: siehe zum Beispiel Theorem 4.2, Kap. 1 in [93].

Oft wird eine BSDE mit einer vorwärts SDE der Art
$$dX_t = b(t, X_t)dt + \sigma(t, X_t)dW_t.$$

gekoppelt. Sei $u = u(t, x) \in C^{1,2}([0, T[\times\mathbb{R}^N)$. Durch Anwendung von Itôs Formel auf $Y_t := u(t, X_t)$ erhalten wir
$$dY_t = (\partial_t + \mathscr{A}_t)u(t, X_t)dt + Z_t dW_t,$$

wobei $\mathscr{A}_t$ der charakteristische Operator von X ist und
$$Z_t := (\nabla_x u)(t, X_t)\sigma(t, X_t).$$

Insbesondere, wenn u eine Lösung des *quasi-linearen* Cauchy-Problems
$$\begin{cases} (\partial_t + \mathscr{A}_t)u(t, x) = f(t, x, u(t, x), \nabla_x u(t, x)\sigma(t, x)) & (t, x) \in [0, T[\times\mathbb{R}^N, \\ u(T, x) = \varphi(x) & x \in \mathbb{R}^N, \end{cases}$$
(19.9)

ist, dann löst (X, Y, Z) das vorwärts-rückwärts System von Gleichungen (FBSDE)

$$\begin{cases} dX_t = b(t, X_t)dt + \sigma(t, X_t)dW_t, \\ dY_t = f(t, X_t, Y_t, Z_t)dt + Z_t dW_t, \\ Y_T = \varphi(X_T). \end{cases} \tag{19.10}$$

Unter geeigneten Annahmen, die die Existenz einer Lösung[4] des Problems (19.9) garantieren, haben wir durch Konstruktion

$$u(t, x) = Y_t^{t,x} \tag{19.11}$$

wo $Y^{t,x}$ die Lösung der FBSDE (19.10) mit Anfangsdatum $X_t = x$ ist. Formel (19.11) ist eine *nichtlineare Feynman-Kac Formel,* die die klassische Darstellungsformel des Abschn. 15.4 verallgemeinert.

Bemerkung 19.2.2 (**Bibliographische Anmerkung**) Die Hauptmotivation für die Untersuchung von BSDEs stammt aus der Theorie der stochastischen Optimalsteuerung, beginnend mit den Arbeiten [17] und [15]; einige Anwendungen auf die mathematische Finanzwissenschaft werden in [39] diskutiert. Die frühesten Ergebnisse über Existenz und die nichtlineare Feynman-Kac-Darstellung stammen aus [109], [117] und [2]. Wir verweisen auf die folgenden Bücher als wesentliche Referenzen für die Theorie der rückwärts Gleichungen: Ma und Yong [93], Yong und Zhou [150], Pardoux und Rascanu [110], und Zhang [152].

19.3 Filtrierung und stochastische Wärmeleitungsgleichung

In diesem Abschnitt skizzieren wir einige grundlegende Ideen der Theorie der stochastischen Filtrierung und führen in einem einfachen und expliziten Fall den Begriff der *stochastischen partiellen Differentialgleichung* (abgekürzt als SPDE), ein, der in dieser Art von Problemen natürlich auftritt.

Gegeben sei eine standard zweidimensionale Brownsche Bewegung (W, B). Wir betrachten den Prozess

$$X_t^\sigma := \sigma W_t + \sqrt{1 - \sigma^2} B_t, \quad \sigma \in [0, 1].$$

Angenommen, X^σ stellt ein *Signal* dar, das übertragen wird, aber aufgrund einer Störung in der Übertragung nicht genau beobachtet werden kann: genau genommen nehmen wir an, dass wir W_t, den sogenannten *Beobachtungsprozess,* genau beobach-

---

[4] Da es sich um ein nichtlineares Problem handelt, wird die Lösung u in einem verallgemeinerten Sinne verstanden, zum Beispiel als „Viskositätslösung" (siehe zum Beispiel Theorem 2.1, Kap. 8 in [93]).

ten können, während die Brownsche Bewegung B_t das *Rauschen* in der Übertragung darstellt.

Es ist leicht zu überprüfen, dass X^σ für jedes $\sigma \in [0, 1]$ eine reelle Brownsche Bewegung ist. Das Problem der stochastischen Filtrierung besteht darin, die beste Schätzung des Signals X^σ auf der Grundlage der Beobachtung W zu erhalten: tatsächlich ist es nicht schwer zu zeigen, dass

$$\mu_{X_t^\sigma \mid \mathscr{F}_t^W} = \mathcal{N}_{\sigma W_t, (1-\sigma^2)t} \qquad (19.12)$$

wobei $\mu_{X_t^\sigma \mid \mathscr{F}_t^W}$ die bedingte Verteilung von X_t^σ bezüglich der σ-Algebra $\mathscr{F}_t^W$ der Beobachtungen von W bis zur Zeit t bezeichnet (hier ist $\mathscr{F}^W$ die Standardfiltration für W). Um (19.12) zu beweisen, genügt es, die bedingte charakteristische Funktion zu berechnen

$$\varphi_{X_t^\sigma \mid \mathscr{F}_t^W}(\eta) = E\left[e^{i\eta X_t^\sigma} \mid \mathscr{F}_t^W\right] = e^{i\eta \sigma W_t} E\left[e^{i\eta \sqrt{1-\sigma^2} B_t} \mid \mathscr{F}_t^W\right] =$$

(durch Unabhängigkeit von W und B)

$$= e^{i\eta \sigma W_t} E\left[e^{i\eta \sqrt{1-\sigma^2} B_t}\right]$$

was (19.12) beweist. Wir stellen insbesondere fest:

- wenn es kein Rauschen gibt, $\sigma = 1$, haben wir $X_t^\sigma = W_t$ und $\mu_{X_t^\sigma \mid \mathscr{F}_t^W} = \delta_{W_t}$, d.h. die bedingte Verteilung entartet in eine Dirac-Verteilung;
- wenn es keine Beobachtung gibt, $\sigma = 0$, dann ist $X_t^\sigma = B_t$ und die bedingte Verteilung ist offensichtlich $\mu_{X_t^\sigma \mid \mathscr{F}_t^W} = \mathcal{N}_{0,t}$ mit Gaußscher Dichte

$$\Gamma(t, x) = \frac{1}{\sqrt{2\pi t}} e^{-\frac{x^2}{2t}}, \qquad t > 0, \ x \in \mathbb{R}. \qquad (19.13)$$

Wenn $0 \leq \sigma < 1$ dann hat X_t^σ die folgende bedingte Dichte gegeben $\mathscr{F}_t^W$:

$$p_t(x) = \Gamma((1-\sigma^2)t, x - \sigma W_t), \qquad t > 0, \ x \in \mathbb{R}. \qquad (19.14)$$

Wenn $\sigma > 0$, ist die bedingte Dichte $p_t(x)$ offensichtlich ein stochastischer Prozess: aus praktischer Sicht, wenn die Beobachtung von W_t verfügbar ist und in (19.14) eingesetzt wird, erhalten wir den Ausdruck der Verteilung von X_t^σ, das aufgrund dieser Beobachtung geschätzt (oder „gefiltert") wird. Wir sehen, dass $p_t(x)$ eine Gaußsche Funktion mit stochastischem Drift ist, die abhängig von der Beobachtung ist und Varianz proportional zu $1 - \sigma^2$ hat. Abb. 19.2 zeigt den Plot einer Simulation der stochastischen Gaußschen Dichte $p_t(x)$.

In Analogie zum unbedingten Fall, der in den Abschn. 2.5.3 und 17.3.1 untersucht wurde, ist $p_t(x)$ eine Lösung der Kolmogorov-Vorwärts- (Fokker-Planck)Gleichung,

19.3 Filtrierung und stochastische Wärmeleitungsgleichung

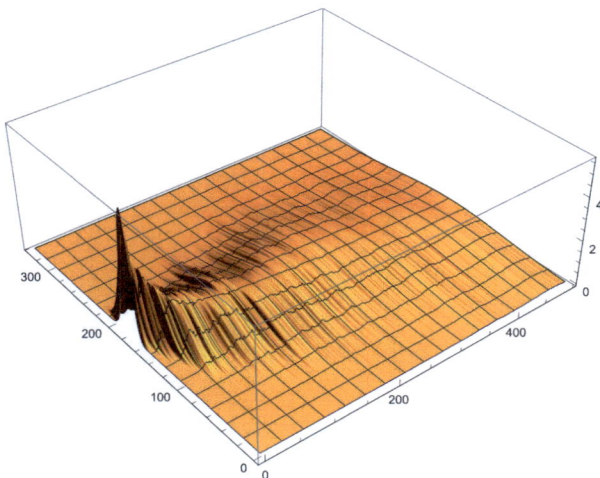

Abb. 19.2 Plot einer Simulation der fundamentalen Lösung $p_t(x)$ der stochastischen Wärmeleitungsgleichung

die in diesem Fall eine SPDE ist: tatsächlich, unter Berücksichtigung des Ausdrucks (19.14) von $p_t(x)$ in Bezug auf $\Gamma = \Gamma(s, y)$ in (19.13), haben wir nach Itôs Formel

$$dp_t(x) = (1 - \sigma^2)(\partial_s \Gamma)((1 - \sigma^2)t, x - \sigma W_t)dt - \sigma(\partial_y \Gamma)((1 - \sigma^2)t, x - \sigma W_t)dW_t$$
$$+ \frac{\sigma^2}{2}(\partial_{yy}\Gamma)((1 - \sigma^2)t, x - \sigma W_t)dt =$$

(da Γ die Vorwärts-Wärmeleitungsgleichung $\partial_s \Gamma(s, y) = \frac{1}{2}\partial_{yy}\Gamma(s, y)$ löst)

$$= \frac{1}{2}(\partial_{yy}\Gamma)((1 - \sigma^2)t, x - \sigma W_t)dt - \sigma(\partial_y \Gamma)((1 - \sigma^2)t, x - \sigma W_t)dW_t$$
$$= \frac{1}{2}\partial_{xx} p_t(x)dt - \sigma \partial_x p_t(x)dW_t.$$

Mit anderen Worten, die bedingte Dichte $p_t(x)$ ist die fundamentale Lösung der *stochastischen Wärmeleitungsgleichung*

$$dp_t(x) = \frac{1}{2}\partial_{xx} p_t(x)dt - \sigma \partial_x p_t(x)dW_t$$

die im Fall $\sigma = 0$, wo die Beobachtung null ist, in die klassische Wärmeleitungsgleichung entartet.

Bemerkung 19.3.1 (Bibliographische Anmerkung) Unter den zahlreichen Monographien zur Theorie der SPDEs möchten wir insbesondere die Bücher von Rozovskii

[125], Kunita [82], Prévôt und Röckner [120], Kotelenez [73], Chow [24], Liu und Röckner [91], Lototsky und Rozovskii [92] und Pardoux [108] erwähnen. Für die Untersuchung von stochastischen Filtrierungsproblemen verweisen wir beispielsweise auf Fujisaki, Kallianpur und Kunita [52], Pardoux [107], Fristedt, Jain und Krylov [51], Elworthy, Le Jan und Li [40]. In [146] und [81] werden alternative Ansätze zur Ableitung von Filter-SPDEs vorgeschlagen, die auf Argumenten basieren, die ähnlich denen sind, die für den Beweis von Feynman-Kac-Formeln verwendet werden.

19.4 Rückwärts stochastisches Integral und Krylovs SPDE

In diesem Abschnitt stellen wir ein interessantes Resultat vor, demzufolge für eine feste Zeit T die Lösung einer SDE, betrachtet als stochastischer Prozess in Abhängigkeit von Zeit und Anfangswert, also $(t, x) \mapsto X_T^{t,x}$ in der üblichen Notation aus Kap. 15, eine stochastische partielle Differentialgleichung (SPDE) löst, die den charakteristischen Operator der SDE enthält. Die Formulierung dieses Resultats und die Definition der *Krylovschen rückwärts SPDE* (so genannt in Abschn. 1.2.3 in [126]) erfordern die Einführung des *rückwärts stochastischen Integrals,* bei dem die zeitliche Struktur der Information, der Brownschen Bewegung und der zugehörigen Filtration umgekehrt wird.

Sei W eine d-dimensionale Brownsche Bewegung auf dem Raum $(\Omega, \mathscr{F}, P)$. Für $t \in [0, T]$ betrachten wir die (vervollständigte) σ-Algebra der Inkremente einer Brownschen Bewegung zwischen t und T definiert durch

$$\hat{\mathscr{F}}_t := \sigma(\hat{\mathscr{G}}_t \cup \mathscr{N}), \qquad \hat{\mathscr{G}}_t := \sigma(W_s - W_t, s \in [t, T]). \tag{19.15}$$

Offensichtlich definiert (19.15) eine abnehmende Familie von σ-Algebren; wir sagen, dass

$$\bar{\mathscr{F}}_t := \hat{\mathscr{F}}_{T-t}, \qquad t \in [0, T],$$

die *rückwärts Brownsche Filtration* ist. Es ist einfach zu überprüfen, dass der Prozess

$$\bar{W}_t := W_T - W_{T-t}, \qquad t \in [0, T],$$

eine Brownsche Bewegung auf $(\Omega, \mathscr{F}, P, \bar{\mathscr{F}}_t)$ ist. Das rückwärts stochastische Integral ist als

$$\int_t^s u_r \star dW_r := \int_{T-s}^{T-t} u_{T-r} d\bar{W}_r, \qquad 0 \le t \le s \le T, \tag{19.16}$$

unter den Annahmen an u definiert, für die die rechte Seite von (19.16) im üblichen Sinn von Itô definiert ist, d. h.

19.4 Rückwärts stochastisches Integral und Krylovs SPDE

i) $t \mapsto u_{T-t}$ ist $\overleftarrow{\mathscr{F}}$-progressiv messbar (daher $u_t \in m\hat{\mathscr{F}}_t$ für jedes $t \in [0, T]$);
ii) $u \in L^2([0, T])$ fast sicher.

Für praktische Zwecke, gemäß Korollar 10.2.27, wenn u stetig ist, dann ist das rückwärts Integral der Grenzwert

$$\int_t^s u_r \star dW_r := \lim_{|\pi| \to 0^+} \sum_{k=1}^n u_{t_k}(W_{t_k} - W_{t_{k-1}}) \tag{19.17}$$

in Wahrscheinlichkeit, wobei $\pi = \{t = t_0 < t_1 < \cdots < t_n = s\}$ eine Partition von $[t, s]$ bezeichnet: beachte insbesondere, dass im Gegensatz zum üblichen Itô-Integral der Koeffizient u in der Summe in (19.17) am *rechten Endpunkt* jedes Intervalls der Partition ausgewertet wird und $u_{t_k} \in m\hat{\mathscr{F}}_{t_k}$ nach Annahme.

Ein *N-dimensionaler rückwärts Itô-Prozess* ist ein Prozess der Form

$$X_t = X_T + \int_t^T u_s ds + \int_t^T v_s \star dW_s, \qquad t \in [0, T],$$

auch in differentialer Form geschrieben als

$$-dX_t = u_t dt + v_t \star dW_t. \tag{19.18}$$

Wir formulieren die rückwärts Version von Itô's Formel.

Theorem 19.4.1 (Rückwärts Itô's Formel) Sei $F = F(t, x) \in C^{1,2}([0, T] \times \mathbb{R}^N)$ und sei X der Prozess in (19.18). Wir haben

$$-dF(t, X_t) = \left((\partial_t F)(t, X_t) + \frac{1}{2} \sum_{i,j=1}^N (v_t v_t^*)_{ij} (\partial_{x_i x_j} F)(t, X_t) + u_t (\nabla_x F)(t, X_t) \right) dt$$
$$+ \sum_{i=1}^N \sum_{j=1}^d (v_t)_{ij} (\partial_{x_i} F)(t, X_t) \star dW_t^j. \tag{19.19}$$

Das Hauptergebnis des Abschnitts ist das folgende

Theorem 19.4.2 (Krylovs rückwärts SPDE) Seien $b, \sigma \in bC^3([0, T] \times \mathbb{R}^N)$ und sei $s \mapsto X_s^{t,x}$ die Lösung der SDE

$$dX_s^{t,x} = b(s, X_s^{t,x}) ds + \sigma(s, X_s^{t,x}) dW_s \tag{19.20}$$

mit der Anfangsbedingung $X_t^{t,x} = x$. Dann löst der Prozess $(t, x) \mapsto X_T^{t,x}$ die rückwärts SPDE

$$\begin{cases} -dX_T^{t,x} = \mathscr{A}_t X_T^{t,x} dt + (\nabla_x X_T^{t,x})\sigma(t, x) \star dW_t, \\ X_T^{T,x} = x, \end{cases} \quad (19.21)$$

wobei

$$\mathscr{A}_t = \frac{1}{2} \sum_{i,j=1}^{N} c_{ij}(t, x)\partial_{x_j x_i} + b_i(t, x)\partial_{x_i}, \quad (c_{ij}) := \sigma\sigma^*,$$

der charakteristische Operator der SDE (19.20) ist. Die expliziten Ausdrücke des Drift-Koeffizienten und des Diffusionsterms in (19.21) sind

$$\mathscr{A}_t X_T^{t,x} = \frac{1}{2} \sum_{i,j=1}^{N} c_{ij}(t, x)\partial_{x_j x_i} X_T^{t,x} + \sum_{i=1}^{N} b_i(t, x)\partial_{x_i} X_T^{t,x},$$

$$(\nabla_x X_T^{t,x})\sigma(t, x) \star dW_t = \sum_{i=1}^{N} \sum_{j=1}^{d} \sigma_{ij}(t, x)\partial_{x_i} X_T^{t,x} \star dW_t^j.$$

Beweis Wir geben nur eine Beweisskizze und verweisen für die Details auf Proposition 5.3 in [126]. Zur Vereinfachung der Darstellung behandeln wir nur den eindimensionalen und autonomen Fall und folgen dabei dem Ansatz aus [145]. Zunächst gilt dank des Stetigkeitssatzes von Kolmogorov 3.3.4 und der L^p-Abschätzungen bezüglich der Abhängigkeit vom Anfangswert (Erweiterung der Resultate aus Korollar 17.4.2), dass – bis auf Modifikationen – $x \mapsto X_T^{t,x}$ hinreichend regulär ist, um die in der SPDE auftretenden Ableitungen im klassischen Sinn zu verstehen. Wir verwenden die Taylorentwicklung für Funktionen der Klasse $C^2(\mathbb{R})$:

$$f(\delta) - f(0) = \delta f'(0) + \frac{\delta^2}{2} f''(\lambda\delta), \quad \lambda \in [0, 1]. \quad (19.22)$$

Gegeben sei eine Partition von $[t, T]$, dann haben wir

$$X_T^{t,x} - x = X_T^{t,x} - X_T^{T,x} = \sum_{k=1}^{n} \left(X_T^{t_{k-1},x} - X_T^{t_k,x}\right) =$$

(durch die *Flusseigenschaft* aus Theorem 17.2.1)

$$= \sum_{k=1}^{n} \left(X_T^{t_k, X_{t_k}^{t_{k-1},x}} - X_T^{t_k,x}\right) =$$

19.4 Rückwärts stochastisches Integral und Krylovs SPDE

(durch (19.22) mit $f(\delta) = X_T^{t_k, x+\delta}$ und $\delta = \Delta_k X := X_{t_k}^{t_{k-1}, x} - x$)

$$= \sum_{k=1}^{n} \left(\Delta_k X \partial_x X_T^{t_k, x} + \frac{(\Delta_k X)^2}{2} \partial_{xx} X_T^{t_k, x+\lambda_k \Delta_k X} \right) \qquad (19.23)$$

mit $\lambda_k = \lambda_k(\omega) \in [0, 1]$. Nun haben wir

$$\Delta_k X = X_{t_k}^{t_{k-1}, x} - x = \int_{t_{k-1}}^{t_k} b\left(X_s^{t_{k-1}, x}\right) ds + \int_{t_{k-1}}^{t_k} \sigma\left(X_s^{t_{k-1}, x}\right) dW_s.$$

Daher, wenn wir

$$\Delta_k t = t_k - t_{k-1}, \qquad \Delta_k W = W_{t_k} - W_{t_{k-1}}, \qquad \widetilde{\Delta}_k X = b(x)\Delta_k t + \sigma(x)\Delta_k W,$$

setzen, haben wir

$$\Delta_k X - \widetilde{\Delta}_k X = \int_{t_{k-1}}^{t_k} \left(b\left(X_s^{t_{k-1}, x}\right) - b(x) \right) ds + \int_{t_{k-1}}^{t_k} \left(\sigma\left(X_s^{t_{k-1}, x}\right) - \sigma(x) \right) dW_s = \mathrm{O}(\Delta_k t),$$

$$\partial_{xx} X_T^{t_k, x+\lambda_k \Delta_k X} - \partial_{xx} X_T^{t_k, x} = \mathrm{O}(\Delta_k t),$$

in $L^2(\Omega, P)$ Norm oder genauer,

$$E\left[|\Delta_k X - \widetilde{\Delta}_k X|^2 + \left| \partial_{xx} X_T^{t_k, x+\lambda_k \Delta_k X} - \partial_{xx} X_T^{t_k, x} \right|^2 \right] \le c(1 + |x|^2)(\Delta_k t)^2$$

mit der Konstante c, die nur von T und den Lipschitz-Konstanten von b und σ abhängt. Daher erhalten wir aus (19.23)

$$X_T^{t, x} - x = \sum_{k=1}^{n} \left(\widetilde{\Delta}_k X \partial_x X_T^{t_k, x} + \frac{(\widetilde{\Delta}_k X)^2}{2} \partial_{xx} X_T^{t_k, x} \right) + \mathrm{O}(\Delta_k t).$$

Beachte, dass $\partial_x X_T^{t_k, x}, \partial_{xx} X_T^{t_k, x} \in m\hat{\mathscr{F}}_{t_k}$; wenn die Maschenweite dar Partition gegen Null geht, haben wir daher durch (19.17)

$$\sum_{k=1}^{n} \widetilde{\Delta}_k X \partial_x X_T^{t_k, x} \longrightarrow \int_t^T b(x)\partial_x X_T^{s, x} ds + \int_t^T \sigma(x)\partial_x X_T^{s, x} \star dW_s,$$

$$\sum_{k=1}^{n} (\widetilde{\Delta}_k X)^2 \partial_{xx} X_T^{t_k, x} \longrightarrow \int_t^T \sigma^2(x) \partial_{xx} X_T^{s, x} ds,$$

in der $L^2(\Omega, P)$ Norm und dies schließt den Beweis ab. □

Nun beweisen wir eine interessante Invarianzeigenschaft der Krylov SPDE.

Korollar 19.4.3 Seien $F \in bC^2(\mathbb{R}^N)$ und X wie in (19.20) und setze $V_T^{t,x} = F(X_T^{t,x})$. Dann erfüllt auch $V_T^{t,x}$ die SPDE (19.21)

$$-dV_T^{t,x} = \mathscr{A}_t V_T^{t,x} dt + (\nabla_x V_T^{t,x})\sigma(t,x) \star dW_t.$$

Beweis Um die Ideen zu fixieren, beginnen wir mit dem eindimensionalen Fall: durch die rückwärts SPDE (19.21) und Itô's Formel (19.19), haben wir

$$-dF(X_T^{t,x}) = \left(\frac{\sigma^2(t,x)}{2} F''(X_T^{t,x})(\partial_x X_T^{t,x})^2 + \frac{\sigma^2(t,x)}{2} F'(X_T^{t,x})\partial_{xx} X_T^{t,x}\right.$$
$$\left. + b(t,x) F'(X_T^{t,x})\partial_x X_T^{t,x}\right) dt$$
$$+ \sigma(t,x) F'(X_T^{t,x})\partial_x X_T^{t,x} \star dW_t =$$

(da $\partial_x V_T^{t,x} = F'(X_T^{t,x})\partial_x X_T^{t,x}$ und $\partial_{xx} V_T^{t,x} = F''(X_T^{t,x})(\partial_x X_T^{t,x})^2 + F'(X_T^{t,x})\partial_{xx} X_T^{t,x}$)

$$= \left(\frac{\sigma^2(t,x)}{2}\partial_{xx} V_T^{t,x} + b(t,x)\partial_x V_T^{t,x}\right) dt + \sigma(t,x)\partial_x V_T^{t,x} \star dW_t$$

was die Behauptung beweist. Der mehrdimensionale Fall ist analog: zuerst

$$\partial_{x_h} V_T^{t,x} = (\nabla_x F)(X_T^{t,x})\partial_{x_h} X_T^{t,x},$$
$$\partial_{x_h x_k} V_T^{t,x} = \sum_{i,j=1}^N (\partial_{x_i x_j} F)(X_T^{t,x})(\partial_{x_h} X_T^{t,x})_i (\partial_{x_k} X_T^{t,x})_j + (\nabla_x F)(X_T^{t,x})(\partial_{x_h x_k} X_T^{t,x}),$$

$$(19.24)$$

und durch (19.21) und (19.19)

$$-dF(X_T^{t,x}) = \frac{1}{2}\sum_{i,j=1}^N \left((\nabla_x X_T^{t,x})\sigma(t,x)((\nabla_x X_T^{t,x})\sigma(t,x))^*\right)_{ij} (\partial_{x_i x_j} F)(X_T^{t,x}) dt$$
$$+ (\mathscr{A}_t X_T^{t,x})(\nabla_x F)(X_T^{t,x}) dt + (\nabla_x F)(X_T^{t,x})(\nabla_x X_T^{t,x})\sigma(t,x) \star dW_t$$

(durch (19.24))
$$= \mathscr{A}_t V_T^{t,x} dt + (\nabla_x V_T^{t,x})\sigma(t,x) \star dW_t.$$

was die Behauptung beweist. □

19.4 Rückwärts stochastisches Integral und Krylovs SPDE

Bemerkung 19.4.4 (Bibliographische Anmerkung) Die Annahmen bezüglich der Koeffizienten im Theorem 19.4.2 können abgeschwächt werden: in [126], Theorem 5.1, wird gezeigt, dass wenn $b, \sigma \in bC^1([0, T] \times \mathbb{R}^N)$ dann ist $(t, x) \mapsto X_T^{t,x}$ eine distributionelle Lösung der Gl. (19.21).

Das Material in diesem Abschnitt basiert auf den Originalarbeiten von Krylov in [76, 79, 80] und Veretennikov [145]. Die Monographien [82] und [126] gelten heute als klassische Referenzen für das Studium von SPDEs und stochastischen Flüssen.

Kapitel 20
Eine Einführung in parabolische PDEs

> *Lo so Del mondo e anche del resto Lo so Che tutto va in rovina
> Ma di mattina Quando la gente dorme Col suo normale
> malumore Mi puó bastare un niente Forse un piccolo bagliore
> Un'aria già vissuta Un paesaggio o che ne so
> E sto bene Io sto bene come uno quando sogna Non lo so se mi
> conviene Ma sto bene, che vergogna*
>
> *Giorgio Gaber*

Wir geben einen knappen Überblick über grundlegende Ergebnisse zur Existenz und Eindeutigkeit von Lösungen des Cauchy-Problems für parabolische partielle Differentialgleichungen. Die Monographien von Friedman [49], Ladyzhenskaia, Solonnikov und Ural'tseva [84], Oleinik und Radkevic [103], obwohl etwas veraltet, sind klassische Referenztexte für eine umfassendere und tiefgreifendere Behandlung.

---

*Ich weiß
Über die Welt und alles andere
Ich weiß
Dass alles zerfällt
Aber am Morgen
Wenn die Leute schlafen
Mit ihrer üblichen schlechten Laune
Es kann mir genügen
Vielleicht ein kleiner Schimmer
Eine bereits erlebte Luft
Eine Landschaft oder was auch immer*

*Und es geht mir gut
Mir geht es gut wie jemandem, der träumt
Ich weiß nicht, ob es gut für mich ist
Aber es geht mir gut, was für eine Schande.*

Wir betrachten einen partiellen Differentialoperator zweiter Ordnung der Form

$$\mathcal{L} := \frac{1}{2}\sum_{i,j=1}^{N} c_{ij}(t,x)\partial_{x_i x_j} + \sum_{j=1}^{N} b_j(t,x)\partial_{x_j} + a(t,x) - \partial_t \qquad (20.1)$$

definiert für (t,x), die zum Streifen

$$\mathscr{S}_T :=]0,T[\times \mathbb{R}^N,$$

gehören, wobei $T > 0$ fest ist. Wir nehmen an, dass die Matrix der Koeffizienten (c_{ij}) symmetrisch und positiv semidefinit ist: In diesem Fall sagen wir, dass $\mathcal{L}$ ein *vorwärts parabolischer Operator* ist.

Das Interesse an dieser Art von Operatoren liegt darin, dass, wie bereits in den Abschn. 2.5 und 15.1 gesehen,

$$\mathscr{A}_t := \frac{1}{2}\sum_{i,j=1}^{N} c_{ij}(t,x)\partial_{x_i x_j} + \sum_{j=1}^{N} \beta_j(t,x)\partial_{x_j}, \qquad (c_{ij}) := \sigma\sigma^*,$$

der charakteristische Operator der SDE

$$dX_t = \beta(t,X_t)dt + \sigma(t,X_t)dW_t$$

ist und der zugehörige vorwärts Kolmogorov Operator $\mathcal{L} = \mathscr{A}_t^* - \partial_t$ zumindest formal von der Form (20.1) ist, wobei

$$b_j := -\beta_j + \sum_{i=1}^{N} \partial_{x_i} c_{ij}, \qquad a := -\sum_{i=1}^{N} \partial_{x_i}\beta_i + \frac{1}{2}\sum_{i,j=1}^{N} \partial_{x_i x_j} c_{ij}.$$

Beachte, dass in einem *vorwärts* Operator die Zeitableitung mit einem negativen Zeichen erscheint: wie bereits in Abschn. 2.5.2 erwähnt, treten diese Art von Operatoren typischerweise in der Physik bei der Beschreibung von Phänomenen auf, die sich mit der Zeit entwickeln, wie z. B. die Wärmeausbreitung in einem Körper. Andererseits kann jeder vorwärts Operator durch die einfache Variablentransformation $s = T - t$ in einen parabolischen *rückwärts*[1] Operator umgewandelt werden: daraus folgt, dass *alle Ergebnisse, die wir in diesem Kapitel für vorwärts Operatoren beweisen, eine analoge rückwärts Formulierung haben.*

---

[1] In dem die Zeitableitung mit einem positiven Zeichen erscheint.

20.1 Eindeutigkeit: das Maximumprinzip

Wir untersuchen die Eindeutigkeit der Lösung des Cauchy-Problems

$$\begin{cases} \mathcal{L}u(t,x) = 0, & (t,x) \in \mathscr{S}_T, \\ u(0,x) = \varphi(x), & x \in \mathbb{R}^N, \end{cases} \qquad (20.2)$$

für den Operator $\mathcal{L}$ in (20.1). Ein klassisches Beispiel von Tychonoff [141] zeigt, dass das Problem (20.2) für den Wärmeoperator unendlich viele Lösungen hat: tatsächlich sind neben der identisch null Lösung auch die Funktionen der Art

$$u_\alpha(t,x) := \sum_{k=0}^{\infty} \frac{x^{2k}}{(2k)!} \partial_t^k e^{-\frac{1}{t^\alpha}}, \qquad \alpha > 1, \qquad (20.3)$$

klassische Lösungen des Cauchy-Problems

$$\begin{cases} \frac{1}{2}\partial_{xx}u_\alpha - \partial_t u_\alpha = 0, & \text{in } \mathbb{R}_{>0} \times \mathbb{R}, \\ u_\alpha(0,\cdot) = 0, & \text{in } \mathbb{R}. \end{cases}$$

Die Lösungen in (20.3) sind jedoch in gewissem Sinne „pathologisch": Sie oszillieren, wechseln unendlich oft das Vorzeichen und wachsen sehr schnell für $|x| \to \infty$. Im Zuge von Tychonoffs Beispiel besteht das Studium der Eindeutigkeit der Lösung des Problems (20.2) darin, geeignete Klassen von Funktionen zu bestimmen, sogenannte *Eindeutigkeitsklassen für* $\mathcal{L}$, innerhalb derer die Lösung, falls sie existiert, eindeutig ist. In diesem Abschnitt nehmen wir folgende Minimalvoraussetzungen an die Koeffizienten von $\mathcal{L}$ in (20.1) an:

Annahme 20.1.1

i) Für jedes $i,j = 1, \ldots, N$ sind die Koeffizienten c_{ij}, b_i und a reelle messbare Funktionen;
ii) die Matrix $\mathscr{C}(t,x) := (c_{ij}(t,x))$ ist symmetrisch und positiv semidefinit für alle $(t,x) \in \mathscr{S}_T$;
iii) der Koeffizient a ist nach oben begrenzt: es existiert ein $a_0 \in \mathbb{R}$, so dass

$$a(t,x) \le a_0, \qquad (t,x) \in \mathscr{S}_T.$$

Wir werden beweisen, dass eine Eindeutigkeitsklasse durch Funktionen gegeben ist, die nicht zu schnell in dem Sinne gegen unendlich streben, dass sie die Schätzung

$$|u(t,x)| \le Ce^{C|x|^2}, \qquad (t,x) \in \mathscr{S}_T, \qquad (20.4)$$

für eine positive Konstante C erfüllen. Dieses Ergebnis, enthalten in Theorem 20.1.8, wird unter sehr allgemeinen Bedingungen bewiesen, nämlich Annahme 20.1.1 und die folgende

Annahme 20.1.2 Es existiert eine Konstante M, so dass

$$|c_{ij}(t,x)| \leq M, \quad |b_i(t,x)| \leq M(1+|x|),$$
$$|a(t,x)| \leq M(1+|x|^2), \quad (t,x) \in \mathscr{S}_T, \, i,j = 1,\ldots,N.$$

Es ist möglich eine andere Eindeutigkeitsklasse zu bestimmen, indem man andere Wachstumsbedingungen an die Koeffizienten stellt.

Annahme 20.1.3 Es existiert eine Konstante M, so dass

$$|c_{ij}(t,x)| \leq M(1+|x|^2), \quad |b_i(t,x)| \leq M(1+|x|),$$
$$|a(t,x)| \leq M, \quad (t,x) \in \mathscr{S}_T, \, i,j = 1,\ldots,N.$$

Theorem 20.1.10 zeigt, dass unter den Annahmen 20.1.1 und 20.1.3 eine Eindeutigkeitsklasse durch Funktionen mit höchstens polynomialem Wachstum gegeben ist, die eine Schätzung der Art

$$|u(t,x)| \leq C(1+|x|^p), \quad (t,x) \in \mathscr{S}_T, \tag{20.5}$$

für einige positive Konstanten C und p erfüllen.

Wir weisen ausdrücklich darauf hin, dass die vorherigen Annahmen so schwach sind, dass sie im Allgemeinen nicht die *Existenz* der Lösung garantieren.

20.1.1 Cauchy-Dirichlet-Problem

In diesem Abschnitt studieren wir den Operator $\mathcal{L}$ in (20.1) auf einem „Zylinder" der Form

$$D_T = \,]0, T[\, \times D$$

wobei D ein *beschränktes* Gebiet (offene und zusammenhängende Menge) von $\mathbb{R}^N$ ist. Wir bezeichnen durch ∂D den Rand von D und sagen, dass

$$\partial_p D_T := \underbrace{(\{0\} \times D)}_{\text{Basis}} \cup \underbrace{([0, T[\, \times \partial D)}_{\text{seitliche Grenze}}$$

der *parabolische Rand* von D_T ist. Wie zuvor ist $C^{1,2}(D_T)$ der Raum jener Funktionen, die auf D_T definiert, stetig differenzierbar in Bezug auf t und zweimal stetig differenzierbar in Bezug auf x sind.

20.1 Eindeutigkeit: das Maximumprinzip

Definition 20.1.4 (Cauchy-Dirichlet-Problem) Eine klassische Lösung des *Cauchy-Dirichlet-Problems* für $\mathcal{L}$ auf D_T ist eine Funktion $u \in C^{1,2}(D_T) \cap C(D_T \cup \partial_p D_T)$, so dass

$$\begin{cases} \mathcal{L}u = f, & \text{in } D_T, \\ u = \varphi, & \text{in } \partial_p D_T, \end{cases} \tag{20.6}$$

wobei $f \in C(D_T)$ und $\varphi \in C(\partial_p D_T)$ gegebene Funktionen sind, die entsprechend *inhomogener Term* und *Randdatum* des Problems genannt werden.

Das Hauptergebnis des Abschnitts, das anschließend zur Eindeutigkeit der klassischen Lösung des Problems (20.6) führt (vgl. Korollar 20.1.6), ist das folgende

Theorem 20.1.5 (Schwaches Maximumprinzip) Unter Annahme 20.1.1, wenn $u \in C^{1,2}(D_T) \cap C(D_T \cup \partial_p D_T)$ so ist, dass $\mathcal{L}u \geq 0$ in D_T und $u \leq 0$ auf $\partial_p D_T$, dann ist $u \leq 0$ auf D_T.

Beweis Zunächst können wir ohne Beschränkung der Allgemeinheit annehmend, dass $a_0 < 0$ in Annahme 20.1.1 ist. Wenn dies nicht der Fall wäre, wäre es ausreichend, die Behauptung für die Funktion

$$u_\lambda(t, x) := e^{-\lambda t} u(t, x) \tag{20.7}$$

zu beweisen, die

$$\mathcal{L}u_\lambda - \lambda u_\lambda = e^{-\lambda t} \mathcal{L}u \tag{20.8}$$

erfüllt, wobei $\lambda > a_0$ gewählt wird.

Wir führen den Beweis per Widerspruch. Würde die Behauptung nicht gelten, gäbe es einen Punkt $(t, x) \in D_T$, so dass $u(t, x) > 0$: tatsächlich können wir auch annehmen, dass

$$u(t, x) = \max_{[0,t] \times D} u.$$

Daraus folgt

$$\mathscr{H}u(t, x) := (\partial_{x_i x_j} u(t, x)) \leq 0, \qquad \partial_{x_j} u(t, x) = 0, \qquad \partial_t u(t, x) \geq 0,$$

für jedes $j = 1, \ldots, N$. Dann existiert eine symmetrische und positiv semidefinite Matrix $M = (m_{ij})$, so dass

$$\mathscr{H}u(t, x) = -M^2 = \left(-\sum_{h=1}^{N} m_{ih} m_{jh} \right)_{i,j}$$

und daher

$$\mathcal{L}u(t,x) = -\frac{1}{2}\sum_{i,j=1}^{N} c_{ij}(t,x)\sum_{h=1}^{N} m_{ih}m_{jh}$$
$$+ \sum_{j=1}^{N} b_j(t,x)\partial_{x_j}u(t,x) + a(t,x)u(t,x) - \partial_t u(t,x)$$
$$= -\frac{1}{2}\sum_{h=1}^{N}\underbrace{\sum_{i,j=1}^{N} c_{ij}(t,x)m_{ih}m_{jh}}_{\geq 0 \text{ da } \mathscr{C}=(c_{ij})\geq 0} + a(t,x)u(t,x) - \partial_t u(t,x)$$
$$\leq a(t,x)u(t,x) < 0,$$

und dies widerspricht der Annahme $\mathcal{L}u \geq 0$ in D_T. □

Korollar 20.1.6 (Vergleichsprinzip) Unter Annahme 20.1.1, seien $u, v \in C^{1,2}(D_T) \cap C(D_T \cup \partial_p D_T)$ derart, dass $\mathcal{L}u \leq \mathcal{L}v$ in D_T und $u \geq v$ auf $\partial_p D_T$. Dann gilt $u \geq v$ auf D_T. Insbesondere ist die klassische Lösung des Cauchy-Dirichlet-Problems (20.6) eindeutig, wenn sie existiert.

Beweis Es genügt das schwache Maximumprinzip auf die Funktion $v - u$ anzuwenden. □

Das folgende nützliche Ergebnis liefert eine Abschätzung des Maximums der Lösung des Cauchy-Dirichlet-Problems (20.6) in Bezug auf f und das Randdatum φ.

Theorem 20.1.7 Wenn der Operator $\mathcal{L}$ Annahme 20.1.1 erfüllt, dann haben wir für jedes $u \in C^{1,2}(D_T) \cap C(D_T \cup \partial_p D_T)$

$$\sup_{D_T} |u| \leq e^{a_0^+ T}\left(\sup_{\partial_p D_T} |u| + T \sup_{D_T} |\mathcal{L}u|\right), \qquad a_0^+ := \max\{0, a_0\}. \tag{20.9}$$

Beweis Betrachte zunächst den Fall $a_0 \leq 0$ und daher $a_0^+ = 0$. Außerdem nehmen wir an, dass u und $\mathcal{L}u$ jeweils auf $\partial_p D_T$ und D_T beschränkt sind, sonst gibt es nichts zu beweisen. Setze

$$w(t) = \sup_{\partial_p D_T} |u| + t \sup_{D_T} |\mathcal{L}u|, \qquad t \in [0, T],$$

dann haben wir

$$\mathcal{L}w = aw - \sup_{D_T} |\mathcal{L}u| \leq \mathcal{L}u, \qquad \mathcal{L}(-w) = -aw + \sup_{D_T} |\mathcal{L}u| \geq \mathcal{L}u,$$

20.1 Eindeutigkeit: das Maximumprinzip

und $-w \leq u \leq w$ auf $\partial_p D_T$. Dann folgt die Abschätzung (20.9) aus dem Vergleichsprinzip, Korollar 20.1.6.

Sei nun $a_0 > 0$. Betrachte u_λ in (20.7) mit $\lambda = a_0$: wie gerade bewiesen, haben wir
$$\sup_{D_T} |u_\lambda| \leq \sup_{\partial_p D_T} |u_\lambda| + T \sup_{D_T} |(\mathcal{L} - a_0) u_\lambda|.$$

Da $a_0 > 0$ erhalten wir dann

$$e^{-a_0 T} \sup_{D_T} |u| \leq \sup_{(t,x) \in D_T} |e^{-a_0 t} u(t,x)| \leq \sup_{\partial_p D_T} |u_\lambda| + T \sup_{D_T} |(\mathcal{L} - a_0) u_\lambda| \leq$$

(nach (20.8))

$$\leq \sup_{(t,x) \in \partial_p D_T} |e^{-a_0 t} u(t,x)| + T \sup_{(t,x) \in D_T} |e^{-a_0 t} \mathcal{L} u(t,x)| \leq$$

(da $a_0 > 0$)

$$\leq \sup_{\partial_p D_T} |u| + T \sup_{D_T} |\mathcal{L} u|,$$

was die Behauptung beweist. $\square$

20.1.2 Cauchy-Problem

Wir stellen analoge Ergebnisse zu denen im vorherigen Abschnitt für das Cauchy-Problem (20.2) auf.

Theorem 20.1.8 (Schwaches Maximumprinzip) Es gelten die Annahmen 20.1.1 und 20.1.2. Wenn $u \in C^{1,2}(\mathscr{S}_T) \cap C([0, T[\times \mathbb{R}^N)$ so ist, dass

$$\begin{cases} \mathcal{L} u \leq 0, & \text{in } \mathscr{S}_T, \\ u(0, \cdot) \geq 0, & \text{in } \mathbb{R}^N, \end{cases} \qquad (20.10)$$

und die Abschätzung

$$u(t,x) \geq -C e^{C|x|^2}, \qquad (t,x) \in [0, T[\times \mathbb{R}^N \qquad (20.11)$$

für eine positive Konstante C erfüllt, dann $u \geq 0$ in $[0, T[\times \mathbb{R}^N$. Folglich gibt es höchstens eine klassische Lösung des Cauchy-Problems (20.2), die die exponentielle Wachstumsschätzung (20.4) hat.

Wir weisen ausdrücklich darauf hin, dass die Annahmen 20.1.1 und 20.1.2 sehr mild sind, um zum Beispiel den Fall zu berücksichtigen, wenn $\mathcal{L}$ ein Operator erster Ordnung ist. Wir beweisen zuerst das folgende

Lemma 20.1.9 Unter Annahme 20.1.1, wenn $u \in C^{1,2}(\mathscr{S}_T) \cap C([0, T[\times \mathbb{R}^N)$ (20.10) erfüllt und so ist, dass

$$\liminf_{|x|\to\infty} \inf_{t\in]0,T[} u(t,x) \geq 0, \qquad (20.12)$$

dann $u \geq 0$ auf $[0, T[\times \mathbb{R}^N$.

Beweis Wie im Beweis von Theorem 20.1.5 können wir ohne Beschränkung der Allgemeinheit annehmen, dass $a_0 < 0$ ist. Dadurch haben wir für jedes $\varepsilon > 0$

$$\begin{cases} \mathcal{L}(u+\varepsilon) \leq 0, & \text{in } \mathscr{S}_T, \\ u(0,\cdot) + \varepsilon > 0, & \text{in } \mathbb{R}^N. \end{cases}$$

Fixiere $(t_0, x_0) \in \mathscr{S}_T$. Dank der Bedingung (20.12) gibt es ein $R > |x_0|$, so dass

$$u(t,x) + \varepsilon > 0, \qquad t \in]0, T[, \ |x| = R,$$

und aus dem schwachen Maximumsprinzip von Theorem 20.1.5, angewendet auf den Zylinder

$$D_T =]0, T[\times \{|x| < R\},$$

folgt, dass $u(t_0, x_0) + \varepsilon \geq 0$. Angesichts der Beliebigkeit von ε haben wir auch $u(t_0, x_0) \geq 0$. □

Beweis von Theorem 20.1.8. Wir beweisen, dass $u \geq 0$ auf einem Streifen $\mathscr{S}_{T_0}$ gilt, wobei $T_0 > 0$ nur von der Konstante M aus der Annahme 20.1.2 und von der Konstante C in (20.11) abhängt: wenn nötig, müssen wir dieses Ergebnis nur wiederholt anwenden, um die Behauptung auf dem Streifen $\mathscr{S}_T$ zu beweisen.

Zunächst einmal, um die allgemeine Idee zu verstehen, geben wir den Beweis im besonderen Fall des Wärmeleitungsoperator

$$\mathcal{L} = \frac{1}{2}\Delta - \partial_t,$$

Seien $\gamma > C$, $T_0 = \frac{1}{4\gamma}$ und betrachte die Funktion

$$v(t,x) := \frac{1}{(1-2\gamma t)^{\frac{N}{2}}} \exp\left(\frac{\gamma |x|^2}{1-2\gamma t}\right), \qquad (t,x) \in [0, T_0[\times \mathbb{R}^N,$$

so dass

$$\mathcal{L}v(t,x) = 0 \quad \text{und} \quad v(t,x) \geq e^{\gamma |x|^2}.$$

Aus Lemma 20.1.9 folgern wir, dass $u + \varepsilon v \geq 0$ für jedes $\varepsilon > 0$, was die Behauptung beweist.

20.1 Eindeutigkeit: das Maximumprinzip

Der allgemeine Fall ist nur technisch komplizierter und nutzt Annahme 20.1.2 auf die Koeffizienten des Operators. Sei $\gamma > C$ und wähle zwei Konstanten $\alpha, \beta \in \mathbb{R}$, die wir später bestimmen werden. Wir betrachten die Funktion

$$v(t,x) = \exp\left(\frac{\gamma |x|^2}{1-\alpha t} + \beta t\right), \quad 0 \leq t \leq \frac{1}{2\alpha}, \ x \in \mathbb{R}^N.$$

Da

$$\frac{\mathcal{L}v}{v} = \frac{2\gamma^2}{(1-\alpha t)^2}\langle \mathscr{C}x, x\rangle + \frac{\gamma}{1-\alpha t}\operatorname{tr}\mathscr{C} + \frac{2\gamma}{1-\alpha t}\sum_{i=1}^{N} b_i x_i + a - \frac{\alpha\gamma|x|^2}{(1-\alpha t)^2} - \beta,$$

ist es durch Annahme 20.1.2 möglich α, β so groß zu wählen, dass

$$\frac{\mathcal{L}v}{v} \leq 0. \tag{20.13}$$

Setze $w := \frac{u}{v}$. Durch Bedingung (20.11) haben wir

$$\liminf_{|x| \to \infty}\left(\inf_{0 \leq t \leq \frac{1}{2\alpha}} w(t,x)\right) \geq 0,$$

und w erfüllt die Gleichung

$$\frac{1}{2}\sum_{i,j=1}^{N} c_{ij}\partial_{x_i x_j} w + \sum_{i=1}^{N} \hat{b}_i \partial_{x_i} w + \hat{a}w - \partial_t w = \frac{\mathcal{L}u}{v} \leq 0,$$

wobei

$$\hat{b}_i = b_i + \sum_{j=1}^{N} c_{ij}\frac{\partial_{x_j} v}{v}, \quad \hat{a} = \frac{\mathcal{L}v}{v}.$$

Da $\hat{a} \leq 0$ durch (20.13), können wir Lemma 20.1.9 anwenden, um zu folgern, dass w (und somit auch u) nicht negativ ist. □

Theorem 20.1.10 (Schwaches Maximumsprinzip) Es gelten Annahmen 20.1.1 und 20.1.3. Wenn $u \in C^{1,2}(\mathscr{S}_T) \cap C([0,T[\times\mathbb{R}^N)$ (20.10) und die Abschätzung

$$u(t,x) \geq -C(1+|x|^p), \quad (t,x) \in [0,T[\times\mathbb{R}^N \tag{20.14}$$

für positive Konstanten C und p erfüllt, dann gilt $u \geq 0$ in $[0,T[\times\mathbb{R}^N$. Folglich gibt es höchstens eine klassische Lösung des Cauchy-Problems (20.2), die die polynomiale Wachstumsschätzung (20.5) bei Unendlich erfüllt.

Beweis Wir beweisen nur den Fall $a_0 < 0$. Betrachte die Funktion

$$v(t,x) = e^{\alpha t}\left(\kappa t + |x|^2\right)^q$$

und überprüfe, dass es für jedes $q > 0$ möglich ist, α, κ so zu wählen, dass $\mathcal{L}v < 0$ auf $\mathscr{S}_T$ gilt. Dann gilt für $p < 2q$ und für jedes $\varepsilon > 0$, dass $\mathcal{L}(u + \varepsilon v) < 0$ auf $\mathscr{S}_T$ und dank Bedingung (20.14) können wir Lemma 20.1.9 anwenden, um zu folgern, dass $u + \varepsilon v \geq 0$ auf $\mathscr{S}_T$ ist. Die Behauptung folgt aus der Beliebigkeit von ε. □

Wir beweisen nun das Analogon von Theorem 20.1.7: Das folgende Ergebnis liefert Abschätzungen in der L^∞-Norm, der Abhängigkeit der Lösung in Bezug auf das Anfangsdatum und den inhomogenen Term. Diese Abschätzungen spielen eine entscheidende Rolle, zum Beispiel beim Nachweis der Stabilität von numerischen Schemata.

Theorem 20.1.11 Wenn der Operator $\mathcal{L}$ die Annahmen 20.1.1 und 20.1.2 erfüllt, dann haben wir für jedes $u \in C^{1,2}(\mathscr{S}_T) \cap C([0,T[\times \mathbb{R}^N)$, das die exponentielle Wachstumsschätzung (20.4) erfüllt

$$\sup_{[0,T[\times \mathbb{R}^N} |u| \leq e^{-a_0^+ T}\left(\sup_{\mathbb{R}^N} |u(0,\cdot)| + T \sup_{\mathscr{S}_T} |\mathcal{L}u|\right), \qquad a_0^+ := \max\{0, a_0\}.$$

Beweis Wenn $a_0 < 0$, dann setzen wir

$$w_\pm = \sup_{\mathbb{R}^N} |u(0,\cdot)| + t \sup_{\mathscr{S}_T} |\mathcal{L}u| \pm u,$$

und haben

$$\begin{cases} \mathcal{L}w_\pm = a \sup |u(0,\cdot)| - \sup_{\mathscr{S}_T} |\mathcal{L}u| \pm \mathcal{L}u \leq 0, & \text{in } \mathscr{S}_T, \\ w_\pm(0,\cdot) \geq 0, & \text{in } \mathbb{R}^N. \end{cases}$$

Offensichtlich erfüllt $w_\pm$ die Abschätzung (20.11). Es folgt aus Theorem 20.1.8, dass $w_\pm \geq 0$ in $\mathscr{S}_T$ und dies beweist die Behauptung. Andererseits, wenn $a_0 \geq 0$ dann ist es ausreichend, wie im Beweis von Theorem 20.1.7 vorzugehen. □

20.2 Existenz: die fundamentale Lösung

In diesem Abschnitt geben wir ein Existenzresultat klassischer Lösungen des Cauchy-Problems für den Operator $\mathcal{L}$ in (20.1). Das zentrale Konzept in diesem Zusammenhang ist das der fundamentalen Lösung.

20.2 Existenz: die fundamentale Lösung

Definition 20.2.1 (Fundamentale Lösung) Eine fundamentale Lösung für den Operator $\mathcal{L}$ auf $\mathscr{S}_T \equiv \,]0, T[\, \times \mathbb{R}^N$ ist eine Funktion $\Gamma = \Gamma(t_0, x_0; t, x)$ mit $0 \leq t_0 < t < T$ und $x_0, x \in \mathbb{R}^N$, so dass für jedes $\varphi \in bC(\mathbb{R}^N)$ die durch

$$u(t, x) = \int_{\mathbb{R}^N} \varphi(x_0) \Gamma(t_0, x_0; t, x) dx_0, \qquad t_0 < t < T, \ x \in \mathbb{R}^N, \tag{20.15}$$

definierte Funktion mit $u(t_0, \cdot) = \varphi$ eine klassische Lösung (d.h. $u \in C^{1,2}(\,]t_0, T[\, \times \mathbb{R}^N) \cap C([t_0, T[\, \times \mathbb{R}^N))$ des Cauchy-Problems

$$\begin{cases} \mathcal{L}u = 0 & \text{in }]t_0, T[\, \times \mathbb{R}^N, \\ u(t_0, \cdot) = \varphi & \text{in } \mathbb{R}^N \end{cases} \tag{20.16}$$

ist.

Eine bekannte Technik zum Nachweis der Existenz der fundamentalen Lösung ist die *Parametrix-Methode,* die von E.E. Levi in [89] eingeführt und dann von vielen anderen Autoren verwendet wurde[2]. Es handelt sich um ein ziemlich langes und komplexes konstruktives Verfahren, das auf der folgenden[3] Annahme 20.2.2 an den Operator $\mathcal{L}$ beruht. Wir erinnern an die Definition des Raums bC_T^α mit der in (18.6) definierten Norm: insbesondere betonen wir, dass die Funktionen in bC_T^α nur in Bezug auf die räumlichen Variablen Hölder-stetig sind.

Annahme 20.2.2

i) $c_{ij}, b_i, a \in bC_T^\alpha$ für ein $\alpha \in \,]0, 1]$ und für jedes $i, j = 1, \ldots, N$;
ii) die Matrix $\mathscr{C} := (c_{ij})_{1 \leq i, j \leq N}$ ist symmetrisch und erfüllt die folgende *gleichmäßige Parabolizitäts-* Bedingung: es gibt eine Konstante $\lambda_0 > 1$, so dass

$$\frac{1}{\lambda_0}|\eta|^2 \leq \langle \mathscr{C}(t, x)\eta, \eta \rangle \leq \lambda_0 |\eta|^2, \qquad (t, x) \in \mathscr{S}_T, \ \eta \in \mathbb{R}^N. \tag{20.17}$$

Zur Bequemlichkeit nehmen wir an, dass λ_0 so groß ist, dass $[c_{ij}]_\alpha, [b_i]_\alpha, [a]_\alpha \leq \lambda_0$ für alle $i, j = 1, \ldots, N$.

---

[2] Siehe zum Beispiel die Arbeiten von Pogorzelski [118] und Aronson [5] über die Konstruktion der fundamentalen Lösung. Das Buch von Friedman [50] ist immer noch ein klassischer Referenztext für die Parametrix-Methode und die Hauptquelle, die unsere Präsentation inspiriert hat.

[3] Es ist möglich, etwas schwächere Hypothesen anzunehmen: in dieser Hinsicht siehe Abschn. 6.4 in [50]. Insbesondere ist die Stetigkeitsbedingung in der Zeit nur zur Bequemlichkeit: die Ergebnisse dieses Abschnitts erstrecken sich ohne Schwierigkeiten auf den Fall von Koeffizienten, die in t messbar sind; in diesem Fall wird die PDE in einem integro-differential Sinn verstanden, wie in (20.19).

Bemerkung 20.2.3 Sei

$$\mathscr{A} := \frac{1}{2} \sum_{i,j=1}^{N} c_{ij}(t,x)\partial_{x_i x_j} + \sum_{j=1}^{N} b_j(t,x)\partial_{x_j} + a(t,x) \quad (20.18)$$

so, dass $\mathcal{L} = \mathscr{A} - \partial_t$. Unter Voraussetzung 20.2.2 sind die folgenden Aussagen äquivalent:

i) $u \in C^{1,2}(]t_0, T[\times \mathbb{R}^N)$ ist eine klassische Lösung der Gleichung $\mathcal{L}u = 0$ auf $]t_0, T[\times \mathbb{R}^N$;
ii) $u \in C(]t_0, T[\times \mathbb{R}^N)$ ist zweimal stetig differenzierbar bezüglich x und erfüllt die Integro-Differential-Gleichung

$$u(t,x) = u(t_1, x) + \int_{t_1}^{t} \mathscr{A}u(s,x)ds, \quad t_0 < t_1 < t < T, \ x \in \mathbb{R}^N. \quad (20.19)$$

Im folgenden Satz betrachten wir das Cauchy-Problem mit inhomogenem Term f, der Wachstums- und lokale Hölder-Stetigkeitsbedingungen erfüllt.

Annahme 20.2.4 Sei $f \in C(]t_0, T[\times \mathbb{R}^N)$ und es existiere $\beta > 0$, so dass:

i)
$$|f(t,x)| \leq \frac{c_1 e^{c_2 |x|^2}}{(t - t_0)^{1-\beta}}, \quad (t,x) \in]t_0, T[\times \mathbb{R}^N, \quad (20.20)$$

wobei c_1, c_2 positive Konstanten mit $c_2 < \frac{1}{4\lambda_0(T - t_0)}$ sind;
ii) für jedes $n \in \mathbb{N}$ existiere eine Konstante κ_n, so dass

$$|f(t,x) - f(t,y)| \leq \kappa_n \frac{|x-y|^\beta}{(t - t_0)^{1-\frac{\beta}{2}}}, \quad t_0 < t < T, \ |x|, |y| \leq n. \quad (20.21)$$

Das Hauptergebnis des Kapitels ist das folgende

Theorem 20.2.5 (Fundamentallösung)[!!!] Unter Annahme 20.2.2 existiert eine Fundamentallösung Γ für $\mathscr{A} - \partial_t$ in $\mathscr{S}_T$. Darüber hinaus:

i) $\Gamma = \Gamma(t_0, x_0; t, x)$ ist eine stetige Funktion in (t_0, x_0, t, x) für $0 \leq t_0 < t < T$ und $x, x_0 \in \mathbb{R}^N$. Für alle $(t_0, x_0) \in [0, T[\times \mathbb{R}^N$ ist $\Gamma(t_0, x_0; \cdot, \cdot) \in C^{1,2}(]t_0, T[\times \mathbb{R}^N)$ und die folgenden Gaußschen Abschätzungen gelten: für alle $\lambda > \lambda_0$, wo λ_0 die Konstante der Annahme 20.2.2 ist, existiert eine positive Konstante $c = c(T, N, \lambda, \lambda_0, \alpha)$, so dass

20.2 Existenz: die fundamentale Lösung

$$\Gamma(t_0, x_0; t, x) \leq c\,\mathbf{G}\left(\lambda(t - t_0), x - x_0\right), \quad (20.22)$$

$$\left|\partial_{x_i}\Gamma(t_0, x_0; t, x)\right| \leq \frac{c}{\sqrt{t - t_0}}\mathbf{G}\left(\lambda(t - t_0), x - x_0\right), \quad (20.23)$$

$$\left|\partial_{x_i x_j}\Gamma(t_0, x_0; t, x)\right| + \left|\partial_t \Gamma(t_0, x_0; t, x)\right| \leq \frac{c}{t - t_0}\mathbf{G}\left(\lambda(t - t_0), x - x_0\right) \quad (20.24)$$

für alle $(t, x) \in\,]t_0, T[\times \mathbb{R}^N$, wobei $\mathbf{G}$ die Gaußsche Funktion in (20.29) ist. Darüber hinaus existieren zwei positive Konstanten $\bar\lambda, \bar c$, die nur von T, N, λ_0, α abhängen, so dass

$$\Gamma(t_0, x_0; t, x) \geq \bar c\,\mathbf{G}\left(\bar\lambda(t - t_0), x - x_0\right) \quad (20.25)$$

für alle $(t, x) \in\,]t_0, T[\times \mathbb{R}^N$;

ii) für jedes f, das Annahme 20.2.4 erfüllt und $\varphi \in bC(\mathbb{R}^N)$, ist die durch

$$u(t, x) = \int_{\mathbb{R}^N} \varphi(x_0)\Gamma(t_0, x_0; t, x)\,dx_0 - \int_{t_0}^{t} \int_{\mathbb{R}^N} f(s, y)\Gamma(s, y; t, x)\,dy\,ds, \quad t_0 < t < T,\ x \in \mathbb{R}^N, \quad (20.26)$$

und durch $u(t_0, \cdot) = \varphi$ definierte Funktion eine klassische Lösung des Cauchy-Problems

$$\begin{cases} \mathcal{L}u = f & \text{in }]t_0, T[\times \mathbb{R}^N, \\ u(t_0, \cdot) = \varphi & \text{in } \mathbb{R}^N. \end{cases} \quad (20.27)$$

Gl. (20.26) wird üblicherweise als *Duhamel's Formel* bezeichnet;

iii) die Chapman-Kolmogorov-Gleichung gilt

$$\Gamma(t_0, x_0; t, x) = \int_{\mathbb{R}^N} \Gamma(t_0, x_0; s, y)\Gamma(s, y; t, x)\,dy,$$
$$0 \leq t_0 < s < t < T,\ x, x_0 \in \mathbb{R}^N;$$

iv) wenn der Koeffizient a konstant ist, dann

$$\int_{\mathbb{R}^N} \Gamma(t_0, x_0; t, x)\,dx_0 = e^{a(t - t_0)}, \quad t \in\,]t_0, T[,\ x \in \mathbb{R}^N, \quad (20.28)$$

und insbesondere, wenn $a \equiv 0$, dann ist $\Gamma(t_0, \cdot; t, x)$ eine Dichte.

Der Beweis von Theorem 20.2.5 wird auf Abschn. 20.3 zusammen mit mehreren vorläufigen Ergebnissen verschoben.

Notation 20.2.6 Sei $\alpha \in \,]0,1]$. Wir bezeichnen mit $bC^\alpha(\mathbb{R}^N)$ den Raum der beschränkten, α-Hölder-stetigen Funktionen auf $\mathbb{R}^N$, ausgestattet mit der Norm

$$\|\varphi\|_{bC^\alpha(\mathbb{R}^N)} := \sup_{\mathbb{R}^N} |\varphi| + \sup_{x \neq y} \frac{|\varphi(x) - \varphi(y)|}{|x-y|^\alpha}.$$

Das folgende Ergebnis zeigt, dass die Abschätzung (20.24) in dem Sinne verfeinert werden kann, als dass die nicht-integrierbare Singularität $\frac{1}{t-t_0}$ durch eine integrierbare ersetzt werden kann, wenn das Anfangsdatum Hölder-stetig ist.

Korollar 20.2.7 Unter den Annahmen des Theorems 20.2.5, betrachte die Lösung u in (20.26) des Cauchy-Problems (20.27) mit $a = f = 0$. Wenn $\varphi \in bC^\delta(\mathbb{R}^N)$ für ein $\delta > 0$, dann existiert eine Konstante c, die nur von T, N, δ, α, λ_0, $[c_{ij}]_\alpha$ und $[b_i]_\alpha$ abhängt, so dass

$$|D_x^k u(t,x)| \leq \frac{c}{(t-t_0)^{\frac{k-\delta}{2}}} \|\varphi\|_{bC^\delta(\mathbb{R}^N)}, \qquad t > t_0, \ x \in \mathbb{R}^N, \ k = 0, 1, 2,$$

wobei D_x^k eine Ableitung der Ordnung k in den Variablen $x_1, \ldots, x_N$ bezeichnet.

Beweis Wir geben den Beweis für $k = 2$, da die anderen Fälle analog und einfacher sind. Da

$$\int_{\mathbb{R}^N} \Gamma(t_0, x_0; t, x) dx_0 = 1, \qquad t_0 < t, \ x \in \mathbb{R}^N,$$

haben wir

$$0 = \partial_{x_i x_j} \int_{\mathbb{R}^N} \Gamma(t_0, x_0; t, x) dx_0 = \int_{\mathbb{R}^N} \partial_{x_i x_j} \Gamma(t_0, x_0; t, x) dx_0.$$

Daher

$$|\partial_{x_i x_j} u(t,x)| = \left| \int_{\mathbb{R}^N} \partial_{x_i x_j} \Gamma(t_0, x_0; t, x)(\varphi(x_0) - \varphi(x)) dy \right| \leq$$

(durch die Dreiecksungleichung und die Gaußsche Abschätzung (20.24))

$$\leq \frac{c}{t-t_0} \int_{\mathbb{R}^N} \mathbf{G}(\lambda(t-t_0), x-x_0) |\varphi(x_0) - \varphi(x)| dx_0 \leq$$

(durch die Hölder-Annahme an φ)

$$\leq \frac{c \|\varphi\|_{bC^\delta(\mathbb{R}^N)}}{(t-t_0)^{1-\frac{\delta}{2}}} \int_{\mathbb{R}^N} \left(\frac{|x-x_0|}{\sqrt{t-t_0}} \right)^\delta \mathbf{G}(\lambda(t-t_0), x-x_0) dx_0$$

und die Schlussfolgerung folgt dank der elementaren Schätzungen von Lemma 20.3.4. □

20.3 Die Parametrix-Methode

Dieser Abschnitt ist dem Beweis von Theorem 20.2.5 gewidmet. Wir betrachten $\mathcal{L}$ in (20.1) und nehmen an, dass es Annahme 20.2.2 erfüllt. Die Hauptidee der Parametrix-Methode besteht darin, eine Fundamentallösung durch aufeinanderfolgende Approximationen zu konstruieren; der erste Approximationsterm wird als "Parametrix"bezeichnet, die im Wesentlichen die Gaußsche Fundamentallösung eines Wärmeoperators ist, der aus $\mathcal{L}$ durch Einfrieren der Koeffizienten in den räumlichen Variablen erhalten wird, während die Zeitvariable frei bleibt.

Notation 20.3.1 Gegeben sei eine konstante $N \times N$, symmetrische und positiv definite Matrix C. Wir setzen

$$\mathbf{G}(C, x) = \frac{1}{\sqrt{(2\pi)^N \det C}} e^{-\frac{1}{2}\langle C^{-1}x, x\rangle}, \qquad x \in \mathbb{R}^N.$$

Beachte, dass

$$\frac{1}{2}\sum_{i,j=1}^{N} C_{ij}\partial_{x_i x_j}\mathbf{G}(tC, x) = \partial_t \mathbf{G}(tC, x), \qquad t > 0, \ x \in \mathbb{R}^N.$$

Wenn C die Einheitsmatrix ist, $C = I_N$, schreiben wir eifach

$$\mathbf{G}(t, x) \equiv \mathbf{G}(tI_N, x) = \frac{1}{(2\pi t)^{\frac{N}{2}}} e^{-\frac{|x|^2}{2t}}, \qquad t > 0, \ x \in \mathbb{R}^N, \tag{20.29}$$

um die übliche Standard-Gauß-Funktion zu bezeichnen, die die Lösung der Wärmeleitungsgleichung $\frac{1}{2}\Delta \mathbf{G}(t, x) = \partial_t \mathbf{G}(t, x)$ ist.

Für $y \in \mathbb{R}^N$ definieren wir den Operator $\mathcal{L}_y$ als das Ergebnis der Berechnung der Koeffizienten von $\mathcal{L}$ in y und das Entfernen von Termen niedrigerer Ordnung als der zweiten:

$$\mathcal{L}_y := \frac{1}{2}\sum_{i,j=1}^{N} c_{ij}(t, y)\partial_{x_i x_j} - \partial_t.$$

Der Operator $\mathcal{L}_y$ wirkt in den Variablen (t, x) und hat Koeffizienten, die nur von der Zeitvariable t abhängen, da y fest ist. Dank Annahme 20.2.2 und insbesondere der Tatsache, dass die Matrix $\mathscr{C} = (c_{ij})$ gleichmäßig positiv definit ist, haben wir, dass die Fundamentallösung von $\mathcal{L}_y$ den folgenden expliziten Ausdruck hat:

$$\Gamma_y(t_0, x_0; t, x) = \mathbf{G}(C_{t_0,t}(y), x - x_0), \qquad C_{t_0,t}(y) := \int_{t_0}^{t} \mathscr{C}(s, y)ds, \tag{20.30}$$

für $0 \leq t_0 < t < T$ und $x_0, x \in \mathbb{R}^N$.

Wir definieren die Parametrix für $\mathcal{L}$ als

$$\mathbf{P}(t_0, x_0; t, x) := \Gamma_{x_0}(t_0, x_0; t, x), \quad 0 \leq t_0 < t < T, \ x_0, x \in \mathbb{R}^N. \quad (20.31)$$

Gemäß der Parametrix-Methode wird die Fundamentallösung von $\mathcal{L}$ der folgenden Form gesucht:

$$\Gamma(t_0, x_0; t, x) = \mathbf{P}(t_0, x_0; t, x) + \int_{t_0}^{t} \int_{\mathbb{R}^N} \Phi(t_0, x_0; s, y) \mathbf{P}(s, y; t, x) dy ds. \quad (20.32)$$

wobei Φ eine unbekannte Funktion ist, die durch die Voraussetzung[4] $\mathcal{L}\Gamma(t_0, x_0; t, x) = 0$ bestimmt wird. Formal haben wir aus (??)[5]

$$\mathcal{L}\Gamma(t_0, x_0; t, x) = \mathcal{L}\mathbf{P}(t_0, x_0; t, x) + \int_{t_0}^{t} \int_{\mathbb{R}^N} \Phi(t_0, x_0; s, y) \mathcal{L}\mathbf{P}(s, y; t, x) dy ds$$
$$- \Phi(t_0, x_0; t, x), \quad (20.33)$$

was die folgende Gleichung für Φ ergibt:

$$\Phi(t_0, x_0; t, x) = \mathcal{L}\mathbf{P}(t_0, x_0; t, x)$$
$$+ \int_{t_0}^{t} \int_{\mathbb{R}^N} \Phi(t_0, x_0; s, y) \mathcal{L}\mathbf{P}(s, y; t, x) dy ds \quad (20.34)$$

für $0 \leq t_0 < t < T$ und $x_0, x \in \mathbb{R}^N$. Durch sukzessive Approximationen erhalten wir

$$\Phi(t_0, x_0; t, x) = \sum_{k=1}^{\infty} (\mathcal{L}\mathbf{P})_k(t_0, x_0; t, x) \quad (20.35)$$

wobei

$$(\mathcal{L}\mathbf{P})_1(t_0, x_0; t, x) = \mathcal{L}\mathbf{P}(t_0, x_0; t, x),$$
$$(\mathcal{L}\mathbf{P})_{k+1}(t_0, x_0; t, x) = \int_{t_0}^{t} \int_{\mathbb{R}^N} (\mathcal{L}\mathbf{P})_k(t_0, x_0; s, y) \mathcal{L}\mathbf{P}(s, y; t, x) dy ds, \quad k \in \mathbb{N}.$$
$$(20.36)$$

In Abschn. 20.3.2 beweisen wir das Folgende

---

[4] Denke daran, dass $\mathcal{L}$ in den Variablen (t, x) wirkt.

[5] Der letzte Term auf der rechten Seite von (20.33) ergibt sich aus der Anwendung von ∂_t auf die Integrationsgrenze des äußeren Integrals in (??): wir erhalten

$$\int_{\mathbb{R}^N} \Phi(t_0, x_0; t, y) \mathbf{P}(t, y; t, x) dy = \Phi(t_0, x_0; t, x),$$

da formal $\mathbf{P}(t, y; t, x) dy = \delta_x(dy)$, wobei δ_x das Dirac-Delta zentriert in x bezeichnet.

Satz 20.3.2 Die Reihe in (20.35) konvergiert und $\Phi = \Phi(t_0, x_0; t, x)$ ist eine stetige Funktion von (t_0, x_0, t, x) für $0 \leq t_0 < t < T$ und $x, x_0 \in \mathbb{R}^N$ und löst die Gl. (20.34). Darüber hinaus gibt es für jedes $\lambda > \lambda_0$ eine positive Konstante $c = c(T, N, \lambda, \lambda_0)$, so dass

$$|\Phi(t_0, x_0; t, x)| \leq \frac{c}{(t-t_0)^{1-\frac{\alpha}{2}}} \mathbf{G}(\lambda(t-t_0), x-x_0), \quad (20.37)$$

$$|\Phi(t_0, x_0; t, x) - \Phi(t_0, x_0; t, y)| \leq \frac{c|x-y|^{\frac{\alpha}{2}}}{(t-t_0)^{1-\frac{\alpha}{4}}} \big(\mathbf{G}(\lambda(t-t_0), x-x_0)$$
$$+ \mathbf{G}(\lambda(t-t_0), y-x_0)\big) \quad (20.38)$$

für alle $0 \leq t_0 < t < T$ und $x, y, x_0 \in \mathbb{R}^N$.

20.3.1 Gaußsche Abschätzungen

In diesem Abschnitt beweisen wir einige vorläufige Abschätzungen für Gaußsche Kerne.

Notation 20.3.3 Wir übernehmen die Konvention 14.4.3, um die Abhängigkeit von Konstanten zu bezeichnen. Darüber hinaus werden wir aus Gründen der Bequemlichkeit, da wir mehrere Schätzungen aufstellen müssen, das Symbol c verwenden, um eine generische Konstante darzustellen, deren Wert von Zeile zu Zeile variieren kann. Wenn nötig, werden wir explizit die Größen angeben, von denen c abhängt.

Lemma 20.3.4 Sei $\mathbf{G}$ die Gaußsche Funktion aus (20.29). Für jedes $p > 0$ und $\lambda_1 > \lambda_0$ gibt es eine Konstante $c = c(p, N, \lambda_1, \lambda_0)$, so dass

$$\left(\frac{|x|}{\sqrt{t}}\right)^p \mathbf{G}(\lambda_0 t, x) \leq c\, \mathbf{G}(\lambda_1 t, x), \quad t > 0, \ x \in \mathbb{R}^N.$$

Beweis Zur Vereinfachung setzen wir $z = \frac{|x|}{\sqrt{t}}$, dann erhalten wir

$$z^p \mathbf{G}(\lambda_0 t, x) = \frac{z^p}{(2\pi\lambda_0 t)^{\frac{N}{2}}} \exp\left(-\frac{z^2}{2\lambda_0}\right) = \left(\frac{\lambda_1}{\lambda_0}\right)^N g(z) \mathbf{G}(\lambda_1 t, x)$$

wobei

$$g(z) := z^p e^{-\frac{\kappa z^2}{2}}, \quad \kappa = \frac{1}{\lambda_0} - \frac{1}{\lambda_1} > 0, \quad z \in \mathbb{R}_+,$$

das globale Maximum in $z_0 = \sqrt{\frac{p}{\kappa}}$ annimmt, wo wir $g(z_0) = \left(\frac{p}{e\kappa}\right)^{\frac{p}{2}}$ haben. $\square$

Lemma 20.3.5 Betrachte $\mathcal{L}$ in (20.1) und nimm an, dass es die Annahme 20.2.2 erfüllt. Für $\mathbf{G}$ und Γ_y, die jeweils in (20.29) und (20.30) definiert sind, haben wir

$$\frac{1}{\lambda_0^N} \mathbf{G}\left(\frac{t-t_0}{\lambda_0}, x-x_0\right) \leq \Gamma_y(t_0, x_0; t, x) \leq \lambda_0^N \mathbf{G}(\lambda_0(t-t_0), x-x_0) \quad (20.39)$$

für alle $0 \leq t_0 < t < T$ und $x, x_0, y \in \mathbb{R}^N$, wobei λ_0 die Konstante der Annahme 20.2.2 ist. Darüber hinaus gibt es für jedes $\lambda > \lambda_0$ eine positive Konstante $c = c(T, N, \lambda, \lambda_0)$, so dass

$$\left| \partial_{x_i} \Gamma_y(t_0, x_0; t, x) \right| \leq \frac{c}{\sqrt{t - t_0}} \mathbf{G} \left(\lambda(t - t_0), x - x_0 \right), \tag{20.40}$$

$$\left| \partial_{x_i x_j} \Gamma_y(t_0, x_0; t, x) \right| \leq \frac{c}{t - t_0} \mathbf{G} \left(\lambda(t - t_0), x - x_0 \right), \tag{20.41}$$

$$\left| \partial_{x_i x_j x_k} \Gamma_y(t_0, x_0; t, x) \right| \leq \frac{c}{(t - t_0)^{3/2}} \mathbf{G} \left(\lambda(t - t_0), x - x_0 \right), \tag{20.42}$$

$$\left| \Gamma_y(t_0, x_0; t, x) - \Gamma_\eta(t_0, x_0; t, x) \right| \leq c |y - \eta|^\alpha \mathbf{G} \left(\lambda(t - t_0), x - x_0 \right), \tag{20.43}$$

$$\left| \partial_{x_i} \Gamma_y(t_0, x_0; t, x) - \partial_{x_i} \Gamma_\eta(t_0, x_0; t, x) \right| \leq \frac{c|y - \eta|^\alpha}{\sqrt{t - t_0}} \mathbf{G} \left(\lambda(t - t_0), x - x_0 \right), \tag{20.44}$$

$$\left| \partial_{x_i x_j} \Gamma_y(t_0, x_0; t, x) - \partial_{x_i x_j} \Gamma_\eta(t_0, x_0; t, x) \right| \leq \frac{c|y - \eta|^\alpha}{t - t_0} \mathbf{G} \left(\lambda(t - t_0), x - x_0 \right), \tag{20.45}$$

für alle $0 \leq t_0 < t < T$, $x, x_0, y, y_0 \in \mathbb{R}^N$ und $i, j, k = 1, \ldots, N$.

Beweis Durch die Definition von $C_{t_0,t}(y)$ in (20.30) und durch die Annahme der gleichmäßigen Parabolizität (20.17) haben wir

$$\frac{t - t_0}{\lambda_0} |y_0|^2 \leq \langle C_{t_0,t}(y) y_0, y_0 \rangle \leq \lambda_0 (t - t_0) |y_0|^2; \tag{20.46}$$

folglich haben wir

$$\frac{|y_0|^2}{\lambda_0 (t - t_0)} \leq \langle C_{t_0,t}^{-1}(y) y_0, y_0 \rangle \leq \frac{\lambda_0 |y_0|^2}{t - t_0} \tag{20.47}$$

und auch

$$\left(\frac{t - t_0}{\lambda_0} \right)^N \leq \det C_{t_0,t}(y) \leq \lambda_0^N (t - t_0)^N. \tag{20.48}$$

Formel (20.47) folgt aus der Tatsache, dass wenn A, B symmetrisch und positiv definit Matrizen sind, dann impliziert die Ungleichung zwischen quadratischen Formen $A \leq B$ (d.h. $\langle Ay_0, y_0 \rangle \leq \langle By_0, y_0 \rangle$ für alle $y_0 \in \mathbb{R}^N$) $B^{-1} \leq A^{-1}$. Formel (20.48) folgt aus der Tatsache, dass der kleinste und größte Eigenwert einer symmetrischen Matrix C jeweils $\min_{|y_0|=1} \langle Cy_0, y_0 \rangle$ und $\max_{|y_0|=1} \langle Cy_0, y_0 \rangle =: \|C\|$ sind, wobei $\|C\|$ die

20.3 Die Parametrix-Methode

spektrale Norm von C ist. Wir bemerken, dass (20.46)–(20.47) jeweils wie folgt umgeschrieben werden können

$$\frac{t-t_0}{\lambda_0} \leq \|C_{t_0,t}(y)\| \leq \lambda_0(t-t_0), \qquad \frac{1}{\lambda_0(t-t_0)} \leq \|C_{t_0,t}^{-1}(y)\| \leq \frac{\lambda_0}{t-t_0}. \qquad (20.49)$$

Die Abschätzungen (20.39) folgen dann direkt aus der Definition von $\Gamma_y(t_0, x_0; t, x)$.
Was (20.40) betrifft, so haben wir für $\nabla_x = (\partial_{x_1}, \ldots, \partial_{x_N})$

$$\begin{aligned}\left|\nabla_x \Gamma_y(t_0, x_0; t, x)\right| &= |C_{t_0,t}^{-1}(y)(x-x_0)|\Gamma_y(t_0, x_0; t, x) \\ &\leq \|C_{t_0,t}^{-1}(y)\| \, |x-x_0| \Gamma_y(t_0, x_0; t, x) \leq\end{aligned}$$

(durch die zweite Schätzung in (20.49))

$$\leq \frac{\lambda_0}{\sqrt{t-t_0}} \left(\frac{|x-x_0|}{\sqrt{t-t_0}} \Gamma_y(t_0, x_0; t, x) \right) \leq$$

(durch (20.39) und Lemma 20.3.4)

$$\leq \frac{c}{\sqrt{t-t_0}} \mathbf{G}(\lambda(t-t_0), x-x_0).$$

Die Formeln (20.41) und (20.42) können auf völlig analoge Weise bewiesen werden.

Mit der expliziten Ausdrucksweise von Γ_y ist (20.43) eine direkte Folge der folgenden Abschätzungen:

$$\left| \frac{1}{\sqrt{\det C_{t_0,t}(y)}} - \frac{1}{\sqrt{\det C_{t_0,t}(\eta)}} \right| \leq \frac{c|y-\eta|^\alpha}{\sqrt{\det C_{t_0,t}(y)}}, \qquad (20.50)$$

$$\left| e^{-\frac{1}{2}\langle C_{t_0,t}^{-1}(y)x,x\rangle} - e^{-\frac{1}{2}\langle C_{t_0,t}^{-1}(\eta)x,x\rangle} \right| \leq c|y-\eta|^\alpha e^{-\frac{|x|^2}{2\lambda(t-t_0)}}. \qquad (20.51)$$

In Bezug auf (20.50) haben wir

$$\left| \frac{1}{\sqrt{\det C_{t_0,t}(y)}} - \frac{1}{\sqrt{\det C_{t_0,t}(\eta)}} \right| = \frac{1}{\sqrt{\det C_{t_0,t}(y)}}$$

$$\frac{\left|\det C_{t_0,t}(y) - \det C_{t_0,t}(\eta)\right|}{\sqrt{\det C_{t_0,t}(\eta)} \left(\sqrt{\det C_{t_0,t}(y)} + \sqrt{\det C_{t_0,t}(\eta)} \right)} \leq$$

(durch (20.48))

$$\leq \frac{\lambda_0^N}{\sqrt{\det C_{t_0,t}(y)}} \frac{|\det C_{t_0,t}(y) - \det C_{t_0,t}(\eta)|}{(t-t_0)^N}$$

$$= \frac{\lambda_0^N}{\sqrt{\det C_{t_0,t}(y)}} \left| \det\left(\frac{1}{t-t_0} C_{t_0,t}(y)\right) - \det\left(\frac{1}{t-t_0} C_{t_0,t}(y)\right) \right| \leq$$

(da $|\det A - \det B| \leq c \|A - B\|$ wobei $\|\cdot\|$ die spektrale Norm ist und c eine Konstante ist, die nur von $\|A\|$, $\|B\|$ und der Dimension der Matrizen abhängt)

$$\leq \frac{c}{\sqrt{\det C_{t_0,t}(y)}} \left\| \frac{1}{t-t_0} \left(C_{t_0,t}(y) - C_{t_0,t}(\eta) \right) \right\|$$

und (20.50) folgt aus Annahme 20.2.2, insbesondere aus der Hölder-Bedingung an die Koeffizienten c_{ij}. Durch den Mittelwertsatz und (20.47) haben wir für (20.51)

$$\left| e^{-\frac{1}{2}\langle C_{t_0,t}^{-1}(y)x,x \rangle} - e^{-\frac{1}{2}\langle C_{t_0,t}^{-1}(\eta)x,x \rangle} \right| \leq \left| \langle C_{t_0,t}^{-1}(y)x, x \rangle - \langle C_{t_0,t}^{-1}(\eta)x, x \rangle \right| e^{-\frac{|x|^2}{2\lambda_0(t-t_0)}}$$

$$\leq \|C_{t_0,t}^{-1}(y) - C_{t_0,t}^{-1}(\eta)\| \, |x|^2 e^{-\frac{|x|^2}{2\lambda_0(t-t_0)}} \leq$$

(durch die Identität $A^{-1} - B^{-1} = A^{-1}(B-A)B^{-1}$)

$$\leq c \|C_{t_0,t}^{-1}(y)\| \, \|C_{t_0,t}(y) - C_{t_0,t}(\eta)\| \, \|C_{t_0,t}^{-1}(\eta)\| \, |x|^2 \, e^{-\frac{|x|^2}{2\lambda_0(t-t_0)}} \leq$$

(durch (20.49))

$$\leq c \left\| \frac{1}{t-t_0} \left(C_{t_0,t}(y) - C_{t_0,t}(\eta) \right) \right\| \frac{|x|^2}{t-t_0} e^{-\frac{|x|^2}{2\lambda_0(t-t_0)}} \leq$$

(durch die Annahme der Hölder-Stetigkeit der Koeffizienten c_{ij} und durch Lemma 20.3.4)

$$\leq c |y - \eta|^\alpha e^{-\frac{|x|^2}{2\lambda(t-t_0)}}$$

und das ist ausreichend, um (20.51) und daher (20.43) zu beweisen.

20.3 Die Parametrix-Methode

Der Beweis der Abschätzungen (20.44) und (20.45) ist analog: zum Beispiel haben wir

$$\begin{aligned}
\left|\nabla_x \Gamma_y(t_0, x_0; t, x) - \nabla_x \Gamma_\eta(t_0, x_0; t, x)\right| &= \left|C_{t_0,t}^{-1}(y)(x-x_0)\Gamma_y(t_0, x_0; t, x)\right.\\
&\quad \left. - C_{t_0,t}^{-1}(\eta)(x-x_0)\Gamma_\eta(t_0, x_0; t, x)\right|\\
&\leq \left|\left(C_{t_0,t}^{-1}(y) - C_{t_0,t}^{-1}(\eta)\right)(x-x_0)\right|\Gamma_y(t_0, x_0; t, x)\\
&\quad + \left|C_{t_0,t}^{-1}(\eta)(x-x_0)\right|\left|\Gamma_y(t_0, x_0; t, x)\right.\\
&\quad \left. - \Gamma_\eta(t_0, x_0; t, x)\right|
\end{aligned}$$

und der Beweis von (20.44) und (20.45) folgt auf ähnliche Weise. □

20.3.2 Beweis von Proposition 20.3.2

Lemma 20.3.5 ermöglicht es uns, die Terme $(\mathcal{L}\mathbf{P})_k$ in (20.36) der Parametrix-Entwicklung abzuschätzen.

Lemma 20.3.6 Für jedes $\lambda > \lambda_0$ gibt es eine positive Konstante $c = c(T, N, \lambda, \lambda_0)$, so dass

$$|(\mathcal{L}\mathbf{P})_k(t_0, x_0; t, x)| \leq \frac{\mathbf{m}_k}{(t-t_0)^{1-\frac{\alpha k}{2}}} \mathbf{G}(\lambda(t-t_0), x-x_0) \tag{20.52}$$

für alle $k \in \mathbb{N}$, $0 \leq t_0 < t < T$ und $x, x_0 \in \mathbb{R}^N$, wo

$$\mathbf{m}_k = \frac{\left(c\Gamma_E\left(\frac{\alpha}{2}\right)\right)^k}{\Gamma_E\left(\frac{\alpha k}{2}\right)}$$

und Γ_E bezeichnet die Eulersche Gamma Funktion.

Beweis Zuerst stellen wir fest, dass wir durch Annahme 20.2.2

$$\left|c_{ij}(t,x) - c_{ij}(t,x_0)\right| \leq \lambda_0 |x-x_0|^\alpha, \qquad 0 \leq t < T,\ x, x_0 \in \mathbb{R}^N,\ i,j = 1,\ldots,N \tag{20.53}$$

haben. Für $k = 1$ haben wir

$$|\mathcal{L}\mathbf{P}(t_0, x_0; t, x)| = |(\mathcal{L} - \mathcal{L}_{x_0})\mathbf{P}(t_0, x_0; t, x)|$$

$$\leq \frac{1}{2} \sum_{i,j=1}^{N} \left|\left(c_{ij}(t, x) - c_{ij}(t, x_0)\right) \partial_{x_i x_j} \Gamma_{x_0}(t_0, x_0; t, x)\right|$$

$$+ \sum_{i=1}^{N} \left|b_i(t, x) \partial_{x_i} \Gamma_{x_0}(t_0, x_0; t, x)\right|$$

$$+ |a(t, x)| \Gamma_{x_0}(t_0, x_0; t, x).$$

Der erste Term ist der schwierigste: durch die Abschätzungen (20.53) und (20.41) haben wir für $\lambda' = \frac{\lambda_0 + \lambda}{2}$

$$\left|\left(c_{ij}(t, x) - c_{ij}(t, x_0)\right) \partial_{x_i x_j} \Gamma_{x_0}(t_0, x_0; t, x)\right| \leq c \frac{|x - x_0|^\alpha}{t - t_0} \mathbf{G}(\lambda'(t - t_0), x - x_0) \leq$$

(nach Lemma 20.3.4)

$$\leq \frac{c}{(t - t_0)^{1 - \frac{\alpha}{2}}} \mathbf{G}(\lambda(t - t_0), x - x_0).$$

Die anderen Terme lassen sich leicht abschätzen, indem man die Beschränktheitsannahme der Koeffizienten und Abschätzung (20.40) der ersten Ableitungen verwendet:

$$\left|b_i(t, x) \partial_{x_i} \Gamma_{x_0}(t_0, x_0; t, x)\right| + |a(t, x)| \Gamma_{x_0}(t_0, x_0; t, x)$$

$$\leq c \left(\frac{1}{\sqrt{t - t_0}} + 1\right) \mathbf{G}(\lambda(t - t_0), x - x_0).$$

Dies ist ausreichend, um (20.52) im Fall $k = 1$ zu beweisen.

Nun gehen wir induktiv vor und beweisen, unter der Annahme, dass die These für k wahr ist, sie dann auch für $k + 1$ gilt:

$$|(\mathcal{L}\mathbf{P})_{k+1}(t_0, x_0; t, x)| \leq \int_{t_0}^{t} \int_{\mathbb{R}^N} |(\mathcal{L}\mathbf{P})_k(t_0, x_0; s, y)| |\mathcal{L}\mathbf{P}(s, y; t, x)| \, dy \, ds$$

$$\leq \int_{t_0}^{t} \frac{\mathbf{m}_k \mathbf{m}_1}{(s - t_0)^{1 - \frac{\alpha k}{2}} (t - s)^{1 - \frac{\alpha}{2}}}$$

$$\int_{\mathbb{R}^N} \mathbf{G}(\lambda(s - t_0), y - x_0) \mathbf{G}(\lambda(t - s), x - y) dy \, ds =$$

(nach der Chapman-Kolmogorov Gl. (2.18))

$$= \mathbf{G}(\lambda(t - t_0), x - x_0) \int_{t_0}^{t} \frac{\mathbf{m}_k \mathbf{m}_1}{(s - t_0)^{1 - \frac{\alpha k}{2}} (t - s)^{1 - \frac{\alpha}{2}}} ds$$

20.3 Die Parametrix-Methode

und die Behauptung folgt aus den Eigenschaften der Eulerschen Gamma-Funktion. □

Bemerkung 20.3.7 Die Chapman-Kolmogorov Gleichung ist ein entscheidendes Werkzeug in der Parametrix-Methode: Sie wird durch eine direkte Berechnung bewiesen oder alternativ als Folge des Eindeutigkeitsergebnisses von Theorem 20.1.8. Tatsächlich haben wir für $t_0 < s < t < T$ und $x, x_0, y \in \mathbb{R}^N$, dass die Funktionen $u_1(t, x) := \mathbf{G}(t - t_0, x - x_0)$ und

$$u_2(t, x) = \int_{\mathbb{R}^N} \mathbf{G}(s - t_0, y - x_0) \mathbf{G}(t - s, x - y) dy$$

beide beschränkte Lösungen des Cauchy-Problems

$$\begin{cases} \frac{1}{2}\Delta u - \partial_t u = 0 & \text{in }]s, T[\times \mathbb{R}^N, \\ u(s, y) = \mathbf{G}(s - t_0, y - x_0) & \text{für } y \in \mathbb{R}^N, \end{cases}$$

sind und daher sind sie gleich.

Lemma 20.3.8 Sei $\kappa > 0$. Für jedes $\kappa_1 \in]0, \kappa[$ existiert eine positive Konstante c, so dass

$$e^{-\kappa \frac{|\eta - x_0|^2}{t}} \leq c\, e^{-\kappa_1 \frac{|y - x_0|^2}{t}} \tag{20.54}$$

für alle $t > 0$ und $x_0, y, \eta \in \mathbb{R}^N$ mit $|y - \eta|^2 \leq t$ gilt.

Beweis Zuerst gelten für jedes $\varepsilon > 0$ und $a, b \in \mathbb{R}$ die elementaren Ungleichungen

$$2|ab| \leq \varepsilon a^2 + \frac{b^2}{\varepsilon},$$

und

$$(a + b)^2 \leq (1 + \varepsilon)a^2 + \left(1 + \frac{1}{\varepsilon}\right)b^2.$$

Formel (20.54) folgt aus der Tatsache, dass

$$\kappa_1 \frac{|y - x_0|^2}{t} - \kappa \frac{|\eta - x_0|^2}{t} \leq \kappa_1 \left(1 + \frac{1}{\varepsilon}\right) \frac{|y - \eta|^2}{t} + \frac{((1 + \varepsilon)\kappa_1 - \kappa)|\eta - x_0|^2}{t} \leq$$

(da $|y - \eta|^2 \leq t$ nach Annahme und für ε ausreichend klein, da $\kappa_1 < \kappa$)

$$\leq \kappa_1 \left(1 + \frac{1}{\varepsilon}\right).$$

□

Beweis von Proposition 20.3.2. Für jedes $\lambda > \lambda_0$ haben wir

$$|\Phi(t_0, x_0; t, x)| \leq \sum_{k=1}^{\infty} |(\mathcal{L}\mathbf{P})_k(t_0, x_0; t, x)| \leq$$

(durch Abschätzung (20.52))

$$\leq \sum_{k=1}^{\infty} \frac{\mathbf{m}_k}{(t - t_0)^{1 - \frac{\alpha k}{2}}} \mathbf{G}(\lambda(t - t_0), x - x_0)$$

$$\leq \frac{c}{(t - t_0)^{1 - \frac{\alpha}{2}}} \mathbf{G}(\lambda(t - t_0), x - x_0)$$

wobei $c = c(T, N, \lambda, \lambda_0)$ eine positive Konstante ist, da die Potenzreihe $\sum_{k=1}^{\infty} \mathbf{m}_k r^{k-1}$ einen unendlichen Konvergenzradius hat. Dies beweist (20.37). Die Konvergenz der Reihe ist gleichmäßig in (t_0, x_0, t, x), wenn $t - t_0 \geq \delta > 0$, für jedes $\delta > 0$ hinreichend klein, und folglich ist $\Phi(t_0, x_0; t, x)$ eine stetige Funktion von (t_0, x_0, t, x) für $0 \leq t_0 < t < T$ und $x, x_0 \in \mathbb{R}^N$. Darüber hinaus erhalten wir durch Vertauschen von Reihe und Integral

$$\int_{t_0}^{t} \int_{\mathbb{R}^N} \Phi(t_0, x_0; s, y) \mathcal{L}\mathbf{P}(s, y; t, x) dy ds = \sum_{k=1}^{\infty} \int_{t_0}^{t} \int_{\mathbb{R}^N} (\mathcal{L}\mathbf{P})_k(t_0, x_0; s, y)$$

$$\mathcal{L}\mathbf{P}(s, y; t, x) dy ds$$

$$= \sum_{k=2}^{\infty} (\mathcal{L}\mathbf{P})_k(t_0, x_0; t, x)$$

$$= \Phi(t_0, x_0; t, x) - \mathcal{L}\mathbf{P}(t_0, x_0; t, x)$$

und daher löst Φ die Gl. (20.34).

Bezüglich (20.38) beweisen wir zuerst die Abschätzung

$$|\mathcal{L}\mathbf{P}(t_0, x_0; t, x) - \mathcal{L}\mathbf{P}(t_0, x_0; t, y)| \leq$$

$$\leq \frac{c |x - y|^{\alpha/2}}{(t - t_0)^{1 - \alpha/4}} \big(\mathbf{G}(\lambda(t - t_0), x - x_0)$$

$$+ \mathbf{G}(\lambda(t - t_0), y - x_0) \big) \quad (20.55)$$

für jedes $\lambda > \lambda_0$, $0 \leq t_0 < t < T$ und $x, y, x_0 \in \mathbb{R}^N$, mit $c = c(T, N, \lambda, \lambda_0) > 0$. Jetzt, wenn $|x - y|^2 > t - t_0$, dann folgt (20.55) direkt aus (20.52) mit $k = 1$.

20.3 Die Parametrix-Methode

Um den Fall $|x-y|^2 \leq t - t_0$ zu untersuchen, stellen wir fest, dass

$$\mathcal{L}\mathbf{P}(t_0, x_0; t, x) - \mathcal{L}\mathbf{P}(t_0, x_0; t, y) = (\mathcal{L} - \mathcal{L}_{x_0})\mathbf{P}(t_0, x_0; t, x)$$
$$- (\mathcal{L} - \mathcal{L}_{x_0})\mathbf{P}(t_0, x_0; t, y)$$
$$= F_1 + F_2$$

wobei

$$F_1 = \frac{1}{2} \sum_{i,j=1}^{N} \big((c_{ij}(t,x) - c_{ij}(t, x_0))\partial_{x_i x_j}\mathbf{P}(t_0, x_0; t, x) - (c_{ij}(t, y)$$
$$- c_{ij}(t, x_0))\partial_{y_i y_j}\mathbf{P}(t_0, x_0; t, y)\big)$$
$$= \underbrace{\frac{1}{2} \sum_{i,j=1}^{N} (c_{ij}(t, x) - c_{ij}(t, y))\partial_{x_i x_j}\mathbf{P}(t_0, x_0; t, x)}_{=:G_1}$$
$$+ \underbrace{\frac{1}{2} \sum_{i,j=1}^{N} (c_{ij}(t, y) - c_{ij}(t, x_0)) \big(\partial_{x_i x_j}\mathbf{P}(t_0, x_0; t, x) - \partial_{y_i y_j}\mathbf{P}(t_0, x_0; t, y)\big)}_{=:G_2},$$

$$F_2 = \sum_{j=1}^{N} \big(b_j(t, x)\partial_{x_j}\mathbf{P}(t_0, x_0; t, x) - b_j(t, y)\partial_{y_j}\mathbf{P}(t_0, x_0; t, y)\big)$$
$$+ a(t, x)\mathbf{P}(t_0, x_0; t, x) - a(t, y)\mathbf{P}(t_0, x_0; t, y).$$

Aufgrund der Hölder-Stetigkeit der Koeffizienten und der Gaußschen Abschätzung (20.41) haben wir unter der Bedingung $|x-y|^2 \leq t - t_0$

$$|G_1| \leq \frac{c|x-y|^\alpha}{t - t_0} \mathbf{G}(\lambda(t - t_0), x - x_0) \leq \frac{c|x-y|^{\frac{\alpha}{2}}}{(t - t_0)^{1-\frac{\alpha}{4}}} \mathbf{G}(\lambda(t - t_0), x - x_0).$$

Bezüglich G_2 verwenden wir weiterhin die Hölder-Stetigkeit der Koeffizienten und kombinieren den Mittelwertsatz (mit η auf dem Segment mit den Endpunkten x, y) mit der Gaußschen Abschätzung (20.42) der dritten Ableitungen: wir erhalten

$$|G_2| \leq |y - x_0|^\alpha \frac{c|x-y|}{(t - t_0)^{\frac{3}{2}}} \mathbf{G}\left(\frac{\lambda + \lambda_0}{2}(t - t_0), \eta - x_0\right) \leq$$

(da $|x-y|^2 \leq t - t_0$ und nach Lemma 20.3.8)

$$\leq \frac{c|x-y|^{\frac{\alpha}{2}}}{(t - t_0)^{1+\frac{\alpha}{4}}} |y - x_0|^\alpha \mathbf{G}\left(\frac{\lambda + \lambda_0}{2}(t - t_0), y - x_0\right) \leq$$

(nach Lemma 20.3.4)

$$\leq \frac{c|x-y|^{\frac{\alpha}{2}}}{(t-t_0)^{1-\frac{\alpha}{4}}} \mathbf{G}\left(\lambda(t-t_0), y-x_0\right).$$

Eine ähnliche Schätzung gilt für F_2, die durch Verwendung der Hölder-Stetigkeit der Koeffizienten b_j und a bewiesen werden kann. Dies schließt den Beweis von (20.55) ab.

Wir beweisen nun (20.38) unter Verwendung der Tatsache, dass Φ die Gl. (20.34) löst, so haben wir

$$\Phi(t_0, x_0; t, x) - \Phi(t_0, x_0; t, y)$$
$$= \mathcal{L}\mathbf{P}(t_0, x_0; t, x) - \mathcal{L}\mathbf{P}(t_0, x_0; t, y)$$
$$+ \underbrace{\int_{t_0}^{t} \int_{\mathbb{R}^N} \Phi(t_0, x_0; s, \eta) \left(\mathcal{L}\mathbf{P}(s, \eta; t, x) - \mathcal{L}\mathbf{P}(s, \eta; t, y)\right) d\eta ds}_{=: I(t_0, x_0; t, x, y)}.$$

Dank (20.55) genügt es, den Term $I(t_0, x_0; t, x, y)$ abzuschätzen: Wiederum durch die Abschätzungen (20.37) und (20.55) erhalten wir

$$|I(t_0, x_0; t, x, y)| \leq \int_{t_0}^{t} \frac{c|x-y|^{\frac{\alpha}{2}}}{(s-t_0)^{1-\frac{\alpha}{2}}(t-s)^{1-\frac{\alpha}{4}}} \cdot$$
$$\cdot \int_{\mathbb{R}^N} \mathbf{G}(\lambda(s-t_0), \eta - x_0)\big(\mathbf{G}(\lambda(t-s), x-\eta)$$
$$+ \mathbf{G}(\lambda(t-s), y-\eta)\big) d\eta ds =$$

(durch die Chapman-Kolmogorov-Gleichung)

$$= \int_{t_0}^{t} \frac{c|x-y|^{\alpha/2}}{(s-t_0)^{1-\frac{\alpha}{2}}(t-s)^{1-\frac{\alpha}{4}}} ds \left(\mathbf{G}(\lambda(t-t_0), x-x_0) + \mathbf{G}(\lambda(t-t_0), y-x_0)\right)$$
$$= \frac{c|x-y|^{\alpha/2}}{(t-t_0)^{1-\frac{3\alpha}{4}}} \left(\mathbf{G}(\lambda(t-t_0), x-x_0) + \mathbf{G}(\lambda(t-t_0), y-x_0)\right)$$

gegeben die allgemeine Formel

$$\int_{t_0}^{t} \frac{1}{(s-t_0)^{\beta}(t-s)^{\gamma}} ds = \frac{\Gamma_E(1-\beta)\Gamma_E(1-\gamma)}{\Gamma_E(2-\beta-\gamma)} (t-t_0)^{1-\beta-\gamma} \quad (20.56)$$

gültig für jedes $\beta, \gamma < 1$. □

20.3 Die Parametrix-Methode

20.3.3 Potenzialschätzungen

Es gelte Annahme 20.2.2 und wir erinnern uns an Definition (20.31) von der Parametrix. In diesem Abschnitt betrachten wir das sogenannte *Potenzial*

$$V_f(t,x) := \int_{t_0}^{t} \int_{\mathbb{R}^N} f(s,y)\mathbf{P}(s,y;t,x)dyds, \qquad (t,x) \in]t_0, T[\times \mathbb{R}^N, \quad (20.57)$$

wobei $f \in C(]t_0, T[\times \mathbb{R}^N)$ Annahme 20.2.4 von Wachstum und lokaler Hölder Stetigkeit erfüllt. Das Hauptergebnis dieses Abschnitts ist das folgende

Satz 20.3.9 Definition (20.57) ist wohldefiniert und $V_f \in C(]t_0, T[\times \mathbb{R}^N)$. Darüber hinaus existieren die Ableitungen für alle $i, j = 1, \ldots, N$ und sind stetig auf $]t_0, T[\times \mathbb{R}^N$

$$\partial_{x_i} V_f(t,x) = \int_{t_0}^{t} \int_{\mathbb{R}^N} f(s,y)\partial_{x_i}\mathbf{P}(s,y;t,x)dyds, \qquad (20.58)$$

$$\partial_{x_i x_j} V_f(t,x) = \int_{t_0}^{t} \int_{\mathbb{R}^N} f(s,y)\partial_{x_i x_j}\mathbf{P}(s,y;t,x)dyds, \qquad (20.59)$$

$$\partial_t V_f(t,x) = f(t,x) + \int_{t_0}^{t} \int_{\mathbb{R}^N} f(s,y)\partial_t \mathbf{P}(s,y;t,x)dyds. \qquad (20.60)$$

Beweis Definiere

$$I(s;t,x) := \int_{\mathbb{R}^N} f(s,y)\Gamma_y(s,y;t,x)dy, \qquad t_0 \le s < t < T, \ x \in \mathbb{R}^N,$$

so dass

$$V_f(t,x) = \int_{t_0}^{t} I(s;t,x)ds.$$

Durch Abschätzung (20.39) und Annahme (20.20) haben wir

$$|I(s;t,x)| \le \frac{c_1 \lambda_0^N}{(s-t_0)^{1-\beta}(2\pi\lambda_0(t-s))^{\frac{N}{2}}} \int_{\mathbb{R}^N} e^{c_2|y|^2 - \frac{|x-y|^2}{2\lambda_0(t-s)}}dy =$$

(durch die Variablentransformation $z = \frac{x-y}{\sqrt{2\lambda_0(t-s)}}$ und Definition von $c_0 = c_1 \lambda^N \pi^{-N/2}$)

$$= \frac{c_0}{(s-t_0)^{1-\beta}} \int_{\mathbb{R}^N} e^{c_2|x-z\sqrt{2\lambda_0(t-s)}|^2 - |z|^2}dz \le$$

(Setze $\kappa = 1 - 4c_2\lambda_0 T > 0$ nach Annahme)

$$\le \frac{c_0}{(s-t_0)^{1-\beta}} e^{2c_2|x|^2} \int_{\mathbb{R}^N} e^{-\kappa|z|^2}dz \le \frac{ce^{2c_2|x|^2}}{(s-t_0)^{1-\beta}} \qquad (20.61)$$

für eine geeignete positive Konstante $c = c(\lambda_0, T, N, c_1, c_2)$. Daraus folgt, dass die Funktion $V_f \in C(]t_0, T[\times \mathbb{R}^N)$ wohldefiniert ist und

$$\left|V_f(t, x)\right| \leq c(t - t_0)^\beta e^{2c_2|x|^2}, \qquad t_0 < t < T, \ x \in \mathbb{R}^N, \tag{20.62}$$

mit $\beta > 0$.

[Beweis von (20.58)] Für $t_0 \leq s < t < T$ haben wir

$$\left|\partial_{x_i} I(s; t, x)\right| = \left|\int_{\mathbb{R}^N} f(s, y) \partial_{x_i} \mathbf{P}(s, y; t, x) dy\right| \leq$$

(wie im Beweis von (20.61) unter Verwendung der Abschätzung (20.40))

$$\leq \frac{c e^{2c_2|x|^2}}{(s - t_0)^{1-\beta} \sqrt{t - s}}.$$

Dies reicht aus, um (20.58) zu beweisen und darüber hinaus haben wir durch (20.56)

$$\left|\partial_{x_i} V_f(t, x)\right| \leq \frac{c e^{2c_2|x|^2}}{(t - t_0)^{\frac{1}{2} - \beta}}, \qquad t_0 < t < T, \ x \in \mathbb{R}^N.$$

[Beweis von (20.59)] Der Beweis für die Existenz der zweiten Ableitungen ist komplizierter, da die Wiederholung des vorherigen Arguments mit der Abschätzung (20.41) zu einem singulären Term der Art $\frac{1}{t-s}$ führen würde, der im Intervall $[t_0, t]$ nicht integrierbar ist. Mit Sorgfalt ist es möglich eine genauere und gleichmäßige Schätzungen auf $]t_0, T[\times D_n$ für jedes feste $n \in \mathbb{N}$ zu beweisen, wobei $D_n := \{|x| \leq n\}$.

Nehmen wir an, dass $x \in D_n$. Zunächst einmal haben wir für jedes $s < t$

$$\partial_{x_i x_j} I(s; t, x) = \int_{\mathbb{R}^N} f(s, y) \partial_{x_i x_j} \mathbf{P}(s, y; t, x) dy = J(s; t, x) + H(s; t, x)$$

wo

$$J(s; t, x) = \int_{D_{n+1}} f(s, y) \partial_{x_i x_j} \mathbf{P}(s, y; t, x) dy, \qquad H(s; t, x)$$
$$= \int_{\mathbb{R}^N \setminus D_{n+1}} f(s, y) \partial_{x_i x_j} \mathbf{P}(s, y; t, x) dy.$$

Zerlege J in die Summe von drei Termen, $J = J_1 + J_2 + J_3$, wobei[6]

---

[6] Zur Klarheit wird der Term $\left(\partial_{x_i x_j} \Gamma_\eta(s, y; t, x)\right)|_{\eta=x}$ erhalten, indem zuerst die Ableitungen $\partial_{x_i x_j} \Gamma_\eta(s, y; t, x)$ angewendet werden, wobei η festgehalten wird, und dann das Ergebnis in $\eta = x$ berechnet wird. Beachte, dass unter Annahme 20.2.2, $\Gamma_\eta(s, y; t, x)$ als eine Funktion von η nicht differenzierbar ist.

20.3 Die Parametrix-Methode

$$J_1(s; t, x) = \int_{D_{n+1}} (f(s, y) - f(s, x)) \partial_{x_i x_j} \Gamma_y(s, y; t, x) dy,$$

$$J_2(s; t, x) = f(s, x) \int_{D_{n+1}} \left(\partial_{x_i x_j} \Gamma_y(s, y; t, x) - (\partial_{x_i x_j} \Gamma_\eta(s, y; t, x)) |_{\eta=x} \right) dy,$$

$$J_3(s; t, x) = f(s, x) \int_{D_{n+1}} (\partial_{x_i x_j} \Gamma_\eta(s, y; t, x)) |_{\eta=x} dy.$$

Durch die lokale Hölder-Stetigkeit von f, $x, y \in D_{n+1}$ und Abschätzung (20.41) haben wir

$$|J_1(s; t, x)| \leq \frac{c}{(s - t_0)^{1 - \frac{\beta}{2}}} \int_{D_{n+1}} \frac{|x - y|^\beta}{t - s} \mathbf{G}(\lambda(t - s), x - y) \, dy \leq$$

(nach Lemma 20.3.4)

$$\leq \frac{c}{(s - t_0)^{1 - \frac{\beta}{2}} (t - s)^{1 - \frac{\beta}{2}}} \int_{D_{n+1}} \mathbf{G}(2\lambda(t - s), x - y) \, dy \leq \frac{c}{(s - t_0)^{1 - \frac{\beta}{2}} (t - s)^{1 - \frac{\beta}{2}}},$$

wobei c eine positive Konstante ist, die von κ_n in (20.21) abhängt, sowie von T, N, λ und λ_0. Auf ähnliche Weise erhalten wir unter Verwendung von (20.45) und (20.20)

$$|J_2(s; t, x)| \leq \frac{c e^{c_2 |x|^2}}{(s - t_0)^{1 - \beta}} \int_{D_{n+1}} \frac{|y - x|^\alpha}{t - s} \mathbf{G}(\lambda(t - s), x - y) \, dy$$

$$\leq \frac{c e^{c_2 |x|^2}}{(s - t_0)^{1 - \beta} (t - s)^{1 - \frac{\alpha}{2}}}.$$

Jetzt bemerken wir, dass

$$\partial_{x_i} \Gamma_\eta(s, y; t, x) = -\partial_{y_j} \Gamma_\eta(s, y; t, x)$$

und daher

$$\int_{D_{n+1}} \left(\partial_{x_i x_j} \Gamma_\eta(s, y; t, x) \right) |_{\eta=x} dy = -\int_{D_{n+1}} \left(\partial_{y_i x_j} \Gamma_\eta(s, y; t, x) \right) |_{\eta=x} dy =$$

(nach dem Divergenzsatz, wobei wir mit ν die äußere Normale zu D_{n+1} und mit $d\sigma(y)$ das Oberflächenmaß auf der Grenze ∂D_{n+1} bezeichnen)

$$= -\int_{\partial D_{n+1}} \left(\partial_{x_j} \Gamma_\eta(s, y; t, x) \right) |_{\eta=x} \nu(y) d\sigma(y)$$

woraus wir wieder durch (20.40) und (20.20) das Folgende erhalten

$$|J_3(s;t,x)| \leq \frac{ce^{c_2|x|^2}}{(s-t_0)^{1-\beta}} \int_{\partial D_{n+1}} \frac{1}{\sqrt{t-s}} \mathbf{G}\left(\lambda(t-s), x-y\right) d\sigma(y)$$

$$\leq \frac{ce^{c_2|x|^2}}{(s-t_0)^{1-\beta}\sqrt{t-s}}.$$

Schließlich haben wir durch (20.41)

$$|H(s;t,x)| \leq \int_{\mathbb{R}^N \setminus D_{n+1}} |f(s,y)| \frac{c}{t-s} \mathbf{G}\left(\lambda(t-s), x-y\right) dy \leq$$

(da $|x-y| \geq 1$, da $|y| \geq n+1$ und $|x| \leq n$)

$$\leq c \int_{\mathbb{R}^N \setminus D_{n+1}} |f(s,y)| \frac{|x-y|^2}{t-s} \mathbf{G}\left(\lambda(t-s), x-y\right) dy \leq$$

(nach Lemma 20.3.4, mit $\lambda' > \lambda$, und der Annahme (20.20) über das Wachstum von f)

$$\leq \frac{c}{(s-t_0)^{1-\beta}} \int_{\mathbb{R}^N} e^{c_2|y|^2} \mathbf{G}\left(\lambda'(t-s), x-y\right) dy \leq \frac{ce^{c|x|^2}}{(s-t_0)^{1-\beta}}$$

mit $c > 0$, unter Berücksichtigung, dass $c_2 < \frac{1}{4\lambda_0 T}$ nach Annahme und Auswahl von $\lambda' - \lambda_0$ ausreichend klein. Abschließend haben wir bewiesen, dass für jedes $t_0 \leq s < t < T$ und $x \in D_n$, mit festem $n \in \mathbb{N}$, eine Konstante c existiert, so dass

$$|\partial_{x_ix_j} I(s;t,x)| = \left| \int_{\mathbb{R}^N} f(s,y) \partial_{x_ix_j} \mathbf{P}(s,y;t,x) dy \right| \leq \frac{c}{(s-t_0)^{1-\frac{\beta}{2}}(t-s)^{1-\frac{\gamma}{2}}} \tag{20.63}$$

wo $\gamma = \alpha \wedge \beta$, aus dem auch folgt, dass

$$|\partial_{x_ix_j} V_f(t,x)| \leq \frac{c}{(t-t_0)^{\frac{1}{2}-\frac{\beta}{2}-\frac{\gamma}{2}}}$$

dank (20.56). Dies schließt den Beweis der Formel (20.59) ab.
[Beweis von (20.60)**]** Zunächst stellen wir fest, dass

$$|\partial_t I(s;t,x)| = \left| \int_{\mathbb{R}^N} f(s,y) \partial_t \Gamma_y(s,y;t,x) dy \right| =$$

(da Γ_y die Fundamentallösung von $\mathscr{L}_y$ ist)

$$= \left| \int_{\mathbb{R}^N} f(s,y) \frac{1}{2} \sum_{i,j=1}^{N} c_{ij}(t,y) \partial_{x_ix_j} \Gamma_y(s,y;t,x) dy \right| \leq$$

20.3 Die Parametrix-Methode

(indem wir wie im Beweis von (20.63) vorgehen und die Beschränktheitsannahme für die Koeffizienten verwenden)

$$\leq \frac{c}{(s-t_0)^{1-\beta}(t-s)^{1-\frac{\gamma}{2}}}. \tag{20.64}$$

für jedes $t_0 \leq s < t < T$ und $x \in D_n$, mit festem $n \in \mathbb{N}$. Nun haben wir

$$\frac{V_f(t+h,x) - V_f(t,x)}{h} = \int_{t_0}^{t} \frac{I(s;t+h,x) - I(s;t,x)}{h} ds$$

$$+ \frac{1}{h} \int_{t}^{t+h} I(s;t+h,x) ds =: I_1(t,x) + I_2(t,x).$$

Nach dem Mittelwertsatz gibt es ein $\hat{t}_s \in [t, t+h]$, so dass

$$I_1(t,x) = \int_{t_0}^{t} \partial_t I(s;\hat{t}_s,x) ds \xrightarrow[h \to 0]{} \int_{t_0}^{t} \partial_t I(s;t,x) ds$$

nach dem Satz von der majorisierten Konvergenz dank Abschätzung (20.64). Für I_2 haben wir

$$I_2(t,x) - f(t,x) = \frac{1}{h} \int_{t}^{t+h} (I(s;t+h,x) - f(s,x)) ds$$

$$+ \frac{1}{h} \int_{t}^{t+h} (f(s,x) - f(t,x)) ds$$

wobei das zweite Integral auf der rechten Seite gegen null geht, wenn $h \to 0$, da f stetig ist, während wir zur Abschätzung des ersten Integrals annehmen, dass $x \in D_n$ und wie im Beweis von (20.59) vorgehen: speziell schreiben wir

$$\frac{1}{h} \int_{t}^{t+h} (I(s;t+h,x) - f(s,x)) ds$$

$$= \underbrace{\frac{1}{h} \int_{t}^{t+h} \int_{D_{n+1}} (f(s,y) - f(s,x))\Gamma_y(s,y;t+h,x) dy ds}_{=: J_1(t,x)}$$

$$+ \underbrace{\frac{1}{h} \int_{t}^{t+h} \int_{\mathbb{R}^N \setminus D_{n+1}} (f(s,y) - f(s,x))\Gamma_y(s,y;t+h,x) dy ds}_{=: J_2(t,x)}.$$

Wir nehmen an zunächst der Einfachheit halber an, dass $h > 0$: durch die Hölder-Stetigkeit von f und Abschätzung (20.39) von Γ_y haben wir

$$|J_1(t,x)| \leq \frac{\lambda^N \kappa_{n+1}}{h} \int_t^{t+h} \int_{D_{n+1}} |x-y|^\beta \mathbf{G}(\lambda_0(t+h-s), x-y)\,dy\,ds \leq$$

(nach Lemma 20.3.4)

$$\leq \frac{c}{h} \int_t^{t+h} (t+h-s)^{\frac{\beta}{2}} \underbrace{\int_{D_{n+1}} \mathbf{G}(\lambda_0(t+h-s), x-y)\,dy}_{\leq 1}\,ds \xrightarrow[h\to 0^+]{} 0.$$

Dank der Wachstumsannahme (20.20) auf f und (20.39) kann andererseits leicht bewiesen werden, dass

$$|J_2(t,x)| \leq \frac{c}{h} \int_t^{t+h} \int_{|x-y|>1} e^{c_2|y|^2} \mathbf{G}(\lambda_0(t+h-s), x-y)\,dy\,ds \xrightarrow[h\to 0^+]{} 0.$$

Dies genügt, um den Beweis des Satzes abzuschließen. □

20.3.4 Beweis von Theorem 20.2.5

Wir teilen den Beweis in mehrere Schritte auf.

Schritt 1. Durch Konstruktion und die Eigenschaften von Φ in Proposition 20.3.2, ist $\Gamma = \Gamma(t_0, x_0; t, x)$ in (??) eine stetige Funktion von (t_0, x_0, t, x) für $0 \leq t_0 < t < T$ und $x, x_0 \in \mathbb{R}^N$. Wir zeigen, dass Γ eine Lösung von $\mathcal{L}$ ist. Dank der Abschätzungen von Φ in Proposition 20.3.2 erhalten wir durch Anwendung von Proposition 20.3.9

$$\partial_{x_i} \Gamma(t_0, x_0; t, x) = \partial_{x_i} \mathbf{P}(t_0, x_0; t, x)$$
$$+ \int_{t_0}^t \int_{\mathbb{R}^N} \Phi(t_0, x_0; s, y) \partial_{x_i} \mathbf{P}(s, y; t, x)\,dy\,ds,$$
$$\partial_{x_i x_j} \Gamma(t_0, x_0; t, x) = \partial_{x_i x_j} \mathbf{P}(t_0, x_0; t, x)$$
$$+ \int_{t_0}^t \int_{\mathbb{R}^N} \Phi(t_0, x_0; s, y) \partial_{x_i x_j} \mathbf{P}(s, y; t, x)\,dy\,ds,$$
$$\partial_t \Gamma(t_0, x_0; t, x) = \int_{t_0}^t \int_{\mathbb{R}^N} \Phi(t_0, x_0; s, y) \partial_t \mathbf{P}(s, y; t, x)\,dy\,ds + \Phi(t_0, x_0; t, x),$$

für $t_0 < t < T$, $x, x_0 \in \mathbb{R}^N$. Dann haben wir

$$\mathcal{L}\Gamma(t_0, x_0; t, x) = \mathcal{L}\mathbf{P}(t_0, x_0; t, x) + \int_{t_0}^t \int_{\mathbb{R}^N} \Phi(t_0, x_0; s, y) \mathcal{L}\mathbf{P}(s, y; t, x)\,dy\,ds$$
$$- \Phi(t_0, x_0; t, x)$$

20.3 Die Parametrix-Methode

aus dem wir ableiten, dass

$$\mathcal{L}\Gamma(t_0, x_0; t, x) = 0, \quad 0 \le t_0 < t < T, \ x, x_0 \in \mathbb{R}^N, \quad (20.65)$$

da, nach Proposition 20.3.2, Φ die Gl. (20.34) löst.

Schritt 2. Wir beweisen die obere Gaußsche Abschätzung (20.22). Durch Verwendung der Definition (??) von Γ haben wir

$$|\Gamma(t_0, x_0; t, x)| \le \mathbf{P}(t_0, x_0; t, x) + \int_{t_0}^{t} \int_{\mathbb{R}^N} |\Phi(t_0, x_0; s, y)| \mathbf{P}(s, y; t, x) dy ds \le$$

(durch (20.37) und (20.39))

$$\le \lambda^N \mathbf{G}(\lambda(t - t_0), x - x_0)$$
$$+ \int_{t_0}^{t} \frac{c}{(s - t_0)^{1-\frac{\alpha}{2}}} \int_{\mathbb{R}^N} \mathbf{G}(\lambda(s - t_0), y - x_0) \mathbf{G}(\lambda(t - s), x - y) dy ds =$$

(durch die Chapman-Kolmogorov-Gleichung)

$$\le \lambda^N \mathbf{G}(\lambda(t - t_0), x - x_0) + c(t - t_0)^{\frac{\alpha}{2}} \mathbf{G}(\lambda(t - t_0), x - x_0) \quad (20.66)$$

und dies beweist insbesondere die obere Schranke (20.22). Formel (20.23) wird auf völlig analoge Weise bewiesen.

Nun beweisen wir (20.24). Durch Wiederholung des Beweises von (20.63) mit $\Phi(t_0, x_0; s, y)$ anstelle von $f(s, y)$ und unter Verwendung der Abschätzungen aus Proposition 20.3.2 stellen wir die Existenz einer positiven Konstanten $c = c(T, N, \lambda, \lambda_b)$ fest, so dass

$$\left| \int_{\mathbb{R}^N} \Phi(t_0, x_0; s, y) \partial_{x_i x_j} \mathbf{P}(s, y; t, x) dy \right|$$
$$\le \frac{c}{(s - t_0)^{1-\frac{\alpha}{4}}(t - s)^{1-\frac{\alpha}{4}}} \mathbf{G}(\lambda(t - t_0), x - x_0), \quad t_0 \le s < t < T, \ x, x_0 \in \mathbb{R}^N. \quad (20.67)$$

Daher haben wir durch (??) und (20.59),

$$\left| \partial_{x_i x_j} \Gamma(t_0, x_0; t, x) \right| \le \left| \partial_{x_i x_j} \mathbf{P}(t_0, x_0; t, x) \right|$$
$$+ \left| \int_{t_0}^{t} \int_{\mathbb{R}^N} \Phi(t_0, x_0; s, y) \partial_{x_i x_j} \mathbf{P}(s, y; t, x) dy ds \right| \le$$

(durch (20.41) und (20.67))

$$\leq c \left(\frac{1}{t - t_0} + \frac{1}{(t - t_0)^{1-\frac{\alpha}{2}}} \right) \mathbf{G} \left(\lambda(t - t_0), x - x_0 \right).$$

Schritt 3. Wir beweisen, dass Γ eine Fundamentallösung von $\mathcal{L}$ ist. Gegeben sei $\varphi \in bC(\mathbb{R}^N)$. Wir betrachten die Funktion u aus (20.15). Dank der Abschätzungen (20.22)–(20.24) haben wir

$$\mathcal{L}u(t,x) = \int_{\mathbb{R}^N} \varphi(\xi) \mathcal{L}\Gamma(t_0, \xi; t, x) d\xi = 0, \quad 0 \leq t_0 < t < T, \ x \in \mathbb{R}^N,$$

nach (20.65). Für das Anfangsdatum haben wir

$$u(t,x) = \underbrace{\int_{\mathbb{R}^N} \varphi(\xi) \mathbf{P}(t_0, \xi; t, x) d\xi}_{J(t,x)}$$

$$+ \underbrace{\int_{\mathbb{R}^N} \varphi(\xi) \int_{t_0}^t \int_{\mathbb{R}^N} \Phi(t_0, \xi; s, y) \mathbf{P}(s, y; t, x) dy\, ds\, d\xi}_{H(t,x)}.$$

Nun, für ein festes $x_0 \in \mathbb{R}^N$,

$$J(t,x) = \underbrace{\int_{\mathbb{R}^N} \varphi(\xi) \left(\Gamma_\xi(t_0, \xi; t, x) - \Gamma_{x_0}(t_0, \xi; t, x) \right) d\xi}_{J_1(t,x)}$$

$$+ \int_{\mathbb{R}^N} \varphi(\xi) \Gamma_{x_0}(t_0, \xi; t, x) d\xi$$

und nach (20.43) haben wir

$$|J_1(t,x)| \leq c \int_{\mathbb{R}^N} |\varphi(\xi)| |\xi - x_0|^\alpha \mathbf{G}(\lambda(t-t_0), x - \xi) d\xi \xrightarrow[(t,x) \to (t_0, x_0)]{} 0,$$

$$\int_{\mathbb{R}^N} \varphi(\xi) \Gamma_{x_0}(t_0, \xi; t, x) d\xi \xrightarrow[(t,x) \to (t_0, x_0)]{} \varphi(x_0).$$

Hier verwenden wir das Grenzwertargument von Beispiel 3.1.3 in [113]: in probabilistischen Begriffen entspricht dies der schwachen Konvergenz der Normalverteilung gegen das Dirac-Delta, wenn die Varianz gegen Null geht. Andererseits, nach (20.66)

$$|H(t,x)| \leq c(t-t_0)^{\frac{\alpha}{2}} \int_{\mathbb{R}^N} \varphi(x_0) \mathbf{G}(\lambda(t-t_0), x - x_0) dx_0 \xrightarrow[(t,x) \to (t_0, \bar{x})]{} 0.$$

20.3 Die Parametrix-Methode

Dies beweist, dass $u \in C([t_0, T[\times \mathbb{R}^N)$ ist und daher eine klassische Lösung des Cauchy Problems (20.16) ist.

Schritt 4. Wir beweisen, dass u in (20.26) eine klassische Lösung des inhomogenen Cauchy-Problems (20.27) ist. Wir verwenden die Definition von Γ in ?? und konzentrieren uns auf den Term

$$\int_{t_0}^{t} \int_{\mathbb{R}^N} f(s,y)\Gamma(s,y;t,x)dyds = \int_{t_0}^{t} \int_{\mathbb{R}^N} f(s,y)\mathbf{P}(s,y;t,x)dyds$$
$$+ \int_{t_0}^{t} \int_{\mathbb{R}^N} f(s,y) \int_{s}^{t} \int_{\mathbb{R}^N} \Phi(s,y;\tau,\eta)$$
$$\mathbf{P}(\tau,\eta;t,x)d\eta d\tau dyds =$$

(unter Verwendung der Notation (20.57), setzen $\Phi(s,y;\tau,\eta) = 0$ für $\tau \leq s$ und Austausch der Integrationsreihenfolge des letzten Integrals)

$$= V_f(t,x) + V_F(t,x)$$

wobei

$$F(\tau,\eta) := \int_{t_0}^{\tau} \int_{\mathbb{R}^N} f(s,y)\Phi(s,y;\tau,\eta)dyds.$$

Wir werden bald beweisen, dass F die Annahme 20.2.4 erfüllt und es daher möglich ist, Proposition 20.3.9 auf V_f und V_F anzuwenden: wir erhalten

$$\mathcal{L}\left(V_f(t,x) + V_F(t,x)\right) = -f(t,x) - F(t,x) + \int_{t_0}^{t} \int_{\mathbb{R}^N} \left(f(s,y)\right.$$
$$\left. + F(s,y)\right)\mathcal{L}\mathbf{P}(s,y;t,x)dyds$$
$$= -f(t,x) + \int_{t_0}^{t} \int_{\mathbb{R}^N} f(s,y)I(s,y;t,x)dyds$$

wobei

$$I(s,y;t,x) := -\Phi(s,y;t,x) + \mathcal{L}\mathbf{P}(s,y;t,x)$$
$$+ \int_{s}^{t} \int_{\mathbb{R}^N} \Phi(s,y;\tau,\eta)\mathcal{L}\mathbf{P}(\tau,\eta;t,x)d\eta d\tau \equiv 0$$

nach (20.34). Dies beweist, dass

$$\mathcal{L}u(t,x) = f(t,x), \quad 0 \leq t_0 < t < T, \ x, x_0 \in \mathbb{R}^N.$$

Nun überprüfen wir, dass F die Annahme 20.2.4 erfüllt: nach (20.37), den Annahmen an f und (20.56) haben wir

$$|F(\tau,\eta)| \le \int_{t_0}^{\tau}\int_{\mathbb{R}^N} \frac{ce^{c_2|y|^2}}{(s-t_0)^{1-\frac{\beta}{2}}(\tau-s)^{1-\frac{\alpha}{2}}} \mathbf{G}(\lambda(\tau-s),\eta-y)dyds$$
$$\le \frac{c}{(\tau-t_0)^{1-\frac{\alpha+\beta}{2}}} e^{c|\eta|^2}.$$

Außerdem haben wir mit (20.38)

$$\left|F(\tau,\eta)-F(\tau,\eta')\right| \le c|\eta-\eta'|^{\frac{\alpha}{2}}\int_{t_0}^{\tau}\int_{\mathbb{R}^N} \frac{e^{c_2|y|^2}}{(s-t_0)^{1-\frac{\beta}{2}}(\tau-s)^{1-\frac{\alpha}{4}}}$$
$$\left(\mathbf{G}(\lambda(\tau-s),\eta-y)+\mathbf{G}(\lambda(\tau-s),\eta'-y)\right)dyds$$
$$\le \frac{c|\eta-\eta'|^{\frac{\alpha}{2}}}{(\tau-t_0)^{1-\frac{\alpha+2\beta}{4}}}\left(e^{c|\eta|^2}+e^{c|\eta'|^2}\right).$$

Unter Verwendung der oberen Schranke (20.22) von Γ und dem Vorgehen wie im Beweis der Abschätzung (20.62) haben wir schließlich, dass

$$\int_{t_0}^{t}\int_{\mathbb{R}^N} f(s,y)\Gamma(s,y;t,x)dyds \xrightarrow[(t,x)\to(t_0,\bar{x})]{} 0,$$

für alle $\bar{x} \in \mathbb{R}^N$. Dies schließt den Beweis ab, dass u in (20.26) eine klassische Lösung des inhomogenen Cauchy-Problems (20.27) ist.

Schritt 5. Die Chapman-Kolmogorov-Gleichung und Formel (20.28) können als Folge des Eindeutigkeitsergebnisses von Theorem 20.1.8 wie in Bemerkung 20.3.7 bewiesen werden. Insbesondere, wie in den vorherigen Punkten gezeigt, wenn a konstant ist, sind die Funktionen

$$u_1(t,x) := e^{a(t-t_0)}, \qquad u_2(t,x) := \int_{\mathbb{R}^N} \Gamma(t_0,x_0;t,x)dx_0$$

beide beschränkte Lösungen (dank Abschätzung (20.66)) des Cauchy-Problems

$$\begin{cases} \mathcal{L}u = 0 & \text{in }]t_0,T[\times\mathbb{R}^N, \\ u(t_0,\cdot) = 1 & \text{in } \mathbb{R}^N, \end{cases}$$

und stimmen daher überein.

Schritt 6. Als letzter Schritt beweisen wir die untere Schranke von Γ in (20.25). Dies ist ein nicht-triviales Ergebnis, für das wir eine von D.G. Aronson eingeführte Technik anpassen, die einige klassische Schätzungen von J. Nash ausnutzt. Für weitere Details verweisen wir auch auf Abschn. 2 in [42]. Hier verwenden wir anstelle von Nashs Schätzungen andere Schätzungen, die direkt aus der Parametrix-Methode abgeleitet sind.

20.3 Die Parametrix-Methode

Zuerst beweisen wir, dass $\Gamma \geq 0$: Angenommen, es gilt $\Gamma(t_0, x_0; t_1, x_1) < 0$ für bestimmte $x_0, x_1 \in \mathbb{R}^N$ und $0 \leq t_0 < t_1 < T$, dann hätten wir durch Stetigkeit

$$\Gamma(t_0, y; t_1, x_1) < 0, \qquad |y - x_0| < r,$$

für ein geeignetes $r > 0$. Betrachte $\varphi \in bC(\mathbb{R}^N)$, so dass $\varphi(y) > 0$ für $|y - x_0| < r$ und $\varphi(y) \equiv 0$ für $|y - x_0| \geq r$: die Funktion

$$u(t, x) := \int_{\mathbb{R}^N} \varphi(y)\Gamma(t_0, y; t, x)dy, \qquad t \in \,]t_0, T[, \ x \in \mathbb{R}^N,$$

ist dank der Abschätzung (20.66) von Γ beschränkt und derart, dass $u(t_1, x_1) < 0$ gilt und eine klassische Lösung des Cauchy-Problems (20.16) ist. Aber das ist ein Widerspruch, weil es dem Maximalprinzip, Theorem 20.1.8, widerspricht.

Nun beobachten wir, dass wir für alle $\lambda > 1$

$$\mathbf{G}(\lambda t, x) \leq \mathbf{G}\left(\frac{t}{\lambda}, x\right)$$

haben, wenn $|x| < c_\lambda \sqrt{t}$, wobei $c_\lambda = \sqrt{\frac{\lambda N}{\lambda^2 - 1} \log \lambda}$. Dann haben wir durch Definition ??

$$\Gamma(t_0, x_0; t, x) \geq \mathbf{P}(t_0, x_0; t, x) - \left|\int_{t_0}^{t}\int_{\mathbb{R}^N} \Phi(t_0, x_0; s, y)\mathbf{P}(s, y; t, x)dyds\right| \geq$$

$$\geq \frac{1}{\lambda^N}\mathbf{G}\left(\frac{t - t_0}{\lambda}, x - x_0\right) - c(t - t_0)^{\frac{\alpha}{2}}\mathbf{G}\left(\lambda(t - t_0), x - x_0\right) =$$

(wenn $|x - x_0| \leq c_\lambda \sqrt{t - t_0}$)

$$\geq \left(\lambda^{-N} - c(t - t_0)^{\frac{\alpha}{2}}\right)\mathbf{G}\left(\frac{t - t_0}{\lambda}, x - x_0\right)$$

$$\geq \frac{1}{2\lambda^N}\mathbf{G}\left(\frac{t - t_0}{\lambda}, x - x_0\right) \tag{20.68}$$

wenn $0 < t - t_0 \leq T_\lambda := \left(2c\lambda^N\right)^{-\frac{2}{\alpha}} \wedge T$.

Für $x, x_0 \in \mathbb{R}^N$ und $0 \leq t_0 < t < T$ sei $m \in \mathbb{N}$ der ganzzahlige Teil von

$$\max\left\{\frac{4|x - x_0|^2}{c_\lambda^2(t - t_0)}, \frac{T}{T_\lambda}\right\}.$$

Wir setzen

$$t_k = t_0 + k\frac{t - t_0}{m + 1}, \qquad x_k = x_0 + k\frac{x - x_0}{m + 1}, \qquad k = 1, \ldots, m,$$

und beobachten, dass wir dank der Wahl von m

$$t_{k+1} - t_k = \frac{t - t_0}{m + 1} \leq \frac{T}{m + 1} \leq T_\lambda \tag{20.69}$$

haben. Wenn $y_k \in D(x_k, r) := \{y \in \mathbb{R}^N \mid |x_k - y| < r\}$ für jedes $k = 1, \ldots, m$ gilt, dann haben wir mit der Wahl $r = \frac{c_\lambda}{4}\sqrt{\frac{t-t_0}{m+1}}$

$$|y_{k+1} - y_k| \leq 2r + |x_{k+1} - x_k| = 2r + \frac{|x - x_0|}{m+1} \leq 2r + \frac{c_\lambda}{2}\sqrt{\frac{t-t_0}{m+1}} = c_\lambda\sqrt{\frac{t-t_0}{m+1}} \tag{20.70}$$

$$= c_\lambda\sqrt{t_{k+1} - t_k}. \tag{20.71}$$

Durch wiederholte Anwendung der Chapman-Kolmogorov-Gleichung erhalten wir

$$\Gamma(t_0, x_0; t, x) = \int_{\mathbb{R}^{Nm}} \Gamma(t_0, x_0; t_1, y_1)$$

$$\cdot \prod_{k=1}^{m-1} \Gamma(t_k, y_k; t_{k+1}, y_{k+1}) \Gamma(t_m, y_m; t, x) dy_1 \ldots dy_m \geq$$

(unter Verwendung der Tatsache, dass $\Gamma \geq 0$)

$$\geq \int_{\mathbb{R}^{Nm}} \Gamma(t_0, x_0; t_1, y_1)$$

$$\cdot \prod_{k=1}^{m-1} \mathbb{1}_{D(x_k,r)}(y_k) \Gamma(t_k, y_k; t_{k+1}, y_{k+1})$$

$$\mathbb{1}_{D(x_m,r)}(y_m) \Gamma(t_m, y_m; t, x) dy_1 \ldots dy_m \geq$$

(da, durch (20.69) und (20.71), Abschätzung (20.68) gilt)

$$\geq \frac{1}{(2\lambda^N)^{m+1}} \int_{\mathbb{R}^{Nm}} \mathbf{G}\left(\frac{t - t_0}{\lambda(m + 1)}, y_1 - x_0\right) \cdot$$

$$\cdot \prod_{k=1}^{m-1} \mathbb{1}_{D(x_k,r)}(y_k) \mathbf{G}\left(\frac{t - t_0}{\lambda(m + 1)}, y_{k+1} - y_k\right)$$

$$\mathbb{1}_{D(x_m,r)}(y_m) \mathbf{G}\left(\frac{t - t_0}{\lambda(m + 1)}, x - y_m\right) dy_1 \ldots dy_m \geq$$

20.3 Die Parametrix-Methode

(wobei ω_N das Volumen der Einheitskugel in $\mathbb{R}^N$ bezeichnet, durch (20.70))

$$\geq \frac{1}{(2\lambda^N)^{m+1}} \left(\omega_N r^N\right)^m \left(\frac{\lambda(m+1)}{2\pi(t-t_0)}\right)^{\frac{N}{2}(m+1)} \exp\left(-\frac{\lambda c_\lambda^2}{2}(m+1)\right).$$

Daraus folgt, dass es eine Konstante $c = c(N, T, \alpha, \lambda, \lambda_0)$ gibt, so dass

$$\Gamma(t_0, x_0; t, x) \geq \frac{1}{c(t-t_0)^{\frac{N}{2}}} e^{-cm}$$

und durch die Wahl von m ist dies ausreichend, um die Behauptung zu beweisen und den Beweis von Theorem 20.2.5 abzuschließen.

20.3.5 Beweis von Proposition 18.4.3

Zur Konsistenz mit den Notationen dieses Kapitels formulieren und beweisen wir Proposition 18.4.3 in ihrer *vorwärts* Version.

Satz 20.3.10 Unter Annahme 20.2.2 sei Γ die Fundamentallösung des Operators $\mathscr{A} - \partial_t$ auf $\mathscr{S}_T$ mit $\mathscr{A}$ in (20.18). Für jedes $\lambda \geq 1$ ist die vektorwertige Funktion

$$u_\lambda(t, x) := \int_0^t e^{-\lambda(t-t_0)} \int_{\mathbb{R}^N} b(t_0, x_0) \Gamma(t_0, x_0; t, x) dx_0 dt_0, \quad (t, x) \in [0, T[\times \mathbb{R}^N,$$

eine klassische Lösung des Cauchy-Problems

$$\begin{cases} (\partial_t + \mathscr{A}_t)u = \lambda u - b, & \text{in } \mathscr{S}_T, \\ u(0, \cdot) = 0, & \text{in } \mathbb{R}^N. \end{cases}$$

Darüber hinaus gibt es eine Konstante $c > 0$, die nur von N, λ_0 und T abhängt, so dass

$$|u_\lambda(t, x) - u_\lambda(t, y)| \leq \frac{c}{\sqrt{\lambda}} |x - y|, \tag{20.72}$$

$$|\nabla_x u_\lambda(t, x) - \nabla_x u_\lambda(t, y)| \leq c|x - y|, \tag{20.73}$$

für alle $t \in]0, T[$ und $x, y \in \mathbb{R}^N$, wobei $\nabla_x = (\partial_{x_1}, \ldots, \partial_{x_N})$.

Beweis Wir verwenden die Darstellung (??) der Fundamentallösung, die durch die Parametrix-Methode gegeben ist:

$$u_\lambda(t, x) = \int_0^t e^{-\lambda(t-t_0)} (I_b(t_0; t, x) + J_b(t_0; t, x)) dt_0$$

wobei

$$I_b(t_0; t, x) := \int_{\mathbb{R}^N} b(t_0, x_0) \mathbf{P}(t_0, x_0; t, x) dx_0,$$

$$J_b(t_0; t, x) := \int_{\mathbb{R}^N} b(t_0, x_0) \underbrace{\int_{t_0}^{t} \int_{\mathbb{R}^N} \Phi(t_0, x_0; s, y) \mathbf{P}(s, y; t, x) dy ds}_{=: R(t_0, x_0; t, x)} dx_0, \quad (20.74)$$

mit Φ definiert in (20.35). Da b beschränkt ist, haben wir durch (20.40)

$$|I_b(t_0; t, x) - I_b(t_0; t, y)| \le c \frac{|x-y|}{\sqrt{t-t_0}}, \qquad x, y \in \mathbb{R}^N.$$

Ein ähnliches Ergebnis gilt für J_b: tatsächlich haben wir durch (20.37) und durch den Mittelwertsatz und Abschätzung (20.40) für $\lambda_1 > \lambda_0$

$$|R(t_0, x_0; t, x) - R(t_0, x_0; t, y)| \le c \int_{t_0}^{t} \frac{|x-y|}{(s-t_0)^{1-\frac{\alpha}{2}}\sqrt{t-s}}$$
$$\int_{\mathbb{R}^N} \mathbf{G}(\lambda_1(t-s), \bar{x}-y)$$
$$\mathbf{G}(\lambda_1(s-t_0), y-x_0) dy ds =$$

(integrieren und verwenden von (20.56))

$$= c \frac{|x-y|}{(t-t_0)^{\frac{1-\alpha}{2}}} \mathbf{G}(\lambda_1(t-t_0), \bar{x}-x_0) \quad (20.75)$$

Setzen wir Abschätzung (20.75) in (20.74) ein und nehmen an, dass b beschränkt ist, erhalten wir

$$|J_b(t_0; t, x) - J_b(t_0; t, y)| \le c \frac{|x-y|}{(t-t_0)^{\frac{1-\alpha}{2}}} \qquad x, y \in \mathbb{R}^N.$$

Daher haben wir

$$|u_\lambda(t, x) - u_\lambda(t, y)| \le c|x-y| \int_0^t \frac{e^{-\lambda(t-t_0)}}{\sqrt{t-t_0}} dt_0$$

was (20.72) ergibt. Der Beweis von (20.73) ist analog und basiert auf den Argumenten, die auch für den Beweis von Proposition 20.3.9 verwendet wurden. □

20.4 Wichtige Merksätze

Das Kapitel ist in zwei Teile gegliedert, die sich auf die Untersuchung von Eindeutigkeit und Existenz für das parabolische Cauchy-Problem konzentrieren.

- Abschn. 20.1: Die Eindeutigkeit wird unter sehr allgemeinen Voraussetzungen bewiesen (vgl. Voraussetzung 20.1.1, 20.1.2 und 20.1.3). Die wichtigsten Resultate sind das Maximumprinzip und das Vergleichsprinzip. Eindeutigkeitsklassen für das Cauchy-Problem werden durch Funktionen gegeben, die im Unendlichen nicht zu schnell wachsen.
- Abschn. 20.2 und 20.3: Wir stellen die klassische *Parametrix-Methode* zur Konstruktion der Fundamentalslösung eines gleichmäßig parabolischen Operators mit beschränkten Koeffizienten vor, die in der Raumvariablen Hölder-stetig sind. Dies ist eine recht lange und komplexe Technik, die auf geeigneten Abschätzungen mit Gaußschen Funktionen und auf der Untersuchung singulärer Integrale basiert. Der grundlegende Satz 20.2.5 liefert neben Existenz und Dichte-Eigenschaft auch einen Vergleich zwischen der Fundamentalslösung und der Gaußschen Funktion, die Chapman-Kolmogorow-Eigenschaft sowie die Duhamel-Formel für die Lösung des inhomogenen Cauchy-Problems.

Hauptnotationen, die in diesem Kapitel verwendet oder eingeführt werden:

Symbol	Beschreibung	Seite
$\mathcal{L}$	Vorwärts parabolischer Operator	360
$\mathscr{S}_T :=]0, T[\times \mathbb{R}^N$	Streifen in $\mathbb{R}^{N+1}$	360
Γ	Fundamentale Lösung	369
$\mathbf{G}$	Standard Gaußsche Funktion	373
$\mathbf{P}$	Parametrix	374
bC_T^α	Beschränkte, gleichmäßig α-Hölder-stetige (bezüglich x) Funktionen auf $\mathscr{S}_T$	331
$[g]_\alpha$	Norm in bC_T^α	331
$bC^\alpha(\mathbb{R}^N)$	Beschränkte, α-Hölder-stetige Funktionen auf $\mathbb{R}^N$	372
$\|\varphi\|_{bC^\alpha(\mathbb{R}^N)}$	Norm in $bC^\alpha(\mathbb{R}^N)$	372

Literaturverzeichnis

1. A. AGASSI, *Open: An Autobiography*, Einaudi, 2011
2. F. Antonelli, Backward-forward stochastic differential equations. Ann. Appl. Probab. **3**, 777–793 (1993)
3. A. Antonov, T. Misirpashaev, V. Piterbarg, Markovian projection on a Heston model. J. Comput. Finance **13**, 23–47 (2009)
4. D. Applebaum, *Lévy processes and stochastic calculus*, Cambridge Studies in Advanced Mathematics, vol. 93. (Cambridge University Press, Cambridge, 2004)
5. D.G. Aronson, The fundamental solution of a linear parabolic equation containing a small parameter. Illinois J. Math. **3**, 580–619 (1959)
6. P. BALDI, *Stochastic calculus*, Universitext, Springer, Cham, 2017. An introduction through theory and exercises
7. M. T. BARLOW, *One-dimensional stochastic differential equations with no strong solution*, J. London Math. Soc. (2), 26 (1982), pp. 335–347
8. E. Barucci, S. Polidoro, V. Vespri, Some results on partial differential equations and Asian options. Math. Models Methods Appl. Sci. **11**, 475–497 (2001)
9. R.F. Bass, *Stochastic processes*, Cambridge Series in Statistical and Probabilistic Mathematics, vol. 33. (Cambridge University Press, Cambridge, 2011)
10. R. F. BASS, *Real Analysis for Graduate Students*, 2013. Disponibile su http://bass.math.uconn.edu/real.html
11. R.F. Bass, E. Perkins, A new technique for proving uniqueness for martingale problems. Astérisque **2009**, 47–53 (2010)
12. F. Baudoin, *An introduction to the geometry of stochastic flows* (Imperial College Press, London, 2004)
13. F. Baudoin, *Diffusion processes and stochastic calculus* (EMS Textbooks in Mathematics, European Mathematical Society (EMS), Zürich, 2014)
14. M. Beiglböck, W. Schachermayer, B. Veliyev, A short proof of the Doob-Meyer theorem. Stochastic Process. Appl. **122**, 1204–1209 (2012)
15. A. Bensoussan, Stochastic maximum principle for distributed parameter systems. J. Franklin Inst. **315**, 387–406 (1983)
16. P. BILLINGSLEY, *Convergence of probability measures*, Wiley Series in Probability and Statistics: Probability and Statistics, John Wiley & Sons, Inc., New York, second ed., 1999. A Wiley-Interscience Publication
17. J.- M. BISMUT, *Théorie probabiliste du contrôle des diffusions*, Mem. Amer. Math. Soc., 4 (1976), pp. xiii+130
18. T. Bjork, *Arbitrage theory in continuous time*, 2nd edn. (Oxford University Press, Oxford, 2004)
19. F. Black, M. Scholes, The pricing of options and corporate liabilities. J. Polit. Econ. **81**, 637–654 (1973)
20. R.M. Blumenthal, R.K. Getoor, *Markov processes and potential theory*, Pure and Applied Mathematics, vol. 29 (Academic Press, New York-London, 1968)

21. P. BRÉMAUD, *Point processes and queues*, Springer-Verlag, New York-Berlin, 1981. Martingale dynamics, Springer Series in Statistics
22. G. Brunick, S. Shreve, Mimicking an Itô process by a solution of a stochastic differential equation. Ann. Appl. Probab. **23**, 1584–1628 (2013)
23. N. Champagnat, P.-E. Jabin, Strong solutions to stochastic differential equations with rough coefficients. Ann. Probab. **46**, 1498–1541 (2018)
24. P.- L. CHOW, *Stochastic partial differential equations*, Advances in Applied Mathematics, CRC Press, Boca Raton, FL, second ed., 2015
25. K.L. Chung, J.L. Doob, Fields, optionality and measurability. Amer. J. Math. **87**, 397–424 (1965)
26. P. COURRÈGE, *Générateur infinitésimal d'un semi-groupe de convolution* $\mathbb{R}^n$, *et formule de Lévy-Khinchine*, Bull. Sci. Math. (2), 88 (1964), pp. 3–30
27. J. C. COX, *Notes on option pricing I: constant elasticity of variance diffusion*, Working paper, Stanford University, Stanford CA, (1975)
28. J.C. Cox, The constant elasticity of variance option pricing model, The. J. Portf. Manag. **23**, 15–17 (1997)
29. J.C. Cox, J.E. Ingersoll, S.A. Ross, The relation between forward prices and futures prices. J. Financ. Econ. **9**, 321–346 (1981)
30. D. CRIENS, P. PFAFFELHUBER, AND T. SCHMIDT, *The martingale problem method revisited*, Electron. J. Probab., 28 (2023), pp. –
31. A. M. DAVIE, *Uniqueness of solutions of stochastic differential equations*, Int. Math. Res. Not. IMRN, (2007), pp. Art. ID rnm124, 26
32. D. Davydov, V. Linetsky, Pricing and hedging path-dependent options under the CEV process. Manage. Sci. **47**, 949–965 (2001)
33. F. Delbaen, H. Shirakawa, A note on option pricing for the constant elasticity of variance model. Asia-Pac. Financ. Mark. **9**, 85–99 (2002)
34. M. Di Francesco, A. Pascucci, On a class of degenerate parabolic equations of Kolmogorov type. AMRX Appl. Math. Res. Express **3**, 77–116 (2005)
35. J.L. Doob, *Stochastic processes, John Wiley & Sons Inc* (New York; Chapman & Hall, Limited, London, 1953)
36. D. Duffie, D. Filipović, W. Schachermayer, Affine processes and applications in finance. Ann. Appl. Probab. **13**, 984–1053 (2003)
37. R. DURRETT, *Stochastic calculus*, Probability and Stochastics Series, CRC Press, Boca Raton, FL, 1996. A practical introduction
38. R. DURRETT, *Probability: theory and examples*, vol. 49 of Cambridge Series in Statistical and Probabilistic Mathematics, Cambridge University Press, Cambridge, 2019. Disponibile su https://services.math.duke.edu/~rtd/PTE/pte.html
39. N. El Karoui, S. Peng, M.C. Quenez, Backward stochastic differential equations in finance. Math. Finance **7**, 1–71 (1997)
40. K. D. ELWORTHY, Y. LE JAN, AND X.- M. LI, *The geometry of filtering*, Frontiers in Mathematics, Birkhäuser Verlag, Basel, 2010
41. L.C. Evans, *Partial differential equations*, Graduate Studies in Mathematics, vol. 19, 2nd edn. (American Mathematical Society, Providence, RI, 2010)
42. E.B. Fabes, D.W. Stroock, A new proof of Moser's parabolic Harnack inequality using the old ideas of Nash. Arch. Rational Mech. Anal. **96**, 327–338 (1986)
43. E. Fedrizzi, F. Flandoli, Pathwise uniqueness and continuous dependence of SDEs with non-regular drift. Stochastics **83**, 241–257 (2011)
44. P.M.N. Feehan, C.A. Pop, On the martingale problem for degenerate-parabolic partial differential operators with unbounded coefficients and a mimicking theorem for Itô processes. Trans. Amer. Math. Soc. **367**, 7565–7593 (2015)
45. W. Feller, Zur Theorie der stochastischen Prozesse. Math. Ann. **113**, 113–160 (1937)
46. A. Figalli, Existence and uniqueness of martingale solutions for SDEs with rough or degenerate coefficients. J. Funct. Anal. **254**, 109–153 (2008)

47. F. Flandoli, *Regularity theory and stochastic flows for parabolic SPDEs*, Stochastics Monographs, vol. 9. (Gordon and Breach Science Publishers, Yverdon, 1995)
48. F. FLANDOLI, *Random perturbation of PDEs and fluid dynamic models*, vol. 2015 of Lecture Notes in Mathematics, Springer, Heidelberg, 2011.Lectures from the 40th Probability Summer School held in Saint-Flour, 2010, École d'Été de Probabilités de Saint-Flour. [Saint-Flour Probability Summer School]
49. A. Friedman, *Partial differential equations of parabolic type* (Prentice-Hall Inc, Englewood Cliffs, N.J., 1964)
50. F. FLANDOLI, *Stochastic differential equations and applications*, Dover Publications, Inc., Mineola, NY, 2006.Two volumes bound as one, Reprint of the 1975 and 1976 original published in two volumes
51. B. Fristedt, N. Jain, N. Krylov, *Filtering and prediction: a primer*, Student Mathematical Library, vol. 38. (American Mathematical Society, Providence, RI, 2007)
52. M. Fujisaki, G. Kallianpur, H. Kunita, Stochastic differential equations for the non linear filtering problem. Osaka J. Math. **9**, 19–40 (1972)
53. D. Gilbarg, N.S. Trudinger, *Elliptic partial differential equations of second order*, Grundlehren der mathematischen Wissenschaften [Fundamental Principles of Mathematical Sciences], vol. 224, 2nd edn. (Springer-Verlag, Berlin, 1983)
54. I. GOODFELLOW, Y. BENGIO, AND A. COURVILLE, *Deep Learning*, MIT Press, 2016. Disponibile su http://www.deeplearningbook.org
55. J. Guyon, P. Henry-Labordère, *Nonlinear option pricing* (CRC Press, Boca Raton, FL, Chapman & Hall/CRC Financial Mathematics Series, 2014)
56. I. Gyöngy, Mimicking the one-dimensional marginal distributions of processes having an Itô differential. Probab. Theory Relat. Fields **71**, 501–516 (1986)
57. I. Gyöngy, N.V. Krylov, Existence of strong solutions for Itô's stochastic equations via approximations: revisited. Stoch. Partial Differ. Equ. Anal. Comput. **10**, 693–719 (2022)
58. P. S. HAGAN, D. KUMAR, A. LESNIEWSKI, AND D. E. WOODWARD, *Managing smile risk*, Wilmott Magazine, September (2002), pp. 84–108
59. P.R. Halmos, *Measure Theory* (D. Van Nostrand Company Inc, New York, N. Y., 1950)
60. S. Heston, A closed-form solution for options with stochastic volatility with applications to bond and currency options. Rev. Financ. Stud. **6**, 327–343 (1993)
61. S.L. Heston, M. Loewenstein, G.A. Willard, Options and Bubbles. The Review of Financial Studies **20**(2), 359–390 (2007)
62. L. Hörmander, Hypoelliptic second order differential equations. Acta Math. **119**, 147–171 (1967)
63. N. IKEDA AND S. WATANABE, *Stochastic differential equations and diffusion processes*, vol. 24 of North-Holland Mathematical Library, North-Holland Publishing Co., Amsterdam-New York; Kodansha, Ltd., Tokyo, 1981
64. K. ITÔ AND S. WATANABE, *Introduction to stochastic differential equations*, in Proceedings of the International Symposium on Stochastic Differential Equations (Res. Inst. Math. Sci., Kyoto Univ., Kyoto, 1976), Wiley, New York-Chichester-Brisbane, 1978, pp. i–xxx
65. J. Jacod, A.N. Shiryaev, *Limit theorems for stochastic processes*, Grundlehren der Mathematischen Wissenschaften [Fundamental Principles of Mathematical Sciences], vol. 288, 2nd edn. (Springer-Verlag, Berlin, 2003)
66. O. KALLENBERG, *Foundations of modern probability*, Probability and its Applications (New York), Springer-Verlag, New York, second ed., 2002
67. I. Karatzas, S.E. Shreve, *Brownian motion and stochastic calculus*, Graduate Texts in Mathematics, vol. 113, 2nd edn. (Springer-Verlag, New York, 1991)
68. A. KLENKE, *Probability theory*, Universitext, Springer, London, second ed., 2014.A comprehensive course
69. A.N. Kolmogorov, Über die analytischen Methoden in der Wahrscheinlichkeitsrechnung. Math. Ann. **104**, 415–458 (1931)
70. F. FLANDOLI, *Selected works of A. N. Kolmogorov. Vol. III*, Kluwer Academic Publishers Group, Dordrecht, 1993.Edited by A. N. Shiryayev

71. V.N. Kolokoltsov, *Markov processes, semigroups and generators*, De Gruyter Studies in Mathematics, vol. 38. (Walter de Gruyter & Co., Berlin, 2011)
72. J. Komlós, A generalization of a problem of Steinhaus. Acta Math. Acad. Sci. Hungar. **18**, 217–229 (1967)
73. P. KOTELENEZ, *Stochastic ordinary and stochastic partial differential equations*, vol. 58 of Stochastic Modelling and Applied Probability, Springer, New York, 2008.Transition from microscopic to macroscopic equations
74. N.V. Krylov, Itô's stochastic integral equations. Teor. Verojatnost. i Primenen **14**, 340–348 (1969)
75. N.V. Krylov, Correction to the paper "Itô's stochastic integral equations" (Teor. Verojatnost. i Primenen. 14, 340–348). Teor. Verojatnost. i Primenen. **17**(1972), 392–393 (1969)
76. N.V. Krylov, The selection of a Markov process from a Markov system of processes, and the construction of quasidiffusion processes. Izv. Akad. Nauk SSSR Ser. Mat. **37**, 691–708 (1973)
77. N. V. KRYLOV, *Controlled diffusion processes*, vol. 14 of Stochastic Modelling and Applied Probability, Springer-Verlag, Berlin, 2009.Translated from the 1977 Russian original by A. B. Aries, Reprint of the 1980 edition
78. N.V. Krylov, M. Röckner, Strong solutions of stochastic equations with singular time dependent drift. Probab. Theory Related Fields **131**, 154–196 (2005)
79. N.V. Krylov, B.L. Rozovsky, On the first integrals and Liouville equations for diffusion processes, in Stochastic differential systems (Visegrád, vol. 36 of Lecture Notes in Control and Information Sci. Springer, Berlin-New York **1981**, 117–125 (1980)
80. N. V. KRYLOV AND B. L. ROZOVSKY, *Characteristics of second-order degenerate parabolic Itô equations*, Trudy Sem. Petrovsk., (1982), pp. 153–168
81. N.V. Krylov, A. Zatezalo, A direct approach to deriving filtering equations for diffusion processes. Appl. Math. Optim. **42**, 315–332 (2000)
82. H. KUNITA, *Stochastic flows and stochastic differential equations*, vol. 24 of Cambridge Studies in Advanced Mathematics, Cambridge University Press, Cambridge, 1997.Reprint of the 1990 original
83. D. Lacker, M. Shkolnikov, J. Zhang, Inverting the Markovian projection, with an application to local stochastic volatility models. Ann. Probab. **48**, 2189–2211 (2020)
84. O. A. LADYZHENSKAIA, V. A. SOLONNIKOV, AND N. N. URAL'TSEVA, *Linear and quasilinear equations of parabolic type*, Translations of Mathematical Monographs, Vol. 23, American Mathematical Society, Providence, R.I., 1968.Translated from the Russian by S. Smith
85. E. Lanconelli, S. Polidoro, On a class of hypoelliptic evolution operators. Rend. Sem. Mat. Univ. Politec. Torino **52**, 29–63 (1994)
86. P. LANGEVIN, *Sur la theorie du mouvement Brownien*, C.R. Acad. Sci. Paris, 146 (1908), pp. 530–532
87. E.B. Lee, L. Markus, *Foundations of optimal control theory*, 2nd edn. (Robert E. Krieger Publishing Co., Inc, Melbourne, FL, 1986)
88. D. S. LEMONS, *An introduction to stochastic processes in physics*, Johns Hopkins University Press, Baltimore, MD, 2002.Containing "On the theory of Brownian motion" by Paul Langevin, translated by Anthony Gythiel
89. E.E. Levi, Sulle equazioni lineari totalmente ellittiche alle derivate parziali. Rend. Circ. Mat. Palermo **24**, 275–317 (1907)
90. R.S. Liptser, A.N. Shiryaev, Statistics of random processes. I, vol. 5 of Applications of Mathematics (New York), Springer-Verlag, Berlin, expanded, (eds.), *General theory, Translated from the 1974 Russian original by A* (B. Aries, Stochastic Modelling and Applied Probability, 2001)
91. W. Liu, M. Röckner, *Stochastic partial differential equations: an introduction* (Universitext, Springer, Cham, 2015)
92. S.V. Lototsky, B.L. Rozovsky, *Stochastic partial differential equations* (Universitext, Springer, Cham, 2017)

93. J. Ma, J. Yong, *Forward-backward stochastic differential equations and their applications*, Lecture Notes in Mathematics, vol. 1702. (Springer-Verlag, Berlin, 1999)
94. L. Mazliak, G. Shafer, *The splendors and miseries of martingales - Their history from the Casino to Mathematics* (Trends in the History of Science, Birkhäuser Cham, 2022)
95. S. Menozzi, Parametrix techniques and martingale problems for some degenerate Kolmogorov equations. Electron. Commun. Probab. **16**, 234–250 (2011)
96. P.- A. MEYER, *Probability and potentials*, Blaisdell Publishing Co. Ginn and Co., Waltham, Mass.-Toronto, Ont.-London, 1966
97. N. V. KRYLOV AND B. L. ROZOVSKY, *Stochastic processes from 1950 to the present*, J. Électron. Hist. Probab. Stat., 5 (2009), p. 42.Translated from the French [MR1796860] by Jeanine Sedjro
98. P. MÖRTERS AND Y. PERES, *Brownian motion*, vol. 30 of Cambridge Series in Statistical and Probabilistic Mathematics, Cambridge University Press, Cambridge, 2010.With an appendix by Oded Schramm and Wendelin Werner
99. D. MUMFORD, *The dawning of the age of stochasticity*, Atti Accad. Naz. Lincei Cl. Sci. Fis. Mat. Natur. Rend. Lincei (9) Mat. Appl., (2000), pp. 107–125.Mathematics towards the third millennium (Rome, 1999)
100. A.A. Novikov, A certain identity for stochastic integrals. Teor. Verojatnost. i Primenen. **17**, 761–765 (1972)
101. D. NUALART, *The Malliavin calculus and related topics*, Probability and its Applications (New York), Springer-Verlag, Berlin, second ed., 2006
102. B. OKSENDAL, *Stochastic differential equations*, Universitext, Springer-Verlag, Berlin, fifth ed., 1998.An introduction with applications
103. O. A. OLEINIK AND E. V. RADKEVIC, *Second order equations with nonnegative characteristic form*, Plenum Press, New York-London, 1973. Translated from the Russian by Paul C. Fife
104. L.S. Ornstein, G.E. Uhlenbeck, On the theory of the Brownian motion. Phys. Rev. **36**, 823–841 (1930)
105. S. Pagliarani, A. Pascucci, The exact Taylor formula of the implied volatility. Finance Stoch. **21**, 661–718 (2017)
106. S. Pagliarani, A. Pascucci, M. Pignotti, Intrinsic Taylor formula for Kolmogorov-type homogeneous groups. J. Math. Anal. Appl. **435**, 1054–1087 (2016)
107. E. Pardoux, Stochastic partial differential equations and filtering of diffusion processes. Stochastics **3**, 127–167 (1979)
108. E. PARDOUX, *Stochastic partial differential equations*, SpringerBriefs in Mathematics, Springer, Cham, [2021] 2021.An introduction
109. E. Pardoux, S.G. Peng, Adapted solution of a backward stochastic differential equation. Systems Control Lett. **14**, 55–61 (1990)
110. E. Pardoux, A. Rascanu, *Stochastic differential equations, backward SDEs, partial differential equations*, Stochastic Modelling and Applied Probability, vol. 69. (Springer, Cham, 2014)
111. A. PASCUCCI, *Calcolo stocastico per la finanza*, vol. 33 of Unitext, Milano: Springer, 2008
112. A. Pascucci, *PDE and martingale methods in option pricing*, Bocconi & Springer Series, Springer, vol. 2. (Milan; Bocconi University Press, Milan, 2011)
113. A. PASCUCCI, *Probability Theory. Volume 1 - Random variables and distributions*, Unitext, Springer, Milan, 2024
114. A. PASCUCCI AND A. PESCE, *Sobolev embeddings for kinetic Fokker-Planck equations*, J. Funct. Anal., 286 (2024), pp. Paper No. 110344, 40
115. A. PASCUCCI AND W. J. RUNGGALDIER, *Financial mathematics*, vol. 59 of Unitext, Springer, Milan, 2012.Theory and problems for multi-period models, Translated and extended version of the 2009 Italian original
116. J. A. PAULOS, *A mathematician reads the newspaper*, Basic Books, New York, 2013.Paperback edition of the 1995 original with a new preface
117. S.G. Peng, A nonlinear Feynman-Kac formula and applications, in Control theory, stochastic analysis and applications (Hangzhou, World Sci. Publ. River Edge, NJ **1991**, 173–184 (1991)

118. W. Pogorzelski, Étude de la solution fondamentale de l'équation parabolique. Ricerche mat. **5**, 25–57 (1956)
119. S. POLIDORO, *Uniqueness and representation theorems for solutions of Kolmogorov-Fokker-Planck equations*, Rend. Mat. Appl. (7), 15 (1995), pp. 535–560
120. C. Prévôt, M. Röckner, *A concise course on stochastic partial differential equations*, Lecture Notes in Mathematics, vol. 1905. (Springer, Berlin, 2007)
121. P. E. PROTTER, *Stochastic integration and differential equations*, vol. 21 of Stochastic Modelling and Applied Probability, Springer-Verlag, Berlin, 2005.Second edition. Version 2.1, Corrected third printing
122. C. E. RASMUSSEN AND C. K. I. WILLIAMS, *Gaussian Processes for Machine Learning*, MIT Press, 2006. Disponibile su http://www.gaussianprocess.org/gpml/
123. D. Revuz, M. Yor, *Continuous martingales and Brownian motion*, Grundlehren der Mathematischen Wissenschaften [Fundamental Principles of Mathematical Sciences], vol. 293, 3rd edn. (Springer-Verlag, Berlin, 1999)
124. L. C. G. ROGERS AND D. WILLIAMS, *Diffusions, Markov processes, and martingales. Vol. 2*, Cambridge Mathematical Library, Cambridge University Press, Cambridge, 2000.Itô calculus, Reprint of the second (1994) edition
125. B. L. Rozovsky, Stochastic evolution systems, vol. 35 of Mathematics and its Applications (Soviet Series), Kluwer Academic Publishers Group, Dordrecht, *Linear theory and applications to nonlinear filtering* (Translated from the Russian by A, Yarkho, 1990)
126. B. L. ROZOVSKY AND S. V. LOTOTSKY, *Stochastic evolution systems*, vol. 89 of Probability Theory and Stochastic Modelling, Springer, Cham, 2018. Linear theory and applications to non-linear filtering
127. D. SALSBURG, *The Lady Tasting Tea: How Statistics Revolutionized Science in the Twentieth Century*, Henry Holt and Company, 2002
128. R.L. Schilling, Sobolev embedding for stochastic processes. Expo. Math. **18**, 239–242 (2000)
129. R. L. SCHILLING, *Brownian motion—a guide to random processes and stochastic calculus*, De Gruyter Textbook, De Gruyter, Berlin, [2021] 2021.With a chapter on simulation by Björn Böttcher, Third edition [of 2962168]
130. A. SHAPOSHNIKOV AND L. WRESCH, *Pathwise vs. path-by-path uniqueness*, preprint, arXiv:2001.02869, (2020)
131. A. V. SKOROKHOD, *Studies in the theory of random processes. Translated from the Russian by Scripta Technica, Inc.*, Mineola, NY: Dover Publications, reprint of the 1965 edition ed., 2017
132. D. W. STROOCK, *Markov processes from K. Itô's perspective*, vol. 155 of Annals of Mathematics Studies, Princeton University Press, Princeton, NJ, 2003
133. D. W. STROOCK, *Partial differential equations for probabilists*, vol. 112 of Cambridge Studies in Advanced Mathematics, Cambridge University Press, Cambridge, 2012.Paperback edition of the 2008 original
134. D. W. STROOCK AND S. R. S. VARADHAN, *Diffusion processes with continuous coefficients. I*, Comm. Pure Appl. Math., 22 (1969), pp. 345–400
135. D. W. STROOCK AND S. R. S. VARADHAN, *Diffusion processes with continuous coefficients. II*, Comm. Pure Appl. Math., 22 (1969), pp. 479–530
136. D. W. STROOCK AND S. R. S. VARADHAN, *Multidimensional diffusion processes*, Classics in Mathematics, Springer-Verlag, Berlin, 2006. Reprint of the 1997 edition
137. M. STRUWE, *Variational methods*, vol. 34 of Ergebnisse der Mathematik und ihrer Grenzgebiete. 3. Folge. A Series of Modern Surveys in Mathematics [Results in Mathematics and Related Areas. 3rd Series. A Series of Modern Surveys in Mathematics], Springer-Verlag, Berlin, fourth ed., 2008.Applications to nonlinear partial differential equations and Hamiltonian systems
138. K. TAIRA, *Semigroups, boundary value problems and Markov processes*, Springer Monographs in Mathematics, Springer, Heidelberg, second ed., 2014
139. H. TANAKA, *Note on continuous additive functionals of the 1-dimensional Brownian path*, Z. Wahrscheinlichkeitstheorie und Verw. Gebiete, 1 (1962/63), pp. 251–257

140. D. TREVISAN, *Well-posedness of multidimensional diffusion processes with weakly differentiable coefficients*, Electron. J. Probab., 21 (2016), pp. Paper No. 22, 41
141. A. Tychonoff, Théoremes d'unicité pour l'equation de la chaleur. Math. Sbornik **42**, 199–216 (1935)
142. J. A. VAN CASTEREN, *Markov processes, Feller semigroups and evolution equations*, vol. 12 of Series on Concrete and Applicable Mathematics, World Scientific Publishing Co. Pte. Ltd., Hackensack, NJ, 2011
143. O. Vasicek, An equilibrium characterization of the term structure. J. Financial Economics **5**, 177–188 (1977)
144. A. Y. VERETENNIKOV, *Strong solutions and explicit formulas for solutions of stochastic integral equations*, Mat. Sb. (N.S.), 111(153) (1980), pp. 434–452, 480
145. A.Y. Veretennikov, „Inverse diffusion" and direct derivation of stochastic Liouville equations. Mat. Zametki **33**, 773–779 (1983)
146. A.Y. Veretennikov, On backward filtering equations for SDE systems (direct approach), in Stochastic partial differential equations (Edinburgh, vol. 216 of London Math. Soc. Lecture Note Ser., Cambridge Univ. Press, Cambridge **1995**, 304–311 (1994)
147. V. Vespri, *Le anime della matematica* (Da Pitagora alle intelligenze artificiali, Diarkos editore, Santarcangelo di Romagna, 2023)
148. D. Williams, *Probability with martingales* (Cambridge Mathematical Textbooks, Cambridge University Press, Cambridge, 1991)
149. T. Yamada, S. Watanabe, On the uniqueness of solutions of stochastic differential equations. J. Math. Kyoto Univ. **11**, 155–167 (1971)
150. J. YONG AND X. Y. ZHOU, *Stochastic controls*, vol. 43 of Applications of Mathematics (New York), Springer-Verlag, New York, 1999. Hamiltonian systems and HJB equations
151. J. ZABCZYK, *Mathematical control theory—an introduction*, Systems & Control: Foundations & Applications, Birkhäuser/Springer, Cham, [2020] 2020.Second edition [of 2348543]
152. J. ZHANG, *Backward stochastic differential equations*, vol. 86 of Probability Theory and Stochastic Modelling, Springer, New York, 2017. From linear to fully nonlinear theory
153. X. ZHANG, *Stochastic homeomorphism flows of SDEs with singular drifts and Sobolev diffusion coefficients*, Electron. J. Probab., 16 (2011), pp. no. 38, 1096–1116
154. A. K. ZVONKIN, *A transformation of the phase space of a diffusion process that will remove the drift*, Mat. Sb. (N.S.), 93(135) (1974), pp. 129–149, 152

Stichwortverzeichnis

Symbols
$\mathscr{F}^X$, 110
$\mathscr{F}_\infty$, 107
$\mathscr{F}_\tau$, 118
$\mathscr{G}^X$, 15
$\mathbb{L}^2$, 174
$\mathbb{L}^2_{B,\text{loc}}$, 182
$\mathbb{L}^2_B$, 181
$\mathbb{L}^2_{S,\text{loc}}$, 199
$\mathbb{L}^2_{\text{loc}}$, 192
σ-Algebra, Vervollständigung, 12
bC^α_T, 331
$\mathscr{M}^{c,2}$, 139
$\mathscr{M}^{c,\text{loc}}$, 141

A
A-priori Schätzung
  L^p, 275
  exponentielle, 277
Abhängigkeit von Parametern, stetige, 323
Änderung des Drift, 240
arg max, XVI
Aronson, D.G., 394
Austrittszeit, 96, 106, 284
  aus einer abgeschlossenen Menge, 108
  aus einer offenen Menge, 106

B
Bachelier, L., 73
Bedingung
  Übliche, 105

Hörmander, 303
Kalman, 302
Novikov, 246
Bewertung, risikoneutrale, 241
Black&Scholes, 243
Blumenthal, O., 112, 116
Brown'sche Brücke, 306
Brownsche Bewegung, 43, 73
  endlichdimensionale Dichte, 78
  Feller-Eigenschaft, 77
  geometrische, 272
  kanonische, 116
  korrelierte, 224, 233, 234
  Lévy-Charakterisierung, 233
  Markov-Eigenschaft, 77
  mehrdimensionale, 223
  mit Drift, 159
  mit zufälligem Anfangswert, 142
Burkholder-Davis-Gundy, 212, 215
BV, 150

C
Càdlàg-Funktion, 88
Cauchy-Schwarz, 165
CEV, 310
Chapman-Kolmogorov, 39, 371, 381
Charakteristiken, 290
CIR, 308
Courrège, P., 47
Courrège-Theorem
  Satz, 47

D

Darstellung von Brownschen Martingalen, 252
  Satz, 252
Differentialnotation, 154, 201
Diffusion, 56
Diffusionkoeffizient, 202, 258
Dirichlet-Problem, 286
Distanz, parabolische, 324
Doob, J.L., 18, 101, 133, 163
Doob-Zerlegung, 18, 163
Drift, 202, 258
  Änderung von, 240
Drift-Koeffizient, 258
Duhamel, J.M.C., 371
Duhamel-Prinzip, 371
Durrett, R., 73

E

Eigenschaft
  Martingal, 15
Eindeutigkeit
  für eine SDE, 262
  Klasse, 361
  starke für SDE, 314
Einstein, A., 73, 297
Erweiterung der Filtration, 109
Eulersches Gamma, 379
Exponent, charakteristischer, 115

F

FBSDE, 349
Feller, W., 31, 122
Feller-Eigenschaft, 31, 122
  für SDE, 324
  starke, 43
Feynman-Kac, 281, 286, 292, 293
  nicht-lineare, 349
Filtration, 14
  $\mathscr{G}^X$, 15
  übliche Bedingungen, 105
  Erweiterung, 109
  erzeugte, 15
  rückwärts Brownsche, 352
  rechtsstetige, 106
  standarderweiterung, 110
  vollständige, 105
Filtrierung, 349
Flandoli, F., 338
Flusseigenschaften, 316, 354
Fokker-Planck-Gleichung, 53
Formel
  Black&Scholes, 243
  Duhamel, 371
  Feynman-Kac, 281, 286, 292, 293
    nicht-lineare, 349
  Itô, 206
    deterministische, 154
    für Brownsche Bewegung, 207
    für Itô-Prozesse, 230
    für Itô-Prozesse, 210
    für stetige Semimartingale, 229
    rückwärts, 353
  Lévy-Khintchine, 115
Friedman, A., 332
f.s., XVI
f.ü., XVI
Funktion
  BV, 150
  Càdlàg, 88
  Eulersches Gamma, 379
  Standard-Gauß, 373
  von beschränkter Variation, 150
Funktion
  Indikator, XV

G

Gaußsche Abschätzungen, 370, 375
Generator, infinitesimaler, 44
Gesetz
  Blumenthal 0-1, 112, 116
  eines stochastischen Prozesses, 5
  homogener Übergang, 29
  iterierter Logarithmus, 76
Girsanov, I.V., 247, 248
Gleichung
  Chapman-Kolmogorov, 39
  Fokker-Planck, 53, 350
  Kolmogorov
    rückwärts, 49
    vorwärts, 50, 53, 322
  Langevin, 296
  stochastisches Differential, 257
  Volterra, 264
Wärme, 289
Wärmeleitung
  rückwärts, 51
  vorwärts, 51
Grönwall, T.H., 275
Gyöngy, I., 343

H

Hörmander, L., 298, 303, 304
Halbgruppe-Eigenschaft, 43
Hilbert-Schmidt-Norm, 227

I

Inkremente, unabhängige, 36
Integral
    Itô, 173
    Lebesgue-Stieltjes, 156
    Riemann-Stieltjes, 150, 152, 197
Intensität, 85
    stochastische, 90
Itô-Isometrie, 176, 184, 196, 228
Itô-Tanaka-Trick, 338
Itô
    Formel, 206
        für Brownsche Bewegung, 207, 235
        für Itô-Prozesse, 210, 230
        für stetige Semimartingale, 229
    Integral, 173
    Isometrie, 176, 184, 196, 228
    mit deterministischen Koeffizienten, 211
    Prozess, 201
        mehrdimensionale, 227

K

Kalman, R.E., 302
Kolmogorov, A.N., 11, 23, 66, 298
Kolmogorov-Gleichung
    rückwärts, 49
    vorwärts, 53, 322
Kolmogorov-Operator
    rückwärts, 332
    vorwärts, 360
Komlós, J., 166
Komlós-Lemma, 166
Kommutator, 304
Konfiguration, 258
Kovariationsmatrix, 164, 228
Kovariationsprozess, 164, 176, 184, 195
Kronecker, L., 224
Kronecker-Delta, 224
Krylov, N.V., 336, 353

L

Lösbarkeit einer SDE, 261
Lösung
    Übertragung von, 267
    Distributionelle, 54
    einer SDE, 259
    fundamentale, 51, 323, 332, 368
    schwache (einer SDE), 266
    starke (einer SDE), 260
Lévy, P., 113, 233
Lévy-Khintchine-Formel, 115
Langevin, P., 296
Laplace, P.S., 127
Lebesgue-Stieltjes-Maß, 156
Lemma
    Grönwall, 275
    Gyöngy, 343
    Komlós, 166
Levi, E.E., 332, 369

M

Markov, A., 27, 32, 121, 320
Markov-Eigenschaft, 32, 33
    erweiterte, 34
    für SDE, 320, 324
    homogener Fall, 127
    starke, 121, 127, 324
Markov-Prozess
    endlichdimensionale Verteilungen, 38
    kanonische Version, 32
Markovsche Projektion, 344
Martingal, 15, 328
    Brownsches, 79, 252
    Càdlàg, 136
    diskretes, 15
    exponentielles, 79, 208, 231, 240
    gestopptes, 141
    gleichmäßig quadratisch integrierbares, 144
    lokales, 141
    Problem, 328
    quadratisches, 79, 230
    Sub-, 17
    Super-, 17
Maschenweite, 151
Maximumprinzip, 46, 287, 292, 361, 363
    schwach, 365, 367
Maß
    harmonisches, 289
    Lebesgue-Stieltjes, 156
    Wiener, 78
Messbarkeit, progressive, 117
Methode
    der Charakteristiken, 290
    Parametrix, 369, 373
Mittelwertrückkehr, 305
Modell
    CEV, 310

CIR, 308
Vasicek, 305
Modifikation, 9
Mumford D.B., IX

N
Nash, J., 394
Norm
  Hilbert-Schmidt, 227
  Spektrale, 377
Novikov, A., 246

O
Operator
  adjungierter, 53
  charakteristischer, 44
    einer SDE, 282
  elliptisch-parabolischer, 48
  Laplace, 50, 127
  Lokaler, 46
  parabolischer, 361
  Pseudo-differentialer, 114
  Symbol, 114
  Translation, 126
Option, 241
  Asian, 298
Optional Sampling Theorem, 100, 135, 145
Ornstein-Uhlenbeck, 307

P
Parametrix, 369, 373
Partition, 150
  dyadische, 69, 131
PDE, 282
  parabolische, 359, 360, 362, 364, 366, 368, 370, 372, 374, 376, 378, 380, 382, 384, 386, 388, 390, 392, 394, 396, 398

Peanos-Pinsel, 264
Poisson, 29, 84, 289
  Übergangsverteilung, 42
  charakteristischer Exponent, 86
  Kern, 289
Poisson-Kern, 289
Positiver Teil, XVI
Potenzial, 385
Problem
  Cauchy, 361
    klassische Lösung, 332
    quasi-linear, 348

rückwärts, 332
Cauchy-Dirichlet, 362
Dirichlet, 286
Martingal, 328
Prozess
  absolut integrierbarer, 15
  adaptierter, 15
  Brownsche Bewegung, 73
  BV, 158
  Càdlàg, 88
  CEV, 310
  CIR, 308
  Diffusion, 56
  einfacher, 175, 186
  Feller, 31
  Gaussian, 6
  Gaußscher, 13
  gestoppter, 98
  gleich in Verteilung, 9
  Itô, 201
    mehrdimensionaler, 227
    mit deterministischen Koeffizienten, 211

  rückwärts, 353
  kanonische Version, 13, 15, 65
  Kovariation, 164, 176, 184, 195
  Lévy, 113
  Markov, 27, 32, 298
  Martingal, 15
  Maximum, 125
  messbarer, 8
  mit unabhängigen Inkrementen, 36
  Modifikationen, 9
  Poisson, 42, 84, 88
    kompensierter, 90
    mit stochastischer Intensität, 90
    zusammengesetzter, 87
  progressiv messbarer, 117
  quadratische Variation, 163, 202, 205, 216

  Quadratwurzel, 308
  reflektierter, 124
  stetiger, 61
    kanonische Version, 65
    Verteilung, 65
  stochastischer, 2, 4
    diskret, 2
    Gesetz, 5
    reell, 2
  ununterscheidbarer, 9
  vorhersagbarer, 18
  wachsender, 158

R

Rand, parabolischer, 292, 362
Rationale, dyadische, 69
Rationalzahlen, dyadische, 131
Raum
   der Trajektorien, 2, 3
   Polnischer, 63
   Skorokhod, 65
   vollständige Wahrscheinlichkeit, 9
   Wiener, 78
Reflexionsprinzip, 124
Regularisierung durch Rauschen, 337
Riemann-Stieltjes-Integral, 150, 152

S

Satz
   Doobs Zerlegungssatz, 18, 163
   Erweiterungssatz von Kolmogorov, 11, 23

   Girsanov-Theorem, 247, 248
   Lévy's Charakterisierung, 233
   Optional Sampling, 100, 135, 145
   Skorokhod-Theorem, 336
   Stetigkeitssatz von Kolmogorov, 66, 68
   Stroock-und-Varadhan-Theorem, 329
   Yamada-Watanabe-Theorem, 268, 315
Schätzungen
   Potenzial, 385
SDE, 257
   Eindeutigkeit, 262
   Lösbarkeit, 261
   Lösung, 259
   lineare, 295
   rückwärts, 346
   schwache Lösung, 266
   Standardannahmen, 271
   starke Lösung, 260
   vorwärts-rückwärts, 349
Semimartingal, 158, 199
   BV, 161
   stetige Eindeutigkeit der Zerlegung, 162
Shreve, S., 346
Skalarprodukt, XV
Skorokhod, A.V., 65, 336
SPDE, 349
   Krylov's, 353
   Wärme, 349
Standardannahmen für SDE, 271
standarderweiterung
   Filtration, 110

Stetigkeit im Mittel, 180
Steuerbarkeit linearer Systeme, 299
Steuerungstheorie, 299
Stoppzeit, 106
   diskrete, 96
Stroock, D.W., 327, 329
Sub-Martingal, 17
Super-Martingal, 17
Symbol
   Kronecker, 224
   eines Operators, 114

T

Tanaka, H., 261, 262
Tanakas Beispiel, 261, 262
Term, inhomogener, 363
Trajektorie, 3, 4
Tychonoff, A.N., 361

U

Übergangdichte, 30
Übertragung von Lösungen, 267
Ungleichung
   Burkholder-Davis-Gundy, 212, 215
   Doob's Maximal, 101, 102, 133
Upcrossing-Lemma, 104

V

Varadhan, S.R.S., 327, 329
Varianz, konstante Elastizität, 310
Variation
   erste, 150
   quadratische, 159, 163, 202, 205, 216
Vasicek, O., 305
Vektorfeld, 304
Veretennikov, A.Y., 264, 337
Vergleichsprinzip, 364
Version
   kanonische
      eines Markov-Prozesses, 35
      eines Prozesses, 13
      eines stetigen Prozesses, 65
   stetige, 62
Verteilung
   Übergang, 27
   Gauß, 30, 42
   homogener, 29
   linear SDE, 295
   Poisson, 29, 42

eines stetigen Prozesses, 65
eines stochastischen Prozesses, 5
endlich-dimensionale, 5
Vervollständigung, 12
Vespri V., IX

W
Watanabe, S., 268
Wiener, N., 73, 78

Y
Yamada, T., 268

Z
Z.v., XVI
Zvonkin, A.K., 264, 337
Zylindermenge, endlich-dimensionale, 3

MIX
Papier aus verantwortungsvollen Quellen
Paper from responsible sources
FSC® C105338

If you have any concerns about our products,
you can contact us on
ProductSafety@springernature.com

In case Publisher is established outside the EU,
the EU authorized representative is:
**Springer Nature Customer Service Center GmbH
Europaplatz 3, 69115 Heidelberg, Germany**

Printed by Libri Plureos GmbH
in Hamburg, Germany